国家电网有限公司
技能人员专业培训教材

变电运维（330kV 及以上）

国家电网有限公司 组编

U0168845

中国电力出版社
CHINA ELECTRIC POWER PRESS

图书在版编目（CIP）数据

变电运维. 330kV 及以上 / 国家电网有限公司组编. —北京：中国电力出版社，2020.5（2024.10重印）
国家电网有限公司技能人员专业培训教材
ISBN 978-7-5198-4417-2

Ⅰ. ①变… Ⅱ. ①国… Ⅲ. ①变电所–电力系统运行–技术培训–教材 Ⅳ. ①TM63

中国版本图书馆 CIP 数据核字（2020）第 036741 号

出版发行：中国电力出版社
地　　址：北京市东城区北京站西街 19 号（邮政编码 100005）
网　　址：http://www.cepp.sgcc.com.cn
责任编辑：马　青（010-63412784，610757540@qq.com）
责任校对：黄　蓓　郝军燕
装帧设计：郝晓燕　赵姗姗
责任印制：石　雷

印　　刷：北京九州迅驰传媒文化有限公司
版　　次：2020 年 5 月第一版
印　　次：2024 年 10 月北京第二次印刷
开　　本：710 毫米×980 毫米　16 开本
印　　张：36.5
字　　数：708 千字
印　　数：2001—2500 册
定　　价：110.00 元

本书编委会

前　言

为贯彻落实国家终身职业技能培训要求，全面加强国家电网有限公司新时代高技能人才队伍建设工作，有效提升技能人员岗位能力培训工作的针对性、有效性和规范性，加快建设一支纪律严明、素质优良、技艺精湛的高技能人才队伍，为建设具有中国特色国际领先的能源互联网企业提供强有力人才支撑，国家电网有限公司人力资源部组织公司系统技术技能专家，在《国家电网公司生产技能人员职业能力培训专用教材》（2010 年版）基础上，结合新理论、新技术、新方法、新设备，采用模块化结构，修编完成覆盖输电、变电、配电、营销、调度等 50 余个专业的培训教材。

本套专业培训教材是以各岗位小类的岗位能力培训规范为指导，以国家、行业及公司发布的法律法规、规章制度、规程规范、技术标准等为依据，以岗位能力提升、贴近工作实际为目的，以模块化教材为特点，语言简练、通俗易懂，专业术语完整准确，适用于培训教学、员工自学、资源开发等，也可作为相关大专院校教学参考书。

本书为《变电运维（330kV 及以上）》分册，由陶红鑫、刘建强、朱江、陈志勇、潘晓明、徐毅、李智、曹爱民、战杰、王民、贺永平编写。在出版过程中，参与编写和审定的专家们以高度的责任感和严谨的作风，几易其稿，多次修订才最终定稿。在本套培训教材即将出版之际，谨向所有参与和支持本书籍出版的专家表示衷心的感谢！

由于编写人员水平有限，书中难免有错误和不足之处，敬请广大读者批评指正。

目　录

前言

第一章　一次设备巡视 ……………………………………………………………… 1
　　模块 1　一次设备正常巡视（Z08E1001Ⅰ） …………………………………… 1
　　模块 2　一次设备定性（Z08E1001Ⅱ） …………………………………… 14
　　模块 3　一次设备运行分析（Z08E1001Ⅲ） …………………………………… 20
第二章　二次设备巡视 ……………………………………………………………… 23
　　模块 1　二次设备正常巡视（Z08E2001Ⅰ） …………………………………… 23
　　模块 2　二次设备定性（Z08E2001Ⅱ） …………………………………… 26
　　模块 3　二次设备运行分析（Z08E2001Ⅲ） …………………………………… 28
第三章　站用交、直流系统巡视与维护 …………………………………………… 44
　　模块 1　站用交、直流系统巡视与维护（Z08E3001Ⅰ） ……………………… 44
　　模块 2　站用交、直流系统定性（Z08E3001Ⅱ） ……………………………… 46
　　模块 3　站用交、直流系统运行分析（Z08E3001Ⅲ） ………………………… 48
第四章　辅助设施的巡视与维护 …………………………………………………… 57
　　模块 1　辅助设施的监视与维护（Z08E4001Ⅰ） ……………………………… 57
　　模块 2　辅助设施定性（Z08E4001Ⅱ） ………………………………………… 60
　　模块 3　辅助设施的运行分析（Z08E4001Ⅲ） ………………………………… 63
　　模块 4　在线监测系统巡视分析（Z08E4002Ⅲ） ……………………………… 66
第五章　变电站设备定期试验与轮换 ……………………………………………… 76
　　模块　变电站设备定期切换试验与轮换（Z08E5001Ⅰ） ……………………… 76
第六章　电气防误装置巡视与维护 ………………………………………………… 81
　　模块 1　电气防误装置运行监视与维护（Z08E6001Ⅰ） ……………………… 81
　　模块 2　电气防误装置定性（Z08E6001Ⅱ） …………………………………… 87
　　模块 3　电气防误装置评价（Z08E6001Ⅲ） …………………………………… 97
第七章　倒闸操作基础知识 ……………………………………………………… 101
　　模块　一、二次设备倒闸操作基本概念及操作原则（Z08F1001Ⅰ） ………… 101

第八章　高压开关类设备、线路停送电 ·· 108

模块 1　高压开关类设备、线路一般停送电（Z08F2001Ⅰ） ·············· 108

模块 2　高压开关类设备、线路停送电操作危险点源分析（Z08F2001Ⅱ） ···· 121

第九章　变压器停送电 ·· 125

模块 1　变压器一般停送电（Z08F3001Ⅰ） ·································· 125

模块 2　变压器操作危险点源分析（Z08F3001Ⅱ） ·························· 130

第十章　母线停送电 ·· 133

模块 1　母线一般停送电（Z08F4001Ⅰ） ···································· 133

模块 2　母线操作危险点源分析（Z08F4001Ⅱ） ····························· 138

第十一章　补偿装置停送电 ·· 141

模块 1　电容器、电抗器一般停送电（Z08F5001Ⅰ） ······················ 141

模块 2　高压电抗器停送电（Z08F5002Ⅰ） ································· 143

模块 3　串联补偿电容器操作（Z08F5003Ⅰ） ······························ 145

模块 4　电容器、电抗器操作异常分析处理及危险点源分析预控
（Z08F5001Ⅱ） ·· 146

模块 5　高压电抗器操作中危险点源分析及异常处理（Z08F5002Ⅱ） ········ 147

模块 6　串补电容器操作中危险点源分析及异常处理（Z08F5003Ⅱ） ········ 149

第十二章　站用交、直流系统停送电 ·· 151

模块 1　站用交、直流系统一般停送电（Z08F6001Ⅰ） ···················· 151

模块 2　站用交、直流系统操作危险点源分析（Z08F6001Ⅱ） ·············· 153

第十三章　大型复杂操作 ·· 156

模块 1　大型复杂操作危险点源分析（Z08F7001Ⅱ） ······················ 156

模块 2　大型复杂操作优化（Z08F7001Ⅲ） ································· 159

第十四章　设备运行验收与投运 ·· 161

模块 1　设备验收项目及要求（Z08F8001Ⅲ） ······························ 161

模块 2　新设备投运与操作（Z08F8002Ⅲ） ································· 175

模块 3　新设备投运方案编制与投运操作危险点源分析控制
（Z08F8003Ⅲ） ·· 178

第十五章　高压开关类设备异常处理 ·· 180

模块 1　高压开关类设备异常（Z08G1001Ⅰ） ····························· 180

模块 2　高压开关类设备异常分析处理（Z08G1001Ⅱ） ···················· 187

模块 3　高压开关类设备异常处理的优化处理方案（Z08G1001Ⅲ） ·········· 197

第十六章 变压器异常处理 ································· 199

模块 1 变压器一般异常（Z08G2001Ⅰ） ··················· 199

模块 2 变压器异常分析处理（Z08G2001Ⅱ） ··············· 202

模块 3 变压器异常处理的优化处理方案（Z08G2001Ⅲ） ····· 207

第十七章 母线异常处理 ································· 211

模块 1 母线一般异常（Z08G3001Ⅰ） ····················· 211

模块 2 母线异常分析处理（Z08G3001Ⅱ） ················· 212

模块 3 母线异常处理的优化处理方案（Z08G3001Ⅲ） ······· 213

第十八章 补偿装置异常及缺陷处理 ····················· 216

模块 1 补偿装置一般异常（Z08G4001Ⅰ） ················· 216

模块 2 补偿装置异常分析处理（Z08G4001Ⅱ） ············· 220

模块 3 补偿装置异常处理优化处理方案（Z08G4001Ⅲ） ····· 225

第十九章 二次回路异常及缺陷处理 ····················· 228

模块 1 二次回路一般异常（Z08G5001Ⅰ） ················· 228

模块 2 二次回路异常分析处理（Z08G5001Ⅱ） ············· 229

模块 3 二次回路异常的优化处理方案（Z08G5001Ⅲ） ······· 232

第二十章 站用交、直流系统和二次设备异常处理 ········· 237

模块 1 站用交、直流系统一般异常（Z08G6001Ⅰ） ········· 237

模块 2 站用交、直流系统异常分析处理（Z08G6001Ⅱ） ····· 249

模块 3 站用交、直流系统异常的优化处理方案（Z08G6001Ⅲ） ···· 257

第二十一章 互感器异常处理 ··························· 261

模块 1 互感器一般异常（Z08G7001Ⅰ） ··················· 261

模块 2 互感器异常分析处理（Z08G7001Ⅱ） ··············· 263

模块 3 互感器异常处理的优化处理方案（Z08G7001Ⅲ） ····· 268

第二十二章 小电流接地系统异常分析及处理 ············· 271

模块 1 小电流接地系统异常现象（Z08G8001Ⅰ） ··········· 271

模块 2 小电流接地系统异常处理（Z08G8001Ⅱ） ··········· 273

第二十三章 事故处理基本原则及步骤 ··················· 276

模块 1 事故处理基本原则及步骤（Z08H1001Ⅰ） ··········· 276

第二十四章 高压开关类设备、线路事故处理 ············· 281

模块 1 高压开关类设备上发生的简单事故处理原则（Z08H2002Ⅰ） ·· 281

模块 2 线路事故现象及处理原则（Z08H2001Ⅰ） ··········· 285

模块 3 高压开关类设备上发生的常规事故处理（Z08H2002Ⅱ） ···· 289

模块 4　线路一般事故处理（Z08H2001Ⅱ）…………………… 295

模块 5　高压开关类设备事故处理危险点预控分析（Z08H2002Ⅲ）………… 300

模块 6　线路事故处理预案（Z08H2001Ⅲ）…………………… 302

第二十五章　变压器事故处理 …………………………………………………… 307

模块 1　变压器事故现象和处理原则（Z08H3001Ⅰ）…………………… 307

模块 2　变压器事故处理（Z08H3001Ⅱ）…………………………… 311

模块 3　变压器事故处理预案（Z08H3001Ⅲ）…………………… 319

第二十六章　母线事故处理 ……………………………………………………… 324

模块 1　母线事故现象和处理原则（Z08H4001Ⅰ）…………………… 324

模块 2　母线一般事故处理（Z08H4001Ⅱ）…………………… 330

模块 3　母线事故处理预案（Z08H4001Ⅲ）…………………… 334

第二十七章　补偿装置事故分析及处理 ………………………………………… 339

模块 1　补偿装置简单事故处理（Z08H5001Ⅰ）…………………… 339

模块 2　补偿装置事故处理（Z08H5001Ⅱ）…………………… 341

模块 3　补偿装置事故处理危险点预控分析（Z08H5001Ⅲ）…………… 346

第二十八章　二次设备事故处理 ………………………………………………… 351

模块 1　继电保护误动的类型、现象和处理原则（Z08H6001Ⅰ）………… 351

模块 2　继电保护拒动事故的类型和现象（Z08H6002Ⅰ）……………… 358

模块 3　二次回路故障引起的事故现象及处理原则（Z08H6003Ⅰ）……… 360

模块 4　继电保护误动事故分析处理（Z08H6001Ⅱ）…………………… 366

模块 5　继电保护拒动事故分析处理（Z08H6002Ⅱ）…………………… 370

模块 6　二次回路故障引起的事故分析处理（Z08H7001Ⅱ）…………… 372

模块 7　二次设备事故处理预案（Z08H7002Ⅲ）…………………… 379

第二十九章　站用交、直流系统事故处理 ……………………………………… 385

模块 1　站用交、直流系统一般事故处理（Z08H7001Ⅰ）……………… 385

模块 2　站用交、直流系统事故分析（Z08H7001Ⅱ）…………………… 389

模块 3　站用交、直流系统事故预案（Z08H7001Ⅲ）…………………… 393

第三十章　复杂事故处理 ………………………………………………………… 398

模块 1　系统振荡事故分析处理（Z08H8001Ⅱ）………………………… 398

模块 2　断路器拒动事故分析处理（Z08H8002Ⅱ）…………………… 402

模块 3　变电站全停电事故分析处理（Z08H8003Ⅱ）…………………… 406

模块 4　复杂事故处理预案（Z08H8001Ⅲ）…………………… 409

第三十一章　一次设备维护性检修 ················ 418

模块 1　变压器普通带电测试及一般维护（Z08I1001Ⅱ）············· 418

模块 2　断路器普通带电测试及一般维护（Z08I1002Ⅱ）············· 434

模块 3　隔离开关普通带电测试及一般维护（Z08I1003Ⅱ）··········· 442

模块 4　互感器普通带电测试及一般维护（Z08I1004Ⅱ）············· 449

模块 5　母线普通带电测试及一般维护（Z08I1005Ⅱ）·············· 459

模块 6　避雷器普通带电测试及一般维护（Z08I1006Ⅱ）············· 464

模块 7　无功补偿装置普通带电测试及一般维护（Z08I1007Ⅱ）········ 469

模块 8　变压器的一般异常消缺处理（Z08I1008Ⅲ）··············· 473

模块 9　断路器的一般异常消缺处理（Z08I1009Ⅲ）··············· 480

模块 10　隔离开关的一般异常消缺处理（Z08I1010Ⅲ）············· 495

模块 11　互感器的一般异常消缺处理（Z08I1011Ⅲ）·············· 501

模块 12　母线的一般异常消缺处理（Z08I1012Ⅲ）··············· 505

模块 13　避雷器的一般异常消缺处理（Z08I1013Ⅲ）·············· 507

模块 14　无功补偿装置的一般异常消缺处理（Z08I1014Ⅲ）·········· 510

第三十二章　二次设备维护性检修 ················ 516

模块 1　继电保护、二次回路及监控系统的一般性维护（Z08I2001Ⅱ）···· 516

模块 2　继电保护、二次回路及监控系统的一般异常消缺处理

（Z08I2002Ⅲ）·································· 524

第三十三章　站用交、直流系统维护性检修 ············ 538

模块 1　站用交、直流系统的例行试验和专业巡检（Z08I3002Ⅲ）······· 538

模块 2　站用交、直流系统的一般异常消缺处理（Z08I3001Ⅱ）········· 541

第三十四章　生产管理及信息系统应用 ·············· 545

模块 1　变电站生产管理及信息系统使用（ZY1200103002）·········· 545

模块 2　变电站生产管理及信息系统的报表审核（ZY1200103003）······· 553

模块 3　变电站生产管理及信息系统的分析完善（ZY1200103004）······· 564

第三十五章　电力安全生产规程规范 ··············· 568

模块 1　国家电网有限公司电力安全工作规程（ZY1800101001）········ 568

参考文献 ···································· 571

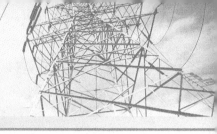

第一章

一 次 设 备 巡 视

◢ 模块1　一次设备正常巡视（Z08E1001Ⅰ）

【模块描述】 本模块包含一次设备巡视要求及项目。通过对具体设备巡视内容的介绍，掌握一次设备的巡视要求及项目、内容、方法，能通过巡视发现一般缺陷，并能规范填报。

【模块内容】

在掌握一次设备的原理、结构的基础上，变电运维人员应按规定对一次设备进行巡视，通过巡视发现设备的缺陷和隐患。

一、巡视一般要求及规定

（一）基本要求

（1）运维班负责所辖变电站的现场设备巡视工作，应结合每月停电检修计划、带电检测、设备消缺维护等工作统筹组织实施，提高运维质量和效率。

（2）巡视人员应注意人身安全，针对运行异常且可能造成人身伤害的设备应开展远方巡视，应尽量缩短在瓷质、充油设备附近的滞留时间。

（3）巡视应执行标准化作业，保证巡视质量。

（4）运维班班长、副班长和专业工程师应每月至少参加1次巡视，监督、考核巡视检查质量。

（5）对于不具备可靠的自动监视和告警系统的设备，应适当增加巡视次数。

（6）巡视设备时运维人员应着工作服，正确佩戴安全帽。雷雨天气必须巡视时应穿绝缘靴、着雨衣，不得靠近避雷器和避雷针，不得触碰设备、构架。

（7）为确保夜间巡视安全，变电站应具备完善的照明。

（8）现场巡视工器具应合格、齐备。

（9）备用设备应按照运行设备的要求进行巡视。

（二）巡视分类及周期

1. 巡视分类

变电站的设备巡视检查，分为例行巡视、全面巡视、熄灯巡视、专业巡视和特殊巡视。

2. 例行巡视

（1）例行巡视是指对站内设备及设施外观、异常声响、设备渗漏、监控系统、二次装置及辅助设施异常告警、消防安防系统完好性、变电站运行环境、缺陷和隐患跟踪检查等方面的常规性巡查，具体巡视项目按照现场运行通用规程和专用规程执行。

（2）一类变电站每 2 天不少于 1 次；二类变电站每 3 天不少于 1 次；三类变电站每周不少于 1 次；四类变电站每 2 周不少于 1 次。

（3）配置机器人巡检系统的变电站，机器人可巡视的设备可由机器人巡视代替人工例行巡视。

3. 全面巡视

（1）全面巡视是指在例行巡视项目基础上，对站内设备开启箱门检查，记录设备运行数据，检查设备污秽情况，检查防火、防小动物、防误闭锁等有无漏洞，检查接地引下线是否完好，检查变电站设备厂房等方面的详细巡查。全面巡视和例行巡视可一并进行。

（2）一类变电站每周不少于 1 次；二类变电站每 15 天不少于 1 次；三类变电站每个月不少于 1 次；四类变电站每 2 个月不少于 1 次。

（3）需要解除防误闭锁装置才能进行巡视的，巡视周期由各运维单位根据变电站运行环境及设备情况在现场运行专用规程中明确。

4. 熄灯巡视

（1）熄灯巡视指夜间熄灯开展的巡视，重点检查设备有无电晕、放电，接头有无过热现象。

（2）熄灯巡视每月不少于 1 次。

5. 专业巡视

（1）专业巡视指为深入掌握设备状态，由运维、检修、设备状态评价人员联合开展对设备的集中巡查和检测。

（2）一类变电站每个月不少于 1 次；二类变电站每季度不少于 1 次；三类变电站每半年不少于 1 次；四类变电站每年不少于 1 次。

6. 特殊巡视

特殊巡视指因设备运行环境、方式变化而开展的巡视。遇有以下情况，应进行特殊巡视：

（1）大风后。

（2）雷雨后。

（3）冰雪、冰雹后，雾霾过程中。

（4）新设备投入运行后。

（5）设备经过检修、改造或长期停运后重新投入系统运行后。

（6）设备缺陷有发展时。

（7）设备发生过负载或负载剧增、超温、发热、系统冲击、跳闸等异常情况。

（8）法定节假日、上级通知有重要保供电任务时。

（三）设备巡视检查应遵守的规定

（1）变电站设备巡视，由值守人员或巡操人员按照规程规定进行定期性巡视检查和特殊性巡视检查。

（2）有权单独巡视检查高压配电装置的人员在巡视检查高压设备时，应遵守《国家电网公司电力安全工作规程》关于高压设备巡视的规定。

1）经企业领导批准，允许单独巡视高压设备的变电运维人员和非本值的变电运维人员，单独巡视高压设备时，不得进行其他工作，不得移开或越过遮栏。

2）雷雨天气需要巡视室外高压设备时，应穿绝缘靴，并不得靠近避雷器和避雷针。

3）高压设备发生接地时，室内不得接近故障点 4m 以内，室外不得接近故障点 8m 以内。进入上述范围以内人员必须穿绝缘靴，接触设备外壳和构架时应戴绝缘手套。

4）巡视配电装置时，进出高压室必须随手将门关好。

5）新进人员和实习生不可单独巡视检查。

6）检修班（巡操队）进行红外线测温、继电保护巡视等，必须执行工作票制度。

（3）值班人员进行巡视检查时应做到以下几点：

1）必须随身携带巡视记录簿，按照站内规定的巡视检查路线进行巡视检查，防止漏查设备。

2）巡视前应了解设备负荷分配及健康情况，以便有重点地进行仔细检查。

3）进入生产区应戴好安全帽。

4）在设备检查中，要做到"四细"，即细看、细听、细嗅、细摸（指不带电的外壳），严格按照设备运行规程中的检查项目逐项检查，防止漏查缺陷。

5）对查出的缺陷和异常情况，应及时汇报值班负责人，进行分类、认定后详细记在相应的记录簿上；对严重缺陷及紧急异常情况，巡操队应立即进行复查分析，并向主管部门和有关调度汇报。

6）巡视时遇有严重威胁人身和设备安全的情况，应按事故处理有关规定进行处理。

7）检查巡视人员要做到：不准做与巡视无关的工作；不准观望巡视范围以外的外景；不准交谈与巡视无关的内容；不准嬉笑、打闹；不准移开或越过遮栏。

（四）设备巡视检查的基本方法

（1）巡视设备时，要精力集中，认真、仔细，充分发挥眼、鼻、耳、手的作用，并分析设备运行是否正常。

（2）高温、高峰大负荷时，应使用红外线测温仪进行测试，并分析测试的结果。

（3）可在毛毛雨天和小雪天检查户外设备是否发热。

（4）利用日光检查户外绝缘子是否有裂纹。

（5）雨后检查户外绝缘子是否有水波纹。

（6）设备经过操作后要做重点检查，特别是断路器跳闸后的检查。

（7）气候骤然变化时，应重点检查注油设备油位、压力是否正常，有无渗漏。

（8）根据历次的设备事故进行重点检查。

（9）新设备投入运行后（特别是主变压器等大型设备），有人值班变电站应增加一次巡视，无人值班变电站应派人留守24h。

（10）运行设备存在缺陷但尚未处理，应检查缺陷是否发展、变化。

（五）巡视前准备

1. 人员要求（见表 Z08E1001Ⅰ–1）

表 Z08E1001Ⅰ–1　　　　　　人　员　要　求

序号	内　　　容	备　　注
1	作业人员经年度《电力安全工作规程　变电部分》考试合格，并经批准上岗	
2	人员精神状态正常，无妨碍工作的病症，着装符合要求	
3	具备必要电气知识，熟悉本站一、二次电气设备，年度定岗考试考核合格	

2. 巡视危险点分析与预防控制措施（见表 Z08E1001Ⅰ–2）

表 Z08E1001Ⅰ–2　　　　巡视危险点分析与预防控制措施

防范类型	危险点	预防控制措施
人身触电	误碰、误动、误登运行设备，误入带电间隔	（1）巡视检查时应与带电设备保持足够的安全距离，10kV 为 0.7m，35（20）kV 为 1m，110（66）kV 为 1.5m，220kV 为 3m，330kV 为 4m，500kV 为 5m，750kV 为 7.2m，1000kV 为 8.7m。 （2）巡视中运维人员应按照巡视路线进行，在进入设备室，打开机构箱、屏柜门时不得进行其他工作（严禁进行电气工作）。不得移开或越过遮栏
	设备有接地故障时，巡视人员误入产生跨步电压	高压设备发生接地时，室内不得接近故障点 4m 以内，室外不得靠近故障点 8m 以内，进入上述范围人员应穿绝缘靴，接触设备的外壳和构架时，应戴绝缘手套

续表

防范类型	危险点	预防控制措施
SF$_6$气体防护	进入户内SF$_6$设备室或SF$_6$设备发生故障气体外逸,巡视人员窒息或中毒	(1)进入户内SF$_6$设备室巡视时,运维人员应检查其氧量仪和SF$_6$气体泄漏报警仪显示是否正常;显示SF$_6$含量超标时,人员不得进入设备室。 (2)进入户内SF$_6$设备室之前,应先通风15min以上。并用仪器检测含氧量(不低于18%)合格后,人员才准进入。 (3)室内SF$_6$设备发生故障,人员应迅速撤出现场,开启所有排风机进行排风。未佩戴防毒面具或正压式空气呼吸器人员禁止入内。只有经过充分的自然通风或强制排风,并用检漏仪测量SF$_6$气体合格,用仪器检测含氧量(不低于18%)合格后,人员才准进入
高空坠落	登高检查设备,如登上开关机构平台检查设备时,感应电造成人员失去平衡,造成人员碰伤、摔伤	登高巡视时应注意力集中,登上开关机构平台检查设备、接触设备的外壳和构架时,应做好感应电防护
高空落物	高空落物伤人	进入设备区,应正确佩戴安全帽
设备故障	使用无线通信设备,造成保护误动	在保护室、电缆层禁止使用移动通信工具,防止造成保护及自动装置误动
设备故障	小动物进入,造成事故	进出高压室,打开端子箱、机构箱、汇控柜、智能柜、保护屏等设备箱(柜、屏)门后应随手将门关闭锁好

3. 巡视工器具（见表 Z08E1001Ⅰ-3）

表 Z08E1001Ⅰ-3　　　　巡 视 工 器 具

序号	名称	规格	单位	数量	备注
1	安全帽		顶	2	
2	绝缘靴		双	2	根据需要
3	望远镜		只	1	
4	护目镜		个	2	根据需要
5	测温仪		台	1	
6	应急灯		盏	1	夜晚
7	钥匙		套	1	

注　工器具根据现场实际情况选用。

二、变压器的巡视项目及要求

（一）变压器正常巡视

（1）所带负荷电流符合规定，变压器的油温和温度计应正常，储油柜的油位应与温度对应，各部位无渗油、漏油。

（2）瓷套管外部无破损裂纹、严重油污、放电痕迹及其他异常现象。

（3）变压器运行声响正常。

（4）冷却器投入运行方式是否满足变压器冷却的对称性要求。

（5）冷控箱内电源和切换开关位置正确，冷却器手感温度应相近，风扇、油泵运转正常，油流继电器指示在正常位置。

（6）呼吸器完好，吸附剂颜色正常；无放电、爆裂及零件松动声。

（7）引线接头无过热、散股。

（8）压力释放器应完好，无喷油痕迹。

（9）有载分接开关检查：

1）高、中、低压母线电压应在规定电压偏差范围内。

2）机构箱内电源指示灯显示正确，挡位显示与操动机构箱内指示一致。

3）机构箱内电源空气开关在接通位置，位置指示停在绿色区域内。

4）分接开关储油柜的油位、油色、吸湿器及其干燥剂均应正常，分接开关油位不得高于本体油位。

5）分接开关及其附件各部位应无渗漏油。

6）计数器动作正常，及时记录分接开关变换次数。

7）电动机构箱内部应清洁，润滑良好，机构箱门关闭严密，防潮、防尘、防小动物，密封良好。

（10）气体继电器玻璃窗清洁、不渗油，内部无积气、积水。

（11）各控制箱和二次端子箱应关严，无受潮现象，防湿加热器投、退正常。

（12）各接地装置应良好，可靠。

（13）消防设施齐全、完好。

（二）特殊巡视检查项目

（1）大负荷。监视负荷、油温、油位变化是否正常。

（2）大风天气。检查引线摆动情况及引线上有无异物。

（3）雷电天气。重点检查绝缘子有无放电痕迹，各引线连接处有无水气。

（4）大雾天气。检查绝缘子有无放电及电晕现象，并重点监视污秽瓷质部分有无异常。

（5）大雪天气。检查绝缘子上有无冰凌，引线是否结冰，各连接处有无积雪融化。

（6）气温剧烈变化。检查储油柜的油位、温度及温升值变化是否突然，绝缘子有无裂纹、破损，导线弛度是否适当。

（7）短路故障。检查油温、油色、声响及各连接部位有无变形烧伤，绝缘子有无放电痕迹。

（8）夜巡。重点检查接线端子有无过热发红、发亮等现象。

三、高压断路器巡视项目及要求

（一）高压断路器的正常巡视检查

引线连接部位无过热现象，引线弧度适中、无断股，定期进行红外测温。

绝缘瓷套表面清洁，无破损裂纹或放电痕迹，内部无异常声响。

断路器实际分合闸状态与机械、电气位置指示相一致。

SF_6 断路器 SF_6 气体压力正常。

操动机构压力正常：液压机构油箱油位正常、无渗漏油；空压机构压缩机压力正常；弹簧操动机构储能正常。

机构箱及汇控柜内远近控开关应在"远方"位置，各电源开关及隔离开关、熔丝应在合上位置。

温控除湿装置应长期自动投入。

空压机构应定期对各储气罐进行排水。

操作箱、汇控箱内应封堵完好，各电气元件应清洁完整，且箱门关闭严密，无进水受潮。

（二）断路器的特殊巡视

下列情况对断路器进行特殊巡视：

断路器跳闸后。

新投运或检修后。

高温季节、恶劣天气，高峰负荷时。

断路器操动机构频繁建压。

断路器存在严重缺陷时。

四、隔离开关巡视内容及要求

（1）绝缘子应清洁，无破损、裂纹，无放电痕迹。

（2）分合闸到位；合闸时触头接触良好，应无发热现象。

（3）均压环应平正牢固，刀臂无变形、偏移。

（4）引线应无松动、严重摆动、烧伤断股现象，线夹无开裂发热现象。

（5）传动机构的可见定位固定螺丝无脱落。

（6）隔离开关机械位置指示正确、三相一致；控制屏、监控屏、有关保护屏上隔离开关位置指示与现场实际位置相符。

（7）操作机构箱、端子箱应封堵良好，无积水受潮。

（8）隔离开关机构箱内远近控开关正常应在"远方"位置，电动机电源开关应合上。

（9）机构箱、端子箱内温控除湿装置应在自动投入状态。

（10）定期用红外测温仪进行测温。

五、互感器巡视项目及要求

（1）套管绝缘子清洁，无裂纹、破损及放电现象。

（2）检查波纹膨胀器运行状况，油位窥视窗口红色导油油位指示器一般情况下应在+20℃刻度上下。

（3）一次接头各部连接牢固，无松动、过热现象；基础牢固，接地良好。

（4）对电流互感器还应进行下列检查：

1）干式（树脂）电流互感器外壳无裂纹，无炭化脆皮，无发热、熔化现象。

2）无异常声响：

a."嗡嗡"声较大，可能是铁芯穿芯螺钉夹得不紧、硅钢片松弛，也可能是因一次负载突然增大或过载等。

b."嗡嗡"声很大，可能是二次回路开路。

c.内部有"噼啪"放电声，可能是线圈故障。

3）二次回路一点接地良好，各连接端子排紧固，二次线和电缆无腐蚀、损伤。

4）检查电流互感器二次有无以下异常现象：

a.内部有"吱吱"放电声，交流互感声变大并有振动感。

b.二次回路接线端子排有无打火、烧伤或烧焦现象。

c.电流表或功率表指示为零，电能表不转而伴有"嗡嗡"声。

（5）对电压互感器还应进行下列检查：

1）油位、油色正常无渗漏，渗油时应及时汇报。

2）有无不正常声音，运行无异味、无异常声音，导电部位不变色。

3）各连接处连接是否紧密，端子箱密封良好。

4）检查电压互感器高、低压熔断器及二次空气开关运行良好。

5）内部应无放电声和其他异声、异味。

6）接地良好，各部分连接应牢固、无松动过热现象。表计指示（或遥测）正常。

六、防雷设备巡视项目及要求

（一）防雷及接地装置的正常巡视检查项目

1. 避雷器正常巡视

（1）巡视项目及内容。

1）瓷套表面积污程度及是否出现放电现象，瓷套、法兰是否出现裂纹、破损。

2）避雷器内部是否存在异常声响。

3）与避雷器、计数器连接的导线及接地引下线有无烧伤痕迹或断股现象。

4）避雷器放电计数器指示数是否有变化，计数器内部是否有积水。

5）避雷器均压环是否发生歪斜。

6）低式布置的避雷器，遮栏内有无杂草。

（2）巡视要求。

1）避雷器设备的巡视工作应由变电运维人员在设备的日常巡视工作中进行并做好巡视记录。巡视中发现避雷器设备存在异常现象时应在设备的异常与缺陷记录中进行详细记载，同时向上级汇报后按缺陷的处置原则进行处置。

2）对带有泄漏电流在线监测装置的避雷器，泄漏电流应按规定周期进行检查记录。

3）雷雨时，严禁巡视人员接近避雷器设备及其他防雷装置。

2. 避雷器特殊巡视

（1）当出现下列情况时，需对避雷器设备进行特殊巡视。

1）按规定需经特殊巡视的设备。

2）阴雨天及雨后。

3）大风及沙尘天气。

4）每次雷电活动后或系统发生过电压等异常情况后。

5）运行 15 年及以上的避雷器。

（2）特殊巡视的要求。

1）对于符合特殊巡视条件的避雷器，视缺陷程度增加巡视频次，着重观察异常现象或缺陷的发展变化情况。如缺陷为泄漏电流异常升高时，应缩短无串联间隙金属氧化物避雷器的带电测试周期，对于安装有泄漏电流在线监测装置的避雷器缩短记录周期。

2）阴雨天及雨后的特殊巡视主要应观察避雷器外套是否存在放电现象，对于安装有泄漏电流在线监测装置的避雷器，观察泄漏电流变化情况。

3）大风及沙尘天气的特殊巡视主要应观察引流线与避雷器间连接是否良好，是否存在放电声音，垂直安装的避雷器是否存在严重晃动。对于悬挂式安装的避雷器还应观察风偏情况。沙尘天气中还应观察避雷器外套是否存在放电现象。

4）每次雷电活动后或系统发生过电压等异常情况后，应尽快进行特殊巡视工作，观察避雷器放电计数器的动作情况，观察瓷套与计数器外壳是否有裂纹或破损，与避雷器连接的导线及接地引下线有无烧伤痕迹，对于安装有泄漏电流在线监测装置的避雷器观察泄漏电流变化情况等。

5）对于运行 15 年及以上的避雷器应重点跟踪泄漏电流的变化，停运后应重点检查压力释放板是否有锈蚀或破损。

6）对于符合特殊巡视条件中 2）、3）的避雷器，巡视时应注意与避雷器设备保持足够的安全距离，避雷器外套或引流线与避雷器间出现严重放电时应远离避雷器进行观察。

7）特殊巡视的结果应进行记录，对于符合特殊巡视条件中 1）的避雷器和在其他特殊巡视项目中发现的异常情况应记入设备的异常与缺陷记录中。

8）特殊巡视中出现紧急状况时应立即向上级汇报并按照缺陷的处置原则进行处理。

（二）避雷针正常巡视检查项目

（1）检查避雷针以及接地引下线有无锈蚀。

（2）检查导电部分的连接处，如焊点、螺栓连接点等连接是否牢固。

（3）检查避雷针本体是否有裂纹、歪斜。

（三）接地装置的正常巡视检查项目

（1）检查接地线与设备的金属外壳以及同接地网的连接处接触是否良好，有无松动脱落等现象。

（2）检查接地线有无损伤、碰撞及腐蚀现象。

七、补偿装置巡视项目及要求

（一）500kV 高压电抗器的正常巡视

（1）油温及线圈温度正常，温度计指示正确。

（2）三相高压电抗器本体及中性点电抗器的油枕油位应正常，符合油位与油温的关系曲线。

（3）套管油位、油色应正常，套管外部无破损裂纹、无严重油污、无放电痕迹及其他异常现象。

（4）三相高压电抗器本体内声音均匀，无异声。

（5）油枕、套管及法兰、阀门、油管、气体继电器等各部位无渗漏油。

（6）各连接引线无异常，各连触点无发热现象。

（7）气体继电器内充满油，无气体。

（8）压力释放装置完好，无喷油痕迹及动作指示。

（9）呼吸器完好，油杯内油面、油色正常，呼吸畅通（油中有气泡翻动）。对单一颜色硅胶，受潮变色硅胶不超过 2/3。对多种颜色硅胶，受潮变色硅胶不超过 3/4。

（10）高压电抗器三相电流平衡。

（11）各控制箱和端子箱应封堵完好，无进水受潮，温控除湿装置长期自动投入。

（二）35kV 低压电抗器的正常巡视

（1）油浸式低压电抗器：

1）油温及线圈温度正常，温度计指示正确。

2）油枕的油位应正常，符合油位与油温的关系曲线。

3）套管油位、油色应正常，套管外部无破损裂纹、无严重油污、无放电痕迹及其他异常现象。

4）声音均匀，无异声。

5）油枕、套管及法兰、阀门、油管、气体继电器等各部位无渗漏油。

6）各连接引线无异常，各连触点无发热现象。

7）气体继电器内充满油，无气体。

8）压力释放装置完好，无喷油痕迹及动作指示。

9）呼吸器完好，油杯内油面、油色正常，呼吸畅通。对单一颜色硅胶，受潮变色硅胶不超过 2/3。对多种颜色硅胶，受潮变色硅胶不超过 3/4。

（2）干式低压电抗器：

1）表面涂层无严重变色、龟裂、脱落或爬电痕迹。

2）无局部过热现象，必要时进行红外测温。

3）支持绝缘子无破损裂纹、放电痕迹。

4）接头无松动发热。

5）无异常振动和声响。

6）干式电抗器周围无杂物。

（三）低压电容器正常巡视检查

（1）电容器、放电线圈无异常振动或声响，各连接头无发热现象。

（2）电容器外熔丝完好。

（3）电容器无渗液，放电线圈无渗油。

（4）套管及支持绝缘子完好，无破损裂纹及放电痕迹。

（5）电容器内部无放电声，外壳无变形及鼓肚现象。

（6）电容器支架上无杂物，特别要检查支架顶部无鸟窝等异物。

（7）限流干式电抗器表面涂层无变色、龟裂、脱落或爬电痕迹。

（8）避雷器应垂直和牢固，绝缘子无破损裂纹及放电痕迹，泄漏电流正常。

（9）中性点流变绝缘子无破损裂纹及放电痕迹，油位正常，无渗漏油。

（10）安全栅栏应关闭严密。

八、母线及连接导线的巡视项目及要求

（一）正常巡视检查

（1）引线无断股、散股、烧伤痕迹，无异物挂落。

（2）引线线夹压接牢固、接触良好，无发热现象。

（3）构架应平正牢固，防腐涂层良好，无严重锈蚀。

（4）瓷质部分应清洁，无裂纹、放电痕迹。

（5）管型母线无严重弯曲变形现象。

（6）高型、半高型布置的母线构架，上层隔离开关电缆固定可靠，防止大风吹落。

（7）检查设备引线、跨线对构架、其他设备及本身相间的安全距离裕度足够，严防风偏故障。

（二）特殊巡视检查

（1）大风天气。母线的摆动情况是否符合安全距离要求，有无异常飘落物。

（2）雷雨天气。绝缘子有无放电闪络痕迹。

（3）气温突变。母线是否有弛度过大或收缩过紧现象。

（4）雾天。绝缘子有无闪络。

九、高频通道设备巡视项目及要求

（一）阻波器正常巡视检查项目

（1）检查导线有无断股，接头有无发热现象，阻波器有无异常声响。

（2）阻波器安装是否牢固。

（3）阻波器上有无杂物，构架有无变形。

（4）阻波器上部与导线间悬挂的绝缘子是否良好。

（5）悬式绝缘子应清洁，无裂纹、闪络痕迹及破损。

（二）耦合电容器正常巡视检查项目

（1）耦合电容器绝缘子有无破损、渗漏油现象。

（2）引线有无松动、过热，经结合滤波器接地是否良好，有无放电现象；接地刀闸绝缘子有无破损。

（3）耦合电容器有无渗油，内部有无异常声音。

（三）结合滤波器正常巡视检查项目

（1）引线连接牢固，接地线接触良好。

（2）绝缘子无裂纹和破损。

（3）外壳密封严实，无锈蚀。

（4）接地刀闸位置正确，高频电缆连接牢固、可靠。

十、巡视路线

变电运维人员应按规定的设备巡视路线巡视本岗位所分工负责的设备，规定巡视路线的目的是防止漏巡设备，同时节省变电运维人员的体力。某变电站室内外设备巡视路线示意如图 Z08E1001Ⅰ-1 所示，以供参考。

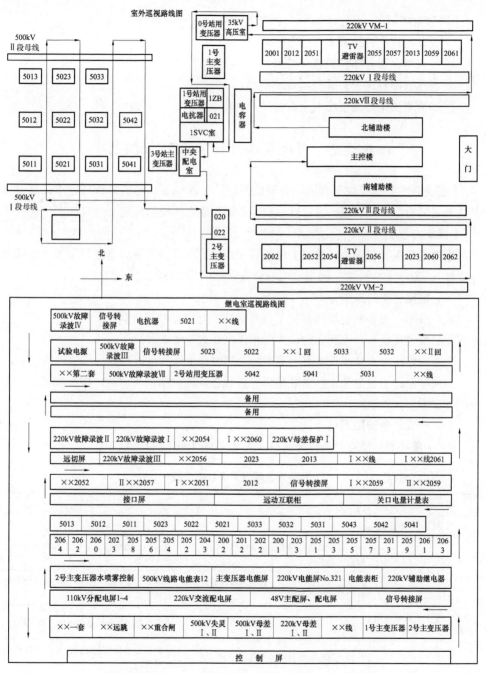

图 Z08E1001Ⅰ-1 某变电站室内外设备巡视线路示意图

【思考与练习】

1. 设备巡视检查的基本方法有哪些？

2. 变压器巡视有哪些项目和要求？

3. 高压断路器巡视有哪些项目和要求？

4. 检查本变电站巡视路线是否合理？为什么？

◢ 模块 2　一次设备定性（Z08E1001Ⅱ）

【模块描述】 本模块包含缺陷分类的原则、一次设备缺陷的分析与定性。通过设备缺陷案例的介绍，掌握缺陷定性方法，并能准确定性缺陷类别。

【模块内容】

根据国家电网有限公司的《变电站管理规范》和高压开关设备运行规范（国家电网生技〔2005〕172 号文）确定缺陷的分类原则以及具体的设备定性。

一、缺陷分类的原则

危急缺陷：设备或建筑物发生了直接威胁安全运行并需立即处理的缺陷，否则随时可能造成设备损坏、人身伤亡、大面积停电和火灾等事故。

严重缺陷：对人身或设备有严重威胁，暂时尚能坚持运行但需尽快处理的缺陷。

一般缺陷：上述危急、严重缺陷以外的设备缺陷，指性质一般、情况较轻、对安全运行影响不大的缺陷。

二、一次设备缺陷定性

（一）断路器、隔离开关缺陷定性（见表 Z08E1001Ⅱ–1）

表 **Z08E1001Ⅱ–1**　　　　　　断路器、隔离开关缺陷定性

设备（部位）名称	危急缺陷	严重缺陷
1. 危急缺陷、严重缺陷		
1.1　短路电流	安装地点的短路电流超过断路器的额定短路开断电流	安装地点的短路电流接近断路器的额定短路开断电流
	断路器的累计故障开断电流超过额定允许的累计故障开断电流	断路器的累计故障开断电流接近额定允许的累计故障开断电流
1.2　操作次数和开断次数		操作次数接近断路器的机械寿命次数
1.3　导电回路	导电回路部件有严重过热或打火现象	导电回路部件温度超过设备允许的最高运行温度
	电气设备与金属部件连接时三相温差大于 95% 或者热点温度大于等于 110℃	电气设备与金属部件连接时三相温差大于 80% 或者热点温度大于等于 80℃

续表

设备（部位）名称		危急缺陷	严重缺陷
1.3 导电回路		金属部件与金属部件连接时三相温差大于95%或者热点温度大于等于130℃	金属部件与金属部件连接时三相温差大于80%或者热点温度大于等于90℃
1.4 瓷套或绝缘子		瓷套或绝缘子有开裂、放电声或严重电晕	瓷套或绝缘子严重积污
1.5 断口电容		断口电容有严重漏油现象，电容量或介质损耗严重超标	断口电容有明显的渗油现象、电容量或介质损耗超标
1.6 操动机构	（1）液压或气动机构	液压或气动机构失压到零、频繁打压	液压或气动机构打压不停泵
	（2）控制回路	控制回路断线、辅助开关接触不良或切换不到位、电阻和电容等零件损坏	
	（3）分合闸线圈	分合闸线圈引线断线或线圈烧坏	分合闸线圈最低动作电压超出标准和规程要求
1.7 接地线		接地引下线断开	接地引下线松动
1.8 断路器的分合闸		断路器分、合闸位置不正确，与当时的实际运行工况不相符，断路器拒分、拒合	
2. SF₆断路器设备			
2.1 SF₆气体		SF_6气室严重漏气，发出闭锁信号	SF_6气体湿度严重超标，气室严重漏气，发出报警信号
2.2 设备本体		内部及管道有异常声音（漏气声、振动声、放电声等），落地罐式断路器或 GIS 防爆膜变形或损坏	
2.3 操动机构		气动机构加热装置损坏，管路或阀体结冰	气动机构自动排污装置失灵
		气动机构压缩机故障	气动机构压缩机打压超时
		（1）液压机构油压异常。（2）液压机构严重漏油、漏氮。（3）液压机构压缩机损坏。（4）弹簧机构弹簧断裂或出现裂纹。（5）弹簧机构储能电动机损坏。（6）绝缘拉杆松脱、断裂	液压机构压缩机打压超时
3. 油断路器设备			
3.1 绝缘油		严重漏油，油位不可见	断路器油绝缘试验不合格或严重炭化
3.2 设备本体		（1）多油断路器内部有爆裂声。（2）少油断路器开断过程中喷油严重。（3）少油断路器灭弧室冒烟或内部有异常声响	
3.3 操动机构		（1）液压机构油压异常。（2）液压机构严重漏油、漏氮。（3）液压机构压缩机损坏。（4）绝缘拉杆松脱、断裂	（1）液压机构压缩机打压超时。（2）渗油引起压力下降

续表

设备（部位）名称	危急缺陷	严重缺陷
4. 高压断路器柜和真空断路器		
4.1　真空断路器	真空灭弧室有裂纹、室内有放电声或因放电而发光、灭弧室耐压或真空度检测不合格	真空灭弧室外表面积污严重
4.2　开关柜及元部件	（1）元部件表面严重积污或凝露。 （2）母线桥内有异常声音	（1）母线室柜与柜间封堵不严。 （2）电缆孔封堵不严
5. 高压隔离开关	（1）绝缘子有裂纹，法兰开裂。 （2）发生自动误分合。 （3）动、静触头严重接触不良。 （4）由于电动机、辅助开关、按钮、切换开关等自身元器件失灵，导致电动不能分合闸操作，手动仍不能操作。 （5）辅助开关切换与母差回路配合异常。 （6）由于底轴座锈蚀、连杆松动、脱落、断裂等将直接导致不能分合闸操作。 （7）合闸不到位，角度偏差大于 15°	（1）传动或转动部件严重腐蚀。 （2）导体严重腐蚀。 （3）合闸不到位，设备可以经另一把隔离开关复役

高压开关设备发生下列情形之一者，应定为一般缺陷，应汇报调度，并记录在缺陷记录本内进行缺陷传递，在规定时间内安排处理。

（1）编号牌脱落。

（2）相色标志不全。

（3）金属部位锈蚀。

（4）机构箱密封不严等。

（二）互感器缺陷定性

1. 危急缺陷

（1）设备漏油，从油位指示器中看不到油位。

（2）设备内部有放电声响。

（3）主导流部分接触不良，引起发热变色。

（4）设备严重放电或瓷质部分有明显裂纹。

（5）电压互感器二次电压异常波动。

（6）设备的试验、油化验等主要指标超过规定不能继续运行。

（7）电流互感器内连接螺杆接触不良、热点温度大于 80℃或者温升大于等于 95%。

（8）二次短路、电流互感器二次开路。

（9）金属膨胀器顶部异常顶起。

2. 严重缺陷

（1）设备漏油。

（2）红外测量设备内部异常发热。

（3）工作、保护接地失效。

（4）瓷质部分有掉瓷现象，不影响继续运行。

（5）充油设备油中有微量水分，呈淡黑色。

（6）二次回路绝缘下降，但下降不超过30%。

（7）电流互感器内连接螺杆接触不良热点温度大于55℃或者温升大于等于80%。

3. 一般缺陷

（1）储油柜轻微渗油。

（2）设备上缺少不重要的部件。

（3）设备不清洁，有锈蚀现象。

（4）非重要表计指示不准。

（5）其他不属于危急、严重的设备缺陷。

（6）电流互感器内连接螺杆接触不良温升大于等于20%。

（三）干式电抗器缺陷定性

1. 危急缺陷

（1）干式电抗器出现突发性声音异常或振动。

（2）接头及包封表面异常过热、冒烟。

（3）干式电抗器出现沿面放电。

（4）绝缘子有明显裂纹。

（5）设备的试验主要指标超过规定不能继续运行。

（6）试验主要指标超过规定不能继续运行。

2. 严重缺陷

（1）设备有过热点，接地体发热，围网等异常发热。

（2）包封表面存在爬电痕迹以及裂纹现象。

（3）支持绝缘子有倾斜变形（或位移），暂不影响继续运行。

3. 一般缺陷

（1）设备上缺少不重要的部件。

（2）次要试验项目漏试或结果不合格。

（3）绝缘支柱绝缘子或包封不清洁，金属部分有锈蚀现象。

（4）干式电抗器内有鸟窝或有异物，影响通风散热。

（5）引线散股。

（6）其他不属于危急、严重的设备缺陷。

（四）避雷器缺陷定性

1. 危急缺陷

（1）避雷器试验结果严重异常，泄漏电流在线监测装置指示泄漏电流严重增长，泄漏电流读数超原始值 1.4 倍。

（2）瓷外套或硅橡胶复合绝缘外套在潮湿条件下出现明显的爬电或桥络。

（3）均压环严重歪斜，引流线即将脱落，与避雷器连接处出现严重的放电现象。

（4）接地引下线严重腐蚀或与地网完全脱开。

（5）绝缘基座出现贯穿性裂纹。

（6）密封结构金属件破裂等。

（7）充气并带压力表的避雷器，压力严重低于告警值等。

2. 严重缺陷

（1）避雷器试验结果异常，红外检测发现温度分布异常，泄漏电流在线监测装置指示泄漏电流出现异常，泄漏电流读数超原始值 1.2 倍。

（2）带电运行时，在线监测仪泄漏电流读数为零。

（3）瓷外套积污严重并在潮湿条件下有明显放电的现象。

（4）瓷外套或基座出现裂纹。

（5）均压环歪斜，引流线或接地引下线严重断股或散股，一般金属件严重腐蚀。

（6）连接螺栓松动，引流线与避雷器连接处出现轻度放电现象。

（7）避雷器的引线及接地端子上以及密封结构金属件上出现不正常变色和熔孔等。

（8）本体红外测温图谱有明显异常偏差。

3. 一般缺陷

（1）避雷器放电计数器破损或不能正常动作。

（2）基座绝缘下降。

（3）瓷外套积污并在潮湿条件下引起表面轻度放电，伞裙破损。

（4）硅橡胶复合绝缘外套憎水性下降。

（5）引流线或接地引下线轻度断股，一般金属件或接地引下线腐蚀。

（6）充气并带压力表的避雷器，压力低于正常运行值等。

（7）在线监测仪泄漏电流读数低于原始值 0.8 倍。

（五）变压器缺陷定性

1. 危急缺陷

（1）大量漏油，从油位指示器上已看不到油位。

（2）强迫油循环变压器运行中的冷却器全停。

（3）温度不正常上升，坚持运行有危险或温升超过允许值者。

（4）设备内部有明显的放电声或异声。

（5）泄漏电流、绝缘强度等检测数据严重不合格，判断为存在明显故障不能继续运行。

（6）设备外绝缘损坏，产生强烈放电，有可能造成短路事故。

（7）失火或其他意外事故危及运行设备。

（8）设备的运行状态出现运行规程或说明书所规定必须立即停运者。

（9）有载开关运行中出现故障，造成电动、手动均不能操作。

（10）有载开关运行中出现三相不同步。

（11）呼吸器堵塞。

2. 严重缺陷

（1）冷却器故障使强迫油循环风冷主变压器失去备用冷却器。

（2）强迫油循环风冷主变压器的冷备用、辅助冷却器不能按要求投入或备用电源失去备用。

（3）铁芯多点接地，接地环流超过 300mA，或造成色谱异常。

（4）密封法兰有裂纹。

（5）出现一组冷却器（含风扇、油泵）全停或不能投运。

（6）控制箱内元件温度超过 100℃。

（7）有载开关远方电动操作发生拒动。

（8）远方挡位显示不正确，无人值班变电站报重要缺陷，其他报一般缺陷。

3. 一般缺陷

（1）漏油（5min 内有油珠垂滴）或轻微渗油（不滴油）。

（2）变压器温度升高，但未超过许可值。

（3）设备外壳、架构局部不影响强度的锈蚀。

（4）有载开关计数器损坏。

（5）油色谱等在线监测装置本身的缺陷，不影响主设备安全运行。

（6）呼吸器下部硅胶变色且超过总量 2/3。

三、设备缺陷案例分析

隔离开关的绝对温差和相对温差分析。对隔离开关的三相温度用红外测温仪测量时，测出实际温度 A、B、C 三相分别为 79、32、70℃，根据 DL/T 664—2016《带电设备红外诊断应用规范》，热点绝对温度大于 90℃ 定为严重缺陷，则所测最高温度为79℃，还没达到严重缺陷程度，但是三相之间的相对温差一比较就可发现，最高温度79℃和最低温度 32℃之间的相对温差已达到 100%以上，已属于危急缺陷。所以在缺陷定性时要从各方面去考虑，综合分析。

【思考与练习】

1. 简述缺陷分类的原则。

2. 断路器的哪些缺陷属于危急缺陷？

模块3　一次设备运行分析（Z08E1001Ⅲ）

【模块描述】本模块包含一次设备巡视分析。通过案例的介绍，掌握一次设备运行情况的分析判断，能发现隐蔽缺陷，能对设备的运行情况提出改进意见。

【模块内容】

通过对一次设备的巡视，可能发现缺陷和异常，此时应进行分析，对各种原因进行排查，找到真实原因，并进行有针对性的处理。

一、断路器"漏氮动作"及"打压超时"分析与处理

1. 现象

断路器液压操动机构的油泵的启动次数会比以前增加，机构严重漏氮时，每次的启泵压力会急剧升高，当达到35.5MPa左右时，发出漏氮信号，同时立即停泵，并延时闭锁断路器的分合闸回路。

2. 分析与处理方法

"漏氮动作"光字牌出现，首先检查现场断路器液压机构的压力表计及相关继电器动作情况。漏氮继电器动作、闭锁合闸继电器失磁，说明漏氮回路已动作。否则，应查明信号回路是否误报。

若现场检查断路器液压机构的压力表计为较高漏氮压力350bar（1bar=100kPa）左右，判定为油泵长时间启动引起，现场复归漏氮信号，此时漏氮继电器触点返回，油泵可能再次动作，则可以考虑为油压等触点粘连，造成油泵回路长期动作，使压力不断上升，到达漏氮压力355bar时使漏氮监视回路动作。此时应迅速将电动机电源断开，使油泵停止动作，由于油泵回路仍处于启动状态，因此到3min后会发"打压超时"信号。应及时向调度汇报，同时加强监视，必要时复归超时信号，断路器可继续运行。如无超时回路的，应加强监视，由手动通断操动机构的电源，使压力处于正常。

若现场检查液压机构的压力为启泵压力320bar或略高，则可以考虑为真正的氮气泄漏。由于氮气泄漏，造成打压时压力迅速上升至355bar，漏氮继电器动作，使油泵回路断开，油泵停止后压力迅速下降至320bar附近，此时断路器只能保证一次分闸。禁止直接进行复归，应先停用重合闸后，再进行复归，确认漏氮。如重复出现上述现象，应停用该断路器。

液压机构频繁打压主要是由于氮气筒内微量泄漏（在氮气储能筒泄漏的标准范围之内小于1bar/年）的气体经过分合闸操作后进入储能的油泵泵腔内导致的结果。根据经验，带电排气由于无法排尽，要求一年至少安排一次带电排气，时间放在气温变化较大的季节，注意"打压超时"信号需经调度同意断开两组断路器控制电源才能复归（有的只需断开一组控制电源即可），若调度需要停役断路器进行处理，则必须请示上级领导，经生技部门同意后才能进行。

二、隔离开关发热的分析与处理

隔离开关的动、静触头及其附属的接触部分是安全运行的关键。在运行中，经常进行分、合闸操作，触头氧化锈蚀、合闸位置不到位等均会导致接触不良，使隔离开关的导流接触部位发热。在平时巡视设备或倒闸操作中要检查到位。当对隔离开关导流接触部位是否发热有疑问时，应采用红外线测量实际温度。发现隔离开关的触点温度超过规定时，汇报调度减负荷或转移负荷，根据实际接线方式，分别采取相应的措施。

（1）线路隔离开关或变压器隔离开关发热，应该汇报调度，要求减负荷，并按照发热程度填报相应级别的缺陷。在维持运行期间，监视负荷和隔离开关触头温度的变化。

（2）对于双母线接线方式下，如果某一母线的隔离开关发热，可将该线路或主变压器倒换至另一条母线上运行，倒换母线后应进行红外线测温工作。发热的母线隔离开关在以后的母线停役（双母线接线的还必须该间隔停役）时进行处理。

（3）若有专用旁路接线方式，如果某一母线隔离开关发热，可用旁路代该出线运行，完毕后进行测温。

三、电容式电压互感器局部电容击穿引起二次电压异常升高分析与处理

电容式电压互感器（CVT）是由一个电容分压器与一个电磁式变压器组成的可供继电保护和测量用的设备，其电容部分同时也作为传送高频信号的耦合设备。

1. 现象

两条母线电压差别很大时，变电运维人员可在电容式电压互感器端子箱二次电压输出和另一段母线的二次电压进行测量比较，一般会发现故障电压互感器的二次输出会比正常的电压互感器二次输出电压高，$3U_0$ 也会大于 1V。

电容式电压互感器二次电压异常现象及引起的主要原因如下：

（1）二次电压波动。引起的主要原因可能为：二次连接松动；分压器低压端子未接地或未接载波线圈；电容单元可能被间断击穿；铁磁谐振。

（2）二次电压低。引起的主要原因可能为：二次连接不良；电磁单元故障或电容单元 C2 损坏。

（3）二次电压高。引起的主要原因可能为：电容单元 C_1 损坏；分压电容接地端未接地。

（4）开口三角形电压异常升高。引起的主要原因可能为：某相互感器的电容单元故障。

2. 处理方法

（1）比较三相电压是否一致。

（2）用万用表检查二次回路是否有问题，查看所有接线是否短路或松动。

（3）检查电压互感器本体的外观情况，或用红外线测量电压互感器的温度分布情况并进行分析。根据上述检查分析电压互感器的缺陷的严重程度，确定电压互感器是否停役检修（500kV 线路、主变压器的电压互感器停役参照线路、主变压器停役）。

四、变压器的过热

1. 变压器温度异常升高的原因

（1）变压器过负荷。

（2）变压器冷却装置故障（或冷却装置未完全投入）。

（3）变压器内部故障。如内部各接头发热、线圈有匝间短路、铁芯存在短路或涡流不正常现象。

（4）温度表计误指示。

（5）变压器大修后油路阀门未打开，或已经打开，但开启不够。

2. 处理方法

（1）若监盘发现主变压器已经过负荷，变压器组的三相各温度指示基本一致，变压器及冷却装置无故障迹象，则表示温度升高是由过负荷引起的，应按主变压器过负荷处理方法执行。

（2）若远方测温装置发出温度告警信号，且指示值很高，而现场温度指示正常并不高，变压器又没有其他故障的现象，可能是远方测温误告警。

（3）若冷却装置未完全投入或有故障，立即排除故障，不能排除故障的，则必须汇报调度对变压器减负荷处理。

（4）如果三相变压器组的某一相油温升高，明显高于该相在过去同一负荷、同样冷却条件下的运行油温，而冷却器、温度指示表计正常，则过热可能是变压器内部的某种故障引起的，应通知专业人员进行油样分析，进一步查明故障。或者变压器在负荷及冷却条件不变的情况下，油温不断上升，按现场规程规定将变压器退出运行。

（5）若主变压器在高峰负荷时段引起过热时，由于积垢原因引起散热不良，可以对主变压器的散热器进行水冲洗和清理来进行降温。

【思考与练习】

1. 简述引起变压器过热的原因和处理方法。

2. 简述电容式电压互感器二次电压异常降低的原因和处理方法。

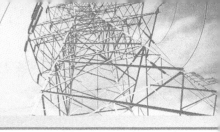

第二章

二次设备巡视

◢ 模块 1　二次设备正常巡视（Z08E2001Ⅰ）

【模块描述】 本模块包含二次设备巡视要求及项目。通过对具体设备巡视内容的介绍，掌握二次设备的巡视要求及项目、内容、方法，能通过巡视发现一般缺陷，并能规范填报。

【模块内容】

二次设备是对一次设备进行监视、控制、测量以及起保护作用的设备，对二次设备进行必要的巡视，目的是发现存在的缺陷，并加以消除，确保二次设备处于完好状态。

一、二次设备巡视的一般要求

（1）巡视人员应熟悉二次设备的配置、基本操作和故障判断处理，了解其基本工作原理、逻辑接线，掌握现场运行规程有关二次设备运行的正常监视、巡视、操作和检测技能。

（2）进行二次设备巡视时，必须严格遵守《国家电网公司电力安全工作规程》和企业管理标准有关规定，防止误碰、误动运行设备。

（3）在进行二次设备巡视时，应严格遵守设备巡视管理有关规定，不得改变设备运行状态。需要调看变电运维人员有权查阅的装置信息时，必须有监护人在场监护。

（4）在巡视二次设备时应严禁烟火。

（5）进出继电保护、通信机房等二次设备室应随手将门关好。

（6）变电运维人员不得打开运行中的继电保护装置、自动化装置、电能计量装置等设备封条进行任何作业。

（7）二次设备的巡视周期与一次设备巡视周期相同，在巡视一次设备的同时进行二次设备巡视。

（8）变电运维人员应对二次设备巡视中发现的异常和缺陷认真分析，正确处理，做记录并按信息汇报程序及时进行汇报。

（9）运行中严禁拉合继电保护回路电源、交流电压回路断路器，防止装置出现异常。

（10）继电保护装置正常运行时，变电运维人员可根据需要操作屏内的"信号复归"按钮。不允许随意操作面板上的其他按键及"运行/检修"切换把手。

二、保护装置及自动装置巡视项目

（1）室外接线盒密封完好，无积水、无放电现象。

（2）二次回路各熔断器、空气断路器完好，标识完整，无熔断及跳闸。

（3）装置的信号灯、监视灯显示是否正确；继电器有无异常声音、振动和触点抖动现象；微机保护循环显示的日期、时间、电压、电流、定值区号、保护投入情况等信息是否与实际相符。检查打印机电源正常，纸张充足。

（4）屏（柜）、箱内清洁，无杂物、潮气，接地良好，取暖、驱潮装置设施完好，能保证正常工作。正面及背面清洁，编号牌字迹清晰，柜门密封完好；孔洞封堵完好，有照明设施的应检查照明设施完好，端子排应清洁，无损坏、锈蚀、接线松动脱落现象。

（5）端子箱、机构箱的加热、防潮装置是否完好，是否按规定投退。

（6）二次设备室门窗关闭是否严密，防小动物措施是否完善。

（7）二次设备运行环境是否符合要求，温度、湿度是否在允许范围。

（8）原有的二次设备缺陷有无发展和变化。

（9）二次设备元器件、导线有无过热、变色及焦煳味等。

（10）二次设备接地是否符合规定，接触是否良好。

（11）二次设备屏柜、装置、操作元器件、二次线端子及电缆等标识是否清晰、齐全。

（12）二次电缆有无破损、受潮，每季对电缆沟二次电缆进行一次检查。

（13）遥信、遥测量应正常，本地机与工作站主机接收数据应正常，指示应正确，数据刷新应正常。

（14）TA 二次切换连接片位置应正确。

三、监控系统巡视项目

监控系统专业巡视检查工作应定期进行，变电站每月一次。运行值班人员巡视工作按变电站设备巡视制度执行。

1. 监控系统的运行环境检查

检查站级层设备、间隔层设备及安装在开关柜上的测控保护一体化装置运行环境是否满足要求。

2. 站级层计算机设备（包括前置机和公共信息管理机）检查

（1）机箱风机及设备积尘状况。

（2）计算机设备的工作环境温度以及计算机设备外壳的温度。

（3）设备机械转动部件的声音是否正常，如机箱风扇、硬盘、CPU 风扇等。

（4）计算机电源有无异常声音。

（5）检查计算机软件各进程的运行状况、运行速度、画面刷新、数据变化状况。

（6）检查计算机 CPU 负荷率、内存占有率、硬盘容量、通信缓冲区是否存在经常堵塞的现象等。

（7）键盘鼠标等设备工作是否正常。

（8）计算机防病毒程序的更新情况是否及时。

3. 网络设备检查

（1）机箱风机及设备积尘状况。

（2）网络设备的工作环境温度、网络设备外壳的温度及电源工作是否正常。

（3）观察网络设备的指示灯、网络设备每个端口的工作状态是否正常。

4. 远动设备检查

（1）远动工作站和 Modem 等设备冷却风机及设备积尘状况。

（2）远动设备的工作环境温度、设备外壳的温度及电源工作是否正常。

（3）测量模拟通道的电平是否正常。

（4）配合各调度中心，做必要的通道和远动工作站的切换试验。

（5）和各级调度及集控中心核对调度所辖范围内的遥测、遥信信息，并做记录。

（6）设备指示灯是否正常。

5. 通信网络检查

（1）查看记录，检查通信网络是否存在经常通信中断的情况。如存在，则重点检查通信中断的物理链路的各个环节，如光电转换器及其辅助电源等运行状况。

（2）对采用电缆通信方式的，要检查通信电缆的屏蔽层是否完好，同时测量通信电平是否正常。

（3）对光缆通信方式的，需检查光缆的曲率是否满足标准要求、光缆是否存在老化和受损的情况。

（4）有条件可以对各光电转换器的输出光功率进行测量，或对光缆的衰耗率进行测量。

6. UPS/逆变电源设备检查

（1）检查 UPS/逆变电源本身的工作状态，同时查询 UPS 的故障记录。

（2）检查独立带有电池的 UPS 的电池维护情况。

（3）检查 UPS/逆变电源的负荷是否超出标准要求。

（4）检查 UPS/逆变电源的交直流输入是否正常。

7. GPS 对时装置检查

（1）GPS 装置是否工作正常。

（2）站级层系统和间隔层系统的对时是否正常。

（3）设备指示灯是否正常。

8. 总控单元装置检查

（1）总控单元装置各模板是否工作正常。

（2）通信中断情况是否正常。

（3）设备指示灯是否正常。

【思考与练习】

1. 继电保护及自动装置的巡视项目有哪些？

2. UPS/逆变电源设备应检查哪些项目？

模块 2　二次设备定性（Z08E2001Ⅱ）

【模块描述】本模块包含二次设备缺陷的分析与定性。通过设备缺陷案例的介绍，掌握缺陷定性方法，并能准确定性缺陷类别。

【模块内容】

二次设备存在缺陷时应进行分析，明确二次设备缺陷性质，以便采取相应措施。

一、危急缺陷

（1）设备失去继电保护，断路器不能正确动作跳闸。

（2）保护装置故障闭锁、运行指示灯灭或闪烁，直流消失，不能复归。

（3）电压互感器二次回路失压、短路，电流互感器二次回路开路。

（4）全站直流电源消失或接地。

（5）操作（控制）、保护、合闸电源消失。

（6）中央信号装置不能正确动作。

（7）无人值班变电站或接有保护的通信设备故障、中断。

（8）重要的遥测、遥信量不正确，遥控、遥调失灵且无其他手段可以监测或操作者。

（9）保护的电压回路异常，失去电压或断线。

（10）二次回路异常，不能有效控制断路器的分合，如跳闸出口中间继电器断线、控制回路断线等。

（11）结合滤波器接地引下线断裂。

（12）远动设备故障，一时无法恢复。

（13）远动及通信装置电源故障。

（14）变电站通信全部中断。

（15）保护通道设备故障，造成保护无通道运行，如两套光端机全停、光纤接口或载波机故障等。

（16）保护设备出现异味、异常声响。

二、严重缺陷

（1）防误闭锁装置损坏、功能失灵无法使用。

（2）设备两套主保护中的一套异常不能投运。

（3）故障录波器或其他安全自动装置不能按规定投运。

（4）无人值班变电站或接有保护的通信设备异常。

（5）重要的遥测、遥信量不正确，遥控、遥调不稳定。

（6）喇叭测试不响。

（7）联络线及主变压器的断路器、隔离开关信号回路、电能测量回路故障。

（8）列入考核的遥测单元、遥信单元、I/O 接口单元故障，影响信息量监视。

（9）自动化信号回路故障，引起信号无法监视并影响控制操作。

（10）综合自动化系统能继续运行，但无法执行操作。

（11）前置机主备切换功能故障。

（12）自动化系统 GPS 时钟故障。

（13）自动化系统 UPS 设备故障，可切至旁路继续运行。

（14）微机保护装置异常告警，开入异常不能复归，人机接口无响应。

（15）微机保护装置液晶面板模糊或无显示，影响运行监视。

（16）差动保护差流异常（母差保护差流大于 200mA）或差流发现明显变化。

（17）高频通道异常，收发信机通道测试无信号，3dB 告警。

（18）保护光纤通道设备运行灯灭，装置异常，光纤通道中断。

（19）继电器指示灯异常，线圈烧坏，出现异味。

（20）故障录波器装置告警，试录不成功，故障录波器无法正常录波。

（21）后备保护功能投退压板松脱，端子排接线松动。

（22）其他影响保护正常运行但不致立即造成保护误动或拒动的缺陷。

三、一般缺陷

（1）保护装置及自动装置的信号灯、指示灯指示不正常但不影响正确动作。

（2）重合闸装置因故退出运行。

（3）二次设备中的蛇皮管、端子排少量锈蚀，合闸电缆头少量渗油，个别电缆牌标号不清。

（4）综自站偶尔一次的拒控，个别信息误发或丢失现象。

（5）部分自动化设备遥测精度不够。

（6）二次回路绝缘有所下降。

（7）继电器外壳有裂纹，尚不影响继电器运行。

（8）电能表数据传至自动化系统的遥测量错误。

（9）遥测单元、遥信单元、I/O 接口单元发生单一性故障，影响个别点监测。

（10）自动化测量回路变送器故障，温度、频率测量发生故障。

（11）接入自动化系统的单一信号回路故障，不影响运行控制操作。

（12）变电站内事故总信号动作不正确，继电保护信号频发。

（13）自动化机房的照明、空调故障。

（14）其他不影响保护性能的缺陷。

【思考与练习】

1. 二次设备危急缺陷有哪些？

2. 二次设备严重缺陷有哪些？

▲ 模块 3　二次设备运行分析（Z08E2001Ⅲ）

【模块描述】本模块包含二次设备巡视分析。通过案例的介绍，掌握二次设备运行情况的分析判断，能发现隐蔽缺陷，能对设备的运行情况提出改进意见。

【模块内容】

二次设备的缺陷将严重影响变电站的运行，二次设备的缺陷应引起重视，并应进行认真分析。高压设备发生故障时，通过保护装置、故障录波装置等二次设备可以准确分析故障的时间、部位、过程、跳闸情况。以下是对一些常用的保护和监控装置的运行状态进行的分析。

一、RCS–931A 分相电流差动线路保护

运行过程中装置直流电源消失或异常，应及时停用本保护装置。

装置如自检出"存储出错""程序出错""定值出错""采样数据异常""跳合出口异常""DSP 定值出错""光耦电源异常"之一的异常情况，应停用保护；自检出"通道异常"，应停用装置的差动保护。

电压回路断线或失压，检查电压二次回路，若电压小断路器跳开可试送一次。

（1）"运行"灯灭：装置正常运行时亮"运行"灯；直流电源失去或者 RCS–931A 保护屏直流电源小开关断开时，"运行"灯灭，应及时停用本保护装置。

（2）"TV 断线"灯亮：正常时，"TV 断线"灯灭；当发生电压回路断线时，灯亮。保护交流电压小开关断开时灯会亮，装置触点不牢、线路检修状态、线路压电变压器

空气开关跳开时等，都会亮。电压回路断线或失压，检查电压二次回路，若电压小开关跳开可试送一次。

（3）"充电"灯灭：重合闸充电完成时，"充电"灯亮；重合闸充电在正常运行时进行。"充电"灯灭，表明重合闸没有充电完成，不能进行重合。

（4）"通道异常"灯亮：通道正常时，"通道异常"灯灭；通道故障时，"通道异常"灯亮，应停用本装置的差动保护。

（5）"跳 A、跳 B、跳 C"灯亮：正常时，"跳 A、跳 B、跳 C"灯灭；保护动作出口 A、B、C 相跳闸时，"跳 A、跳 B、跳 C"灯亮，信号复归后熄灭。

（6）"重合闸"灯亮：保护动作出口跳闸，重合闸动作后"重合闸"灯亮，此时按照正常事故处理流程进行处理。

二、BP–2B 微机母线保护装置

母差保护的双重化配置：Ⅰ、Ⅱ母线各装两套母差保护，Ⅰ母线第一套母差保护装于+RA.1 屏，Ⅱ母线第一套母差保护装于+RA.2 屏，出口跳 500kV 断路器第一组跳闸线圈；Ⅰ母线第二套母差保护装于+RA.3 屏，Ⅱ母线第二套母差保护装于+RA.4 屏，出口跳断路器第二组跳闸线圈。正常运行时，+RA.1、+RA.2 母差保护接 1 号直流分屏，+RA.3、+RA.4 母差保护接 2 号直流分屏。

BP–2B 微机母线保护装置，以分相瞬时值复式比率差动元件为主构成母线电流差动保护，使用大差比率差动元件作为区内故障判别元件，使用小差比率差动元件作为故障母线选择元件，整组动作时间小于 15ms，具有较高的灵敏度。该保护装置采用带制动特性的差动继电器，将一次的穿越电流作为制动电流，以克服区外故障时由于电流互感器误差而产生的差动不平衡电流，保证了区外故障时保护可靠不动作，并由复合电压闭锁元件实现电压闭锁，具有较高的可靠性。

屏面介绍：

（一）指示灯

PRS–789 出口重动装置无异常信号，红灯熄灭，当保护动作以后红色指示灯亮，带自保持，需手动复归。

QB 切换开关：正常时在"差动保护投/失灵保护投"位置；

液晶显示屏：窗口中母线接线模拟图与现场实际运行方式相对应；下窗口中保护状态指示与实际投退相一致，差动电流在正常范围内；

保护电源指示灯（绿）：正常时亮，表示保护元件使用的+5V、±15V 电平正常；

保护运行指示灯（绿）：正常时亮，表示保护主机正常上电，开始运行保护软件；

保护通信指示灯（绿）：正常时闪亮，表示保护主机正与管理机进行通信；

闭锁电源指示灯（绿）：正常时亮，表示闭锁元件使用的+5V、±15V 电平正常；

闭锁运行指示灯（绿）：正常时亮，表示闭锁主机正常上电，开始运行保护软件；

闭锁通信指示灯（绿）：正常时闪亮，表示闭锁主机正与管理机进行通信；

管理电源指示灯（绿）：正常时亮，表示管理机与液晶显示使用的+5V 电平正常；

操作电源指示灯（绿）：正常时亮，表示操作回路使用的+24V 电平正常；

差动动作指示灯（红）：正常时不亮，为差动保护的出口动作信号，带自保持；

失灵动作指示灯（红）：正常时不亮，为失灵保护的出口动作信号，带自保持；

TA 断线指示灯（红）：正常时不亮，当 TA 断线或回路异常时亮，此时闭锁差动保护，带自保持；

出口退出指示灯（红）：正常时不亮，当保护控制字中出口触点被设为退出状态时亮，此时保护处于信号状态，带自保持；

差动异常指示灯（红）：正常时不亮，当保护元件硬件故障时亮，此时退出保护元件，带自保持；

TA 告警指示灯（红）：正常时不亮，当差流是超过整定值时亮，带自保持；

开入变位指示灯（红）：正常时不亮，当外部开入量变位时亮，此时装置响应外部开入量的变化，带自保持；

闭锁异常指示灯（红）：正常时不亮，当闭锁元件硬件故障时亮，此时退出闭锁元件，带自保持；

屏后：保护直流小开关 K1、K2 正常时合上。

（二）切换开关和按钮

强制/自适应切换开关：每个单元有上下 2 个电流辅助触点切换开关，分别对应Ⅰ段母线和Ⅱ段母线，切换开关在中间位置为"自适应"，往上拨为"强制通"，往下拨为"强制断"；正常运行时切至"自适应"位置。

保护复位按钮：保护主机复位；

闭锁复位按钮：闭锁主机复位；

管理复位按钮：管理主机复位；

QB 切换开关：在中间位置表示"差动投失灵投"；此外，中间往左 45°角表示"差动退失灵投"，中间往右 45°角表示"差动投失灵退"。用于差动保护和失灵保护的功能投退。正常时切至中间位置。

RT 复归按钮：复归告警信号和出口信号。

三、主变压器保护（以 RCS-978 为例）

应用范围：

RCS-978 系列数字式变压器保护适用于 500kV 及以下电压等级，需要提供双套主保护、双套后备保护的各种接线方式的变压器。

RCS-978 装置中可提供一台变压器所需的全部电量保护，主保护和后备保护可共用同一电流互感器。这些保护包括：稳态比率差动、差动速断、工频变化量比率差动、零序比率差动/分侧比率差动、复合电压闭锁方向过流、零序方向过流、过励磁、相间阻抗、零序过电压、间隙零序过电流。

后备保护可以根据需要灵活配置于各侧。

另外还包括以下异常告警功能：过负荷报警、启动冷却器、过载闭锁有载调压、零序电压报警、公共绕组零序电流报警、差流异常报警、零序差流异常报警、差动回路 TA 断线、TA 异常报警和 TV 异常报警。

适用于 500kV 系统：三圈变压器，500kV 侧 1 个半开关接线，35kV 侧双分支，8U 结构。

图 Z08E2001Ⅲ-1 中表示的是此型保护所能够适应的最大的接线方式，但其接线方式并不一定符合实际应用。

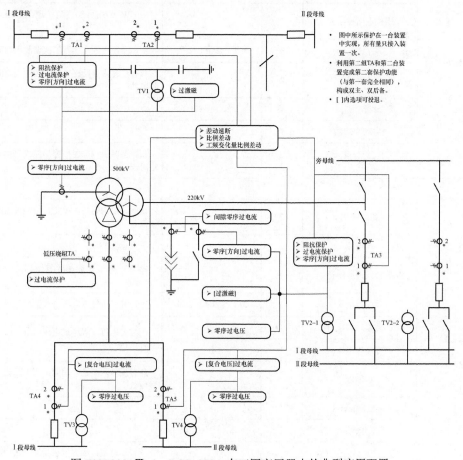

图 Z08E2001Ⅲ-1　RCS-978A 在三圈变压器中的典型应用配置

RCS–978A 保护配置情况见表 Z08E2001Ⅲ–1（*表示异常报警功能，下同）。

表 Z08E2001Ⅲ–1　　　　　　　RCS–978A 保护配置情况

	保护类型	段数	每段时限数	备注
主保护	差动速断	—	—	
	比例差动	—	—	
	工频变化量比例差动	—	—	
500kV 侧	相间阻抗	2	3/Ⅰ，2/Ⅱ	正向、反向阻抗可整定，可经过振荡闭锁
	过电流	1	2	
	阻抗退出过电流	1	1	由 TV 断线引起的阻抗退出后投入（可选）
	零序过电流	3	3/Ⅰ，2/Ⅱ，2/Ⅲ	Ⅰ、Ⅱ 段可经方向和二次谐波闭锁
	过励磁	2	2	具有反时限过励磁功能，表中为定时限段数
	*过负荷	1	1	
	*启动冷却器	1	1	
	*过励磁报警	1	1	具有反时限过励磁报警功能，表中为定时限段数
220kV 侧	相间阻抗	2	3/Ⅰ，2/Ⅱ	正向、反向阻抗可整定，可经过振荡闭锁
	过电流	1	2	
	阻抗退出过电流	1	1	由 TV 断线引起的阻抗退出后投入（可选）
	零序过电流	3	3/Ⅰ，2/Ⅱ，2/Ⅲ	Ⅰ、Ⅱ 段可经方向和二次谐波闭锁
	间隙零序过电流	1	2	间隙过电流、零序过电压可以"或"方式出口
	零序过电压	1	2	
	过励磁	2	2	具有反时限过励磁功能，表中为定时限段数
	*过负荷	1	1	
	*启动冷却器	1	1	
	*过励磁报警	1	1	具有反时限过励磁报警功能，表中为定时限段数

续表

	保护类型	段数	每段时限数	备注
低压侧 （两套）	过电流	2	1	可经过复合电压闭锁
	零序过电压	1	1	
	*过负荷	1	1	
	*零序过电压	1	1	
低压绕组	过电流	1	2	
	*过负荷	1	1	

1. 装置正常运行状态

信号灯说明如下：

"运行"灯为绿色，装置正常运行时点亮，熄灭表明装置不处于工作状态。

"报警"灯为黄色，装置有报警信号时点亮。

"跳闸"灯为红色，当保护动作并出口时点亮。

当"报警"由 TA 断线造成点亮，必须待外部恢复正常、复位装置后才会熄灭；由其他异常情况点亮时，待异常情况消失后会自动熄灭。

"跳闸"信号灯只在按下"信号复归"或远方信号复归后才熄灭。

2. 运行工况及说明

保护出口的投、退可以通过跳、合闸出口连接片实现。

保护功能可以通过屏上连接片或内部连接片、控制字单独投退。

装置始终对硬件回路和运行状态进行自检，自检出错信息见下面的打印及显示信息说明，当出现严重故障时（带"*"），装置闭锁所有保护功能，并灭"运行"灯，否则只退出部分保护功能，发告警信号。

3. 装置闭锁与报警

当 CPU 检测到装置本身硬件故障时，发装置闭锁信号，闭锁整套保护。硬件故障包括：RAM 异常、程序存储器出错、EEPROM 出错、定值无效、光电隔离失电报警、DSP 出错和跳闸出口异常等。此时装置不能够继续工作。

当 CPU 检测到装置长期启动、不对应启动、装置内部通信出错、TA 断线或异常、TV 异常时，发出装置报警信号。此时装置还可以继续工作。

4. 打印及显示信息说明

装置信息含义及处理建议见表 Z08E2001Ⅲ-2。

表 Z08E2001Ⅲ–2　　　　　**装置信息含义及处理建议**

序号	信息	含义	处理建议	备注
1	保护板内存出错	RAM 芯片损坏	通知厂家处理	*
2	保护板程序区出错	FLASH 内容被破坏	通知厂家处理	*
3	保护板定值区出错		通知厂家处理	*
4	读区定值无效	二次额定电流更改后保护定值未重新整定	将保护定值重新整定	*
5	光耦失电	24V 或 220V 光耦正电源失去	检查开入板的隔离电源是否接好	*
6	跳闸出口报警	出口三极管损坏	通知厂家处理	*
7	内部通信出错		检查 CPU 与 MONI 连线，检查 MONI 板是否在升级程序。仍无法恢复，通知厂家处理	*
8	保护板 DSP 出错	CPU 板上 DSP 损坏	通知厂家处理	*
9	管理板内存出错	同 CPU 板	同 CPU 板	*
10	管理板程序区出错	同 CPU 板	同 CPU 板	*
11	管理板定值区出错	同 CPU 板	同 CPU 板	*
12	管理板 DSP 出错	同 CPU 板	同 CPU 板	*
13	面板 EPROM 错	EPROM 损坏	通知厂家处理	*
14	面板通信出错		检查人机面板与 CPU 连线，检查 CPU 板是否在升级程序。仍无法恢复，通知厂家处理	#
15	不对应启动报警		通知厂家处理	#
16	保护板长期启动		检查二次回路接线，定值	#
17	管理板长期启动		检查二次回路接线，定值	#
18	日期时间值越界			
19	公共绕组 TA 异常	此 TA、TA 回路异常或采样回路异常	检查采样值、二次回路接线，确定是二次回路原因还是硬件原因	#
20	Ⅳ侧 TA 异常	同上	同上	#
21	Ⅲ侧 TA 异常			#
22	Ⅱ侧 TA 异常			#
23	Ⅰ侧 TA 异常			#

续表

序号	信息	含义	处理建议	备注
24	Ⅰ侧 TV 异常			#
25	Ⅱ侧 TV 异常			#
26	Ⅲ侧 TV 异常			#
27	Ⅳ侧 TV 异常			#
28	零序差动保护差流异常			#
29	差动保护差流异常			#
30	公共绕组 TA 断线	此回路 TA 断线、短路		#
31	Ⅳ侧 TA 断线	此回路 TA 断线、短路		#
32	Ⅲ侧 TA 断线	此回路 TA 断线、短路		#
33	Ⅱ侧 TA 断线	此回路 TA 断线、短路		#
34	Ⅰ侧 TA 断线	此回路 TA 断线、短路		#
35	TA 断线	差动回路、零差回路 TA 断线、短路,但装置无法判断具体位置		#
36	管理板差动启动	同信息	无须处理	
37	管理板工频变化量差动启动	同信息	无须处理	
38	管理板零序差动启动	同信息	无须处理	
39	管理板Ⅰ侧后备保护启动	同信息	无须处理	
40	管理板Ⅱ侧后备保护启动	同信息	无须处理	
41	管理板Ⅲ侧后备保护启动	同信息	无须处理	
42	管理板Ⅳ侧后备保护启动	同信息	无须处理	
43	管理板公共绕组后备启动	同信息	无须处理	
44	管理板低压侧和电流启动	同信息	无须处理	
45	启动	装置只启动而无元件动作	无须处理	
46	Ⅰ侧过负荷Ⅰ段	异常元件动作,同信息	按运行要求处理	#
47	Ⅰ侧过负荷Ⅱ段	异常元件动作,同信息	按运行要求处理	#
48	Ⅰ侧启动冷却器Ⅰ段	异常元件动作,同信息	按运行要求处理	
49	Ⅰ侧启动冷却器Ⅱ段	异常元件动作,同信息	按运行要求处理	
50	Ⅰ侧过载闭锁调压	异常元件动作,同信息	按运行要求处理	
51	Ⅱ侧过负荷Ⅰ段	异常元件动作,同信息	按运行要求处理	#

序号	信息	含义	处理建议	备注
52	Ⅱ侧过负荷Ⅱ段	异常元件动作，同信息	按运行要求处理	#
53	Ⅱ侧启动冷却器Ⅰ段	异常元件动作，同信息	按运行要求处理	
54	Ⅱ侧启动冷却器Ⅱ段	异常元件动作，同信息	按运行要求处理	
55	Ⅱ侧过载闭锁调压	异常元件动作，同信息	按运行要求处理	
56	低压侧和电流过负荷	异常元件动作，同信息	按运行要求处理	#
57	Ⅲ侧过负荷	异常元件动作，同信息	按运行要求处理	#
58	Ⅳ侧过负荷	异常元件动作，同信息	按运行要求处理	#
59	Ⅲ侧零序电压告警	异常元件动作，同信息	按运行要求处理	#
60	Ⅳ侧零序电压告警	异常元件动作，同信息	按运行要求处理	#
61	公共绕组启动冷却器	异常元件动作，同信息	按运行要求处理	
62	Ⅳ侧复压启动	异常元件动作，同信息	按运行要求处理	
63	Ⅲ侧复压启动	异常元件动作，同信息	按运行要求处理	
64	公共绕组零序电流报警	异常元件动作，同信息	按运行要求处理	#
65	公共绕组过负荷	异常元件动作，同信息	按运行要求处理	#
66	差动速断	保护元件动作，同信息	按运行要求处理	
67	比率差动	保护元件动作，同信息	按运行要求处理	
68	零序差动速断	保护元件动作，同信息	按运行要求处理	
69	零序比率差动	保护元件动作，同信息	按运行要求处理	
70	工频变化量差动	保护元件动作，同信息	按运行要求处理	
71	Ⅰ侧阻抗 T11	保护元件动作，同信息	按运行要求处理	
72	Ⅰ侧阻抗 T12	保护元件动作，同信息	按运行要求处理	
73	Ⅰ侧阻抗 T21	保护元件动作，同信息	按运行要求处理	
74	Ⅰ侧阻抗 T22	保护元件动作，同信息	按运行要求处理	
75	Ⅰ侧过电流 T11	保护元件动作，同信息	按运行要求处理	
76	Ⅰ侧过电流 T12	保护元件动作，同信息	按运行要求处理	
77	Ⅰ侧过电流 T21	保护元件动作，同信息	按运行要求处理	
78	Ⅰ侧过电流 T22	保护元件动作，同信息	按运行要求处理	
79	Ⅰ侧过电流 T31	保护元件动作，同信息	按运行要求处理	
80	Ⅰ侧过电流 T32	保护元件动作，同信息	按运行要求处理	

续表

序号	信息	含义	处理建议	备注
81	Ⅰ侧零序过电流 T011	保护元件动作，同信息	按运行要求处理	
82	Ⅰ侧零序过电流 T012	保护元件动作，同信息	按运行要求处理	
83	Ⅰ侧零序过电流 T021	保护元件动作，同信息	按运行要求处理	
84	Ⅰ侧零序过电流 T022	保护元件动作，同信息	按运行要求处理	
85	Ⅰ侧零序过电流 T031	保护元件动作，同信息	按运行要求处理	
86	Ⅰ侧零序过电流 T032	保护元件动作，同信息	按运行要求处理	
87	Ⅰ侧间隙 T0j1	保护元件动作，同信息	按运行要求处理	
88	Ⅰ侧间隙 T0j2	保护元件动作，同信息	按运行要求处理	
89	公共绕组零序过电流	保护元件动作，同信息	按运行要求处理	
90	公共绕组过电流	保护元件动作，同信息	按运行要求处理	
91	Ⅱ侧阻抗 T11	保护元件动作，同信息	按运行要求处理	
92	Ⅱ侧阻抗 T12	保护元件动作，同信息	按运行要求处理	
93	Ⅱ侧阻抗 T21	保护元件动作，同信息	按运行要求处理	
94	Ⅱ侧阻抗 T22	保护元件动作，同信息	按运行要求处理	
95	Ⅱ侧过电流 T11	保护元件动作，同信息	按运行要求处理	
96	Ⅱ侧过电流 T12	保护元件动作，同信息	按运行要求处理	
97	Ⅱ侧过电流 T21	保护元件动作，同信息	按运行要求处理	
98	Ⅱ侧过电流 T22	保护元件动作，同信息	按运行要求处理	
99	Ⅱ侧过电流 T31	保护元件动作，同信息	按运行要求处理	
100	Ⅱ侧过电流 T32	保护元件动作，同信息	按运行要求处理	
101	Ⅱ侧零序过电流 T011	保护元件动作，同信息	按运行要求处理	
102	Ⅱ侧零序过电流 T012	保护元件动作，同信息	按运行要求处理	
103	Ⅱ侧零序过电流 T021	保护元件动作，同信息	按运行要求处理	
104	Ⅱ侧零序过电流 T022	保护元件动作，同信息	按运行要求处理	
105	Ⅱ侧零序过电流 T031	保护元件动作，同信息	按运行要求处理	
106	Ⅱ侧零序过电流 T032	保护元件动作，同信息	按运行要求处理	
107	Ⅱ侧间隙 T0j1	保护元件动作，同信息	按运行要求处理	
108	Ⅱ侧间隙 T0j2	保护元件动作，同信息	按运行要求处理	

续表

序号	信息	含义	处理建议	备注
109	Ⅲ侧过电流Ⅰ段	保护元件动作，同信息	按运行要求处理	
110	Ⅲ侧过电流Ⅱ段	保护元件动作，同信息	按运行要求处理	
111	Ⅲ侧过电流Ⅲ段	保护元件动作，同信息	按运行要求处理	
112	Ⅲ侧过电流Ⅳ段	保护元件动作，同信息	按运行要求处理	
113	Ⅲ侧过电流Ⅴ段	保护元件动作，同信息	按运行要求处理	
114	Ⅳ侧过电流Ⅰ段	保护元件动作，同信息	按运行要求处理	
115	Ⅳ侧过电流Ⅱ段	保护元件动作，同信息	按运行要求处理	
116	Ⅳ侧过电流Ⅲ段	保护元件动作，同信息	按运行要求处理	
117	Ⅳ侧过电流Ⅳ段	保护元件动作，同信息	按运行要求处理	
118	Ⅳ侧过电流Ⅴ段	保护元件动作，同信息	按运行要求处理	
119	Ⅰ侧间隙过电流 T0j1	保护元件动作，同信息	按运行要求处理	
120	Ⅰ侧间隙过电流 T0j2	保护元件动作，同信息	按运行要求处理	
121	Ⅰ侧零序过电压 T0j1	保护元件动作，同信息	按运行要求处理	
122	Ⅰ侧零序过电压 T0j2	保护元件动作，同信息	按运行要求处理	
123	Ⅱ侧间隙过电流 T0j1	保护元件动作，同信息	按运行要求处理	
124	Ⅱ侧间隙过电流 T0j2	保护元件动作，同信息	按运行要求处理	
125	Ⅱ侧零序过电压 T0j1	保护元件动作，同信息	按运行要求处理	
126	Ⅱ侧零序过电压 T0j2	保护元件动作，同信息	按运行要求处理	
127	Ⅰ侧零序过电流 T023	保护元件动作，同信息	按运行要求处理	
128	Ⅱ侧零序过电流 T023	保护元件动作，同信息	按运行要求处理	
129	Ⅲ侧零序过电压	保护元件动作，同信息	按运行要求处理	
130	Ⅳ侧零序过电压	保护元件动作，同信息	按运行要求处理	
131	低压侧和电流 T1	保护元件动作，同信息	按运行要求处理	
132	低压侧和电流 T2	保护元件动作，同信息	按运行要求处理	

注　备注栏内标有"*"的为闭锁保护，标有"#"的为只发告警信号。T1 表示过电流Ⅰ段，T11 表示过电流Ⅰ段 1 时限，T011 表示零序过电流Ⅰ段 1 时限，T0j1 表示间隙保护Ⅰ段，其他类推。

四、监控系统站级控制层操作异常

1. 同期合闸不成功

处理方法：

（1）断路器两侧无电压，或一侧有电压、一侧无电压，再一次确认断路器为同期合闸。

（2）同期电压空气开关跳开，再合一次空气开关，若仍然跳开，检查电压回路，将上述情况汇报工区和领导。

（3）两侧有电压，但同期条件不满足，压差、频差、角差不满足同期条件的情况下，使用断路器强制合闸方式，必须由当值值班负责人向调度汇报，在征得调度同意在试合一次的情况下，再同期合闸一次，但必须派人到对应的 I/O 单元监视同期画面，确定原因，再不成功，汇报调度工区和站领导。

2. 隔离开关分合闸不成功

处理方法：

（1）检查确认隔离开关分合闸的闭锁条件，隔离开关的操作是"允许"还是"禁止"。

（2）检查顺控程序，包括人机操作站和 I/O 单元，若是顺控的问题，以紧急缺陷汇报调度和工区。

（3）闭锁满足和顺控正确，但隔离开关拒分合，检查 I/O 的"远方"或"就地"状态，分合闸压板是否接通。上述情况若正常，确定与监控系统无关后，需检查其他的原因，参照一次设备的异常处理。

3. 主机与某以太网通信中断

异常现象：简报信息报小室的主单元与对应的通信中断；主主机、人机工作站 1、人机工作站 2、工程师站均显示与对应以太网的通信全部中断；备用主机只显示主主机与对应的以太网通信中断。

处理方法：

（1）对主机进行手动主备切换，将通信中断的主主机切换为备主机。切换后，主主机、备主机、人机工作站 1、人机工作站 2、工程师站均显示备主机与对应的以太网通信中断，其余均正常。此时主主机可从另外一个网上取数据，也能正常工作，故不会自动切换主机。

（2）检查从网络设备屏所对应的交换机上与此主机相连的口是否正常，再检查与此主机相连的光电转换器是否正常。若光电转换器故障，则更换。不能处理的上报缺陷。

五、监控系统 6MB5515 主单元装置

1. 6MB5515 主单元 LFⅡ 模件（控制系统主处理插件）异常

6MB5515 主单元 LFⅡ 模件如图 Z08E2001Ⅲ-2 所示。

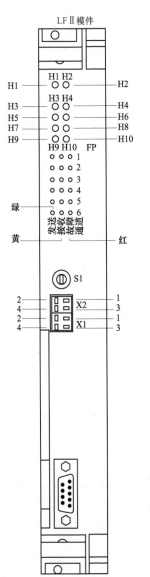

图 Z08E2001Ⅲ-2　6MB5515 主单元

（1）现象：

1）红色 LED 灯 H1 亮：说明装置内部异常或准备信号延时。

2）绿色 LED 灯 H2 灭：表明看门狗电路超时。

3）通信通道 1～6 工作指示 LED 灯红灯亮：说明该通道故障或信息接收错误。

（2）处理方法：加强对 6MB5515 主单元的监视，并通过监控系统图和模件监视图基本判定各设备之间通信的通断问题。

2. 标准通信插件 SC 插件异常

标准通信插件 SC 插件如图 Z08E2001Ⅲ-3 所示。

（1）现象。

1）H1 红灯亮、黄灯和绿灯灭，出现这种情况，可能为 SC 模件已损坏或装置故障，应报缺陷，请专业人员处理。

2）SC 模件上的 LED 灯都无显示。

（2）处理方法：检查 SV 模件（电源模件）的 LED 灯是否亮，若不亮，则可能：

1）6MB5515 装置直流电源小开关断开，试合一次，再跳开，请专业人员进行处理。

2）若电源小开关没有跳开，则可能是直流电源Ⅰ失电，可将直流电源切换到电源Ⅱ，仍不正常，检查直流电源。

3）如果是 SC 模件故障，则汇报工区、变电站及调度，上报缺陷，请专业人员进行更换模件。

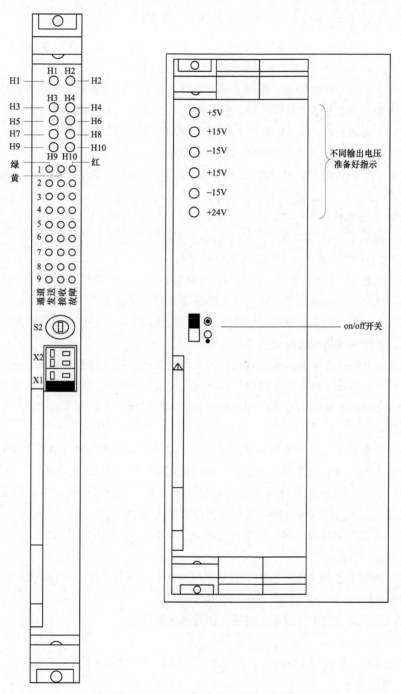

图 Z08E2001Ⅲ-3　标准通信插件 SC 插件

3. 电源插件 SV 异常

（1）正常运行时，SV 模件上的全部 LED 灯均应亮，如都不亮，其原因有：直流电源断开、SV 模件损坏或主单元插箱中有其他模件损坏。

（2）正常运行时，如 SV 模件上的 5V 指示灯不亮，且主单元插箱中其他模件的 LED 灯变暗，则说明 SV 模件故障，应更换。

（3）正常运行时，如 SV 模件上的 15V LED 灯均不亮，或其中 1 只不亮，且数据传送模件中的 LED 灯不亮，则说明 SV 模件故障。

（4）正常运行时，如 SV 模件中的 24V LED 灯不亮，其原因有 LED 损坏或 SV 模件故障。

4. 命令许可模件 BF 异常

（1）现象 1：H1～H8 灯灭，而 SV 插件正常。

处理：BF 模件损坏，应专业人员进行更换。

（2）现象 2：上述情况下，SV 插件 LED 灯也不亮，则 6MB5515 装置直流电源开关断开，试合一次，再跳开，请专业人员进行处理；直流电源开关不跳开，则可能是直流电源 I 失电，可将直流电源切换开关切换到电源 II，仍不正常，检查直流电源。

六、监控系统站控级层瘫痪

当监控系统站级层瘫痪时，变电运维人员应合理分配人员到现场监视全站一、二次设备的运行情况，以及主变压器、各出线的潮流和母线电压情况，并应对主变压器的负荷及冷却器系统的运行情况做重点检查，同时汇报各级调度和主管部门。具体检查的部位有：

（1）在保护小室内控制面板或测控单元上监视设备状态和获取事故跳闸信息。

（2）在测控单元上监视系统潮流，也可通过 LED 灯监视设备状态。

（3）在主变压器保护屏或远方控制屏监视主变压器附件的运行情况以及主变压器绕组温度、油温和气体含量，掌握主变压器的工况。

（4）在站用电源保护屏、控制屏监视站用电源三相电压和三相电流，及时发现站用电源的运行情况。

（5）对其他设备（继电保护、直流系统、自动装置等）和一次设备按一定时间间隔进行巡视检查。

七、监控系统主单元或 I/O 装置、测控单元异常

1. 现象

监控系统主单元或 I/O 装置、测控单元工作站处于停机状态。

2. 判断处理

画面中的光字牌亮时，直触点击对应光字牌即可进入主单元和 I/O 装置的实时运行状态监视图，检查是哪个主单元或 I/O 异常，或者进入相应的模件状态图，查看模件状态是否运行正常，汇报相应调度部门，并请专业修试人员来处理。根据现场现象，检查现场主单元和 I/O 装置，确认设备异常。

【思考与练习】

1. 监控系统站控层瘫痪应如何检查和处理？
2. 简述监控系统主单元或 I/O 装置、测控单元异常处理方法。

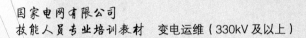

第三章

站用交、直流系统巡视与维护

模块 1　站用交、直流系统巡视与维护（Z08E3001 Ⅰ）

【模块描述】本模块包含站用交流、直流系统巡视与维护项目。通过对具体设备巡视知识的介绍，掌握设备的巡视项目、内容、方法及要求，能通过巡视发现一般缺陷，并能规范填报。

【模块内容】

站用交、直流系统是站用电源运行的重点，站用交、直流系统巡视与维护是站用电源运行的日常基础工作。通过巡视，可以确定站用电源系统是否正常，如有缺陷可以及时处理。

一、站用交流系统巡视项目及要求

（一）站用变压器的运行巡视检查项目及要求

（1）本体储油柜及有载调压箱内的油色、油位是否正常，各连接部位有无渗漏油现象。

（2）检查变压器声音是否正常。

（3）检查变压器套管是否清洁，有无破损裂纹、放电痕迹及其他不正常现象。

（4）检查气体继电器内是否充满油，连接阀门是否打开。

（5）检查防爆管隔膜是否完整，有无漏油现象。

（6）检查各导体连接部位（变压器、进出线、电缆头）有无发热现象。

（7）检查变压器有无倾斜，接地是否良好。

（8）呼吸器内干燥剂是否变色，呼吸器内的干燥剂 2/3 变色受潮时，需更换。

（二）站用变压器的瓦斯保护检查项目及要求

（1）瓦斯保护是站用变压器内部故障的保护，按整定，重瓦斯应投入跳闸位置，轻瓦斯投信号位置。

（2）气体继电器连接管道上阀门应在打开位置。

（3）气体继电器有无渗漏油现象。

（4）当带电进行下列工作时，应考虑将瓦斯保护改至停用：

1）变压器带电注油或滤油时。

2）变压器除取油样和气体继电器上部放气阀门放气外，在其他所有地方打开放气、放油和进油阀门时。

3）关、开气体继电器连接管上的阀门时。

4）在瓦斯保护及二次回路上进行工作时。

5）在变压器注油等工作完毕，经 2h 运行后，方可对瓦斯保护给出投入信号。

（三）站用电源屏室的巡视检查项目及要求

（1）运行中的各种仪表指示应正常，继电器应无异常声音。

（2）站用电源室内应保持清洁，不得堆放杂物。

（3）门、窗应关闭严密，室内无通向外部的孔洞，应有防小动物的措施，严防小动物进入站用电源室。

（4）定期打扫站用电源室。在清扫时，应注意安全距离，使用绝缘材料进行清扫，严防造成短路，同时应穿好绝缘鞋、戴好手套。

二、直流系统、蓄电池、充电机巡视项目及要求

（一）直流系统、蓄电池巡视检查项目

1. 正常巡视检查项目

（1）蓄电池室通风、照明及消防设备完好，温度符合要求，无易燃、易爆物品。

（2）蓄电池组外观清洁，无短路、接地。

（3）各连接片连接牢靠无松动，端子无氧化并涂有中性凡士林。

（4）蓄电池外壳无裂纹、漏液，呼吸器无堵塞，密封良好，电解液液面高度在合格范围。

（5）蓄电池极板无龟裂、弯曲、变形、硫化和短路，极板颜色正常，无欠充电、过充电，电解液温度不超过 35℃。

（6）典型蓄电池电压、密度在合格范围内。

（7）充电装置交流输入电压和直流输出电压、电流正常，表计指示正确，保护的声、光信号正常，运行声音无异常。

（8）直流控制母线、动力母线电压值在规定范围内，浮充电流值符合规定。

（9）直流系统的绝缘状况良好。

（10）各支路的运行监视信号完好、指示正常，熔断器无熔断，自动空气开关位置正确。

2. 特殊巡视检查项目

（1）新安装、检修、改造后的直流系统投运后，应进行特殊巡视。

（2）蓄电池核对性充放电期间应进行特殊巡视。

（3）直流系统出现交、直流失压，直流接地，熔断器熔断等异常现象处理后，应进行特殊巡视。

（4）出现自动空气开关脱扣、熔断器熔断等异常现象后，应巡视保护范围内各直流回路元件有无过热、损坏和明显故障现象。

（二）充电装置的运行监视

（1）应定期对充电装置进行如下检查：交流输入电压、直流输出电压、直流输出电流等各表计显示是否正确，运行噪声有无异常，各保护信号是否正常，绝缘状态是否良好。

（2）交流电源中断，蓄电池组将不间断地向直流母线供电，应及时调整控制母线电压，确保控制母线电压值的稳定。当蓄电池组放出容量超过其额定容量的 20% 及以上时，恢复交流电源供电后，应立即手动启动或自动启动充电装置，按照制造厂规定的正确充电方法对蓄电池组进行补充充电，或按恒流限压充电—恒压充电—浮充电方式对蓄电池组进行充电。

【思考与练习】

1. 简述直流系统、蓄电池巡视检查项目。

2. 简述充电装置的运行监视的要求。

▲ 模块 2　站用交、直流系统定性（Z08E3001 Ⅱ）

【模块描述】本模块包含站用交流、直流系统的巡视分析与缺陷定性，通过案例的介绍，掌握站用交流、直流系统缺陷定性方法，并能准确定性缺陷类别。

【模块内容】

应对巡视过程中发现的站用交、直流系统缺陷进行定性，为处理缺陷奠定基础。

一、交流回路缺陷

（1）电压监视继电器烧坏或短路。

（2）熔丝熔断、放不上。

（3）空气开关合不上。

（4）端子松动、老化。

（5）继电器不能复归、误掉牌、运行指示灯闪烁、运行指示灯熄灭、电源指示灯熄灭、动作指示灯亮、触点异常。

（6）继电器外壳破损。

（7）站用变压器低压断路器不能实现正常分合闸、失压脱扣装置故障、自带过电流等保护装置报警。

（8）馈线分支开关发热。

（9）交流切换装置失灵。

（10）站用变压器引线接头、电缆等各连接处发热变色和熔化。

（11）站用电源系统馈电屏指示灯、表计故障。

二、直流回路缺陷

（1）直流回路接地。

（2）空气断路器合不上。

（3）端子松动、老化。

（4）直流母线电压异常。

（5）高频开关模块电流、电压输出异常。

（6）高频开关 2 个及以上故障。

（7）直流绝缘在线检测仪故障。

（8）蓄电池单体电池电压偏差达 0.2V。

（9）蓄电池渗液。

（10）蓄电池本体温度超过正常值（一般为 5~30℃）。

（11）蓄电池壳体变形、极柱结盐、安全阀动作失灵。

（12）蓄电池整组容量降至 80%以下。

（13）电池巡检仪故障。

（14）高频开关单个模块故障。

（15）直流屏内指示灯故障。

（16）直流屏内表计故障。

三、危急缺陷

出现以下情况作为危急缺陷处理：

（1）全站（厂）直流电源消失或接地。

（2）操作（控制）、保护、合闸电源或操作电源消失。

（3）设备的运行状态出现运行规程或说明书所规定必须立即停运者。

（4）直流系统充电机无输出。

（5）高频开关模块故障，造成全站直流输出电流小于正常负荷电流。

（6）硅链故障失去降压功能。

（7）充电机监控装置故障。

（8）控制母线或合闸母线接地故障。

（9）直流馈线空气开关跳闸，试送失败。

（10）熔断器熔断更换后再次熔断。

（11）蓄电池整组容量小于 70%。

（12）蓄电池漏液。

（13）低压系统全部失电并在 2h 内无法恢复。

四、案例分析

某变电站正常运行时，监控后台"1 号充电机通信中断"告警，现场检查发现直流 I 段绝缘检测装置电源失去，面板黑屏。经进一步检查，直流 I 段绝缘检测装置电源模块故障造成与 1 号充电机通信中断，1 号充电机本身无故障，定性为紧急缺陷，经厂家技术人员更换电源模块后恢复正常。

此案例表明，在交、直流系统中，大多数设备异常或缺陷是简洁明了的，缺陷判断比较直观，但特殊方式或接线下，当发出某设备故障时，而问题却在相关的另一个设备，现场变电运维人员在判断设备缺陷时，一定要结合现场实际情况综合进行判断，切忌判断错误。

【思考与练习】

1. 站用交、直流系统中哪些缺陷属于危急缺陷？

2. 直流回路主要有哪些缺陷？

◢ 模块 3　站用交、直流系统运行分析（Z08E3001Ⅲ）

【模块描述】本模块包含站用交流、直流系统巡视分析。通过案例的介绍，掌握站用交流、直流系统运行情况的分析判断，能发现隐蔽缺陷，能对设备的运行情况提出改进意见。

【模块内容】

保证站用交、直流系统的供电是变电站安全、可靠运行的基础之一，站用交、直流系统有缺陷时，应进行分析判断，提出合理解决方案。

一、站用交流系统的运行分析

1. 站用电源系统运行方式（见图 Z08E3001Ⅲ-1）

系统配置：站用电系统一般由 3 台站用变压器和 4 块站用电低压进线屏、1 块分段屏、8 块配电屏、2 块继保室交流配电屏组成。1 号站用变压器接在 35kV Ⅰ 段母线上，2 号站用变压器接在 35kV Ⅱ 段母线上，0 号站用变压器接在外来电源 35kV 线路上。

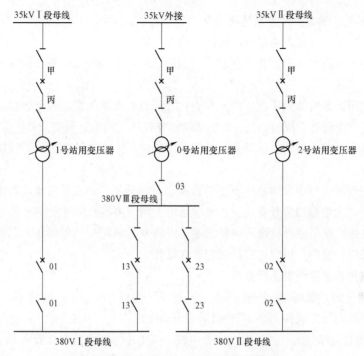

图 Z08E3001Ⅲ-1　站用电源系统配置图

运行方式：

（1）正常运行方式：

1）1 号站用变压器经 01 断路器供交流 400VⅠ段母线，2 号站用变压器经 02 断路器供交流 400VⅡ段母线。0 号站用变供交流 400VⅢ段母线。

2）0 号站用变压器 13 断路器热备用于交流 400VⅠ段母线，0 号站用变压器 23 断路器热备用于交流 400VⅡ段母线。

3）13 断路器、23 断路器自投功能投入。

（2）特殊运行方式：

1）1 号（2 号）站用变压器故障或停役时，通过 0 号站用变压器 13（23）断路器供交流 400VⅠ（Ⅱ）段母线运行。

2）当有 2 台站用变同时故障或停役时，则由仅剩的一台站用变压器供交流 400VⅠ、Ⅱ段母线站有负荷运行。检查站用变压器负荷不得越限，必要时申请发电车为临时电源。

备注：禁止将任意两台站用变压器并列运行。

2. 站用电系统事故及异常情况处理

站用电失压处理时，应尽一切可能尽快恢复供电。

当站用电失压而 0 号站用变压器未自投时，应初步检查判明是否由于站用电系统故障引起。

如为站用电系统故障引起，应立即查找故障点并可靠隔离，若无法查到明显故障点，可采用分段送电查找的办法，即先切除所连母线上的所有负荷开关，再试送母线，然后逐个试送各路负载的办法查找，发现故障支路后，应设法隔离，再行恢复站用电源母线运行。

站用变压器运行中发生温度不正常升高、声音异常、调压开关及其本体发出瓦斯信号、发热、大量漏油等异常情况，变电运维人员应根据故障性质及时进行处理。

站外 35kV 线路停役检修后恢复送电，应将 0 号站用变压器低压 I、II 段空气开关失压信号进行复归，以保证自投装置可靠动作。

二、站用直流系统的运行分析

1. 站用直流系统的运行方式

直流系统运行方式如图 Z08E3001III-2 所示。

（1）典型运行方式：一般设 3 台充电机，其中 1 号充电机带直流 A 段负荷，2 号充电机带直流 B 段负荷，0 号充电机可带直流 A、B 段负荷运行。正常运行时，由 1、2 号充电机分别带直流 A、B 段运行，0 号充电机备用。A、B 段母线各配置一套绝缘监测装置。

（2）部分地区变电站直流系统设计中无降压硅堆，则系统接线中无合闸母线，只有控制母线，充电机无合闸母线电压输出模块，其余部分相同。合闸母线电压一般高于控制母线电压 10%，用于稳定控制母线电压。

（3）蓄电池配置：直流系统一般设置两组蓄电池，1 号蓄电池接直流 A 段，正常由 1 号充电机对其充电；2 号蓄电池接直流 B 段，正常由 2 号充电机对其充电；0 号充电机可对 1、2 号蓄电池充电。

（4）运行规定：正常运行情况下，直流母线禁止脱离蓄电池单独由充电机运行。

（5）交流全失时，直流母线电压波动应不大于 10%，断路器控制电压不得低于 $65\%U_N$，保护不得低于 $80\%U_N$。

2. 站用直流系统接地处理原则

（1）发生直流接地时，如直流回路有工作，应立即停止其在二次回路上的所有工作。

（2）直流接地时，由绝缘检查装置显示母线正对地电压、负对地电压、支路号的接地电阻值，以及正极绝缘阻值和负极绝缘阻值，并现场用万用表测量对地电压情况。

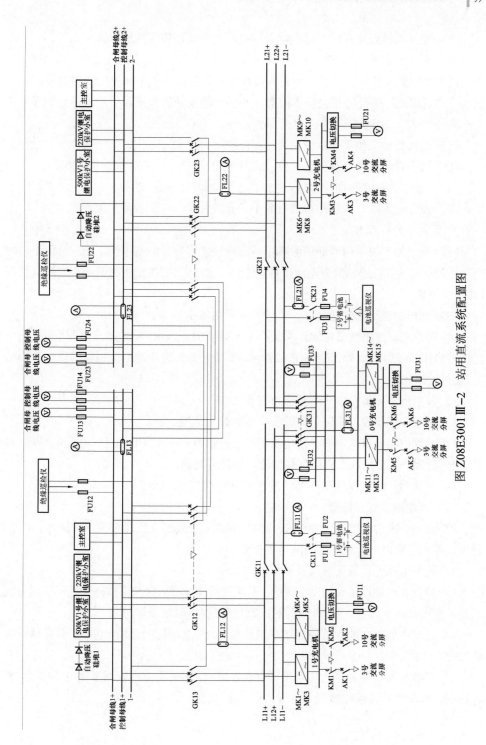

图 Z08E3001Ⅲ-2 站用直流系统配置图

（3）无绝缘检查装置时，可直接采用拉路的方法，确定接地点。

（4）可以确定接地的支路号（一路或几路都可检测）时，将接地支路号汇报调度，由修试人员根据支路号进行进一步查找接地点。处理直流接地如需取下相关保护、控制回路直流熔丝，须征得相关调度同意，并将可能误动的保护停用，再进行处理，待直流恢复送电后，保护无异常再投入保护。

（5）查找接地工作不得少于两人，在监护下有序进行工作。

（6）取下直流熔断器时先正后负，恢复时相反。

（7）拉断直流电源时间不得超过 3s，防止故障时无保护动作。

（8）发生接地时，一般不得将直流Ⅰ、Ⅱ段并列，以防故障扩大。

3. 蓄电池的运行与维护

（1）变电站一般采用普通铅酸蓄电池或阀控式密封铅酸蓄电池，一般分两组，每只电池的电压为：普通铅酸蓄电池保持在 2.15～2.18V，阀控式密封铅酸蓄电池保持在 2.23～2.28V。

（2）蓄电池的运行规定（以厂家技术手册为依据）：

1）阀控式密封铅酸蓄电池正常运行中无须补加蒸馏水，蓄电池设有安全阀，能自动调节内压，有效防止外部空气进入电池。而普通铅酸蓄电池必须根据蓄电池液面情况及时补加蒸馏水。

2）蓄电池室环境温度应经常保持在 5～35℃。

3）蓄电池每年应以实际负荷做一次核对性充放电试验。

4）运行中当单只电池的浮充电压超过基准值时，应对蓄电池组放电后先均充，再转浮充观察 1～2 个月，若仍偏离基准值，则进行更换。

5）正常运行时应保持充电机对蓄电池组的浮充方式运行。

（3）蓄电池的维护检查：

1）蓄电池室的温度宜保持在 5～30℃，最高不应超过 35℃，并应保持清洁、干燥、通风，蓄电池室内严禁进行动火或电焊作业。

2）检查电池壳、盖无漏液及损伤。

3）检查各连接端子无松动、锈迹，无灰尘污渍。清洗电池壳体外表时严禁用有机溶剂，可用布蘸水擦洗。运行中严禁在未戴绝缘手套时触及连接头。

4）运行中如蓄电池壳破裂而接触硫酸溶液，应立即用大量清水冲洗，并尽速到医院治疗。

5）当检测发现有蓄电池端电压不符合要求时，应使用万用表测量端电压确认，并进行一段时间的持续跟踪检测，待确认后汇报缺陷。

三、站用电源全停应急电源

1. 站用电源应急电源接线

站用电源应急系统接线如图 Z08E3001Ⅲ–3 所示。

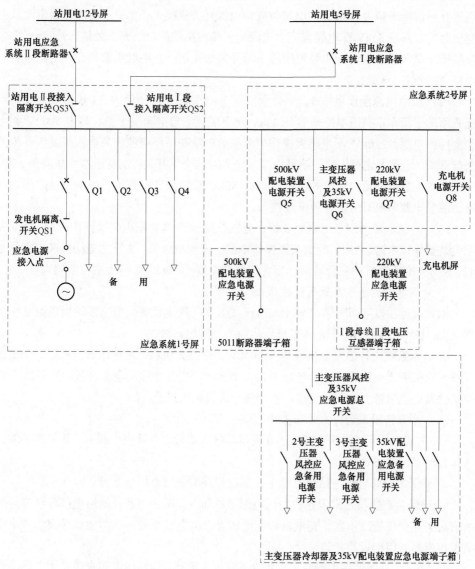

图 Z08E3001Ⅲ–3   500kV××变电站站用电源应急系统接线图

2. 站用电源应急电源接入方式

（1）正常运行时本应急电源在负载侧断开，不得与正常运行的站用电源系统并列运行，并通过接入应急备用电缆投入运行。500kV 配电装置操作电源从 5011 断路器端子箱内 500kV 配电装置应急电源开关处接入；220kV 配电装置操作电源从 Ⅰ 母线 Ⅱ 段电压互感器端子箱内 220kV 配电装置应急电源开关处接入；主变压器冷却器电源从主变压器冷却器及 35kV 配电装置应急电源端子箱内标注的空气开关处接入；35kV 配电装置操作电源从 35kV 配电装置应急电源开关处接入；充电机电源从应急电源总屏充电机电源开关 Q8 处接入。

（2）应急电源预设电缆 3 处，分别接入 5011 断路器端子箱内、Ⅰ 段母线 Ⅱ 段电压互感器端子箱和主变压器冷却器及 35kV 配电装置应急电源端子箱。其中 500kV 配电装置操作电源、220kV 配电装置操作电源应急电缆在站用电源应急电源屏处接入相关空气开关，而在上述对应端子箱处电缆未接入对应空气开关；主变压器冷却器及 35kV 配电装置应急电源箱内对应的主变压器和 35kV 配电装置操作电源下端空接，当站用电源应急电源需要时可经应急电缆接入。

（3）应急电源预留备用电缆 6 根，分别使用于 500kV 配电装置操作电源、220kV 配电装置操作电源、35kV 配电装置操作电源、充电机电源、2 号主变压器风控应急电源、3 号主变压器风控应急电源。现备用电缆定置于 500kV 2 号小室电缆层内。

3. 站用电源应急电源运行注意事项

本系统可在以下两种情况下投入运行：① 当一次主系统失电造成站用电源系统全部失电；② 当站用电源 Ⅰ、Ⅱ 段母线故障均不能运行时。

（1）本系统设计的发电机容量为 200kW，专供充电机、主变压器冷却器、配电装置操作电源三类负载，其他负荷均不接入本系统，因此当该应急电源投入运行时，必须确保发电机只带上述三类负载，否则将造成发电机过载。

（2）本系统投入运行方式和操作原则：

1）方式一：不经站用电源 Ⅰ、Ⅱ 段母线投入运行，当站用电源 Ⅰ、Ⅱ 母线不能投入运行时采用此方式。

a. 确保本应急电源与站用电源 Ⅰ、Ⅱ 段母线的联络点同时断开。

b. 确保负荷侧与正常运行的站用电源系统断开，即必须断开站用电源配电屏内的所有有关主变压器冷却器、充电机和配电装置三类电源开关，以防主系统突然来电造成发电机与站用变压器并列运行。

2）方式二：通过站用电源 Ⅰ、Ⅱ 段母线投入运行，当站用电源失电是因主系统失电而非站用电源 Ⅰ、Ⅱ 段母线同时故障引起时，可采用此种方式。

a. 确保本应急电源与 0、1、2 号站用变压器同时脱离，即将所有的站用变压器低压空气开关断开并改冷备用，以防止系统突然来电造成发电机与站用变压器并列运行。

　　b. 站用电源Ⅰ、Ⅱ段母线上只保留充电机、主变压器冷却器和配电装置三类电源空气开关，其他出线空气开关必须断开，以确保发电机容量满足要求。

　　4. 站用电源应急电源接入注意事项

　　（1）正常运行时，该系统所有断路器、隔离开关均处于断开位置。

　　（2）由于该系统接有较长出线电缆，为防止残余电荷电击，拆除发电机和负载侧的应急备用电缆前，必须挂设地线，并戴绝缘手套。

　　（3）投入应急电源前，必须全面仔细检查，确认正常运行的站用电源系统已全部失电，并按"防止变电站全站停电预案"规定的流程及时汇报局和相关主管领导，要求将发电机迅速运抵现场。发电机投入时，当值值班负责人应指定专人进行监护。

　　（4）为防止发电机过负荷运行，投入负载开关时，应注意发电机电流表严禁超过100A。原则上每台主变压器投入两组冷却器，若发电机接近满载而主变压器温度不断上升时，应及时汇报调度进行减负荷。

　　（5）本应急电源只考虑供一台充电机，否则将可能造成过载，因此直流系统应采用单台充电机带两组蓄电池并列运行的方式。

　　（6）接入应急备用电缆必须两人进行，严禁单人操作，接入前必须确认相位正确，严防错相接入。

　　四、案例分析

　　1. 运行方式

　　站用电源系统由单台站用变压器带（其他站用变压器在检修状态，不能恢复运行）。

　　2. 事故经过

　　站用变压器发生故障跳闸，造成站用交流系统失电。变电站全站照明失去，监控后台会出现：① 1、2、3号主变压器冷却器交流电源故障光字牌亮；② 0、1、2号充电机故障光字牌亮；③ 全站断路器加热器故障光字牌亮。当班值班负责人应立即派人检查站用电源和直流系统，确认站用变压器保护动作跳闸。

　　3. 处理过程

　　（1）值班负责人立即将站用电源失电告知地调、站长，发电机已运抵变电站现场。

　　（2）变电站现场立即按"发电机接入站用电源系统操作卡"步骤将发电机接入。

　　（3）停用主变压器冷却器全停保护，并派人监视主变压器温度，如主变压器负荷较高，温度持续上升，立即汇报网调要求减负荷。

　　（4）执行调度命令，隔离故障站用变压器，联系检修人员，尽快恢复检修站用变压器运行。

4. 案例小结

变电站站用电源系统出现单台站用变压器运行的方式还是经常出现的，一旦发生站用电源全失而不能及时恢复时，将对主设备的运行带来很大安全威胁。在该运行方式下，应及时启动站用电源应急预案，要求临时发电机至现场待命，避免站用电源系统长时间断电。

【思考与练习】

1. 简述直流系统接地的处理方法。
2. 站用电源系统有哪些常见事故和异常？应如何处理？

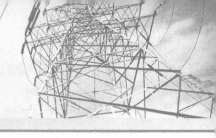

第四章

辅助设施的巡视与维护

◢ 模块1 辅助设施的监视与维护（Z08E4001Ⅰ）

【**模块描述**】本模块包含辅助设施系统监视与维护。通过对具体设备监视与维护知识的介绍，掌握辅助设施的巡视项目及要求，能通过巡视发现一般缺陷，并能规范填报。

【**模块内容**】

辅助设施包括建筑物（主控制楼、继电保护室、配电装置室、电缆室、生活楼、传达室、消防室、供水系统建筑等）、设备构支架、电缆沟（隧）道、给排水设施、通风设备和采暖、制冷设备。辅助设施的正常运行为变电站的正常运行提供基础。

一、建筑物的巡视和维护

（一）建筑物的巡视范围

变电站建筑物的巡视范围包括主控制楼、继电保护室、配电装置室、电缆室、生活楼、传达室、消防室、供水系统建筑等。

（二）建筑物的巡视检查项目

（1）屋顶清洁，无易漂浮物，无渗、漏水现象。

（2）外墙面清洁，无脱层、裂纹、空鼓，无渗、漏水现象。

（3）内墙面无渗漏、裂缝，表面光滑、洁净，颜色均匀。

（4）室内地面表面平整、清洁，无裂纹、脱皮、变形等现象。

（5）基础和主体结构无沉降、裂纹、腐蚀等现象。

（6）房屋四周无杂物堆放，房门开合自如，锁具正常无锈蚀卡涩。

（7）门窗关闭严密，玻璃完整、清洁。

（8）室内卫生、清洁，物品定置摆放且整洁。

（9）照明完好，亮灯率符合要求，电源开关和插座等设施完好。

（10）防小动物设施完好，电缆孔洞封堵完好。

（11）室内消防设施完好，火灾报警装置完好，摄像设施完好。

（12）室内给排水、雨水及热水管道等设施完好，卫生设施完好。

（13）室内通风设施、空调设备等运行良好。

（14）室内外固定遮栏完整，标识正确齐全，室内外场地无凹陷。

（三）建筑物的维护项目

（1）定期对屋顶、屋面进行清洁和保养，及时处理渗漏处，防止出现屋体渗漏水情况。

（2）定期对室内地面进行清洁和保养，及时更换破损地板。

（3）定期检查电缆孔洞的封堵情况，防止小动物进入室内。

（4）定期维护室内照明设施、电源开关和插座等，及时更换已损坏的设施。

（5）保持室内卫生整洁，门窗玻璃完整、清洁，及时更换破损门窗玻璃。

（6）定期维护室内给排水设施，及时处理积、堵水情况。

（7）定期维护室内通风和空调设施，保持室内空气质量和温、湿度符合要求。

（8）楼梯、平台、通道、栏杆应保持完整，铁板须铺设牢固，铁板表面应有纹路以防滑跌。

（9）应及时清理楼梯、平台、通道、栏杆等处的杂物，以免阻碍通行。

二、设备构支架的巡视检查和维护

（一）设备构支架的巡视检查项目

（1）构支架的焊接、螺栓连接牢固，镀锌均匀美观，厚度符合设计要求。

（2）构支架无倾斜、基础下沉等现象。

（3）构支架的铁件应无锈蚀、露筋、裂纹、损伤等现象。

（4）构支架应接地完好。

（二）设备构支架的维护项目

（1）定期对构支架的焊接、螺栓连接处进行检查和紧固。

（2）及时处理构支架的锈蚀、露筋、裂纹、损伤部位。

三、电缆沟（隧）道的巡视与维护

（一）电缆沟（隧）道的巡视项目

（1）电缆沟（隧）道应完整、顺直、清洁，无积水现象。

（2）电缆沟（隧）道盖板铺设齐全、平整，盖板表面美观，无破损。

（3）电缆沟无凹陷现象。

（二）电缆沟的维护项目

（1）定期清理电缆沟，保持电缆沟内清洁，无积水、杂物等。

（2）及时更换破损的电缆盖板，保持盖板齐全完整。

四、给排水设施的巡视与维护

（一）给排水设施的巡视检查项目

（1）检查水泵及电动机的运行正常，各部位的振动是否过大，有无异常声音，有无焦味等。

（2）检查相关电源回路和电气控制回路正常。

（3）检查水泵出水压力值，当出水压力异常时，应停止水泵运行，进行相应检查和处理。

（4）给排水管道无破损漏水现象，管道畅通、无堵塞现象。

（5）水系统阀门完好，无泄漏，法兰螺栓无松动。

（6）水塔、蓄水池内的水位是否正常。

（二）给排水设施的维护项目

（1）经常检查水塔、水池内的水位，其水位应保持在正常水位。

（2）经常检查各种电动机和水泵的运行情况，可以手动启动水泵检查其电动机电流是否正常。

（3）定期做好水泵和电动机的保养维护。

（4）冬季做好防寒工作，以防水管破裂。

（5）定期清洗水塔、水池，并进行必要的杀菌消毒。

（6）定期检查相关电气回路各元件的工作状况，及时更换故障元件。

五、采暖、制冷设备的巡视与维护

（一）采暖、制冷设备的巡视检查项目

（1）检查采暖、制冷设备的运行情况，如发现异常声音、焦味、冒烟等，应立即停止运转。

（2）检查压缩机、鼓风机的运转情况，如发现异常现象，应立即停止运行。

（3）检查冷凝器的冷却水排放是否畅通，穿墙孔是否密封。

（4）检查压缩机的压力值，应在规定的范围内。

（5）检查组合机、柜机各功能段连接严密，机组与供回水管连接正确。

（6）检查室外机的钢支、吊架安装牢固，无锈蚀。

（二）采暖、制冷设备的维护项目

（1）每半年应取下进气口空气过滤网用水清洗，除去灰尘后再装回。当排气不足、温度调节效果不好时，清洗过滤网，可恢复正常运行。

（2）定期清扫室外冷凝器。

（3）定期对鼓风机轴承加高级润滑油。

（4）定期检查清洗排水管。

（5）长期停机时应清扫各部件，洗净过滤网和排水管，关好栅门防止灰尘进入，关掉电源。

六、通风设备的巡视与维护

（一）通风设备的巡视检查项目

（1）过滤器与风管、风管与设备的连接处可靠密封。

（2）风管表面应平整、无损坏，接管合理，风管的连接以及风管与设备或调节装置的连接无明显缺陷。

（3）风口表面平整，风口可调节部件能正常动作。

（4）各类调节装置调节灵活，操作方便。

（5）防火及排烟阀等关闭严密，动作可靠。

（6）风管、管道的软性接管牢固、自然，无强扭。

（7）通风机工作正确，无异常声音、焦味、冒烟等现象。

（8）除尘器、积尘室接口严密。

（9）消声器表面应平整，无损坏。

（10）风管、部件、管道及支架的油漆完好。

（二）通风设备的维护项目

（1）定期检查和维护通风设备的电气回路，及时更换损坏部件。

（2）定期对风机轴承加高级润滑油。

（3）定期检查和维护通风管及其连接处的密封情况，及时处理密封不严情况。

（4）定期检查和维护各类调节装置，保证操作方便灵活。

（5）定期对风机进行检查和维护，保证风机的正常运转。

【思考与练习】

1. 简述建筑物的巡视检查项目。

2. 简述电缆沟（隧）道的巡视与维护项目。

▲ 模块 2　辅助设施定性（Z08E4001Ⅱ）

【模块描述】本模块包含辅助设施缺陷的定性。案例的介绍，掌握辅助设施缺陷定性方法。

【模块内容】

对辅助设施存在的缺陷应进行分析，判断缺陷的性质，从而为缺陷处理提供依据。

一、建筑物的缺陷定性

1. 地面

水泥地面起砂、空鼓、不规则裂缝、带地漏的地面泛水；现制水磨石地面分格条显露不清、分格条压弯（铜条和铝条）或压碎（玻璃条）、分格条两边或分格条十字交叉处石皮筷子显露不清或不匀、面层有明显的水泥斑痕及地面裂缝、表面光亮度差、细洞眼多、彩色水磨石地面颜色深浅不一。成品砖石铺设面层空鼓、接缝不平，缝子不匀。

2. 墙面

墙体裂缝，墙面起壳、反碱、掉粉、渗水；贴面板板缝开裂、贴面层空鼓脱落；墙面不平整，贴面砖接缝不平直，抹灰墙面厚度不一致或过厚，阴阳角不垂直、不方正等。

3. 屋面

屋面开裂渗漏、天沟檐沟漏水、防水层起壳起砂、防水卷材破损黏结不牢。

4. 门窗

胶合板门扇"露筋"，镶板门门芯板开裂、变形，门窗框翘曲变形，框与扇接触面不平，框与墙体密封不严，门窗洞口过大或过小，门窗扇开启不灵，门窗扇下坠，弹簧门地弹簧运转不灵，门窗锁扣不灵，拉手位置高低不一等。

5. 电气设施

组合式日光灯具排列不整齐、金属或塑料间隔片扭曲，距地面高度小于 2.4m 的金属灯具外壳没接地（PE 端），室外壁灯无泄水孔、底座与墙面无防水措施，开关和插座安装不整齐、不牢固或表面弯翘，成排安装的开关和插座高低不平整，配电箱箱体不方正、面板和门扇变形、接地位置不明显，剩余电流动作保护器和熔断器整定配置不对。

6. 卫生器具

坐便器与排水管道漏水，蹲坑上水进口处漏水，卫生器具安装不牢固，地漏汇集水效果不好，水池排水栓和地漏周围漏水。

二、设备构支架的缺陷定性

（1）设备构支架定位偏差。

（2）构支架裂缝。

（3）设备构支架及焊接点生锈。

（4）铁制的紧固件未采用热浸镀锌工艺。

（5）钢构件焊接不牢固，有虚焊。

三、电缆沟（隧）道的缺陷定性

（1）电缆沟体沉降不匀，有裂缝。

（2）沟底积水，未按要求分段设置积水井。

（3）电缆沟内有杂物。

（4）电缆沟不平直，盖板不平整。

（5）电缆沟未设防火墙。

四、给排水设施的缺陷定性

（1）地下埋设管道漏水。

（2）阀门开启不灵且有渗漏现象。

（3）镀锌钢管焊接不良。

（4）管道焊接面有裂纹，未熔合、未焊透，有夹渣、弧坑和气孔。

（5）管道螺纹螺扣未进行防腐处理。

（6）PPR 给水管熔接处渗漏水。

（7）排水管道堵塞。

（8）管道各类支架、吊架固定不牢。

五、采暖、制冷设备的缺陷定性

（1）采暖管道未设坡度。

（2）管道变径错误。

（3）散热器安装不平整，未安装放风阀或安装位置不正确，散热器连接管位置不正确。

（4）固定支架和导向支架安装不正确。

（5）采暖系统出现局部不热。

（6）空调制冷系统不制冷。

（7）空调漏水。

（8）噪声大。

（9）制冷效果差。

（10）室外机不工作。

六、通风设备的缺陷定性

（1）送风时风管内有噪声。

（2）风管安装不直，咬缝不严密，焊缝有烧穿、漏焊和裂纹。

（3）清洁风管系统漏风。

（4）百页送风口转向不灵。

（5）除尘器除尘效率低。

（6）消声器内消声材料黏结不平不牢。

【思考与练习】

1. 电缆沟（隧）道可能存在哪些缺陷？
2. 设备构支架可能存在哪些缺陷？

▲ 模块 3　辅助设施的运行分析（Z08E4001Ⅲ）

【模块描述】 本模块包含辅助设施巡视分析。通过案例的介绍，掌握辅助设施情况的分析判断，能发现隐蔽缺陷，能对设备的运行情况提出改进意见。

【模块内容】

明确辅助设施缺陷的性质后，还需要分析引起辅助设施缺陷的原因，为消除缺陷提出意见。

一、建筑物的缺陷分析判断

（1）地面起砂：砂浆稠度太大；工序安排不适当，地面压光时间过早或过迟；养护不适当；材料不符合要求。

（2）空鼓：基层表面清理不干净，有浮灰或贴面材料背面浮灰没清理干净及无水湿润、浆膜或其他污物及表面过于干燥或有积水。

（3）地面有裂缝：水泥安定性差或混用不同编号的水泥，面层养护不及时或不养护，水泥砂浆过稀或搅拌不匀，首层地面垫层不实、结构变形以及面积较大的楼地面未留伸缩缝。

（4）地面材料铺设接缝不平：材料本身有厚薄、宽窄、窜角、翘曲等缺陷，各房间水平标高线不统一，地面铺设后成品保护不好。

（5）墙体空鼓开裂：基层清理不干净或处理不当，浇水不透，配制砂浆和原材料质量不好，一次抹灰太厚或各层抹灰太紧，粘贴面砖的砂浆厚薄不匀、砂浆不饱满及操作过程中方法不对，面砖粘贴前准备工作未做好或嵌缝不密实。

（6）墙面不平整、贴面砖接缝不平直：抹灰前挂线、做灰饼和冲筋不认真，贴面砖质量不好，规格尺寸偏差较大，施工操作不当。

（7）屋面开裂：

1）卷材屋面：天气变化使屋面板胀缩引起板端角变，卷材质量差、搭接太小使卷材收缩后开裂、翘起等。

2）钢性屋面：混凝土配比不当，施工时振捣不密实，收光、压光不好，早期干燥脱水和养护不当。

（8）屋面渗漏：基层发生变形和裂缝，选用材料不当、防水层构造不合理，屋面基层不平、防水层表面积水使卷材发生腐烂，卷材铺贴方法不对、两幅卷材之间接缝宽度不够，施工时损伤卷材或突遇下雨、雨水从卷材破损处和接缝间渗漏。

二、设备构支架缺陷的分析判断

（1）设备构支架定位偏差：浇筑混凝土时模板、钢筋、芯管、底脚螺栓或钢套管及预埋铁件固定不牢固，二次浇灌前未将基础混凝土凿毛和清理，灌孔内有积水，钢柱底部预留孔与预埋螺栓不对中。

（2）构支架裂缝、设备构支架及焊触点生锈：钢构支架的材质不符合要求，钢构架镀锌工艺有问题以及焊接处未进行防腐处理。

三、电缆沟（隧）道的缺陷分析判断

（1）电缆沟体沉降不匀、有裂缝：地基不实、混凝土配比和施工方法不对，浇筑混凝土时基坑有积水。

（2）电缆沟不平直、盖板平整：基层处理不好，有不规则沉降和变形，水泥砂浆抹面层不平整，盖板安装前沟道的搁置面未修理平整和使用的垫料不对。

（3）电缆沟有积水：在抹防水砂浆前基层不平整、未清理、不干燥以及防水材料质量不好和施工工序安排不当，防水层的各层粘贴不牢有气泡、裂缝和脱层现象，粘贴卷材时搭接长度和宽度不够。

四、给排水设施的缺陷分析判断

（1）水泵进出水压力过低时，应对下列项目进行检查、分析和处理：

1）检查水泵工作状态是否正常，如水泵故障，应立即停止运行。

2）检查电动机运行是否正常，其电源回路是否正常；电动机异常运行时，应立即停止电动机运行，待异常消除后，才能恢复电动机运行。

3）检查水管是否破裂。

4）检查进水管道是否堵塞。

5）检查进水阀门是否堵塞或未完全开启。

（2）水泵进出水压力过高时，应对下列项目进行检查、分析和处理：

1）检查出水管是否堵塞。

2）检查出水阀门是否未开启或堵塞。

（3）电动机不能启动时，应对下列项目进行检查、分析和处理：

1）检查工作电源是否正常。

2）检查热偶继电器是否动作，可进行复归，如不能复归，应检查相关电气回路。

3）检查启动回路是否完好。

4）检查电动机有无故障情况。

五、采暖、制冷设备的缺陷分析判断

本部分主要介绍空调器的缺陷分析和判断，空调器的故障可分为两类：一类是空调器本身故障；另一类是机器外部原因，如电源回路故障等。在分析和处理故障时，需先排除机器外部故障后，再对机器本身进行故障分析和判断。

（一）空调器制冷系统故障的原因

（1）电源不正常，电压下降幅度过大。

（2）室外风机转速过低或不运转。

（3）制冷系统内出现脏堵、冰堵、油堵或角阀未全开。

（4）散热器过脏或室外温度过高。

（5）制冷系统制冷剂缺少。

（6）室内风机转速过低或不运转。

（7）压缩机排气效率过低。

（8）制冷系统堵塞。

（二）空调器制热系统故障的原因

（1）电源不正常。

（2）室外机不除霜或除霜不净。

（3）室外环境温度过低。

（4）室外机散热器过脏。

（5）压缩机排气效率过低。

（6）室外风机转速过低或不运转。

六、通风设备的缺陷分析判断

（1）送风时风管内有噪声：风管没有采取加固措施，风管的钢板厚度与风管断面尺寸不对。

（2）风管安装不直、咬缝不严密，焊缝有烧穿、漏焊和裂纹：各风管支架、吊架位置标高不一致，间距不相等、受力不均，法兰平整度差、螺栓间距大、螺栓松紧度不一致，风管咬口开裂。

（3）除尘器除尘效率低：喷水口堵塞、水量不足，集尘箱连接不严密，法兰不平、连接不密漏风。

（4）消声器内消声材料黏结不平、不牢：风管表面潮湿，黏结脱落，黏结胶涂刷不均匀，风干时间短。

七、案例分析

某变电运维人员在巡视检查中发现某断路器附近电缆沟两侧表面有裂纹，掀开电缆沟盖板检查发现地基明显沉降引起电缆沟底部开裂。此次电缆沟地基沉降发生的部

位有了变化，由此前发现的电缆沟上部发展至电缆沟底部，比较隐蔽，同时因地基沉降造成的电缆沟墙体开裂贯穿性更强。

此案例表明，在发现变电站辅助设备发生缺陷时，应及时跟踪缺陷有无可能发展，有无影响变电站主设备运行的可能，准确判断影响的范围、性质，及时安排处理。

【思考与练习】

1. 应如何分析和处理给排水设施存在的缺陷？
2. 应如何分析和处理采暖、制冷设备的缺陷？

◢ 模块 4　在线监测系统巡视分析（Z08E4002Ⅲ）

【模块描述】 本模块包含在线监测系统的巡视与运行分析，通过案例分析，掌握在线监测系统的巡视项目及要求，能通过巡视发现缺陷，并做运行分析。

【模块内容】

一、在线监测系统运行管理

1. 基本要求

（1）运行单位应根据国家电网有限公司 DL/T 1430—2015《变电设备在线监测系统技术导则》、在线监测装置使用手册等编写在线监测系统现场运行规程，并建立在线监测系统设备台账和运行履历。

（2）应注意监视在线监测系统的运行状况，及时发现并报告其存在的缺陷。

（3）应注意在线监测系统监测数据的采集、存储和备份，数据的变化趋势的初步判断，报警值的管理等。

（4）如果在线监测数据发现异常，应及时报告。

2. 运行巡视

（1）检查检测单元的外观应无锈蚀，密封良好，连接紧固。

（2）电（光）缆的连接无松动和断裂。

（3）管路接口应无渗漏。

（4）就地显示面板显示正常。

（5）数据通信情况正常。

（6）主站计算机运行正常。

（7）在电源电压超出监测系统规定的范围或进行电源切换时，应及时检查系统工作是否正常。

（8）检查监测数据是否在正常范围内，如有异常，及时汇报。

（9）在特殊情况下，如被监测系统遭受雷击、短路等大扰动后，或被监测设备监测数据异常，以及在大负荷、异常气候等情况时，应加强巡视。

3. 报警值管理

（1）根据相关标准规范或运行经验由运行单位制定各报警值。报警值不应随意修改。

（2）发生在线监测系统报警时由变电运维人员及时汇报。

（3）发生在线监测系统报警后应尽快安排检查和开展以下工作：

1）报警值的设置是否变化。

2）外部接线、网络通信是否出现异常中断。

3）是否有异常天气。

4）是否有强烈的电磁干扰源发生，如断路器操作、外部短路故障等。

5）监测装置及系统是否异常。

6）进行在线监测数据变化的趋势和横向比较分析。

（4）如确认在线监测系统工作正常，报警后应视具体情况对主设备采取进一步的诊断和处理。

（5）如确认在线监测系统发生误报警，应及时退出报警功能，查明原因并处理后再投入运行。当不能完全确认系统发生误报警，不应将装置退出运行。

4. 日常维护

（1）不得随意更改主站系统监测软件的设置，任何改动应在系统管理员认可后方可进行。

（2）主站单元宜专机专用，其网络设置不应随意更改，不能安装无关应用软件。

（3）监测软件处于常运行状态，不应随意关闭。

（4）被测设备检修时，应对检测单元进行必要的检查和试验。

1）检查检测单元与被监测设备本体连接部位良好，无渗漏、锈蚀和受潮等异常现象。

2）检查电（光）缆连接正常，接地引线、屏蔽牢固。

3）按制造厂技术要求，对无法承受负压状态的油气分离薄膜式传感器，在变压器放油或油处理前，应首先关紧传感器的阀门；在变压器吊罩时，将监测装置拆除，妥善保存。

4）在套管、电流互感器、耦合电容器、避雷器等设备大修或更换时，应将监测装置拆除，妥善保存，拆、卸和安装应按制造厂技术要求进行。

（5）当检测单元工作异常或数据异常，应进行人工复位后再采集。

（6）如出现主站计算机异常或"死机"，需根据维护手册要求重新启动系统。

（7）当通信异常时，要检查与主站通信线插头是否松动，或通信母板是否故障。

（8）对该系统操作前，应熟悉使用手册、软件使用指南，出现问题应按照维护指南进行。

（9）出现硬件和软件故障，按维护指南无法解决时，应及时通知厂家派人维护。

（10）定期对在线监测系统的电源进行检查。

二、在线监测系统的数据分析

状态量是指直接或间接表征设备状态的各类信息，如数据、声音、图像、现象等。检测是获取设备状态量的重要手段之一，主要包括测量、试验、化验、分析、探伤、检查等多种方法，例如变压器的电气试验、油中溶解气体的检测分析、红外检测等。检测又可根据设备所处的运行状态分为带电检测、离线检测和在线监测等多种。本模块主要介绍电气试验数据的分析判断。

（一）试验数据的分析方法

利用不同的方法获得检测数据只是判断设备状态的第一步，如何利用检测结果中的有效信息进行设备状态的识别更为重要。通常对试验数据分析有计算机智能故障诊断和人工分析两类，其中人工分析是变电运维人员应掌握的基本技能。常用的试验数据分析有以下几种，但并不限于此。

1. 阈值判断法

所谓阈值可以简单理解为临界值，在此指有关规程规定的限制。阈值判断法是最常用的试验数据分析方法之一。通常情况下，有了试验结果后，首先对照规程的规定，分析比对有无超过规程规定值的数据，即有无"超标"数据，由此判断试验项目是否合格。

阈值判断虽然是最基本的方法，但并不是试验数据不超标的设备就一定是完好设备，有些数据并未超标，但劣化的速率极快，同样存在风险。因此，数据分析一般需要应用多种方法，综合分析判断数据的变化趋势，正确得出设备的状态结论。

2. 显著性差异分析法

当设备的状态量明显不同于其他设备时，可以通过显著性差异分析法找出与其他同类设备有明显差异的设备。根据数理统计理论，同一批设备，由于设计、工艺和材质都相同，各台设备的同一状态量应该视为源自同一母体的不同样本，如果被分析设备的状态量值与其他设备存在显著性差异，必然有其原因，且很可能是早期缺陷的信号。

3. 纵横比较分析法

（1）纵比是指设备的当前试验数据与上次试验数据进行比较，横比是指同台（组）设备不同相间数据进行比较，分析判断设备的当前试验值是否正常。一般不超过±30%可判为正常，否则应进一步分析判断原因。

（2）当利用相邻两次或更多次试验数据相比较，仍然难以给出定论时，需要用当前数据与该设备的试验数据初值比较，进一步分析判断，得出设备的试验结论。

（3）试验数据初值是指能够代表状态量原始值的试验值。初值可以是出厂值、交接试验值、早期试验值、设备核心部件或主体进行解体检修、更换之后的首次试验值等。对于易受安装环境影响的试验数据选择交接或首次预试值作为初值，不受安装环境影响的试验数据选出厂试验值作为初值，受大修影响的试验把大修后首次试验值作为初值。

4. 状态量的显著性差异分析

在相近的运行和检测条件下，同一家族设备的同一状态量不应有明显差异，否则应进一步分析判断原因。

家族设备是指同厂、同批次或属于同一设计、材质、工艺在不同工厂生产的设备。

5. 易受环境影响状态量的纵横比分析

本方法可作为辅助分析手段。如 A、B、C 三相设备的上次试验值和当前试验值分别为 A_1、B_1、C_1 和 A_2、B_2、C_2，在分析设备当前试验值 A_2 是否正常时，根据 $A_2/(B_2+C_2)$ 与 $A_1/(B_1+C_1)$ 相比有无明显差异进行判断，一般不超过 ±30% 可判为正常。

（二）试验结论和处置原则

每项试验工作结束，试验人员都应给出明确的试验结论。变电运维人员应能根据试验数据审核其结论的正确性。同样，变电运维人员也应具备根据试验数据独立给出试验结论的能力，并根据试验结论采取相应的处理措施。

1. 试验结论

设备试验的结论分为合格和不合格两种，但对单项试验数据又可分为正常值、注意值和警示值三种。

（1）正常值是指试验所获得数据量值大小、发展趋势以及相互平衡程度等均在规程规定的限值之内的数据。

（2）注意值是指当试验数据达到该数值时，设备可能存在或可能发展为缺陷。例如变压器绕组绝缘电阻应不小于 6000MΩ，吸收比应不低于 1.3，极化指数应不低于 1.5 等。

（3）警示值是指状态量达到该数值时，设备已存在缺陷并有可能发展为故障。例如变压器的直流电阻相间互差不大于 2% 等。

2. 试验结果的处置原则

（1）各项试验数据为合格的设备为正常设备，执行正常的巡视、检修和试验周期。

（2）试验结果有注意值项目的设备，若当前试验值超过注意值或接近注意值的趋势明显，对于正在运行的设备，应加强跟踪监测；对于停电设备，如怀疑属于严重缺陷，不宜投入运行。

（3）试验结果有警示值项目的设备，若当前试验值超过警示值或接近警示值的趋势明显，对于运行设备应尽快安排停电试验。对于停电设备，消除此隐患之前，一般不应投入运行。

（三）试验数据分析

设备的试验一般分为例行试验和诊断性试验两种。例行试验是为获取设备状态量，评估设备状态，及时发现事故隐患，定期进行的各种带电检测和停电试验。而诊断性试验是发现设备状态不良或经受了不良工况、受家族缺陷警示或连续运行了较长时间，为进一步评估设备状态进行的试验。例行试验通常按周期进行，诊断性试验只在诊断设备状态时根据情况有选择地进行。

下面以变压器有关试验为例，介绍试验数据的分析。

1. 变压器例行试验数据分析

油浸式电力变压器（电抗器）例行试验数据分析见表 Z08E4002Ⅲ-1。

表 Z08E4002Ⅲ-1 油浸式电力变压器（电抗器）例行

试验数据分析

例行试验项目	基准周期	规定	要求和分析
红外热像检测	330kV 及以上：1 月 220kV：3 月 110kV/66kV：半年	无异常	红外热像图显示应无异常温升、温差和相对温差
油中溶解气体分析	330kV 及以上：3 月 220kV：半年 110kV/66kV：1 年	1. 乙炔：≤1L/L（330kV 及以上），≤5L/L（其他）（注意值） 2. 氢气：≤150 L/L（注意值） 3. 总烃：≤150 L/L（注意值） 4. 绝对产气速率：≤12mL/d（密封式，注意值）或≤6mL/d（开放式，注意值） 5. 相对产气速率≤10%/月（注意值）	若有增长趋势，即使小于注意值，也应缩短试验周期。烃类气体含量较高时，应计算总烃的产气速率。当怀疑有内部缺陷时，应进行额外的取样分析
绕组电阻	3 年	1. 相间互差不大于 2%（警示值） 2. 同相初值差不超过±2%（警示值）	有中性点引出线时，应测量各相绕组的电阻；若无中性点引出线，可测量各线端的电阻，然后换算到相绕组电阻。要求在扣除原始差异之后，同一温度下差值不超过规定值
绝缘油例行试验	330kV 及以上：1 年 220kV 及以下：3 年	见表 Z08E4002Ⅲ-3	见表 Z08E4002Ⅲ-3
套管试验	3 年	见表 Z08E4002Ⅲ-4	见表 Z08E4002Ⅲ-4
铁芯绝缘电阻	3 年	≥100MΩ（新投运 1000MΩ）（注意值）	除注意绝缘电阻的大小外，要特别注意绝缘电阻的变化趋势。夹件引出接地时，应分别测量铁芯对夹件及夹件对地绝缘电阻

续表

例行试验项目	基准周期	规定	要求和分析
绕组绝缘电阻	3 年	1. 绝缘电阻无显著下降 2. 吸收比≥1.3 或极化指数≥1.5，或绝缘电阻≥10 000MΩ（注意值）	不同温度下测量的绝缘电阻应进行温度修正。绝缘电阻下降显著时，应结合介质损耗因数及油质试验进行综合判断
绕组绝缘介质损耗因数（20℃）	3 年	330kV 及以上：≤0.005（注意值） 220kV 及以下：≤0.008（注意值）	测量绕组绝缘介质损耗因数时，应同时测量电容值，若此电容值发生明显变化，应予以注意。分析时应注意温度对介质损耗因数的影响
有载分接开关检查（变压器）	每年 1 次	按有关规程和产品说明书规定	按有关规程和产品说明书规定

2. 变压器诊断性试验数据分析

油浸式电力变压器（电抗器）诊断性试验数据分析见表 Z08E4002Ⅲ–2。

表 Z08E4002Ⅲ–2　　油浸式电力变压器（电抗器）诊断性试验数据分析

诊断性试验项目	目　的	要求和分析
空载电流和空载损耗测量	诊断铁芯结构缺陷、匝间绝缘损坏等	试验电压值和接线应与上次试验保持一致。测量结果与上次相比，不应有明显差异。应注意同时分析空载损耗变化
短路阻抗测量	诊断绕组是否发生变形	应在最大分接位置和相同电流下测量。试验电流可用额定电流，也可低于额定值，但不应小于 5A。初值差不超过±3%（注意值）
绕组频率响应分析		绕组频率响应曲线应与原始的各个波峰、波谷点所对应的幅值及频率基本一致
感应耐压和局部放电测量	验证绝缘强度，或诊断是否存在局部放电缺陷	感应耐压：出厂试验值的 80% 局部放电：$1.3U_m/\sqrt{3}$ 下，≤300pC（注意值）
外施耐压试验		仅对中性点和低压绕组进行，耐受电压为出厂试验值的 80%，时间为 60s
绕组各分接位置电压比	验证核心部件或主体进行解体检修、更换后接线是否正确，或验证绕组是否存在缺陷	结果应与铭牌标识一致。初值差不超过±0.5%（额定分接位置）；其他分接不超过±1.0%（警示值）
直流偏磁水平检测	验证变压器声响、振动等异常是否由直流偏磁引起	符合有关规程规定
纸绝缘聚合度测量	诊断绝缘老化程度	聚合度≥250（注意值）
绝缘油诊断性试验	检验绝缘油质量	新油或例行试验后怀疑油质有问题时进行，应符合有关规程规定

续表

诊断性试验项目	目 的	要求和分析
整体密封性能检查	检验整体密封状况	采用储油柜油面加压法，在 0.03MPa 压力下持续 24h，无油渗漏
铁芯及夹件接地电流测量	检查铁芯是否多点接地	≤100mA（注意值），当铁芯与夹件分别接地时应分别测量
声级及振动测定	检验噪声是否异常	符合设备技术文件要求，振动波主波峰的高度应不超过规定值，且与同型设备无明显差异
绕组直流泄漏电流测量	检验绝缘是否存在受潮等缺陷	泄漏电流与初值比应没有明显增加，与同型设备比没有明显差异

3. 绝缘油例行试验数据分析

变压器（电抗器）绝缘油例行试验数据分析见表 Z08E4002Ⅲ-3。

表 Z08E4002Ⅲ-3   变压器（电抗器）绝缘油例行试验数据分析

例行试验项目	规定值	要求和分析
视觉检查	透明，无杂质和悬浮物	淡黄色为好油，黄色为较好油，深黄色为轻度老化的油，棕褐色为老化的油
击穿电压	≥50kV（警示值），500kV 及以上 ≥45kV（警示值），330kV ≥40kV（警示值），220kV ≥35kV（警示值），110kV/66kV	击穿电压值达不到规定要求时，应进行处理或更换新油
水分	≤15mg/L（注意值），330kV 及以上 ≤25mg/L（注意值），220kV 及以下	测量时应尽量在顶层油温高于 60℃时取样。怀疑受潮时，应随时测量油中水分
介质损耗因数（90℃）	≤0.02（注意值），500kV 及以上 ≤0.04（注意值），330kV 及以下	按有关规程规定
酸值	≤0.1mg（KOH）/g（注意值）	0.03mg（KOH）/g 为新油，0.1mg（KOH）/g 为可继续运行，0.2mg（KOH）/g 为下次维修时需进行再生处理，0.5mg（KOH）/g 为油质较差。当酸值大于注意值时，应进行再生处理或更换新油
油中含气量（体积比）	330kV 及以上变压器、电抗器：≤3%	当油中含气量接近或超过规定值时，应查明原因，并采取相应措施

4. 高压套管例行试验数据分析

高压油纸电容式套管例行试验数据分析见表 Z08E4002Ⅲ-4。

表 Z08E4002Ⅲ-4　　高压油纸电容式套管例行试验数据分析

例行试验项目	基准周期	规定	要求和分析
红外热像检测	330kV 及以上：1个月 220kV：3 个月 110kV/66kV：半年	无异常	红外热像图显示应无异常温升、温差和相对温差
绝缘电阻	3 年	（1）主绝缘：≥10 000M（注意值） （2）末屏对地：≥1000M（注意值）	包括套管主绝缘和末屏对地绝缘的绝缘电阻
电容量和介质损耗因数（20℃）（电容型）	3 年	（1）电容量初值差不超过±5%（警示值） （2）介质损耗因数符合以下要求： 1）500kV 及以上，≤0.006（注意值） 2）其他（注意值）： 油浸纸，≤0.007； 聚四氟乙烯缠绕绝缘，≤0.005； 树脂浸纸，≤0.007； 树脂黏纸（胶纸绝缘），≤0.015	如果测量值异常时，可测量介质损耗因数与测量电压之间的关系曲线。介质损耗因数的增量应不大于±0.003，且介质损耗因数不超过 0.007（$U_m \geq 550kV$）、0.008（U_m 为 363kV/252kV）、0.01（U_m 为 126kV/72.5kV）。分析时应考虑测量温度影响

5. 高压套管诊断性试验数据分析

高压油纸电容式套管例行试验数据分析见表 Z08E4002Ⅲ-5。

表 Z08E4002Ⅲ-5　　高压油纸电容式套管诊断性试验数据分析

诊断性试验项目	规定	要求和分析
油中溶解气体分析（充油）	乙炔：≤1L/L（220kV 及以上），≤2L/L（其他）（注意值） 氢气≤500L/L（注意值） 甲烷≤100L/L（注意值）	当怀疑绝缘受潮、劣化，或者怀疑内部可能存在过热、局部放电等缺陷时进行本项目。取样时，应注意设备技术文件的特别提示（是否允许取油等），并检查油位应符合设备技术文件的要求
末屏（如有）介质损耗因数	≤0.015（注意值）	当套管末屏绝缘电阻不能满足要求时，可通过测量末屏介质损耗因数做进一步判断
交流耐压和局部放电测量	（1）交流耐压：出厂试验值的 80% （2）局部放电（$1.05U_m / \sqrt{3}$）： 油浸纸、复合绝缘、树脂浸渍、充气，≤10pC； 树脂黏纸（胶纸绝缘），≤100pC（注意值）	需要验证绝缘强度，或诊断是否存在局部放电缺陷时进行本项目。如有条件，应同时测量局部放电。交流耐压为出厂试验值的 80%，时间 60s。对于变压器（电抗器）套管，应拆下并安装在专门的油箱中单独进行
气体密封性检测（充气）	≤1%/年或符合设备技术文件要求（注意值）	当气体密度表显示密度下降或定性检测发现气体泄漏时，进行本项试验
气体密度表（继电器）校验（充气）	符合设备技术文件要求	数据显示异常或达到制造商推荐的校验周期时，进行本项目。校验按设备技术文件要求进行
SF_6 气体成分分析（充气）	按有关规程规定	怀疑 SF_6 气体质量存在问题，或者配合事故分析时，可选择性地进行 SF_6 气体成分分析

6. 在线监测装置数据分析

在线监测装置是在设备正常运行的条件下，对设备的某些状态量数据进行连续监测的装置。它具有智能化程度高，可以自动记录、分析、报警、组网、信息远传等功能，是智能化设备和电网的重要组成部分。

随着技术的发展，在线监测装置的功能和种类越来越多，目前应用比较广泛的有油色谱、避雷器全电流或阻性电流、容性设备绝缘、局部放电、瓷绝缘泄漏电流、连接点温度测量以及断路器性能等在线监测装置。

在线监测装置的监测数据与离线检测数据分析方法相同，由于在线监测装置设有不同级别的越限报警，当监测数据达到设定值时会自动报警，具有很高的智能化水平。运行中应对在线监测数据与离线检测数据经常进行比对分析，掌握两者数据差异的程度和规律。当在线监测装置报警后，应及时查明原因，尽快利用其他检测方法对报警数据进行确认。

（四）设备状态评价

设备状态评价是根据收集到的各类状态信息，依据相关标准，确定设备的状态和发展趋势。设备状态评价需要综合运行、检修、管理、检测、不良运行工况、家族缺陷等多方面的设备状态信息，在线和离线试验数据只是设备的部分状态信息。

设备状态评价一般通过状态检修辅助决策系统或其他智能化故障诊断系统按规定程序自动完成，也可以按照设备评价标准人工进行评价。设备状态一般分为正常状态、注意状态、异常状态和严重状态四种。

1. 正常状态

运行数据稳定，所有状态量符合标准，各种状态量处于稳定且在规程规定的标准限值以内，可以正常运行的设备状态。

2. 注意状态

单项或多项状态量变化趋势朝接近标准限值方向发展，但未超过标准限值，仍可以继续运行，但应加强运行监视的设备状态。

3. 异常状态

单项重要状态量变化较大，或几个状态量明显异常，已接近或略微超过标准限值，已影响设备的性能指标或可能发展成严重状态，设备仍能继续运行但应监视运行，并应适时安排停电检修的设备状态。

4. 严重状态

单项或几个重要状态量严重超过标准限值，需要尽快安排停电检修的设备状态。

【思考与练习】

1. 变压器类设备检测参数主要有哪些？

2. 在线监测设备的主要构成部分有哪些？
3. 在线监测系统报警值管理有何要求？
4. 如何用阈值判断法分析设备试验数据？
5. 如何用纵横比较分析法分析设备试验数据？
6. 对于试验结果有警示值项目的设备应如何处置？
7. 举例说明什么是试验数据的注意值。

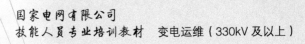

第五章

变电站设备定期试验与轮换

▲ 模块　变电站设备定期切换试验与轮换（Z08E5001Ⅰ）

【模块描述】本模块包含变电站设备定期切换试验与轮换制度、要求。通过对蓄电池定期测试、变压器冷却设备等的定期切换实例，掌握变电站设备定期切换试验与轮换的方法和内容要求。

【模块内容】

一、变电站设备定期试验与轮换的主要目的

变电站设备定期试验与轮换是"两票三制"的重要内容，本节主要涉及变电站变电运维人员职责范围内的试验与轮换内容。变电站设备除按照有关规程由专业人员开展电气试验外，变电运维人员还应对有关设备进行定期的测试和试验，以确保设备的正常运行。

设备定期试验的主要目的是检验设备或某个部件的功能是否完好，检验设备是否正常运行，检验自动投入装置能否正确动作。变电站需要进行定期试验的设备主要包括中央信号系统、高频保护通道、直流充电机及蓄电池、事故照明系统、变压器冷却装置、电气设备取暖防潮装置、防误装置等。

设备定期轮换的主要目的是将长期备用的装置经倒换操作投入运行，长期运行的设备转为备用，通过轮换，减少磨损、发热等缺陷的发生，从而提高设备的健康状况。

设备定期试验主要突出对其自动投切或动作功能的确认，其基本原则是通过模拟故障或异常，检验自动动作功能的完好与否，检查的内容主要包括继电保护装置（或接触器）是否正确动作，信号是否正确反映等。试验的周期视具体情况而定，一般在自动投切装置新安装或维修后进行一次全面的功能验证，正常运行时以季度或半年为宜。变电站设备试验工作应由多人配合进行，持操作票或标准化作业指导书作业。

设备的轮换主要突出设备运行状态的轮换，基本原则是将长期备用的设备或部件转入运行，长期运行的设备或部件转入备用。轮换的内容主要包括转入运行的设备（部件）运行是否正常，信号反映是否正确等。轮换的周期一般为半年，轮换应至少由两

人进行，持操作票或标准化作业指导书作业。

二、变电站设备定期试验的内容及要求

变电站设备定期试验的内容及要求应根据各站的设备情况和实际运行环境分别制定，试验方法应写入变电站现场运行规程，试验周期按照国网（运检/3）828—2017《国家电网公司变电运维管理规定（试行）》执行，举例说明见表 Z08E5001Ⅰ–1。

表 **Z08E5001Ⅰ–1** 　　　　变电站设备定期试验的内容及周期

序号	试验设备	试验内容	周期	备注
1	高频保护通道	通道测试	每天	
2	直流充电机及蓄电池	单个蓄电池内阻、电压	每年、每周	蓄电池内阻测试每年至少 1 次，蓄电池电压测量每月一次，备用直流充电机每半年启动试验 1 次
3	事故照明系统	试验检查	每季	
4	站用交流电源系统的备自投装置	切换试验	每季	
5	变压器冷却装置	电源自投功能试验	每季	
6	变电站辅助降温、加热除潮装置	辅助降温、加热除潮装置功能是否良好	每季	
7	防误闭锁装置	锁具维护及闭锁逻辑校验	每半年	
8	备用站用变（一次侧不带电）	启动试验	每半年	每次带电运行不少于 24 小时
9	漏电保安器	检查功能	每季	
10	消防设施	检查维护	每季	变压器火灾报警系统随停电试验检查

1. 高频保护通道

高频保护通道是输电线路高频继电保护装置的重要组成部分，通道是否良好直接影响高频保护动作的正确性。高频保护通道包括输电线路和两端的调制解调装置，引起通道衰耗增大的可能因素有输电线路气候环境的变化、两端调制解调装置或收发信机元件的老化故障等。

由于闭锁式高频保护正常运行时通道无高频电流，高频保护通道衰耗增大也不易发现，因此需要变电运维人员每天或气候异常时手动启动高频收发信机测试，检查通道是否完好。

2. 直流充电机及蓄电池

220kV 及以上变电站直流电源系统通常采用"两电三充"，即两组蓄电池加三套充

电装置；对于正常方式下处于备用状态的充电机应定期投入一定时间进行运行试验，周期为半年一次。运行充电机的交流输入电源应结合轮换每季开展一次自投切试验。

蓄电池是变电站直流电源系统中重要的组成部分。为确保在充电机交流电源消失后蓄电池能可靠供电，需要定期对蓄电池进行相关试验和测量，内容包括单个蓄电池的内阻和电压。

3. 事故照明系统

事故照明系统是在变电站正常照明失去时，方便进行事故处理的照明电源系统。事故照明一般采用直流供电。早期设计的事故照明系统采用交流消失后接触器自动切换至蓄电池供电的方式，由于回路复杂，近期设计采用蓄电池直接供电或墙壁上安装应急灯的方式实现。无论哪种方式，均要定期进行试验，确保事故照明可靠，通常季试验检查一次。

4. 站用交流电源系统的备自投装置

站用交流电源系统是变电站的重要组成部分，站用交流电源系统的切换完好是保证变电站电气设备正常运行、倒闸操作，尤其是异常及事故处理可靠进行的前提条件。为确保站用交流电源系统切换可靠，通常每季进行一次站用交流电源系统的备自投装置切换试验。

5. 变压器冷却装置

冷却装置是风冷却变压器的重要部件。强迫油循环风冷变压器（ODAF）和油浸风冷（ONAF）变压器冷却装置均设两路交流电源，通过交流接触器进行切换，需要定期检查自动投切回路是否正常。此外，还要定期试验辅助、备用冷却器在条件满足时能够投入。一般每季进行一次，夏季高温季节来临之前全面进行一次检查。

6. 变电站辅助降温、加热除潮装置

继电保护及自动装置、断路器操动机构等设备对环境温度要求较高，需要在高温或低温时保证其环境温度相对恒定；端子箱、机构箱等户外二次回路端子排对湿度要求高，需要除潮。这些辅助设备能否可靠运行对电气设备的安全运行至关重要，一般每季进行一次全面检查。

7. 防误装置

防误装置可靠运行是防止电气误操作事故重要的技术措施。防误装置的试验主要是检查户外锁具是否卡涩生锈，抽查微机闭锁逻辑是否正确，通常以半年检查一次为宜。

8. 备用站用变（一次侧不带电）长期处于备用状态的备用变电站用变压器（一次不带电）每年应进行一次启动试验，并检查备用电源自投切装置是否正确投入

9. 漏电保安器

变电站一般在检修电源箱安装漏电保安器，它的主要作用是当外接作业回路发生

漏电或触电时切断电源，保护人身安全，一般每季进行一次检查试验，使用前也应进行有关试验检查。

10. 消防设施

变电站的消防设施一般包含火灾自动报警（如室内感烟火灾自动报警系统）、固定灭火（如变压器火灾报警自动灭火系统）、防烟排烟等各类消防系统。变压器火灾报警自动灭火系统有三个启动条件（本体重瓦斯保护、变压器断路器跳闸、油箱超压开关（火灾探测器）），同时满足时发火灾报警，并启动自动灭火系统，只有一个条件满足时，变压器火灾报警自动灭火系统发告警信息，提醒变电运维人员及时处理。变压器火灾报警自动灭火系统结合停电进行试验，室内感烟火灾自动报警系统每季进行一次试验。

三、变电设备定期轮换的内容及要求

变电设备的定期轮换主要是完成设备或部件运行状态的转换，一般应使用操作票或作业指导书进行，举例说明见表 Z08E5001 I −2。

表 Z08E5001 I −2　　　　变电站设备定期轮换的内容及周期

序号	试验设备	轮换内容	周期
1	变压器冷却装置	各组冷却器的工作状态（即工作、辅助、备用状态）进行轮换运行	每季
2	GIS 设备操作机构集中供气系统	GIS 设备操作机构集中供气系统的工作和备用气泵进行轮换运行	
3	通风系统	通风系统的备用风机与工作风机进行轮换运行	

1. 变压器冷却装置

冷却装置的切换分为交流电源切换和状态切换。交流电源切换主要是为了减少运行的接触器长期运行发热造成老化，每季在 I、II 段电源间进行切换；状态切换主要是减少长期运行的冷却器电动机长期磨损，每季在保证变压器两侧冷却器分布均匀的情况下，在工作、备用、辅助三个状态下进行轮换。

2. GIS 设备操作机构集中供气系统

对 GIS 设备操动机构集中供气系统的工作气泵和备用气泵，应每季轮换运行一次。

3. 通风系统

对变电站集中通风系统的备用风机与工作风机，应每季轮换运行一次。

总之，变电站设备定期试验与轮换还应根据各站设备实际进行。例如：未装设气水分离装置的气动机构应每周进行运转放水试验；500kV 大型变压器每三个月应对铁芯接地电流进行测试试验等。

【思考与练习】

1. 变电站设备定期试验与轮换的主要目的是什么？

2. 直流充电机及蓄电池试验与轮换的周期和主要内容有哪些？

3. 变压器冷却装置定期试验有哪些内容和要求？

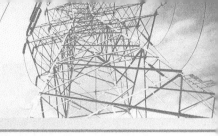

第六章

电气防误装置巡视与维护

▲ 模块 1 电气防误装置运行监视与维护
（Z08E6001 Ⅰ）

【模块描述】本模块包含电气防误装置巡视及使用。通过对具体装置运行监视与维护知识的介绍，掌握设备的巡视项目及要求，能通过巡视发现一般缺陷，并规范填报。

【模块内容】

为避免电气设备误操作事故，变电站采取一系列技术措施和管理措施，电气防误装置是避免电气误操作的重要技术手段。

一、防误装置的基本原理

变电站常见的防误装置类型包括机械闭锁、电磁闭锁、电气闭锁、机械程序锁、微机防误闭锁、计算机监控系统防误闭锁等。非计算机监控系统的 500kV 变电站一般以微机防误装置为主，以电气防误、机械防误为辅。计算机监控系统的 500kV 变电站一般以计算机监控系统防误为主，以电气防误、机械防误、电磁防误、微机防误为辅。

（1）机械闭锁是在户外隔离开关或高压开关柜的操作部位之间用互相制约和联动的机械机构来达到先后动作的闭锁要求。机械闭锁在操作过程中无须使用钥匙等辅助操作工具，在发生误操作时，可以实现自动闭锁，阻止误操作的进行。机械闭锁可以实现正向和反向的闭锁要求，具有直观、不易损坏、维护工作量小、操作方便、运行可靠等优点，因此在户外隔离开关或高压开关柜的操作部位之间应用较多。但是，机械闭锁对两柜之间或开关柜与柜外配电设备之间及户外隔离开关与断路器（其他隔离开关）之间的防误闭锁不能实现，需要辅以其他闭锁方法，才能达到"五防"要求。

（2）机械程序锁是用钥匙随操作程序传递或置换而实现先后开锁操作的要求，只有按照正确的操作规则才能进行操作，一般应用于高压开关柜的断路器、隔离开关、接地刀闸、柜门之间的防误。该类型防误装置性能可靠、故障率低，钥匙传递不受距离的限制，有强制性防误操作功能，易于维护和管理，能起到较好的防误作用。缺点是只能在较简单的接线方式下采用，程序锁使用时，必须从头开始，中间不能间断。由于安装不规范、生产工艺及材料差等问题，使程序锁易被氧化锈蚀发生卡涩。目前，机械程序锁在 500kV 变电站应用较少。

（3）电气闭锁是将断路器、隔离开关、接地刀闸等设备的辅助触点接入电气操作电源回路构成的闭锁。当操作条件满足时，操作电源回路接通，当操作条件不满足时，操作电源回路断开，从而起到防误的目的，主要适用于电动操动机构的隔离开关和接地刀闸的防误。电气闭锁的优点是操作方便，无须辅助操作工具，能适用于较复杂的接线方式，满足复杂操作的防误。其缺点是需要敷设电缆，二次接线复杂，增加了维护工作量，辅助触点容易产生接触不良而影响电气闭锁回路的可靠性，因此对辅助触点的要求较高。

（4）电磁闭锁装置是将断路器、隔离开关、隔离网门等设备的辅助触点接入电磁锁电源回路构成的闭锁。当操作条件满足时，电磁锁电源回路接通，锁具可以打开，当操作条件不满足时，电磁锁电源回路断开，锁具不能打开，从而起到防误的目的，主要适用于手动操动机构的隔离开关和接地刀闸的防误。其优点是操作方便，无须辅助操作工具。缺点是需要敷设电缆，二次接线复杂，辅助触点容易产生接触不良而影响回路的可靠性。

（5）微机"五防"是采用计算机技术，通过微机"五防"系统规则库和现场锁具实现防误目的。适用于户外高压断路器、隔离开关、接地刀闸、高压开关柜、接地线、网（柜）门等的防误。微机"五防"主要由"五防"主机、模拟屏、电脑钥匙、机械编码锁、电气编码锁等功能元件组成。微机"五防"预先将变电站电气接线图和所有断路器、隔离开关、网门等设备的正确操作规则保存在规则库中，通过信息采集将变电站内设备的状态信息传入"五防"主机，变电运维人员根据操作任务在"五防"主机的电气接线图上进行模拟操作，经系统确认，形成操作票，再进行现场操作，从而实现防误操作功能。微机"五防"的优点是无须直接采用现场设备的辅助触点，接线简单，可以实现其他防误装置无法实现的功能，如接地线、网（柜）门的防误功能。缺点在于：随一次设备的改变（包括编号、名称、设备增减、接线方式改变等），必须及时修改数据库；系统软件、电脑钥匙、编码锁等有时会出现异常，系统维护工作量大；操作预演的正确性取决于微机"五防"能否正确反映一次设备的实际位置，由于早期变电站防误系统无法实时反映一次设备运行状态，须进行人工对位，影响到防误功能；对于遥控变电站，微机"五防"不能起到有效的防误作用。另外，微机"五防"系统还存在"走空程"（操作过程中漏项）导致误操作的问题。

（6）计算机监控系统防误，由变电站计算机监控系统来实现，计算机监控系统可以实现对电动操动机构的隔离开关和接地刀闸的远方控制和防误闭锁。可以说，控制和防误闭锁是当今500kV变电站计算机监控系统的一项主要功能。500kV变电站计算机监控系统一般采用分层分布式结构，站级层和间隔层均有完善的防误闭锁功能，冗余度高。其优点是共享了监控系统采集的变电站设备状态信息，无须另外的二次接线，操作方便快捷。缺点是仅适用于电动操动机构的隔离开关和接地刀闸，对开关设备的辅助触点要求较高，变电站扩建时，防误闭锁逻辑的验证较困难等。

目前，国内大部分500kV变电站都采用了计算机监控系统，控制和防误闭锁技术有了明显的提高和完善。由于500kV变电站内大部分一次设备都采用了电动操动机构，因此，其防误主要由计算机监控系统的站级层和间隔层软件防误来实现。为使防误装置安装率达到100%，在计算机监控系统防误基础上，需在现场间隔内采用简单的电气闭锁回路，对于手动操作的设备，采用电磁锁或微机"五防"，对于接地线和网门等则采用微机"五防"。

二、防误装置管理和技术原则

（一）防误装置管理原则

（1）防误装置的选用应遵循简单、可靠、操作和维护方便的原则。

（2）防误装置应实现"五防"功能：

1）防止误分、误合断路器。

2）防止带负荷拉、合隔离开关或手车触头。

3）防止带电挂（合）接地线（接地刀闸）。

4）防止带接地线（接地刀闸）合断路器（隔离开关）。

5）防止误入带电间隔。

（3）"五防"功能除防止误分、误合断路器可采取提示性措施外，其余"四防"功能必须采取强制性防止电气误操作措施。强制性防止电气误操作措施指：在设备的电动操作控制回路中串联以闭锁回路控制的触点或锁具，在设备的手动操控部件上加装受闭锁回路控制的锁具。

（4）防误装置宜采用单元电气闭锁回路与微机"五防"相结合的方案，采用计算机监控系统远方遥控操作的设备，应在计算机监控系统中实现强制性防误闭锁。

（5）高压电气设备应安装完善的防止电气误操作闭锁装置，装置的性能、质量、检修周期和维护等应符合防误装置技术标准规定。

（二）防误装置的技术原则

（1）防误装置的结构应满足防尘、防蚀、不卡涩、防干扰、防异物开启和户外防水、耐低温要求。

（2）防误装置不得影响电气设备的操作要求，并与电气设备的操作位置相对应。防误装置应不影响断路器、隔离开关等设备的主要技术性能（如合闸时间、分闸时间、分合闸速度特性、操作传动方向角度等），尽可能不增加正常操作和事故处理的复杂性。微机防误装置应不影响或不干扰继电保护、自动装置和通信设备的正常工作。

（3）高压电气设备的防误装置应有专用的解锁工具（钥匙）。

（4）防误装置使用的直流电源应与继电保护、控制回路的电源分开，交流电源采用不间断供电电源。

（5）电磁锁应采用间隙式原理，锁栓能自动复位。

（6）微机防误装置的机械挂锁应采用防锈和防腐材料制作，远方操作中使用的微机防误装置编码锁必须具有远方遥控开锁和就地电脑钥匙开锁的双重属性。

（7）通过对电气设备位置信号的采集，实现防误装置主机与现场设备状态的一致性，远方遥控操作、就地操作实现"五防"强制闭锁功能。

（8）满足多个设备同时操作的要求，可实现多任务并行操作的方式。

（9）对使用常规闭锁技术无法满足防止电气误操作要求的设备（如联络线、封闭式电气设备等），宜采取加装带电显示装置等技术措施达到防止电气误操作要求。对采用间接验电的带电显示装置，在技术条件具备时应与防误装置连接，以实现接地操作时的强制性闭锁功能。

（10）断路器和隔离开关电气闭锁回路应直接使用断路器和隔离开关的辅助触点，严禁使用重动继电器。

（11）计算机监控系统防误联、闭锁的技术要求：

1）计算机监控系统应实现对电气设备位置信号的实时采集，实现防误装置主机与现场设备状态的一致性。当这些功能发生故障时应发出告警信息。

2）计算机监控系统的防误联、闭锁功能除判别本电气回路的联、闭锁条件外，还必须对其他相关回路的隔离开关位置、线路电压及逻辑量等进行判别。

3）计算机监控系统操作控制功能可按远方操作和站控层、间隔层、设备级的分层操作原则考虑。无论设备处在哪一层操作控制，都应具备防误闭锁功能。

4）计算机监控系统应具有操作监护功能，以允许监护人员在操作员工作站上对操作实施监护。

5）站控层应设有全站性电气操作闭锁逻辑条件，现场就地电动操作应有设备层电气联、闭锁。

6）联、闭锁功能应能在间隔层选择投入或退出。

7）对不满足联、闭锁条件的操作，计算机监控系统应可靠闭锁操作，并给出相应报警提示信息。

8）计算机监控系统联、闭锁功能应考虑虚拟检修挂牌操作时的联、闭锁，并把虚拟检修挂牌作为相关隔离开关操作的联、闭锁条件。应能考虑各电压等级线路接地刀闸检无压判别联、闭锁功能。对任何手动操作的接地刀闸采用电磁锁电源闭锁。

9）人工挂接地线在站控层参与站级层闭锁。

三、防误装置的巡视内容及运行要求

（一）防误装置的巡视内容

（1）户外隔离开关与接地刀闸、高压开关柜的操作部位之间互相制约和联动的机械机构应无变形。

（2）防误锁具（如电磁锁、编码锁等）及其附件完好，无锈蚀、无破损。

（3）微机"五防"系统硬、软件运行正常，"五防"系统中的设备状态与现场实际设备状态一致。

（4）微机"五防"系统的电脑钥匙充电情况正常，与主机通信正常。

（5）计算机监控系统站级层遥控及联、闭锁功能正常，无异常报警信息。

（6）计算机监控系统间隔层测控装置运行正常，无异常信号指示，装置上各切换操作开关位置按规定投入。

（7）防误装置的紧急解锁钥匙按规定存放完好，相关使用记录完整。

（二）防误装置的运行要求

（1）生产管理部门负责防误装置的设计审查、装置选型、技术改造、投产验收和运行管理；安监部门负责监督防误装置的使用、维护和管理；运行、检修部门负责防误装置的项目实施和运行、维护，参加防误装置的设计审查、装置选型、投产验收。

（2）防误装置应与主设备同时设计、同时安装、同时验收投运，对于未安装防误装置或防误装置验收不合格的设备，运行单位或有关部门有权拒绝该设备投入运行。

（3）变电运维人员及检修维护人员应熟悉防误装置的管理规定和实施细则，做到"三懂二会"（懂防误装置的原理、性能、结构，会操作、会维护）。新上岗的变电运维人员应进行使用防误装置的培训。

（4）防误装置日常运行时应保持良好的状态，运行巡视及缺陷管理应同主设备同等对待，检修维护工作应有明确分工和由专门单位负责，检修项目与主设备检修项目协调配合。

（5）防误装置投运前，应制定现场运行规程及检修维护制度，明确技术要求，定期检查、维护和巡视内容等。运行和检修单位（部门）应做好防误装置的基础管理工

作，建立健全防误装置的基础资料、台账和图纸。

（6）微机防误装置应满足国家经贸委第 30 号令《电网和电厂计算机监控系统及调度数据网络安全防护规定》和 DL/T 687—2010《微机型防止电气误操作装置通用技术条件》的要求，并应采取防"走空程"的措施。

（7）微机型防误装置，现场操作通过电脑钥匙实现，操作完毕后，应及时将电脑钥匙中当前状态信息返回给防误装置主机进行状态更新，确保防误装置主机与现场设备状态的一致性。

（8）在微机型防误装置的模拟操作时，严禁对微机型防误装置通过人工置位的方式改变设备位置。

（9）微机型防误装置要制定防误装置主机数据库和口令权限的管理办法，防误装置主机不得与办公自动化系统合用，严禁与因特网互联，对防误装置主机中一次电气设备的有关信息应做好备份，当信息变更时，要及时更新备份，满足当防误装置主机发生故障时的恢复要求。

（10）防误装置在正常情况下严禁解锁或退出运行。防误装置的解锁钥匙或备用钥匙必须有专门的使用和保管制度。

（11）防误装置整体停用，应经本单位总工程师批准并采取相应的防止电气误操作的有效措施，如遇有操作，应加强监护。

（12）防误装置是电气设备的一个组成部分，应按所属关系列入年度检修计划，保证装置的健康水平，防误装置的完好程度应与电气一、二次设备一并定级。

（13）防误装置大修、维护和技术改造项目纳入反事故技术措施。

四、防误装置的日常维护

变电站防误装置应按下列要求做好日常维护工作，以保证防误装置可靠运行：

（1）防误装置的大修应随同该开关设备检修进行，内容主要包括：对电气回路、机械传动、操作程序进行试验，对机械传动部分进行检查处理，对润滑活动部分做动作灵活试验，对高压带电显示装置传感器做工频耐压试验，检修后应验收合格才能投运。

（2）微机"五防"锁应每月检查一次，并记录，应无受潮、卡涩和锈蚀情况。

（3）户内机械程序锁每半年进行一次检查，户外挂锁每月进行一次加油工作。户外机械程序锁必须有防雨罩，每半年检查一次防雨情况，应无锈蚀、卡涩，每年进行防雨罩的防锈处理。

（4）按规定的周期做好微机防误装置一次电气设备的有关信息备份，当信息变更时应及时更新备份，以满足防误装置发生故障时的恢复要求。

（5）每月定期对微机防误装置进行检查，按厂家要求进相应的维护工作。

（6）按规定的周期做好计算机监控系统遥控与联、闭锁功能的检验工作，做好计算机监控系统间隔层测控装置的检验工作。

【思考与练习】

1. 简述防误装置的巡视内容。

2. 简述计算机监控系统防误闭锁的技术要求。

3. 防误装置的日常维护工作有哪些？

◢ 模块2　电气防误装置定性（Z08E6001Ⅱ）

【模块描述】本模块包含电气防误装置逻辑与缺陷的定性。通过案例的介绍，掌握电气防误装置防误逻辑，并能准确定性缺陷类别，能对防误装置提出改进意见。

【模块内容】

防误逻辑反映了断路器、隔离开关、接地刀闸之间的闭锁关系，为变电运维人员避免误操作提供保障，为编程人员提供依据。

一、防误装置闭锁逻辑

（一）500kV设备的防误闭锁逻辑

某变电站500kV系统一次接线界面如图Z08E6001Ⅱ-1所示，以500kV第一串（完整串，且500kV出线不设线路隔离开关）为例进行说明闭锁逻辑（见表Z08E6001Ⅱ-1）。

根据"五防"要求，50111隔离开关允许操作的逻辑条件：5011断路器、501117接地刀闸、501127接地刀闸、5117母线接地刀闸、5127母线接地刀闸在断开位置。

50112隔离开关允许操作的逻辑条件：5011断路器、501117接地刀闸、501127接地刀闸、501167接地刀闸在断开位置。

501117接地刀闸允许操作的逻辑条件：50111隔离开关、50112隔离开关在断开位置。

501127接地刀闸允许操作的逻辑条件：50111隔离开关、50112隔离开关在断开位置。

501167线路接地刀闸允许操作的逻辑条件：50112隔离开关、50121隔离开关、线路无压、线路电压互感器低压空气开关在闭合位置。

其余类同，不再一一进行说明。

（二）220kV某一出线间隔的防误闭锁逻辑

变电站220kV系统一次接线界面如图Z08E6001Ⅱ-2所示。

以图Z08E6001Ⅱ-2为例，220kV正母线Ⅰ段运行的某一出线间隔防误闭锁逻辑进行说明（见表 Z08E6001Ⅱ-2），该 220kV 正母线Ⅰ段、副母线Ⅰ段上分别有三组接地刀闸（分别为正母线Ⅰ段 1、2、3 号接地刀闸和副母线Ⅰ段 1、2、3 号接地刀闸）。

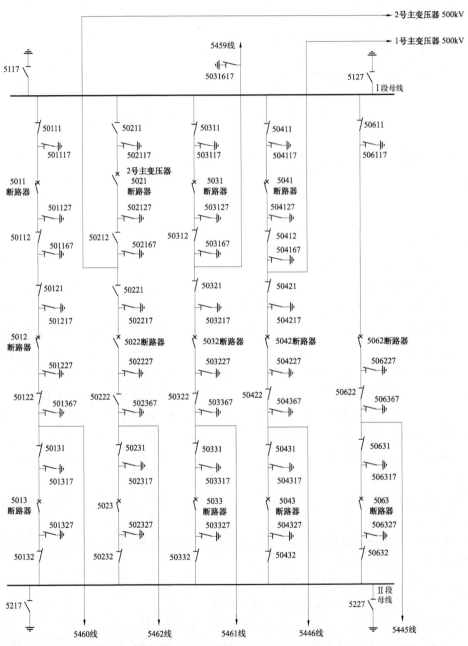

图 Z08E6001Ⅱ-1　变电站 500kV 系统一次接线界面图

表 Z08E6001 Ⅱ-1　　　　　500kV 第一串闭锁逻辑

操作设备 \ 设备状态		5011电气单元						5012电气单元					5013电气单元						I母线接地开关		II母线接地开关		线路TV的MCB正常	线路TV的开关
		50111	501117	5011	50112	501127	501167	50121	501217	5012	50122	501227	50131	501317	501367	5013	50132	501327	5117	5127	5217	5227		
5011电气单元	50111		0																0					
	501117	0																		0				
	5011				0	0																		
	50112			0			0																	
	501127			0																				
	501167				0																		$<U_1$	1
5012电气单元	50121								0															
	501217							0																
	5012										0	0												
	50122									0														
	501227									0														
5013电气单元	50131													0										
	501317												0		0									
	501367													0										
	5013																0	0			0			
	50132															0						0		
	501327															0							$<U_1$	1

注　0 表示分闸状态，1 表示合闸状态。

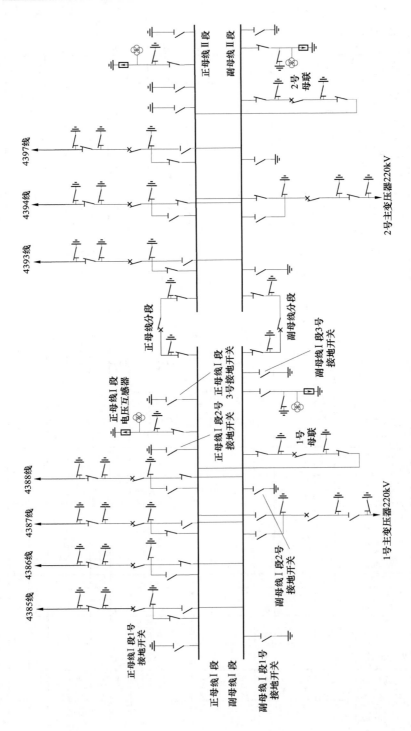

图 Z08E6001 II -2　变电站 220kV 系统一次接线界面图

为达到"五防"要求，正母线隔离开关允许操作的逻辑条件有两个：

（1）副母线隔离开关在断开位置时，断路器、断路器母线侧接地刀闸、断路器线路侧接地刀闸、正母线Ⅰ段1号接地刀闸、正母线Ⅰ段2号接地刀闸、正母线Ⅰ段3号接地刀闸均在断开位置。

（2）副母线隔离开关在合闸位置时，主要满足"热倒"操作要求，此时，其允许操作的逻辑条件是：220kV 1号母联断路器及其两侧隔离开关在合闸位置。

断路器母线侧接地刀闸、断路器线路侧接地刀闸允许操作的逻辑条件：本断路器及其两侧隔离开关在断开位置。

线路隔离开关允许操作的逻辑条件：本断路器、断路器母线侧接地刀闸、断路器线路侧接地刀闸、线路接地刀闸在断开位置。

线路接地刀闸允许操作的逻辑条件：本线路隔离开关在断开位置，本线路无压、本线路电压互感器低压空气断路器合上。

（三）处于220kV正母Ⅱ段运行的主变压器220kV侧闭锁逻辑

表Z08E6001Ⅱ-3为处于220kV正母Ⅱ段运行的主变压器220kV侧闭锁逻辑表，并考虑了接地线的防误。

二、防误装置缺陷定性

（一）防误装置的构成及使用要求

1. 微机防误装置

（1）微机防误装置应满足国家经贸委第30号令《电网和电厂计算机监控系统及调度数据网络安全防护规定》和DL/T 687—2010《微机型防止电气误操作装置通用技术条件》的要求。

（2）应做好微机防误装置一次电气设备的有关信息备份。当信息变更时应及时更新备份，以满足防误装置发生故障时的恢复要求。

（3）应制定微机防误装置主机数据库和口令权限管理办法。

（4）现场操作通过电脑钥匙实现，操作完毕后应将电脑钥匙中当前状态信息返回给防误装置主机进行状态更新，以确保防误装置主机与现场设备状态对应。

2. 电气闭锁

电气闭锁是将断路器、隔离开关、接地刀闸等设备的辅助触点接入电气操作电源回路构成的闭锁。接入回路中的辅助触点应满足可靠通断的要求，辅助开关应满足响应一次设备状态转换的要求，电气接线应满足防止电气误操作的要求。

3. 电磁闭锁装置

电磁闭锁装置是将断路器、隔离开关、隔离网（柜）门等设备的辅助触点接入电磁闭锁电源回路构成的闭锁。接入回路中的辅助触点应满足可靠通断的要求，辅助开关应满足响应一次设备状态转换的要求，电气接线应满足防止电气误操作的要求。

表 Z08E6001Ⅱ-2 220kV 正母线Ⅰ段运行的某一间隔的防误闭锁逻辑表

操作设备 \ 设备状态	本间隔设备 正母副母线隔离开关	母线侧接地开关	断路器	线路侧接地开关	线路隔离开关	线路接地开关	正母线Ⅰ段1号接地开关	正母线Ⅰ段2号接地开关	正母线Ⅰ段3号接地开关	副母线Ⅰ段1号接地开关	副母线Ⅰ段2号接地开关	副母线Ⅰ段3号接地开关	正母线Ⅰ段分段隔离开关	正母线Ⅱ段分段隔离开关	副母线Ⅰ段分段断路器	副母线Ⅰ段分段隔离开关	副母线Ⅱ段分段隔离开关	1号母联断路器正母线隔离开关	1号母联断路器副母线隔离开关	1号2号母联断路器	2号母联断路器正母线隔离开关	2号母联断路器副母线隔离开关	线路TV电压 U_a	线路TV空气开关
正母线隔离开关	0	0	0	0			0	0	0									1		1				
副母线隔离开关	1	0	0	0						0	0	0						1	1	1	1	1		
母线侧接地开关	0	0	0																					
断路器																								
线路侧接地开关	0	0	0	0																				
线路隔离开关	0		0	0	0																			
线路接地开关				0	0	0																	$<U_1$	1

注 0表示分闸状态，1表示合闸状态。

表 Z08E6001 Ⅱ-3　处于 220kV 正母线 Ⅱ 段运行的主变压器 220kV 侧闭锁逻辑

设备状态＼操作设备	主变压器220kV正母线副母线隔离开关	主变压器220kV副母线侧母线隔离开关	主变压器220kV断路器主变压器侧接地开关	主变压器220kV断路器母线侧接地开关	主变压器220kV主变压器侧隔离开关接地开关	正母线Ⅱ段1号接地开关	正母线Ⅱ段2号接地开关	正母线Ⅱ段3号接地开关	副母线Ⅱ段1号接地开关	副母线Ⅱ段2号接地开关	副母线Ⅱ段3号接地开关	2号母联断路器正母线隔离开关	2号母联断路器副母线隔离开关	主变压器220kV断路器母线侧虚地	主变压器220kV断路器主变压器侧虚地	主变压器220kV侧母线侧虚地	正母线Ⅱ段1号虚拟地线	正母线Ⅱ段2号虚拟地线	副母线Ⅱ段1号虚拟地线	副母线Ⅱ段2号虚拟地线	其他	主变压器35kV侧母线接地开关
主变压器220kV正母线隔离开关	0	0	0	0		0	0	0						0		0	0					
主变压器220kV副母线隔离开关	1											1	1									
主变压器220kV断路器母线侧接地开关	0	0			0									0		0			0			
主变压器220kV侧断路器			0																			
主变压器220kV断路器主变压器侧接地开关	0	0			0					0					0							
主变压器220kV主变压器侧接地开关			0								0									0		
主变压器220kV隔离开关																0					①	0
主变压器220kV断路器主变压器接地开关			0																		②	

注　1. 0表示分闸状态，1表示合闸状态。

　　2. 主变压器500kV侧接地开关在断开位置。

　　3. 主变压器500kV侧两组隔离开关和主变压器低压侧总隔离开关或各支路母线隔离开关在断开位置。

4. 机械闭锁装置

机械闭锁装置是利用电气设备的机械联动部件对相应电气设备操作构成的闭锁。机械闭锁装置应满足操作灵活、牢固和耐环境条件等使用要求。

（二）防误装置缺陷定性

防误装置缺陷管理应与主设备相同，缺陷定性一般定义为重要缺陷：

（1）程序由于方式改变不能及时完善。

（2）主机不能正常工作。

（3）钥匙故障。

（4）锁具故障，不能正常打开。

（5）电气闭锁回路故障。

三、案例分析

（一）微机"五防"系统异常的案例分析

某厂家生产的微机"五防"系统在实际使用过程中发现严重威胁正常操作的情况多次，经对相关变电站模拟试验，确有共性问题存在。

1. 某 220kV 变电站发现的问题

某年，某 220kV 变电站先后进行以下操作：12 月 12 日，操作"220kV 1002 线由正母线运行改为副母线运行"时，模拟预演时先合副母线隔离开关，后拉正母线隔离开关，系统提示传票步骤正确。但现场使用时电脑钥匙显示：第一步为拉开 1002 线正母线隔离开关，第二步为合上 1002 线副母线隔离开关。12 月 14 日，操作"220kV 1006 线由断路器及线路检修改为冷备用"时，模拟预演时先拉线路接地刀闸，后拉断路器母线侧接地刀闸，系统提示传票步骤正确。但现场使用时电脑钥匙显示：第一步为拉开 1006 线断路器母线侧接地刀闸，第二步为拉开 1006 线路接地刀闸。经上报缺陷后，对上述情况无法查明具体原因。

次年 1 月 9 日，有关技术人员至变电站现场仔细核查可能存在的原因，在多次预演、传输过程中，发现两只电脑钥匙均不同程度存在接收操作步骤丢失现象，其中一只电脑钥匙最多只能接收 8 步，另一只电脑钥匙出现只能接收 6 步的情况。怀疑电脑钥匙可能存在问题，于当日要求采取以下措施：

（1）更换电脑钥匙。

（2）要求变电运维人员在今后有操作时，模拟预演传送至电脑钥匙后，先浏览电脑钥匙中操作步骤是否齐全、正确后再进行实际操作，以防患于未然。

因厂家原因，电脑钥匙至次年 7 月 30 日才更换。更换前次年 6 月 6 日，为配合 2 号主变压器 110kV 正母线隔离开关缺陷处理操作 110kV 母线，在预演传输后浏览时发现有前后换步现象，后重新预演、传送后正常进行实际操作。再次通知厂家尽快更换电脑钥匙，至次年 7 月 30 日更换新电脑钥匙。

次年 9 月 5 日操作"220kV 正母线由检修改为运行"。模拟预演操作顺序为：① 拉开 220kV 正母线 1 号接地刀闸；② 拉开 220kV 正母线 3 号接地刀闸；③ 合上 220kV 正母线电压互感器隔离开关；④ 合上 220kV 母联断路器副母线隔离开关；⑤ 合上 220kV 母联断路器正母线隔离开关（其余步骤正常预演完毕需待母联断路器合上后传入更换后的电脑钥匙）。系统提示传票步骤正确，但现场使用时电脑钥匙显示：① 拉开 220kV 正母线 1 号接地刀闸；② 合上 220kV 母线联断路器副母线隔离开关；③ 合上 220kV 正母线电压互感器隔离开关；④ 拉开 220kV 正母线 3 号接地刀闸；⑤ 合上 220kV 母联断路器正母隔离开关。即第② 步与第④ 步操作顺序对换。

同日，将该情况再次告知厂家，次年 9 月 14 日，厂家认为造成上述情况的原因如下：当"五防"预演完成后，在传票到电脑钥匙前，钥匙未按提示插入充电座，若待简报窗提示与电脑钥匙通信中断后再插入钥匙，就会引起传送的顺序不一致。

错误的操作步骤是：单击"'五防'预演"→进行预演→单击"预演结束"→简报窗提示"插入电脑钥匙"→单击"开始操作"→插入电脑钥匙→写电脑钥匙开始及完成→按照画面提示进行操作。上述操作步骤会引起顺序错误的情况。

正确的操作步骤是：单击"'五防'预演"→进行预演→单击"预演结束"→简报窗提示"插入电脑钥匙"→插入电脑钥匙→单击"开始操作"→写电脑钥匙开始及完成→按照画面提示进行操作。

简单地说，电脑钥匙需要在单击开始操作前打开并插入充电座，为解决变电运维人员未按正确操作步骤插入电脑钥匙，厂家对程序进行了优化。

接到厂家传真说明后，相关变电站严格按厂家要求流程执行，同时为防患于未然，再次强调"传输操作票结束后，必须浏览电脑钥匙中操作步骤是否齐全、正确"。

2. 另一个 220kV 变电站发现的问题

某年 8 月 21 日操作"某 220kV 线路由运行改线路检修"，按要求检查写入电脑钥匙的步骤时，发现传输步骤有颠倒，变为先拉开母线隔离开关，后拉开线路隔离开关。次日，有关技术人员至变电站现场仔细核查，确有"步骤颠倒""少操作步骤"的情况存在。

8 月 23 日，在多个变电站试验"模拟倒母线操作"，具体为：① 合上××正母线隔离开关；② 拉开××副母线隔离开关；③ 合上××副母线隔离开关；④ 拉开××正母线隔离开关（第一次循环）；⑤ 合上××正母线隔离开关；⑥ 拉开××副母线隔离开关；⑦ 合上××副母线隔离开关；⑧ 拉开××正母线隔离开关（第二次循环）。发现虽系统提示传票步骤正确，但浏览电脑钥匙均只显示第一次循环的 4 个操作步骤。经咨询有关专业人员，告知该系统在与电脑钥匙通信处理中，确实无法避免该情况的发生。

同日，对采用其他 3 个厂家微机"五防"系统的变电站进行同样循环操作试验，情况正常，未发现丢步现象。

3. 综述

根据上述情况及现场实际使用中发现的其他问题，汇总如下：

（1）重复循环操作步骤丢失。经多个变电站试验检查，对重复循环操作电脑钥匙只接受第一个循环其余步骤丢失的现象，应属共性问题。

（2）不按预演步骤传票。与预演步骤不符，颠倒操作步骤。

（3）电脑钥匙电池的问题。多次多个变电站发现电脑钥匙显示电池充满电但实际因电脑钥匙电池电量不足，致使通信不良、无法接票的情况发生，现只能定期（暂定为一年）强行更换电池。

（二）计算机监控系统遥控及联闭锁异常案例分析

1. 遥控命令发出后未执行

监控后台命令下发后没有达到预期的命令结果，可进行如下处理：

（1）如有操作超时报警，则说明系统通信和程序运行正常。应检查输出模块及外围接线是否正常、设备操作回路及操动机构是否正常以及测控单元开出回路是否正常。

（2）如没有操动超时报警，则检查相应单元状态和模块状态画面，检查监控系统是否正常。如有故障，可结合模块指示灯定位故障点，同时也可到测控屏检查就地操作是否正常。

（3）检查监控后台事件记录中有无与总控单元的通信失败或对应测控单元的通信失败。如有通信失败，则检查通信连接定位故障设备，如间隔层一切正常，则应是站控层设备故障。

（4）发生上述现象时，应及时汇报调度，记录相关信息，并按缺陷处理流程处理。

2. 案例分析

某变电站计算机监控系统组网方式为：监控系统后台采用 BSJ–200 系统，采用双光纤以太网，现场间隔层采用 LSA–678 结构组网方式（采用 6MB 系统系列主单元和采集装置，7VK 同期检测装置，8TK 联、闭锁装置）。

某年 1 月，该变电站在进行遥控操作时发现，当现场设备操作完毕后，监控系统上该设备未进行变位，致使倒闸操作因逻辑闭锁关系无法继续，只能改为现场电动操作完成，约 15min 后相关操作的设备均在监控操作员站上正确变位。经检修单位检查，设备辅助触点正常，间隔层与站级层通信正常，监控主机也运行正常。从外观上检查设备并无异常，但是发现各类数据刷新较慢，判断网络传输异常，通过对网络设备的检查，发现正在运行的主网 A 网 HUB 故障，而监控主机正好运行在 A 网上，由于监控主机并无异常，所以没有进行主从机切换，故造成数据反馈缓慢。经检修单位更换异常 HUB 后，网络传输恢复正常。

【思考与练习】

简述 3/2 接线一完整串设备的防误闭锁逻辑。

◢ 模块 3　电气防误装置评价（Z08E6001Ⅲ）

【模块描述】 本模块包含防误装置巡视分析及使用。通过案例的介绍，掌握电气防误装置巡视分析，能发现隐蔽异常或缺陷，能对防误装置的进行统计、汇总、评价。

【模块内容】

防误装置出现异常，应及时进行分析和处理。为使防误装置性能不断提高，对防误装置的缺陷应进行及时统计、汇总和评价。

一、防误装置异常原因

（1）对于电气闭锁，常见的异常主要由断路器或隔离开关的辅助触点不能正确反映一次设备状态引起，如辅助触点不能正确转换或接触不良等。辅助触点异常直接引起电气闭锁回路故障，造成运行中电动操作失灵，增加强行解锁事件，对操作安全构成严重威胁。因此，除了选用质量可靠的辅助触点外，在断路器和隔离开关设备检修时应对辅助触点进行检查和维护。

（2）对于电磁锁防误装置，常见异常包括：断路器或隔离开关的辅助触点不能正确转换或接触不良；电磁锁电源回路异常，如电源熔丝熔断等；电磁锁锁具异常，如生锈卡涩、锁具内部故障等。因此，需定期做好电磁锁的维护、电磁锁电源回路的维护（包括电源熔丝检查与更换）、断路器和隔离开关辅助触点的维护工作。

（3）对于微机"五防"装置，常见异常包括：系统主机软、硬件运行异常；与监控系统通信中断；电脑钥匙充电异常；电脑钥匙不能正确回传操作信息；编码锁生锈卡涩或编码条异常等。因此，需对微机防误系统进行定期维护。

（4）对于计算机监控系统，其控制与防误的常见异常包括：计算机监控系统网络通信异常；测控装置异常；测控屏上控制输出端子松动；断路器或隔离开关的辅助触点不能正确转换或接触不良等。因此，需对控制与防误回路中的相关设备如测控装置、辅助触点、通信网络等做定期的维护工作。

二、防误装置异常状况下的防误操作措施

以任何形式部分或全部解除防误装置功能的电气倒闸操作，均视作解锁操作。变电站防误装置解锁工具（钥匙）、备用工具（钥匙）、微机防误装置授权密码等应由值班负责人统一保管，并不得把解锁钥匙留在检修现场或借给检修人员擅自解锁。变电站值班人员在倒闸操作过程中若遇特殊情况需解锁操作,应经运行管理部门防误操作装置专责人到现场核实无误并签字后,由变电运维人员报告当值调度员,方能使用解锁工具（钥匙）。单人操作、检修人员在倒闸操作过程中禁止解锁。如需解锁,应待增派变电运维人员到现场,履行上述手续后处理。解锁工具（钥匙）使用后应及时封存。

变电站应根据上级部门的相关规定制定解锁钥匙的使用规定,明确使用解锁批准人,起用解锁的程序,明确解锁操作的监护人员等。

变电站应根据集中检修方式制定检修解锁的使用管理规定,一般情况下,应同正常操作解锁相同管理,但在使用的范围上应根据检修的范围情况具体制定,同时指定必要的保证措施,由变电运维人员进行最终状态的验收和确认。

防误装置整体停用,应经本单位总工程师批准,并采取相应的防止电气误操作的有效措施,如在防误装置整体停用情况下遇到倒闸操作,应加强监护。

三、对防误装置的统计、汇总、评价

变电站防误装置的统计包括变电站防误装置点数的统计、变电站防误装置汇总统计、变电站防误装置紧急解锁钥匙使用情况统计等。

变电站防误装置点数统计报表每半年统计一次（见表 Z08E6003Ⅲ-1）,变电站防误点数按被操作设备的点数统计,即按一组隔离开关、一组接地刀闸、一台（或一组）断路器、一组地线、一只机构箱或柜门等要求进行统计,并分析每个操作点位是否具备完整的防误。

变电站防误装置汇总表（见表 Z08E6003Ⅲ-2 和表 Z08E6003Ⅲ-3）每年统计一次,变电站防误装置按套统计。表 Z08E6003Ⅲ-2 统计变电站防误装置的类型、应装点数、已装点数、安装率、投运日期等；表 Z08E6003Ⅲ-3 统计变电站防误装置分类型号、数量等,防误装置按微机防误、机械联锁、电气联锁、电磁闭锁、机械程序闭锁、其他等进行分类统计,并对防误装置的运行使用情况进行评价。

防误装置紧急解锁钥匙使用情况统计报表每季进行汇总（见表 Z08E6003Ⅲ-4）一次,统计防误装置的解锁操作次数,分析防误装置的解锁原因。解锁记录包含解锁时间、解锁操作人、批准人、解锁对象（点）、解锁原因等内容,一次（条）解锁记录只能填写一个解锁对象（点）。

每年应对防误装置的运行维护和使用情况进行分析,分析存在的问题,如防误装置的安装率达不到要求、防误装置运行中出现的缺陷、防误装置运行管理中存在的问题等,并提出相应的整改措施。

表 Z08E6003Ⅲ–1　　　　　变电站防误闭锁点数统计表

序号	间隔名称	点位名称	是否具备完整防误	备注
合计	具备完整防误点数			
	不具备或不完整点数			

表 Z08E6003Ⅲ–2　　　　变电站防误闭锁装置汇总统计表（一）

单位：　　　　　　　　统计人：　　　　　　　　审核人：　　　　　　　　填报日期：

序号	变电站	电压等级	类型	型号	应装点数	已装点数	安装率	生产厂家	投运日期	备注
1										
2										
3										
4										
5										
6										
7										
8										
合计										

表 Z08E6003Ⅲ–3　　　　变电站防误闭锁装置汇总表（二）

单位：　　　　　　　　统计人：　　　　　　　　审核人：　　　　　　　　填报日期：

统计项目	电压等级（kV）	变电站数	闭锁装置套数	闭锁装置分类套数						制造厂在装套数	
				电气联锁	机械联锁	电磁闭锁	机械程序	微机	其他		
供电	35										
	110										
	220										
	500										
发电											
总计											
基本评价											

表 Z08E6003Ⅲ-4　　变电站防误闭锁装置紧急解锁钥匙使用记录表

序号	变电站	使用时间/编号	操作（工作）任务和过程	解锁对象	解锁原因	申请使用人	批准人	重新封存时间/编号	封存人

【思考与练习】

1. 防误装置运行中可能有哪些异常？应如何处理？

2. 简述变电站防误装置的统计方法？

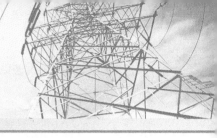

第七章

倒闸操作基础知识

◢ 模块 一、二次设备倒闸操作基本概念及 操作原则（Z08F1001 I ）

【模块描述】本模块包含一、二次设备倒闸操作的基本概念、操作原则和注意事项。通过一般典型操作程序的介绍，达到掌握倒闸操作的基本方法的要求。

【模块内容】

电气设备倒闸操作，其实质是进行电气设备状态间的转换。因此，本模块首先介绍变电站电气设备的状态及其状态间转换的概念，进而对变电站电气设备倒闸操作的基本概念、基本内容、基本类型、操作任务、操作指令、操作原则和倒闸操作的一般规定进行阐述；通过倒闸操作基本程序来说明倒闸操作的基本步骤、方法及要点。

一、电气设备倒闸操作基本概念

1. 电气设备的状态

变电站一次设备一般而言有四种稳定的状态，即运行状态、热备用状态、冷备用状态和检修状态。

（1）一次设备运行状态。电气设备运行状态是指电气设备的隔离开关和断路器都在合上的位置，并且电源至受电端之间的电路连通（包括辅助设备，如电压互感器、避雷器等）。

（2）一次设备热备用状态。电气设备热备用状态是指设备仅仅靠断路器断开，而隔离开关都在合上的位置，即没有明显的断开点，其特点是断路器一经合闸即可将设备投入运行。

（3）一次设备冷备用状态。电气设备冷备用状态是指设备的断路器和隔离开关均在断开位置。

（4）一次设备检修状态。电气设备检修状态是指设备的所有断路器、隔离开关均在断开位置，装设接地线或合上接地刀闸。"检修状态"根据设备不同又可以分为以下几种情况：

1）断路器检修：断路器及两侧隔离开关均在断开位置，断路器控制回路熔断器取下或断开空气断路器，两侧装设接地线或合上接地刀闸，断路器连接到母差保护的电流互感器二次回路应拆开并短接。

2）线路检修：线路断路器及两侧隔离开关均在断开位置，如果线路有电压互感器且装有隔离开关时，应将该电压互感器的隔离开关拉开，并取下低压侧熔断器或断开空气断路器，在线路侧装设接地线或合上接地刀闸。

3）主变压器检修：变压器的各侧断路器及隔离开关均在断开位置，并在变压器各侧装设接地线或合上接地刀闸，取下变压器各侧电压互感器的断开变压器的相关辅助设备电源。

4）母线检修：连接在该母线上的所有断路器（包括母联、分段）及隔离开关均在断开位置，该母线上的电压互感器及避雷器改为冷备用状态或检修状态，并在该母线上装设接地线或合上接地刀闸。

二次设备是指对一次设备进行控制、保护、监察和测量的设备，如测量仪表、继电保护装置、同期装置、故障录波器、自动控制设备等。二次设备操作即指针对上述设备进行的操作，其中操作次数最多、操作较为复杂的设备为继电保护设备。这里对继电保护设备的操作概念做简单说明，其余二次设备的操作内容请参考设备现场运行规程。变电站继电保护设备一般有三种稳定运行状态，即跳闸状态、信号状态、停用状态。

（1）继电保护设备的跳闸状态。继电保护设备的跳闸状态是指继电保护装置的功能连接片及出口连接片均投入，装置的直流电源正常投入，交流二次回路处于正常运行状态。

（2）继电保护设备的信号状态。继电保护设备的信号状态是指继电保护装置的功能连接片投入，出口连接片退出，装置的直流电源正常投入，交流二次回路处于正常运行状态。

（3）继电保护设备的停用状态。继电保护设备的停用状态是指继电保护装置的功能连接片及出口连接片均退出，装置的直流电源断开，交流二次回路处于断开状态。

对于超高压线路的纵联保护装置，还有一种"无通道跳闸"状态，在此种状态下，保护的纵联保护功能退出，后备保护功能维持投入。

对于不同的保护装置此状态的操作方法可能不同，请参考该设备的现场运行规程进行操作。

2. 倒闸操作的概念

将电气设备由一种状态转变到另一种状态所进行的操作总称为电气设备倒闸操作，包括变更一次系统运行接线方式、继电保护装置定值调整、继电保护装置的启停用、二次回路切换、自动装置启停用、电气设备切换试验等所进行的操作过程。

3. 倒闸操作的基本类型

（1）正常计划停电检修和试验的操作。

（2）调整负荷及改变运行方式的操作。

（3）异常及事故处理的操作。

（4）新设备投运的操作。

4. 变电站倒闸操作的基本内容

（1）线路的停、送电操作。

（2）变压器的停、送电操作。

（3）倒母线及母线停送电操作。

（4）装设和拆除接地线的操作（合上和拉开接地刀闸）。

（5）电网的并列与解列操作。

（6）变压器的调压操作。

（7）站用电源的切换操作。

（8）继电保护及自动装置的投、退操作，改变继电保护及自动装置的定值的操作。

（9）其他特殊操作。

5. 倒闸操作的任务

（1）倒闸操作任务。倒闸操作任务是由电网值班调度员下达的将一个电气设备单元由一种状态连续地转变为另一种状态的操作内容。电气设备单元由一种状态转换为另一种状态有时只需要一个操作任务就可以完成，有时需要经过多个操作任务来完成。

（2）调度指令。一个调度指令是电网值班调度员向变电运维人员下达一个倒闸操作任务的形式。调度操作指令分为逐项指令、综合指令、口头指令三种。

1）逐项指令。值班调度员下达的涉及两个及以上变电站共同完成的操作。值班调度员按操作规定分别对不同单位逐项下达操作指令，接受指令单位应严格按照指令的顺序逐个进行操作。

2）综合指令。值班调度员下达的只涉及一个变电站的调度指令。该指令具体的操作步骤和内容以及安全措施，均由接受指令单位变电运维人员按现场规程自行拟定。

3）口头指令。值班调度员口头下达的调度指令。变电站的继电保护和自动装置的投、退等，可以下达口头指令。在事故处理的情况下，为加快事故处理的速度，也可以下达口头指令。

二、倒闸操作的基本原则及一般规定

1. 一次设备停送电操作原则

一次设备倒闸操作的基本原则是严禁带负荷拉、合隔离开关，不能带电合接地刀闸或装设接地线。因此，制定的一次设备停送电操基本原则如下：

（1）停电操作原则。先断开断路器，然后拉开负荷侧隔离开关，再拉开电源侧隔离开关。

（2）送电操作原则。先合上电源侧隔离开关，然后合上负荷侧隔离开关，最后合上断路器。

2. 二次设备操作的一般原则

二次设备的操作对一次设备和电网的安全运行可能有重大影响，其倒闸操作的执行应非常慎重，具体设备的操作应在全面熟悉设备的原理、结构等知识和掌握设备的现场运行规程的基础上进行。二次设备操作的一般原则不针对特定设备。

（1）除系统运行方式允许退出的继电保护及自动装置外，正常运行的电气设备不得无保护运行。继电保护和自动装置的启停用操作应依照设备调管规定的当值调度员的指令进行。未经调度同意，现场运行人员不得改变其运行状态（倒闸操作过程中为防止保护误动的短时间停用除外）。

（2）停用整套保护时，只须退出保护的出口连接片、失灵保护启动连接片和联跳（或启动）其他装置的连接片，开入量连接片不必退出。

（3）多套保护装置共同组屏，如其中一套装置需要退出运行时，该装置与运行装置共用的连接片、回路不得断开。

（4）停用整套保护中的某段（或其中某套）保护时，对有单独跳闸出口连接片的保护，只须退出该保护的出口连接片；对无单独跳闸出口连接片的保护，应退出该保护的开入量连接片，保护的总出口连接片不得退出。

（5）继电保护设备和自动装置启用操作应按照合上装置交流电源、装置直流电源、投装置功能连接片、跳闸出口连接片的顺序进行操作；退出操作顺序与此相反。自动重合闸装置的操作顺序为投入重合方式切换开关，再投重合闸连接片；退出与之相反。

（6）电气设备的停送电操作涉及稳控装置投退时，停电操作时，应随继电保护装置的操作，退出保护启动稳控装置的连接片及稳控装置相应的方式连接片；送电操作时，随继电保护装置的操作，投入保护启动稳控装置的连接片及稳控装置相应的方式连接片。

（7）继电保护的定值调整操作应根据调度的整定单和命令执行。运行人员只对设定好的定值区进行切换操作。

（8）一次设备停役，调度一般不单独发令保护装置停用。变电运维人员应根据一次设备状态和现场运行规定，对二次回路做相应的调整。原则是一次设备停役而陪停的二次保护要与一次设备状态相一致，不得少停，更不得多停。

3. 倒闸操作一般规定

为了保证倒闸操作的安全顺利进行，倒闸操作技术管理规定如下：

（1）正常倒闸操作必须根据调度值班人员的指令进行操作。

（2）正常倒闸操作必须填写操作票。

（3）倒闸操作必须两人进行。

（4）正常倒闸操作尽量避免在下列情况下操作：

1）变电站交接班时间内。

2）负荷处于高峰时段。

3）系统稳定性薄弱期间。

4）雷雨、大风等天气。

5）系统发生事故时。

6）有特殊供电要求。

（5）电气设备操作后必须检查确认实际位置。

（6）下列情况下，变电运维人员不经调度许可能自行操作，操作后须汇报调度：

1）将直接对人员生命有威胁的设备停电。

2）确定在无来电可能的情况下，将已损坏的设备停电。

3）确认母线失电，拉开连接在失电母线上的所有断路器。

（7）一次设备送电前必须检其有关保护装置已投入。

（8）操作中发现疑问时，应立即停止操作，并汇报调度，查明问题后再进行操作。操作中具体问题处理规定如下：

1）操作中如发现闭锁装置失灵时，不得擅自解锁。应按现场有关规定履行解锁操作程序进行解锁操作。

2）操作中出现影响操作安全的设备缺陷，应立即汇报值班调度员，并初步检查缺陷情况，由调度决定是否停止操作。

3）操作中发现系统异常，应立即汇报值班调度员，得到值班调度员同意后，才能继续操作。

4）操作中发现操作票有错误，应立即停止操作，将操作票改正后才能继续操作。

5）操作中发生误操作事故，应立即汇报调度，采取有效措施，将事故控制在最小范围内，严禁隐瞒事故。

（9）事故处理时可不用操作票。

4. 电气设备的倒闸操作应具备的条件

（1）变电运维人员须经过安全教育培训、技术培训、熟悉工作业务和有关规程制度，经上岗考试合格，有关主管领导批准后，方能接受调度指令，进行操作或监护工作。

（2）要有与现场设备和运行方式一致的一次系统模拟图，要有与实际相符的现场运行规程，继电保护自动装置的二次回路图纸及定值整定计算书。

（3）设备应达到防误操作的要求，不能达到的须经上级部门批准。

（4）倒闸操作必须使用统一的电网调度术语及操作术语。

（5）要有合格的安全工器具、操作工具、接地线等设施，并设有专门的存放地点。

（6）现场一、二次设备应有正确、清晰的标识牌，设备的名称、编号、分合位指示、运动方向指示、切换位置指示以及相别标识齐全。

三、倒闸操作的程序

倒闸操作的程序总体上是一个设备状态转换的程序，也就是一个倒闸操作任务完成的主要过程。

1. 电气设备状态转换的程序

（1）设备停电检修：运行—热备用—冷备用—检修。

（2）设备检修后投入运行：检修—冷备用—热备用—运行。

2. 倒闸操作一般程序

变电站倒闸操作的一般流程如图 Z08F1001Ⅰ-1 所示。

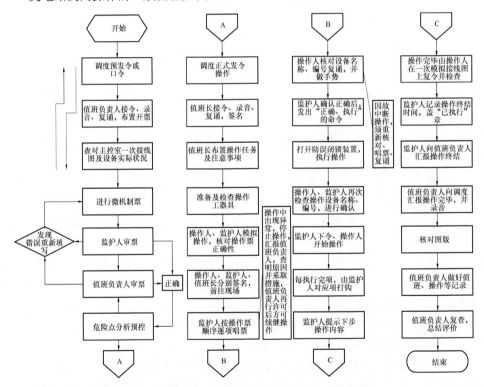

图 Z08F1001Ⅰ-1 变电站倒闸操作的一般流程图

3. 倒闸操作的关键步骤及工作要点

倒闸操作执行中的关键步骤及工作要点见表 Z08F1001Ⅰ-1。

表 Z08F1001Ⅰ–1　　倒闸操作执行中的关键步骤及工作要点

操作步骤	工作要点
（1）接受操作任务，拟订操作方案（填操作票）	（1）熟悉操作任务，明确操作目标，结合现场实际运行方式、设备运行状态和性能，确认操作任务正确、安全可行。 （2）根据操作任务，核对运行方式后，参照典型操作票，正确规范填写操作票。 （3）对于复杂操作任务，应认真拟定操作方案后，再填写操作票
（2）审核、打印操作票	（1）按照操作人、监护人、值班负责人进行逐级审核。审查操作票的正确性、安全性及合理性，重点审查一次设备操作相应的二次设备操作。 （2）经审查无误后，打印操作票，审票人分别在操作票指定地点签名
（3）操作准备	（1）正式操作前，操作人监护人进行模拟操作，再次对操作票的正确性进行核对，并进一步明确操作目的。 （2）值班负责人组织操作人员对整个操作过程中危险点进行分析和控制，做到有备无患。 （3）准备操作中要使用的工器具。检查工器具的完好性，并由辅助操作人员负责做好使用准备
（4）接受操作指令	（1）调度员发布正式操作命令时，应由当值值班负责人或正值班员接令，并录音和复诵，经双方复核无误后，由接令人将发令时间、发令人姓名录入操作票，然后交由监护人、操作人操作。 （2）通过复诵和录音使得调度及变电站双方对操作任务再次核对正确性并留下依据
（5）核对操作设备	（1）操作人应站位正确，核对设备名称和编号，监护人检查并核对操作人所站位置及操作设备名称编号应正确无误，安全防护用具使用正确，然后高声唱票。 （2）核对设备的名称编号是防误操作的第一道关卡，可防止误入间隔。核对设备的状态是否与操作内容相符，如有疑问应立即停止操作，并向调度或相关管理人员询问
（6）唱票、复诵、监护、操作，检查确认	（1）监护人高声唱票，操作人手指需操作的设备名称及编号，高声复诵。 （2）在二人一致明确无误后，监护人发出"对，执行"命令，操作人方可操作。 （3）每项操作完毕，操作人员应仔细检查一次设备是否操作到位，并与变电站控制室联系，检查相关二次部分如切换信号指示灯或遥信信息是否变位正确等。 （4）确认无误后应由监护人在操作票对应项上打钩
（7）汇报调度	（1）全部操作结束，监护人应检查票面上所有项目均已正确打钩，无遗漏项，在操作票上填写操作终了时间，加盖"已执行"章，并汇报值班负责人。 （2）由值班负责人或正值班员向调度汇报操作任务执行完毕。汇报时要汇报操作结束时间，表明操作正式结束，设备运行状态已根据调度命令变更
（8）终结操作	（1）检查一、二次设备运行正常。 （2）校正显示屏标志，并检查微机防误模拟屏上设备状态已与现场一致。 （3）在运行日志或生产 MIS 系统上填写操作记录

【思考与练习】

1. 什么是电气设备倒闸操作？

2. 什么是一个倒闸操作任务？

3. 倒闸操作的基本原则有哪些？

4. 变电站倒闸操作的类型有哪些？

5. 简述倒闸操作的基本步骤。

6. 试说明变压器检修状态的含义。

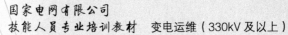
第八章

高压开关类设备、线路停送电

▲ 模块 1　高压开关类设备、线路一般停送电
（Z08F2001 Ⅰ）

【模块描述】本模块包含高压断路器、组合电器、隔离开关、线路停送电操作原则及注意事项；操作异常的处理原则、调度规程对停送电操作的相关规定、配合二次操作注意事项。通过案例的介绍，掌握高压开关设备、线路停送电的操作及要求，能对操作中发现异常进行简单处理。

【模块内容】

高压断路器是电力系统中改变运行方式，接通和断开正常运行的电路，开断和关合负荷电流、空载长线路或电容器组等容性负荷电流，以及开断空载变压器电感性小负荷电流的重要电气主设备之一。与继电保护装置配合，在电网发生故障时，能快速将故障从电网上切除；与自动重合闸配合能多次关合和断开故障设备，以保证电网设备瞬时故障时，及时切除故障和恢复供电，提高电网供电的可靠性。

高压隔离开关在结构上没有专门的灭弧装置，不能用来接通和切断负荷电流或短路电流。回路断路器拉开后，可以拉开隔离开关使停电设备与高压电网有一个明显的断开点，保证检修设备与带电设备进行可靠隔离，可缩小停电范围并保证人身安全。带接地刀闸的隔离开关，与隔离开关在机械上互相闭锁，可有效地杜绝在检修工作中发生带电合接地刀闸或带接地刀闸合闸的恶性事故。

SF_6 组合电器全称为六氟化硫气体绝缘金属全封闭组合电器（GIS），它集断路器、电流互感器、电压互感器、接地刀闸、隔离开关等设备于一体。由于它采用 SF_6 气体作为绝缘和灭弧介质，具有开断性能好、机械强度高、维护工作量小、机械寿命长的优点。与其他电器相比，还有占地面积小、可在室内安装、运行中不用考虑设备外绝缘等优势，是较理想的高压输配电系统的控制和保护设备。组合电器的操作顺序可参考断路器和隔离开关。

一、高压断路器的操作原则及注意事项

1. 高压断路器操作要求

常规变电站用控制开关拉合断路器时，不要用力过猛，以免损坏控制开关。操作时不要返回太快，以免断路器合不上或拉不开。在操作过程中，应同时监视有关电压、电流、功率等表计指示，以及断路器分合闸指示灯的变化。

综合自动化变电站在进行断路器操作时，操作人用鼠标单击操作设备图标，在操作密码确认对话框上，操作人、监护人分别输入操作密码。此时，将弹出遥控操作设备确认对话框，操作人应输入该设备的调度编号，并选择对设备进行的操作是分或合，最后单击"确认"按钮将远方遥控操作命令发出。操作完毕后，应在监控系统上认真检查操作质量和正确性，并监视有关电流、电压、功率的指示。

2. 高压断路器操作的一般原则

（1）断路器经检修恢复运行，操作前应认真检查所有安全措施是否全部拆除，防误装置是否正常。

（2）操作前应检查控制、信号、辅助、控制电源及液压机构回路均正常、储能机构已储能，即具备运行操作条件。

（3）合闸操作中应同时监视有关电压、电流、功率等表计的指示及监控屏红绿灯的变化。

（4）站内所有的断路器严禁就地操作。

（5）线路停、送电时，对装有重合闸的线路断路器，重合闸一般不操作。当需要重合闸停用或投入时，调度员应发布操作命令。与重合闸有关的保护需要改为经重合闸或直接跳闸，由现场根据正常方式要求自行调整，非正常方式由调度发令。

（6）设备送电，在断路器合闸前，必须检查继电保护已按规定投入，有重合闸的线路如需要投入重合闸时，调度员应另发布操作任务或操作指令。

（7）当断路器检修（或断路器及线路检修）且其母差保护二次电流回路有工作，在断路器投入运行前，应征得调度同意先停用母差保护，再合上断路器，测量母差不平衡电流合格后，才能投入母差保护。如果母差电流回路未动过，在断路器恢复送电时，母差保护不应退出，以免合闸于故障线路或设备，断路器拒动，造成失灵保护拒动，而扩大事故。

（8）操作主变压器断路器，停电时应先拉开负荷侧，后拉开电源侧，送电时顺序相反。拉合主变压器电源侧断路器前，主变压器中性点必须直接接地。（放主变压器操作）

（9）断路器操作后的位置检查，应通过断路器电气指示或遥信信号变化、仪表（电流表、电压表、功率表）或遥测指示变化、断路器（三相）机械指示位置变化等方面判断。设遥控操作的断路器，至少应有两个及以上元件指示位置已发生对应变化，才能确认该断路器已操作到位。装有三相表计的断路器应检查三相表计。

3. 高压断路器停电操作注意事项

（1）终端线应检查负荷是否为零，如有疑问应问清调度后再操作，以免引起停电。

（2）电源线应考虑是否满足本变电站电源 $N-1$ 方案。

（3）联络线应考虑拉开后是否会引起本站电源线过负荷。

（4）并列运行的线路，在一条线路停电前，应考虑有关保护定值的调整。注意在该线路拉开后另一条线路是否会过负荷，如有疑问应问清楚调度后再操作。（放线路操作注意事项为宜）

（5）断路器检修时必须拉开断路器交、直流操作电源（空气开关或刀开关或熔丝），弹簧机构应释放弹簧储能，以免检修时引起人员伤亡。检修后的断路器必须放在分开位置上，以免送电时造成带负荷合隔离开关的误操作事故。

（6）断路器检修时，应停用相应的母差跳闸及断路器失灵跳闸，在断路器改为冷备用后，投入相应的母差和失灵跳闸。

4. 高压断路器送电操作注意事项

（1）送电操作前应检查控制回路、辅助回路控制电源、液（气）压操动机构压力正常，储能机构已储能，即具备运行操作条件。对油断路器还应检查油色、油位应正常，SF_6 断路器应检查 SF_6 气体压力在规定范围之内。

（2）长期停运的断路器在正式执行操作前，应向调度申请通过远方控制方式进行试操作 2～3 次，无异常后方能开始进行正常操作。

（3）送电端如发现合闸电流明显超过正常值，可以判断为断路器合闸于故障线路或设备，继电保护应动作跳闸，如未跳闸应立即手动拉开该断路器。

（4）当断路器合闸于联络线、电源线，一般有一定数值的电流是正常的。

（5）对主变压器进行充电合闸时，电流表数值会瞬间增大后马上又回落，这是变压器励磁涌流的正常现象。

5. 高压断路器异常时操作注意事项

（1）当用 500kV 断路器或 220kV 断路器进行并列或解列操作，因机构失灵造成两相断路器断开、一相断路器合上的情况时，不允许将断开的两相断路器合上，而应迅速将合上的一相断路器拉开。若断路器合上两相，应将断开的一相再合一次，若不成功即拉开合上的两相断路器。

（2）断路器操作时，若分闸遥控操作失灵，如经检查断路器本身无异常，则可根据现场运行规程规定允许对断路器进行近控操作时，必须进行三相同步（联动）操作，不得进行分相操作。如合闸遥控操作失灵，则禁止进行现场近控合闸操作。

（3）接入系统中的断路器由于某种原因造成 SF_6 压力下降，断路器操作压力异常并低于规定值时，严禁对断路器进行停、送电操作。运行中的断路器如发现有严重缺陷而不能跳闸的（如断路器已处于闭锁分闸状态）应立即改为非自动（装设非自动连接片的断路器停用非自动连接片，无非自动连接片的断路器拉开断路器的直流操作电源），并迅速报告值班调度员后继续处理。

（4）断路器出现非全相分闸时，应立即设法将未分闸相拉开，如拉不开应利用上一级断路器切除，之后通过隔离开关将故障断路器隔离。

（5）断路器累计分闸或切断故障电流次数（或规定切断故障电流累计值）达到规定时，应停电检修。当断路器允许跳闸次数只剩一次时，应停用重合闸，以免故障重合时造成断路器跳闸引起断路器损坏。

（6）断路器的实际短路开断容量低于或接近运行地点的短路容量时，应停用自动重合闸，短路故障后禁止强送电。

二、隔离开关操作相关规定

1. 隔离开关操作的一般原则

（1）操作隔离开关时，应先检查相应的断路器确在断开位置（倒母线时除外），严禁带负荷操作隔离开关。

（2）操作电动机构隔离开关（包括接地刀闸）时，应先合上隔离开关操动机构电动机电源空气开关，操作完毕后立即断开隔离开关操动机构电动机电源空气开关。

（3）停电操作隔离开关时，应先拉线路侧隔离开关，后拉母线侧隔离开关。送电操作隔离开关时，应先合母线侧隔离开关，后合线路侧隔离开关。

（4）电动隔离开关一般应在后台机上进行操作，当远控失灵时，可在就地测控单元（保护小室）上就地操作，或在现场就地操作，但必须满足"五防"闭锁条件，并采取相应技术措施，且征得上级有关部门的许可。220kV 隔离开关可在就地操作，但必须严格核实电气闭锁条件和采取相应的技术措施；500kV 隔离开关不得在现场进行带电状态下的手动操作，若需手动操作时，必须征得调度和本单位总工程师的同意后方可进行，并有站领导或技术人员在现场监督。

（5）隔离开关（包括接地刀闸）操作时，运行人员应在现场逐相检查实际位置的分、合是否到位，触头插入深度是否适当和接触良好，确保隔离开关动作正常，位置正确。

（6）隔离开关、接地刀闸和断路器等之间安装和设置有防误操作的闭锁装置，在倒闸操作时，必须严格按操作顺序进行。如果闭锁装置失灵或隔离开关不能正常操作时，必须按闭锁要求的条件逐一检查相应的断路器、隔离开关和接地刀闸的位置状态，待条件满足，履行审批许可手续后，方能解除闭锁进行操作。

（7）电动隔离开关手动操作时，应断开其动力电源，将专用手柄插入转动轴，逆时针摇动为合闸，顺时针摇动为分闸。500kV 隔离开关不得带电进行手动操作。对于所有隔离开关和接地刀闸手动操作完毕后，应将箱门关好，以防电动操作被闭锁。

（8）500kV 隔离开关机构箱中的方式选择把手正常时必须在"三相"位置。

（9）装有接地刀闸的隔离开关，必须在隔离开关完全分闸后方可合上接地刀闸；反之当接地刀闸完全分闸后，方可进行隔离开关的合闸操作，操作必须到位。

（10）用绝缘棒拉合隔离开关或经传动机构拉合隔离开关，均应戴绝缘手套。雨天操作室外高压设备时，绝缘棒应有防雨罩，还应穿绝缘靴。

（11）手动合上隔离开关时，必须迅速果断。在隔离开关快合到底时，不能用力过猛，以免损坏支持绝缘子。当合到底时发现有弧光或为误合时，不准再将隔离开关拉开，以免由于误操作而发生带负荷拉隔离开关，扩大事故。手动拉开隔离开关时，应慢而谨慎。如触头刚分离时发生弧光应迅速合上并停止操作，立即进行检查是否为误操作而引起电弧。

（12）分相操动机构隔离开关在失去操作电源或电动失灵需手动操作时，除按解锁规定履行必要手续外，在合闸操作时应先合 A、C 相，最后合 B 相，在分闸操作时应先拉开 B 相，再拉开其他两相。

2. 隔离开关操作的注意事项

（1）操作隔离开关前，应检查相应断路器分、合闸位置是否正确，以防止带负荷拉合隔离开关。

（2）操作中，如果发现隔离开关支持绝缘子严重破损、隔离开关传动杆严重损坏等严重缺陷时，不准对其进行操作。

（3）操作中，如果隔离开关被闭锁不能操作时，应查明原因，不得随意解除闭锁。

（4）拉合隔离开关后，应到现场检查其实际位置，以免因控制回路或传动机构故障，出现拒分、拒合现象；同时应检查隔离开关触头位置是否符合规定要求，以防止出现不到位现象。

（5）操作隔离开关后，要将防误装置锁好，以防止下次操作时，隔离开关失去闭锁。

（6）操作中，如果隔离开关有振动现象，应查明原因，不要硬拉、硬合。

3. 隔离开关操作异常情况处理

（1）如发生带负荷拉错隔离开关，在隔离开关动、静触头刚分离时，发现弧光应立即将隔离开关合上。已拉开时，不准再合上，防止造成带负荷合隔离开关，并将情况及时汇报上级；发现带负荷错合隔离开关，无论是否造成事故均不准将错合的隔离开关再拉开，应迅速报告所属调度听候处理并报告上级。

（2）拉合隔离开关发现异常时，应停止操作，已拉开的不许合上，已合上的不许再拉开。接地前应验明确无电压，如断路器一相未拉开，已拉开的断路器一侧隔离开关不许立即接地，必须将另一侧隔离开关同时拉开后，方可接地。对于已合上的隔离开关，应用相应的断路器断开，而不能直接拉开该隔离开关。

（3）若隔离开关合不到位、三相不同期时，应拉开重合，如果无法合到位，应停电处理，同时汇报上级领导。

三、线路停、送电操作的一般规定

1. 一般线路停、送电操作

线路停电操作应先断开线路断路器，然后拉开线路侧隔离开关，最后拉开母线侧隔离开关。线路送电操作与此相反。

在正常情况下，线路断路器在断开位置时，先拉合线路侧隔离开关或母线侧隔离开关都没多大影响。之所以要求遵循一定操作顺序，是为了万一发生带负荷拉、合隔离开关时，可把事故缩小在最小范围之内。

断路器未断开，若先拉线路侧隔离开关时，发生带负荷拉隔离开关故障，线路保护动作，使断路器分闸，仅停本线路；若先拉母线侧隔离开关，发生带负荷拉隔离开关故障，母线保护动作，将使整条母线上所有连接元件停电，扩大了事故范围。

2. 3/2 断路器接线线路停、送电操作

线路停电操作时，先断开中间断路器，后断开母线侧断路器；拉开隔离开关时，由负荷侧逐步拉向电源侧。送电操作顺序与此相反。

在正常情况下，先断开（合上）还是后断开（合上）中间断路器都没有关系，之所以要遵循一定顺序，主要是为了防止停、送电时发生故障，导致同串的线路或变压器停电。

停电操作时，先断开中间断路器，切断很小负荷电流；断开边断路器，切除全部负荷电流，这时若发生故障，则1号母线保护动作，跳开1号母线直接相连的断路器，切除母线故障，其他线路可继续运行。若断开中间断路器，发生故障时，将导致本串另一条线路停电。

3. 线路并联电抗器的停、送电操作

在超高压电网中，为了降低线路电容效应引起的工频电压升高，在线路上并联电抗器，电抗器未装断路器。停、送电操作，应在线路无电压时，才能拉开或合上隔离开关。线路运行时，电抗器一般不退出运行，当需要退出电抗器时，应经过计算，电抗器退出后，线路运行时的工频电压升高不能超过允许值。

4. 线路的合环操作

有多电源或双电源供电的变电站，线路合环时，要经过同期装置检定，并列点电压相序一致，相位差不超过容许值，电压差不得超过下面数值：220kV 线路一般不超过额定电压的 20%，500kV 线路一般不超过额定电压的 10%，最大不超过 20%；频率误差不大于 0.5Hz。

新投入或线路检修后可能改变相位的，在合环前要进行相位校对。

5. 线路的倒母线操作

双母线运行方式接线，运行线路由一条母线切换至另一条母线运行时，母联断路器必须在合闸位置，并取下母联断路器的操作电源。根据现场要求切换母差回路保护压板，合上备用母线隔离开关，拉开运行母线隔离开关。最后给上母联断路器的操作电源，恢复母差保护压板。

线路停电前，特别是超高压线路，要考虑线路停电后对其他设备的影响。

6. 对空载线路充电的操作

（1）充电时要求充电线路的断路器必须有完备的继电保护。正常情况下线路停运时，线路保护不一定停运，所以在对线路送电前一定要检查线路的保护情况。

（2）要考虑线路充电功率对系统及线路末端电压的影响，防止线路末端设备过电压。充电端必须由变压器的中性点接地。

（3）新建线路或检修后相位有可能变动的线路要进行核相。

（4）在线路送电时，对馈电线路一般先合上送电端断路器，再合上受电端断路器。

四、高压开关设备、线路停、送电中发现异常的处理原则

（1）断路器运行中，由于某种原因造成 SF_6 断路器气体压力异常（如突然降至零等），严禁对断路器进行停、送电操作，应立即断开故障断路器的控制电源，及时采取措施，将故障断路器退出运行。

（2）断路器的实际短路开断容量接近于运行地点的短路容量时，在短路故障开断后禁止强送，并应停用自动重合闸。

（3）分相操作的断路器操作时，发生非全相合闸，当造成两相断路器断开、一相断路器合上的情况时，不允许将断开的两相断路器合上，而应迅速将合上的一相断路器拉开。若断路器合上两相应将断开的一相再合一次，若不成功即拉开合上的两相断路器并切断该断路器的控制电源，查明原因。

（4）运行中断路器发生非全相单相跳闸，应不待调度命令立即合上已断开相。

五、调度规程对高压开关设备、线路停、送电操作的相关规定

1. 500kV 线路停送电操作规定

（1）互联电网 500kV 联络线停送电操作，如一侧发电厂、一侧变电站，一般在变电站侧停送电，发电厂侧解合环；如两侧均为变电站或发电厂，一般在短路容量大的一侧停送电，短路容量小的一侧解合环；有特殊规定的除外。

（2）应考虑电压和潮流转移，特别注意使非停电线路不过负荷，使线路输送功率不超过稳定限额，应防止发电机自励磁及线路末端电压超过允许值。

（3）任何情况下严禁"约时"停电和送电。

（4）500kV 线路高压电抗器（无专用断路器）投停操作必须在线路冷备用或检修状态下进行。

2. 断路器（开关）操作规定

（1）断路器合闸前，厂站必须检查继电保护已按规定投入。断路器合闸后，厂站必须检查确认三相均已接通。

（2）断路器操作时，若远方操作失灵，厂站规定允许进行就地操作时，必须进行三相同时操作，不得进行分相操作。

（3）3/2 断路器接线方式，设备送电时，应先合母线侧断路器，后合中间断路器；停电时应先拉开中间断路器，后拉开母线侧断路器。

3. 隔离开关（刀闸）操作规定

（1）未经试验不允许使用隔离开关向 500kV 母线充电。

（2）不允许使用隔离开关切、合空载线路、并联电抗器和空载变压器。

（3）用隔离开关进行经试验许可的拉开母线环流或 T 接短线操作时，须远方操作。

（4）其他隔离开关操作按厂站规程执行。

1）500kV 线路停送电前，要充分考虑操作后系统潮流转移给系统带来的影响，避免各通流元件过负荷、超稳定极限等情况的发生，必要时可事先降低有关线路的潮流。

2）操作 500kV 线路前，应充分考虑充电功率对系统电压的影响，操作过程中应注意保持 500kV 电压在正常范围内，防止线路末端电压超出规定值。线路末端最高电压不得超过 550kV。

3）为防止发生自励磁，未经批准不允许用发电机单带空线路零起升压。

六、配合二次操作注意事项

（1）断路器由运行状态转换热备用状态时，相应的控制电源、保护电源、信号电源均不能退出。

（2）断路器停电，线路转为检修状态时，线路电压互感器二次侧退出运行，相应的控制电源、保护电源、信号电源均无须退出。

（3）断路器转检修，相应的控制电源应退出运行，相应的电流互感器回路应退出差动电流回路及和电流回路。

（4）220kV 母线充电时投入充电保护，充电完毕后停用充电保护。

（5）线路两端的高频保护应同时投入或退出，不能只投一侧高频保护，以免造成保护误动作。高频保护投运前要检测高频通道是否正常。

七、操作案例

（一）500kV 断路器停复役

500kV 断路器停复役操作任务见表 Z08F2001Ⅰ-1。

表 Z08F2001Ⅰ-1　　　　500kV 断路器停复役操作任务

停复役	地点	操作任务	备注
停役	×××	××线（×号主变压器）/×号主变压器（××线）50M2 断路器从运行改为断路器检修	"M"表示第 M 串；第一行适用中断路器，第二行适用边断路器
		××线（或×号主变压器）50M1（或 50M3）断路器从运行改为断路器检修	
复役	×××	××线（×号主变压器）/×号主变压器（××线）50M2 断路器从断路器检修改为运行	第一行适用中断路器，第二行适用边断路器
		××线（或×号主变压器）50M1（或 50M3）断路器从断路器检修改为运行	

（二）500kV 线路停复役

500kV 线路接线图如图 Z08F2001Ⅰ-1 所示。

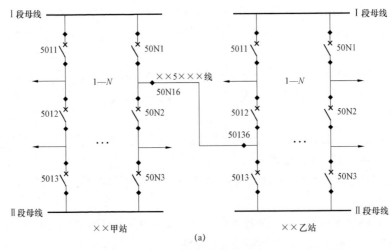

图 Z08F2001Ⅰ-1　500kV 线路接线图（一）

（a）有线路隔离开关的情况

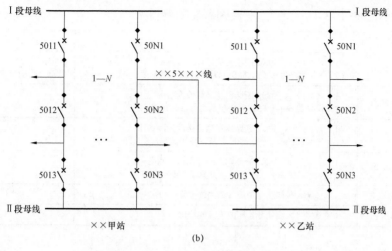

图 Z08F2001 I –1 500kV 线路接线图（二）

（b）无线路隔离开关的情况

1. 500kV 线路停役

500kV 线路停役操作任务见表 Z08F2001 I –2、表 Z08F2001 I –3。

表 Z08F2001 I –2　　　　　　　　　　　有线路隔离开关的情况

序	地点	操作任务	备注
1	××甲	（1）××/×× 50N2 断路器从运行改为热备用； （2）××线 50N1（3）断路器从运行改为热备用	解环 注意：正确选择解环点
2	××乙	（1）××/×× 50N2 断路器从运行改为热备用； （2）××线 50N1（3）断路器从运行改为热备用	
3	××乙	（1）拉开××线 50N1（3）6 隔离开关； （2）×× 5×××线第一套分相电流差动从跳闸改为信号或无通道跳闸； （3）×× 5×××线第二套分相电流差动从跳闸改为信号或无通道跳闸； （4）×× 5×××线远方跳闸从跳闸改为信号	如果线路主保护为方向高频保护，则第2、3条改为：××5×××线方向高频从跳闸改为信号或无通道跳闸
4	××甲	（1）拉开××线 50N1（3）6 隔离开关； （2）×× 5×××线第一套分相电流差动从跳闸改为信号或无通道跳闸； （3）×× 5×××线第二套分相电流差动从跳闸改为信号或无通道跳闸； （4）×× 5×××线远方跳闸从跳闸改为信号	如果线路主保护为方向高频保护，则第2、3条改为：××5×××线方向高频从跳闸改为信号或无通道跳闸
5	××甲	（1）×× 5×××线从冷备用改为线路检修； （2）××线 50N1（3）断路器从热备用改为运行； （3）××/×× 50N2 断路器从热备用改为运行	
6	××乙	（1）×× 5×××线从冷备用改为线路检修； （2）××线 50N1（3）断路器从热备用改为运行； （3）××/×× 50N2 断路器从热备用改为运行	

表 Z08F2001Ⅰ–3   无线路隔离开关的情况

序	地点	操 作 任 务	备注
1	××甲	（1）××/×× 50N2 断路器从运行改为热备用； （2）××线 50N1（3）断路器从运行改为热备用	解环 注意：正确选择解环点
2	××乙	（1）××/×× 50N2 断路器从运行改为热备用； （2）××线 50N1（3）断路器从运行改为热备用	
3	××乙	（1）××/×× 50N2 断路器从热备用改为冷备用； （2）××线 50N1（3）断路器从热备用改为冷备用	
4	××甲	（1）××/×× 50N2 断路器从热备用改为冷备用； （2）××线 50N1（3）断路器从热备用改为冷备用	
5	××甲	×× 5×××线从冷备用改为线路检修	
6	××乙	×× 5×××线从冷备用改为线路检修	

2. 500kV 线路复役

500kV 线路复役操作任务见表 Z08F2001Ⅰ–4、表 Z08F2001Ⅰ–5。

表 Z08F2001Ⅰ–4   有线路隔离开关的情况

序	地点	操 作 任 务	备注
1	×省调/×甲	500kV ×× 5×××线工作 毕	
2	×省调/×乙	500kV ×× 5×××线工作 毕	
3	××甲	（1）××/×× 50N2 断路器从运行改为热备用； （2）××线 50N1（3）断路器从运行改为热备用； （3）×× 5×××线从线路检修改为冷备用	
4	××乙	（1）××/×× 50N2 断路器从运行改为热备用； （2）××线 50N1（3）断路器从运行改为热备用； （3）×× 5×××线从线路检修改为冷备用	
5	××乙	（1）×× 5×××线第一套分相电流差动从信号或无通道跳闸改为跳闸； （2）×× 5×××线第二套分相电流差动从信号或无通道跳闸改为跳闸； （3）×× 5×××线远方跳闸从信号改为跳闸； （4）合上××线 50N1（3）6 隔离开关	如果线路主保护为方向高频保护，则第 1、2 条改为：×× 5×××线方向高频从信号或无通道跳闸改为跳闸
6	××甲	（1）×× 5×××线第一套分相电流差动从信号或无通道跳闸改为跳闸； （2）×× 5×××线第二套分相电流差动从信号或无通道跳闸改为跳闸； （3）×× 5×××线远方跳闸从信号改为跳闸； （4）合上××线 50N1（3）6 隔离开关	如果线路主保护为方向高频保护，则第 1、2 条改为：×× 5×××线方向高频从信号或无通道跳闸改为跳闸
7	××甲	（1）××线 50N1（3）断路器从热备用改为运行； （2）××/×× 50N2 断路器从热备用改为运行	充电 注意：正确选择充电侧
8	××乙	（1）××线 50N1（3）断路器从热备用改为运行； （2）××/×× 50N2 断路器从热备用改为运行	合环

表 Z08F2001Ⅰ–5　　　　　　　　　无线路隔离开关的情况

序	地点	操 作 任 务	备注
1	×省调/×甲	500kV ×× 5×××线工作　毕	
2	×省调/×乙	500kV ×× 5×××线工作　毕	
3	××甲	×× 5×××线从线路检修改为冷备用	
4	××乙	×× 5×××线从线路检修改为冷备用	
5	××乙	（1）××线 50N1（3）断路器从冷备用改为热备用； （2）××/×× 50N2 断路器从冷备用改为热备用	
6	××甲	（1）××线 50N1（3）断路器从冷备用改为热备用； （2）××/×× 50N2 断路器从冷备用改为热备用	
7	××甲	（1）××线 50N1（3）断路器从热备用改为运行； （2）××/×× 50N2 断路器从热备用改为运行	充电 注意：正确选择充电侧
8	××乙	（1）××线 50N1（3）断路器从热备用改为运行； （2）××/×× 50N2 断路器从热备用改为运行	合环

（三）220kV 线路停复役

220kV 线路接线图如图 Z08F2001Ⅰ–2 所示。

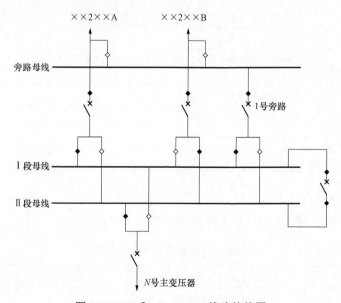

图 Z08F2001Ⅰ–2　220kV 线路接线图

1. ××2×××线停役

××2×××线停役操作任务见表 Z08F2001Ⅰ–6。

表 Z08F2001Ⅰ-6　　　　　××2×××线停役操作任务

序	地点	操　作　任　务	备注
1	××甲	××2×××从运行改为热备用	解环，通知省调
2	××乙	××2×××从运行改为热备用	
3	××乙	××2×××从热备用改为冷备用	
4	××甲	××2×××从热备用改为冷备用	
5	××甲	××2×××从冷备用改为断路器线路检修（或断路器检修或线路检修）	
6	××乙	××2×××从冷备用改为断路器线路检修（或断路器检修或线路检修）	

2. ××2×××线复役

220kV 线路复役操作任务见表 Z08F2001Ⅰ-7。

表 Z08F2001Ⅰ-7　　　　　220kV 线路复役操作任务

序	地点	操　作　任　务	备注
1	××甲	××2×××线××××工作　　毕	
2	××甲	××2×××从断路器线路检修（或断路器检修或线路检修）改为冷备用	
3	××乙	××2×××从断路器线路检修（或断路器检修或线路检修）改为冷备用	
4	××乙	××2×××从冷备用改为×母线热备用	
5	××甲	××2×××从冷备用改为×母线热备用	
6	××甲	××2×××从热备用改为运行	充电，通知省调
7	××乙	××2×××从热备用改为运行	合环

3. ××2×××线旁路代始

220kV 线路旁路代始操作任务见表 Z08F2001Ⅰ-8。

表 Z08F2001Ⅰ-8　　　　　220kV 线路旁路代始操作任务

序	地点	操　作　任　务	备注
1	××甲	××2×××第二套高频保护从跳闸改为信号	
2	××乙	××2×××第二套高频保护从跳闸改为信号	
3	××甲	（1）220kV 旁路从×母线充电运行改为×母代××2×××运行； （2）××2×××从运行改为断路器检修（或冷备用或热备用）	

4. ××2×××线旁路代毕

220kV 线路旁路代毕操作任务见表 Z08F2001Ⅰ-9。

表 Z08F2001Ⅰ-9　　　　220kV 线路旁路代毕操作任务

序	地点	操 作 任 务	备注
1	××甲	××2×××线××××工作　　毕	
2	××甲	（1）××2×××从断路器检修（或冷备用或热备用）改为×母线运行 （2）220kV 旁路从×母线代××2×××运行改为×母线充电运行	
3	××乙	××2×××第二套高频保护从信号改为跳闸	两侧测通道
4	××甲	××2×××第二套高频保护从信号改为跳闸	

【思考与练习】

1. 高压断路器操作的一般原则是什么？

2. 3/2 断路器接线线路停、送电操作有何规定？

3. 双回线路的停、送电操作有何要求？

模块 2　高压开关类设备、线路停送电操作危险点源分析（Z08F2001Ⅱ）

【模块描述】本模块包含高压开关类设备、线路停送电操作危险点源分析。通过对运行操作的危险点源分析介绍，掌握高压开关设备、线路停送电操作可能出现的危险点源，能制订危险点源预控措施。

【模块内容】

进行高压开关类设备、线路停送电操作，必须正确、规范、有效地填写和执行操作票。同时在操作前应根据操作任务，结合一、二次设备具体情况，认真进行危险点源分析，制订有效的控制措施，杜绝误操作事故的发生，确保电网、设备、人身的安全。

一、断路器操作危险点源

（1）操作任务接受不认真，操作票错误。

（2）误拉、合断路器。

（3）误入带电间隔。

（4）断路器停电，失灵跳相邻断路器压板未退出（包括启动母差压板和远方跳闸压板）。

（5）重合闸装置未切换。

（6）保护压板错投退或误投退。

（7）无保护设备投入运行。

（8）远方不能遥控操作。

（9）断路器转检修，未断开断路器操作电源。

二、隔离开关操作危险点源

（1）误拉合隔离开关。

（2）拉合隔离开关前未检查断路器位置，带负荷拉合隔离开关。

（3）带地线（或接地刀闸）合闸。

（4）拉合隔离开关时绝缘子断裂，跌落伤人。

（5）隔离开关合不到位，触头接触不良。

（6）远方不能遥控操作。

（7）电动隔离开关操作后未断开操作电源。

三、GIS 组合电器操作的危险点源

（1）误拉合断路器、隔离开关。

（2）带负荷操作隔离开关。

（3）SF_6 气体泄漏，人员不撤离现场。

（4）液压压力降低强行操作。

（5）SF_6 压力降压进行操作。

（6）误投退保护压板。

（7）远方不能遥控操作。

四、GIS 设备接地刀闸操作的危险点源

（1）运用二元法间接验电，二元采自同一个单元。

（2）带电合接地刀闸。

五、线路停、送电操作的危险点源

（1）误走间隔造成误停线路。

（2）线路未停电前停用线路并联电抗器。

（3）3/2 断路器接线线路停电，只停边断路器或中断路器。

（4）3/2 断路器接线线路停电，保护压板未做相应的投停。

（5）未检查实际接地位置，造成误合接地刀闸。

（6）带电合接地刀闸或挂接地线。

（7）旁路代线路时，旁路断路器与所代线路断路器保护定值不符。

（8）旁路代主变压器断路器时，主变压器差动电流回路端子未切换或相应的保护

未切换。

（9）带接地刀闸或接地线送电。

（10）多电源线路非同期合闸。

（11）未按规定程序装设接地线。

高压开关类设备、线路停送电操作危险点源与控制措施见表 Z08F2001Ⅱ-1。

表 Z08F2001Ⅱ-1　　　高压开关类设备、线路停送电操作

危险点源与控制措施

序号	危险点源	预控措施	备注
1	不具备操作条件进行倒闸操作，造成触电。如：设备未接地或接地不可靠，防误装置功能不全、雷电时进行室外倒闸操作、安全工器具不合格等	（1）操作前，检查使用的安全工器具应合格，不得使用金属梯子。 （2）操作前，检查设备外壳应接地可靠，设备名称、编号应齐全、正确。 （3）操作前，检查现场设备防误装置功能应齐全、完备。 （4）雷电时，不宜进行倒闸操作，禁止在室外进行倒闸操作；雨、雪天气需要操作室外设备时，操作工具应采取安全防护措施	
2	无调度指令或调度指令错误，造成误操作。如无调度指令操作，操作任务不清、漏项、错项等	（1）严禁无调度指令操作。 （2）变电运维人员接受操作指令时，应核对指令的正确性	
3	无操作票或操作票错误，造成误操作	（1）严禁无票操作。 （2）根据调度命令及操作技术顺序认真填写操作票。 （3）严格执行操作票审核制度，严禁同一人填写和审核操作票。 （4）操作票应经过模拟预演正确	
4	操作任务不明确、调度术语不标准、联系过程不规范，造成误操作	操作时使用统一的、确切的调度术语和操作术语。联系过程应互通姓名、履行复诵制度，使用普通话并录音	
5	操作时走错间隔，造成误分、合断路器，误分、合隔离开关或接地隔离开关，误带电挂地线	（1）应正确核对操作设备名称编号。 （2）在每步操作结束后，应由监护人在原位向操作人提示下一步操作内容。 （3）中断操作重新就位开始操作前，应重新核对设备名称、编号。 （4）执行一个操作任务中途严禁换人	
6	验电器选择使用不当，造成误操作。如验电器电压等级与实际不符、验电器损坏等	（1）选择使用电压等级合适且合格的验电器。 （2）定期检查、试验，发现损坏及时更换	
7	无法验电的设备、联络线设备的电气闭锁装置不可靠，造成误操作	（1）对无法验电的设备应采取间接验电。 （2）间接验电必须通过对设备状态、信号、计量等信息采取两种以上状态的改变来判别	
8	不验电，带电合接地刀闸	（1）检查确认被检修的设备两侧有明显断开点。 （2）在指定装设接地线的部位验明设备确无电压	

续表

序号	危险点源	预控措施	备注
9	装设接地线未按程序进行，造成带电挂地线	（1）装设接地线前应停电、验电，验电前确认验电器合格。 （2）验电后，立即按装设地线的技术顺序挂接地线	
10	带负荷拉、合隔离开关	（1）确认停送电断路器在分闸位置，唱票复诵。 （2）检查相应电流、有功指示、红绿灯及后台通信变位指示。 （3）操作高压隔离开关必须戴绝缘手套；操作过程中应穿长袖工作服，并戴好安全帽。 （4）进行解锁操作的，应确认被操作设备、操作步骤正确无误后，方可进行并加强监护	
11	带接地线或接地刀闸合断路器、隔离开关	（1）认真检查送电范围设备的运行状态。 （2）恢复送电前应检查相应的接地线并全部收回，检查现场确无遗留接地线	
12	隔离开关远方、就地操作失灵	操作前对远方控制回路进行检查	
13	拉隔离开关时支柱绝缘子断裂	（1）在操作隔离开关前检查设备支柱绝缘子无裂纹。 （2）操作前，应检查隔离开关一次部分无明显缺陷，如有，应立即停止操作。 （3）操作时，操作人、监护人应注意选择合适的操作站立位置，操作电动隔离开关时，应做好随时紧急停止操作的准备。 （4）发生断裂接地现象时，人员应注意防止跨步电压伤害。 （5）操作完隔离开关后将电动机电源拉开	
14	保护、重合闸压板误操作	（1）测量压板时应注意表计挡位。 （2）保护投停操作应由两人进行。 （3）投入压板前，应测量出口压板两端无电压。 （4）应对设备二次压板名称进行核对并确认无误。 （5）应认真掌握二次压板、切换开关的作用。 （6）对于二次回路的切换，应根据原理图和现场规程的有关要求确定操作顺序。 （7）应考虑相关的二次切换及相应的联跳回路。 （8）防止误碰运行中的二次设备	
15	变更定值前未退保护出口压板或定值变更后未投保护出口压板	（1）改定值前，应到现场检查相关保护压板确已退出。 （2）查阅图纸确认应操作的相应压板。 （3）改定值后，应到现场检查相关保护压板确已投入	
16	保护定值调整错误	（1）保护定值区调整应按现场规程要求进行操作。 （2）定值调整结束后，应打印确认并与定值单核对无误	
17	旁路代线路时，旁代断路器与所代线路断路器保护定值不符	旁路代前应核对保护定值	
18	旁路代主变压器断路器时，主变压器差动电流回路端子未切换或电流回路开路，相应的保护未切换	按照规程要求，切换有关的保护或电流端子。切换过程中应防止电流回路开路	

【思考与练习】

1. 试进行 500kV 线路停电检修操作危险点源分析。

2. GIS 设备操作有何危险点源？制定危险点源控制措施。

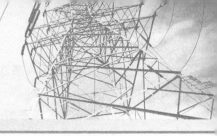

第九章

变压器停送电

◢ 模块1 变压器一般停送电（Z08F3001Ⅰ）

【模块描述】 本模块包含变压器一般停送电的操作原则和注意事项；变压器停送电操作中的异常及处理原则、调度规程中对变压器操作的相关规定。通过案例的介绍，掌握变压器一般停送电的操作及要求，能对操作中发现异常进行简单处理。

【模块内容】

电力变压器是变电站各类电气设备中最重要的设备之一。变压器的操作包括变压器的停送电操作、调压操作以及主变压器断路器旁路代操作。主变压器的停送电操作一般不涉及相邻变电站的配合操作，而仅仅是各级调度部门在停运主变压器之前要充分考虑好邻近地区的负荷转移情况。

一、变压器操作原则及注意事项

1. 变压器并列运行条件

（1）联结组别相同。

（2）电压比相同（允许误差±0.5%）。

（3）短路电压相等（允许误差±10%）。

在任何一台变压器都不会过负荷时，必须事先经过计算，才可允许电压以及短路电压不等的变压器并列运行。

2. 变压器停、送电的操作顺序

变压器送电时，先合电源侧断路器，即应先从高压侧充电，再送低压侧，当两侧或三侧均有电源时，应先从高压侧充电，再送低压侧（500kV变电站根据站内实际情况另定）。停电时先断开负荷侧断路器，后停电源侧断路器；当两侧或三侧均有电源时，应先停低压侧，后停高压侧。500kV联络变压器，一般在220kV侧停（送）电后，在500kV侧解（合）环。

3. 变压器的充电操作原则

对空载变压器充电时，有以下要求：

（1）充电变压器应有完备的继电保护。

（2）变压器充电前，应检查充电侧母线电压及变压器分接头位置，保证充电后各侧电压不超过其相应分接头电压的 5%。

4. 变压器在正常合闸、分闸操作中的注意事项

（1）变压器充电时应投入全部继电保护。

（2）为保证系统稳定，充电前先降低相关线路的有功功率。

（3）变压器在充电状态下及停送电操作时，必须将其中性点接地刀闸合上。

（4）两台变压器并列运行，在倒换中性点接地刀闸时，应先将原来接地的中性点接地刀闸合上，再拉开另一台变压器中性点接地刀闸，并考虑零序电流保护的切换。

（5）500kV 联络变压器，应根据调度规程的有关规定进行操作。

（6）变压器并联运行必须满足并列运行条件。

（7）新投入或大修后变压器有可能改变相位，合环前都要进行相位校核。

5. 变压器新投入或大修后投入操作前后的注意事项

（1）按规定，对变压器本体及绝缘油进行全面试验，合格后方具备通电条件。

（2）对变压器外部进行检查：气体继电器外壳上的箭头应指向储油柜；所有阀门应置于正确位置；变压器上各带电体对地的距离以及相间距离应符合要求；分接开关位置符合有关规定，且三相一致；变压器上导线、母线以及连接线牢固可靠；密封垫的所有螺栓要足够紧固，密封处不渗油。

（3）对变压器冷却系统进行检查：风扇、潜油泵的旋转方向符合规定，运行是否正常，自动启动冷却设备的控制系统动作正常，启动整定值正确，投入适当数量冷却设备；冷却设备备用电源切换试验正常；对于水冷变压器，水压不得大于最低油压，以免水渗入油中。

（4）对监视、保护装置进行检查：所有指示元件要正确，如压力释放阀、油流指示器、油位指示器、温度指示器等；变压器油箱上及其升高部位的积气、油气分离室积气要放净，以免气泡进入高电场引起电晕放电或进入气体继电器发生错误告警；各种指示、计量仪表配置齐全；继电保护配置齐全，并按规定投入，接线正确，整定无误。

（5）新投入或大修后的变压器、电抗器投入运行后，一般将其重瓦斯保护投入信号 48~72h 后，再投跳闸。

6. 变压器调压操作

无载调压变压器分接头的调整，应根据调度命令进行。分接头操作后应在分接头操作记录簿及值班操作记录簿中做记录，还应记入变压器专档内。变压器分接头的位置应与模拟图相符。

无载调压的操作，必须在变压器停电状态下进行。调整分接头应严格按制造厂规

定的方法进行，防止将分接头调整错位。为消除触头上的氧化膜及油污，调压操作时必须在使用挡的前后挡切换两次，以保证接触良好。分接头调整好后，检查和核对三相分接头位置应一致，并应测量绕组的直流电阻。各相绕组直流电阻的相间差别不应大于三相平均值的 2%，并与历史记录比较，相对变化也不应大于 2%。测得的数值应记入现场试验记录簿和变压器专档内。

有载调压变压器调整分接头，运行人员应根据调度颁发的电压曲线进行。分接头调压操作可以在变压器运行状态下进行，调整分接头后不必测量直流电阻，但调整分接头时应无异声，每调整一挡运行人员应检查相应三相电压表指示情况，电流和电压平衡。在分接头切换过程中，有载调压的气体继电器有规律地发出信号是正常的，可将继电器中聚集的气体放掉。如分接头切换次数很少即发出信号，应查明原因。调压装置操作 5000 次后，应进行检修。

两台有载调压变压器并联运行时，允许在 85%变压器额定负荷电流及以下的情况下进行分接变换操作，不得在单台变压器上连续进行两个分接变换操作，必须在一台变压器的分接变换完成后再进行另一台变压器的分接变换操作。每进行一次变换后，都要检查电压和电流的变化情况，防止误操作和过负荷。升压操作，应先操作负荷电流相对较少的一台，再操作负荷电流相对较大的一台，防止过大的环流；降压操作时与此相反。操作完毕，应再次检查并联的两台变压器的电流大小与分配情况。当有载调压变压器过载 1.2 倍运行时，禁止分接开关变换操作并闭锁。

7. 二次回路的调整

（1）500kV 3/2 断路器接线方式（出线配置隔离开关），主变压器检修而其 500kV 断路器作联络方式运行时，因主变压器检修需停用相关的本体保护（如本体瓦斯保护、有载调压瓦斯保护、压力释放保护、温度保护等），其投、停无须调度发令，按现场运行规程的规定执行，特别应注意检修后必须检查本体保护的相关继电器不动作并复归。

（2）主变压器运行，其一侧断路器改为检修时，该断路器的主变压器差动电流互感器端子应退出并短接。由和电流组成的回路，其一侧断路器改为检修时，该断路器的电流互感器端子也应退出并短接。断路器送电时恢复正常，此项由现场自行操作。

（3）新投入或大修后的变压器、电抗器投入运行后，一般将其重瓦斯保护投入信号 48～72h 后，再投跳闸。

（4）在变压器保护预试校验时，对设有联跳回路的变压器后备保护，应注意解除联跳回路的压板。

（5）若后备过电流的复合电压闭锁回路采用各侧并联的接线方式，当一侧电压互感器停运时，应退出该侧复合电压闭锁元件的闭锁作用。

（6）主变压器间隙零序保护在主变压器中性点隔离开关合上时退出，断开时投入。主变压器零序过电流保护，在主变压器中性点隔离开关合上时投入，断开时退出。

（7）主变压器高、中、低复合电压保护，在高、中、低压侧有电压时投入，失压时退出。

二、调度规程对变压器操作的相关规定

（1）500kV 变压器充电前，应检查调整充电侧母线电压及变压器分接头位置，保证充电后各侧电压不超过规定值。

（2）不允许用空载线路给变压器充电或带空载变压器运行。

三、变压器操作案例

一次接线图如图 Z08F3001Ⅰ–1 所示。

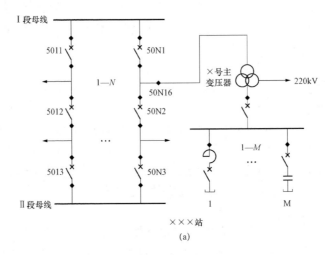

×××站

(a)

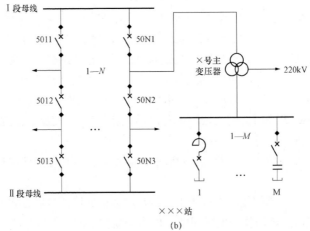

×××站

(b)

图 Z08F3001Ⅰ–1 500kV 典型主变压器接线图

（a）3/2 开关典型主变压器接线（一）；（b）3/2 开关典型主变压器接线（二）

1. 主变压器停役

主变压器停役操作任务见表 Z08F3001 I –1。

表 Z08F3001 I –1　　　　　　　　主变压器停役操作任务

序	地点	操 作 任 务	备注
1	×××	查：×号主变压器 1、2……M 号低抗（或电容器）处于充电（或热备用）状态	
2	×××	×号主变压器 220kV 从运行改为热备用	解环，通知省（市）调
3	×××	（1）×号主变压器 35kV 从运行改为热备用。 （2）××/×× 50N2 断路器从运行改为热备用。 （3）×号主变压器 50N1（3）断路器从运行改为热备用	如 35kV 无总断路器则直接操作 500kV 断路器
4	×××	（1）拉开×号主变压器 50N1（3）6 隔离开关。 （2）×号主变压器 220kV 从热备用改为冷备用。 （3）×号主变压器 35kV 从热备用改为冷备用。 （4）×号主变压器 1 号低抗（或电容器）从充电（或热备用）改为冷备用。 …… （M+3）×号主变压器 M 号低抗（或电容器）从充电（或热备用）改为冷备用。 （M+4）×号主变压器从冷备用改为变压器检修 ［如果结线结构中没有 50N1（3）隔离开关］ （1）×号主变压器 220kV 从热备用改为冷备用。 （2）×号主变压器/××线 50N2 断路器从热备用改为冷备用。 （3）×号主变压器 50N1 断路器从热备用改为冷备用。 （4）×号主变压器 35kV 从热备用改为冷备用。 （5）×号主变压器 1 号低抗（或电容器）从充电（或热备用）改为冷备用。 …… （M+4）×号主变压器 M 号低抗（或电容器）从充电（或热备用）改为冷备用。 （M+5）×号主变压器从冷备用改为变压器检修	（1）主变压器 35kV 有总断路器，只需将 35kV 改冷备用，低抗和电容器放充电或热备用状态。 （2）主变压器 35kV 如无总断路器，则所有低抗及电容器均为冷备用。 （3）主变压器 35kV 如只有隔离开关，则第 3 步应为"拉开×号主变压器 35××× 隔离开关"，低抗和电容器放充电或热备用状态
5	×××	［如果结线结构中没有 50N1（3）6 隔离开关，则删除此步］ （1）×号主变 50N1（3）断路器从热备用改为运行。 （2）××/×× 50N2 断路器从热备用改为运行	

2. 主变压器复役

主变压器复役操作任务见表 Z08F3001 I –2。

表 Z08F3001 I –2 主变压器复役操作任务

序	地点	操 作 任 务	备注
1	×××	500kV ×号主变压器××××工作　毕	
2	×××	（1）××/×× 50N2 断路器从运行改为热备用。 （2）×号主变压器 50N1（3）断路器从运行改为热备用。 （3）×号主变压器从变压器检修改为冷备用。 （4）合上×号主变压器 50N1（3）6 隔离开关。 （5）×号主变压器 220kV 从冷备用改为×母线热备用。 （6）×号主变压器 35kV 从冷备用改为热备用。 （7）×号主变压器 1 号低抗（或电容器）从冷备用改为充电（或热备用）。 …… （M+6）×号主变压器 M 号低抗（或电容器）从冷备用改为充电（或热备用） ［如果结线结构中没有 50N1（3）6 隔离开关］ （1）×号主变压器从变压器检修改为冷备用。 （2）×号主变压器 50N1（3）断路器从冷备用改为热备用。 （3）××/×× 50N2 断路器从冷备用改为热备用。 （4）×号主变压器 220kV 从冷备用改为×母热备用。 （5）×号主变压器 35kV 从冷备用改为热备用。 （6）×号主变压器 1 号低抗（或电容器）从冷备用改为充电（或热备用）。 …… （M+5）×号主变压器 M 号低抗（或电容器）从冷备用改为充电（或热备用）	
3	×××	（1）×号主变压器 50N1（3）断路器从热备用改为运行。 （2）××/×× 50N2 断路器从热备用改为运行。 （3）×号主变压器 35kV 从热备用改为运行	充主变压器，通知省（市）调
4	×××	×号主变压器 220kV 从热备用改为运行合环	

【思考与练习】

1. 变压器并列运行的条件是什么？

2. 变压器的充电操作原则是什么？

3. 变压器新投入或大修后投入操作前后的注意事项有哪些？

◢ 模块 2　变压器操作危险点源分析（Z08F3001 Ⅱ）

【模块描述】 本模块包含变压器（高压电抗器）操作中危险点源分析。通过对运行中操作危险点源的分析介绍，掌握变压器（高压电抗器）操作中可能出现的危险点源，能制定危险点源预控措施。

【模块内容】

电力变压器是变电站各类电气设备中最重要的设备，它的安全直接影响系统的安全运行。变压器一旦事故损坏，需要检查分析和处理的时间长，损失和影响也较大。因此，在进行变压器停送电操作时，要提前进行操作危险点源分析，并制定出相应的危险点源预控措施，确保操作安全。

一、变压器停送电操作中的危险点源

（1）停运一台变压器时，未考虑另一台变压器是否会过负荷，造成另一台变压器过负荷。

（2）停变压器时，负荷侧母联断路器未投入运行，造成运行在停电变压器母线的线路失电。

（3）停电后立即将主变压器冷却器停止运行，造成变压器过热减少使用寿命。

（4）误拉、合断路器及隔离开关。

（5）误入带电间隔。

（6）主变压器高压侧断路器停电，失灵启动相邻断路器压板未退出。

（7）送电前变压器保护未投，造成主变压器无保护运行。

（8）送电前冷却器装置未投入，危及变压器安全运行。

（9）不能远方进行遥控操作。

（10）3/2 断路器接线，主变压器检修而 500kV 断路器做联络方式运行时，未停用相关的本体保护。

二、变压器停送电操作危险点源及预控措施

变压器停送电操作危险点源及预控措施见表 Z08F3001Ⅱ-1。

表 Z08F3001Ⅱ-1　　变压器停送电操作危险点源及预控措施

序号	危险点源	预控措施	备注
1	停运一台变压器时，未考虑另一台变压器是否会过负荷，造成另一台变压器过负荷	操作前，检查负荷情况	
2	停变压器时，负荷侧母联断路器未投入运行，造成运行在停电变压器母线的线路失电	（1）根据调度命令及操作技术顺序认真填写操作票。 （2）严格执行操作票审核制度，严禁同一人填写和审核操作票	
3	停电后立即将主变压器冷却器停止运行，造成变压器过热减少使用寿命	变压器停电后应将冷却器切至试验位置运转 30min，待变压器冷却后停运	
4	误拉、合断路器及隔离开关	（1）应正确核对操作设备名称编号。 （2）在每步操作结束后，应由监护人在原位向操作人提示下一步操作内容。 （3）中断操作重新就位开始操作前，应重新核对设备名称、编号。 （4）执行一个操作任务中途严禁换人	

续表

序号	危险点源	预 控 措 施	备注
5	误入带电间隔	（1）应正确核对操作设备名称编号。 （2）在每步操作结束后，应由监护人在原位向操作人提示下一步操作内容。 （3）中断操作重新就位开始操作前，应重新核对设备名称、编号。 （4）执行一个操作任务中途严禁换人	
6	主变压器高压侧断路器停电，失灵启动相邻断路器压板未退出，相邻断路器失灵启动该断路器的压板未退出	操作前，根据操作任务检查有关保护，停电时按照规程要求停用有关保护的相应压板	
7	送电前变压器保护未投造成主变压器无保护运行	送电前按照定值单要求投入主变压器所有保护	
8	送电前冷却器装置未投入，危及变压器安全运行	送电前应按要求将冷却器投入提前运行 15min	
9	不能远方进行遥控操作	操作前对远方控制回路进行检查	
10	3/2 断路器接线，主变压器检修而 500kV 断路器作联络方式运行时，未停用相关的本体保护	3/2 断路器接线，主变压器检修而 500kV 断路器作联络方式运行时，应停用相关的本体保护	

【思考与练习】

1. 试进行变压器停送电操作中的危险点源分析。

2. 简述变压器停送电操作危险点源控制措施。

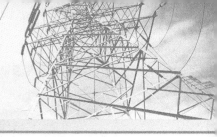

第十章

母 线 停 送 电

◢ 模块 1 母线一般停送电（Z08F4001 Ⅰ）

【模块描述】本模块包含倒母线操作、母线一般停送电操作、母线充电操作原则及注意事项；母线停送电操作中异常的处理原则、调度规程对母线操作的相关规定。通过案例的介绍，掌握母线停送电的操作及要求，能对操作中发现的异常进行简单处理。

【模块内容】

母线的作用是汇集、分配和交换电能。根据母线接线方式的不同，其操作也各有异。母线的操作是指母线的送电、停电操作以及母线上的电气设备单元在两条母线间的倒换等。

一、倒母线操作

1. 运行设备倒母线的操作

设备运行中倒母线操作时，应先合上母联（或分段）断路器，对母差保护压板根据现场规程要求做出相应的切换，然后取下母联断路器的操作电源，进行倒母线的操作。操作结束后自行恢复母差运行方式，给上母联断路器的操作电源。

倒母线操作时，母联断路器应合上，并取下母联断路器的操作电源，然后合上备用的母线隔离开关，拉开工作的母线隔离开关。这是因为在倒母线过程中，由于某种原因使母联断路器分闸，此时母线隔离开关的拉、合操作实质上就是对两条母线进行带负荷解列、并列操作，在这种情况下，因解、并列电流较大，隔离开关灭弧能力有限，会造成弧光短路。母联断路器在合闸位置并取下其控制熔断器，可保证倒母线操作过程中母线隔离开关等电位。

倒母线操作中，母线隔离开关的操作方法有两种：其一是合上一组备用的母线隔离开关之后，立即拉开相应的一组工作母线隔离开关；其二是先合上所要操作的全部备用的母线隔离开关后，再拉开全部的工作母线隔离开关。

双母线分段接线方式倒母线操作时，应逐段进行。一段操作完毕，再进行另一段的倒母线操作。不得将与操作要求无关的母联、分段断路器改非自动。

倒母线时，应注意线路的继电保护、自动装置（如按频率减负荷）及电能表所用的电压互感器电源的相应切换。

倒母线操作电动隔离开关前，应先将母线隔离开关操作闭锁电源小空气开关合上，然后操作隔离开关。运行回路倒母线（热倒），隔离开关操作应遵循先合后拉的原则。

无论是回路的倒母线还是母线停电的倒母线操作，在拉开母联断路器之前，应再次检查需倒回路是否均已倒至另一组运行母线上，并检查母联断路器电流表指示、检查电压切换箱对应母线的灯亮等。对电动操作隔离开关而言，倒母线操作结束，要拉开母线隔离开关操作闭锁电源空气开关。

2. 热备用设备倒母线的操作（冷倒）

热备用设备冷倒母线的操作，在检查本线断路器在断开位置后，母线隔离开关的操作应遵循先拉后合的原则，以免发生通过正、副母线隔离开关合环或解环的误操作事故。

3. 倒母线时的注意事项

倒母线操作时，母联断路器应合上，并取下母联断路器的操作电源，防止母联断路器误跳闸，造成带负荷拉隔离开关事故。所有负荷倒完后，断开母联断路器前，应再次检查要停电母线上所有设备是否均倒至运行母线上，并检查母联断路器电流表指示是否为零。

倒母线时，要考虑倒闸过程中对母线差动保护的影响，并注意有关二次切换开关的通断以及保护压板的切换。要根据母差保护运行规程作相应的变更。在倒母线操作过程中无特殊情况下，母差保护应投入运行。

由于设备倒换至另一母线或母线上电压互感器停电。继电保护和自动装置的电压回路需要转换由另一电压互感器供电时，应注意勿使继电保护及自动装置因失去电压而误动。避免电压回路接触不良以及通过电压互感器二次向不带电母线反充电而引起的电压回路熔断器熔断，造成继电保护误动等情况出现。

二、母线一般停送电操作

1. 变电站 3/2 断路器接线系统的母线操作原则

停电操作时，先将母线上所有运行断路器由运行状态转换成冷备用状态，即母线冷备用状态，再将母线由冷备用转检修状态；送电操作时，先将母线由检修状态转成冷备用状态，再选择一个断路器对母线进行充电操作，母线充电正常后，将母线上所有运行断路器由冷备用状态转换成运行状态。

2. 双母线接线方式的母线停送电操作原则

停电操作，先将要停电母线上所有运行设备倒至另一条母线上运行，母联及分段断路器由运行改为冷备用，即母线冷备用状态，停电母线由冷备用改为检修；送电操作时，停电母线由检修改为冷备用，母联及分段断路器由冷备用改为运行，原在该母运行的设备由运行母线倒回原母线运行。

3. 母线操作中的注意事项

（1）500kV 母线停役时，一般按断路器编号从小到大进行操作。复役时根据系统情况一般选择线路断路器对母线进行充电，不得用主变压器断路器进行充电，正常后再按断路器编号从大到小将其他断路器恢复运行。

（2）220kV 母线充电时，应用母联（分段）断路器进行，其充电保护必须用上，充电完毕后退出充电保护。220kV 母线停送电操作中，必须避免电压互感器二次侧反充电。

（3）当重合闸有优先回路时，边断路器停电前应先退出该断路器的重合闸，并根据现场运行规程及保护运行规程的要求改变相应中间断路器的重合闸配合方式。如果此项操作需要断开边断路器的操作电源，则在断开操作电源前应投入相应断路器的位置停信压板或切换保护装置上的断路器状态开关。

（4）母线停电检修时，应拉开该母线上所连接的所有断路器及两侧隔离开关（可以先拉开所有断路器后再依次拉开各断路器两侧隔离开关），将母线电压互感器从低压侧断开，防止反送电，并合上母线接地刀闸。对于母线电压互感器可以二次并列的，应根据现场运行规程的要求，在母线电压互感器停电前，先将二次并列后再退出要停电母线的电压互感器二次空气开关（或熔断器），方可进行其他操作。

（5）边断路器停电检修操作应只断开该断路器控制、信号电源，不允许断开相关线路或变压器的保护电源。母线保护工作时，应退出"母差启动失灵"保护连接片和母差保护所有出口连接片。

（6）对不能直接验电的母线（如 GIS 母线），在合接地刀闸前，必须确认连接在该母线上的全部隔离开关确已全部拉开，连接在该母线上的电压互感器的二次空气开关（或熔断器）已全部断开。

三、母线充电操作

1. 备用母线充电

有母联断路器时，应使用母联断路器向母线充电。母联断路器的充电保护应在投入状态，必要时要将保护整定时间调整至零。这样，如果备用母线存在故障，可由母联断路器切除，防止扩大事故。

2. 母线充电操作的注意事项

（1）用母联断路器进行母线充电操作。母联断路器正常运行时，充电过电流保护投入压板和跳闸出口软压板应取下。当用母联断路器向 220kV 母线充电时，放上充电过电流保护投入连接片及跳闸出口连接片，时间采用 0s。当与相邻元件串接作为相邻元件后备保护或 220kV 母差保护全部停用需投入母联或分段断路器充电过电流保护时，放上充电过电流保护投入连接片及跳闸出口连接片，时间采用 0.3s。

（2）用主变压器断路器对母线进行充电。充电时应确保变压器保护确在投入位置，并且后备保护的方向应有指向母线的。

（3）用线路断路器或旁路断路器对母线充电。充电时确保线路断路器充电保护及线路保护在投入状态。

（4）母线充电操作后应检查母线及母线上的设备情况，包括检查母线上所连电压互感器、避雷器应无异常响声，无放电、冒烟，支持绝缘子无放电，检查充电断路器正常等，同时应检查母线电压指示正常。对 GIS 母线在充电后还应检查母线及母线上连接各设备的气室压力正常。

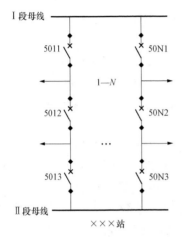

图 Z08F4001Ⅰ-1　500kV 典型 3/2 断路器接线图

四、母线操作案例

500kV 典型 3/2 断路器接线如图 Z08F4001Ⅰ-1 所示。

（一）500kVⅠ（或Ⅱ）母线停/复役

1. 500kVⅠ（或Ⅱ）母线停役

500kVⅠ（或Ⅱ）母线停役操作任务见表 Z08F4001Ⅰ-1。

表 Z08F4001Ⅰ-1　　　500kVⅠ（或Ⅱ）母线停役操作任务

序	地点	操作任务	备注
1	×××	（1）××线路（×号主变压器）5011（或 3）断路器从运行改为冷备用 …… （M）××线路（×号主变压器）50M1（或 3）断路器从运行改为冷备用 …… （N）××线路（×号主变压器）50N1（或 3）断路器从运行改为冷备用 （N+1）500kVⅠ（或Ⅱ）母线从冷备用改为检修	"M"表示第 M 串，若不完整串缺待停母线侧断路器，则断路器末位数编号为 2，"N"代表断路器总串数

2. 500kVⅠ（或Ⅱ）母线复役

500kVⅠ（或Ⅱ）母线复役操作任务见表 Z08F4001Ⅰ-2。

表 Z08F4001Ⅰ-2　　　500kVⅠ（或Ⅱ）母线复役操作任务

序	地点	操作任务	备注
1	×××	500kVⅠ（或Ⅱ）母线×××工作　　　　　　　　　　毕	
2	×××	500kVⅠ（或Ⅱ）母线从检修改为冷备用	
3	×××	（1）××线路（×号主变压器）50N1（或3）断路器从冷备用改为运行 …… （M）××线路（×号主变压器）50M1（或3）断路器从冷备用改为运行 …… （N）××线路（×号主变压器）5011（或3）断路器从冷备用改为运行	（1）第1步中，对母线进行充电时尽可能选用与线路相连的断路器，避开连接主变的断路器。 （2）"M"表示第M串，若不完整串缺待停母线侧断路器，则断路器末位数编号为2，"N"代表断路器总串数

（二）双母线接线方式的母线停/复役

1. 热倒母线

热倒母线操作任务见表 Z08F4001Ⅰ-3。

表 Z08F4001Ⅰ-3　　　　　热倒母线操作任务

序	地点	操作任务	备注
1	×××	××线××断路器从×母线倒向Y母线	

2. 冷倒母线

冷倒母线操作任务见表 Z08F4001Ⅰ-4。

表 Z08F4001Ⅰ-4　　　　　冷倒母线操作任务

序	地点	操作任务	备注
1	×××	（1）××线××断路器从运行改为热备用； （2）××线××断路器从×母线热备用冷倒向Y母线热备用； （3）××线××断路器从热备用改为运行	

3. 220kV 双母线接线方式的母线停役

220kV 双母线接线方式的母线停役操作任务见表 Z08F4001Ⅰ-5。

表 Z08F4001Ⅰ-5　　220kV 双母线接线方式的母线停役操作任务

序	地点	操作任务	备注
1	×××	（1）××2××A、××2××B　×号主变压器220kV、220kV旁路从×母倒向Y母线； （2）220kV母联从运行改为冷备用； （3）220kV×母线从冷备用改为检修	如有分段断路器，则先拉分段，再拉母联

4. 220kV 双母线接线方式的母线复役

220kV 双母线接线方式的母线复役操作任务见表 Z08F4001Ⅰ-6。

表 Z08F4001Ⅰ-6　　220kV 双母线接线方式的母线复役操作任务

序	地点	操作任务		备注
1	×××	220kV ×母线×××工作	毕	
2	×××	（1）220kV ×母线从检修改为冷备用； （2）220kV 母联从冷备用改为运行； （3）××2××A、××2××B　×号主变压器 220kV、220kV 旁路从 Y 母线倒向×母线		如有分段断路器,则用母联断路器充电,分段断路器合环

【思考与练习】

1. 母线充电操作的注意事项有哪些？

2. 倒母线时的注意事项有哪些？

3. 如何进行倒母线操作？

模块 2　母线操作危险点源分析（Z08F4001Ⅱ）

【模块描述】本模块包含母线操作危险点源分析。通过对析运行中操作危险点源的分析介绍，掌握母线操作可能出现的危险点源，能制订危险点源预控措施。

【模块内容】

母线是变电站最重要的电气设备之一。由于母线起着汇集、分配和交换电能的作用，一旦发生事故，将引起大面积停电。因此，在进行有关母线的操作过程中，要做好危险点源分析，防止各种事故的发生。

一、母线操作中的危险点源分析

（1）母线充电未按要求投、退母线充电保护。

（2）设备由一条母线倒至另一条母线运行，未切换电压回路，造成保护和自动装置失压。

（3）倒母线操作未对母差保护回路压板进行切换，造成操作中母线故障时保护拒动。

（4）在母线倒闸操作中，母联断路器的操作电源未拉开，母联断路器误跳闸，造成带负荷拉、合隔离开关。

（5）在母线倒闸操作中，所有负荷倒完后，断开母联断路器前，未再次检查要停电母线上所有设备是否均倒至运行母线上，造成失电事故。

（6）热备用设备冷倒母线的操作，先合后拉，造成通过正、副母线隔离开关合环或解环的误操作事故。

（7）3/2 断路器接线母线停电，误投、退连接片，造成中间断路器运行中跳闸后不重合。

（8）母线停电，未断开停电母线电压互感器二次电源，造成二次反充电。

（9）母差保护有工作，未停用母差有关连接片，造成运行中断路器误跳闸。

二、母线停、送电操作危险点源及预控措施

母线停、送电操作危险点源及预控措施见表 Z08F4001Ⅱ-1。

表 Z08F4001Ⅱ-1　　母线停、送电操作危险点源及预控措施

序号	危险点源	预控措施	备注
1	母线充电未按要求投、退母线充电保护	在母线充电前投入母线充电保护，充电正常后退出充电保护连接片	
2	设备由一条母线倒至另一条母线运行，未切换电压回路，造成保护和自动装置失压	倒母线前根据本站电压二次接线的具体情况进行电压二次切换，对没有电压自动或手动切换并可能造成误动、拒动的保护自动装置申请退出运行，记录电能表失压的时间	
3	倒母线操作未对母差保护回路连接片进行切换，造成操作中母线故障时保护拒动	倒母线前应将母差保护的方式改为非选择方式，倒母线结束后再恢复原运行方式	
4	在母线倒闸操作中，母联断路器的操作电源未拉开，母联断路器误跳闸，造成带负荷拉隔离开关	倒母线前必须检查母联断路器及其两侧隔离开关在合闸位置，断开母联断路器的操作电源；双母分段接线方式倒母线时不得将与操作无关的母联或分段的操作电源断开	
5	在母线倒闸操作中，所有负荷倒完后，断开母联断路器前，未再次检查要停电母线上所有设备是否均倒至运行母线上，造成断路器失电	断开母联断路器前检查母联断路器电流指示为零，将停运母线上所有设备均已倒至另一段母线运行；断开母联断路器后应检查停电母线的电压指示为零	
6	热备用设备冷倒母线的操作，先合后拉，造成通过正、副母线隔离开关合环或解环的误操作事故	热备用设备冷倒母线的操作，在检查本断路器在断开位置后，母线隔离开关的操作应遵循先拉后合的原则	
7	3/2 断路器接线母线停电，误投、退连接片，造成中间断路器运行中跳闸后不重合	母线停电将边断路器重合闸出口连接片退出，重合闸方式开关切至"停用"位置，将中间断路器的重合闸连接片投入，并确认	
8	母线停电，未断开停电母线电压互感器二次电源，造成二次反送电	在退出电压互感器前应检查母线电压指示为零；停电母线的电压互感器必须从一、二次侧完全断开	
9	母差保护有工作，未停用母差有关连接片，造成运行中断路器误跳闸	若母线停运后同时有母差保护或母差电流互感器、二次回路、边断路器保护柜的工作，应将母差保护和边断路器保护退出运行，包括边断路器启动失灵保护连接片	

【思考与练习】

1. 倒母线操作有何危险点源？

2. 进行 3/2 断路器接线母线停电检修的危险点源分析。

3. 制定倒母线操作危险点源预控措施。

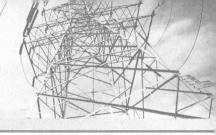

第十一章

补偿装置停送电

▲ 模块1 电容器、电抗器一般停送电（Z08F5001 Ⅰ）

【模块描述】本模块包含电容器、电抗器的一般停送电的操作原则和注意事项、电容器和电抗器一般停送电操作中的异常、调度规程中对电容器和电抗器操作的相关规定。通过案例的介绍，掌握电容器、电抗器停送电规定和操作方法，能发现操作异常。

【模块内容】

变电站补偿装置包括母线并联电容器、电抗器和线路并联高压电抗器。电网通过补偿装置的投、退来进行电网电压的调整（控制）和电网的无功功率改善。

补偿装置的一般停送电操作是指电容器、低压电抗器正常情况下的停送电操作。

一、低压电容器、电抗器的操作原则

（1）停电时，先断开断路器，后拉开元件侧隔离开关，再拉开母线侧隔离开关。

（2）送电时，先合上母线侧隔离开关，后合上元件侧隔离开关，最后合上断路器。

（3）严禁空母线带电容器运行。

二、电容器、电抗器操作中的注意事项

（1）电容器送电操作过程中，如果断路器没合好，应立即断开断路器，间隔 3min 后，再将电容器投入运行，以防止出现操作过电压。

（2）电容器的投退操作，必须根据调度指令，并结合电网的电压及无功功率情况进行操作。

（3）有电容器组运行的母线停电操作时，应先停运电容器组，再停运母线上的其他元件；母线投运时，先投运母线上的其他元件，最后投运电容器组。

（4）无失压保护的电容器组，母线失压后，应立即断开电容器组的断路器。

（5）电容器停用时应经放电线圈充分放电后才可合接地刀闸，其放电时间不得少于 5min。

三、电网调度对低压电容、电抗器操作的规定

（1）各变电站内的低压电容器、电抗器的操作由其调管的电网调度进行下令或许可进行操作。

（2）电网调度利用投切电容器、电抗器来进行系统电压调整时，由电网调度下达综合指令进行操作。变电站现场运维人员可根据本站电压曲线向网调提出电容器、电抗器的操作申请，经许可后进行操作，操作结束后应向电网调度汇报。

（3）投、切低压电容器、电抗器必须用断路器进行操作。

（4）低压电容器、电抗器的操作只涉及本变电站，所以，调度对低压补偿装置的操作指令是以综合命令下达。

四、补偿装置操作的异常

（1）电容器组送电中出现过电压。

（2）停电操作时电容组母线隔离开关（或断路器）不能操作。

（3）电抗器停电操作线路接地隔离开关不能接地。

五、操作案例

低抗（或电容器）停/复役（含断路器）操作任务见表 Z08F5001Ⅰ–1、表 Z08F5001Ⅰ–2。

（1）低抗（或电容器）停/复役（含断路器）。

表 Z08F5001Ⅰ–1　低抗（或电容器）停役（含断路器）操作任务

序	地点	操作任务	备注
1	×××	查：×号主变压器×号低抗（或电容器）处于充电（或热备用）状态	
2	×××	×号主变压器×号低抗（或电容器）从充电（或热备用）改为检修	

（2）低抗（或电容器）复役（含断路器）。

表 Z08F5001Ⅰ–2　低抗（或电容器）复役（含断路器）操作任务

序	地点	操作任务		备注
1	×××	×号主变压器×号低抗（或电容器）××××工作	毕	
2	×××	×号主变压器×号低抗（或电容器）从检修改为充电（或热备用）		

【思考与练习】

1. 补偿装置投退的原则有哪些？

2. 电容器操作中的注意事项有哪些？

◢ 模块 2　高压电抗器停送电（Z08F5002 I ）

【模块描述】本模块介绍高压电抗器停送电的操作原则和注意事项，通过案例介绍，达到能够正确填写高压电抗器停送电操作票，进行标准化倒闸操作的目的。

【模块内容】

高压电抗器按照接线方式分为线路并联高压电抗器和母线并联高压电抗器。线路并联高压电抗器主要用于补偿超高压长线路对地电容电流，限制工频过电压和操作过电压，对于采用单相重合闸的系统，可以限制和消除单相接地处的潜供电流，易于电弧熄灭，有利于重合闸重合成功。母线并联高压电抗器主要用于轻载时补偿容性无功功率，限制母线电压之用。

一、高压电抗器操作原则及注意事项

（一）操作原则

（1）3/2 断路器接线方式中，高压电抗器通过断路器接入母线。高压电抗器的投退应根据系统电压情况按照调度命令进行投退；当母线电压低于调度下达的电压曲线时，应退出电抗器。

（2）接于母线上的高压电抗器，母线停电时先退出高压电抗器；送电时，待母线送电正常后，投入高压电抗器。

（3）通过断路器接入母线的高压电抗器主要用于无功控制，可根据系统电压情况进行投退。

（二）注意事项

（1）高压电抗器的投退应根据调度命令执行。

（2）严禁空母线运行时投入高压电抗器。

（3）高压电抗器停电应先断开电抗器，再拉开隔离开关，送电操作顺序与此相反。严禁用隔离开关拉合高压电抗器。

（4）高压电抗器侧断路器停电检修，为防止失灵误启动母线元件，应退出该断路器失灵启动母差保护连接片，也应退出母差失灵保护启动该断路器连接片。

（5）高压电抗器送电前，一、二次设备应验收合格，试验数据合格。送电操作时，全保护投入，冷却器投入，检查确无短路接地。

（6）高压电抗器差动用电流互感器检修过程若有二次接线变动，电抗器充电时投入差动保护，充电后退出，待做完六角图无误后方可投入差动保护。

（7）对高压电抗器充电时应有完善的继电保护，尤其差动、重瓦斯主保护投跳闸，同时应投入断路器充电保护，充电正常后退出。

（8）新投或大修后高压电抗器应进行 5 次全电压合闸冲击试验，第一次充电10min，间隔 10min；其余 4 次充电 5min，间隔 5min。

二、操作任务

750kV 电抗器通过隔离开关并接于 750kV 线路上，线路高压电抗器（无专用断路器）投退操作必须在线路冷备用或检修状态下进行，750kV 同塔双回线路，线路高压电抗器（无专用断路器）投停操作必须在线路检修状态下进行。

并接于超高压母线上的高压电抗器操作按照方式要求进行改变，表 Z08F5002Ⅰ-1所列为高压电抗器典型操作任务。

表 Z08F5002Ⅰ-1 　　　　　　　高压电抗器典型操作任务

操作任务	操作内容
×号高压电抗器运行转检修	（1）断开××断路器。 （2）拉开×××隔离开关。 （3）电抗器两侧接地。 （4）断开断路器及隔离开关操作电源。 （5）退出电抗器保护
×号高压电抗器运行转冷备用	（1）断开××断路器。 （2）拉开×××隔离开关。 （3）退出电抗器保护

三、操作案例

高压电抗器停/复役操作任务见表 Z08F5002Ⅰ-2、表 Z08F5002Ⅰ-3。

（1）高压电抗器停役。

表 Z08F5002Ⅰ-2 　　　　　　　高压电抗器停役操作任务

序	地点	操作任务	备注
	×××	××高压电抗器从运行改为热备用	仅适用于装设断路器的高压电抗器
	×××	××高压电抗器从运行改为检修（或冷备用）	

（2）高压电抗器复役。

表 Z08F5002Ⅰ-3 　　　　　　　高压电抗器复役操作任务

序	地点	操作任务	备注
一	×××	××高压电抗器从热备用改为运行	仅适用于装设断路器的高压电抗器
二	×××	××高压电抗器从检修（或冷备用）改为运行	

【思考与练习】

1. 简述高压电抗器操作基本原则。
2. 简述高压电抗器操作注意事项。
3. 简述高压电抗器简单操作步骤。
4. 试填写高压电抗器检修后供电操作票。

◢ 模块3　串联补偿电容器操作（Z08F5003 Ⅰ）

【模块描述】本模块介绍串联补偿电容器停送电的操作原则和注意事项，通过案例介绍，达到能够正确填写串联补偿电容器停送电操作票，进行标准化倒闸操作的目的。

【模块内容】

串联补偿装置能减少线路损耗，提高电能质量，提高单线输送能量（补偿度40%），改善线路负荷分配，提高系统稳定性。串补装置分为固定式和可变式两类。固定式串补一般基本接线为旁路间隙+金属氧化物非线性电阻（MOV）+旁路断路器。其中的主要元件是电容器组、MOV、触发间隙、旁路断路器、阻尼电抗器（电阻）、绝缘平台、保护和控制系统。

一、串联装置的操作原则和注意事项

（一）串联装置的操作原则

（1）串联补偿装置的投入、退出时要求所在线路的线路刀闸在合上位置。

（2）串补装置的保护一般双重化配置，一套保护因故退出时须经相关调度部门许可，两套保护装置退出时，串补装置应停运。

（3）对安装在线路中段的串补，串补保护与该线路任一侧的远跳信号通道全部中断时串补应停运。

（二）串补装置的操作注意事项

（1）串补装置有四种运行状态，各状态由其旁路断路器、刀闸、线路刀闸、保护装置等的状态定义，不同的串补装置注意其各状态的准确定义。

（2）线路带电时，可进行串补状态转换操作。

（3）一般情况下，带串补线路的停运操作顺序是先停串补、后停线路；送电操作顺序是先送线路、后投串补。

（4）串补检修后，现场申请进行带电试验，可先将串补转运行，再对带串补的线路充电。

（5）串补保护根据工作需求，由相关调度下令操作，变电站不主动停役。

二、串补装置的操作要求

（1）串补装置投入前后，相关部分线路保护定值应注意按有关规定调整；

（2）带串补运行的线路，由于非串补原因故障停运，试送时应将串补停运。

三、串补装置操作异常情况及其处理原则

串补装置的操作主要是相关串补旁路断路器、刀闸的操作，其操作异常也相应发生在这些设备上，处理原则参见断路器、刀闸的操作异常处理。

【思考与练习】

1. 试述串补电容器投入与退出操作的基本原则。

2. 试填写串补电容器退出运行的操作票。

◢ 模块 4 电容器、电抗器操作异常分析处理
及危险点源分析预控（Z08F5001Ⅱ）

【模块描述】本模块包含电容器、并联电抗器操作中的异常处理、操作中的危险点源分析与控制。通过操作异常及处理案例的介绍和操作中的危险点源分析，达到能正确判断和处理操作异常，掌握补偿装置停送电的危险点源分析控制方法。

【模块内容】

一、电容器操作中的异常处理

（1）电容器组送电中出现母线电压变动超过 2.5%以上时：① 如果电压稳定值超过 2.5%以上，说明电容器组投入容量过大，应及时汇报调度，根据母线电压情况进行调压处理，保证母线电压在正常范围内运行。② 电容器投运前未能进行充分放电，引起操作过电压。检查母线电压稳定值是否超限，检查电容设备单元其他单元设备有无异常。

（2）停电操作时电容器组母线隔离开关（或断路器）不能操作时，电容器单元不能单独进行停电。根据运行及操作规定，在此情况下，同母线上的其他馈线单元也不能进行停电，否则会形成空母线带电容器组运行的不利方式。为此，处理办法为：母线停电，隔离母线后，做母线及电容组断路器和隔离开关的检修措施。

（3）操作中综合自动化系统闭锁操作异常，应采取应对措施，严禁解锁操作。检查线路电压互感器空开二次熔断器是否合上。

二、电容器操作中的危险点源分析与预控措施

电容器操作中的危险点源分析与预控措施见表 Z08F5001Ⅱ-1。

表 Z08F5001Ⅱ-1　　电容器操作中的危险点源分析与预控措施

序号	类型	危险点源	预控措施
1	误操作	误拉其他断路器	（1）正确核对操作断路器名称编号，核对命名应有一个明显的确认过程，唱票复诵。 （2）后台机（监控机）上拉断路器操作，由操作人、监护人分别输入密码无误后，才能进行操作
		走错间隔，误入带电间隔	（1）监护人、操作人应走到设备标识牌前进行核对；在每步操作结束后，应由监护人在原位向操作人提示下一步操作内容。 （2）中断操作重新开始操作前，应重新核对设备命名。 （3）执行一个操作任务中途严禁换人
		电容器断路器未拉开，造成带负荷拉隔离开关	（1）正、副值两人应同时到现场详细检查断路器实际位置。 （2）检查相应电流表、红绿灯及后台遥信变位指示。 （3）操作隔离开关必须戴绝缘手套；操作过程中应穿长袖棉工作服，并戴好有防护面罩的安全帽。 （4）拉隔离开关时，操作人的身体应该躲开隔离开关的操作把手的活动范围
		解锁操作，造成带负荷拉电容器隔离开关	（1）在操作过程中遇有锁打不开等问题时，严禁擅自解锁或更改操作票。 （2）若确实需要进行解锁操作的，必须经本单位有权许可解锁操作的领导或技术人员同意后方能进行。 （3）在使用解锁钥匙进行操作前，再次检查"四核对"内容，确认被操作设备、操作步骤正确无误后，方可解锁操作，并加强监护
		断开断路器后，3min 内再次合上断路器	间隔 3min 后再进行送电操作，并且操作前对电容器进行放电
2	人身触电	电容器停用时，未对其逐个放电，造成人身触电	（1）进入电容器仓前，必须合上电容器接地隔离开关及中性点隔离开关。 （2）对电容器进行逐个放电后，才能允许工作人员进入
3	其他	就地操作电容器断路器	严格执行电容断路器在远方进行操作规定
		送电前后不检查电容器单元的设备	严格按运行规定进行操作前的检查，否则不能进行送电操作。完成操作项目，认真检查无误后，再进行下一项的操作，检查工作两人进行，并共同确认检查结果

【思考与练习】

1. 电容器组送电中出现母线电压变动超过 2.5%以上时应怎样处理？

2. 低压补偿装置停电操作时主要的危险点源有哪些？

◢ 模块 5　高压电抗器操作中危险点源分析及异常处理（Z08F5002Ⅱ）

【模块描述】 本模块介绍高压电抗器停送电操作中的危险点源分析及控制措施，以及操作中出现异常时操作注意事项，通过案例介绍，达到掌握高压电抗器操作危险电源分析、控制措施以及异常时操作方法的目的。

【模块内容】

并接于系统上的高压电抗器，在运行中出现严重过热、内部有爆裂声、套管出现裂纹或放电、故障跳闸等异常现象时，需要紧急停运。虽然高压电抗器倒闸操作较为单一，但操作不当也会引发事故。应严格遵循倒闸操作基本原则，防止事故扩大。操作时应严格按照顺序执行，运行或操作中出现异常应采取正确措施进行设备隔离。

一、高压电抗器操作中异常情况及其注意事项

（1）高压电抗器禁止在空载母线上运行，防止产生谐振过电压。

（2）高压电抗器供电之前，油温或绕组测温装置异常时，应查明原因并消除异常后方可继续操作。

（3）高压电抗器充电过程中，差动保护、重瓦斯保护任意一套主保护动作，应查明原因后方可将高压电抗器再次投运。

（4）操作中综合自动化系统异常，应采取应对措施，严禁解锁操作。

（5）高压电抗器供电前，差动或重瓦斯保护异常，应保证在有一套主保护装置运行正常的情况下，将异常的差动或重瓦斯保护退出运行后，投入电抗器。

（6）电抗器有明显异常时待处理正常后投入运行。

（7）操作中出现电抗器内部声响异常、喷油等故障时应立即将其停止运行。

二、高压电抗器操作危险点分析及控制措施

高压电抗器倒闸操作较为简单，但是作为电力系统中的大型设备之一，倒闸操作仍然存在不安全因素。在倒闸操作中应避免。其危险点如下：

（1）并接于系统上的高压电抗器停送电操作顺序错误。应立即终止操作，采取措施。

（2）带负荷拉合隔离开关，造成设备事故。正确填写倒闸操作票，严格执行监护复诵制，正确操作。严禁随意解锁，确实需要解锁时应由防误操作装置专责人到场核实无误并签字后，由运行人员报告当值调度员，方能进行解锁操作。操作前，认真执行"三核对"。

（3）电抗器电流回路检查试验或改接线后，电流互感器极性接反，造成送电后跳闸。应正确校核电流互感器二次极性，防止电抗器带负荷差动保护误动作。

（4）误投退或漏投保护连接片，设备故障时造成事故扩大，损坏设备。正确准备操作票，严格执行监护复诵制，正确操作。熟悉各保护连接片功能。

（5）通过隔离开关接于线路外侧的高压电抗器的操作。必须在线路两侧停电状态下才能操作高压电抗器隔离开关及高压电抗器侧线路隔离开关。

三、案例

高压电抗器在故障跳闸或紧急情况下需要停运，对于异常在采取有效措施的情况下，进行正确倒闸操作。下面介绍高压电抗器在转检修过程中高压电抗器断路器异常不能分闸时的操作方案。

（1）运行方式。电气主接线如图 Z08F5002Ⅰ–1 所示。330kV 为 3/2 断路器接线，330kV 3 条线路运行，3311、3310、3321、3320、3322 断路器运行；330kV 1 号高压电抗器运行，3301 断路器运行。

（2）继电保护及自动装置配置。高压电抗器配置两套电气量保护、一套非电气量保护，全部投入运行，断路器辅助保护运行。

（3）操作任务。330kV 1 号高压电抗器运行转检修。

（4）操作方案。高压电抗器异常操作案例见表 Z08F5002Ⅱ–1。

表 Z08F5002Ⅱ–1　　　　　　　　高压电抗器异常操作案例

操作方案	操作说明
（1）断开 3301 断路器控制电源。 （2）断开 3311 断路器。 （3）断开 3321 断路器。 （4）拉开 33011 隔离开关。 （5）投入 3311 断路器充电保护。 （6）合上 3311 断路器。 （7）合上 3321 断路器。 （8）退出 3311 断路器充电保护。 （9）3301 断路器转检修。 （10）退出高压电抗器、断路器保护装置	（1）断路器异常时应断开断路器控制电源。 （2）断路器异常不能强行操作，必须从上一级电源断开

【思考与练习】

1. 简述高压电抗器操作危险点分析。

2. 简述高压电抗器异常时操作注意事项。

3. 以案例试分析高压电抗器异常时的操作方法。

4. 高压电抗器电流互感器二次极性接反，高压电抗器投入运行后将会出现什么情况？

◢ 模块6　串补电容器操作中危险点源分析及异常处理（Z08F5003Ⅱ）

【模块描述】本模块介绍串联补偿电容器停送电的操作原则和危险点源分析，通过案例分析，能够正确进行串联补偿电容器的停送电操作，掌握危险点源分析及控制措施。

【模块内容】

串补装置在国内的应用并不广泛；装置中元件多、接线相对较复杂；其投入、退出的操作也较为独特；相关操作资料资料较少，相关操作对系统影响较大，存在一定的危险点。

一、串补装置操作的危险点源分析

一般而言串补装置操作主要存在以下危险点：

1. 操作票填写错误

串补装置的投入、退出的操作较为独特，尤其是串补的刀闸的操作要求旁路断路器在合闸位置才能操作，这和一般的刀闸操作要求断路器在分闸位置不同。

2. 串补装置旁路断路器位置未在合闸位置即操作刀闸

操作过程中如果断路器的实际位置和部分位置指示不对应，可能造成带负荷拉合刀闸。

3. 串补投入后相关线路定值切换遗漏

串补装置投退后，部分线路的保护定值需要调整，如果不及时调整，在保护范围内发生故障时有不正确动作可能。

4. 误拉其他断路器

同一站内有多套串补装置，操作时不注意核查可能误拉其他串补装置断路器。

二、串补操作危险点的预控措施

串补操作危险点的预控措施见表 Z08F5003Ⅱ-1。

表 Z08F5003Ⅱ-1   串补操作危险点的预控措施

序号	危险点源	预控措施	备注
1	操作票错误	加强串补操作规范培训，严格执行操作票审核制度	
2	断路器位置不对应	加强断路器操作后位置核查，保证至少两个方面判据一致来判定断路器位置	
3	串补投退前后相关保护定值未修改	加强串补原理知识培训，明确串补的投退对相关线路的影响，加强调令执行的审核	
4	误拉断路器	正确核对操作断路器名称编号，核对命名应有一个明显的确认过程，唱票复诵，加强监护。监控机上拉断路器操作，由操作人、监护人分别输入密码无误后，才能进行操作	

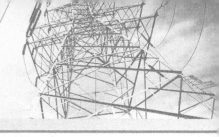

第十二章

站用交、直流系统停送电

◢ 模块 1　站用交、直流系统一般停送电（Z08F6001Ⅰ）

【模块描述】本模块包含站用交流系统停送电、站用直流系统停送电操作原则及注意事项求。通过对站用交、直流系统操作的介绍及操作案例，掌握站用交、直流系统的操作及有关要，能对操作中发现异常进行简单处理。

【模块内容】

变电站的站用交流系统是保证变电站安全可靠运行的重要环节。站用交流系统为主变压器提供冷却电源、消防水喷淋电源，为断路器提供储能电源，为隔离开关提供操作电源，为站用直流系统充电装置提供充电电源，另外站用电还提供站内的照明、生活用电以及检修等电源。如果站用电失去，将严重影响变电站设备的正常运行，甚至引起系统停电和设备损坏事故。因此，运行人员必须十分重视站用交流系统的安全运行，熟悉站用电系统及其运行操作。

变电站内的直流系统是独立的操作电源，为变电站内的控制信号系统、继电保护和自动装置提供电源；同时能供给事故照明用电。直流系统一般由蓄电池、充电设备、直流负荷三部分组成。

一、站用交流系统停送电

（一）站用变压器的运行

油浸式站用变压器的上层油温不得超过 95℃，温升不得超过 55℃。正常运行时，上层油温不宜经常超过 85℃。

站用变压器的运行电压一般不得超过相应分接头额定电压的 105%，或按厂家规定执行。

站用变压器可在正常过负荷和事故过负荷的情况下运行。

（二）站用变压器的操作

在正常情况下可用高压侧断路器、隔离开关或跌落式熔丝投、切空载变压器，但在 35kV 系统发生单相接地或变压器本身发生故障时，禁止用高压隔离开关及跌落式熔丝进行操作。

站用变压器的停电操作应先次级后初级，送电操作相反。

站用变压器检修后复役时，一般情况下应对站用变压器检查确认无故障可能后用高压隔离开关对站用变压器充电；当无法确认时，应提请调度用断路器对站用变压器充电。

（三）站用变压器有载调压开关的操作

调压操作后应检查核对实际的挡位。

当站用变压器过负荷达 1.2 倍时禁止调压操作。

当有载调压开关操作中出现滑挡时，应立即终止操作，汇报工区，派人处理。

（四）运行注意事项

站用变压器不得并列运行，两路不同站用变压器电源供电的负荷回路不得并列运行。

运行站用变压器停役后，应检查相应所用屏上电压表无指示、低压侧断路器确已分开，才能合上备用站用变压器低压侧断路器。

合分段开关前，应检查受电母线的进线开关在分开位置。

站用变压器电切换或失电恢复后，应确认主变压器冷却系统、直流室内充电机及逆变器装置运行正常。

所用电电压应保持在（1±5%）U_n 之间，当出现电压过高或过低时，应及时调节变压器有载调压开关的挡位。

新投运站用变压器或低压回路进行拆动接线工作后恢复时，必须进行核相。

站用变压器的停启用应征得调度的许可。

站用变压器低压侧备自投功能若不能区分 400V 母线故障失电时，不宜启用。

二、站用直流系统

（一）站用直流系统配置及运行方式

110V 直流系统有两段直流母线，三台充电机。1 号充电机接于Ⅰ段母线，充第一组蓄电池；2 号充电机接于Ⅱ段母线，充第二组蓄电池；3 号充电机通过切换，可以带Ⅰ段或Ⅱ段直流母线，也可单独对第一组或第二组蓄电池进行充电。正常情况下 3 号充电机备用，当 1 号或 2 号充电机故障后，3 号充电机投入。

110VⅠ、Ⅱ段直流母线上接的主要负载有：保护及自动装置电源、断路器控制电源、中央信号回路电源、继电保护试验电源等。

蓄电池正常采用浮充电运行方式，充电机的充电电流=负载电流+浮充电流

保护校验用直流 80%U_e 取自蓄电池 80%抽头，经直流屏上电源空气开关送至保护室。

（二）站用直流系统的运行与操作

直流系统的日常巡视、维护：

检查直流母线的正对地、负对地电压及直流系统绝缘电阻值在正常范围内。

检查充电机充电电流应正常。

检查蓄电池应工作正常：

1. 铅酸蓄电池

检查蓄电池清洁、密封、箱体无鼓肚破损、漏液等异常情况，电瓶的连接条无腐蚀，极板无弯曲，硫化、短路、有效物质脱落等情况。

检查蓄电池的电解液面在高位线和低位线之间，当液面低于低位线时，应及时补充蒸馏水。

测量并记录典型电池的电压、比重、温度。

蓄电池室照明、通风装置良好，室温过高时，启动通风装置。

2. 阀控蓄电池

蓄电池的连接片无松动和腐蚀现象，壳体无渗漏和变形，极柱与安全阀周围无酸雾溢出。

蓄电池的单体电压、绝缘电阻、蓄电池温度正常。

蓄电池巡检装置无告警信号，若报警显示某只蓄电池编号，应实测该只电池端电压。

采用浮充电运行的蓄电池应每半年应进行一次均衡充电，微机型设备可整定为自动按周期进行。

备用的 3 号充电机应每季进行一次切换试验，以确保其处于良好状态。

铅酸蓄电池，每年应进行一次核对性充放电。

新安装的阀控蓄电池应进行全核对性充放电，以后每 2～3 年进行一次核对性充放电。运行 6 年以后的阀控蓄电池，宜每年进行一次核对性充放电。

操作熔丝时，应先取下正电源熔丝后取下负电源熔丝。放置时，则先放负电源熔丝然后再放上正电源熔丝。

【思考与练习】

1. 简述站用变压器停送电的操作顺序。

2. 如何进行站用变压器的投、切操作？

3. 蓄电池异常应如何进行操作？

◢ 模块 2　站用交、直流系统操作危险点源分析（Z08F6001Ⅱ）

【模块描述】本模块包含站用交、直流系统停送电操作危险点源分析。通过对运行中操作危险点源的分析介绍，掌握站用交、直流系统停送电操作可能出现的危险点源，能制定危险点源预控措施。

【模块内容】

站用交流系统与站用直流系统是保证整个变电站运行的基础，它承担着供应变电站所有操作电源、保护及自动装置电源、主变压器冷却电源、照明电源、检修维护电源、不间断电源的供电等。因此，在进行站用交、直流系统的操作过程中，要进行操作危险点源分析，防止各种事故的发生。

一、交、直流系统操作危险点源

（1）两台联结组别不同的站用变压器并列。

（2）站用变压器停送电顺序错误。

（3）操作跌落式熔断器时，未戴绝缘手套和护目眼镜，操作顺序错误。

（4）工作变压器停电时，未检查备用变压器是否运行正常，备自投装置是否运行正常、投入正确，造成交流失电。

（5）站用变压器停电检修，未退出备自投装置。

（6）站用变压器停电检修，未在低压侧做安全措施，造成二次反送电。

（7）站用电切换不当，引起主变压器冷却器全停。

（8）操作不当，造成直流母线失压。

（9）操作不当，造成两台充电机并列运行，两组蓄电池长期并列运行。

（10）装、取直流操作熔断器顺序错误。

（11）查找直流接地时，造成另一点直流接地，保护误动或拒动。

二、交、直流系统操作危险点源及预控措施

交、直流系统操作危险点源及预控措施见表 Z08F6001Ⅱ-1。

表 Z08F6001Ⅱ-1　　交、直流系统操作危险点源及预控措施

序号	危险点源	预控措施	备注
1	两台联结组别不同的站用变压器并列	站用变压器电源电压等级不同或联结组别不一致存在相角差时，严禁并列运行	
2	站用变压器停送电顺序错误	（1）停电时先停低压（二次）、再停高压（一次），送电时顺序与此相反。 （2）高压侧装有熔断器的站用变压器，其高压熔断器必须在停电采取安全措施后才能取下、给上。 （3）在只有隔离开关和熔断器的低压回路，停电时应先拉开隔离开关、后取下熔断器，送电时相反	
3	操作跌落式熔断器时，未戴绝缘手套和护目眼镜，操作顺序错误	（1）操作跌落式熔断器时，要戴好绝缘手套和护目眼镜。 （2）停电时应先拉中间相，后拉两边相；送电时则应先合两边相，后合中间相。 （3）遇到大风时应先拉中间相，再拉背风相，最后拉迎风相	

续表

序号	危险点源	预控措施	备注
4	工作变停电时，未检查备用变压器是否运行正常，备自投装置是否运行正常、投入正确，造成交流失电	站用变压器停运时，首先确保备用站用变压器运行正常，备自投装置运行正常、投入正确	
5	站用变压器停电检修，未退出备自投装置	站用变压器停电检修，应退出备自投装置	
6	站用变停电检修，未在低压侧做安全措施，造成二次反送电	站用变压器停电检修，应在高、低压侧做安全措施	
7	站用电切换不当，引起主变压器冷却器全停	（1）操作前要考虑站用变压器切换对主变压器冷却器和直流系统的影响。 （2）一台站用变压器停用后，另一台站变压器容量是否满足要求。 （3）主变压器强油循环冷却器自投切功能要检查	
8	操作不当，造成直流母线失压	（1）更换直流系统熔断器时应认真核对容量，并确保熔体本身与熔断器接触良好。 （2）严格执行站用直流系统停送电操作有关规定	
9	操作不当，造成两台充电机并列运行，两组蓄电池长期并列运行	两套直流系统独立运行时，严禁将两台充电机并列运行，严禁两组蓄电池长期并列运行	
10	装、取直流操作熔断器顺序错误	取直流电源熔断器时，应将正、负极熔断器都取下。操作顺序应为先取正极，后取负极，装熔断器时顺序相反	
11	查找直流接地时，造成另一点直流接地，保护误动或拒动	查找直流接地时，应做好监护，防止造成另一点直流接地	

【思考与练习】

1. 进行站用变压器停送电危险电源分析。

2. 一组蓄电池退出运行，操作中有何危险点源？制定相应预控措施。

3. 查找直流系统接地有何危险点源？制定相应预控措施。

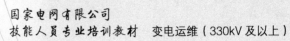
第十三章

大 型 复 杂 操 作

◢ 模块1 大型复杂操作危险点源分析（Z08F7001 Ⅱ）

【模块描述】本模块包含大型复杂操作及新变电站启动操作危险点源分析。通过对案例的介绍，掌握大型复杂操作及新变电站启动操作危险点源分析方法，能制订危险点源预控措施。

【模块内容】

变电站的大型复杂操作，由于操作项目多，技术复杂，一、二次操作配合要求高，极易引起误操作。因此，在进行大型复杂操作时，对操作人、监护人都有一定的要求，并要求有关技术人员现场把关。同时，在操作前应做好危险点源分析，制订切实可行的预控措施，防止事故的发生。

一、大型复杂操作危险点源

（1）旁路代线路操作，旁路母线启用前未对旁路母线充电，充电前未投入旁路充电保护。充电后未及时退出充电保护。

（2）旁路代主变压器时，主变压器差动保护在电流互感器二次切换前没有停用跳闸出口连接片，造成保护误动。

（3）双母线双母联带分段断路器接线方式倒母线操作，将与操作无关的母联、分段断路器改非自动。

（4）零起升压试验时，被试设备断路器失灵保护接跳其他运行设备；全压冲击合闸试验时，失灵保护未投入。

（5）当变压器全电压初充电时，母联断路器的充电保护未投入。

（6）新投变压器、线路初充电，未将双母线倒成单母线运行，无备用母线，母联断路器未断开，没有退出母线保护。

（7）启动送电前，未与调度核对保护定值单。

（8）未进行核相、未测向量是否正确即投入母线差动保护，造成保护误动作。

（9）新投变压器、线路初充电，未投入主变压器保护、线路保护，造成设备无保护运行。

二、大型复杂操作危险点源及预控措施

大型复杂操作危险点源及预控措施见表 Z08F7001Ⅱ-1。

表 Z08F7001Ⅱ-1　　　　大型复杂操作危险点源及预控措施

序号	危险点源	预控措施	备注
1	旁路代线路操作,旁路母线启用前未对旁路母线充电,充电前未投入旁路充电保护。充电后未及时退出充电保护	(1)旁代线路操作,旁路母线启用前应对旁路母线充电。 (2)充电前应投入旁路充电保护。 (3)充电后应及时退出充电保护	
2	旁路代主变压器时,主变压器差动保护在 TA 二次切换前没有停用跳闸出口连接片,造成保护误动	旁路代主变压器时,主变压器差动保护在电流互感器二次切换前应停用跳闸出口连接片	
3	双母线双母联带分段断路器接线方式倒母线操作,将与操作无关的母联、分段断路器改非自动	双母线双母联带分段断路器接线方式倒母线操作,应逐段进行。一段操作完毕,再进行另一段的倒母线操作。不得将与操作无关的母联、分段断路器改非自动	
4	零起升压试验时,被试设备断路器失灵保护接跳其他运行设备;全压冲击合闸试验时,失灵保护未投入	零起升压试验时,因升压系统自成一个独立系统,被试设备断路器失灵保护不得接跳其他运行设备;全压冲击合闸试验时,失灵保护要投入	
5	当变压器全电压初充电时,母联断路器的充电保护未投入	当变压器全电压初充电时,母联断路器的充电保护应投入	
6	新投变压器、线路初充电,未将双母线倒成单母线运行,无备用母线,母联断路器未断开。没有退出母线保护	新投变压器、线路初充电,应将双母线倒成单母线运行,停电母线备用,母联断路器断开。退出母线保护	
7	启动送电前,未与调度核对保护定值单	启动送电前,应与所辖调度核对保护定值单	
8	未进行核相、未测向量是否正确即投入母线差动保护,造成保护误动作	新投线路充电核相无异常,测向量正确后方可投入母线差动保护	
9	新投变压器、线路初充电,未投入主变压器保护、线路保护,造成设备无保护运行	新投变压器、线路初充电前,应投入主变压器保护、线路保护	

三、案例分析

某局甲变电站运行人员在新设备启动操作中,操作"××断路器由热备用改运行,220kV 旁路断路器由代××断路器运行改冷备用"命令时,发生误拉断路器并造成全站停电的误操作事故。

（一）事故前运行方式

甲变电站 220kV 接线为单母线带旁路,共有 220kV 出线 2 回。事故前,两回线路断路器处在热备用状态,220kV 旁路断路器代××断路器运行,1、2 号主变压器并列

运行。××线通过 220kV 旁路断路器向甲变电站供电，是全站唯一的电源输入点。

（二）事故简要经过

甲变电站××断路器及 220kV 旁路断路器更换后投产启动。为此，调度员根据启动方案向××变电运维人员下达"××断路器由热备用改运行，220kV 旁路断路器由代××断路器运行改冷备用"等三十八项操作预令。由××变电运维人员拟写操作票，其中"××断路器由热备用改运行，220kV 旁路断路器由代××断路器运行改冷备用"操作票存在原则性错误（先拉旁路断路器，再合线路断路器）。

××时××分，220kV 旁路断路器代××线保护带负荷试验结束，调度员向××变电运维人员下达正令："××断路器由热备用改运行，220kV 旁路断路器由代××断路器运行改冷备用"，监护人和操作人做好准备后，××时××分开始操作此令，2min后，当操作到第二步"拉开 220kV 旁路断路器"时，发生全站失压。此时变电运维人员才意识到操作错误，发现操作票操作步骤顺序反了，马上将情况汇报调度，经调度同意重新合上 220kV 旁路断路器"，恢复供电。事故造成切除负荷 16.3MW，甲变电站全站停电 3min，损失电量 1000kWh。

（三）事故原因

（1）现场变电运维人员安全意识和工作责任心极差，执行事故处理流程流于形式，操作前未认真审核操作票的正确性、操作中未认真核对设备状态进行操作是导致这一事故发生的主要原因。

（2）现场变电运维人员业务水平低下、缺乏工作责任心，拟票过程中，严重违规，发生拟开启动操作票错误，现场安全管理制度形同虚设，特别是最后的审票把关不严，是导致这一事故发生的重要原因。

（3）现场变电运维人员对变电站的运行方式不清楚，对操作目的理解不清，在操作过程中完全忽视了××线通过 220kV 旁路断路器向甲变电站供电是全所唯一的电源断路器这一重要而又关键性的问题是导致这一事故发生的直接原因。

（4）事故还反映了该单位的变电运行管理工作还存在对现场安全管理重视程度不够，工作不细、不实的问题，在现场有重大操作任务时未抓好工作重点和危险点源的控制，对关键的操作票未能进行严格审核把关是导致这一事故发生的另一重要原因。

【思考与练习】

1. 对新主变压器充电操作中进行危险点源分析，并制订相应预控措施。

2. 对新线路送电操作进行危险点源分析，并制订相应预控措施。

◢ 模块 2　大型复杂操作优化（Z08F7001Ⅲ）

【模块描述】本模块包含大型复杂操作优化。通过对案例的介绍，掌握大型复杂操作方案编制方法及方案优化。

【模块内容】

正确熟练地进行倒闸操作是变电站运行人员的基本技能要求，也是保证安全、经济供电的关键环节。倒闸操作是一项技术含量较高的工作，一项操作任务可能对应几种操作方法。运行人员需要熟悉运行方式及一、二次设备性能及相关规程，才能从中选择出最佳的操作方法，安全快捷地进行操作。

一、3/2 断路器接线母线停电操作

3/2 断路器接线母线停电，应拉开该母线上所连接的所有断路器及两侧隔离开关，将母线电压互感器从低压侧断开，防止反送电，并合上母线接地隔离开关。下面用两个操作方案进行比较以选择出较佳方案。

1. 操作方案一：全部单元操作方法

（1）在后台机上依次断开连接在该母线上的所有边断路器，后台机上检查所操作断路器负荷遥测值指示为零。

（2）按照现场设备实际位置，从近到远依次分别拉开停电断路器的两侧隔离开关（对于电动操动机构的隔离开关，首先投入隔离开关电动操动机构电动机电源，拉开隔离开关后，退出隔离开关电动操动机构电动机电源）。断开断路器操动机构储能电动机电源空气开关，断开断路器加热器电源空气开关。

（3）停用停电断路器的重合闸，切换中间断路器的重合闸连接片位置。停用停电断路器保护屏失灵跳中间断路器连接片。退出断路器保护屏失灵经线路保护远跳连接片。投断路器保护屏边断路器检修位置连接片。进行操作时要考虑保护小室位置和保护屏的位置，做到少跑路。

（4）取下停电断路器的操作电源。断开停电母线电压互感器的二次侧空气开关。

（5）按照检修任务的要求，在停电母线检修地点侧验电，合上母线接地刀闸。

2. 操作方案二：逐一单元操作方法

（1）连接在母线上的边断路器，以每个断路器为单元，逐一将单元断路器由运行转冷备用。

（2）断开停电母线电压互感器的二次侧空气开关，母线由冷备用转检修。

分析以上两个操作方案，从节省操作时间、人员少跑路等方面考虑，操作方案一为较佳方案。

二、倒母线操作中，母线侧隔离开关的操作

倒母线操作过程中，母线侧隔离开关的操作有两种倒换方法：

（1）逐一单元倒换方法。即合上一组备用母线的母线侧隔离开关后，就立即拉开相应工作母线的母线侧隔离开关。

（2）全部单元倒换方法。即先把全部备用母线的母线侧隔离开关合上，再拉开全部工作母线的母线侧隔离开关。

操作方法（1）对高层布置方式的 2 组隔离开关一上一下，不宜采用。

具体采用哪种倒换方法，应根据现场实际接线方式和设备具体位置，本着操作方便、经济省时、安全可靠的原则确定。

三、500kV 主变压器停电操作

主变压器停电操作方案有两种：

（1）按照低、中、高电压等级，逐一按电压等级进行有关断路器的停电操作，最后进行主变压器由冷备用转检修的操作。

（2）主变压器三侧断路器进行统一操作。

1）首先在后台机上按照先负荷侧、后电源侧的操作顺序将三侧断路器由运行转热备用，后台机上检查所操作断路器负荷遥测值指示为零。

2）依次分别拉开停电断路器两侧的隔离开关（对于电动操动机构的隔离开关，首先投入隔离开关电动操动机构电动机电源，拉开隔离开关后，退出隔离开关电动操动机构电动机电源）。断开断路器操动机构储能电动机电源空气开关，断开断路器操作机构加热器电源空气开关。

3）在不同的保护小室依次进行有关停电断路器的保护、自动装置及主变压器保护连接片切换。

4）取下停电断路器的操作电源。

5）对停电主变压器冷却器回路进行切换操作。

6）按照检修任务的要求，验电、装设接地线或合接地刀闸。

分析以上两种操作方法，虽然都不违背技术原则，方法（2）无论操作时间还是操作方便方面都比较合理，因此，一般操作都选择方法（2）。

综上所述，在进行倒闸操作过程中，在不违背技术原则的条件下，首先要考虑安全，其次要合理安排操作顺序，做到省时、少走重复路，尽量减少操作的步骤。

【思考与练习】

1. 根据本站实际，编写母线停电的典型操作票。

2. 编制主变压器停电的优化方案。

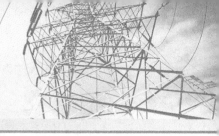

第十四章

设备运行验收与投运

模块 1 设备验收项目及要求（Z08F8001Ⅲ）

【模块描述】本模块包含变电站设备验收项目及要求。通过新设备验收和检修设备验收项目及要求的介绍，达到掌握变电站设备验收项目，能参与设备验收的目的。

【模块内容】

变电站设备验收是坚持设备技术质量标准的重要措施，也是保证安全可靠经济运行的重要环节。因此，运行人员必须认真严格把好"质量"关。

设备交接验收的标准是新安装工程或项目应符合工程设计的要求，电气设备安装质量、调试验收项目及其结果应符合规定，并且具备相关的技术资料和文件。

设备验收项目包括一、二次设备的安装交接、大修、小修、预试和调试。按照有关规程和国家电网有限公司技术标准经验收合格、验收手续齐备、符合运行条件后，才能投入运行。变电运维人员根据具体的一、二次设备的检修、调试大纲和细则，重点核对、检查验收项目，把好设备投运的质量关，以保证电网设备的安全运行。

一、变压器验收的项目及要求

（一）大修（包括更换线圈和更换内部引线等）验收的项目和要求

1. 变压器绕组

（1）清洁无破损，绑扎紧固完整，分接引线出口处封闭良好，围屏无变形、发热和树枝状放电痕迹。

（2）围屏的起头应放在绕组的垫块上，接头处搭接应错开，不堵塞油道。

（3）支撑围屏的长垫块无爬电痕迹。

（4）相间隔板完整固定牢固。

（5）绕组应清洁，表面无油垢、变形。

（6）整个绕组无倾斜，位移，导线辐向无弹出现象。

（7）各垫块排列整齐，辐向间距相等，轴向成一垂直线，支撑牢固有适当压紧力，垫块外露出绕组的长度至少应超过绕组导线的厚度。

（8）绕组油道畅通，无油垢及其他杂物积存。

（9）外观整齐清洁，绝缘及导线无破损。

（10）绕组无局部过热和放电痕迹。

2. 引线及绝缘支架

（1）引线绝缘包扎完好，无变形、变脆，引线无断股、卡伤。

（2）穿缆引线已用白布带半叠包绕一层。

（3）接头表面应平整、清洁、光滑无毛刺及其他杂质。

（4）引线长短适宜，无扭曲。

（5）引线绝缘的厚度应足够。

（6）绝缘支架应无破损、裂纹、弯曲、变形及烧伤。

（7）绝缘支架与铁夹件的固定可用钢螺栓，绝缘件与绝缘支架的固定应用绝缘螺栓；两种固定螺栓均应有防松措施。

（8）绝缘夹件固定引线处已垫附加绝缘。

（9）引线固定用绝缘夹件的间距，应考虑在电动力的作用下，不致发生引线短路；线与各部位之间的绝缘距离应足够。

（10）大电流引线（铜排或铝排）与箱壁间距，一般应大于 100mm，铜（铝）排表面进行绝缘包扎处理。

3. 铁芯

（1）铁芯平整，绝缘漆膜无损伤，叠片紧密，边侧的硅钢片无翘起或成波浪状。铁芯各部表面无油垢和杂质，片间无短路、搭接现象，接缝间隙符合要求。

（2）铁芯与上、下夹件，方铁、连接片、底脚板间绝缘良好。

（3）钢压板与铁芯间有明显的均匀间隙；绝缘压板应保持完整，无破损和裂纹，并有适当紧固度。

（4）钢压板不得构成闭合回路，并一点接地。

（5）压钉螺栓紧固，夹件上的正、反压钉和锁紧螺母无松动，与绝缘垫圈接触良好，无放电烧伤痕迹，反压钉与上夹件有足够距离。

（6）穿芯螺栓紧固，绝缘良好。

（7）铁芯间、铁芯与夹件间的油道畅通，油道垫块无脱落和堵塞，且排列整齐。

（8）铁芯只允许一点接地，接地片应用厚度 0.5mm，宽度不小于 30mm 的紫铜片，插入 3~4 级铁芯间，对大型变压器插入深度不小于 80mm，其外露部分已包扎白布带或绝缘。

（9）铁芯段间、组间、铁芯对地绝缘电阻良好。

（10）铁芯的拉板和钢带应紧固并有足够的机械强度，绝缘良好，不构成环路，不与铁芯相接触。

（11）铁芯与电场屏蔽金属板（箔）间绝缘良好，接地可靠。

4. 有载分接开关

（1）切换开关所有紧固件无松动。

（2）储能机构的主弹簧、复位弹簧、爪卡无变形或断裂。动作部分无严重磨损、擦毛、损伤、卡滞，动作正常无卡滞。

（3）各触头编织线完整无损。

（4）切换开关连接主通触头无过热及电弧烧伤痕迹。

（5）切换开关弧触头及过渡触头烧损情况符合制造厂要求。

（6）过渡电阻无断裂，其阻值与铭牌值比较，偏差不大于±10%。

（7）转换器和选择开关触头及导线连接正确，绝缘件无损伤，紧固件紧固，并有防松螺母，分接开关无受力变形。

（8）对带正、反调的分接开关，检查连接 K 端分接引线在"+"或"−"位置上与转换选择器的动触头支架（绝缘杆）的间隙不应小于 10mm。

（9）选择开关和转换器动静触头无烧伤痕迹与变形。

（10）切换开关油室底部放油螺栓紧固，且无渗油。

5. 油箱

（1）油箱内部洁净，无锈蚀，漆膜完整，渗漏点已补焊。

（2）强油循环管路内部清洁，导向管连接牢固，绝缘管表面光滑，漆膜完整、无破损、无放电痕迹。

（3）钟罩和油箱法兰结合面清洁平整。

（4）磁（电）屏蔽装置固定牢固，无异常，可靠接地。

（二）小修验收的项目和要求

变压器本体和附件小修验收的项目和要求如下：

（1）变压器本体和组部件等各部位均无渗漏。

（2）储油柜油位合适，油位表指示正常。

（3）套管。

1）瓷套表面清洁无裂缝、损伤。

2）套管固定可靠，各螺栓受力均匀。

3）油位指示正常，油位表朝向应便于运行巡视。

4）电容套管末屏接地可靠。

5）引线连接可靠、对地和相间距离符合要求，各导电接触面应涂有电力复合脂。引线松紧适当，无明显过紧过松现象。

（4）升高座和套管型电流互感器。

1）放气塞位置应在升高座最高处。

2）套管型电流互感器二次接线板及端子密封完好，无渗漏，清洁无氧化。

3）套管型电流互感器二次引线连接螺栓紧固、接线可靠、二次引线裸露部分不大于 5mm。

4）套管型电流互感器二次备用绕组经短接后接地，检查二次极性的正确性，电压比与实际相符。

（5）气体继电器。

1）检查气体继电器是否已解除运输用的固定，继电器应水平安装，其顶盖上标志的箭头应指向储油柜，其与连通管的连接应密封良好，连通管应有 1%～1.5%的升高坡度。

2）集气盒内应充满变压器油，且密封良好。

3）气体继电器应具备防潮和防进水的功能，如不具备应加装防雨罩。

4）轻、重瓦斯触点动作正确，气体继电器按 DL/T 540—2013《气体继电器检验规程》校验合格，动作值符合整定要求。

5）气体继电器的电缆应采用耐油屏蔽电缆，电缆引线在继电器侧应有滴水弯，电缆孔应封堵完好。

6）观察窗的挡板应处于打开位置。

（6）压力释放阀。

1）压力释放阀及导向装置的安装方向应正确，阀盖和升高座内应清洁、密封良好。

2）压力释放阀的触点动作可靠，信号正确，触点和回路绝缘良好。

3）压力释放阀的电缆引线在继电器侧应有滴水弯，电缆孔应封堵完好。

4）压力释放阀应具备防潮和防进水的功能，如不具备应加装防雨罩。

（7）无励磁分接开关。

1）挡位指示器清晰，操作灵活、切换正确，内部实际挡位与外部挡位指示正确、一致。

2）机械操作闭锁装置的止钉螺栓固定到位。

3）机械操作装置应无锈蚀并涂有润滑脂。

（8）有载分接开关。

1）传动机构应固定牢靠，连接位置正确，且操作灵活，无卡涩现象；传动机构的摩擦部分涂有适合当地气候条件的润滑脂。

2）电气控制回路接线正确、螺栓紧固、绝缘良好，接触器动作正确、接触可靠。

3）远方操作、就地操作、紧急停止按钮、电气闭锁和机械闭锁正确可靠。

4）电机保护、步进保护、联动保护、相序保护、手动操作保护正确可靠。

5）切换装置的工作顺序应符合制造厂规定；正、反两个方向操作至分接开关动作时的圈数误差应符合制造厂规定。

6）在极限位置时，其机械闭锁与极限开关的电气联锁动作应正确。

7）操动机构挡位指示、分接开关本体分接位置指示、监控系统上分接开关分接位置指示应一致。

8）压力释放阀（防爆膜）完好无损。如采用防爆膜，防爆膜上面应用明显的防护警示标示；如采用压力释放阀，应按变压器本体压力释放阀的相关要求。

9）油道畅通，油位指示正常，外部密封无渗油，进出油管标志明显。

10）单相有载调压变压器组进行分接变换操作时应采用三相同步远方或就地电气操作并有失步保护。

11）带电滤油装置控制回路接线正确可靠。

12）带电滤油装置运行时应无异常的振动和噪声，压力符合制造厂规定。

13）带电滤油装置各管道连接处密封良好。

14）带电滤油装置各部位应均无残余气体（制造厂有特殊规定除外）。

（9）吸湿器。

1）吸湿器与储油柜间的连接管的密封应良好，呼吸应畅通。

2）吸湿剂应干燥，油封油位应在油面线上或满足产品的技术要求。

（10）测温装置。

1）温度计动作触点整定正确、动作可靠。

2）就地和远方温度计指示值应一致。

3）顶盖上的温度计座内应注满变压器油，密封良好；闲置的温度计座也应注满变压器油密封，不得进水。

4）膨胀式信号温度计的细金属软管（毛细管）不得有压扁或急剧扭曲，其弯曲半径不得小于50mm。

5）记忆最高温度的指针应与指示实际温度的指针重叠。

（11）净油器。

1）上、下阀门均应在开启位置。

2）滤网材质和安装正确。

3）硅胶规格和装载量符合要求。

（12）本体、中性点和铁芯接地。

1）变压器本体油箱应在不同位置分别有两根引向不同地点的水平接地体。每根接地线的截面应满足设计的要求。

2）变压器本体油箱接地引线螺栓紧固，接触良好。

3）铁芯接地引出线（包括铁轭有单独引出的接地线）的规格和与油箱间的绝缘应满足设计的要求，接地引出线可靠接地。引出线的设置位置有利于监测接地电流。

（13）控制箱（包括有载分接开关、冷却系统控制箱）。

1）控制箱及内部电器的铭牌、型号、规格应符合设计要求，外壳、漆层、手柄、瓷质件、胶木电器应无损伤、裂纹或变形。

2）控制回路接线应排列整齐、清晰、美观，绝缘良好无损伤。接线应采用铜质或有电镀金属防锈层的螺栓紧固，且应有防松装置，引线裸露部分不大于 5mm；连接导线截面符合设计要求、标志清晰。

3）控制箱及内部元件外壳、框架的接零或接地应符合设计要求，连接可靠。

4）内部断路器、接触器动作灵活无卡涩，触头接触紧密、可靠，无异常声音。

5）保护电动机用的热继电器或断路器的整定值应是电动机额定电流的 0.95～1.05 倍。

6）内部元件及转换开关各位置的命名应正确无误并符合设计要求。

7）控制箱密封良好，内外清洁无锈蚀，端子排清洁无异物，驱潮装置工作正常。

8）交、直流应使用独立的电缆，回路分开。

（14）冷却装置。

1）风扇电动机及叶片应安装牢固，并应转动灵活，无卡阻；试转时应无振动、过热；叶片应无扭曲变形或与风筒碰擦等情况，转向正确；电动机保护不误动，电源线应采用具有耐油性能的绝缘导线。

2）散热片表面油漆完好，无渗油现象。

3）管路中阀门操作灵活、开闭位置正确；阀门及法兰连接处密封良好无渗油现象。

4）油泵转向正确，转动时应无异常噪声、振动或过热现象，油泵保护不误动；密封良好，无渗油或进气现象（负压区严禁渗漏）。油流继电器指示正确，无抖动现象。

5）备用、辅助冷却器应按规定投入。

6）电源应按规定投入和自动切换，信号正确。

（15）其他。

1）所有导气管外表无异常，各连接处密封良好。

2）变压器各部位均无残余气体。

3）二次电缆排列应整齐，绝缘良好。

4）储油柜、冷却装置、净油器等油系统上的油阀门应开闭正确，且开、关位置标色清晰，指示正确。

5）感温电缆应避开检修通道，安装牢固（安装固定电缆夹具应具有长期户外使用的性能）、位置正确。

6）变压器整体油漆均匀完好，相色正确。

7）进出油管标识清晰、正确。

二、高压断路器的验收项目及要求

（一）高压断路器的验收要求

（1）新装和检修后的高压断路器设备，在竣工投运前，运行人员应参加验收工作。

（2）交接验收应按国家、电力行业和国家电网有限公司有关标准、规程和《国家电网公司变电验收管理规定（试行）第 2 分册 断路器验收细则》的要求进行。

（3）运行单位应对断路器设备检修过程中的主要环节进行验收，并在检修完成后按照相关规定对检修现场、检修质量和检修记录、检修报告进行验收。

（4）验收时发现的问题，应及时处理。暂时无法处理，且不影响安全运行的，经本单位主管领导批准后方能投入运行。

（二）高压断路器的验收项目

1. SF_6 断路器验收项目

（1）断路器应固定牢靠，外表清洁完整，动作性能符合规定。

（2）电气连接可靠且接触良好。

（3）断路器及其操动机构的联动应正常，无卡阻现象，分、合闸指示正确，辅助开关动作正确可靠。

（4）密度继电器的报警、闭锁定值应符合规定，电气回路传动正确。

（5）SF_6 气体压力、泄漏率和含水量应符合规定。

（6）操动机构灵活可靠。

（7）断路器传动良好。

（8）油漆完整，相色标志正确，接地良好。

2. SF_6 封闭式组合电器的验收检查项目

（1）组合电器应安装牢靠，外壳应清洁完整，动作性能符合产品的技术规定。

（2）电气连接应可靠且接触良好。

（3）组合电器及其操动机构的联动应正常，无卡阻现象，分、合闸指示正确，辅助开关及电气闭锁应动作准确可靠。

（4）支架及接地引线应无锈蚀和损伤，接地良好。

（5）密度继电器的报警、闭锁定值应符合规定，电气回路应传动正确。

（6）SF_6 气体压力正常，漏气率和含水量应符合规定。

（7）SF_6 气体压力低,报警及闭锁操作功能正常(请参照设备生产厂家提供的数据)。

（8）油漆应完整，相色标志正确。

3. 空气开关的验收检查项目

（1）空气开关各部分应完整，外壳应清洁，动作性能符合规定。

（2）基础及支架应稳固，气动操作时，空气开关不应有剧烈振动。

（3）油漆完整，相色标志正确，接地良好。

4. 真空断路器的验收检查项目

（1）真空断路器应安装牢靠，外壳应清洁完整。动作性能符合产品的技术规定。

（2）电气连接可靠且接触良好。

（3）真空断路器及其操动机构的联动应正常，无卡阻现象，分、合闸指示正确，辅助开关动作应准确可靠，触点无电弧烧损。

（4）灭弧室的真空度应符合产品的技术规定。

（5）并联电阻、电容值应符合产品的技术规定。

（6）绝缘部件、瓷件应完整无损。

（7）油漆完整，相色标志正确，接地良好。

三、高压开关操动机构的验收

操动机构是用来接通或断开断路器，并保持其在合闸或断开位置的机械传动机构。在正常运行情况下，断路器的操动机构应处于良好状态，动作灵活，下面分述各种操动机构的检查验收项目。

1. 断路器操动机构的检查验收项目

（1）操动机构固定应牢靠，底座或支架与基础间的垫片不宜超过三片，总厚度不应超过 20mm，并与断路器底座标高相配合，各片间应焊牢。

（2）操动机构的零部件应齐全，各转动部分应涂上适合当地气候条件的润滑油。

（3）电动机转向应正确。

（4）各种接触器、继电器、微动开关、压力开关和辅助开关的动作应准确可靠，触点接触良好，无烧损或锈蚀。

（5）分、合闸线圈的铁芯应动作灵活，无卡阻。

（6）液压与气动机构应有加热装置和恒温控制措施，绝缘应良好。

（7）电气连接应可靠且接触良好。

（8）操动机构与断路器的联动应正常，无卡阻现象，分、合闸指示正确，压力开关、辅助开关动作应准确可靠，触点无电弧烧损。

（9）操动机构箱应具有防尘、防潮、防小动物进入及通风措施，密封垫应完整，电缆管口、洞口应封堵。

（10）油漆完整，接地良好。

（11）控制、信号回路正确，操动机构脱扣线圈的端子动作电压应满足：低于额定电压的 30%时应不动作，高于额定电压的 65%时应可靠动作。

2. 气动机构的检查验收项目

（1）空气压缩机的空气过滤器应清洁无堵塞，吸气阀和排气阀完好，阀片方向不得装反，阀片与阀座面的密封应严密。

（2）曲轴与轴瓦应固定良好，销子的位置恰当，冷却器、风扇叶片和电动机、皮带轮等所有附件应清洁并安装牢固，运转时不因振动而松脱。

（3）气缸内油面应在标线位置，自动排污装置应动作正确，污物应引到室外，不应排在电缆沟内。

（4）压力表应检验合格，压力报警及闭锁触点动作正确可靠。

（5）储气罐、气水分离器及截止阀、逆止阀、安全阀和排污阀等应清洁无锈蚀，应检验减压阀、安全阀阀门动作灵活。

（6）气动操动机构的合闸闭锁销子及分闸闭锁销子均应拔出。

（7）气体压力表指示压力正常，低气压启动空气压缩机及闭锁操作功能正常，空气阀门位置正确。

3. 弹簧操动机构的检查验收项目

（1）合闸弹簧储能完毕后，辅助开关应将电动机电源切除；合闸完毕，辅助开关应将电动机电源接通。

（2）合闸弹簧储能后，牵引杆的下端或凸轮应与合闸锁扣可靠地锁住。

（3）分、合闸闭锁装置动作灵活，复位准确而迅速，并应扣合可靠。

（4）机构合闸后，应能可靠地保持在合闸位置。

（5）弹簧机构缓冲器的行程应符合产品的技术规定。

4. 液压机构的检查验收项目

（1）机构箱内部应洁净，液压油的标号符合产品的技术规定，液压油应洁净无杂质，油位指示正常。

（2）连接管部分应清洁，连接处应密封良好，且牢固可靠。

（3）补充的氮气及其预充压力应符合产品的技术规定。

（4）液压回路在额定油压时，外观检查应无渗油。

（5）机构在慢分、合时，工作缸活塞杆的运动应无卡阻和跳动现象，其行程应符合产品的技术规定。

（6）微动开关、接触器的动作应准确可靠，接触良好；电触点压力表、安全阀应校验合格，压力释放阀动作应可靠，关闭严密，联动闭锁压力值应按产品的技术规定予以整定。

（7）防失压慢分装置应可靠，并配有防"失压慢分"的机构卡具。

四、隔离开关的验收

（1）检查隔离开关的触头与触片接触紧密，动静触头间隙符合要求。

（2）检查隔离开关与接地隔离开关是否联锁可靠；检查所有操动机构、转动、连接、传动装置、辅助开关及闭锁装置安装牢固，动作灵活可靠，位置指示正确。

（3）检查相对运动部位是否润滑，所有轴锁、螺栓等是否紧固可靠。

（4）支柱绝缘子、操作绝缘子表面清洁完整、无闪络、无裂纹及折断破损现象。

（5）隔离开关合闸时三相触头同期性能、接触应良好。

（6）三相不同期值及分闸时触头打开角度和距离应符合产品的技术规定。

（7）电动操作隔离开关还要检查电动机机构操作是否正常，在电动机额定电压下操作 5 次，在 85%和 110%额定电压下分别电动操作 3～5 次，手动操作 3～5 次，均应能正常工作。

（8）引线连接应牢固，螺栓无松动接地引线应连接良好。

（9）隔离开关的防误闭锁装置应良好。

五、电容器及电抗器的验收

1. 电容器的验收

电容器是电力系统无功电源设备之一，对于电网的稳定、功率因数的提高、电能损耗的降低起到了不可替代的作用，所以电容器的验收也是不可忽视的。

（1）电容器室内的通风装置应良好；电容器的各附件及电缆试验应合格。

（2）外壳应无凹凸或渗油现象，引出端子应连接牢固，垫圈、螺母应齐全。

（3）电容器组的布置与接线应正确，电容器组的保护回路与监视回路应完整并全部投入。

（4）各部分的连接应严密可靠，电容器外壳和架构应有可靠的接地，且油漆完整。

（5）检查放电变压器或放电电压互感器的接线和容量是否符合设计要求，各部件是否完好，操作灵活。

2. 电抗器的验收

（1）检查水泥电抗器的支柱完整、无裂纹，绕组应无变形，各部油漆应完整。

（2）绕组外部的绝缘漆和支柱绝缘子的接地均应良好。

（3）混凝土支柱的螺栓应拧紧。

（4）混凝土电抗器的风道应清洁无杂物。

（5）油浸电抗器的验收比照变压器的验收项目及要求。

六、互感器的验收项目及要求

1. 新安装的互感器的验收

（1）产品的技术文件应齐全。

（2）互感器器身外观应整洁、无锈蚀或损伤。

（3）包装及密封应良好。

（4）油浸式互感器油位正常，密封良好，无渗油现象。

（5）电容式电压互感器的电磁装置和谐振阻尼器的封铅应完好。

（6）气体绝缘互感器的压力表指示正常。

（7）本体附件齐全无损伤。

（8）备品备件和专用工具齐全。

2. 互感器安装、试验完毕后的验收

（1）一、二次接线端子应连接牢固，接触良好，标志清晰。

（2）互感器器身外观应整洁，无锈蚀或损伤。

（3）互感器基础安装面应水平。

（4）建筑工程质量符合国家现行的建筑工程施工及验收规范中的有关规定。

（5）设备应排列整齐，同一组互感器的极性方向应一致。

（6）油绝缘互感器油位指示器、瓷套法兰连接处、放油阀均应无渗油现象。

（7）金属膨胀器应完整无损，顶盖螺栓紧固。

（8）具有吸湿器的互感器，其吸湿剂应干燥，油封油位应正常。

（9）互感器的呼吸孔的塞子带有垫片时，应将垫片取下。

（10）电容式电压互感器必须根据产品成套供应的组件编号进行安装，不得互换。各组件连接处的接触面，应除去氧化层，并涂以电力复合脂。

（11）具有均压环的互感器，均压环应安装牢固、水平，且方向正确。具有保护间隙的，应按制造厂规定调好距离。

（12）设备安装用的紧固件，除地脚螺栓外应采用镀锌制品并符合相关要求。

（13）互感器的变比、分接头的位置和极性应符合规定。

（14）气体绝缘互感器的压力表压力值正常。

（15）互感器的下列各部位应接地良好。

1）电压互感器的一次绕组的接地引出端子应接地良好。电容式电压互感器 C_2 的低压端接地（或接载波设备）良好。

2）电容型绝缘的电流互感器，其一次绕组末屏的引出端子、铁芯接地端子、互感器的外壳接地良好。

3）备用的电流互感器的二次绕组端子应先短路后接地。

3. 检修后设备的验收项目及要求

（1）所有缺陷已消除并验收合格。

（2）一、二次接线端子应连接牢固，接触良好。

（3）油浸式互感器无渗漏油，油标指示正常。

（4）气体绝缘互感器无漏气，压力指示与规定相符。

（5）极性关系正确，电流比换接位置符合运行要求。

（6）三相相序标志正确，接线端子标志清晰，运行编号完备。

（7）互感器需要接地的各部位应接地良好。

（8）金属部件油漆完整，整体擦洗干净。

（9）预防事故措施符合相关要求。

七、母线的验收

母线在发电厂、变电站中起着汇集电能和分配电能的重要作用，在进行母线的验收时应注意三相相序颜色标志正确，油漆完整；金属构件的加工、配制、焊接应符合规定；连接处的螺栓、垫圈、开口销等零件应齐全并按规定安装可靠；瓷件、铁件及胶合处应完整；母线配制及安装架设应符合有关规定，且连接正确，接触可靠，相间及对地电气距离符合要求。

八、电缆的验收

（1）电缆规格、敷设应符合规定，排列应整齐，无机械损伤，电缆头外壳接地应正确良好。编号、标志应该装设齐全、正确、清晰，且规格统一，挂装牢固。

（2）电缆的固定、曲率半径、有关距离及单芯电力电缆的金属护层的接线等应符合设计和安装的要求；电缆支架应安装牢固，横平竖直，无松动和锈蚀现象，各架的同层横挡应在同一水平面上，托架按设计要求安装；接地应良好，充油电缆及护层保护器的接地电阻应符合设计要求。

（3）电缆沟及隧道内应无杂物，盖板齐全；照明、通风、排水及防火措施等应符合设计要求，且施工质量合格；电缆终端头、电缆接头应安装牢固；电缆支架等金属部件应油漆完好、三相相序颜色正确，并有电缆的试验合格记录。

九、避雷器的验收检查项目

（1）现场制作件应符合设计和安全的要求。

（2）避雷器应安装牢固，其垂直度应符合要求。

（3）阀式避雷器拉紧绝缘子应紧固可靠，受力均匀。

（4）避雷器外部应完整无损，阀型避雷器封口处密封良好。

（5）放电计数器密封良好，绝缘垫及接地良好牢靠。

（6）法兰连接处无缝隙，排气式避雷器的倾斜角和隔离间隙应符合要求。

（7）油漆应完整，三相相序颜色标志正确。

十、接地装置的验收检查项目

（1）整个接地网外露部分和埋入部分的连接均应可靠，地线规格正确，油漆完好，标志齐全明显。

（2）避雷针的安装位置及高度符合设计要求。

（3）有完整且符合实际的设计资料图纸，供连接临时接地线用的连接板的数量和位置符合设计要求。

（4）接地电阻值符合有关规程的规定。

十一、蓄电池的验收

蓄电池室及通风、采暖、照明等装置应符合设计的要求；布线应排列整齐，极性标志清晰正确；电池编号应正确，外壳清洁，液面正常；极板应无严重弯曲、变形及活性物质剥落；初充电、放电容量及倍率校验的结果应符合要求；蓄电池组的绝缘应良好，绝缘电阻不小于 0.5MΩ。

十二、二次回路的验收

二次设备主要是对一次设备进行控制、监视、测量和保护，二次回路的正确接线、元件的正确调整和验收对整个变电站的安全运行有着极为重要的作用。

1. 保护校验等二次回路上工作完毕后，应做检查验收工作

（1）工作中所接的临时短接线是否全部拆除，拆开的线头是否全部恢复。

（2）继电保护连接片的名称，投、切位置是否正确，接触是否良好，各相关指示灯指示是否正确，定值与定值单是否相符。

（3）接线螺栓是否紧固。

（4）变动的接线是否有书面文字说明。

（5）继电保护装置、继电保护定值的变更情况及运行中的注意事项，应记入相应的记录簿内。

（6）距离保护、差动保护变动二次接线、电流互感器更换等工作完工后，必须由继电保护人员在带上负荷后实测"六角图"，确认二次接线无误后，方可正式加入运行。

（7）微机保护的操作键盘，运行人员不得操作，必要时须在保护人员指导下进行操作。

（8）微机保护二次回路各部位的耐压水平应符合要求。

以上检查完毕后，变电运维人员应协同保护人员带断路器做联动试验。断路器传动时，由变电运维人员进行。变电运维人员应认真核对传动的断路器位置、信号、动作是否可靠正确。变电运维人员负责将保护装置、保护定值变更情况与调度核对无误后，双方在保护记录上分别签字，才可以结束工作票。

2. 盘柜的验收检查项目

（1）盘柜的固定接地应可靠，盘柜体应漆层完好，清洁整齐。

（2）盘柜内所装电器元件应完好，安装位置正确、牢靠。

（3）手车式配电柜的手车在推入或拉出时应灵活，机械或电气等闭锁装置符合规定要求，照明装置齐全。

（4）柜内一次设备的安装质量验收要求符合国网（运检/3）827—2017《国家电网公司变电验收管理规定（试行）》及其细则的有关规定。

（5）操作及联动试验动作正确，符合设计要求。

（6）所有二次接线应正确，连接应可靠，标志应齐全清晰。

（7）保护盘、控制盘、直流盘、所用盘等，盘前盘后必须标明名称。一块保护盘或控制盘有两个以上装置时，在不同装置间要有明显的分界线。出口中间继电器和正在运行中的设备，盘面应有明显的运行标志。

十三、绝缘子套管的验收

绝缘子套管的金属构架加工、配制、螺栓连接、焊接等应符合国家现行标准的有关规定；油漆应完好，三相相序颜色正确，接地良好；所有螺栓、垫圈、闭口销、锁紧销、弹簧垫圈、锁紧螺母等应齐全；瓷件应完整、清洁，铁件和瓷件的胶合处均应完整无损，充油套管应无渗油，油位应正常；母线配置及安装架设应符合设计规定，连接正确，螺栓紧固，接触可靠，相间及对地电气距离符合要求。

十四、新建、改建和扩建工程投运启动的验收

新建、改建和扩建工程及设备项目，在投入前 3 个月由建设单位向各有关调度部门提出投入系统申请书，包括内容如下：

（1）新建、改建工程的名称、范围。

（2）预定的启动试运行日期及试运行计划。

（3）启动试运行的联系人和主要运行人员名单。

（4）启动试运行过程对系统运行的要求。

应向有关调度部门报送以下资料：

（1）平面布置图、一次电气接线图、线路走径图及相序图、二次继电保护原理图等。

（2）主要设备的规范和参数。

（3）设备运行操作规程及事故处理规程。

（4）通信方式。

变电站内所有新设备或改建后的设备投入运行时，应在启动调试前三天向有关调度提出申请，调度于启动试运行前一日批复。批复内容应包括设备的命名、编号、设备管理的范围。所有新设备投入运行应得到调度的指令后，方能操作。启动前一日，有关运行人员要提前准备好操作票，做好事故预想与有关工作计划及安排。启动当日，当值变电运维人员应向有关调度联系工作事宜，核对设备定值，在启动计划方案及调

度指令下进行操作。

新设备投入运行后，运行人员应加强监护，发现问题及时记录、汇报、处理、消缺。调管设备试运行 24h 后，向调度汇报设备运行情况，并正式加入调度管理。

【思考与练习】

1. 新建、改建和扩建工程投运启动的验收的主要事项有哪些？
2. 保护校验等二次回路上工作完毕后，应做哪些检查验收工作？
3. 主变压器大修后验收的项目有哪些？

◢ 模块 2　新设备投运与操作（Z08F8002Ⅲ）

【模块描述】 本模块包含新设备投运必须具备的条件和调度操作规定与注意事项。通过对新设备投运条件和操作注意事项的介绍，达到能熟练组织、监护、指挥新设备、改、扩建设备投运启动操作的目的。

【模块内容】

新设备投运操作是变电站改扩建工程及新投运变电站的一项特殊操作，与已运行的设备的送电操作有所不同。对新设备投运条件的确认以及操作中的检查、核对、试验等是新设备操作中的特殊项目。本模块培训目标：① 熟悉新设备投运与操作规定的要求和注意事项；② 掌握变电站新设备投运操作的操作方法及步骤。

一、新投运设备的基本规定

（一）新设备启动前必须具备的条件

发电企业已与省电力公司和相应调度机构签订购电合同及并网调度协议。

新设备全部按照设计要求安装、调试完毕，且验收、质检工作已经结束（包括主设备、继电保护及安全自动装置、电力通信设施、调度自动化设备等），设备具备启动条件。

220kV 及以上设备参数实测工作结束，并经设备运行维护单位确认，于启动前 3 日报送有关调度机构。

现场生产准备工作就绪（包括运行人员的培训、考试合格，现场图纸、规程、制度、设备编号标志、抄表日志、记录簿等，均已齐全），具备启动条件。

电力通信通道及自动化信息接入工作已经完成，调度通信、自动化设备及计量装置运行良好，通道畅通，实时信息满足调度监控运行的需要。

运行维护单位在认真检查现场设备满足安全技术要求后，向值班调度员汇报新设备具备启动条件。该新设备即视为投运设备，未经值班调度员下达指令（或许可），不得进行任何操作和工作。若因特殊情况需要操作或工作时，经启动委员会同意后，由原运行维护单位向值班调度员汇报撤销具备启动条件，在工作结束以后重新汇报新设备具备启动条件。

（二）电网新设备启动原则

新设备启动应严格按照批准的调度实施方案执行，调度实施方案的内容包括启动范围、调试项目、启动条件、预定启动时间、启动步骤、继电保护要求、调试系统示意图等。

设备运行维护单位应保证新设备的相位与系统一致。有可能形成环路时，启动过程中必须核对相位；不可能形成环路时，启动过程中可以只核对相序。厂、站内设备相位的正确性由设备运行维护单位负责。

在新设备启动过程中，相关运行维护单位和调度部门应严格按照已批准的调度实施方案执行并做好事故预想。现场和其他部门不得擅自变更已批准的调度实施方案；如遇特殊情况需变更时，必须经编制调度实施方案的调度机构同意。

在新设备启动过程中，调试系统保护应有足够的灵敏度，允许失去选择性，严禁无保护运行。

在新设备启动过程中，相关母差电流互感器及母差方式应根据系统运行方式做相应调整。母差电流互感器短接退出或恢复接入应在断路器冷备用或母差保护停用状态下进行。

（1）断路器启动原则。

1）有条件时应采用发电机零起升压。

2）无零起升压条件时，用外来电源（无条件时可用本侧电源）对断路器冲击一次，冲击侧应有可靠的一级保护，新断路器非冲击侧与系统应有明显断开点。

3）必要时对断路器相关保护及母差保护需做带负荷试验。

4）新线路断路器需先行启动时，可将该断路器的出线搭头拆开，使该断路器作为母联或受电断路器，做保护带负荷试验。

（2）线路启动原则。

1）有条件时应采用发电机零起升压，正常后用老断路器对新线路冲击三次，冲击侧应有可靠的一级保护。

2）无零起升压条件时，用老断路器对新线路冲击三次（老线改造可只冲击一次），冲击侧应有可靠的两级保护。

3）冲击正常后必须做核相试验，新线路两侧断路器相关保护及母差保护需做带负荷试验。

（3）母线启动原则。

1）有条件时应采用发电机零起升压，正常后用外来或本侧电源对新母线冲击一次，冲击侧应有可靠的一级保护。

2）无零起升压条件时，用外来电源（无条件时可用本侧电源）对母线冲击一次，冲击侧应有可靠的一级保护。

3）冲击正常后新母线电压互感器二次侧必须做核相试验，母差保护需做带负荷试验。

4）老母线扩建延长，宜采用母联断路器充电保护对新母线进行冲击。

（4）变压器启动原则。

1）有条件时应采用发电机零起升压，正常后用高压侧电源对新变压器冲击五次，冲击侧应有可靠的一级保护。

2）无零起升压条件时，用中压侧（三绕组变压器）或低压侧（两绕组变压器）电源对新变压器冲击四次，冲击侧应有可靠的两级保护。冲击正常后用高压侧电源对新变压器冲击一次，冲击侧应有可靠的一级保护。

3）因条件限制，必须用高压侧电源对新变压器直接冲击五次时，冲击侧电源宜选用外来电源，采用两只断路器串供，冲击侧应有可靠的两级保护。

4）冲击过程中，新变压器各侧中性点均应直接接地，所有保护均启用，方向元件短接退出。

5）冲击新变压器时，保护定值应考虑变压器励磁涌流的影响。

6）冲击正常后，新变压器中低压侧必须核相，变压器保护及母差保护需做带负荷试验。

（5）电流互感器启动原则。

1）优先考虑用外来电源对新电流互感器冲击一次，冲击侧应有可靠的一级保护，新电流互感器非冲击侧与系统应有明显断开点。

2）若用本侧母联断路器对新电流互感器冲击一次时，应启用母联充电保护。

3）冲击正常后，相关保护需做带负荷试验。

（6）电压互感器启动原则。

1）优先考虑用外来电源对新电压互感器冲击一次，冲击侧应有可靠的一级保护。

2）若用本侧母联断路器对新电压互感器冲击一次时，应启用母联充电保护。

3）冲击正常后，新电压互感器二次侧必须核相。

【思考与练习】

1. 新设备投运必须具备的条件是什么？

2. 新设备核相、极性测试的内容有哪些？

3. 新设备投运对保护配合操作要求是什么？

▲ 模块 3　新设备投运方案编制与投运操作危险点源分析控制（Z08F8003Ⅲ）

【模块描述】本模块包含新设备投运方案的编制与投运操作危险点源分析控制。通过对新设备投运方案编制原则和投运操作危险点源分析的介绍，达到熟悉新设备投运方案的编制原则，掌握新设备投运操作危险点源分析方法，能制订相应控制措施的目的。

【模块内容】

在变电站新设备投运工作中，新设备投运方案是指导和协调各生产部进行投运行操作的重要技术文件。新设备投运方案（变电站部分）的编制是变电站值班负责人的一项重要技术工作。充分认识和分析新设备投运操作中危险点以及做好相应的控制措施是新设备投运的重要安全措施。

一、新设备投运方案编制的主要内容

（1）投运方案（调度编制）。

（2）投运操作安排（变电站编制）。

（3）投运危险点分析及预控措施（变电站编制）。

（4）投运工作期间事故预案（变电站编制）。

（5）投运前期准备工作（变电站编制）。

（6）投运工作安排（变电站编制）。

二、新设备投运方案的构成及编写要点

（1）投运范围。投运范围的编制主要说明新设备投运地点、投运设备单元、相应的一、二次设备及主设备的型号。

（2）投运前完成的工作。投运前完成的工作，其编制时应主要说明投运设备应具备的条件。

（3）联系调度。联系调度的编制主要说明新设备所属的调度及向调度提交投运申请；投运变电站向调度汇报的内容；调度与变电站进行设备核对的内容。

（4）投运步骤。投运步骤的编制主要说明各调度下令步骤及内容、各相关变电站操作的投运操作步骤（操作任务的时间序列）。

（5）正常运行方式。正常运行方式的编制说明各相关变电站投运操作前的运行方式。

（6）注意事项。注意事项的编制主要说明重合闸的投入要求、操作中异常及处理等。

（7）附件。附件的编制主要有相关变电站的主接线图。

三、投运操作安排编制及要点

（1）倒闸操作安排及职责。

1）变电站总负责。

2）安全负责人。

3）值班负责人。

4）操作监护人。

5）操作人。

6）辅助操作人。

7）监控值班记录人。

（2）变电站投运前需完成的工作。

1）一次设备应完成的工作。

2）二次设备应完成的工作。

（3）变电站投运操作工作安排。

1）调度指令名称。

2）操作监护人。

3）操作人。

4）值班负责人。

四、投运事故预案的编制及要点

（1）系统运行方式说明。

（2）事故情况说明。

（3）处理原则及办法。

五、投运前期准备工作的编制及要点

（1）设备验收工作。设备验收工作的编制主要有完成时间和工作内容。

（2）操作准备工作。操作准备工作编制主要有现场清理，一、二次设备的检查，核对定值等工作的安排。

【思考与练习】

1. 新设备投运方案主要由哪些内容构成？

2. 变电站投运前需完成的工作有哪些？

3. 举例说明变电站新投主变压器操作中的危险点源。

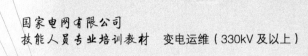
第十五章

高压开关类设备异常处理

◢ 模块1　高压开关类设备异常（Z08G1001Ⅰ）

【模块描述】本模块包含隔离开关、断路器、组合电器常见异常情况。通过对典型高压开关设备的常见异常现象的介绍，达到熟悉高压开关设备异常现象，能对设备常见异常进行简单分析，并在监护指导下参与异常处理的目的。

【模块内容】

高压开关类设备主要包括隔离开关、高压断路器和组合电器（GIS）。在运行过程中，由于运行维护不当，制造质量不良，检修工艺不到位，可导致设备异常运行。如果这些异常情况不能及时被发现和处理，就会发展成事故，造成巨大经济损失。因此，变电运维人员要根据设备存在的缺陷、气候的变化、运行方式的改变，做好预先处理方案。由于开关类设备在电网安全运行中占有重要地位，为使断路器能处于良好状态，应加强巡视，及时发现异常，并根据异常的类型、性质及原因，迅速而准确地判断异常的位置及原因，消除隐患，以防扩大为事故。

一、调度相关规定

断路器异常指由于断路器本体机构或其控制回路缺陷而造成的断路器不能按调度或继电保护及安全自动装置指令正常分合闸的情况，主要考虑断路器远控失灵、闭锁分合闸、非全相运行等情况。

断路器远控操作失灵，允许断路器可以近控分相和三相操作时，应满足下列条件：

（1）现场规程允许。

（2）确认即将带电的设备（线路、变压器、母线等）应处于无故障状态。

（3）限于对设备（线路、变压器、母线等）进行空载状态下的操作。

母联断路器发生异常（非全相除外）需短时停用时，在确认出线的母线侧隔离开关载流量符合要求的前提下，允许采取合上出线（或旁路）断路器两把母线隔离开关的方式隔离，母差保护做相应调整，否则仍然采用倒空一条母线的方式隔离。

断路器发生闭锁分合闸按以下原则处理：

（1）有条件时将闭锁合闸（或闭锁重合闸）的断路器停用，否则将该断路器的综合重合闸等自动装置停用。

（2）闭锁分闸的断路器应改为非自动状态，但不得影响其失灵保护的启用，必要时母差保护做相应调整。

（3）线路断路器闭锁分合闸采取旁路代供或母联串供等方式隔离。特殊情况下，可采取将该断路器改为馈供受端断路器的方式运行。

（4）母联断路器闭锁分闸，优先采取合上出线（或旁路）断路器两把母线隔离开关的方式隔离，否则采用倒母线方式隔离。

（5）三段式母线分段断路器闭锁分闸，允许采用远控方式直接拉开该断路器隔离开关进行隔离，否则采用倒母线方式隔离。四段式母线分段断路器采用倒母线方式隔离。

断路器发生非全相运行按以下原则处理：

（1）应立即降低通过非全相运行断路器的潮流。

（2）断路器一相合上，其他两相断路器断开状态时，应立即拉开合上的一相断路器，而不准合上断开状态的两相断路器。

（3）系统联络断路器一相断开，其他两相断路器合上状态时，应将断开状态的一相断路器再合一次，若不成，即拉开合上状态的两相断路器。

（4）发电机组（厂）经 220kV 单线并网发生非全相运行时，应立即将发电机组（厂）解列（注：110kV 地区小电厂的单并线路发生非全相运行，具体操作规定由地区调度制定）。

（5）馈供线路断路器两相运行，如无法恢复三相运行，在不影响系统及主设备安全的情况下，允许采取转移负荷、旁路代供及母联串供等方式隔离该断路器。

断路器非全相运行且闭锁分合闸按以下原则处理：

（1）系统联络断路器，应拉开线路对侧断路器，使线路处于空载状态下，然后采取旁路代供、母联串供或母线调度停电等方式隔离。

（2）馈供线路断路器单相运行，应立即断开对侧断路器后再隔离该断路器。

（3）母联、分段断路器应采用一条母线调度停电的方式隔离该断路器。

（4）3/2 断路器结线 3 串及以上运行时，可拉开该断路器两侧隔离开关；否则采用调度停电的方式隔离该断路器。

（5）运行中的隔离开关如发生引线接头、触头发热严重等异常情况，应首先采取措施降低通过该隔离开关的潮流。如需操作该隔离开关，必须经设备运行维护单位现场检查确认其安全性，否则不得进行操作。

运行中的隔离开关如发生重大缺陷不能操作，并经设备运行维护单位确认需紧急停用时，应采用调度停电的方式隔离。

二、隔离开关常见异常情况

（1）隔离开关导电部分或隔离开关接触部分发热。运行中，经常地分合操作、触头的氧化锈蚀、合闸位置不正等各种原因均会导致接触不良，使隔离开关的导流接触部位发热。在巡视检查中，也可以通过红外热像仪进行检测。

（2）隔离开关绝缘子有裂纹、破损现象，表面有严重放电。隔离开关支柱绝缘子主要有裂纹以及裙边有轻微外伤和损坏，严重的表现为表面有明显放电现象。

（3）隔离开关拒合、拒分，操动机构失灵。分合操作中途停止情况存在于电动隔离开关的操作过程中。隔离开关分合操作中途停止的原因主要是机构传动、转动及隔离开关转动部分因锈蚀或卡涩等情况而造成操作回路断开，此时隔离开关的触头间可能会拉弧放电。

（4）隔离开关辅助开关切换不良。在合闸时，如果发生隔离开关触头三相到位但辅助开关触点翻转不到位的情况，则该回路的控制或保护屏会有相应的光示牌或信号产生。

三、高压断路器常见异常

1. 断路器本体常见异常

（1）油断路器常见故障及原因见表 Z08G1001 I –1。

表 Z08G1001 I –1　　　　　　　　油断路器常见故障及原因

序号	常见故障	可能原因
1	渗漏油	（1）固定密封处渗漏油，支柱绝缘子、手孔盖等处的橡皮垫老化、安装工艺差和固定螺栓不均匀等。 （2）轴转动密封处渗漏油，主要是衬垫老化或划伤、漏装弹簧、衬套内孔没有处理干净或有纵向伤痕，以及轴表面粗糙或轴表面有纵向伤痕等
2	本体受潮	（1）帽盖处密封性能差。 （2）其他密封处密封性能差
3	导电回路发热	（1）接头表面粗糙。 （2）静触头的触指表面磨损严重，压缩弹簧受热失去弹性或断裂。 （3）导电杆表面镀银层磨损严重。 （4）中间触指表面磨损严重，压缩弹簧受热失去弹性或断裂
4	断路器本体内部卡滞	（1）导电杆不对中。灭弧单元装配不当、传动部件及焊接尺寸不合格，灭弧单元与传动部件装配时间隙不均匀。 （2）运动机构卡死。拉杆装配时接头与杆不在一条直线上，各柱外拐臂上下方向不在一条直线上
5	断口并联电容故障	（1）并联电容器渗漏油。 （2）并联电容器试验不合格

（2）SF$_6$ 断路器本体常见故障及原因见表 Z08G1001 I –2。

表 Z08G1001 I –2　　　　　　SF$_6$ 断路器本体常见故障及原因

序号	常见故障	可能原因
1	SF$_6$ 漏气	(1) 密封面表面粗糙、安装工艺差及密封圈老化。 (2) 传动轴及轴套表面有纵向伤痕或磨损严重，轴与轴套间密封圈老化。 (3) 浇铸件质量差，有砂眼。 (4) 瓷套质量差，有裂纹或砂眼。 (5) SF$_6$ 连接管道安装工艺不良。 (6) SF$_6$ 充放气接头密封性能差或关闭不严。 (7) SF$_6$ 压力表或密度继电器等接头处密封不良
2	SF$_6$ 气体湿度即含水量超标	(1) SF$_6$ 存在漏气现象。 (2) 补充的 SF$_6$ 气体含水量不合格。 (3) 运输和安装过程中，本体内部的绝缘件受潮。 (4) 本体内部的干燥剂含水量偏高
3	主回路接触电阻超标	(1) 连杆松动。 (2) 运行时间长和操作次数多后，动触头表面磨损严重，或动静触头、中间触头表面不干净。 (3) 导电回路连接表面粗糙或紧固螺栓松动
4	合闸电阻不合格	(1) 合闸电阻阻值超标。 (2) 合闸电阻的电阻片老化使介损超标，超标严重将影响正常运行
5	断口并联电容故障	(1) 并联电容器试验不合格。 (2) 并联电容器渗漏油
6	重燃	定开距设计的灭弧室断路器在开断空载线路时发生重燃的概率较高，也有可能是装配灭弧室时残留在灭弧室内的金属微粒在操作振动和气流作用下，金属微粒悬浮在断口间，造成重燃
7	喷口及均压罩松动	(1) 运行时间长及操作次数多。 (2) 均压罩公差偏大、固定不可靠

2. 断路器操动机构常见异常

(1) 弹簧操动机构常见故障及原因见表 Z08G1001 I –3。

表 Z08G1001 I –3　　　　　　弹簧操动机构常见故障及原因

序号	常见故障	可能原因
1	合闸锁扣锁不住而自行分闸	(1) 扣入距离太多或太少造成无法保持储能。 (2) 合闸四连杆在未受力时，锁扣复位弹簧变形或连杆有卡死，过死点距离太少。 (3) 牵引杆储能完毕扣合时冲击过大。 (4) 合闸锁扣基座下部的顶紧螺栓未顶实，使锁扣不住或扣合不稳定。 (5) 合闸锁扣轴销弯曲变形，使锁扣位置发生变化而锁不住
2	合闸四连杆返回不足	合闸四连杆有卡阻现象，返回不灵活
3	拒合	(1) 四连杆过死点太多或铁芯冲程调整不当。 (2) 辅助开关触点接触不良。 (3) 储能状态，斧状连板与牵引杆滚轮无间隙，造成四连杆无法返回。

序号	常见故障	可能原因
3	拒合	（4）空合，分闸四连杆无法返回或返回不足。 （5）四连杆过点太少，受力后或振动后自行分闸，合闸保持不住。 （6）斧状连板与顶块扣入距离不足或顶块弹簧变形拉力不足造成合闸保持不住。 （7）操作回路接触不良，断线或熔断器的熔丝熔断
4	拒分	（1）分闸电磁铁铁芯有卡住点。 （2）分闸电磁铁芯行程和冲程调整不当或分闸动作电压调得太高。 （3）分闸四连杆过死点太多。 （4）分闸四连杆冲过死点的距离太小，使断路器分不开。 （5）辅助开关触点接触不良，使分闸电磁铁不动作而不能分闸。 （6）操作回路接触不良，断线或熔断器的熔丝熔断
5	离合器故障	（1）离合器打不开，八字脚太低。 （2）离合器不闭合，蜗轮蜗杆中心未调整好，使蜗杆前后蹿动不灵活，有卡阻现象
6	电源回路故障	（1）控制电动机电源的辅助开关顶杆弯曲。 （2）电源回路不通，接触不良，断线或熔断器的熔丝熔断
7	储能电动机拒绝启动	（1）电源回路不通，接触不良，断线或熔断器的熔丝熔断。 （2）电动机本身断线或内部短路

（2）液压操动机构常见故障及原因见表 Z08G1001Ⅰ–4。

表 Z08G1001Ⅰ–4　　　　　**液压操动机构常见故障及原因**

序号	常见故障	可能原因
1	外部漏油造成油泵频繁启动	（1）油箱油位降低，工作缸活塞组合油封漏油。 （2）蓄压器活塞组合油封漏油。 （3）油管道接头、压力表、压力开关等接头处漏油
2	内部漏油造成油泵频繁启动	（1）阀口有污秽，使阀口不能正确复位，油泵频繁启动有突发性，往往未经处理就自行恢复或几次分合操作后，油泵频繁启动就消失。 （2）合闸位置时油泵频繁启动，合闸二级阀阀口关闭不良或二级阀活塞密封垫损坏；分闸一级阀关闭不良；分闸阀阀座密封垫损坏；合闸一级阀或合闸保持止回阀关闭不良；合闸一级阀阀座密封垫损坏；油箱内部分管道接头漏油等原因均可能造成断路器在合闸位置时油泵频繁启动。 （3）分闸位置时油泵频繁启动，二级阀阀口关闭不良，致使高压油经泄油孔泄油；工作缸活塞密封垫损坏；油箱内部分管道接头漏油等造成断路器在分闸位置时油泵频繁启动。 （4）分合闸位置时油泵均频繁启动，高压放油阀阀门关闭不良或放油阀活塞顶杆未回足，致使高压放油阀向油箱内泄油；合闸一级阀关闭不良，致使高压油经泄油孔漏出；油泵止回阀阀门关闭不良等造成断路器在分合闸位置时油泵均频繁启动
3	蓄压器故障	（1）氮气泄漏，氮气筒体有泄漏点；止回阀阀门关闭不良，活塞密封圈或活塞杆密封损坏造成氮气向外或油中泄漏。 （2）蓄压筒内有金属屑，致使蓄压筒缸体内壁与活塞组合密封垫划伤拉毛，造成高压油泄漏到氮气内，氮气压力异常升高

续表

序号	常见故障	可能原因
4	油泵故障	（1）油泵不启动，电源回路故障，微动开关触点接触不良及油泵电动机损坏造成油泵不启动。 （2）微动开关触点接触不良或中间继电器触点断不开电源，可能造成油泵不能正常停止而压力异常升高
5	液压系统建压慢或不能建压	（1）液压系统严重泄漏（见油泵频繁启动）。 （2）液压系统及油泵内部有空气没有排尽。 （3）油泵滤网堵塞。 （4）油泵吸油阀钢球、止回阀钢球密封不良。 （5）油泵止回阀及柱塞的密封不良。 （6）柱塞或复位弹簧卡死
6	断路器拒动	（1）分合闸电磁线圈损坏。 （2）分合闸铁芯与电磁铁上磁轭盖间有卡涩现象，铁芯动作不灵活。 （3）分合闸阀杆头部顶杆弯曲。 （4）辅助开关未能正常切换或触点接触不良、触点不通。 （5）分合闸一级球阀未打开或打开距离太小
7	断路器拒合	（1）合闸一级阀杆的顶针弯曲造成卡涩，使合闸一级阀未打开或打开距离太小。 （2）合闸控制管和止回阀有堵塞点。 （3）由于分闸一级球阀严重泄漏，造成自保持回路无法自保，合闸二级球阀打不开或打开距离不足。 （4）合闸电磁铁铁芯行程未调节好，影响合闸一级阀打开。 （5）阀系统严重泄漏，控制系统闭锁合闸功能
8	断路器拒分	（1）分闸一级阀杆的顶针弯曲造成卡涩，使合、分闸一级阀打不开或打开距离太小。 （2）合闸一级阀未复位，高压油严重泄漏。 （3）分闸电磁铁铁芯行程未调节好，致使分闸一级阀打不开或打开太小。 （4）阀系统严重泄漏，控制系统闭锁分闸功能
9	断路器合而又分	（1）节流孔堵塞，合闸保持腔内无高压油补充。 （2）止回阀、分闸一级阀严重泄漏
10	断路器误动	（1）液压系统和控制管道内存在大量气体。 （2）阀系统严重漏油。 （3）分合闸电磁线圈启动电压太低，又发生直流回路绝缘不良

（3）气动操动机构常见故障及原因见表 Z08G1001Ⅰ–5。

表 Z08G1001Ⅰ–5　　　气动操动机构常见故障及原因

序号	常见故障	可能原因
1	合闸位置时电磁阀严重漏气	（1）电磁阀合闸冲击密封垫存在严重变形或密封处积污严重，造成密封处密封不良，严重时压缩机频繁启动。 （2）电磁阀分合闸保持器的密封不良
2	合闸过程中，压缩空气大排气，断路器闭锁	电磁阀活塞的密封垫老化，造成活塞的密封不良，在合闸时，电磁阀活塞的推力变小，活塞动作不到位，无法关闭合闸密封，造成高压力气体通过电磁阀排气口向外大量排气

续表

序号	常见故障	可能原因
3	压缩空气系统故障	（1）压缩空气系统漏气，各管道的接头密封不良；压力开关、压力表、安全阀等附件连接处漏气，严重时会造成压缩机频繁启动或压缩空气系统不能正常建压。 （2）操动机构工作缸及其他密封处的密封垫严重变形或老化，造成压缩空气系统漏气。 （3）一级阀或二级阀的密封面积污严重或有异物，造成阀片关闭不严，严重时会造成压缩机频繁启动或压缩空气系统不能正常建压。 （4）压缩机打压时间过长，压缩机的活塞环磨损严重，造成压缩机效率下降；压缩机的阀片断裂也会造成压缩机打压时间过长或压缩空气系统不能正常建压。 （5）止回阀内积污严重或止回阀密封处有异物会造成止回阀漏气，严重时会造成压缩机频繁启动或压缩空气系统不能正常建压。 （6）压缩机电源故障
4	断路器拒动	（1）辅助开关的触点接触不良或辅助开关的触点不能正常复位。 （2）控制回路断线。 （3）分合闸线圈烧坏

四、GIS 常见异常

（1）压力表（SF_6 气体或压缩空气）的指示异常。压力表指示可能偏高或偏低，偏高一般是由于气温升高或压力表异常引起的，偏低一般是气温下降或 SF_6 气体漏气引起的。若气体压力降到一定值时，将发出信号；若漏气严重，则红、绿灯熄灭，此时，自动闭锁分合闸回路。

对有 SF_6 密度继电器监视气体压力的，则该方式监视压力不受环境温度的影响。当 SF_6 密度继电器报警时，说明有压力异常现象。

（2）SF_6 气体水分含量增高异常。GIS 运行时，SF_6 气体水分含量应定期检测，断路器气室含水量体积比不应超过 300×10^{-6}，其他气室含水量体积比不应超过 500×10^{-6}，大大低于空气中的含水量。密封不良时，水分可以透过密封件渗入气室，导致 SF_6 气体的绝缘和灭弧性能下降。

（3）内部放电异常。GIS 内部不清洁、运输中的意外碰撞和绝缘件质量不合格等，都可能引起内部放电。当内部放电时，产生冲击振动及声音，传向 GIS 外壳，通过认真巡视，有些放电现象可以发现。

（4）内部元件异常。GIS 内部元件包括母线、断路器、隔离开关、接地刀闸、避雷器、电压互感器、电流互感器、电缆终端、绝缘件等元件。GIS 内部元件异常现象与普通一次设备异常现象基本相同。常见的异常有绝缘子和支持绝缘子爆裂损坏，接头处过热甚至变色，断路器操动机构异常。

【思考与练习】

1. 隔离开关常见异常包括哪些？

2. 高压断路器常见异常包括哪些？

3. GIS 常见的异常主要有哪些现象？

模块 2　高压开关类设备异常分析处理（Z08G1001Ⅱ）

【模块描述】本模块包含典型隔离开关、断路器、组合电器异常案例和异常处理有关规定求。通过对典型高压开关类设备异常的案例分析介绍，达到熟悉设备异常现象和处理原则，危险点源分析方法的目的。

【模块内容】

一、隔离开关异常分析及处理

1. 隔离开关发热处理

高压隔离开关的动静触头及其附属的接触部分是其安全运行的关键部分。因为在运行中，经常地分合操作、触头的氧化锈蚀、合闸位置不正等各种原因均会导致接触不良，使隔离开关的导流接触部位发热。在巡视检查中，变电运维人员应根据接触部分的颜色、雨雾雪天气环境下的汽化情况等，来判别高压隔离开关是否处于异常的运行状态。当对隔离开关的导流接触部位是否发热有疑问时，可用红外测温仪测量实际温度。当发现隔离开关的触点温度超过规定时，应汇报调度减少或转移负荷；根据具体设备和实际接线方式，分别采取相应的措施，并加强监视。

（1）3/2 接线方式回路中的隔离开关发热，应尽快安排停电检修。维持运行期间，应减小负荷，加强运行监视。

（2）双母接线中，如某一母线隔离开关发热，可将该线路倒换至另一条母线运行。发热的母线隔离开关在以后的母线停役（双母接线的该回路还必须同时停役）时进行处理。

2. 合闸三相不到位或三相不同期处理

对隔离开关在合闸操作中发生的三相不到位或三相不同期的情况，变电运维人员必须高度重视。变电运维人员在操作合隔离开关后，如发现三相不能完全合到位或三相不同期时应拉开重新再合。如重复操作后隔离开关的上述情况依然存在，则应汇报调度及上级部门安排停电检修。

3. 合闸时触头三相到位但辅助开关常开触点未闭合

在合闸时，如果发生隔离开关触头三相到位但辅助开关常开触点未闭合的情况，则该回路的控制或保护屏会有相应的光示牌或信号发生。对于连杆传动型的隔离开关辅助开关，可采用推合连杆使之辅助触点翻转到位的方法，其他形式传动的隔离开关辅助开关触点翻转不到位，可将隔离开关拉开后再进行一次合闸，如辅助开关触点翻转仍不到位，则应将隔离开关拉开并停止操作，将情况汇报给调度和上级部门。

4. 分合操作中途停止的异常处理

分合操作中途停止情况存在于电动隔离开关的操作中。隔离开关分合操作中途停止的原因主要是机构传动、转动及隔离开关转动部分因锈蚀或卡涩、操作电源熔丝老化等情况而造成操作回路断开，此时隔离开关的触头间可能会拉弧放电。

在隔离开关的分合闸操作过程中出现中途停止时，应立即检查隔离开关操作电源，在排除操作电源引起的停止后，可手动将隔离开关拉开或合上。事后应汇报上级主管部门，在停电检修时处理。

5. 隔离开关拒合拒分异常处理

当隔离开关发生拒合拒分时应停止操作，首先核对所操作的对象是否正确，与之相关回路的断路器、隔离开关和接地刀闸的实际位置是否符合操作条件，然后区分故障范围。在未查明原因前不得操作，严禁通过按动接触器来操作隔离开关，否则可能造成设备损坏或者母线隔离开关绝缘子断裂倒地而造成电网事故。

若隔离开关拒动，变电运维人员应检查操作顺序是否正确，是否为防误装置（如电磁锁、机械闭锁、电气回路闭锁、程序闭锁等）失灵所致。若检查操作程序正确，拒动是由防误装置失灵造成的，变电运维人员应停止操作，汇报站领导。在确认是防误装置失灵后，方可解除闭锁进行操作，避免误判断导致误操作。在检查过程中，要特别注意机械闭锁的接地刀闸是否确已拉开。

在操作正确时，隔离开关拒合拒分的原因主要是机械和电气两个方面的故障。机械方面的故障有机械转动、传动部位的卡死，相关轴销的脱销，也有转动、传动连杆焊接脱裂，甚至有隔离开关触头烧熔的情况；电气方面的故障有操作电源失去、接触器损坏或卡涩、电动机损坏、闭锁失灵等。

（1）因电气方面的故障而使隔离开关发生拒合拒分的，在排除故障后可继续操作，不能排除时则可进行手动操作，应根据"五防"装设情况执行相关的解锁操作规定。

（2）若是机械方面的原因，变电运维人员大多不能排除，此时应向调度及上级部门汇报，进行停电处理。

6. 绝缘子外伤、硬伤异常情况处理

隔离开关支柱绝缘子有裂纹以及裙边有轻微外伤和损坏，如对触头没有影响，且还能保持绝缘，隔离开关还可继续运行，但应加强监视，尽快申请进行修复。

隔离开关支柱绝缘子有裂纹，该隔离开关应禁止操作，与母线连接的隔离开关的支柱绝缘子有裂纹的应尽可能采取母线与回路同时停电的处理方法。

二、断路器异常分析及处理

1. 操动机构异常分析及处理

（1）液压操动机构压力异常分析及处理。液压操动机构上都装有压力表。当操动机构频繁启泵时，而且又看不出什么地方渗漏，说明为油内渗，即高压油渗漏到低压油内。变电运维人员应加强监视，若启泵时间间隔延长，说明安全释放阀返回值偏低。否则这种情况的处理方法：一是断路器停电进行处理，二是采取措施后带电处理。巡视检查时要看压力表的指示值，再折算到当时的环境温度下核对是否在标准范围内，如果压力低，则说明漏氮气；如果压力高，则是高压油蹿入氮气中。

运行中液压操动机构压力表指示值上升，说明高压油蹿入氮气中。由于电动机停泵是靠活塞杆位置带动微动开关控制的。运行中微动开关不会变动位置，但当油进入氮气中时，会使原氮气空间的位置被油占据，从而引起压力升高。当压力升高时，特别是机构运行时间越长，则蹿入氮气中的油越多（因氮气与油的密封圈损坏，运行中高压油侧的压强大于氮气侧的压强），这种压力升高会使断路器的动作速度增加，不仅对灭弧不利，更重要的是，断路器机械部件承受不了，很可能导致断路器动作时损坏，因此发现这种现象时应及时处理。

另一种液压操动机构（如 CY-4 型）运行中不会出现压力升高，因为在这种结构中将油和气隔开的活塞中间有一通向大气的孔，如密封圈有损坏，油和气会流动到机构箱内。凡发现储压筒活塞杆下部的孔向下流油或漏气时，应及时检修处理。

（2）气动操动机构压力异常分析及处理。气动操动机构一般也有表计监视，机构正常时指示值应在正常范围，过高过低均会影响断路器动作性能。

引起气动操动机构常启泵的原因主要有气动操动机构管道连接处漏气、压缩机止回阀被灰尘堵住、工作缸活塞环磨损等。可采取听声音的方法确定渗漏部位。对于管道连接处漏气及活塞环磨损而造成的机构常启泵，该断路器应及时申请停役检修，防止发生在运行中排气的情况。

断路器复役，在合闸操作后，如果听到压缩机有漏气声，则压缩机止回阀被灰尘堵住的可能性较大，可汇报调度对该断路器进行几次分合操作，一般能够消除这种异常现象。

（3）弹簧操动机构压力异常分析及处理。弹簧储能操动机构的断路器在运行中，发出弹簧机构未储能信号（光字牌及音响）时，变电运维人员应迅速去现场，检查交流回路及电动机是否有故障，电动机有故障时，应用手动将弹簧储能，交流电动机无故障而且弹簧已储能，应检查二次回路是否误发信号，如果是由于弹簧有故障不能恢复时，应向调度申请停电处理。

2. SF$_6$气体压力异常分析及处理

SF$_6$断路器的气压是非常重要的，如果压力过低，将对断路器性能有直接影响。若气体压力降到一定值时，将发出信号；若漏气严重，自动闭锁分合闸回路（一对一强电控制断路器红、绿指示灯熄灭）。

对于 SF$_6$断路器，应定时记录 SF$_6$气体压力及温度，将压力表指示数值在当时的环境温度下折算到标准温度下的数值（折算可按照温度—压力曲线查找），看其是否在规定范围内，如压力降低，则说明有漏气现象。有时虽然数值在正常范围内，但与上次检查时比较相同环境温度下，压力明显降低，亦说明有漏气现象，应及时检查处理。

用 SF$_6$密度继电器监视气体压力时，监视压力不受环境温度的影响。当 SF$_6$密度继电器报警时，说明有压力异常现象。

在相同的环境温度下，气压表的指示值在逐步下降时，说明断路器漏气。若 SF$_6$气压突然降至零，应立即将该断路器改为非自动，断开其控制电源，并与调度和有关部门联系，及时采取措施，断开上一级断路器（或旁路代，但必须注意：旁路与被代回路并列运行时，因被代回路断路器非自动，在拉开被代回路的线路或变压器隔离开关前，旁路断路器必须改非自动，以防在拉开被代回路的隔离开关时，因旁路跳闸而发生带负荷拉闸的事故），将该故障断路器停用检修。

如运行中 SF$_6$气室泄漏，发出补气信号，但红、绿灯未熄灭时，表示 SF$_6$还未降到闭锁压力值。如果由于系统的原因不能停电时，可在保证安全的情况（如开启排风扇等）下，用合格的 SF$_6$气体做补气处理。造成漏气的主要原因有以下几方面：

（1）瓷套与法兰胶合处胶合不良。

（2）瓷套的胶垫连接处，胶垫老化或位置未放正。

（3）滑动密封处密封圈损伤，或滑动杆表面粗糙度不够。

（4）管接头处及自封阀处固定不紧或有杂物。

（5）压力表特别是接头处密封垫损伤。

纯净的 SF$_6$气体无毒，但经过电弧分解后的 SF$_6$气体含有毒性。为此，当室内的 SF$_6$断路器有气体外泄时要注意通风，工作人员应有防毒保护。

3. 断路器过热异常分析及处理

油断路器运行中若发现油箱外部颜色异常，且可嗅到焦臭气味，则应判为出现过热现象。断路器过热会使油位升高，迫使断路器内部缓冲空间缩小，同时由于过热还会使绝缘油劣化、绝缘材料老化、弹簧退火等。

造成断路器过热的原因有以下几方面：

（1）过负荷。

（2）触头接触不良，接触电阻超过标准值。

（3）导电杆与设备接线卡连接松动。

（4）导电回路内各电流过渡部件、紧固件松动或氧化，导致过热。

4. 分合闸线圈冒烟异常分析及处理

合闸操作或继电保护自动装置动作后，出现分合闸线圈严重过热或冒烟，可能是分合闸线圈长时间带电所造成的。发生此现象时，应立即断开直流电源，以防分、合闸线圈烧坏。

（1）合闸线圈烧毁的原因有以下几方面：

1）合闸接触器本身卡涩或触点粘连。

2）操作把手的合闸触点断不开。

3）重合闸装置辅助触点粘连。

4）防跳跃闭锁继电器失灵。

5）断路器辅助触点打不开。

（2）跳闸线圈烧毁的原因主要有以下几方面：

1）跳闸线圈内部匝间短路。

2）断路器跳闸后，机械辅助触点打不开，使跳闸线圈长时间带电。

5. 断路器空气压力低异常分析及处理

（1）根据空气压力低禁止重合闸信号到现场进行检查，若气压确实低，应检查储压电动机是否打压。

（2）若打压但压力未上升则检查储压回路是否严重漏气或电动机传动轴是否脱落，汇报调度，用旁路进行带路。停运处理。

（3）若不打压应检查储压电动机不打压的原因。检查电动机的电源空气开关是否断开；检查电动机的电源是否有熔断器熔断，总电源是否消失，若电源消失，应检查该交流网络是否有熔断器熔断；检查电动机的接触器是否接触不良或损坏；检查电动机是否损坏。

（4）检查空气储压缸放气阀是否拧紧，机构箱内外空气连接管是否有漏气现象。

（5）如压力不能恢复，可申请调度将该断路器停运。

6. 断路器拒绝合闸异常分析及处理

（1）断路器拒合原因。发生拒合的情况基本上是在合闸操作和重合闸过程中。拒合的原因主要有两方面：一是电气方面，二是机械方面。判断断路器拒合的原因及处理方法一般可分为以下三步：

1）将拒动断路器再合闸一次，确认操作正确。

2）检查电气回路各部位情况，以确定电气回路有无故障。其方法是：① 检查合闸控制电源是否正常。② 检查合闸控制回路熔丝和合闸熔断器是否良好。③ 检查合闸接触器的触点是否正常，如电磁操动机构。④ 将断路器操作把手打至合闸位置时，看合闸铁芯是否动作（液压操动机构、气动操动机构、弹簧操动机构的检查类同）。若合闸铁芯动作正常，则说明电气回路正常。

3）如果电气回路正常，断路器仍不能合闸，则说明为机械方面故障，应联系调度停用断路器，汇报上级部门安排检修处理。

经以上初步检查，可判定是电气方面的故障，还是机械方面的故障。常见的电气回路故障和机械方面的故障分别叙述如下。

（2）电气方面常见问题。

1）控制回路断线。断路器控制回路断线由跳闸位置继电器和合闸位置继电器来判断。当断路器合位时，跳闸回路接通；断路器分位时，合闸回路接通；若出现合闸回路和跳闸回路都不通时，判断为断路器控制回路断线。

断路器控制回路断线的原因可能有：分合闸总闭锁，远方/就地切换开关切至就地，操作电源消失等。若查明操作电源消失引起，则汇报调度后可以试合一次。若是其他原因引起，则立即汇报缺陷，必要时将断路器退出运行，若两套断路器控制回路均断线，则采取相应措施将故障断路器隔离。

2）辅助开关触点接触不良。断路器辅助开关的触点接触不良或辅助开关的触点不能正常复位引起断路器拒绝合闸时，应立即汇报缺陷，并将断路器退出运行，通知检修人员处理。

3）断路器油压或 SF_6 压力、气体压力降低。当断路器发生油压或 SF_6 压力、气体压力降低等原因造成断路器拒绝合闸时，应按具体的原因分别进行处理，处理时一般将断路器退出运行，并汇报相应缺陷。

（3）机械方面常见问题。

1）传动机构连杆松动脱落。

2）合闸铁芯卡涩。

3）断路器分闸后机构未复归到预合位置。

4）跳闸机构脱扣。

5）合闸电磁铁动作电压太高，使一级合闸阀打不开。

6）弹簧操动机构合闸弹簧未储能。

7）分闸连杆未复归。

8）分闸锁钩未钩住或分闸四连杆机构调整未越过死点，因而不能保持合闸。

9）操动机构卡死，连接部分轴销脱落，使操动机构空合。

10）有时断路器合闸时多次连续做合分动作，此时是断路器的辅助动断触点打开过早。

7. 断路器拒绝分闸异常分析及处理

断路器的拒分对系统安全运行威胁很大，一旦某一单元发生故障时，断路器拒分，将会造成上一级断路器跳闸，称为"越级跳闸"。这将扩大事故停电范围，甚至有时会导致系统解列，造成大面积停电的恶性事故。因此，拒分比拒合带来的危害更大。

拒分的特征和处理方法如下：

（1）拒分的特征为：回路光字牌亮，信号掉牌显示保护动作，但该断路器仍在合闸位置；上一级的后备保护如主变压器阻抗保护、断路器失灵保护等动作。在个别情况下，后备保护不能及时动作，元件会有短时电流表指示值剧增，电压表指示值降低，功率表指针晃动，主变压器发出沉重嗡嗡异常响声等现象，而相应断路器仍处在合闸位置。

（2）确定断路器拒分后，应立即手动拉闸。

1）在尚未判明拒分原因之时主变压器电源总断路器电流表指示值甩足，异常声响强烈，应先拉开电源总断路器，以防烧坏主变压器（必须明确主变压器是送故障电流）。

2）当上级后备保护动作造成停电时，若查明有分路保护动作，但断路器未跳闸，应断开或隔离拒动的断路器，恢复上级电源断路器；若查明各分路保护均未动作（也可能为保护拒掉牌），则应检查停电范围内设备有无故障，若无故障，应拉开所有分路断路器，合上电源断路器后，逐一试送各分路断路器。当送到某一分路时，电源断路器又再次跳闸，则可判明该断路器或保护拒绝动作。这时应隔离该支路断路器，同时恢复其他回路供电。

3）对拒分的断路器，除了可迅速排除的一般电气异常（如控制电源电压过低、控制回路熔断器接触不良、熔丝熔断等）外，对不能及时处理的电气性或机械性异常，均应联系调度和汇报上级部门，进行停役检修处理。

（3）对拒分断路器的电气及机械方面异常的分析判断方法。应判断是电气回路异常还是机械方面异常；检查是否为跳闸电源的电压过低所致；检查跳闸回路是否完好，如跳闸铁芯动作良好断路器拒分，则说明是机械故障；如果电源良好，若铁芯动作无力、铁芯卡涩或线圈故障造成拒跳，往往可能是电气和机械方面同时存在异常；如果操作电压正常，操作后铁芯不动，则多半是电气原因引起的拒分。

1）电气方面原因：控制回路熔断器熔断或跳闸回路各元件接触不良，如断路器操作把手的触点、断路器操动机构辅助触点、防跳继电器和继电保护跳闸回路等接触不良；液压（气动）操动机构压力降低导致跳闸回路被闭锁，或分闸控制阀未动作；SF_6 断路器气体压力过低，密度继电器闭锁操作回路；跳闸线圈异常。

2）机械方面原因：跳闸铁芯动作冲击力不足，说明铁芯可能卡涩或跳闸铁芯脱落，分闸弹簧失灵，分闸阀卡死，大量漏气等；触头发生焊接或机械卡涩，传动部分异常

（如销子脱落等）。

8. 断路器"偷跳"异常分析及处理

断路器"偷跳"即断路器误跳闸，是指一次系统中未发生故障，因人为因素或保护装置、操动机构异常导致的断路器误跳闸。

（1）断路器"偷跳"的现象。断路器"偷跳"的现象较为复杂，要准确判断，必须抓住"偷跳"的特征，即一次系统中并未发生故障，才能正确区分"偷跳"与断路器正常保护动作跳闸。

一般说来，若断路器跳闸伴随系统冲击、表计的冲击摆动、照明突然变暗、电压突然下降、设备的异常运行声音等现象，均不属于"偷跳"性质；若仅为某断路器的跳闸，无保护的动作信号，或即便有保护出口动作但保护动作不正确，录波器未启动，无一次系统故障的特征，则可能为"偷跳"。

（2）断路器"偷跳"的可能原因。

1）人为误动、误碰有关二次元件，误碰设备某些部位等。

2）在保护或二次回路上工作，防误安全措施不完善、不可靠导致断路器误跳闸。

3）操动机构自行脱扣或机构故障导致断路器误跳闸。

4）直流两点或多点接地、二次回路元件损坏、短路等造成断路器误跳闸。

5）继电保护装置误动或保护出口继电器触点误接通等短路造成断路器误跳闸。

（3）断路器"偷跳"的处理。

1）若属人为误动、误碰造成断路器非全相运行的，可立即合上该断路器恢复正常运行；如果三相跳闸，则应投入同期装置，实现检同期合闸，若无同期装置，确认无非同期并列的可能时，方可合闸；若属二次回路上有人工作造成的，应立即停止二次回路上的工作，恢复送电，并认真检查防误安全措施，在确认做好安全措施后，才能继续二次回路上的工作。

2）若属操动机构自动脱扣或机构其他异常所致，应检查保护是否动作（此时保护应无动作），重合闸是否启动重合，若重合闸动作成功，变电运维人员应做好记录，检查断路器本体及机构若无异常，继续保持断路器的运行，汇报调度及上级有关部门，待停电后再检查处理。若重合闸不成功，检查确认为机构故障，应汇报调度，根据调度命令，将负荷倒至备用电源，或用旁路断路器代本断路器运行，申请停电并做好安全处理措施。

3）若属二次回路故障，如直流两点接地、二次回路短路、元件损坏等原因引起断路器误跳，应汇报调度，将负荷倒换，或用旁路断路器代故障断路器运行，将故障断路器两侧隔离开关断开，停电进行检修处理，在查找到明显的故障点并处理完毕后，才能恢复正常运行。

4）若属保护装置误动跳闸,应区别系统故障时保护动作不正常与系统无故障仅由保护误动致使断路器跳闸,要与故障录波图对照加以区分;保护误动后应检查保护装置有无明显的异常现象并汇报调度;若是保护整定值不匹配或是由保护装置元件损坏、内部短路等原因引起,均应将负荷倒至备用线路,或用旁路断路器代本断路器运行后,隔离故障断路器停电检修,对多套保护配置的断路器,应严格按照现场规程或规定处理;若因保护回路上有人工作,安全措施不全面而导致断路器误跳闸,应立即停止保护回路上的工作,做好安全措施后再恢复送电;若是电压互感器二次断线,闭锁失灵导致断路器误跳,应迅速将电压互感器二次电压恢复,汇报调度,恢复送电或申请调度退出可能误动的保护。

（4）注意事项。

1）由各种因素导致的断路器"偷跳",在实际工作中较难判断,变电运维人员应准确记录所出现的信号和现象,严格区分一次系统故障与二次回路故障导致断路器误跳闸。

2）无论何种原因导致断路器"偷跳",若重合闸动作成功,不允许再对该断路器的操动机构、保护装置、二次回路进行缺陷检查,只能观察情况,记录信号和现象,以免查找过程中再次导致断路器误跳,并汇报调度,保持断路器运行。

3）若断路器"偷跳",无法判明故障原因,变电运维人员按调度要求做好断路器停电处理,由上级有关部门处理。

三、GIS 异常的分析及处理

GIS 组合电器异常时,应在认真分析引起异常原因的基础上,针对具体情况采取不同的处理方法。

1. 压力表（SF$_6$ 气体或压缩空气）的指示异常及处理

SF$_6$ 气体的压力表指示异常如果是由于气温变化引起的,通常不需要进行处理;如果是压力表计引起时,则应通知检修部门处理。最常见的压力表指示异常是由 SF$_6$ 气体泄漏引起的。规程规定气室年漏气率应低于 1%。漏气轻者,需要对 GIS 补气;严重者,会使 GIS 被迫停运。如运行中 SF$_6$ 气室泄漏发出补气信号,但 SF$_6$ 气体还未降到闭锁压力值,而系统不能停电时,可在保证安全的情况（如开启排风扇等）下,用合格的 SF$_6$ 气体做补气处理。

2. SF$_6$ 气体水分含量增高异常及处理

SF$_6$ 气体水分含量增高通常与 SF$_6$ 气体泄漏有关。因为泄漏的同时,外部水气也向 GIS 气室内渗透,致使气室内 SF$_6$ 气体水分含量增高。SF$_6$ 气体水分含量增高是引起绝缘子或其他绝缘件闪络的主要原因。当发生 SF$_6$ 气体水分含量增高时,及时上报调度。

3. 内部放电异常及处理

当发现内部有放电缺陷时,应通知检修部门及时进行检测,上报调度,当影响运行时，应停电处理。

4. 内部元件异常及处理

内部元件发生异常应结合具体元件的异常情况进行综合分析。其处理方法与普通一次设备异常处理方法基本相同，比较特殊的是内部过热。内部过热严重时，会使 GIS 外部的局部温度升高，可以通过红外热像仪对断路器进行检测，当温度超过 DL/T 664—2016《带电设备红外诊断应用规范》中的要求时，可认为内部有过热现象，应及时上报调度。

四、危险点源分析

（1）隔离开关的危险点源分析见表 Z08G1001Ⅱ–1。

表 Z08G1001Ⅱ–1　　　　　　隔离开关的危险点源分析

异常情况	危险点源	控制措施
隔离开关或隔离开关接触部位发热	造成隔离开关接触部位熔焊或变形。操作时造成拉合不成功或接触不良，引起故障	定期开展红外检测，对发热温度超过规程规定值的隔离开关，应将其隔离并上报，及时处理
隔离开关绝缘子有裂纹、破损现象，表面有严重放电	造成接地故障，危及设备和人身安全	定期巡视、检查，发现隔离开关绝缘子有裂纹、破损现象，表面有严重放电时，及时更换
隔离开关拒合、拒分，操动机构失灵	对操作人员造成伤害	及时汇报上级部门，定期检修
隔离开关辅助开关切换不良	造成操作人员误判断，影响设备运行	及时汇报上级部门，定期检修

（2）断路器的危险点源分析见表 Z08G1001Ⅱ–2。

表 Z08G1001Ⅱ–2　　　　　　断路器的危险点源分析

异常情况	危险点源	控制措施
SF_6 断路器漏气	有毒、有害气体外漏，人员中毒。导致断路器开断时不能灭弧发生爆炸，危及设备及人身安全	定期检查、巡视，一旦发现有压力降低或报警信号，应及时检查汇报
SF_6 气体压力异常	导致断路器开断时不能灭弧发生爆炸，危及设备及人身安全	定期检查、巡视，发现有压力降低或报警信号，应及时上报处理
SF_6 气体水分含量增高	导致断路器发生闪络、接地故障，危及设备及人身安全	定期开展 SF_6 气体水分检查、试验，并做好记录。对于试验不合格的设备应停止操作，应及时上报处理
断路器拒绝分闸异常	导致故障扩大	及时上报处理
操动机构的异常	检查、处理时造成人员触电	按规程要求执行
分合闸线圈冒烟异常	检查、处理时造成人员触电	发生此现象时，应立即断开直流电源，以防分、合闸线圈烧坏
断路器部分发热	操作时造成拉合不成功或接触不良，引起故障	定期检查，开展红外检测等试验

（3）GIS 的危险点源分析见表 Z08G1001Ⅱ–3。

表 Z08G1001Ⅱ–3　　　　　　　　GIS 的危险点源分析

异常情况	危险点源	控制措施
SF₆ 断路器漏气	有毒、有害气体外漏，人员中毒。导致断路器开断时不能灭弧发生爆炸，危及设备和人身安全	定期检查、巡视，一旦发现有压力降低或报警信号，应及时检查汇报
SF₆ 气体压力异常	导致断路器开断时不能灭弧发生爆炸，危及设备和人身安全	定期检查、巡视，发现有压力降低或报警信号，应及时上报处理
SF₆ 气体水分含量增高	引起绝缘子或其他绝缘件闪络，发生故障，危及设备和人身安全	定期开展 SF₆ 气体水分检查、试验，并做好记录。对于试验不合格的设备应停止操作，应及时上报处理

五、案例分析

【例 Z08G1001Ⅱ–1】500kV 变电站 HPL 型断路器异常跳闸分析及处理。

某变电站 HPL–500 型断路器投运前继电传动时出现远方三相合闸后接着瞬时三相分闸，然后又拒合的异常现象。

现场检查发现，汇控柜内主跳回路的非全相保护的中间继电器处于励磁状态（并非其动合触点粘连）。在调看该站实时监测系统记录时发现，该断路器合闸后无延时瞬间分闸，而且其三相接入遥信的位置触点是串联的。由此可判断，并非因断路器辅助触点转换不到位启动了非全相保护继电器，而是中间继电器在此次合闸前，不正常励磁串在跳闸回路的动合触点闭合，造成断路器远方合闸时串入跳 IJ 回路辅助动合触点，同步闭合正电源，使断路器瞬间分闸。据此，断开非全相保护的中间继电器的正电源，退出主跳回路的非全相保护，按图纸复查及紧固了二次接线，再次传动无异常，断路器投入运行正常。

此案例说明，当发生异常情况时，不能只靠经验判断，应结合相关的记录数据和现场情况进行仔细分析，查找异常原因。

【思考与练习】

1. 隔离开关发热异常如何处理？

2. 断路器拒绝合闸的异常如何处理？

3. SF₆ 气体泄漏异常如何处理？

◢ 模块 3　高压开关类设备异常处理的优化处理方案（Z08G1001Ⅲ）

【模块描述】本模块包含高压开关类设备异常案例分析和优化处理方案求。通过对优化处理方案的介绍，能达到对高压开关类设备异常进行深入分析、编制优化处理方案并组织实施的目的。

【模块内容】

一、异常处理的基本原则与要求

（1）高压开关类设备的异常处理，必须严格遵守《国家电网公司电力安全工作规程》、调度规程、现场运行规程、现场异常运行处理规程，以及各级技术管理部门有关规章制度、安全措施的规定。

（2）异常处理过程中，变电运维人员应沉着果断，认真监视表计、信号指示，并做好记录，对设备的检查要认真、仔细，正确判断异常设备的范围及性质，汇报术语准确、简明。

（3）变电运维人员应密切关注设备异常状况，防止异常设备情况继续发展，并按有关调度、运行规程规定执行。

二、异常处理优化方案流程

异常处理优化方案流程如图 Z08G1001Ⅲ–1 所示。

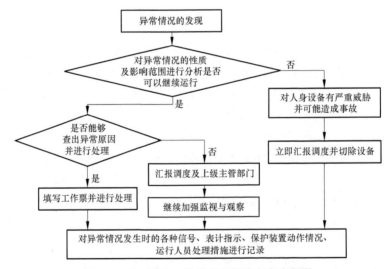

图 Z08G1001Ⅲ–1　异常处理优化方案流程图

【思考与练习】

高压开关类设备异常处理的基本原则与要求是什么？

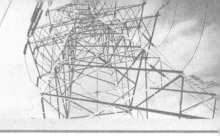

第十六章

变压器异常处理

▲ 模块 1　变压器一般异常（Z08G2001 Ⅰ）

【模块描述】本模块包含变压器（高压电抗器）常见异常情况。通过对变压器（高压电抗器）的常见异常的介绍，达到熟悉设备常见异常现象，能对设备常见异常进行简单分析，并在监护指导下参与异常处理的目的。

【模块内容】

变压器在运行过程中，由于运行维护不当、制造质量不良、检修工艺不到位等原因，将会导致变压器异常运行。变压器异常运行是指变压器仍保持运行，断路器未动作跳闸，但变压器出现异常情况，这是将要发生事故的先兆。如果这些异常情况不能及时发现和处理，就会发展成事故，造成巨大经济损失，因此，变电运维人员要根据设备存在的缺陷、气候的变化、运行方式的改变，做好预先处理方案。一旦发生异常，能尽快判断异常的类型、性质及原因，并能迅速而准确地处理，以防扩大为事故。

一、变压器常见异常

变压器常见异常包括：变压器油温异常，变压器油位不正常升降，变压器声音异常，变压器冷却系统异常，变压器油色异常，变压器呼吸器硅胶变色，变压器压力释放器异常等。

1. 变压器温度异常

（1）变压器油温的控制。变压器在运行中温度变化是有规律的。当发热与散热相等并达到平衡状态时，各部分的温度趋于稳定。若在同样条件（冷却条件、负荷大小）下，上层油温比平时高出 10℃以上，或负荷不变而油温不断上升时，若冷却装置良好，则可认为是变压器内部原因引起。变压器的绝缘耐热等级为 A 级，绕组绝缘极限温度为 105℃，对于冷却方式为强油循环的变压器，为了保证绕组最热点温度不超过 98℃，油上层温升则不应超过 55℃。变压器的过热，对变压器的使用寿命影响较大，如果变压器在额定负荷和冷却介质温度为 20℃条件下连续运行，则绕组最热点温度为 98℃，其绝缘老化寿命为 20 年。

（2）变压器温度异常的主要原因。变压器过负荷，冷却装置故障（或冷却装置未完全投入），变压器内部故障，变压器温度指示装置误指示。

2. 变压器油位异常

变压器油位异常的主要原因如下：

（1）指针式油位计出现卡针、损坏、失灵、油位堵塞。

（2）全密封储油柜未按密封方式加油，在隔膜或胶囊袋与油面之间有气体，使隔膜或胶囊高于实际油位，造成假油位。

（3）主变压器呼吸器堵塞，使油位下降时空气不能进入，造成油位指示大幅度变化，主要现象是呼吸器的油封杯中没有气泡产生。

（4）变压器严重渗漏油或长期渗漏油引起油位下降。

（5）胶囊或隔膜破裂，使油进入胶囊或隔膜以上的空间，油位计指示可能偏低。

（6）变压器套管渗漏油造成油位下降，变压器套管注油不当造成套管油位过高或过低。

另外，对于有载调压的主变压器如发现有载调压的储油柜油位异常升高，在排除有载分接开关内部无故障及注油过高的因素后，可判定为内部渗漏（主变压器本体的油渗漏到有载调压分接开关体内部）。

3. 变压器声音异常

正常运行的变压器会发出持续的、均匀的"嗡嗡"声，如果声音不均匀或有其他异常声音出现，均属于变压器声音异常。变压器常见的异常声音异常有：

（1）变压器发出均匀、沉重的"嗡嗡"声，且不断增大，可能是变压器过负荷。

（2）变压器声音中夹杂有连续的、有规律的撞击声或摩擦声，可能是外部某一部件不平衡引起的振动。

（3）变压器发出"吱吱"的尖锐声或"叭叭"声，可能是外部或内部有电弧放电。

（4）变压器有"咕嘟咕嘟"水沸腾声。

（5）变压器有爆裂声。

4. 变压器冷却器系统异常

冷却装置是通过变压器油帮助绕组和铁芯散热。冷却装置正常与否，是变压器正常运行的重要条件。在冷却设备存在故障或冷却效率达不到设计要求时，变压器是不宜满负荷运行的，更不宜过负荷运行。

在冷却装置存在异常时，不仅要观察油温，还应注意变压器运行的其他变化，综合判断变压器的运行状况，按照现场运行规程相关部分执行。

冷却装置常见的异常有：

（1）冷却装置电源异常。当冷却装置电源异常时，主控盘会发出"主变压器冷却器电源故障"等信号。由于故障时的具体原因不同，所发的信号有所不同。

（2）冷却装置机械异常。

（3）冷却控制回路异常。

5. 轻瓦斯保护动作

轻瓦斯保护动作时，会出现以下现象：

（1）警铃响，主控屏或后台监控机上发出"变压器轻瓦斯保护动作"信号。

（2）气体继电器内有气体。

（3）内部故障时伴有异常声响、温度升高。

（4）油位异常信号发出。

6. 变压器其他异常

变压器运行当中，还存在着以下异常情况：变压器油色异常，变压器呼吸器硅胶异常，变压器套管接头处、线卡处过热，压力释放器异常，变压器超额定电流、容量运行即过负荷运行，变压器过励磁运行。

二、高压电抗器的异常运行

高压电抗器在外形和结构上与变压器有某些相似，它在运行中有些异常现象，如气体继电器动作或告警、油位异常、音响异常等，处理方法与变压器基本相同。

在主要结构上，高压电抗器与变压器有两点不同：

（1）高压电抗器只有一组主线圈，而变压器有一次、二次甚至多组主绕组。

（2）高压电抗器采用有间隙的铁芯，而变压器采用硅钢片叠成整体的铁芯。

高压电抗器在运行中虽然不带有功负荷，但却带很重的无功负荷。高压电抗器在运行上的特点是，长期在相对稳定的高负荷条件下运行。高压电抗器是一个固定的电感线圈，它的无功负载是由加在电抗器端子上的系统电压所决定的。当加在电抗器上的电压等于其额定电压且频率等于其额定频率时，通过电抗器的电流就等于它的额定电流，系统电压过高，会造成其过负荷。由于系统电压相对稳定，所以高压电抗器的负载一般总是长期保持在其额定值的 90% 以上，变动很小。因此，高压电抗器运行中的温度较高。同时由于间隙铁芯漏磁较大等原因，运行中往往有较大震动，或出现局部过热等情况。

根据高压电抗器运行条件的特点，变电运维人员需要对其进行认真的监视和维护，认真做好日常巡视检查，定期取油样进行色谱分析。

高压电抗器一般采取油浸自冷方式，当发现油温过高时，除检查电抗器外观等外，还应检查散热器是否清洁，阀门是否正常打开。若装有风冷装置，应检查风扇运行是否正常。

【思考与练习】

1. 变压器常见异常包括哪些？
2. 变压器温度异常的主要原因有哪些？
3. 轻瓦斯保护动作时会出现哪些现象？

▲ 模块 2　变压器异常分析处理（Z08G2001Ⅱ）

【模块描述】本模块包含变压器（高压电抗器）异常案例分析和异常处理有关规定求。通过对变压器（高压电抗器）的典型异常的案例分析介绍，达到熟悉设备异常现象和处理原则，危险点源分析方法的目的。

【模块内容】

一、变压器油温异常的分析及处理

1. 变压器油温异常的主要原因

发现变压器油温异常升高，应对以下可能的原因逐一进行检查，做出准确判断，检查和处理要点如下：

（1）若运行仪表指示变压器已过负荷，单相变压器组三相各温度计指示基本一致，变压器及冷却装置无故障迹象，则油温升高由过负荷引起，应加强对变压器的监视（负荷、温度、运行状态），并尽量争取降低过负荷倍数和缩短过负荷时间。

（2）若冷却装置未完全投入或有故障，应立即处理，排除故障。若故障不能立即排除，则必须降低变压器运行负荷，按相应冷却装置冷却性能与负荷的对应值运行。

（3）若远方测温装置发出温度告警信号，且指示温度值很高，而现场温度计指示并不高，变压器又没有其他故障现象，可能是远方测温回路故障误告警，这类故障可在适宜的时候予以排除。

（4）如果三相变压器组中某一相油温升高，明显高于该相在过去同一负荷、同样冷却条件下的运行油温，而冷却装置、温度计均正常，则过热可能是由变压器内部的某种故障引起的，应通知专业人员立即取油样做色谱分析。若有在线色谱分析仪，应查看数据或将数据上传，分析有无异常。若色谱分析表明变压器存在内部故障，或变压器在负荷及冷却条件不变的情况下，油温不断上升，则可判断为内部故障，应按现场规程规定将变压器退出运行。

2. 变压器油温异常的处理原则

当发现主变压器油温异常升高时，变电运维人员应立即判明原因并设法降低油温，具体内容如下：

（1）检查各个温度计的工作情况，判明温度是否确实升高。

（2）检查各组冷却器工作是否正常。

（3）检查变压器的负荷情况和环境温度，并与以往同等温度情况相比较。

（4）检查冷却器各部位阀门开、闭是否正确。

（5）当判明温度升高的原因后，应立即采取措施降低温度或申请减负荷运行，如果未查出原因，则怀疑内部故障，应马上汇报调度，申请将变压器退出运行，进行检查。

二、变压器油位异常的分析处理

（1）巡视中，发现充油设备油位异常时应及时处理。油位过高的要放油，油位过低的则要补油。

（2）运行中，由于油的热胀冷缩会造成油位的变化，其变化应与油温变化一致。若油位过低，看不到油位，变电运维人员应检查有无漏油情况。同时根据油温、漏油等情况判断油位的可能位置。

（3）若油位低且未发现漏油现象，变电运维人员应汇报调度及上级有关部门，尽快安排补油。若油位低且有漏油现象，应立即处理。变压器设备发现漏油情况，应汇报调度，申请转移负荷，将变压器停电退出运行，进行检修。

（4）当发现变压器油位比当时温度所对应的油位显著降低时，应立即汇报调度。如果大量漏油而使油位迅速下降时，禁止将重瓦斯保护改投信号运行，必须采取制止漏油的措施。

三、变压器声音异常分析处理

（1）变压器发出均匀、沉重的"嗡嗡"声，且不断增大，可能是变压器过负荷。应检查负荷情况，一旦确认，应立即申请减负荷运行。

（2）若变压器的声音中夹杂有连续的、有规律的撞击声或摩擦声，则可能是变压器外部某一部件（如冷却器附件、风扇等）不平衡引起的振动。应对变压器外部部件进行投退试验，找出具体异常的部件，并退出运行。

（3）变压器发出"吱吱"的尖锐声或"叭叭"声，可能是外部或内部有电弧放电。若变压器内部或表面发生局部放电，声音中就会夹杂"劈啪"放电声。发生这种情况时，若在夜间或阴雨天气下，可看到变压器套管附近有蓝色的电晕或火花，这说明瓷件污秽严重或设备线卡接触不良。若是变压器内部放电，则可能是不接地部件发生静电放电，或是分接开关接触不良放电，这时应将变压器停用检查。

（4）若变压器的声音夹杂水沸腾声且温度急剧变化，油位升高，则应判断为变压器绕组发生短路故障。应立即申请停用，检查处理。

（5）若变压器声音中夹杂不均匀的爆裂声，则是变压器内部或表面绝缘击穿，此时应立即将变压器停用检查。

（6）当系统发生短路或接地时，变压器会发出很大的噪声。应立即汇报调度，并将变压器退出运行。

四、变压器冷却器系统异常分析和处理

1. 冷却装置电源异常分析和处理

（1）主变压器两组动力电源消失将造成冷却器全停，变压器温度将逐步升高。

（2）如果站用变压器故障引起冷却器全停，应先恢复站用变压器的供电，再逐步进行处理。

（3）如果站用电源屏电源熔断器熔断引起冷却器全停，应先检查冷却器控制箱内电源进线部分是否存在故障，及时排除故障。故障排除后，将各冷却器选择开关置于"停止"位置，再强送动力电源。若成功，再逐路恢复各组冷却器的运行；若不成功，应仔细检查站用电源是否正常，以及站用电源至冷却器控制箱的电缆是否完好。

（4）如果由于冷却器控制箱电源自动切换回路造成全停，应及时手动投入备用电源，尽快恢复冷却器的运行。

（5）若工作、备用电源均故障，短时难以处理，应立即汇报调度，申请调度转移负荷或做其他处理。

（6）变电运维人员应加强对变压器油温的监视，防止油温过高，烧损变压器或缩短变压器使用寿命。

2. 冷却装置机械异常分析和处理

冷却装置的机械故障包括电动机轴承损坏、电动机绕组损坏、风扇扇叶变形及潜油泵轴承损坏等。这时需尽快更换或检修。

3. 冷却装置控制回路异常分析和处理

冷却装置控制回路异常主要包括各元件损坏、引线接触不良或断线、触点接触不良等，应查明原因，迅速处理。

五、变压器其他异常的分析处理

1. 变压器套管接头处、线卡处过热引起异常

套管接线端部紧固部分松动、引线头线鼻子滑牙等，接触面氧化严重，使接触处过热，颜色变暗失去光泽，表面镀层也会遭到破坏。连接处接头部分温度一般不宜超过 70℃，可用示温蜡片检查，一般熔化温度黄色为 60℃，绿色为 70℃，红色为 80℃。也可用红外热像仪进行测量。温度很高时，会产生焦臭味。

2. 呼吸器硅胶变色

呼吸器硅胶的作用为吸收进入储油柜胶袋和隔膜中空气的潮气，以免变压器绝缘油受潮。当硅胶变色时，表明硅胶已受潮而且失效。一般已变色的硅胶达 2/3 时，变电运维人员应通知检修人员更换。硅胶变色过快的原因主要有以下几点：

（1）长时期天气阴雨，空气湿度较大，因吸湿量大而过快变色。

（2）呼吸器容量过小，如有载分接开关采用 0.5kg 的呼吸器时，变色过快是常见现象，应更换较大容量的呼吸器。

（3）硅胶玻璃罩罐有裂纹、破损。

（4）呼吸器下部油封罩内无油或油位太低，起不到良好的油封作用，使湿空气未经油滤而直接进入硅胶罐内。

（5）呼吸器安装不良，如胶垫龟裂不合格，螺钉松动，安装不密封而受潮。

3. 变压器压力释放器异常

当变压器油压超过一定标准时，变压器压力释放器便开始动作，进行溢油或喷油，从而降低油压保护油箱。变压器备有相应的信号报警装置，在溢喷油时，变电运维人员能发现报警信号，可迅速对异常进行处理。但也有的因制造上的质量问题或试验数据不准确使变压器误动或拒动。应结合变压器其他情况（如温度、声音）等进行综合判断。

4. 变压器过负荷的原因分析及处理

（1）变压器过负荷的一般原因有：

1）两台变压器并列运行，一台变压器检修或因故障退出运行，负载全部转至另一台变压器，造成另一台变压器超额定负载。

2）系统事故状态下，变压器短期急救负载而超额定负载运行。

3）长期急救周期性负载运行。

（2）变压器发生过负荷后，变电运维人员应做如下处理：

1）记录过负荷起始时间、负荷值及当时环境温度。

2）将过负荷情况向调度汇报，采取措施压降负荷。查对相应型号变压器过负荷限值表，并按表内所列数据对正常过负荷和事故过负荷的幅度和时间进行监视和控制。

3）手动投入全部冷却器。

4）对过负荷主变压器进行特殊巡视，检查风冷系统运转情况及各连接点有无发热情况。

5）指派专人严密监视过载主变压器的负荷及温度，若过负荷运行时间已超过允许值，应立即汇报调度将主变压器停运。

6）对带有载调压装置的变压器，在超额定负载运行程度较大时，应尽量避免使用有载调压装置调节分接头。

5. 变压器过励磁原因分析及处理

（1）变压器产生过励磁的原因有：

1）电力系统因事故解列后，部分系统的甩负荷过电压。

2）铁磁谐振过电压。

3）变压器分接头调整不当。

4）长线路末端带空载变压器或其他误操作。

5）发电机频率未到额定值，过早增加励磁电流，频率低。

6）发电机自励磁。

（2）变压器产生过励磁后变电运维人员应做如下处理：变压器过励磁运行时，过励磁保护将会动作发信或跳闸，变电运维人员必须及时向调度报告，记录发生时间和过励磁倍数，并按现场运行规程中的有关限值与允许时间规定进行严密监控，应及时向调度汇报，提请调度采取降低系统电压的措施或按调度指令进行处理。与此同时，严密监视变压器的油温、线圈温度的升高情况和变化速率，当发现其变化速率很高时，即使未达到变压器的温度限值，也必须提请调度立即采取降低系统电压的措施。

六、高压电抗器的异常运行

高压电抗器在外形和结构上与变压器有某些相似，它在运行中有些异常现象，如气体继电器动作或告警、油位异常、音响异常等，处理方法与变压器基本相同。

七、危险点源分析

变压器危险点源分析见表 Z08G2001Ⅱ–1。

表 Z08G2001Ⅱ–1　　　　　　　变压器危险点源分析

异常情况	危险点源	控制措施
变压器温度异常	造成变压器喷油，设备损坏	应立即采取措施降低温度或申请减负荷运行，如果未查出原因，则怀疑内部故障，应马上汇报调度，申请将变压器退出运行
变压器油位异常	油位偏高造成设备喷油，油位偏低造成绝缘下降，进而造成内部短路故障	当发现变压器油位比当时油温应有的油位显著降低时，应查明原因，并采取措施。当油位计油面异常升高或呼吸系统有异常，需打开放气或放油阀时，应将重瓦斯改接信号。变压器油位因温度上升可能高出油位指示极限，经查明不是假油位所致，应进行放油，使油位降至与当时油温相对应的高度，以免溢油
变压器声音异常	可能是内部短路、放电，造成变压器喷油和着火	应汇报调度，将变压器退出运行
	用手或工具进行临时处理时，防止麻电和碰伤变压器其他部位	使用符合电压等级并且良好的绝缘工具，注意安全距离
冷却装置异常	造成变压器油温升高喷油，损坏设备	应汇报调度，对冷却装置进行处理
	异常处理时防止突然来电，做好防止触电和机械伤人措施	应将交流电源回路断开，送电时应逐级送电
进行二次回路检查	应防止直流回路接地和二次短路，防止保护误动	使用符合电压等级并且良好的绝缘工具，注意安全距离

【思考与练习】

1. 变压器油温异常的如何处理？

2. 变压器油位异常的如何处理？

3. 变压器声音异常危险点源有哪些？应采取什么措施？

▲ 模块3 变压器异常处理的优化处理方案（Z08G2001Ⅲ）

【模块描述】本模块包含变压器（高压电抗器）异常案例分析和优化处理方案求。通过对优化处理方案的介绍，能达到对变压器（高压电抗器）异常进行深入分析、编制优化处理方案并组织实施的目的。

【模块内容】

明确变压器（高压电抗器）异常现象和处理原则，进一步了解和分析异常产生的原因，有利于变电运维人员及时发现和防止异常的产生，对进行异常处理有重要的指导意义，同时有助于制订更优化的处理方案。

一、异常处理的基本原则与要求

（1）变压器设备的异常处理，必须严格遵守《国家电网公司电力安全工作规程》、调度规程、现场运行规程、现场异常运行处理规程，以及各级技术管理部门有关规章制度、安全措施的规定。

（2）异常处理过程中，变电运维人员应沉着果断，认真监视表计、信号指示并做好记录，对设备的检查要认真、仔细，正确判断异常设备的范围及性质，汇报术语准确、简明。

（3）变电运维人员应密切关注设备异常状况，防止异常设备情况继续发展，并按有关调度、运行规程规定执行。

二、异常处理优化方案流程图

异常处理优化方案流程如图 Z08G2001Ⅲ-1 所示。

三、异常处理案例分析

【例 Z08G2001Ⅲ-1】某变电站 1 号主变压器冷却器全停。

1. 异常现象

某变电站中央信号发出"1 号主变压器工作电源 1 故障""1 号主变压器工作电源 2 故障""冷控失电""冷却器全停"光字信号。

2. 异常现象可能原因分析

变电运维人员现场检查情况发现：1 号主变压器的冷却器全停，其冷却器控箱内的工作电源交流接触器 KMS1 下桩头电源引线有烧糊现象，工作电源 1、2 的交流接

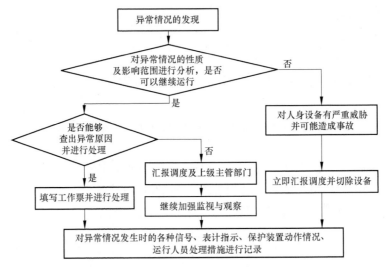

图 Z08G2001Ⅲ-1　异常处理优化方案流程图

触器 KMS1、KMS2 未吸合，站用配电室检查 1 号主变压器冷却器工作电源 1 和工作电源 2 空气开关已跳开，随即分别合上两电源空气开关，测量工作电源 1 和工作电源 2 的三相电压均正常；将电源选择开关由"电源 1"切换至"电源 2"时。交流接触器 KMS2 未动作，其他各冷却器电源空气断路器、接触器、熔断器、热继电器等外观检查未发现异常。

根据上述现象和检查情况初步判断：1 号主变压器冷却器控制装置的工作电源控制回路或接触器本身有故障，1 号主变压器冷却器因失去工作电源而导致冷却器全停。随即将 1 号主变压器冷却器全停及故障检查情况向调度进行报告，申请并退出"1 号主变压器冷控失电启动跳闸连接片"。

3. 异常处理方案及方案比较或优化

根据上述处理冷却器故障的方式和处理过程，并结合相关规程，对变压器冷却器异常可根据天气情况、负荷情况和运行情况制订优化处理方案并组织实施。

变电运维人员发现变压器冷却器异常应及时、准确、扼要地向值班调度员报告，并按照调度指令处理。

当发出"主变压器工作电源故障""冷控失电""冷却器全停"光字信号时，变电运维人员应立即到现场进行检查，首先应根据冷却器控制箱内的灯光信号进行判断。如工作电源指示灯熄灭，可立即判断该工作电源已消失。若只是一组电源消失，应立即将电源方式开关切换至另一工作电源侧，同时还应检查工作电源是否缺相。当两工作电源均消失时，应立即到站用配电室恢复工作电源。

若冷却控制箱内工作电源已不正常，则应检查站用配电屏的负荷开关、接触器、熔断器，检查站用变压器高压熔断器等情况，对发现的问题做相应处理。

检查冷却器控制箱各负荷开关、接触器、熔断器、热继电器等工作状态是否正常，若有问题，立即处理或手动复归。

变电运维人员应密切监视冷却器全停故障变压器的负荷情况，注意变压器绕组温度、上层油温情况。为防保护误动，变电运维人员可向调度申请停用故障主变压器的"冷控失电启动跳闸连接片"或根据调度指令进行。

变电运维人员应及时将异常变压器的运行情况及缺陷消除情况向调度汇报，调度应根据情况合理安排运行方式，必要时转移或切除部分负荷，以降低故障变压器的温升，同时，做好退出该变压器运行的准备。

综合上述分析可制订变压器冷却装置异常处理方案。

（1）主变压器冷却器"冷却装置主电源消失"时应做如下处理：

1）首先检查冷却器备用电源是否投入，若未投入，检查备用电源空气断路器在合上位置时，将冷却器电源切换开关投向"备用电源"位置，启用备用电源，恢复冷却器的运行。

2）检查工作电源故障的原因，待故障消除后，再恢复冷却器系统的正常运行方式。

（2）主变压器冷却器电源全部消失，此时"冷却装置Ⅰ工作电源故障""冷却装置Ⅱ工作电源故障""冷却装置全停故障"等信号告警时应做如下处理：

1）检查交流是否失电，如失电按事故预案交流全停处理。如交流电源正常，则检查交流屏上冷却装置电源空气断路器是否跳开，如未跳开，则有可能是冷却装置回路上故障跳开空气开关所致。如跳开，则可能是交流屏到总控柜上回路上故障所致。

2）结合检查情况进行故障查找，并尽快消除故障，应在 20min 内恢复冷却器的运行，同时还要密切监视主变压器的油温、线温以及油位，若短时间内无法恢复，在油温或线温超出允许范围时向调度申请停用主变压器。

（3）主变压器发"分控柜冷却器风扇故障"信号时应做如下处理：

1）检查分控柜内总电源空气断路器是否跳开，如跳开，则往上级电源进行查找。

2）检查分控柜内风扇和油泵运行指示灯是否正常。

3）检查风扇或油泵的电源空气断路器是否跳开，电动机保护空气断路器是否跳开等。结合检查情况进行故障查找，并尽快消除故障。如故障前两组冷却器都已投入，则一组组试送，找出有故障的冷却器组，并进一步找出故障冷却器风扇。最后隔离故障冷却器，恢复正常冷却器的运行。

【例 Z08G2001Ⅲ-2】某变电站线路电抗器外壳局部过热。

1. 异常现象

某变电站一组进口的 500kV 线路并联电抗器，外壳为平顶式，铁芯结构为壳式。该电抗器投运不久，检测发现油箱与升高座连接处螺栓严重发热，有些高达 200℃以上，螺栓周围的油漆已经变色。

2. 异常现象可能原因分析

首先对异常情况的性质及影响范围进行分析，看是否可以继续运行，还能运行多久，对人身、设备是否有严重威胁并可能造成事故。

对异常的原因分析发现：该电抗器外壳上漏磁产生的涡流在由外壳流向升高座时，由于升高座与箱壳之间垫有绝缘密封圈，只能靠螺栓导流。一部分螺栓氧化或被油漆绝缘，涡流只能通过其他螺栓流通，电流的热效应使得螺栓温度升高。若不及时进行处理，对设备会有严重威胁，必须立即汇报调度及上级主管部门。

3. 异常处理方案及方案比较或优化

方案一：将全部螺栓去掉氧化层及油漆，使升高座与箱壳通过 30 个螺栓金属连接良好，各螺栓均达到分流效果。

方案二：将外壳与升高座绝缘起来，切断电流回路，不产生过热。

处理方案优化，要根据本单位本部门现有人力物力、场地因素、设备停电时间限制及组织实施的难易程度来确定。

【思考与练习】

1. 变压器冷却器"冷却装置主电源消失"时应如何处理？

2. 变压器风冷系统异常应如何处理？

3. 若变压器异常情况发生时你正在现场，是否会根据具体情况确定最有效的处理方案？

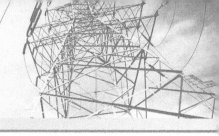

第十七章

母　线　异　常　处　理

▲ 模块 1　母线一般异常（Z08G3001 I）

【模块描述】本模块包含母线常见异常情况。通过对母线的常见异常现象的介绍，达到熟悉母线设备常见异常现象，能对设备常见异常进行简单分析，并在监护指导下参与异常处理的目的。

【模块内容】

一、母线作用及分类

母线具有汇集、分配和交换电能的作用，一旦发生问题，将引起大面积停电，因此母线是变电站最重要的电气设备之一。

变电站常见的母线有软母线和硬母线两种类型，有绞线、矩形和管形等多种形式，此外，还有 GIS 全封闭组合式电器内的封闭母线。

二、母线常见异常

1. 母线过热异常

母线在运行中，严重过负荷，以及母线间或母线与引线间接触不良，都会引起母线过热。此外，母线上所连接的隔离开关接触不良严重过热时，也会引起母线局部发热。

2. 母线支柱绝缘子异常

母线在运行中，支柱绝缘子可能存在裂纹、裙边有外伤或破损、放电、拉弧现象。造成绝缘子损坏的主要原因有：厂家制造质量不良，运输与安装过程中造成损伤，运行中受外力作用（结冰、风力、振动等）引起损伤，温度骤变引起瓷质裂纹、瓷质老化等。

3. 母线异常声响

当与母线连接的金具发生松动或铜铝搭接处氧化时，母线接头处会出现异常声响。

4. 母线电压异常

巡视时发现母线电压随时间变化不断减小，可能是母线电压互感器内部有缺陷，应加强监视并上报。

【思考与练习】

1. 母线过热异常情况有哪些？
2. 造成母线支柱绝缘子损坏的主要原因有哪些？

◢ 模块 2 母线异常分析处理（Z08G3001Ⅱ）

【模块描述】本模块包含母线异常案例分析和异常处理有关规定。通过对母线的典型异常的案例分析介绍，达到熟悉设备异常现象和处理原则，危险点源分析方法的目的。

【模块内容】

一、母线异常分析处理

1. 母线过热异常的分析及处理

母线是否过热，可用变色漆或示温蜡片来判别，若变色漆变黄、变黑，则说明母线过热已很严重，有条件的地方可用红外线测温仪来测量母线的温度，如通过目测或红外线测温仪扫描发现母线过热发红时，变电运维人员应立即向调度报告，采取倒换备用母线，转移负荷，直至用停电检修等方法处理。

2. 母线支柱或悬式绝缘子异常的分析及处理

母线所配支柱或悬式绝缘子一旦破损，会造成母线接地或相间短路，严重的可能由于绝缘子击穿放电而造成母线烧坏、烧断。此外，母线绝缘子因绝缘不良或零值击穿等故障影响，会出现明显放电现象，尤其在大雾或雪雨天气。因此，应定期停电检测支柱绝缘子外观有无破损裂纹等情况和对悬式绝缘子的零值检测，一旦发现母线绝缘子破损、放电，变电运维人员应尽快报告调度，停电处理，在停电更换绝缘子前，应加强对破损绝缘子的监视，增加巡回检查次数。

3. 母线异常声响的分析及处理

母线接头处出现异常声响，可能是与母线连接的金具松动或铜铝搭接处氧化引起的，此时应通过倒换母线、停用故障母线进行处理。

二、危险点源分析

母线危险点源分析见表 Z08G3001Ⅱ-1。

表 Z08G3001Ⅱ-1 母 线 危 险 点 源 分 析

异常情况	危险点源	控制措施
母线支柱绝缘子异常	可能造成母线断裂或引起接地故障	定期巡视、检查，发现绝缘子有裂纹、破损现象，表面有严重放电时，应尽快报告调度，停电处理

续表

异常情况	危险点源	控制措施
母线电压异常	可能是母线电压互感器内部绝缘下降，造成电压互感器短路或爆炸	应进行分析判断，确定是否是电压互感器内部缺陷，并尽快报告调度，停电处理
母线过热异常	造成母线局部变形	进行倒母线
母线异常响声	可能引起闪络故障	应判断声响位置，及时处理

【思考与练习】

1. 简述母线电压异常的分析及处理方法。
2. 简述母线过热异常的分析及处理方法。

▲ 模块 3　母线异常处理的优化处理方案（Z08G3001Ⅲ）

【模块描述】本模块包含母线异常案例分析和优化处理方案求。通过对优化处理方案的介绍，能达到对母线异常进行深入分析、编制优化处理方案并组织实施的目的。

【模块内容】

一、故障现象

某 500kV 变电站高压侧采用 3/2 断路器接线，运行方式为合环运行，控制方式采用常规控制方式。1999 年 2 月 13 日 0:00 左右，变电运维人员发现 500kV 1、2 号母线电压指示值出现差异，分别为 511、516kV。后来这种差异扩大至 512kV 和 531kV，变电运维人员对该电容式电压互感器（CVT）进行了外观检查，未发现问题。

二、优化前处理方案及流程

变电运维人员对该异常处理流程如图 Z08G3001Ⅲ-1 所示。为排除测量装置误指示，用万用表对输入表计电压进行测量，并与 500kV 线路 CVT 二次电压进行比较，确认表计正常。接着变电运维人员在电压偏高 CVT 的二次端子箱内再次测量 CVT 输出电压，电压仍然偏高，确认故障在 CVT 内部，同时进一步检查发现该 CVT 第 2 节上部有少量绝缘油渗出，判断 CVT 内部局部电容被击穿。

三、流程分析及优化

导致母线电压异常升高的原因有：测量表计故障，CVT 内部故障，二次回路有高电压串入。按照未优化的流程最终能找到异常原因，但表计结构比较简单，二次回路串入高电压的概率比较低，而 CVT 结构比较复杂，故障概率相对较高，因此先判断 CVT 是否故障，通常可以节省时间。优化后处理流程如图 Z08G3001Ⅲ-2 所示。

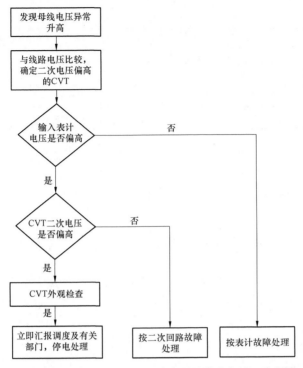

图 Z08G3001Ⅲ-1 优化前母线电压异常升高处理流程图

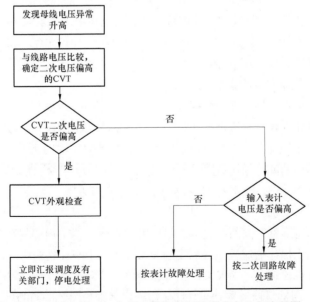

图 Z08G3001Ⅲ-2 优化后母线电压异常升高处理流程图

　　此案例说明，对异常处理流程进行优化可以更及时、准确查找异常原因，为异常处理赢得宝贵时间。

　　【思考与练习】

　　1. 母线电压异常时应如何检查、判断？

　　2. 母线电压异常下降优化处理流程应如何编制？

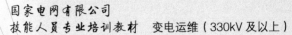

第十八章

补偿装置异常及缺陷处理

▲ 模块 1　补偿装置一般异常（Z08G4001 I）

【模块描述】本模块包含补偿装置异常现象和原因分析；通过对补偿装置常见异常现象和产生原因的讲解，达到掌握电容器和电抗器常见异常现象，并能够及时发现异常的目的。

【模块内容】

高压电抗器是接在 500kV 线路末端的大容量的电感线圈，它的作用是补偿高压输电线路的电容和吸收其无功功率，防止电网轻负荷时因容性功率过多引起的电压升高。

高压电抗器由三台单相电抗器组成电抗器组，接线方式为星形，且中性点经小电抗器接地。

500kV 主变压器低压侧（35kV 或 15.75kV）配置有低抗以调节系统电压。

低抗有油浸式和干式两种，采用星形接线。低抗断路器布置有前置式和后置式两种，前置式一般主变压器低压侧无总断路器；后置式为负荷断路器，主变压器低压侧有总断路器。

500kV 主变压器低压侧配置有若干台电容器组，调节系统电压。

电容器有成套式和组合式两种，一般为双星形接线形式，并配置有放电线圈，电容器停役时自动进行放电。每只电容器还设有外熔丝保护。

一、并联电容器组常见异常现象及原因分析

（1）渗漏油。电容器在运行中如外壳或下部有油渍则可能是发生了渗漏油，渗漏油会使电容器中的浸渍剂减少，内部元件易受潮从而导致局部击穿。造成电容器渗漏油的原因有：

1）搬运、安装、检修时造成法兰或焊接处损伤，使法兰焊接出现裂缝。

2）接线时拧螺钉过紧、瓷套焊接出现损伤。

3）产品制造缺陷。

4）温度急剧变化，由于热胀冷缩使外壳开裂。

5）在长期运行中漆层脱落，外壳严重锈蚀。

6）设计不合理，如使用硬排连接，由于热胀冷缩，极易拉断电容器套管。

（2）外壳膨胀变形。运行中电容器的外壳可能发生鼓肚等变形现象。外壳膨胀变形的原因有：

1）介质内产生局部放电，使介质分解而析出气体。

2）部分元件击穿或极对外壳击穿，使介质析出气体。

3）运行电压过高或拉开断路器时重燃引起的操作过电压作用。

4）运行温度过高，内部介质膨胀过大。

（3）单台电容器熔丝熔断。单台电容器熔丝熔断的现象可通过巡视发现，有时也会反映为电容器组三相电流不平衡。单台电容器熔丝熔断的原因有：

1）过电流。

2）电容器内部短路。

3）外壳绝缘故障。

（4）温升过高，接头过热或熔化。通过红外测温、试温蜡片或雨雪天观察能够发现电容器或接头温度过高的现象。造成电容器组温度过高的原因有：

1）电容器组冷却条件变差，如室内布置的电容器通风不良、环境温度过高、电容器布置过密等。

2）系统中的高次谐波电流影响。

3）频繁切合电容器，使电容器反复承受过电压的作用。

4）电容器内部元件故障，介质老化、介质损耗增大。

5）电容器组过电压或过电流运行。

（5）声音异常。电容器发出异常音响的原因有：

1）内部故障击穿放电。

2）外绝缘放电闪络。

3）固定螺钉或支架等松动。

（6）过电流运行。运行中的电容器可能发生过电流运行的现象。造成电容器过电流的原因有：

1）过电压。

2）高次谐波影响。

3）运行中的电容器容量发生变化，容量增大。

（7）过电压运行。电容器组运行电压过高的主要原因有：

1）电网电压过高。

2）电容器未根据无功负荷的变化及时退出，造成补偿容量过大。

3）系统中发生谐振过电压。

（8）套管破裂或放电，瓷绝缘子表面闪络。电容器套管表面脏污或环境污染，再遇上恶劣天气（如雨、雪）和遇有过电压时，可能产生表面闪络放电，引起电容器损坏或跳闸。电容器套管破裂会使套管绝缘性能降低，在雨雪天气，裂缝处进水造成闪络接地，冬天融雪水进入套管裂缝处结冰会造成套管破裂。

（9）三相电流不平衡。电容器组在运行中容量发生变化或者分散布置电容器组某一相有单只电容器熔丝熔断造成三相容量不平衡，会引起电容器三相电流不平衡。

二、电抗器常见异常现象及原因分析

变电站中的电抗器分为串联电抗器和并联电抗器两种。串联在电容器组内的电抗器，用以减小电容器组涌流倍数及抑制谐波电压。并联电抗器接在主变压器低压侧，用于补偿输电线路的容性无功功率，维持系统电压稳定。下面介绍电抗器常见的异常现象及产生原因。

（1）声音异常。电抗器正常运行时，发出均匀的"嗡嗡"声，如果声音比平时增大或有其他声音都属于声音异常。

1）响声均匀，但比平时增大，可能是电网电压较高，发生单相过电压或产生谐振过电压等，可结合电压表计的指示进行综合判断。

2）有杂音，可能是零部件松动或内部原因造成的。

3）有放电声，外表放电多半是污秽严重或接头接触不良造成的；内部放电声多半是不接地部件静电放电、线圈匝间放电等。

4）对于干式空芯电抗器，在运行中或拉开后经常会听到"咔咔"声。这是电抗器由于热胀冷缩而发出的正常声音，如有其他异声，可能是紧固件、螺钉等松动或是内部放电造成的。

（2）温度异常。温度异常一般表现为油浸电抗器温度计指示偏高或已经发出超温报警，干式电抗器接头及包封表面过热、冒烟。电抗器过热的主要原因有：

1）过电压运行。

2）温升的设计裕度取得过小，使设计值与国标规定的温升限值很接近。

3）制造的原因，如绕制绕组时，线轴的配重不够、绕制速度过快和停机均可造成绕组松紧度不好和绕组电阻变化。

4）附近有铁磁性材料形成铁磁环路，造成电抗器漏磁损耗过大。

5）接线端子与绕组焊接处的焊接电阻由于焊接质量的问题产生附加电阻，该焊接电阻产生附加损耗使接线端子处温升过高；另外，在焊接时由于接头设计不当、焊缝深宽比太大、焊道太小、热脆性等产生的焊缝金属裂纹都将降低焊接质量，增大焊接电阻，也会造成焊接处温度升高。

（3）套管闪络放电。套管闪络放电会导致发热老化，绝缘下降引发爆炸。常见原因如下：

1）表面粉尘污秽过多，阴雨雾天气因电场不均匀发生放电。

2）系统出现过电压，套管内存在隐患而放电闪络击穿。

3）高压套管制造质量不良，末屏出线焊接不良或小绝缘子芯轴与接地螺套不同心，接触不良以及末屏不接地，导致电位提高而逐步损坏形成放电闪络。

（4）引线断股或散股。

（5）油浸式电抗器常见异常及原因分析。

1）油位异常。现象和原因有：

a. 油位过低。主要原因是电抗器严重渗漏油、气温过低、油枕储量不足、气囊漏气等。

b. 油位过高。当环境温度很高，高压电抗器油枕储油较多时，可能出现油位高信号。

2）油浸高压电抗器渗漏油。常见部位和原因如下：

a. 阀门系统。蝶阀胶垫材质安装不良，放油阀精度不高，螺纹处渗漏。

b. 胶垫、接线螺钉、高压套管基座、电流互感器出线接线螺钉胶垫密封不良无弹性，小绝缘子破裂渗漏。

c. 胶垫因材质不良龟裂失去弹性，不密封而渗漏。

d. 高压套管升高座法兰、油箱外表、油箱法兰等焊接处因材质薄加工粗糙形成渗漏等。

3）呼吸器硅胶变色过快。可能是由于硅胶罐有裂纹破损，呼吸管道密封不严，油封罩内无油或油位太低，胶垫龟裂不合格，螺钉松动或安装不良等使湿空气未经油过滤而直接进入硅胶罐中。

（6）干式电抗器常见异常现象及原因分析。

1）干式电抗器包封表面有爬电痕迹、裂纹或沿面放电。电抗器在户外的大气条件下运行一段时间后，其表面会有污物沉积，同时表面喷涂的绝缘材料也会出现粉化现象，形成污层。在大雾或雨天，表面污层会受潮，导致表面泄漏电流增大，产生热量。这使得表面电场集中区域的水分蒸发较快，造成表面部分区域出现干区，引起局部表面电阻改变。电流在该中断处形成很小的局部电弧。随着时间的增长，电弧将发展合并，在表面形成树枝状放电烧痕，引起沿面树枝状放电，绝大多数树枝状放电产生于电抗器端部表面与星形板相接触的区域。而匝间短路是树枝状放电的进一步发展，即短路线匝中电流剧增，温度升高到使线匝绝缘损坏，高温下导线熔化。

2）支持绝缘子有倾斜变形或位移、绝缘子裂纹。电抗器安装时支持绝缘子受力不均匀、基础沉陷或地震等都会造成支持绝缘子倾斜变形或绝缘子破裂。变电站中常见的是由于电抗器基础沉陷造成支持绝缘子倾斜变形或破裂。另外，绝缘子受到冰雹或大风刮起的杂物碰撞也会造成破损裂纹。

3）接地体、围网、围栏等异常发热。在电抗器轴向位置有接地网，径向位置有设备、遮栏、构架等，都可能因金属体构成闭环造成较严重的漏磁问题，对周围环境造成严重影响。若有闭环回路，如地网、构架、金属遮栏等，其漏磁感应环流达数百安培。这不仅增大损耗，更因其建立的反向磁场同电抗器的部分绕组耦合而产生严重问题，如是径向位置有闭环，将使电抗器绕组过热或局部过热，相当于电抗器二次侧短路；如是轴向位置存在闭环，将使电抗器电流增大和电位分布改变，故漏磁问题并不能简单地认为只是发热或增加损耗。

4）有撑条松动或脱落情况。造成这种现象的原因主要有安装质量不良或长期运行振动导致紧固螺钉松动等。

5）绝缘支柱绝缘子或包封不清洁，金属部分有锈蚀现象。

6）干式电抗器内有鸟窝或异物，影响通风散热。

【思考与练习】

1. 并联电容器组有哪些常见异常现象？

2. 为什么有些电抗器周围的围栏会发热？

3. 电容器外壳膨胀变形的原因有哪些？

4. 电抗器有哪些常见异常现象？

◢ 模块 2 补偿装置异常分析处理（Z08G4001Ⅱ）

【模块描述】本模块包含补偿装置常见异常的处理方法；通过常见异常案例介绍，达到掌握电容器、电抗器常见异常处理的目的。

【模块内容】

补偿装置发生异常，会影响变电站无功补偿能力，造成系统电压质量降低，所以发现补偿装置异常应及时进行处理。

一、电容器组异常处理

1. 电容器遇有下列情况，应立即汇报调度及工区，将电容器停用

（1）电容器、放电线圈有严重异声。

（2）电容器严重漏液，放电线圈严重漏油。

（3）电容器、引线接头等严重发热。

（4）电容器外壳明显膨胀变形。

（5）瓷套有严重的破损和放电。

（6）电容器的配套设备明显损坏，危及安全运行者。

（7）母线电压超过电容器额定电压的 1.1 倍，电流超过额定电流的 1.3 倍，三相电流不平衡超过 5%时。

（8）成套式电容器压力释放阀动作。

电容器运行中，应监视电容器的三相电流是否平衡，当中性点不平衡电流较大时，应检查电容器熔丝是否熔断。必要时向调度申请停用电容器，进行处理。

电容器保护动作断路器跳闸后，应立即进行现场检查，查明保护动作情况，并汇报调度和工区。电流保护动作未经查明原因并消除故障，不得对电容器送电。系统电压波动致使电容器跳闸，5min 后允许试送。

电容器自投切装置动作后，应检查系统电压情况，若确实符合动作条件，汇报调度，听候处理。

电容器或放电线圈发生爆炸着火时，应立即拉开断路器及刀闸，用合适灭火器或干燥的沙子进行灭火，同时立即汇报调度和工区。

2. 电容器组应加强监视的情况

电容器组有以下异常现象时应查找原因、采取措施尽快停电处理：

（1）电容器组渗油时，如渗油不严重，可不申请停电处理，只需要按照缺陷管理制度上报缺陷，但必须随时监视；若渗油严重，必须申请停电处理。

（2）电容器温度过高，必须严密监视和控制环境温度，如室温过高，应改善通风条件或采取冷却措施控制温度在允许范围内，如控制不住则应停电处理。在高温、长时间运行的情况下，应定时对电容器进行温度检测。如系电容器本身的问题或触点温度过高则应停电处理。

（3）由于外部固定螺钉或支架松动等外部原因造成声音异常。

（4）电容器单台熔断器熔断后的处理：

1）严格控制运行电压。

2）将电容器组停电并充分放电后更换熔断器，投入后继续熔断，应退出该组电容器。

3）报缺陷由检修人员测量绝缘，对于双极对地绝缘电阻不合格或交流耐压不合格的应及时更换。

4）因熔断器熔断引起相间电流不平衡接近 2.5%时，应更换故障电容器或拆除其他相电容器进行调整。

（5）发现电容器三相电流不平衡度不超过 5%时，应立即检查系统电压是否平衡、单台电容器熔丝是否熔断，查出原因后报调度或检修单位处理。如无上述现象，可能是电容器组容量发生变化，应尽快将该组电容器退出运行，报检修单位处理。

（6）母线电压超过电容器额定电压后，过电压倍数及运行持续时间按表 Z08G4001
Ⅱ-1 规定执行。

表 Z08G4001Ⅱ-1　　电力电容器过电压倍数及运行持续时间表

过电压倍数（U_g/U_n）	持续时间	说明
1.05	连续	—
1.10	每 24h 中 8h	—
1.15	每 24h 中 30min	系统电压调整与波动
1.20	5min	轻荷载时电压升高
1.30	1min	

（7）电容器运行电流超过额定电流，但不到 1.3 倍时。

二、高压电抗器异常处理

1. 高压电抗器应立即停电并汇报调度和工区的情况

（1）三相高压电抗器本体及中性点电抗器内部声响很大，不均匀，有爆裂声；

（2）三相高压电抗器本体及中性点电抗器严重漏油，油枕无油面指示；

（3）压力释放装置动作喷油或冒烟；

（4）套管有严重的破损漏油和放电现象；

（5）在正常冷却、电压条件下，油温、线圈温度超过限值且继续上升；

（6）冒烟着火。

2. 高压电抗器油位过高或过低

（1）油位过高的原因：

1）油位计故障；

2）油枕内胶囊破裂；

3）呼吸器堵塞；

4）高压电抗器温度急剧升高。

（2）油位过低的原因：

1）油位计故障；

2）油枕内胶囊破裂；

3）高压电抗器漏油。

发现油位过高或过低，立即汇报调度及工区，及时处理。运行中进行处理时，应
防止重瓦斯误动。

3. 压力释放装置动作

（1）检查气体继电器内气体情况，瓦斯保护的动作情况。

（2）检查呼吸器的管道是否畅通。

（3）各个附件是否有漏油现象。

（4）外壳是否有异常情况。

（5）二次回路故障。

汇报调度及工区，通知检修人员采取本体油样及气体进行分析。当压力释放阀恢复运行时，应手动复归其动作标杆。

4. 高压电抗器超温

（1）核对是否由温度表、变送器等故障引起，汇报工区，进行处理。

（2）检查是否由过电压引起。

（3）如系原因不明的异常升高，必须立即汇报调度及工区，进行检查处理。

5. 瓦斯保护动作

（1）轻瓦斯动作发信原因。

1）滤油、加油、换油、更换呼吸器矽胶等工作后空气进入高压电抗器；

2）油温骤降或漏油使油位降低；

3）内部发生轻微故障；

4）二次回路或气体继电器本身故障；

5）管道连接头漏油造成负压空气进入高压电抗器本体。

（2）轻瓦斯动作。

轻瓦斯动作后禁止将重瓦斯改接信号，并应立即查明原因，如气体继电器内有气体应取气体分析。

（3）气体继电器内有气体使轻瓦斯动作发信或重瓦斯动作跳闸。

应迅速取气体鉴别其性质，判别故障类型，鉴别要迅速，否则气体颜色会消失。

（4）高压电抗器保护和所在的线路保护同时动作跳闸。

应按线路和高压电抗器同时故障来考虑事故处理。在未查明高压电抗器保护动作原因和消除故障之前不得强送，如系统急需对故障线路送电，在强送前应将高压电抗器退出后。同时必须符合无高压电抗器运行的规定。

（5）高压电抗器的重瓦斯和差动保护同时动作跳闸。

未经查明原因并消除故障前，不得进行强送和试送。

（6）高压电抗器的重瓦斯或差动保护之一动作跳闸。

在检查外部无明显故障，经瓦斯气体检查及试验证明内部无明显故障后，在系统急需时，可以试送一次。

6. 高压电抗器着火

应立即拉开线路断路器，向 119 报警及采取其他灭火措施。如油溢在高压电抗器顶盖上着火时，应打开下部阀门放油至适当油位；如高压电抗器内部故障引起着火时，则不能放油，以防高压电抗器发生严重爆炸。

7. 电抗器内部有严重的爆炸声并向外喷油、冒烟、失火

应立即切断本侧电源，同时向调度汇报紧急切断对侧电源，必要时向 119 报警。失火时要迅速组织人员到现场使用干式灭火器灭火。如溢出的油使顶盖上燃烧，可适当降低油面，避免火势蔓延。若电抗器内部起火，则严禁放油，以免空气进入，加大火势，或引起严重的爆炸事故。

三、低压电抗器的异常处理

1. 低压电抗器应立即汇报调度和工区并停用的情况

（1）引线桩头严重发热。

（2）低压电抗器着火。

（3）内部有严重异声。

（4）油浸式低压电抗器：

1）严重漏油，油枕无油面指示；

2）压力释放装置动作喷油或冒烟；

3）套管有严重的破损漏油和放电现象；

4）在正常电压条件下，油温、线温超过限值且继续上升；

5）过电压运行时间超过规定。

（5）干式低压电抗器：

1）局部严重发热；

2）支持绝缘子有破损裂纹、放电。

2. 干式低压电抗器表面涂层出现裂纹

应密切注意其发展情况。一旦裂纹较多或有明显扩展趋势时，应立即报告调度和工区，必要时停运处理。

3. 油浸式低压电抗器超温、油位异常、差动保护动作、瓦斯保护动作、压力释放阀动作及着火

与变压器异常的处理原则相同。

4. 系统故障电压下降造成低压电抗器自动切除

经检查系统情况，确实符合自动切除条件，则不必处理，保持低抗热备用或充电状态，汇报调度，听候处理。

四、低压电容器异常处理

电容器遇有下列情况，应立即汇报调度及工区，将电容器停用：

（1）电容器、放电线圈有严重异声。

（2）电容器严重漏液，放电线圈严重漏油。

（3）电容器、引线接头等严重发热。

（4）电容器外壳明显膨胀变形。

（5）瓷套有严重的破损和放电。

（6）电容器的配套设备明显损坏，危及安全运行者。

（7）母线电压超过电容器额定电压的 1.1 倍，电流超过额定电流的 1.3 倍，三相电流不平衡超过 5%时。

（8）成套式电容器压力释放阀动作。

电容器运行中，应监视电容器的三相电流是否平衡，当中性点不平衡电流较大时，应检查电容器熔丝是否熔断。必要时向调度申请停用电容器，进行处理。

电容器保护动作断路器跳闸后，应立即进行现场检查，查明保护动作情况，并汇报调度和工区。电流保护动作未经查明原因并消除故障，不得对电容器送电。系统电压波动致使电容器跳闸，5min 后允许试送。

电容器自投切装置动作后，应检查系统电压情况，若确实符合动作条件，汇报调度，听候处理。

电容器或放电线圈发生爆炸着火时，应立即拉开断路器及刀闸，用合适的灭火器或干燥的沙子进行灭火，同时立即汇报调度和工区。

【思考与练习】

1. 低压电容器有哪些异常现象时应停电处理？

2. 低压电抗器有哪些异常现象时应停电处理？

模块 3　补偿装置异常处理优化处理方案（Z08G4001Ⅲ）

【模块描述】本模块包含补偿装置设备异常案例分析和优化处理方案。通过对优化处理方案的介绍，能达到对补偿装置设备异常进行深入分析、编制优化处理方案并组织实施的目的。

【模块内容】

一、补偿电容器组异常处理危险点分析

1. 检查处理电容器组异常现象时人身触电

控制措施：检查处理电容器组异常现象时，不得触及电容器外壳或引线，以防止电容器内部绝缘损坏造成外壳带电；若有必要接触电容器，应先拉开断路器及隔离开关，然后验电装设接地线，并对电容器进行充分放电。

2. 更换单只电容器熔断器时人身触电

控制措施：在接触电容器前，应戴绝缘手套，用短路线将电容器的两极短接，方可动手拆卸；对双星形接线电容器的中性线及多个电容器的串接线，还应单独放电。

3. 摇测电容器两极对外壳和两极间绝缘电阻时人身触电

控制措施：由两人进行，测量前用导线将电容器放电；测试完毕后，将电容器上的电荷放尽。

4. 处理电容器着火时人身触电

控制措施：先将电容器停电后再进行灭火，由于电容器可能有部分电荷未释放，所以应使用绝缘介质的灭火器，并不得接触电容器外壳和引线。

5. 检查处理电容器组异常现象时电容器爆炸伤人

控制措施：发现电容器内部有异常声响或外壳严重膨胀等异常现象，应立即将电容器停电，停电前不得再接近发生异常的电容器组。

6. 电容器组投切操作时电容器爆炸伤人

控制措施：应先检查无人在电容器组附近后再进行操作。

7. 由于处理不当造成电容器爆炸

控制措施：

（1）电容器组断路器跳闸后，在未查明原因并处理前不得试送电容器。

（2）电容器组切除后再次投入运行，应间隔 5min 后进行。

（3）发现电容器有需要立即退出运行的异常现象时，应立即将电容器停电处理。

二、电抗器异常处理危险点分析

1. 由于处理不当造成设备损坏

控制措施：按照电抗器异常处理方法将需立即停电的电抗器退出运行。

2. 处理电抗器异常时人身被烧伤、烫伤

控制措施：

（1）发现电抗器或周围围栏等设备过热时，不得触及设备过热部分。

（2）电抗器冒烟或着火，灭火时应做好个人防护措施，必要时报火警。

3. 检查处理电抗器异常时人身受到伤害

控制措施：发现干式电抗器有异常声响、放电或支持绝缘子严重破损或位移时，应立即远离故障电抗器，并迅速将其退出运行。

4. 检查处理电抗器异常时人身触电

控制措施：

（1）在电抗器停电并做好安全措施前，不得进入电抗器围栏或接触干式电抗器外壳。

（2）电抗器冒烟或着火，应在断开电源后用干粉、二氧化碳等采用绝缘灭火材料的灭火器灭火。

【思考与练习】

1. 电容器组发生一台电容器熔断器熔断，需变电运维人员更换熔断器，请对处理过程中的危险点源进行分析。

2. 如何防止接地变压器或消弧线圈异常处理过程中发生带负荷拉隔离开关？

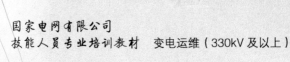

第十九章

二次回路异常及缺陷处理

▲ 模块1　二次回路一般异常（Z08G5001Ⅰ）

【模块描述】本模块包含简单的二次回路异常及缺陷分析。通过案例的介绍，掌握二次回路、通信系统和自动化设备异常及缺陷的分析方法。

【模块内容】

二次回路及设备发生异常后，直接影响变电站的监视、控制、测量以及保护功能。因此对二次异常应及时进行准确分析，找出异常部位和原因。

一、简单的继电保护二次回路异常及缺陷分析

保护正常运行时，其直流电源应投入，"运行"指示灯正常点亮，其余指示灯一般在熄灭状态，否则就应判定为保护装置异常并采取相应的处理措施或停用保护。

继电保护异常包括保护电源故障、高频通道故障、保护装置本身故障。保护常见异常及故障的现象主要有：

（1）保护及自动装置正常运行时"运行""充电"指示灯熄灭，"TV断线""通道异常""跳A""跳B""跳C"指示灯点亮等。

（2）保护屏继电器故障、冒烟、声音异常等。

（3）微机保护装置自检报警。

（4）主控屏发出"保护装置异常或故障""保护电源消失""交流电压回路断线""电流回路断线""直流断线闭锁""直流消失"等光字信号，且不能复归。

（5）保护高频通道异常，测试中收不到对端信号，通道异常告警。

（6）收发信机收信电平比正常低，收发信机"保护故障"或收发信电压较以往的值有较大的变化。

二、简单的自动装置二次回路异常及缺陷分析

自动装置常见异常及故障的现象主要有：

（1）对时不准。

（2）前置机无法调取报告，不能录波。

（3）主机死机，自动重启，频繁启动录波，录波报告出错。

（4）插件损坏。

（5）交、直流回路电压异常或断线。

（6）控制屏中央信号发"故障录波呼唤""故障录波器异常或故障""装置异常"信号。

三、简单的系统通信和自动化设备异常及缺陷分析

（1）系统通信故障。

（2）系统程序错误。

（3）"看门狗"告警。

（4）硬盘空间告警。

（5）工作站死机，屏幕信息不变化或屏幕显示紊乱。

（6）其他异常现象且无法消除。

（7）交换机电源指示异常。

（8）端口的 LED 指示灯异常点亮或熄灭。

（9）监控系统 UPS 主机屏 UPS 故障停机。

（10）监控系统站级控制层操作异常。

（11）监控系统站控级层瘫痪。

（12）监控系统主单元或 I/O 装置、测控单元异常。

【思考与练习】

1. 继电保护异常和故障时可能有哪些现象？

2. 通信和综合自动化系统异常和故障时可能有哪些现象？

◢ 模块 2　二次回路异常分析处理（Z08G5001Ⅱ）

【模块描述】本模块包含二次回路异常原因分析和处理、二次设备异常处理危险点源分析。通过案例的介绍，掌握二次回路异常处理的方法及危险点源分析。

【模块内容】

变电站二次设备发生异常后，进行必要的分析，查找故障点，做必要的处理可以避免事故扩大，减少损失，保持电网安全、可靠运行。

一、二次设备异常分析和处理

（一）继电保护二次回路异常分析和处理

1. 电压互感器二次回路断线分析与处理

（1）电压互感器二次断线的原因可能是接线端子松动，接触不良，回路断线，断

路器、隔离开关辅助触点转换不良，熔断器熔断，二次空气断路器断开或接触不良等。

（2）电压互感器二次断线会影响到所有接入电压量的保护装置，低电压启动元件将误动，有过电压启动元件的保护拒动，有断线闭锁的保护被闭锁。

（3）处理方法：判断断线回路，如果是保护回路断线，立即申请停用受到影响的保护装置，如果是表计回路断线，注意对电能计量的影响。查出故障点，予以消除。

2. 电流互感器二次回路断线分析与处理

（1）异常现象。

1）电流表指示降为零，有功表、无功表的指示降低或不稳定，电能表转慢或停转。

2）差动异常光字牌告警。

3）电流互感器发出异常响声或发热、冒烟或二次端子线头放电、打火等。

4）继电保护装置拒动或误动。

（2）异常处理。

1）立即将故障现象报告所属调度。

2）根据现象判断是属于测量回路还是保护回路的电流互感器开路。处理前应考虑停用可能引起误动的保护。

3）凡检查电流互感器二次回路的工作，须站在绝缘垫上，注意人身安全，使用合格的绝缘工具进行。

4）电流互感器二次回路开路引起着火时，应先切断电源，再用干燥石棉布或干式灭火器灭火。

5）由于电流互感器的停役按照断路器的停役办法执行，所以在电流互感器的二次回路停役操作时，必须先将电流互感器的二次回路同一编号的连接螺栓全部取下后，才能在电流互感器侧放上短接螺栓。复役操作时，应先取下同一编号的全部短接螺栓，再放上连接螺栓，全部的连接螺栓必须连接牢固，不得有松动现象。

3. 保护装置异常分析和处理

保护装置故障是指保护装置内部元件损坏或运行不正常，当"保护装置故障"信号告警时，变电运维人员应立即对保护装置进行外观检查，根据仪表指示、屏幕显示或打印内容以及其他现象判断故障性质。

保护装置故障告警信号不能复归时，应申请停用保护装置，通知检修人员处理。停用保护装置，除断开其出口跳闸连接片外，还必须同时停用该保护装置启动断路器失灵保护的回路，启动远方切机切负荷回路，启动远跳回路及高频闭锁装置的独立出口回路，线路闭锁式高频保护和相差高频保护停用时，应将线路对侧同时停用。

（二）自动装置异常分析和处理

以下以 220kV 1 号故障录波器为例介绍异常和分析方法。

（1）有"220kV 1 号故障录波器启动"信号发出，则有三种可能：系统故障、输入开关量变位、电压回路故障或电压消失。若是前两种情况，则等故障消失后进行复归；若是第三种情况，则停用该故障录波器，汇报主管领导。变电运维人员应将故障录波器动作情况记录在专用的记录簿中。

（2）当发生系统事故后，变电运维人员应将故障录波器动作情况报告调度，并从速通知继保人员调阅故障报告作为事故处理的依据。

（3）当故障录波器装置异常时，将发出"220kV 故障录波器 1 号柜故障""220kV 故障录波器 1 号柜告警"信号，变电运维人员应到现场检查故障录波器柜上各信号灯状态，判断其确在故障状态，则汇报主管领导并停用该故障录波器。

（4）若有"220kV 1 号故障录波器直流消失"信号发出，应检查装置直流电源空气开关是否完好，允许试送直流电源空气开关一次，若试送不上，说明回路有故障，停用该故障录波器，查明原因并汇报主管领导。

（5）若有"220kV 1 号故障录波器缺纸"信号发出，应立即到故障录波器柜上添加打印纸，若无备用纸，应关掉打印机。

当发生系统事故后，变电运维人员应将故障录波器动作情况报告调度，并从速通知继保人员调阅故障报告作为事故处理的依据。

（三）通信系统和自动化设备异常分析和处理

（1）操作员工作站或主机出现死机，不能自启动，应立即汇报调度，作为紧急缺陷处理。

（2）发现自动化系统遥测量及遥信量与现场设备的实际状态或 I/O 指示不相符合，或系统误发信息时，应及时汇报调度，作为重要缺陷处理。

（3）当 AVC 程序出现运行混乱、电压乱调情况时，应立即退出该程序，并汇报调度，作为紧急缺陷处理。

（4）间隔层中总控单元、间隔层测控单元各模块出现故障时，均应作为紧急缺陷处理。是否需对一次设备停电，应由维护人员现场检查后决定。GPS 发生故障时，应作为重要缺陷处理。

（5）当发生 AM 故障时，当值变电运维人员应判明异常的影响范围，迅速拉停AM 装置电源空开，确保 AM 主 CPU 不受损，AK 通信监视回路不受损，然后按设备异常处理流程进行处理。

计算机监控系统出现异常或故障时，以及计算机监控系统维护、消缺或检修工作后，均应做好详细记录。

二、二次设备异常处理危险点源分析

（1）二次发生异常时，变电运维人员对装置及外部接线检查时，未经特别允许并采取可靠安全措施，不得打开继电器盖子。

（2）必须有专业人员监护。

（3）严防误碰有关继电器，严防二次端子短路或接地。在有误跳闸危险的回路或设备工作，应事先申请停用有关保护装置。

（4）严防电流互感器二次开路及不正常短路，严防电压互感器二次短路和断路。

（5）不得任意变更二次接线。如发现错误接线必须立即变更时，应得到专业部门同意，上级批准并做好记录。

【思考与练习】

1. 继电保护异常和故障时应如何处理？

2. 通信和综合自动化系统异常和故障时应如何处理？

◢ 模块 3 二次回路异常的优化处理方案（Z08G5001Ⅲ）

【模块描述】本模块包含二次设备异常处理优化方案。通过案例的介绍，掌握二次回路异常处理方案优化方法。

【模块内容】

一、异常处理的基本原则与要求

（1）二次设备的异常处理，必须严格遵守《国家电网公司电力安全工作规程》、调度规程、现场运行规程、现场异常运行处理规程，以及各级技术管理部门有关规章制度、安全措施的规定。

（2）异常处理过程中，变电运维人员应沉着果断，认真监视表计、信号指示，并做好记录，对设备的检查要认真、仔细，正确判断异常设备的范围及性质，汇报术语准确、简明。

（3）变电运维人员应密切关注设备异常状况，防止异常设备情况继续发展，并按有关调度、运行规程规定执行。

二、异常处理优化方案流程图

异常处理优化方案流程如图 Z08G5001Ⅲ-1 所示。

三、异常处理案例分析

【例 Z08G5001Ⅲ-1】交流电串入直流，使变电站所有断路器跳闸发生全停。

案例涉及变电站概况如图 Z08G5001Ⅲ-2 变电站一次接线图和图 Z08G5001Ⅲ-3 直流系统图所示，当第二组蓄电池核对性充放电时，110V 直流Ⅰ、Ⅱ段母线并列运行，4Q46 线间隔发生交流电串入直流，使变电站所有断路器跳闸发生全停。

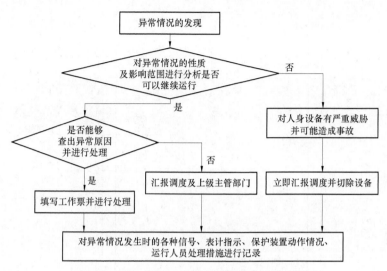

图 Z08G5001Ⅲ-1　异常处理优化方案流程图

1. 异常基本概况

某 500kV 变电站，正常运行过程中，监控系统人机工作站 1、2 画面显示黑屏停机，监控系统主机 1、主机 2、工程师工作站显示黑屏停机。监控系统的电源两台 UPS 显示停机。4Q46 线间隔测控装置中断路器、隔离开关显示不定态。所有 500kV 断路器、220kV 断路器跳闸。

就地保护室主变压器"RET521 大差动保护动作"，500kV 线路"第一套分相电流差动动作""第二套分相电流差动动作"，220kV 母线"正、副母线Ⅰ段第二套母差保护差动动作""正、副母线Ⅱ段第二套母差保护差动动作"。

2. 异常现象及可能原因分析

从异常现象分析，本次情况发生不是因系统有故障引起，引起异常的原因极有可能在所内，应重点检查所内各设备，特别是各间隔二次回路。

3. 异常处理优化方案

（1）立即简要汇报相关调度、上级主管部门开关跳闸情况和监控系统后台出现全部停机及 UPS 停机的情况。

（2）重启两台 UPS 后，对主机 1、主机 2、人机工作站 1 和人机工作站 2 分别进行重启。

（3）检查站用电源、直流系统运行情况正常。

（4）检查保护装置及监控系统设备情况和现场一次设备情况（检查 20 小室发现 4Q46 线监控单元信号电源空气开关跳开）。

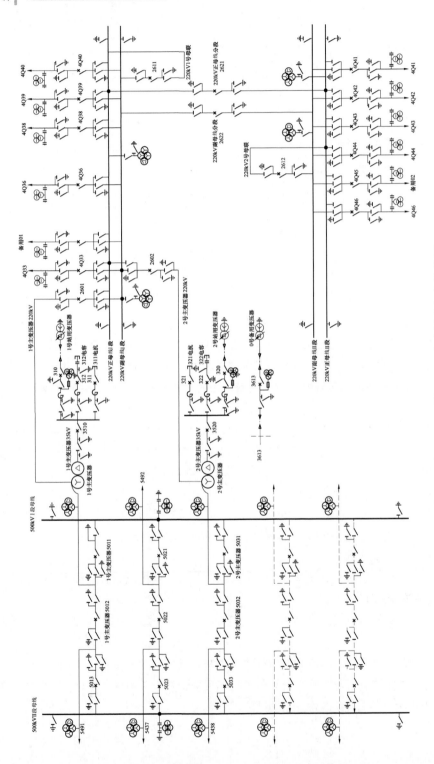

图 Z08G5001Ⅲ-2　某 500kV 变电站电气主接线图

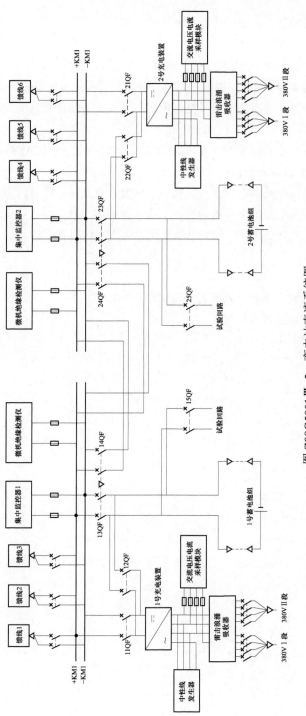

图 Z08G5001Ⅲ-3　变电站直流系统图

（5）根据跳闸断路器，现场检查和保护动作情况，进行事故分析，确认故障。

将现场跳闸断路器及变电站内其余一次设备无明显故障情况、二次设备保护动作情况及 4Q46 线监控单元信号电源空气开关跳开情况，汇总汇报调度。

（6）在跳开的 4Q46 线监控屏信号直流电源空气开关上下两端分别测量电压。

确认跳开的 4Q46 线监控屏信号直流电源空气开关下端有交流电压时，严禁试合该空气开关。

（7）根据调度命令先恢复 500kV 线路及主变压器运行，将 4Q46 线改冷备用后逐步恢复 220kV 母线及线路运行。

（8）恢复站用电源正常方式运行，检查、恢复直流系统正常方式运行。

（9）将处理情况汇报汇报相关调度、上级主管部门，并做好各类记录。

此案例说明，复杂二次回路的异常处理优化方案，可以有效提高二次回路异常的处理水平。

【思考与练习】

1. 你所在变电站中哪些二次事故处理可以进一步优化？

2. 画出上述事故处理流程图。

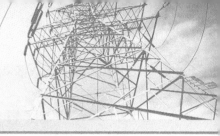

第二十章

站用交、直流系统和二次设备异常处理

◢ 模块 1 站用交、直流系统一般异常（Z08G6001 Ⅰ）

【模块描述】 本模块包含简单的站用交、直流系统异常及缺陷判断分析。通过案例介绍，掌握交直流系统异常及缺陷分析方法。

【模块内容】

一、站用交流系统运行方式及运行注意事项

500kV 变电所一般配置三台站用变压器，1、2 号站用变压器分别从主变压器低压侧受电，备用 0 号站用变压器从所外电源受电。

1. 站用交流系统的运行方式

（1）正常运行方式：1 号站用变压器供 400V Ⅰ 段母线，2 号站用变压器供 400V Ⅱ 段母线；0 号站用变压器低压侧有两组断路器，分别备投于 400V Ⅰ、Ⅱ 段母线，分段断路器不得合上。

（2）1 号站用变压器检修或高压侧失电时，由 0 号站用变压器供 400V Ⅰ 段母线，2 号站用变压器供 400V Ⅱ 段母线；也可由 2 号站用变压器（或 0 号站用变压器）供 Ⅰ 段及 Ⅱ 段母线（分段断路器合上）。

（3）2 号站用变压器检修或高压侧失电时，由 0 号站用变压器供 Ⅱ 段母线，1 号站用变压器供 Ⅰ 段母线；也可由 1 号站用变压器（或 0 号站用变压器）供 Ⅰ 段及 Ⅱ 段母线（分段断路器合上）。

站用变压器次级自动投切回路：当 1 号（或 2 号）站用变压器失电，且系统无短路，0 号站用变压器低压侧有电时，自动跳开 1 号（或 2 号）站用变压器次级断路器，若分段断路器在分闸位置，则合上 0 号站用变压器对应次级断路器。

站用交流系统的主要负荷有：

（1）主变压器风冷系统：400V Ⅰ、Ⅱ 段母线出线开关均合上，由主变压器冷却器控制箱内电源切换装置切至相应母线；

（2）断路器机构储能及断路器操作电源：从 400V Ⅰ、Ⅱ 段母线受电，采用环路供电方式，正常情况下不得合环运行；

（3）主控楼配电屏：从 400V I 段、II 段母线受电，正常情况下配电屏上二路进线断路器不得同时合上。主要供充电机、逆变器、空调、照明等负载；

（4）通信负载；

（5）户外照明；

（6）检修电源箱；

（7）消防泵、雨水泵。

为保证 500kV 枢纽变电站交流系统的安全可靠，根据国家电网有限公司防止变电站全站停电事故的反措要求，在原有站用电源系统的配置基础上，增设一套防止全站停电的应急交流系统。应急交流系统由固定式发电机或移动式发电车作为电源，并在现场设置发电机的相关接入回路。

2. 典型交流系统接线方式

（1）站用变压器高压侧接线。站用变压器高压侧因室内外安装地点的不同和站用变压器容量的不同分别配置不同的保护措施。一般分为高压侧安装断路器和安装高压熔断器两种保护措施来切除站用变压器高压侧的短路电流。若是短路电流核算后过大，可采取装设限流电阻器、串接限流电抗器来限制短路电流。

（2）站用变压器低压侧接线。站用电源低压侧母线一般采用断路器或者隔离开关分段运行，两台正常工作站用变压器分别接入两段不同的母线，独立供电。备用变压器则通过两路低压断路器分别与两路工作母线相连，正常运行时备用变压器处于充电状态，两路低压断路器分别处于热备用状态。当工作站用变压器失电时，自动或手动方式投入运行。站用电源低压侧接线图如图 Z08G6001 I –1 所示。

通常在 500kV 变电站交流系统中，备用站用变压器低压侧装设有备用电源自投装置，当工作站用变压器失去时，备用电源自投装置动作将备用站用变压器投入运行。

3. 交流系统的负荷分类

站用电源负荷分为三类：I 类负荷、II 类负荷、III 类负荷。

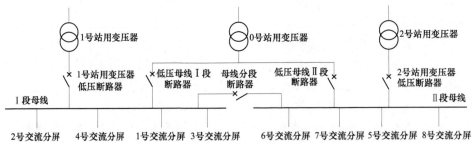

图 Z08G6001 I –1　站用电源低压侧接线图

（1）Ⅰ类负荷。短时停电可能影响人身或设备安全，使生产运行停顿或主变压器减载的负荷。如变压器强油风（水）冷却装置、通信电源、微机保护装置电源、计算机监控系统、消防水泵、变压器水喷雾装置。

（2）Ⅱ类负荷。指允许短时停电，但停电时间过长，有可能影响正常生产运行的负荷。如浮充电装置、变压器有载调压装置、生活水泵等。

（3）Ⅲ类负荷。指长时间停电不会直接影响生产运行的负荷。如配电检修电源、通风照明。

4. 防止站用电源系统全停应急交流系统接线方式

根据变电站交流系统的配置不同以及负荷的分配情况，应急系统的接线方式会有变化，应急系统的组成部分包括应急系统发电机、应急系统配电房及重要负荷电缆。

应急系统发电机作为防全停的应急备用电源，可以固定安装于变电站内，也可备用于指定地点，当需要使用时快速就位发电。

应急系统配电房则是安装于变电站离现场设备区较为接近的空地上，但需要独立于设备区，避免受到影响。配电房内配置相应的接口，可以方便、快捷地连接发电机和重要交流负载，同时要求便于变电运维人员操作。

应急重要负荷回路一般为主变压器的冷却系统、直流系统、消防系统以及断路器、隔离开关的操作电源。防止站用电源系统全停应急交流系统接线图如图 Z08G6001Ⅰ-2 所示。

5. 交流系统的运行方式

（1）变电站交流系统正常运行方式。1 号站用变压器接在变电站内各级电压的配电装置均配置母线，其中包括各种电器设备之间互相连接并与母线连接的引线，但有主母线和引线之分，前者的作用是汇集、分配和交换电能，而后者的作用是传输电能。母线在运行中有巨大的电功率通过。1 号主变压器 35kV 母线带站用电源Ⅰ段母线；2 号站用变压器接 2 号主变压器 35kV 母线运行，带站用电源Ⅱ段母线；站用电源Ⅰ、Ⅱ段母线分列运行，母线分段空气开关断开；0 号站用变压器接于外来电源线路，对 1、2 号站用变压器进行备用自投。站用电源系统正常运行方式简图如图 Z08G6001Ⅰ-3 所示。

（2）变电站交流系统其他非正常运行方式。

1）1 号站用变压器检修时的站用电源系统运行方式。合上站用电源母线分段空气断路器，由 2 号站用变压器带站用电源Ⅰ、Ⅱ段母线运行。1 号站用变压器检修时的站用电源系统运行方式简图如图 Z08G6001Ⅰ-4 所示。

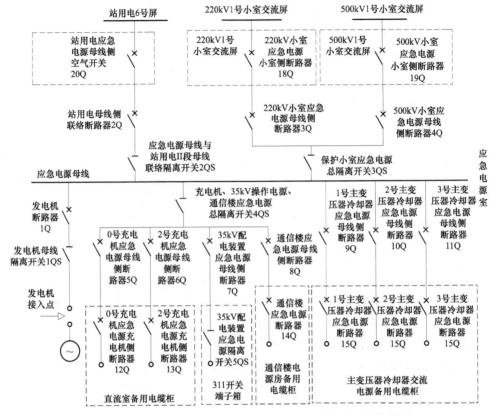

图 Z08G6001Ⅰ–2　防止站用电源系统全停应急交流系统接线图

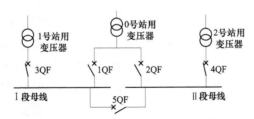

图 Z08G6001Ⅰ–3　站用电源系统正常运行方式简图

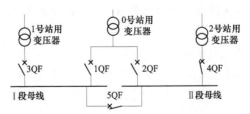

图 Z08G6001Ⅰ–4　1 号站用变压器检修时的站用电源系统运行方式简图

2）2 号站用变压器检修时的站用电源系统运行方式。合上站用电源母线分段空气断路器，由 1 号站用变压器带站用电源Ⅰ、Ⅱ段母线运行。2 号站用变压器检修时的站用电源系统运行方式简图如图 Z08G6001Ⅰ–5 所示。

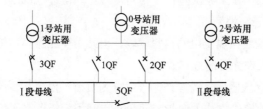

图 Z08G6001Ⅰ–5 2 号站用变压器检修时的站用电源系统运行方式简图

3）1、2 号站用变压器均检修时的站用电源系统运行方式。合上 0 号站用变压器低压Ⅰ、Ⅱ段空气开关，站用电源由 0 号站用变压器带，此时 0 号站用变压器Ⅰ、Ⅱ段自投回路应退出。1、2 号站用变压器均检修时的站用电源系统运行方式简图如图 Z08G6001Ⅰ–6 所示。

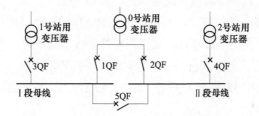

图 Z08G6001Ⅰ–6 1、2 号站用变压器均检修时的站用电源系统运行方式简图

4）0 号站用变压器带站用电源Ⅰ段（Ⅱ段）运行方式。断开 1 号站用变压器（2 号站用变压器）低压空气开关，断开站用电源母线分段空气开关，合上 0 号站用变压器低压Ⅰ段（Ⅱ段）空气开关。0 号站用变压器带站用电源Ⅰ段（Ⅱ段）母线运行方式简图如图 Z08G6001Ⅰ–7 所示。

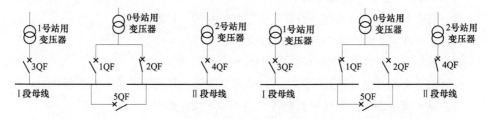

图 Z08G6001Ⅰ–7 0 号站用变压器带站用电源Ⅰ段（Ⅱ段）母线运行方式简图

二、站用交流系统的运行注意事项

（1）正常运行方式下，交流系统 I、Ⅱ 段 380V 母线分列运行，当两台工作站用变压器高压侧未并列运行时，一般不得将两段 380V 母线并列运行。由于第三台站用变压器来自站外电源，在未经试验核算相角差时，不得进行低压侧并列运行，防止不同电源并列而引起短路故障。

（2）站用电源系统归属变电站自行管辖，但站用变压器高压侧的运行方式则由调度以操作指令或是操作许可的方式确定。

（3）正常站用变压器停复役操作，一般分为负荷不停电和负荷短时停电两种操作方法。负荷不停电的操作方法主要是在两台工作站用变压器高压侧并列运行时，先将站用变压器 380V 母线分段空气开关（隔离开关）联络上，然后退出其中一台站用变压器。负荷短时停电的操作方法是直接将需要操作的站用变压器对应的 380V 电源进线断路器拉开，再拉开相应隔离开关改冷备用使所在母线的负荷短时停电，然后将 380V 母线分段开关合上，恢复负荷供电。无论采用哪种方式操作，在站用变压器 380V 侧配有备用电源自投装置的交流系统中，都必须在操作前将备用电源自投装置退出，防止备用电源自投装置误动造成不同电源的非同期并列。

（4）站用变压器改为检修后，要做好防止倒送电的安全措施。特别是低压侧通过电力电缆连接的站用变压器改检修，必须对电缆进行多次放电，并可靠接地。

（5）站用变压器备用电源自动投装置应满足下列要求：

1）保证工作电源的断路器断开后，工作母线无电压，且备用电源电压正常的情况下，才投入备用电源。

2）自投装置应延时动作，并只动作一次。

3）当工作母线故障时，自投装置不应启动。

4）手动断开工作电源时，不启动自投装置。

5）工作电源恢复供电后，切换回路应由人工复归。

6）自投装置动作后，应发出提示信号。

（6）防全停应急交流系统的运行。

1）防全停应急交流系统一般在发生下列三种情况时投入运行：

① 当一次主系统失电造成交流系统全部失电。

② 当站用电源各段 380V 母线均因故障不能运行时。

③ 部分交流重要负荷因故无法通过站用电源低压并列等方式恢复送电时。

2）防全停应急交流系统投入运行时遵循如下操作原则：

① 正常运行时，主交流系统负责全所交流负荷，应急交流系统作备用，两者各自

独立运行，不得相互影响。

② 当主交流系统失电无法恢复时，必须先将主交流系统与各负荷的连接点明确断开，在验明负荷确无电压后，方可将应急系统接入运行。

③ 当主交流系统与应急系统需要同时运行时，两者之间不得通过任何方式并列。

三、直流系统运行方式及运行注意事项

变电站直流系统为控制系统、继电保护、信号装置、自动装置提供电源。同时作为独立的电源，在站用电源失去后，直流电源还可作为应急的备用电源，即使在全站交流系统停电的情况下，仍能保证继电保护装置、自动装置、控制及信号装置和断路器等的可靠工作，同时提供事故照明电源。

1. 直流系统的组成

变电站直流系统一般由蓄电池、充电设备、直流负荷三部分组成。变电站直流系统工作电压通常为220V或110V，弱电直流电压为48V。下面对蓄电池和充电设备做一简单介绍。

（1）蓄电池。蓄电池是把电能转变为化学能并储存起来的设备。在蓄电池两端外加电压，使电能转换为化学能是蓄电池的充电方式；当蓄电池提供电流给外电路，将化学能转换为电能是蓄电池的放电方式。两种方式是可逆的。

目前，变电站中广泛使用的是铅酸蓄电池，其中最普遍的是GGF型防酸隔爆式铅酸蓄电池和GFM型阀控式密封铅酸蓄电池两种类型。

GGF型防酸隔爆式铅酸蓄电池有两个主要缺点：① 在过充电时，水分解为氢气和氧气析出并携带酸雾，在使用过程中，需经常给电池补加蒸馏水；② 电解液多，有可能漏液。

GFM型阀控式密封铅酸蓄电池克服了传统铅酸蓄电池的缺点，其正极板上析出的氧气在负极直接重新化合成水，具有可任意放置，使用中不用加蒸馏水，不溢酸，酸雾极少，不需要专门的通风装置，高倍率放电容量大等优点，目前阀控式密封铅酸蓄电池已在变电站中得到广泛运用。

（2）充电设备。蓄电池组的充电和浮充电设备较普遍使用的是硅整流装置与高频开关电源装置两种。一种是单蓄电池组单母分段接线方式（见图Z08G6001Ⅰ-8），直流系统配置有两台充电装置，一台作主浮充电装置，一台作备充电装置。另一种是双蓄电池组单母分段接线方式（见图Z08G6001Ⅰ-9），直流系统配置有三台充电装置，两台作浮充电装置，一台作备充电装置，500kV变电站一般采用这种配置方式。

近几年来，新建或直流系统改造的变电站普遍采用高频开关电源设备。高频开关电源设备一般包括高频开关整流模块、测量监控模块两大部分。

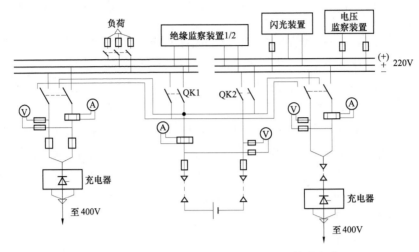

图 Z08G6001 I -8 单蓄电池组单母分段接线方式

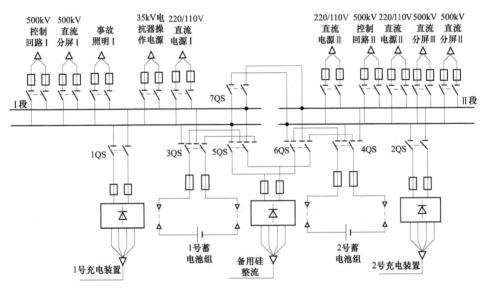

图 Z08G6001 I -9 双蓄电池组单母分段接线方式

1）高频开关整流模块。采用功率半导体器件作为高频变换开关，经高频变压器隔离，组成将交流转变成直流的主电路，且采用输出自动反馈控制，并设有保护环节的开关变换器，用于电力工程时称为电力用高频开关整流器。

2）测量监控模块。用于监控、管理直流系统各设备的运行参数及工作状态的测量控制装置，一般具有信息采集处理和人机对话管理功能、显示电压电流及充电方式功能、保护和故障管理功能、与自动化系统通信功能、调节充电装置和蓄电池运行方式功能。

高频开关电源具有稳压、稳流精度高，体积小，效率高，输出纹波及谐波失真小，自动化程度高等优点，同时满足遥信、遥控、遥测的"三遥"功能，是综合自动化和无人值班变电站监控的重要模块，同时还满足对充电的一般要求：

1）整流装置能满足蓄电池的初充电、事故放电后的充电、核对性放电之后的充电以及正常浮充电及均衡充电的要求。

2）整流装置的输出电压调节范围满足蓄电池组在充电、浮充电、均衡充电等运行状态下的要求，满足蓄电池在充电时所需的最高和最低电压的要求。

3）整流装置输出电流能承担直流母线的最大负荷电流和蓄电池自放电电流。

4）整流器具有定电流恒电压性能，能以自动浮充电、自动均衡充电、手动充电三种方式运行。

5）整流器内设置必要的短路保护、缺相保护、过电压保护和故障信号。

2. 直流系统接线方式

直流母线的接线方式和蓄电池的组数、直流负荷的供电方式以及充电、浮充电设备的配置情况等因素有关。直流母线通常采用单母线分段接线方式，其优点如下：

（1）接线简单、清晰。

（2）容易分割成两个互不联系的直流系统，有利于提高直流系统的可靠性。

（3）查找直流系统接地方便。

（4）两段母线之间有隔离开关或熔断器联络，当一组蓄电池因故退出运行时，合上分段联络隔离开关或熔断器，由另一组蓄电池供两段母线负荷。

在 500kV（包括 220kV 枢纽变电站）变电站的直流系统则因考虑了双重化的问题。一般装设两组蓄电池和三组高频开关设备（两主一备），直流母线分段运行。

在 500kV 变电站中，线路和变压器保护都采用双重化配置方式，从保护配置、直流操作电源，直到断路器的跳闸线圈，都按双重化原则配置，这就要求直流电源也必须是双重化的。因此，在 500kV 变电站中一般装设两组蓄电池，并且直流母线的接线方式以及直流馈电网络的结构等也相应按双重化的原则考虑，采用直流分屏、直流负荷辐射状供电方式。实际运行中，直流馈线、蓄电池组及充电、浮充电设备可以任意接到其中一段母线上。

3. 直流系统的运行方式

（1）在正常运行情况下，两段母线间的联络隔离开关打开，整个直流系统分成两个没有电气联系的部分，在每段母线上都接有一组蓄电池和一台浮充电整流器，另一组备用整流器可以充母线带负荷，也可以单独对某组蓄电池进行充放电，如图 Z08G6001 I–9 所示。

（2）每段母线设有单独的电压监视和绝缘监察装置。

（3）对配有双重化保护的重要负荷，可分别从每段母线上取得直流电源。

（4）对于没有双重化要求的负荷，可任意接在某一段母线上，但应注意使正常情况下两段母线的直流负荷接近。

（5）当其中一组蓄电池因检修或充放电需要脱离母线时，分段隔离开关合上，两段直流母线的直流负荷正常时由充电机供电。

4. 直流系统的运行注意事项

（1）正常运行时，直流两段母线应分列运行，避免两段母线长时间并列运行而降低系统运行可靠性。

（2）正常运行时，直流系统的电压监视装置、绝缘监察装置均应投入运行。

（3）正常运行时，直流母线电压应保持在额定电压的±5%。

（4）在Ⅰ、Ⅱ段直流母线运行中，如因直流系统工作，需要转移负荷时，允许用Ⅰ、Ⅱ段母线联络隔离开关进行短时间并列。但必须注意的是，两段电压一致且绝缘良好，无接地现象。工作完毕后应及时恢复，以免降低直流系统可靠性。

（5）直流系统在正常运行方式下，Ⅰ、Ⅱ段直流母线不允许通过负荷回路并列，以免因合环电流过大而熔断负荷回路熔丝，造成负荷回路断电引起异常或事故。

（6）充电机在正常浮充运行时，其调节方式均应为自动浮充方式，尽可能避免手动调节方式，以减少交流电压的变化，自动稳流一般在对蓄电池均衡充电时使用。

（7）蓄电池应采用浮充电方式运行。所谓浮充电方式运行，即蓄电池与充电设备并联运行，负荷由硅整流充电设备供电，同时以很小的浮充电流向蓄电池充电，以补偿蓄电池的自放电损耗，使蓄电池处于充足电状态。正常浮充电流一般为 0.3～0.5A，可监视直流母线电压来控制浮充电流。浮充电流必须经常保持稳定，当不具备自动稳压、稳流条件时，浮充电流要加强监视，并且随时调整到正常值。

（8）对于浮充电运行的蓄电池，虽然整组蓄电池都处在同样条件下运行，但由于某种原因，有可能造成整组蓄电池不平衡。在这种情况下，应采用均衡充电的方法来消除电池之间的差别，以达到整组蓄电池的均衡。

（9）全站仅有一组蓄电池组，不得退出运行，也不得对该组蓄电池进行核对性充放电试验，只能采用恒流放出一定容量，然后使用恒压、恒流快速充电到额定状态。若有双组蓄电池组的，可轮换进行核对性充放电试验，但需将两段直流母线并列运行。

5. 交流不停电电源 UPS

（1）交流不停电电源 UPS 电源介绍。UPS 是交流不停电电源的简称。主要为变电站计算机监控系统、联络线关口电能计量、调度数据远动传输系统、站用级 GPS 系统等不能中断供电的重要负荷提供电源。它的主要功能是：在正常、异常和供电中断事故情况下，均能向重要用电设备及系统提供安全、可靠、稳定、不间断、不受倒闸操作影响的交流电源。

　　UPS 装置一般为在线式的工作方式，即正常交流输入经整流及逆变后输出交流，交流输入失电或整流部分故障时，原处于浮充运行的蓄电池组应立即无切换地经逆变器输出交流。计算机监控系统应选用在线式，以保证当正常交流电源消失后无须切换，并在一定时间内仍能维持计算机的工作。

　　国家标准规定 UPS 可在 100%额定电流连续运行，并规定有一定的短时过载能力，即 125%额定电流 1min。为保证负载的稳定运行，特别是当负载突变时，例如冲击电流很大的多台设备同时启动时，输出电压下降仍能保持在许可的范围内，故在选择 UPS 的容量时应留有一定的裕度。实践证明，对绝大多数 UPS 电源，将其负载控制在 30%～60%UPS 装置额定输出功率范围内，为最佳工作方式。

　　UPS 不间断电源的蓄电池配置方式有两种：一种是 UPS 装置自配专用蓄电池，特点是容量较小，多组 UPS 间蓄电池不能共用，且需定期做试验且寿命不长；另一种是使用变电站直流系统蓄电池组，特点是容量大，结合直流系统年检维护方便，且可共用多组蓄电池组。

　　UPS 装置由整流器、逆变器、隔离变压器、静态开关、手动旁路开关等设备组成，其系统原理接线图如图 Z08G6001Ⅰ–10 所示。

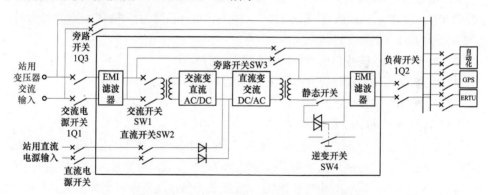

图 Z08G6001Ⅰ–10　UPS 装置系统原理接线图

　　一般 UPS 的工作原理是正常交流输入、交流输出，当交流失去时转为直流输入、交流输出，当 UPS 中的整流逆变模块失去作用时，转而由旁路直接供电。下面根据图 Z08G6001Ⅰ–10 介绍 UPS 工作原理。

　　正常工作状态下，由站用电源向其输入交流，经整流器整流滤波为直流后，再送入逆变器，变为稳频稳压的工频交流，经静态开关向负荷供电。

当 UPS 的站用输入交流电源因故中断或整流器发生故障时，逆变器由蓄电池组供电，直流电源经过逆变转为交流电源，再通过静态开关和滤波输出稳压稳频的交流。

当 UPS 装置内的逆变故障时，UPS 逆变模块自动退出回路，同时启动静态开关自动切到旁路输入方式，则站用交流电源直接经过静态开关到滤波电路输出交流。

（2）交流不停电电源 UPS 的运行方式。

1）正常运行方式。站用交流电源输入、直流电源备用，静态开关切在非旁路位置，旁路输入回路处于备用状态。

2）非正常运行方式。① 电网三相交流电源消失或整流器故障时，由直流电源供电。由于直流电源回路采用二极管切换，或逆变器输入回路采用逻辑二极管，由二极管控制直流电源的投入或停用。当整流器自动退出运行后，二极管能自动将 UPS 的电源切换至 220V 直流电源供电。经逆变器转换后，保持 UPS 母线供电不中断。当电网三相交流电源及整流器恢复正常时，则又自动恢复到 UPS 的正常运行方式。② 当 UPS 装置需要检修而退出运行时，由旁路电源经静态开关直接向 UPS 配电屏供电，或静态开关故障，旁路电源用手动旁路开关向 UPS 配电屏供电。UPS 检修完毕，或静态开关故障处理完毕，退出旁路电源供电，恢复 UPS 正常运行方式。

（3）交流不停电电源 UPS 的运行监视与维护。

1）监视 UPS 装置运行参数正常。输入交流电压为 220V（380V），50Hz；输入直流为 110V（220V）；输出单相交流 220V，50Hz，运行温度为 0～40℃。正常运行时，监视运行参数应在铭牌规定的范围内。

2）检查 UPS 系统各切换开关位置正确，运行良好。

3）保持 UPS 装置及母线室温度正常，清洁，通风良好。

4）检查 UPS 装置内各部分无过热、无松动现象，各灯光指示正确。

（4）交流不停电电源 UPS 的操作。

1）UPS 系统投入运行前的检查。① 收回有关工作票，拆除与检修有关的临时安全措施，检查盘内应清洁、无杂物，检测绝缘应符合要求。对新投入和大修后的 UPS 整流器，在投运前还应核对相序和极性。② 检查系统接线正确，接头无松动。③ 检查系统各开关应均在"断开"位置。④ 检查 UPS 柜内整流器电源输入电压应正常。⑤ 检查 UPS 各元件完好，符合投运条件。

2）UPS 系统投入运行的操作（以图 Z08G6001 Ⅰ–10 为例）。① 合上 UPS 交流输入开关 SW1、直流输入电源开关 SW2、内部旁路开关 SW3。② 按下 UPS 逆变开关 SW4 启动 UPS 装置，进行自检。③ 逆变器运行灯亮，大约 10s 后向负荷供电，检查输出电流电压正常。

3）UPS 系统退出运行的操作（以图 Z08G6001 Ⅰ–10 为例）。① 合上 UPS 外部旁路回路电源开关 1Q3。② 按下 UPS 逆变开关 SW4 按钮，使逆变器停止，全部报警器复位。③ 断开直流输入电源开关 SW2。④ 断开交流输入电源开关 SW1 和内部旁路开关 SW3。⑤ 全面检查，灯光熄灭，电源均断开。

4）UPS 系统切至旁路的操作（以图 Z08G6001Ⅰ–10 为例）。① 检查 UPS 系统旁路回路正常，处于备用状态。② 按下 UPS 逆变开关 SW4 开关，使 UPS 转入备用电源供电。③ 8s 后，UPS 系统切至旁路运行，"旁路"指示灯亮。④ 检查灯光指示正确，输出电压正常。⑤ 拉开正常交、直流输入电源 SW1、SW2。

【思考与练习】

1. 简述交流系统典型运行方式。

2. 简述直流系统典型运行方式。

3. 简述交流不停电电源 UPS 的运行方式。

◢ 模块 2　站用交、直流系统异常分析处理（Z08G6001Ⅱ）

【模块描述】本模块包含站用交、直流系统异常原因分析和处理、处理危险点源分析。通过案例的介绍，掌握站用交、直流系统异常处理的方法及危险点源分析。

【模块内容】

一、交流系统的异常分析、处理

1. 站用变压器过负荷

站用变压器过负荷运行时应查找原因，设法转移负荷或停用不重要的负荷。

2. 站用电源系统电压过高或过低

站用电源系统电压过高或过低，对装设有载调压装置的站用变压器，可进行有载调压，以保证负荷的电压质量。

3. 站用变压器故障

站用变压器发生喷油、冒烟、着火或内部有炸裂声等故障时，应立即转移负荷，隔离故障站用变压器。对严重故障的站用变压器，严禁用隔离开关进行隔离。

4. 站用电源故障跳闸

站用变压器低压侧回路断路器跳开，应先查明原因并设法消除，再进行试送，如不成功则停电检修。站用电源故障跳闸，无法找到明显故障点时，可采用逐路送电查找的办法，即先切除所连接母线上的所有负荷空气开关，再送母线，正常后，逐个送各路负荷的办法查找，但禁止用不带熔丝的小刀开关送电的方式查找，发现故障支路后，应隔离并尽早修复。

站用变压器高压侧断路器跳开时，应立即将低压侧负荷倒换到另一段母线，再对站用电源系统进行检查。

5. 支路空气开关跳开或熔丝熔断

支路空气开关跳开或熔丝熔断，允许强送一次。如不成功，则应检查原因并设法消除故障后再送。更换熔丝不允许增大熔丝规格，更不允许用铜丝代替。对由两路供电的负荷在强送不成时，可倒向另一段站用电源母线供电。

6. 站用变压器高压侧熔断器熔断处理

站用变压器禁止两相运行，站用变压器高压侧熔断器熔断一相发生两相运行时，应立即将该站用变压器退出运行，并查明原因。站用变压器高压侧熔断器熔断两相或三相在未查明故障点前，禁止将该站用变压器投入运行。

（1）站用变压器高压侧熔断器熔丝熔断后，应检查站用变压器有无故障现象。更换熔丝时，应做好相应安全措施。

（2）巡视中，如发现站用变压器高压熔丝内部发出异常放电响声时，变电运维人员应立即汇报调度，要求停用站用变压器并寻找原因。

7. 站用电源失电

（1）现象。站用电源三相电压指示为零，电流指示为零，硅整流跳闸，通信逆变器启动，直流电压稍有下降，主变压器冷却电源相应段失电及预告示警光字牌亮。

（2）处理。

1）查明站用变压器是否同时失电。若发生站用电源某一段失电，应拉开失电站用变压器低压进线断路器和隔离开关，合上站用电源 380V 母线的分段断路器；检查主变压器冷却电源及油泵风扇等是否恢复正常，恢复硅整流充电装置运行。失电的站用变压器进线断路器和隔离开关操作按钮手柄设置"禁止合闸，有人工作"警告牌，然后检查失电站用变压器有无异常或故障现象，如有，则应汇报调度后隔离失电站用变压器，并进行进一步检查。在合上站用电源 380V 母线的分段断路器前，必须注意的是许多变电站 380V 母线的分段断路器在两侧低压母线有电的情况下是被闭锁的；而在站用电源一侧母线失电的情况下，要合上站用电源分段断路器，分段合闸选择空气开关投向有电侧后才能合闸。

2）如果站用电源全部失电，立即查明失电原因，并设法使其中一台站用变压器在 20min 内恢复送电。在处理过程中需密切监视蓄电池的放电情况，关闭非必要的事故照明。考虑用备用站用变压器送电，操作前应拉开失电的两台工作站用变压器低压断路器和隔离开关，然后用备用站用变压器恢复送电，待正常后再查明失电原因。

3）如果所内三台站用变压器均不能恢复送电，则应启用应急电源系统，保证所内的重要负荷正常运行。

二、直流系统接地现象的分析、处理

1. 直流系统接地危害

直流系统发生一点接地是直流系统常见的异常运行状态，虽不会立即产生后果，但潜在危险性很大。直流系统中如发生一点接地后，在同一极的另一点再发生接地时，即构成两点接地短路，此时虽然一次系统并没有故障，但由于直流系统某两点接地短接了有关元件，就会造成继电保护误动作，甚至造成断路器误跳、拒跳和直流熔丝熔断等严重情况。因此，当直流系统中有一极接地时，变电运维人员应尽快找出接地点，隔离故障点并消除故障，防止发展成两点接地故障。

现以图 Z08G6001Ⅱ-1 为例分析直流系统两点接地的危害性。

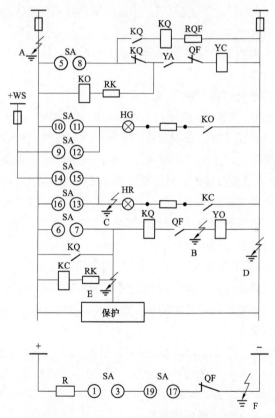

图 Z08G6001Ⅱ-1 直流系统两点接地简图

（1）两点接地可造成断路器误动。当直流接地点同时发生在 A、B 两点时，断路器操作把手的 6/7 触点、KQ 线圈、QF 触点被短接，跳闸线圈励磁，使断路器跳闸。此时，一次系统并未发生故障，所以称为断路器误跳。

当 B、C 两点及 A、E 两点接地时，都能使断路器误跳闸。

（2）两点接地可造成断路器拒动。当直流接地点同时发生在 D、E 两点或 B、D 两点时，跳闸线圈回路被短接，此时若一次系统发生故障，保护动作，不能使跳闸线圈励磁，将造成断路器拒动。

（3）两点接地可造成直流熔丝熔断。当接地点发生在 A、D 两点时，会引起熔断器熔断，当接地点发生在 D、E 两点，保护动作时，不但断路器拒跳，而且熔断器熔断，同时有烧坏继电器的可能。

（4）两点接地可造成误发信号。在正常运行中，断路器操作把手的 1/3、19/17 触点是接通的，而断路器的辅助触点 QF 是断开的，中央事故信号回路不通，不发信号。但当发生 A、F 两点接地时，QF 被短接，中央事故信号回路误发断路器跳闸信号。

2. 直流系统接地处理

（1）原因分析。直流系统接地的原因包括直流系统绝缘受损、单极或两极接地、二次回路工作误接地等。

（2）直流系统接地处理的一般原则。

1）对于双母线的直流系统，应先判明哪一母线发生接地。单极接地在双母线时可以采用倒换并列方式判断区域，双极接地则不允许并列母线，然后应按当天的运行方式、操作情况、气候影响、施工范围等进行判断，找出可能会造成接地的因素。

2）装有微机接地检测装置的，可用该检测装置查找接地点。在尚未安装微机接地检测装置的变电站内，可采取分段处理、按路寻找的方法。按先拉不重要电源，后拉重要电源；先查室外，后查室内；先对有缺陷的分路，后对正常分路；先对新投运设备，后对投运已久设备的原则进行。

3）按先次要负荷后重要负荷、先室外后室内顺序检查各直流馈线，然后检查蓄电池、充电设备、直流母线。对次要的直流馈线（如事故照明、信号装置、合闸电源），采用瞬停法寻找；对不允许短时停电的重要馈线（如跳闸电源），应先将其负荷转移，然后用瞬停法寻找接地点。

4）在试拉各专用直流回路（如继电保护、操作电源、自动装置电源等）时，应取得调度同意后进行，必要时应做好相应措施，瞬停时间不得超过 3s。

5）处理直流接地时，变电运维人员不得拆动任何直流回路或继电保护二次小线，只能操作电源空气开关、熔断器或连接片。

（3）查找接地点时的注意事项。

1）查找和处理需有两人进行。直流系统发生接地时，应立即停止在二次回路上的工作。

2）当查找直流系统接地点时，应与调度取得联系。对保护回路的试拉，应在调度同意后、进行试拉前做好防止保护装置误动的措施。

3）为防止保护误动作，在直流接地试拉中，当拉信号、闪光或断路器操作电源熔断器时，应正负同时拉开，或先拉正电源，再拉负电源；当恢复时，顺序相反。

4）查找接地，禁止使用灯泡寻找的方法。

5）在处理直流系统接地故障时，不得造成直流短路和新的接地点。

6）直流Ⅰ、Ⅱ段母线同时发生接地时，严禁并列操作。

7）500kV断路器控制与保护的直流电源采用双重化配置，在直流接地试拉中不得造成断路器控制与保护直流电源的交叉失电。

8）当拉路查找不到接地点时，应考虑两点接地或绝缘下降而出现的虚接地，在必要时应通知继电保护专业人员到场，协助查找并及时消除接地现象，以保证直流系统的正常工作。

3. 直流母线电压过高或过低原因分析和处理

直流母线电压过高会使长期带电的电气设备过热损坏，或继电保护、自动装置可能误动；若过低，又会造成断路器保护动作及自动装置动作不可靠等现象。直流系统运行中，若出现母线电压过低的信号时，变电运维人员应检查浮充电流是否正常并行调节，使母线电压保持在正常规定值。当出现母线电压过高的信号时，应降低浮充电流，使母线电压恢复正常。

（1）故障原因分析。

1）直流充电机直流输出电压不稳。

2）高频开关整流模块故障。

3）直流系统绝缘异常（受潮、接地）。

4）电压监视装置或继电器误动作（整定值偏高或偏低）。

（2）故障处理。

1）实测直流系统各极对地电压情况。

2）检查电压监察装置的电压继电器动作情况。

3）观察充电器装置输出电压和直流母线绝缘监视仪表显示，或用万用表测量母线电压，综合判断直流母线电压是否异常。

4）调整充电器的输出，使直流母线电压和浮充电流恢复正常。

5）若直流母线电压异常，系充电器装置故障引起，则应停用该充电器，倒换为备用充电器运行。

三、不停电电源 UPS 异常及缺陷的分析、处理

1. 逆变器故障

（1）故障现象。"逆变"绿灯转红灯且闪光，"旁路"灯亮；静态开关动作，系统切换至旁路电源供电。

（2）故障原因。逆变器输入电压超限，逆变器输出电压超限，逆变器负荷过载，逆变器晶闸管温度过高。

（3）故障处理。

1）按下"复归"按钮，复位各信号灯。

2）按下"逆变"开关，UPS 切向旁路电源供电。

3）待交流电源正常或逆变器冷却后恢复。

2. 静态开关闭锁

（1）故障现象。UPS 装置"故障"灯亮，"旁路"灯灭，相应的部分负荷失电报异常。

（2）故障原因。系统切至旁路电源后，静态开关多次（4min 内连续 8 次）切向逆变器供电均未成功，静态开关闭锁在旁路侧，不能实现从旁路向逆变器供电的转换。

（3）故障处理。

1）按下"复归"按钮，复归信号灯亮。

2）按下"逆变"开关，将 UPS 退出系统，手动合上外部"旁路"开关 1Q3。

3）检查是否由过载引起，如是，则应减载。

4）如非过载所致，应查出原因并排除故障。

3. 其他异常及故障

（1）由于充电器停止运行，转由蓄电池直流电源供电。

（2）三相交流输入、直流输入电源均失去，静态开关自动将系统切至旁路电源供电。

（3）逆变器输出过电流，当过电流倍数为额定电流的 1.2 倍时，静态开关自动将系统切至旁路备用电源供电。

（4）输入直流电压低于 210V，整流器输出电压低于 240V，旁路电源故障及冷却风机故障等均发报警信号。

四、交、直流系统危险点源分析

（一）交流系统危险点源分析

变电站交流系统全停时，将直接导致变电站直流系统、主变压器冷却系统、断路器机构储能系统、隔离开关电动操动机构、计算机监控系统 UPS 电源、消防和照明系统等失去电源，威胁到变电站的安全运行。通过对可能引起交流系统全部停电的危险点源分析，采取相应防范措施，可以有效提高交流系统的安全运行水平，同时提高变电运维人员对站用电源系统故障处理的能力。下面对可能引起交流系统全部停电的危险点源进行分析。

1. 交流系统仅由一台站用变压器提供电源

当变电站一台主变压器或站用变压器停电检修，遇另一台站用变压器故障或站外电源失去时，全站仅由一台站用变压器提供交流电源。当唯一运行中的站用变压器再意外故障时，全站交流电源失去。

2. 交流系统低压Ⅰ、Ⅱ段并列点

500kV 变电站交流系统低压侧分为Ⅰ、Ⅱ段，分别由不同的站用变压器供电。在变电站的各电压等级配电装置区域、交流电源分屏等部位，存在着若干交流系统低压侧Ⅰ、Ⅱ段的并列点。当交流系统低压侧Ⅰ、Ⅱ段站用变压器存在相位差时，误将并列点合上，造成交流系统低压侧短路，引起变电站交流系统全部失却。

3. 交流系统低压侧Ⅰ、Ⅱ段母线

交流系统低压侧Ⅰ、Ⅱ段母线发生相间短路故障时，将造成变电站交流系统全部失却。

4. 站用变压器低压电缆

当站用变压器低压电缆发生着火时，很可能烧毁其他站用变压器低压电缆，造成变电站交流系统全部失却，也有可能烧毁其他保护、控制、通信电缆，引起主设备被迫停电。

5. 主变压器冷却器电源交流电缆

当某一主变压器冷却交流电源电缆着火时，很可能烧毁位于同一电缆沟内的其他主变压器冷却器交流电源电缆，以及烧毁位于同一电缆沟内的主变压器保护和控制电缆，导致变电站内所有主变压器被迫停电。针对上述交流系统危险点源，运行中需采取以下防范措施：

1）当一台站用变压器停役时，在交流室交流电源配电屏、控制屏和继电屏上进行工作时，应做好严防误碰事故发生的措施，加强对另一台站用变压器及其回路的巡视检查与接头的红外测温工作。

2）主变压器 35kV 低压电抗器保护校验等工作时，应严防低压电抗器保护误跳主变压器或主变压器低压侧总断路器，引起所接站用变压器失电，影响站用电源系统的安全运行。

3）加强防小动物管理，严防小动物进入变电站交流室等重要场所，引起站用电源系统发生短路故障。

4）加强对交流系统并列点的管理，运行中应将并列点的空气开关或隔离开关等断开，现场应设置明显的警告标示，挂设"禁止合闸，有人工作"标示牌。

5）定期做好交流应急电源系统的维护和试验工作，确保应急电源系统可以随时投入运行。

6）定期做好站用变压器低压电缆和主变压器冷却器交流电源电缆的检查和红外测温工作，特别是转弯处电缆的检查和红外测温工作，保证站用变压器低压电缆的安全运行。

7）交流系统配电室应采取防止火灾的相应措施，配置必要的消防设施。对交流配电室内的设备如配电屏、屏内电气回路、空气开关或隔离开关等应经常进行检查与红外测温，以防接头松动过热，导致火灾事故发生。

（二）直流系统危险点源分析

500kV 变电站直流系统全部或局部失却时，将使继电保护、自动装置、断路器的控制回路和计算机监控系统等失去工作电源，如此时系统发生故障，极可能造成全站停电，危险电网安全运行。通过对可能引起直流系统全部或局部停电的危险点源进行分析，采取相应防范措施，可以有效提高直流系统的安全运行水平，同时提高变电运维人员对直流系统故障处理的能力。下面对可能引起直流系统全部停电的危险点源进行分析。

1. 充电机

当变电站内所有充电机故障不能运行时，蓄电池将单独承担全站所有直流负荷。如果蓄电池放电时间过长，直流系统电压下降过低，将引起继电保护或断路器拒动，此时系统发生短路故障，将造成变电站全站停电。

2. 蓄电池

当变电站两组蓄电池都不能正常运行时，有可能引起继电保护或断路器拒动，此时系统发生短路故障，将造成变电站全站停电。

3. 直流小母线

直流小母线发生极间金属性短路，引起上级直流熔丝熔断，该直流屏上所有直流负荷将失去直流电源，有可能引起继电保护或断路器拒动，此时系统发生短路故障，将造成变电站全站停电。

4. 500kV 线路主保护直流电源

500kV 线路一套主保护停用，该线路另一套主保护直流电源失去，此时如该线路发生短路故障，可能造成变电站全站停电。

5. 500kV 断路器失灵保护直流电源

500kV 断路器失灵保护按断路器配置，且仅装设一套，如系统发生故障，相关断路器拒动，而失灵保护因直流电源失去不动作时，故障只能由其他线路对侧 Ⅱ 段和主变压器后备保护来切除，将使变电站全停。

6. 直流室

如直流室发生火灾时，有可能造成变电站直流系统全部失电，此时如系统发生短路故障，继电保护因失电无法动作，将造成变电站全站停电。

7. 蓄电池室

如蓄电池室发生火灾时，有可能造成变电站直流系统全部失电，此时如系统发生短路故障，继电保护因失电无法动作，将造成变电站全站停电。

8. 直流系统一点接地

直流系统发生一点接地，如不能及时消除，或又引起直流系统另一点接地，有可能引起继电保护拒动，此时系统发生短路故障，可能扩大事故范围。

针对上述直流系统危险点源，需采取以下防范措施：

（1）加强直流系统、充电装置和蓄电池的运行维护，加强直流系统的巡视检查，定期对蓄电池进行电压和比重的测量，如防酸蓄电池投产第一年内每半年对蓄电池进行一次核对性充放电，一年以后每 1~2 年一次；阀控蓄电池每 2~3 年进行一次核对性充放电，6 年后每年一次。

（2）定期核对直流系统所有熔丝的规格、级差，检查熔丝和空气开关的运行状况，确保直流熔丝和空气开关的合理配置和正常运行。

（3）发生直流接地时，应及时汇报地调和有关领导，参考直流系统绝缘监察装置的信息，积极查找接地点，尽快消除接地隐患，防止两点接地情况的发生。

（4）由于直流配电屏上直流小母线间的距离较小，容易发生极间短路，特别要加强防小动物管理，严防小动物引起直流系统停电事故的发生。

（5）做好直流室、蓄电池室的消防工作，配置必要的消防设施。对室内的设备如配电屏、屏内电气回路、空气开关或隔离开关等应经常进行检查与红外测温，以防接头松动过热，导致火灾事故发生。

（6）直流接地处理时，不得造成直流正负极短路接地。尽量避免长时间出现无蓄电池支撑的直流系统运行方式。

【思考与练习】

1. 针对直流一点接地应采取哪些防范措施？
2. 简述不停电电源 UPS 异常分析和处理方法。

◢ 模块 3　站用交、直流系统异常的优化处理方案（Z08G6001Ⅲ）

【模块描述】本模块包含优化站用交、直流系统异常处理方案。通过案例的介绍，掌握站用交、直流系统异常处理方案优化方法。

【模块内容】

一、异常处理的基本原则与要求

（1）站用交、直流系统异常处理，必须严格遵守《国家电网公司电力安全工作规程》、调度规程、现场运行规程、现场异常运行处理规程，以及各级技术管理部门有关规章制度、安全措施的规定。

（2）异常处理过程中，变电运维人员应沉着果断，认真监视表计、信号指示，并做好记录，对设备的检查要认真、仔细，正确判断异常设备的范围及性质，汇报术语准确、简明。

（3）变电运维人员应密切关注设备异常状况，防止异常设备情况继续发展，并按有关调度、运行规程规定在尽可能保证重要交、直流负荷的连续供电的基础上，进行异常的处理。

二、异常处理优化方案流程图

异常处理优化方案流程如图 Z08G6001Ⅲ-1 所示。

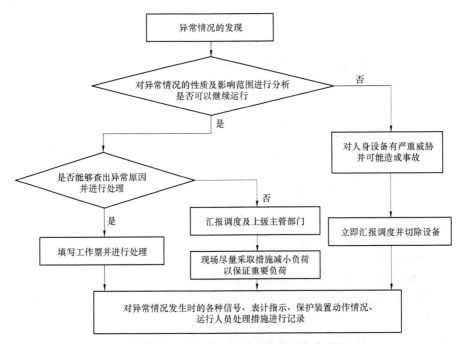

图 Z08G6001Ⅲ-1　异常处理优化方案流程图

三、异常处理案例分析

【例 Z08G6001Ⅲ-1】站用交流电系统异常处理。

1. 异常现象

某 500kV 变电站，运行过程中该 500kV 变电站计算机监控系统发出主变压器冷却系统电源故障报警、站用电源系统各段失压信号、直流系统交流电源消失及其他交流供电（如断路器储能电源消失、加热器电源消失）等信号，全站照明电源消失且事故照明开启。现场检查发现站用电源室及北面电缆沟冒烟起火。

2. 异常原因分析

从发生的异常情况分析，初步可判断为站用电源交流系统全停引起相关交流供电设备停电。

3. 异常处理优化方案

处理总则：首先想办法控制火势，并尽可能减少火势对其他设备的影响，同时请求外界帮助灭火（如 119 等）；然后在现场已无相应措施自行恢复站用交流电源的情况下，变电运维人员应设法保证主变压器的安全运行，一方面可通过调度限制主变压器负荷来控制温度，另一方面可加强主变压器温度的监视；再考虑设法减小直流系统的负荷，采取停用一些次要负荷的办法，尽量保证重要直流供电设备的可靠运行；最后考虑如何快速恢复站用交流电源。

优化处理过程如下：

（1）通过计算机监控系统或中央信号系统发出的信号，迅速判断出变电站交流系统全部停电。

（2）当值值班负责人迅速、合理安排人员到现场检查交流系统失电原因。

（3）现场发现着火情况，值班负责人应立即组织人员进行灭火，并拨打火警"119"。

（4）及时向相关调度和上级领导汇报现场事故情况。

（5）加强主变压器油温的监视，必要时配合调度采取限制主变压器负荷措施；安排人员减少直流系统一些次要负荷，尽量保证重要直流负荷的供电并加强对蓄电池放电情况、直流系统电压的监视。

（6）严格按调度指令，调整系统运行方式。

（7）在站用变压器不能恢复对交流系统供电时，应安排人员快速启用应急电源系统，以保证站内重要负荷的供电，如主变压器冷却器交流电源、直流系统充电电源、断路器操动机构交流电源等，恢复直流系统和主变压器冷却器的正常运行。

（8）变电运维人员及时做好安全措施，配合抢修工作。

本案例的异常检查结果：站用电源低压电缆因设计选型不合理，敷设施工时损坏电缆外护套层等，造成电缆铠装层对电缆支架发生持续性间隙放电并形成环流，铠装层局部出现过热，最终使电缆主绝缘层逐渐融化并击穿，引发单相接地短路故障，导致电缆起火燃烧。另外，站用变压器高压熔断器熔体设计配置上未对熔体保护范围和动作可靠性进行严格计算校核，存在保护死区，站用变压器低压出线电缆末端单相故障时不能可靠熔断，无法快速切除电缆故障，致使电缆持续燃烧并波及同沟其他电缆。

本案例说明，站用交流电源系统消失，影响正常运行的设备较多，严重时可能会致全站设备瘫痪，无法正常运行。加强对站用交流电源的异常处理预想、演习是非常必要的。

【例 Z08G6001Ⅲ-2】站用直流电系统异常处理。

1. 异常现象

某 500kV 变电站运行过程中继保室内继电保护、自动装置电源故障报警，相关断路器报控制回路断线，自动化后台测量采样失去，无法采集对应一次设备的状态。

2. 异常原因分析

继电保护室直流电源消失，是继保室直流分屏内设备异常或上一级直流电源空气开关异常，待现场检查确定。

3. 异常处理优化方案

检查失电直流分屏进线总空气开关及直流室直流馈线屏上所供的直流空气开关是否跳开，检查该屏上有无出线空气开关跳开，未经调度许可严禁试合所跳的空气开关。

（1）检查该直流分屏母线等部位有无明显的短路现象。

（2）将检查情况迅速汇报相关调度。

（3）经调度许可后拉开屏内所有出线空气开关，试合该屏进线总空气开关。如试合不成，不得再送，汇报调度时具体说明哪些元件失去保护功能和失去操作控制电源。

（4）如该直流分屏进线总空气开关试合成功，逐路进行出线空气开关试送，若合某路空气开关时进线电源空气开关跳开，则拉开该路空气开关后继续试送其他路空气开关。

（5）故障点明确后，进行消缺处理。

（6）做好异常的相关记录。

本案例的异常检查结果：分屏内回路极间短路导致直流输入总空气开关跳开引起分屏失电。

本案例说明站用直流电源系统消失的严重后果，了解和分析预案的处理流程，可以进一步优化站用直流系统异常处理的方案，有效提高站用直流系统异常的处理水平。

【思考与练习】

1. 你所在变电站有哪些处理方案可以进行进一步优化？

2. 异常处理方案如何优化？

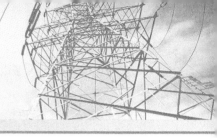

第二十一章

互感器异常处理

◢ 模块 1　互感器一般异常（Z08G7001 Ⅰ）

【模块描述】本模块包含互感器常见异常情况求。通过对互感器的常见异常现象的介绍，达到熟悉设备常见异常现象，能对设备常见异常进行简单分析，并在监护指导下参与异常处理的目的。

【模块内容】

互感器分为电压互感器（TV）和电流互感器（TA），它们是供测量仪表、继电保护和自动装置二次回路使用的。互感器的正常运行状态是指互感器在额定条件下，其二次电流或电压在规定的准确度范围内。

运行中的电流互感器二次回路不准开路，二次侧必须并且只能有一点可靠接地。电压互感器二次回路不准短路，二次侧同样必须并只能有一点可靠接地。

若互感器发生异常得不到及时处理，可能发展为事故，导致设备损坏和电网停电。

本模块包含互感器常见异常情况。通过对模块的学习，熟悉互感器设备常见异常现象，能对设备常见异常进行简单分析，并能参与异常处理。

1. 电压互感器常见异常

（1）电压互感器过热异常。采用红外测温设备对电压互感器检测，当发现温度升高时，应加强监测，并及时汇报。

（2）电压互感器声音异常。电压互感器内部有放电声或其他噪声时，可能是由于电压互感器内部短路、接地、夹紧螺栓松动所致。

（3）电压互感器渗漏油异常。电压互感器渗漏油主要有套管渗漏油；耐油橡胶垫使用时间太长橡胶垫压得太紧，失去了弹性或不符合耐油质量要求；经常受振动部位未采取防振措施，造成螺栓松动而渗漏油。加油时，油位过高，当热膨胀时会冒油、渗漏。

巡视中发现电压互感器油位异常时应及时汇报，对严重情况应停电处理。

（4）电压互感器二次断线异常。电压回路断线的现象：警铃响，中央信号盘发出"电压回路断线""装置闭锁"等光字，保护屏有"微机保护 TV 断线"等信号发出，保护指示电压互感器断线，等等。母线电压表无指示或指示降低，有功功率、无功功率表转慢。

2. 电流互感器常见异常

（1）电流互感器过热异常。电流互感器过热可分为缺油而导致一次接线部分发热，由于接线板接触不良而导致外部发热，电气元件由于内部连接件接触不良而导致发热。当温度大于表 Z08G7001Ⅰ-1 中的值时，应加强分析并汇报调度。

表 Z08G7001Ⅰ-1　　电流互感器允许的最大温度和相间温差值

电压等级（kV）	表面最大温升（K）	相间温差（K）
35～66	4.0	1.2
110	4.0	1.2
220～500	4.5	1.4

（2）电流互感器有异常响声。电流互感器的二次阻抗很小，正常工作在近乎短路状态，一般应无声音。电流互感器产生异常声音的可能原因有：铁芯松动；某些离开叠层的硅钢片，在空负荷或轻负荷时会有一定的"嗡嗡"声；二次开路使硅钢片振荡且振荡不均匀，发出较大的噪声。

（3）电流互感器有渗漏油异常（同电压互感器）。

（4）SF_6 电流互感器压力表异常。对 SF_6 电流互感器有 SF_6 密度继电器监视气体压力的，当 SF_6 密度继电器报警时，也说明有压力异常现象。

（5）电流互感器过负荷。电流互感器过负荷可能造成铁芯和二次绕组过热、绝缘老化加快，甚至出现损坏现象。

（6）电流互感器二次开路。

1）电流回路断线的危害。电流互感器是将大电流变换为一定量标准电流（1A 或 5A）的设备，正常运行时是接近于短路的变压器。其二次电流的大小决定于一次电流，若二次回路开路，阻抗无限大，二次电流等于零，一次回路所产生的磁通势将全部作用于励磁，二次线圈上将感应很高的电压，峰值可达上万伏，严重威胁人身和二次设备的安全。同时，由于磁饱和，铁损增大，发热严重，易烧损设备，也易导致保护误动和拒动。因此，电流回路断线开路是非常危险的。

2）电流回路断线的现象。① 回路仪表无指示或表计指示降低。② 回路有放电、冒火现象，严重时击穿绝缘。③ 电流互感器本体严重发热、冒烟、变色、有异味，严重时烧损设备。④ 电流互感器运行声音异常，振动大。⑤ 保护发生误动或拒动。⑥ 二次设备出现冒烟、烧坏、放电等现象。⑦ 保护装置发出"电流回路断线""装置异常"

等光字信号。

【思考与练习】

1. 电压互感器常见异常包括哪些？

2. 电流互感器常见异常包括哪些？

3. 电压互感器二次断线异常主要有哪些现象？

4. 电流回路断线的危害有哪些？

▲ 模块 2 互感器异常分析处理（Z08G7001 Ⅱ）

【模块描述】 本模块包含互感器异常分析处理及有关规定介绍求。通过对互感器的典型异常的案例分析介绍，达到熟悉设备异常现象和处理原则，危险点源分析方法的目的。

【模块内容】

一、互感器异常的分析及处理

（一）电压互感器异常的分析及处理

电压互感器发生异常情况，若随时可能发展成故障，则不得近控操作该电压互感器的高压隔离开关；不得将该电压互感器的二次侧与正常运行的电压互感器二次侧进行并列；不得将该电压互感器所在母线的母差保护停用或将母差改为破坏固定接线的操作。发现电压互感器有异常情况时，应采用下列方法尽快地将该电压互感器进行隔离：

（1）电压互感器高压隔离开关可遥控时，可遥控拉开高压隔离开关进行隔离。

（2）用断路器切断该电压互感器所在母线的电源或所在线路两侧的电源，然后隔离故障的电压互感器。

1. 电压互感器过热异常分析及处理

电磁型电压互感器的储油柜表面温升及相间温差不得超过表 Z08G7001 Ⅱ-1 中的规定，必要时可配合电气试验结果综合分析，确定缺陷性质及处理意见。

表 Z08G7001 Ⅱ-1 电磁型电压互感器允许的最大温升和温差参考值

电压等级（kV）	正常热像特征	异常热像特征	允许最大温升（K）	同类温差（K）
110～220	瓷套表面有一定发热	整体或局部有明显发热	膜纸 1.5 油纸 3.0	0.5 1.0
330			膜纸 2.0 油纸 4.0	0.6 1.2
500			膜纸 2.0 油纸 5.0	0.6 1.5

若是外部过热，可不立即停电，应转移负荷，并加强监视。若是严重缺油和内部原因导致发热，应汇报调度和上级主管部门，安排停电处理，在停电前应加强监视。

2. 电压互感器声音异常分析及处理

在运行中，若发现电压互感器有异常声音，可从二次负载变化情况判断是否是二次过载，从运行方式判断是否是电磁式电压互感器的谐振，如不属于两者，可能是本体故障，应转移负荷停电处理，停电前人员不得靠近互感器。

3. 电压互感器渗漏油异常分析及处理

（1）巡视中发现充油设备油位异常时应及时处理。油位过高的要放油，油位过低的要补油。

（2）补油时应使用合格的同号绝缘油。

（3）运行中由于油的热胀冷缩会造成油位的变化，其变化应与油温变化一致。若油位过低，看不到油位，变电运维人员应检查有无漏油情况。同时根据油温、漏油等情况判断油位的可能位置。

（4）若油位低且未发现漏油现象，变电运维人员应汇报调度及上级有关部门，尽快安排补油。若油位低且有漏油现象，应立即处理。互感器漏油时，应汇报调度，转移负荷后停电补油。

4. 电压互感器二次断线异常分析及处理

（1）电压回路断线的可能原因。

1）短路造成熔丝熔断或二次空气开关跳开，熔丝熔断时应更换相同型号、相同容量的熔丝。

2）电压回路端子排松动，功率表线圈断线，重动继电器卡涩或断线，回路隔离开关转换触点接触不良。

（2）电压回路断线的处理。

1）出现电压回路断线时，应首先检查回路中是否出现熔断器熔断、二次空气开关跳开情况，若有此情况，应汇报调度，停用受到影响的保护，并迅速查找短路点，予以排除。

2）如经检查未发现明显的故障点，在有关受影响的保护停用情况下，可将熔断器或二次空气开关试合一次。如试合成功，且断线信号消失，则可恢复运行；若试合不成功，说明短路点仍存在，应进一步查找。

3）若异常点可能在保护装置内部，在汇报调度停用受影响的保护后，通知继电保护人员查找。

4）若异常点在测量回路中，并发现电压表无指示，功率表转慢，应记录起止时间，同时可用万用表测量，检查表计内部线圈是否熔断或其他异常，若有其他异常，应更换或排除。

5）若检查电压回路二次无熔丝熔断或二次空气开关跳开现象,应进一步检查相应回路端子排是否有松动、脱落。隔离开关转换触点是否可靠接触,若发现异常,应进行调整处理。

（二）电流互感器异常分析及处理

1. 电流互感器过热异常分析及处理

对于用红外热像仪检查的电流互感器发热,若是由于互感器缺油而导致一次接线部分发热,则在油面分界面以上部分应均为发热部分。若是电气元件由于接线板接触不良而导致发热时,热谱图则应该是一个以发热点为中心的热谱图。若是电气元件由于内部连接件接触不良而导致发热时,热像特征是以接触不良部位为中心形成的热谱图,在热谱图中,最高温度在出线头或顶部油面处。

若是外部过热,可不立即停电,应转移负荷,并加强监视。若是严重缺油和内部原因导致发热,应汇报调度和上级主管部门,安排停电处理,在停电前应加强监视。

2. 电流互感器有异常响声分析及处理

电流互感器产生异常声音的原因可能有以下几方面:

（1）铁芯松动,发出不随一次侧变化的"嗡嗡"声。此外,半导体漆涂刷得不均匀形成内部电晕,以及夹铁螺栓松动等也会使电流互感器产生较大声响。

（2）某些离开叠层的硅钢片在空负荷或轻负荷时会有一定的"嗡嗡"声。

（3）二次开路,因磁饱和和磁通的非正弦性,使硅钢片振荡且振荡不均匀,发出较大的噪声。

在运行中,若电流互感器有异常声音,可从声响、表计指示及保护异常信号等情况判断是否是二次回路开路故障。如不属于二次回路开路故障,而是本体故障,应转移负荷停电处理;若声音异常较轻,可不立即停电,汇报调度和上级主管部门,安排停电处理,在停电前应加强监视。

3. 电流互感器渗漏油异常分析及处理

电流互感器渗漏油异常分析及处理与电压互感器相同。

4. SF_6电流互感器压力表异常分析及处理

造成 SF_6电流互感器气体泄漏的原因主要有密封结构设计不合理,密封件材质不良,装配工艺或质量不良等。

对压力表的运行工况进行巡视时,若压力表偏出正常压力区时,应引起注意,并及时按厂家要求补气,汇报调度。

5. 电流互感器过负荷分析及处理

电流互感器不允许长时间过负荷运行,电流互感器过负荷一方面可使铁芯磁通密度达到饱和或过饱和，使电流互感器误差增大，表计指示不正确，不容易掌握实际负荷；另一方面由于磁通密度增大，使铁芯和二次绕组过热、绝缘老化快，甚至出现损坏等情况。

变电运维人员发现电流互感器过负荷时，应立即汇报调度设法转移或减负荷。

6. 电流互感器二次开路分析及处理

（1）电流回路二次开路的原因。

1）电流回路端子松脱造成开路。

2）二次设备内部损坏造成开路。

3）电流互感器内部线圈开路。

4）电流连接片不紧导致开路。

5）接线盒、端子箱受潮进水锈蚀或接触不良、发热烧断造成开路。

（2）电流回路二次开路的处理。

1）查找或发现电流回路断线情况，应按要求穿好绝缘鞋，戴好绝缘手套，并配好绝缘封线。

2）分清故障回路，汇报调度，停用可能受影响的保护，防止保护误动。

3）查找电流回路断线可以从电流互感器本体开始，按回路逐个环节进行检查，若是本体有明显异常，应汇报调度，申请转移负荷，停电进行检修。

4）若本体无明显异常，应对端子、元件逐个检查，发现有松动可用螺丝刀紧固。若出现火花或发现开路点，应在开路点前将二次回路短接，再对开路点进行处理。

5）若短接时出现火花，说明短接有效，开路点在电源到封点以外回路中；若短接时无火花，则可能短接无效，开路点在封点与电源之间的回路中。

6）若开路点在保护屏内，应对保护屏上的电流端子进行查找并紧固；若在保护屏内，应汇报上级部门，由专业人员处理。

7）若为变电运维人员能自行处理的开路故障，如端子松脱、接触不良等，消除回路断线现象后，可将封线拆掉，投入退出的保护，恢复正常运行；不能自行处理的，应汇报调度及时派专业人员处理。

二、危险点源分析

互感器危险点源分析见表 Z08G7001Ⅱ-2。

表 Z08G7001Ⅱ-2　　　　　　　　互感器危险点源分析

异常情况	危险点源	控制措施
互感器温度异常	互感器喷油或绝缘下降引起设备短路故障	进行红外检测，加强巡视，当温度超过规程规定时，应马上汇报调度，申请将互感器退出运行

续表

异常情况	危险点源	控制措施
互感器油位异常	油位偏高造成设备喷油，油位偏低造成绝缘下降，进而造成内部短路故障	将互感器停役，油位过高的要放油，油位过低的要补油
互感器声音异常	可能是内部短路、放电	应汇报调度，将互感器退出运行
SF$_6$ 电流互感器压力异常	SF$_6$ 气体泄漏，产生有毒、有害气体	不应靠近设备，应汇报调度，将互感器退出运行
电流互感器二次开路	产生高电压，威胁人身和设备安全，可能引起继电保护误动。电流互感器二次开路时，开路处有放电火花，开路点电压可能高达 2kV。开路电流互感器内部有"嗡嗡"声，相应的电流表、有功功率表、无功功率表计指示降低或至零，相应的电流互感器二次回路发断线信号	(1) 现场检查电流互感器，若发现电流互感器本体有较大异常声响，确认电流互感器断线，立即汇报调度，根据情况拉停断路器。 (2) 电流互感器二次开路会产生高电压，查找故障点时不得用手触及二次线，并做好相应安全措施，查到故障点后立即汇报调度停役相应断路器。 (3) 如二次开路处设备已着火，应立即断开电源，进行灭火

三、案例分析（电压互感器红外检测异常分析处理）

【例 Z08G7001Ⅱ–1】某大型电厂，运行中发现一台 500kV 电容式电压互感器的二次电压差过大，达 10%以上，其中 B 相二次电压为 66V，而 A、C 两相电压正常，为 59V 左右，致使距离保护退出。在其他手段无法确诊该设备何处故障的情况下，决定采用红外热像检测，检测结果如表 Z08G7001Ⅱ–3 所示。

表 Z08G7001Ⅱ–3　　　　　红 外 热 像 检 测 结 果　　　　　（单位：℃）

相别＼检测单元	第一节电容器	第二节电容器	第三节电容器	第四节电容器	中间变压器
A	8.6	8.6	7.0	7.0	8.6
B	11.8	8.6	8.6	7.0	8.6
C	8.6	9.4	7.8	7.0	8.6

依据该设备三相共 12 节电容温度场的比较，处于正常状态的最高温度均在 7～8.6℃，而 B 相第一节电容的最高温度已达 11.8℃，超出正常值 3K 以上。若以温升相比，超出的相对比率更大，考虑该相二次电压变化大的情况，说明该相一次电容值变化较大，存在内部缺陷，应尽早退出运行并更换第一节电容，并要求对 C 相的第二节电容发展趋势进行监测。根据诊断结果，该相电容返回制造厂进行解体检修，解体检修后发现其电容值因内部故障已发生了大于 10%的变化。

此案例说明，红外测温技术对检测发热缺陷是非常有效的，运行中应结合相关红外检测导则进行认真的分析判断，及时发现缺陷，保证设备正常运行。

【思考与练习】

1. 电压互感器渗漏油异常分析及处理方法是什么？

2. SF_6 电流互感器压力表异常分析及处理方法是什么？

3. 电流互感器二次开路分析及处理方法是什么？

▲ 模块 3 互感器异常处理的优化处理方案（Z08G7001Ⅲ）

【模块描述】本模块包含互感器异常案例分析和优化处理方案求。通过对优化处理方案的介绍，能达到对互感器异常进行深入分析、编制优化处理方案并组织实施的目的。

【模块内容】

一、异常处理的基本原则与要求

（1）互感器的异常处理，必须严格遵守《国家电网公司电力安全工作规程》、调度规程、现场运行规程、现场异常运行处理规程，以及各级技术管理部门有关规章制度、安全措施的规定。

（2）异常处理过程中，变电运维人员应沉着果断，认真监视表计、信号指示，并做好记录，对设备的检查要认真、仔细，正确判断异常设备的范围及性质，汇报术语应准确、简明。

（3）变电运维人员应密切关注设备异常状况，防止异常设备情况继续恶化，并按有关调度、运行规程规定执行。

二、异常处理优化方案流程图

异常处理优化方案流程图如图 Z08G7001Ⅲ-1 所示。

三、异常处理案例分析

【例 Z08G7001Ⅲ-1】某变电站 220kV 母线差动保护电流互感器回路开路。

1. 异常现象

（1）主控室警铃响，母联断路器乔 05 控制屏"交流电流回路断线"及"直流电源消失"光字牌亮。

（2）220kV 母线差动保护屏上用于监视交流电流回路的零序电流继电器 KA0 动作不复归。

2. 处理过程

（1）值班负责人安排一人记录异常现象并严格监盘，自己至 220kV 母差屏上检查KA0 的动作状态并检查差流表。

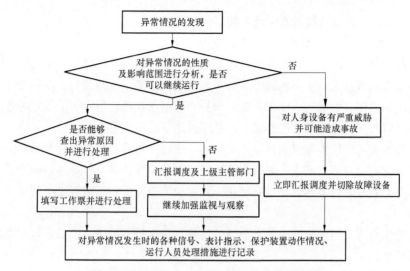

图 Z08G7001Ⅲ-1 异常处理优化方案流程图

（2）征得调度同意后，值班负责人安排正值变电运维人员和副值变电运维人员将 220kV 母线差动保护出口连接片断开，并在断开后检查差流表（检查有电流）。

（3）值班负责人要求副值变电运维人员加强监盘，自己向上级部门汇报，然后和正值变电运维人员一起用钳形电流表查找。

（4）检查 220kV 母线差动保护屏端子排上 A320、B320、C320 回路的电流值，发现 A320 为 0，B320 为 0，C320 有电流。

（5）到 220kV 母线差动端子箱处检查乔 01、乔 05、乔 06、乔 08 断路器的 C320 回路电流值，发现乔 05 断路器 C320 电流值为 0，其他各断路器的 C320 均有一定的电流指示。

（6）再到乔 05 断路器端子箱处，用短接线将 C320 与 N320 短接，短接后再用钳形电流表，检查短接线中是否有电流，如有电流，应判定为开路点在该端子箱至 220kV 母线差动端子箱之间的电缆上或两端的端子处。工作中变电运维人员穿绝缘靴，戴绝缘手套。

（7）将检查情况向调度及上级部门汇报，等待专业人员处理（检查发现乔 05 断路器端子箱至 220kV 母线差动端子箱的乔 05 母差动保护电流互感器电缆断线、C 相断线）。

（8）做好有关运行记录。

【例 Z08G7001Ⅲ-2】220kV 母线电容分压式电压互感器漏油。

1. 异常现象

某 220kV 电压等级接线方式采用双母线，电压互感器为电容分压式结构，巡视时发现设备漏油，从油位指示器中看不到油位。

2. 两种异常处理方案及方案比较或优化

处理方案一：用隔离开关隔离电压互感器。断开电压互感器二次空气开关，拉开电压互感器隔离开关，Ⅰ段母线、Ⅱ段母线电压互感器二次侧并列。这种处理方案的优点是操作方便，如果失压闭锁可靠，保护不会引起误动。但由于电压互感器严重漏油，拉开隔离开关时电弧可能会较大，甚至可能引起相间短路。

处理方案二：用断路器断开电压互感器。通过倒母线将异常电压互感器所在母线上的负荷倒到另一组母线上，断开电压互感器二次空气开关，拉开母联断路器，用母联断路器来断开电压互感器。这种处理方法避免了隔离开关切较大电流的可能，但操作复杂。

变电运维人员可根据变电站的具体情况制订最优处理方案，但必须得到调度的同意后才能实施。

【思考与练习】

1. 互感器异常处理的要求和有关规定是什么？

2. 互感器异常情况处理的顺序是什么？

3. 电压互感器二次回路断线异常现象及处理过程是什么？

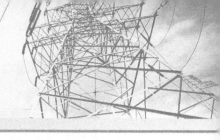

第二十二章

小电流接地系统异常分析及处理

▲ 模块1　小电流接地系统异常现象（Z08G8001 I）

【模块描述】本模块包含小电流接地系统异常现象和原因分析；通过小电流接地系统常见异常的分析介绍，达到熟悉小电流接地系统异常现象，能够根据系统异常现象正确分析判断异常原因的目的。

【模块内容】

小电流接地系统中，常见异常主要有单相接地和缺相运行两种。

一、单相接地故障现象及分析

1. 单相接地故障现象

（1）警铃响，同时发出接地光字信号，接地信号继电器掉牌。综合自动化变电站内监控机发出预告音响并有系统接地报文。

（2）如故障点高电阻接地，则接地相电压降低，其他两相对地电压高于相电压；如金属性接地，则接地相电压降到零，其他两相对地电压升高为线电压；若三相电压表的指针不停地摆动，则为间歇性接地。

（3）发生弧光接地时，产生过电压，非故障相电压很高，电压互感器高压熔断器可能熔断，甚至可能烧坏电压互感器。

2. 单相接地故障的危害

（1）由于非故障相对地电压升高（金属性接地时升高至线电压值），系统中的绝缘薄弱点可能击穿，形成短路故障，造成出线、母线或主变压器开关跳闸。

（2）故障点产生电弧，会烧坏设备甚至引起火灾，并可能发展成相间短路故障。

（3）故障点产生间歇性电弧时，在一定条件下，产生串联谐振过电压，其值可达相电压的 2.5～3 倍，对系统绝缘危害很大。

（4）在拉路查找接地及处理接地故障的过程中，中断对用户的供电。

3. 单相接地故障的原因

（1）设备绝缘不良，如老化、受潮、绝缘子破裂、表面脏污等，发生击穿接地。

（2）小动物、鸟类及其他外力破坏。

（3）线路断线后导线触碰金属支架或地面。

（4）恶劣天气影响，如雷雨、大风等。

4. 接地故障的判断

系统发生接地时，可根据信号、电压的变化进行综合判断。但是在某些情况下，系统的绝缘没有损坏，而因其他原因产生某些不对称状态，如电压互感器高压熔断器一相熔断，系统谐振等，也可能报出接地信号。所以，应注意正确区分判断。

（1）接地故障时，故障相电压降低，另两相升高，线电压不变。而高压熔断器一相熔断时，对地电压一相降低，另两相不会升高，与熔断相相关的线电压则会降低。对三相五柱式电压互感器，熔断相绝缘电压降低但不为零，非熔断相绝缘电压正常（见表 Z08G8001 I –1）。

表 Z08G8001 I –1　　单相接地与电压互感器高压熔断器熔断、铁磁谐振的区别

故障类别	相对地电压	主控盘信号
单相接地	接地相电压降低，其他两相电压升高；金属性接地时，接地相电压为 0，其他两相升高为线电压	接地报警
高压熔断器熔断	熔断相降低，其他两相不变	接地报警，电压回路断线
铁磁谐振	三相电压无规律变化，如一相降低、两相升高或两相降低、一相升高或三相同时升高	接地报警

（2）铁磁谐振经常发生的是基波和分频谐振。根据运行经验，当电源对只带有电压互感器的空母线突然合闸时易产生基波谐振。基波谐振的现象是：两相对地电压升高，一相降低，或是两相对地电压降低，一相升高。当发生单相接地时易产生分频谐振。分频谐振的现象是：三相电压同时升高或依次轮流升高，电压表指针在同一范围内低频（每秒一次左右）摆动。

（3）用变压器对空载母线充电时断路器三相合闸不同期，三相对地电容不平衡，使中性点位移，三相电压不对称，报出接地信号。这种情况只在操作时发生，只要检查母线及连接设备无异常，即可以判定，投入一条线路或投入一台站用变压器，即可消失。

二、缺相运行故障现象及分析

小电流接地系统中除了短路、接地故障外，还可能发生一相或两相断线的情况，造成系统缺相运行。

1. 缺相运行的故障现象

母线缺相运行时，断线相电压降低为零，正常相电压基本不变。

2. 造成缺相运行的原因

（1）导线接头锈蚀、发热烧断。

（2）连接设备质量问题，如支持绝缘子损坏等。

（3）导线受外力损伤断线。

（4）恶劣天气影响，如大风、冰雹等造成线路断线。

（5）断路器内部绝缘拉杆断裂，操作时一相未变位。

3. 缺相运行案例

某站在拉开电容器断路器后，主变压器低压侧后备保护发出告警信号，检查发现主变压器低压侧零序电压保护报警动作，并且信号无法复归。经变电运维人员详细检查，发现拉开的电容器断路器 C 相有微弱电流，现场检查断路器位置指示在分闸位置。判断电容器断路器 C 相由于某种原因未断开。将故障断路器退出运行后，经检修人员检查发现断路器 C 相绝缘拉杆断裂，造成该相触头未断开。

【思考与练习】

1. 小电流接地系统发生单相接地时有什么现象？

2. 单相接地故障的危害有哪些？

3. 小电流接地系统发生单相接地与铁磁谐振及电压互感器高压熔断器一相熔断有什么区别？

▲ 模块 2　小电流接地系统异常处理（Z08G8001Ⅱ）

【模块描述】本模块包含小电流接地系统常见异常的处理方法；通过常见异常案例介绍，达到掌握小电流接地系统单相接地、缺相运行等异常处理的目的。

【模块内容】

一、单相接地故障处理

小电流接地系统发生单相接地故障时，由于线电压的大小和相位不变，且系统的绝缘又是按线电压设计的，所以不需要立即切除故障，仍可继续运行一段时间，但一般不宜超过 2h。

1. 单相接地处理的注意事项

（1）发现设备接地后，应立即汇报调度，查找出接地点并迅速隔离，特别是对于间歇性接地，更应尽快查出接地点并停电隔离，防止由于间歇接地产生谐振过电压造成设备绝缘击穿损坏。

（2）查找接地故障时应穿绝缘靴，接触设备的外壳和架构时应戴绝缘手套。

（3）站内发生接地时，在隔离故障点消除接地前，应加强对站内设备运行状态的监视，尤其是发生接地的母线、避雷器和电压互感器等承受过电压运行的设备，并做好事故处理的准备。

2. 单相接地的查找方法

（1）检查、记录接地现象。站内发出接地信号时，首先应汇报调度，将时间、光字指示、故障报文、表计指示等信息做好记录。

（2）判断接地相别。切换检查相电压表计，根据相电压指示，判断是否为接地故障，如是接地故障则判明故障相别。

（3）检查站内设备有无故障。对接地母线上的一次设备进行外部检查，主要检查各设备瓷质部分有无损坏、有无放电闪络，检查设备上有无落物、小动物及外力破坏现象，检查各引线有无断线接地，检查互感器、避雷器、电缆头等有无击穿损坏。

（4）采用拉路或倒母线的方法查找接地点。

1）分网运行缩小范围。分网包括系统分网运行和站内分网运行。对于变电站，分网是使母线分列运行，分列后对仍有接地信号的一段母线进行查找处理。

2）依次短时断开故障所在母线上各出线断路器，如果断开断路器后接地信号消失，绝缘监察电压表的指示恢复正常，即可证明所停的线路上有接地故障。

3）对于双母线接线，可以依次将一条母线上的回路倒至另一母线上，然后断开母联断路器，若发现接地信号也随线路转移到另一条母线上，说明所倒换的线路上有接地故障。

（5）拉路查找仍不能查出接地线路时，应考虑出线回路同相异处接地，母线设备接地（无可见异常现象），主变压器低压侧套管、母线桥接地的可能。

1）查同相异处接地时，先将一条母线上的出线断路器全部拉开，然后逐条出线试送电，如某出线送电后发出接地信号，则说明该出线接地，将接地出线断开后继续试送其他线路，直至母线上的出线全部恢复运行，即可查找出所有的接地出线回路。双母线接线方式，通过倒母线的方法即可查找出所有的接地出线回路。

2）经检查不是出线回路同相异处，可合上分段（或母联）断路器，拉开母线主变压器低压侧断路器。如接地现象消失，即是主变压器低压套管或母线桥接地；如接地现象扩大到另一段（条）母线上，则是母线设备接地。

3. 单相接地故障点隔离方法

查找到接地故障点后，应汇报调度，根据调度命令，结合本站设备接线方式，通过倒闸操作将接地点隔离，做好安全措施处理。

（1）对于出线回路，可停电处理。

（2）站内设备接地的隔离方法。

1）故障点可以用断路器隔离的设备接地。应拉开断路器隔离故障，然后把故障设备各侧隔离开关拉开，汇报上级，通知检修人员检修故障设备。

2）故障点不能用断路器隔离的设备接地，如断路器、母线侧隔离开关、电压互感器、母线避雷器等设备接地。这种情况下必须注意：切记不可用隔离开关拉开接地故障设备。

母线设备接地，可将母线停电后，隔离接地点。接地点断开后，母线能够恢复运行的应恢复运行。

主变压器低压侧接地，需将主变压器停电检修。

不能通过倒运行方式停电隔离接地点，又不允许母线或主变压器停电时，可采取人工转移接地点操作，隔离接地点，恢复设备正常运行。

二、缺相运行的处理

（1）站内有缺相运行的信号或现象时，应进行判断分析。单相断线与单相接地现象相近，应注意区分，单相接地是一相电压降低，两相升高；单相断线是一相电压升高，两相降低。并且出线回路还有电流变化、保护发信号等其他异常现象，应收集全部现象进行综合分析。

（2）确认出线回路或母线缺相运行，应汇报调度后将出线回路或母线停电处理。

（3）由于断路器绝缘拉杆断裂造成缺相运行，一相合不上时应将断路器拉开；一相不能拉开时，不能用隔离开关拉开，应采用倒闸操作的方法将故障断路器退出运行，操作方法与断路器接地相同。

【思考与练习】

1. 出线回路同相异处接地如何查找处理？

2. 缺相运行如何处理？

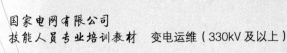

第二十三章

事故处理基本原则及步骤

模块 1　事故处理基本原则及步骤（Z08H1001 Ⅰ）

【模块描述】本模块包含事故处理的主要任务、组织原则和一般规定。通过知识讲解，达到掌握事故处理的基本原则，正确按照事故处理规定进行事故处理。

【模块内容】

电力系统事故是指由于电力系统设备故障或人员工作失误而影响电能供应数量或质量超过规定范围的事件。事故分为人身事故、电网事故和设备事故三大类，其中设备和电网事故又可分为特大事故、重大事故和一般事故。

当电力系统发生事故时，变电运维人员应根据断路器跳闸情况、保护动作情况、表计指示变化情况、监控后台信息和设备故障等现象，迅速准确地判断事故性质，尽快处理，以控制事故范围，减少损失和危害。

一、引起电力系统事故的原因

引起电力系统事故的原因主要有以下三类：

（1）自然灾害引起的有大风、雷击、污闪、覆冰、树障、山火等。

（2）设备原因引起的有设计、产品制造质量、安装检修工艺、设备缺陷等。

（3）人为因素引起的有设备检修后验收不到位、外力破坏、维护管理不当、运行方式不合理、继电保护定值错误和装置损坏、人员误操作、设备事故处理不当等。

二、事故处理的主要任务

（1）尽速限制事故的发展，消除事故的根源，解除对人身和设备的威胁。

（2）用一切可能的方法保持对用户的正常供电，保证站用电源正常。

（3）尽快对已停电的用户恢复供电，对重要用户应优先恢复供电。

（4）及时调整系统的运行方式，使其恢复正常运行。

三、事故处理的一般步骤

（1）系统发生故障时，变电运维人员初步判断事故性质和停电范围后迅速向调度汇报故障发生时间、跳闸断路器、继电保护和自动装置的动作情况及其故障后的状态、相关设备潮流变化情况、现场天气情况。

（2）根据初步判断检查保护范围内的所有一次设备故障和异常现象及保护、自动装置动作信息，综合分析判断事故性质，做好相关记录，复归保护信号，把详细情况报告调度。如果人身和设备受到威胁，应立即设法解除这种威胁，并在必要时停止设备的运行。

（3）迅速隔离故障点并尽力设法保持或恢复设备的正常运行。根据应急处理预案和现场运行规程的有关规定采取必要的应急措施，如投入备用电源或设备，对允许强送电的设备进行强送电，停用有可能误动的保护，拉开控制电源解除设备自保持等。

（4）进行检查和试验，判明故障的性质、地点及其范围（在绝大多数的情况下，处理事故的快慢决定于判明事故原因或设备是否完整的迅速程度。电气部分发生的事故常常只是由于系统中的某个元件发生了事故，故应力求直接判明事故的原因，使停电部分迅速恢复送电）。如果变电运维人员自己不能检查出或处理损坏的设备，应立即通知检修或有关专业人员（如试验、继电保护等专业人员）前来处理。在检修人员到达之前，变电运维人员应把工作现场的安全措施做好（如将设备停电、安装接地线、装设围栏和悬挂标示牌等）。

（5）除必要的应急处理以外，事故处理的全过程应在调度的统一指挥下进行。

（6）做好事故全过程的详细记录，事故处理结束后编写现场事故报告。

四、事故处理的组织原则

（1）各级当值调度员是领导事故处理的指挥者，应对事故处理的正确性、及时性负责。值班负责人是现场事故、异常处理的负责人，应对汇报信息和事故操作处理的正确性负责。因此，变电运维人员应与值班调度员密切配合，迅速果断地处理事故。在事故处理和异常中必须严格遵守《国家电网公司电力安全工作规程》、事故处理规程、调度规程、现场运行规程及其他有关规定。

（2）发生事故和异常时，变电运维人员应坚守岗位，服从调度指挥，正确执行当值调度员和值长的命令。值长要将事故和异常现象准确无误地汇报给当值调度员，并迅速执行调度命令。

（3）变电运维人员如果认为调度命令有误时，应先指出，并做必要解释。但当值班调度员认为自己的命令正确时，变电运维人员应该立即执行。如果值班调度员的命令直接威胁人身或设备的安全，则在任何情况下均不得执行。值班负责人接到此类命令时，应该把拒绝执行命令的理由报告值班调度员和本单位的总工程师，并记载在值班日志中。

（4）如果在交接班时发生事故，而交接班的签字手续尚未完成，交班人员应留在自己的岗位上，进行事故处理，接班人员可在上值值长的领导下协助处理事故。

（5）事故处理时，除有关领导和相关专业人员以外，其他人员均不得进入主控制室和事故地点，事前已进入的人员均应迅速离开，便于事故处理。发生事故和异常时，变电运维人员应及时向站长（工区主任）汇报。站长可以临时代理值长工作，指挥事故处理，但应立即报告值班调度员。

（6）发生事故时，如果不能与值班调度员取得联系，则应按调度规程和现场事故处理规程中有关规定处理。这些规定应经本单位的总工程师批准。

五、事故处理的要求和有关规定

（1）变电站事故处理必须严格遵守《国家电网公司电力安全工作规程》、事故处理规程、调度规程、现场运行规程、反事故措施以及其他有关规定。

（2）事故和异常处理过程中，变电运维人员应认真监视监控画面和表计、信号指示。事故及处理过程应在值班日志、事故障碍记录及断路器跳闸记录等记录簿上做好详细记录。

（3）对设备的检查要认真、仔细，正确判断故障的范围及性质，汇报术语准确并简明扼要，所有电话联系均应录音。

（4）事故紧急处理可以不用操作票，但在操作完成后应做好记录，且应保存原始记录。操作中应严格执行操作监护制并认真核对设备的位置、名称、编号和拉合方向，防止误操作。事故紧急抢修可不用工作票，但应使用事故紧急抢修单。所有事故紧急抢修应履行工作许可手续。事故处理后恢复送电的操作应填写倒闸操作票。

（5）符合下列情况的操作，变电运维人员可以自行处理，并做扼要报告，事后再做详细汇报：

1）将直接对人员生命有威胁的设备停电。

2）确知无来电的可能性，将已损坏的设备隔离。

3）站用电部分或全部失去时恢复其电源。

4）其他在调度规程及现场规程中规定可以自行处理者。

（6）发生事故后应将事故的详细情况及时汇报给本单位生产领导。发生重大事故或者有人员责任的事故，在事故处理结束以后，变电运维人员应将事故处理的全过程的资料进行汇总，汇总资料应完整、准确、明了。编写出详细的现场事故报告，以便专业人员对事故进行分析。现场事故报告应包括以下内容：

1）发生事故的时间、事故前后的负荷情况等。

2）中央信号、表计指示、断路器跳闸情况和设备告警信息。

3）保护、自动装置动作情况。

4）微机保护的打印报告并对其进行的分析。

5）故障录波器打印报告及测距。

6）现场设备的检查情况。

7）事故的处理过程和时间顺序。

8）人员和设备存在的问题。

9）事故初步分析结论。

六、事故处理的注意事项

1. 准确判断事故的性质和影响范围

（1）变电运维人员在处理故障时应沉着、冷静、果断、有序地将各种故障现象，如断路器动作情况、潮流变化情况、信号报警情况、保护及自动装置动作情况、设备的异常情况，以及事故的处理过程做好记录，并及时向调度汇报。

（2）变电运维人员在平时应了解全站保护的相互配合和保护范围，充分利用保护和自动装置提供的信息，准确分析和判断事故的范围和性质。

（3）变电运维人员要全面了解保护和自动装置的动作情况，在检查保护和自动装置动作情况时应依次检查，做好记录，防止漏查、漏记信号，影响对事故的判断。

（4）为准确分析事故原因和故障查找，在不影响事故处理和停送电的情况下，应尽可能保留事故现场和故障设备的原状。

2. 限制事故的发展和扩大

（1）故障初步判断后，变电运维人员应到相应的设备处进行仔细的查找和检查，找出故障点和导致故障发生的直接原因。若出现着火、持续异味等危及设备或人身安全的情况，应迅速进行处理，防止事故的进一步扩大。确认故障点后，变电运维人员要对故障进行有效的隔离，然后在调度的指令下进行恢复送电操作。

（2）发生越级跳闸事故，要及时拉开保护拒动的断路器和拒分断路器的两侧隔离开关。在操作两侧隔离开关前，若需要解除五防闭锁，不得擅自解锁，应按现场有关规定履行解锁操作程序进行解锁操作。在拉隔离开关前，必须检查向该回路供电的断路器在断开位置，防止带负荷拉隔离开关。

（3）对于事故紧急处理中的操作，应注意防止系统解列或非同期并列。对于联络线，应经过并列装置合闸，确认线路无电时方可解除同期闭锁合闸。

（4）操作合闸，若合闸不成功，不能简单地判断为合闸失灵，应注意在合闸过程中监视表计指示和保护动作信息，防止多次合闸于故障线路或设备，导致事故扩大。

（5）加强监视故障后线路、变压器的负荷状况，防止因故障致使负荷转移，造成其他设备长期过负荷运行，及时联系调度消除过负荷。

3. 恢复送电时防止误操作

（1）恢复送电时应在调度的统一指挥下进行，变电运维人员应根据调度命令，考虑运行方式变化时本站自动装置、保护的投退和定值的更改，满足新方式的要求。

（2）恢复送电和调整运行方式时要考虑不同电源系统的操作顺序。

（3）变电运维人员在恢复送电时要分清故障设备的影响范围，先隔离故障设备，对于经判断无故障的设备，按调度命令恢复送电，防止误操作，导致故障扩大。

4. 事故时应保证站用交、直流系统的正常运行

站用交、直流系统是变电站正常运行、操作、监控、通信的保证。交、直流系统异常会造成失去自动保护装置、操作、通信、变压器冷却系统电源，将使得事故处理变得更困难，若在短时间内交、直流系统不能恢复，会使事故范围扩大，甚至造成电网事故和大面积停电事故。因而事故处理时，应设法保证交、直流系统正常运行。

【思考与练习】

1. 发生事故时，变电运维人员应向调度汇报哪些内容？

2. 哪些项目在事故处理时变电运维人员可以自行操作后再汇报调度？

3. 简述事故处理的一般步骤。

4. 现场事故报告应包括哪些内容？

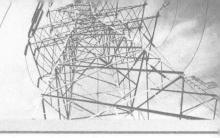

第二十四章

高压开关类设备、线路事故处理

模块 1 高压开关类设备上发生的简单事故处理原则（Z08H2002 I ）

【**模块描述**】本模块介绍简单分析高压开关的故障原因、类型和故障点位置、事故处理注意事项。通过分析及案例介绍，掌握简单高压开关事故分析、处理方法。

【**模块内容**】

当电网发生事故时，要求高压开关能迅速、准确地动作，及时切除故障。如果电网发生事故、高压开关出现拒分时，不仅会扩大事故范围，而且由于延长了故障切除时间，将影响系统的稳定性，加重被控设备的损坏程度。另外，高压开关发生事故时会造成非全相运行的结果，甚至会导致震荡现象，扩大为大面积停电事故。因此，当高压开关发生事故时，变电运维人员应根据高压开关事故时的现象准确判断出事故原因、类型和故障点位置。

一、断路器常见事故类型

断路器在运行中发生下列情况，应立即汇报调度和工区，将其停用。

（1）瓷套有严重的破损和放电现象；

（2）SF_6 断路器中气体严重泄漏，已低于闭锁压力；

（3）操作机构的压力降低，闭锁分、合闸；

（4）断路器内部有爆裂声或喷油冒烟；

（5）断路器引线严重发热；

（6）其他严重缺陷。

断路器 SF_6 压力低报警时，断路器仍可运行，应立即汇报调度和工区，安排断路器 SF_6 气体补气。当发出 SF_6 压力低闭锁信号时，闭锁断路器分合闸，应立即汇报调度及工区，将该断路器停役后处理。

当断路器发生合闸闭锁时，经现场检查确认后，立即汇报调度和工区。如断路器在分闸位置，将断路器改为检修后处理。如断路器在合闸位置，应按以下原则将故障断路器进行隔离：

（1）液压机构，应检查是油泵电机不启动还是液压系统泄漏引起。

1）如果是电机不启动，则应检查其交流电源是否正常，电源开关是否跳开，接触器是否动作，电机有无异常等，并设法恢复打压；若无法恢复，则应汇报调度和工区，停用断路器后处理。

2）如为液压系统泄漏或油泵故障不能建压，则应断开油泵电机电源，汇报调度和工区，停用断路器后处理。

3）3/2 接线方式，应将该断路器隔离后派员处理。

4）双母线接线方式，若有旁路断路器，可采用旁路代供的方式将其隔离；若无旁路断路器，将故障断路器拉停隔离。

（2）气动机构，应检查故障是空压机不启动还是空压系统泄漏引起的。处理同上。

（3）弹簧机构，断路器由于合闸弹簧未储能造成合闸闭锁。

应对储能电机电源、储能电机、储能弹簧行程开关进行检查，设法恢复。如因电机损坏或交流电源失去不能电动储能时，必要时可进行手动储能。

当断路器发生分闸闭锁时，经现场检查确认后，立即汇报调度和工区。如断路器在分闸位置，将断路器改为检修后处理。如断路器在合闸位置，应按以下原则将故障断路器隔离：

（1）对于 3/2 接线方式，当接线在三串及以上时，可以解锁拉开两侧隔离开关将该断路器隔离；否则应采取切断与该断路器有联系的所有电源的方法来隔离此断路器。操作时，隔离开关操作必须采用远控方式。

（2）对于双母线接线方式，此时断路器可以改为非自动，但应注意不得停用保护直流电源，防止系统故障时失灵保护拒动。

1）对于线路/主变断路器故障，若有旁路断路器，可采用旁路代供的方式，在旁路断路器与故障断路器并联后，解锁拉开故障断路器两侧隔离开关将其隔离，操作前旁路断路器应改非自动；若无旁路断路器，将故障断路器所在母线上的其余元件热倒至另一段母线后，拉开母联断路器，将其隔离。

2）双母线母联断路器故障，优先采取合上出线（或旁路）断路器两把母线隔离开关的方式隔离，同时应先将母差改单母方式；否则采用倒母线方式隔离。

3）三段式母线分段断路器故障，允许采用远控方式直接拉开该断路器两侧隔离开关进行隔离，此时环路中断路器应改为非自动状态；否则采用倒母线方式隔离。

4）三段式母线母联断路器及四段式母线母联、分段断路器故障，采用倒母线方式隔离。

5）500kV 主变压器低压侧总断路器故障后，将低压侧母线上所有低压电抗器、电容器、压电变压器、站用变压器（先转移负荷）等退出运行后，拉开主变压器低压侧隔离开关，将故障断路器隔离。

6）电容器或低抗断路器故障后，先将所在母线上其他低压电抗器、电容器、压电变压器、站用变压器（先转移负荷）等退出运行。若低压侧有总断路器，则拉开总断路器后，再拉开故障断路器的隔离开关将其隔离，隔离后恢复其他电容器、低压电抗器、压电变压器、站用变压器的运行。若低压侧无总断路器，则需停用主变压器后方能隔离故障断路器。

500kV 断路器正常运行中发生非全相运行时，三相不一致保护应动作跳闸。若三相不一致保护未正确动作，则可立即自行拉开该断路器，事后汇报调度和工区。

当断路器发生非全相而且分合闸闭锁时，应立即汇报调度和工区，降低通过非全相运行断路器的潮流，按以下原则进行处理：

（1）对于 3/2 接线的 500kV 系统，当接线在三串及以上时，可以解锁拉开两侧隔离开关将该断路器隔离；否则应采取切断与该断路器有联系的所有电源的方法来隔离此断路器。操作时，隔离开关操作必须采用远控方式。

（2）对于 500kV 主变压器 220kV 侧断路器，应首先拉开主变压器 500kV 侧和低压侧断路器，使主变压器处于充电状态，然后对于线路/主变压器断路器故障，若有旁路断路器，可采用旁路代供的方式，在旁路断路器与故障断路器并联后，解锁拉开故障断路器两侧隔离开关将其隔离，操作前旁路断路器应改非自动；若无旁路断路器，将故障断路器所在母线上的其余元件热倒至另一段母线后，拉开母联断路器将其隔离。

（3）对于 220kV 线路断路器，应首先拉开对侧断路器，使线路处于充电状态，然后对于线路/主变压器断路器故障，若有旁路断路器，可采用旁路代供的方式，在旁路断路器与故障断路器并联后，解锁拉开故障断路器两侧隔离开关将其隔离，操作前旁路断路器应改非自动；若无旁路断路器，将故障断路器所在母线上的其余元件热倒至另一段母线后，拉开母联断路器将其隔离。

（4）对于 220kV 双母线的母联断路器，采用一条母线停电的方式隔离。

（5）对于三段式母线分段断路器，按三段式母线分段断路器故障，允许采用远控方式直接拉开该断路器两侧隔离开关进行隔离，此时环路中断路器应改为非自动状态；否则采用倒母线方式隔离。

（6）对于三段式母线母联断路器及四段式母线母联、分段断路器，三段式母线母联断路器及四段式母线母联、分段断路器故障，采用倒母线方式隔离。

断路器操作过程中三相位置不一致时：

（1）断路器合闸操作时，若只合上两相，应立即再合一次，如另一相仍未合上，应立即拉开该断路器，汇报调度及工区，终止操作。若只合上一相时，应立即拉开，不允许再合，汇报调度及工区，终止操作。

（2）断路器分闸操作时，若只分开两相时，不准将断开的二相再合上，而应迅速再分一次，如另一相仍未分开，汇报调度及工区，根据调度命令做进一步处理。如只分开一相，应迅速恢复全相运行，事后汇报调度及工区。

断路器拒合时应检查：

（1）远方操作条件是否满足。

（2）同期开关是否投入、同期合闸条件是否满足。

（3）有无保护动作信号，出口自保持继电器是否复归。

（4）机构或 SF_6 气体压力是否正常。

（5）操作电源是否正常。

（6）控制回路有无明显异常，合闸线圈是否冒烟或烧焦。

经检查无异常或故障排除后，可再合一次，如仍合不上立即汇报调度和工区。

断路器拒分时应检查：

（1）远方操作条件是否满足。

（2）机构或 SF_6 气体压力是否正常。

（3）操作电源是否正常。

（4）控制回路有无明显异常，分闸线圈是否冒烟或烧焦。

经检查无异常或故障排除后，可再分一次，如仍分不开立即汇报调度和工区。

断路器机构频繁打压，应检查机构是否存在外部泄漏，压力表指示是否正常，若外部无泄漏，压力下降很快，则可能是机构内部泄漏，则应汇报调度和工区，将断路器停役后处理。

"断路器机构电动机或加热器回路电源故障"报警，应立即到现场检查是哪一相、哪一个电源开关跳开。如为加热回路电源自动跳开，应进行初步检查，如未发现明显故障，可以试送一次，试送不成应汇报工区。如为油泵电机电源跳开，应进行初步检查，如未发现明显故障，可以试送一次，试送不成应立即汇报工区派人处理，并加强对液压的监视。

当 SF_6 断路器发生爆炸或严重漏气等事故，接近设备时应尽量选择上风侧，必要时要戴防毒面具、穿防护服。

【思考与练习】

1. 断路器常见事故类型有哪些？

2. 断路器拒动和误动的区别是什么？

3. 断路器拒动后常见的事故现象有哪些？

▲ 模块 2　线路事故现象及处理原则（Z08H2001Ⅰ）

【模块描述】本模块包含电力线路短路故障的分类、故障跳闸事故类型和现象，以及电力线路故障跳闸处理原则。通过分析讲解和实例培训，掌握线路事故的判断和初步处理技能。

【模块内容】

由于 500kV 输电线路架设距离长，又多处于环境复杂多变的野外，容易受到各种自然和人为的因素影响，因而在电力系统事故中，输电线路的事故是最常见的事故。掌握输电线路的事故处理方法是对变电运维人员的基本要求。输电线路事故主要是短路和断线事故。

500kV 输电线路一般设置两套完整、独立的保护，并且两套保护的交流电流、电压回路和直流电源彼此独立。每一套主保护对全线路内发生的各种类型故障均能无时限动作切除故障；当主保护拒动时，后备保护动作，以一定时限切除故障。谈谈 500kV 线路、开关的保护配置。

一、输电线路短路故障分类

输电线路的故障有短路故障和断线故障，以及由于保护误动或断路器误跳引起的停电等。短路故障又可按短路性质和故障存续时间进行分类。

1. 按短路性质分类

（1）单相接地短路故障。

（2）两相相间短路故障。

（3）两相接地短路故障。

（4）三相短路故障。

2. 按短路故障存续时间分类

（1）瞬时性短路故障。当故障线路断开电源电压后，故障点的绝缘强度能够自行恢复，因而如果重新将线路合闸，线路将能恢复正常运行。

（2）永久性短路故障。当断开电源电压后，故障仍然存在，在故障未排除之前，是不可能恢复正常运行的。

二、输电线路故障跳闸事故类型

输电线路故障跳闸事故的类型主要有：

（1）线路瞬时性故障跳闸，自动重合闸重合成功。

（2）线路永久性故障跳闸，自动重合闸重合不成功。

（3）线路故障跳闸，自动重合闸未动作。含重合闸拒动、未投重合闸或重合闸未投在相应位置（如综合重合闸方式投"单重"时的相间故障跳闸）等因素造成的重合闸未动作。

（4）线路故障跳闸，自动重合闸动作，但断路器拒合。含断路器动力电源故障和断路器机构故障等因素造成的断路器拒合。

三、输电线路故障跳闸现象

1. 瞬时性故障跳闸，重合闸重合成功

主要现象有：

（1）事故警报、警铃鸣响，监控后台机主接线图断路器标志先显示绿闪，继而又转为红闪。

（2）故障线路电流、功率瞬间为零，继而又恢复数值。由于是瞬时性故障，重合闸动作时间较短，上述故障的中间转换过程变电运维人员不易看到。

（3）监控后台机出现告警窗口，显示故障线路某种保护动作、重合闸动作、故障录波器动作等信息。故障线路保护屏显示保护及重合闸动作信息（信号灯亮），分相控制的线路则还有某相跳闸或三相跳闸的信息（信号）。

2. 永久性故障跳闸，重合闸重合不成功

主要现象有：

（1）事故警报、警铃鸣响，监控后台机主接线图断路器标志显示绿闪。

（2）故障线路电流、功率指示均为零。

（3）监控后台机出现告警窗口，显示故障线路某种保护动作、重合闸动作、故障录波器动作等信息。故障线路保护屏显示保护及重合闸动作信息（信号灯亮），分相控制的线路则还有某相跳闸及三相跳闸信息（信号）。

3. 线路跳闸，自动重合闸未动作

主要现象有：

（1）事故警报、警铃鸣响，监控后台机主接线图断路器标志显示绿闪。

（2）故障线路电流、功率指示均为零。

（3）监控后台机出现告警窗口，显示故障线路某种保护动作、故障录波器动作等信息。故障线路保护屏显示保护动作信息（信号灯亮），分相控制的线路则还有某相跳闸及三相跳闸信息（信号）。

4. 线路跳闸，自动重合闸动作，断路器拒合

主要现象有：

（1）事故警报、警铃鸣响，监控后台机主接线图断路器标志显示绿闪，测控屏红绿灯可能都不亮（测控屏红绿灯都不亮是因为断路器合闸回路或重合闸出口回路一般设有自保持，当断路器故障跳闸、重合闸动作时，由于断路器拒合，断路器的辅助触

点不转换，自保持不能自动解除，而此回路又短接了跳闸位置继电器，所以绿灯不能点亮；而主接线图断路器标志由于没有新的触发信号进入，仍旧停留在跳闸后状态。

（2）故障线路电流、功率指示均为零。

（3）监控后台机出现告警窗口，显示故障线路某种保护动作、重合闸动作、故障录波器动作等信息。故障线路保护屏显示保护及重合闸动作信息（信号灯亮），分相控制的线路综合重合闸方式投"单重"时，还有三相不一致动作跳闸信息（信号）。

5. 重合不成功和重合闸动作、断路器拒合故障

断路器故障跳闸，重合不成功与重合闸动作、断路器拒合这两类故障现象近似，可从以下三方面区分：

（1）测控屏断路器指示灯：重合不成功红灯灭、绿灯亮，而断路器拒重合可能出现红绿灯均不亮的现象。

（2）监控后台机主接线图断路器标志在重合不成功时显示绿闪，在拒合时显示绿色平光。

（3）保护动作信息和故障录波：重合不成功反映切除短路两次短路，而断路器拒重合反映切除短路一次短路。

另外，分相控制的线路综合重合闸方式投"单重"时，断路器拒合还有三相不一致动作跳闸信息。

四、输电线路跳闸事故的处理原则

（1）线路故障跳闸后，一般允许强送一次。变电运维人员必须对故障跳闸线路的有关回路（包括断路器、隔离开关、电流互感器、电压互感器、耦合电容器、阻波器、继电保护等设备）进行外部检查正常，并根据调度命令进行强送。电缆线路跳闸不进行强送。

（2）线路发生故障保护动作，但其断路器拒跳而越级到上级断路器跳闸时，应立即查明保护动作范围内的站内设备是否正常，立即隔离拒动的断路器，然后报告调度。在调度指令下，试送越级跳闸的断路器和其他线路。

（3）线路断路器跳闸后，若线路有正常运行电压，有同期装置且符合合环条件的，则变电运维人员可不必等待调度命令迅速用同期并列方式进行合环。如无法迅速合环时，应立即汇报调度员。

（4）当线路和高压电抗器同时动作跳闸时，应按线路和高压电抗器同时故障来考虑事故处理。未查明高压电抗器保护动作原因和消除故障之前不得进行强送，如系统急需对故障线路送电，在强送前应将高压电抗器退出运行后才能对线路强送，同时必须符合无高压电抗器运行的规定。

（5）开关操作时或运行中发生非全相运行，变电运维人员应立即拉开该开关，并

立即汇报值班调度员。

（6）如断路器跳闸次数已达到规定限额的仅剩一次时，应向调度员提出要求该断路器不得作为强送断路器及停用重合闸。

（7）如果线路跳闸，重合闸动作重合成功，但无故障波形，且线路对侧的断路器未跳闸，应是本侧保护误动或断路器误跳闸。若有保护动作可判断为保护误动，在保证有一套主保护运行的情况下可申请将误动的保护退出运行，若没有保护动作，则是断路器误跳，查明误跳原因并排除误跳根源，若断路器机构故障，则通知检修人员进行处理。

（8）如继电保护人员在运行线路上工作，该线路断路器跳闸，又无故障录波，且对侧断路器未跳，则应立即终止继电保护人员工作，查明原因，向调度员汇报，采取相应的措施后申请试送。

五、事故案例

【例 Z08H2001Ⅰ-1】 220kV 线路 C 相瞬时性故障跳闸，重合成功。

1. 运行方式

某变电站 220kV 侧双母线并列运行，2211 线在 220kVⅠ段母线正常运行。

2. 事故现象

监控后台机显示：2211 线断路器显示红闪，电流和有功、无功都有数值指示，2211 线 RCS931A 保护动作，PSL603A 保护动作，PSL631C 重合闸动作。

保护屏：RCS931 显示 C 相故障，测距 3.8km，电流差动动作，距离Ⅰ段动作；PSL603 显示 C 相故障，测距 4.2km，电流差动动作，接地距离Ⅰ段动作，零序Ⅰ段动作，PSL631 显示重合闸出口。

3. 事故处理

现场检查 2211 线断路器工作是否正常，电流互感器至线路出口设备有无故障现象，调阅保护信息和故障录波报告并复归信号，汇报调度。

4. 原因分析

2211 线 C 相发生瞬时性接地故障，跳开 2211 线断路器 C 相，重合闸动作重合成功。

5. 案例引用小结

（1）根据线路保护动作，重合闸动作，开关显示红闪，电流和有功、无功有数值指示来判明故障性质。

（2）即使是线路重合成功，也要检查一次设备，排除站内故障的可能。

【例 Z08H2001Ⅰ-2】 500kV 线路 C 相永久性故障跳闸，重合不成功跳三相。

1. 运行方式

某变电站 500kV 5241 线接线图如图 Z08H2001Ⅰ-1 所示。

2. 事故现象

站内自动化 CRT 显示：5062 断路器事故分闸，5063 断路器事故分闸，5241 线第一套主保护动作，5241 线第二套主保护动作，5063 断路器重合闸动作。

光字牌显示 5241 线保护动作、5063 断路器重合闸动作信号。线路保护屏显示：故障相为 C 相，故障测距 10km，高频距离主保护动作，距离 I 段保护动作。断路器保护屏上显示 5063 断路器重合闸动作，5063 断路器保护和故障录波显示两次跳闸。

3. 事故处理

现场检查 5062、5063 断路器及电流互感器至线路出口设备有无故障，保护室调阅保护信息，按照调度命令，对线路进行强送。强送不成功，将 5062、5063 断路器转为冷备用，线路改检修。

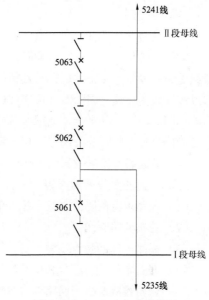

图 Z08H2001 I –1　某变电站 500kV 第六串接线图

4. 原因分析

5241 线 C 相发生永久性接地故障，跳开 5062、5063 断路器。由于线路重合闸有优先回路，5063 断路器重合闸动作不成功，闭锁 5062 断路器重合闸。

5. 案例小结

（1）根据线路保护动作，重合闸动作，断路器显示绿闪，电流和有功、无功均无数值指示，边断路器保护和故障录波显示两次跳闸，可判明故障性质。

（2）线路强送不成功，说明线路短路故障没有消除，一般不再强送。

【思考与练习】

1. 如何区分断路器跳闸、自动重合闸重合不成功和自动重合闸动作、断路器拒合事故？

2. 线路跳闸、自动重合闸重合不成功有何现象？如何处理？

▲ 模块 3　高压开关类设备上发生的常规事故处理（Z08H2002 II）

【模块描述】本模块介绍一般判断分析高压开关的故障类型、故障点位置。通过分析及案例介绍，掌握一般判断高压开关事故处理方法。

【模块内容】

高压断路器是带有强力灭弧装置的高压开关设备，在正常运行时，用于接通和切断正常线路的负荷电流，在故障时，与继电保护装置配合来切除短路电流。高压断路器又是瞬动设备，在正常运行时其机构处于静止状态，偶尔进行操作或发生事故，动作过程又极为迅速，因而对其可靠性的要求是非常高的。高压断路器的正确动作直接影响电网的稳定，甚至会造成越级跳闸、大面积停电的事故。正确掌握高压断路器事故处理的分析、判断及处理方法和步骤是变电运维人员应该具备的基本技能。

一、断路器常见事故原因

1. 断路器拒绝合闸的原因

（1）控制电源故障或直流电压过低。

（2）控制回路断线。

（3）断路器辅助触点接触不良。

（4）开关本体传动部分和操动机构的机械故障。

（5）合闸线圈及合闸回路继电器烧坏。

（6）操作不当、操作条件不满足（如同期条件不满足或同期检查装置故障等）。

2. 断路器拒绝分闸的原因

（1）控制电源故障或电压过低。

（2）控制回路断线。

（3）断路器辅助触点接触不良。

（4）分闸线圈烧坏。

（5）分闸回路继电器烧坏。

（6）操动机构故障。

3. 断路器误跳闸的原因

（1）人员误动。

（2）操动机构自行脱扣。

（3）直流接地或二次回路问题引起的误跳闸。

二、断路器事故处理原则

（1）高压断路器跳闸后，变电运维人员应通过监控主机信号、保护及自动装置动作情况、断路器跳闸情况及时分析判断，并汇报调度。

（2）高压断路器跳闸后，应立即记录事故发生的时间，并到现场检查断路器的实际位置，检查跳闸断路器间隔有无短路、接地、闪络、断线、瓷件破损、爆炸、喷油等现象，检查断路器操动机构有无异常，本体有无异常等。

（3）高压断路器跳闸后，及时根据检查结果进行分析判断，并根据调度命令进行处理。

（4）高压断路器拒跳引起越级跳闸，在恢复供电时，应将发生拒动的断路器隔离，隔离后保持原状，待查清拒动原因并消除缺陷后方可投入运行。

（5）高压断路器事故处理完毕后，值班负责人要指定有经验的变电运维人员做好详细的事故记录、断路器跳闸记录等，并根据断路器跳闸情况、保护及自动装置的动作情况填写事故跳闸报告。

（6）下列情况不得强送：

1）线路带电作业时。

2）断路器已达到允许故障开断次数。

3）断路器失去灭弧能力。

4）系统并列的断路器跳闸。

三、断路器事故处理

（一）断路器拒绝合闸的事故处理

（1）正常操作中断路器拒绝合闸时，应停止操作，首先应检查控制回路是否完好，断路器操动机构是否正常，操作条件是否满足，在未查明断路器拒合原因并消除故障前，不得将断路器投入运行。

（2）断路器拒绝合闸时，应根据当时出现的监控主机信号及有关断路器位置指示情况，区分是电气二次回路故障原因，还是断路器操动机构的机械故障原因，再进一步详细检查。

（3）检查断路器分相操作箱绿灯是否点亮。绿灯正常亮说明合闸回路完好，绿灯不亮说明合闸回路失电、开路或出现了自保持，此时应立即瞬时拉、合一下断路器的控制直流电源，然后试合一次。

（4）如果断路器控制回路绿灯亮，且网络通信正常时，应重新操作一次，检查是否由于操作不当，断路器把手返回过早而引起。

（5）检查断路器遥控操作连接片是否投入，接触是否良好。

（6）检查断路器机构箱内远方/就地控制开关是否在远方位置，检查远方/就地控制开关触点接触是否良好。

（7）检查有无保护动作，电磁机构在合闸瞬间直流屏输出有无大电流冲击指示，母线电压是否突然下降，照明灯是否突然变暗。排除合闸于故障线路的可能。

（8）检查弹簧压力（或液压压力）和 SF_6 压力是否正常。

（9）检查操作时同期选择是否正确。

（10）检查断路器控制电源是否正常。

（11）检查是否为液压或气压压力低闭锁合闸，如果是由于低气压闭锁合闸回路，应立即设法将压力打至正常值，若是由于电动机烧坏或机构问题，应通知专业人员尽快处理。

（12）检查是否由于灭弧介质压力降低至合闸闭锁值，若是，应通知专业人员补气至正常值。

（13）检查断路器辅助触点是否接触良好。

（14）检查合闸线圈是否烧坏或绝缘是否良好。

（15）经判断如果是断路器电气回路故障，且不能自行排除时，应通知专业人员尽快处理。

（16）经判断如果是机械部分故障，应迅速通知一次检修人员尽快处理。

（17）若在短时间内能够查明故障并能自行排除，应采取相应的措施，排除故障后恢复供电，若在短时间内不能查明故障，或故障不能自行处理，应将负荷倒至备用电源带，或将负荷转移至其他线路带。

（二）断路器拒绝分闸的事故处理

1. 发生事故时断路器拒跳的事故处理

（1）首先应将断路器拒跳的时间和事故现象汇报调度。

（2）立即派人检查保护、自动装置和一次设备动作情况。

（3）断路器拒跳时，断路器失灵保护动作，跳开失灵断路器所有相邻的断路器。此时，应拉开该拒动断路器两侧的隔离开关，将该断路器隔离后，恢复无故障母线和线路的运行，然后检查断路器拒动的原因。此时要注意尽量使拒跳断路器保持原状，便于事故调查和分析。

（4）检查断路器拒跳的原因，可以根据有无保护动作信号，断路器分相操作箱位置指示灯是否亮，操作拉开断路器时所出现的现象等综合分析后，判断出故障范围。

（5）当发生断路器拒跳事故时，无保护动作信号，断路器位置指示红灯亮，能操作分闸，这种情况多为保护拒动。

（6）当发生断路器拒跳事故时，无保护动作信号，断路器位置指示红灯不亮，操作时可能拒跳，这种情况下一般会打出"控制回路断线"信号，应检查控制电源是否正常，控制电源小开关是否接触良好，控制回路是否良好。

（7）当发生断路器拒跳事故时，有保护动作信号，断路器位置指示红灯亮，能操作分闸，可能是保护出口回路问题。

（8）当发生断路器拒跳事故时，有保护动作信号，不能操作分闸，若断路器位置指示红灯不亮，属跳闸回路不通，若断路器位置指示红灯亮，可能是操动机构的机械问题。

（9）发生断路器拒跳时，能在短时间内自行处理的，应采取相应的措施处理。短时间内难以查明故障原因的，应立即汇报调度和有关部门，由专业人员进行检查处理。

2. 正常操作时断路器拒绝分闸的处理

（1）正常操作时断路器断不开，应汇报调度，迅速采取措施，尽快判断故障范围和原因，及时将断路器隔离，防止发生越级跳闸事故。

（2）检查控制电源小开关是否跳闸或接触不良，控制电源电压是否正常。

（3）检查控制回路是否正常。

（4）如检查上述情况正常，可对断路器再分闸操作一次，同时注意断路器位置指示红灯、绿灯变化情况，判断区分故障。

（5）如果在操作之前断路器位置指示红灯亮，说明跳闸回路正常。断路器不跳闸，说明操动机构和断路器本体有故障。

（6）判明故障范围后，应汇报调度，根据调度命令进行处理。

（三）断路器误跳闸的处理

（1）首先应将误跳时的时间和事故现象汇报调度。

（2）由于人员误碰、误动、误操作或受外力震动而引起的断路器误跳闸，应尽快汇报调度，并立即申请将断路器合上。

（3）断路器误跳闸后，凡是重合闸动作，重合成功时，不论误跳闸原因是什么，应首先保持断路器合闸状态，不得对误跳断路器的操动机构、保护装置、二次回路进行检查处理，以免再次误跳闸。

（4）由于其他电气或机械部分故障，无法立即恢复送电的，应汇报调度及有关部门，做好安全措施，等待专业人员检查处理。

四、案例

750kV 线路 1A 相接地，7532 断路器拒动，750kVⅡ段母线失压（接线图见图Z08H2002Ⅱ–1）。

1. 事故现象

（1）警铃、喇叭响。

（2）监控主机显示 7530 断路器绿灯闪烁，7532 断路器红灯亮，7522、7512 断路器绿灯闪烁，750kV 线路 1 电流、电压、有功、无功显示均为零。

（3）监控主机光字、信号显示：750kV 线路 1 保护动作，7532 断路器失灵保护动作。

2. 处理过程

（1）根据光字、信号指示情况，将事故简况汇报调度。

（2）详细记录监控主机及保护小室的光字、信号动作情况，在核对无误后，复归光字信号。

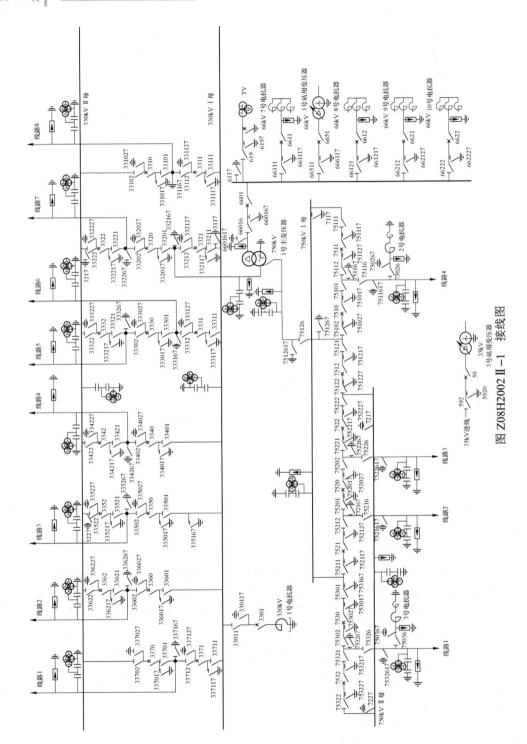

图 Z08H2002 II-1 接线图

（3）现场检查 7532 断路器 A 相仍在合闸位置，750kVⅡ段母线其他断路器在分闸位置。

（4）综合现场检查结果及光字信号动作情况，判断为 750kV 线路 1A 相接地，线路保护动作出口，7530 断路器跳闸，7532 断路器拒动，7532 断路器失灵保护动作，将连接在 750kVⅡ段母线上的 7522、7512 断路器跳开。

（5）将保护动作情况及现场检查结果详细汇报调度及有关部门。

（6）拉开 75321、75322 隔离开关，将 7532 断路器隔离。

（7）对 750kVⅡ段母线及其附属设备进行详细检查。

（8）恢复 750kVⅡ段母线供电，依次合上 7522、7512 断路器。

（9）根据调度命令：将 7532 断路器转检修，做好安全措施，等待专业人员检查处理。

（10）750kV 线路 1 检查正常，根据调度命令：合上 7530 断路器，750kV 线路 1 试送电，试送成功。

（11）将处理结果汇报调度及有关部门，待故障断路器处理正常后，根据调度命令恢复供电。

【思考与练习】

1. 断路器事故处理原则是什么？

2. 发生断路器拒分事故的主要原因有哪些？

3. 断路器非全相运行时如何处理？

4. 断路器拒跳时如何检查处理？

▲ 模块4　线路一般事故处理（Z08H2001Ⅱ）

【模块描述】本模块包含不同电力线路短路故障的特点、电力线路的重合闸方式和电力线路故障跳闸事故处理的方法。通过分析讲解和实例培训，掌握线路事故的处理技能。

【模块内容】

输电线路是电力系统的"动脉"。输电线路故障跳闸，轻者影响电能的传输，重者影响电网的稳定，造成电网解列，甚至大面积停电。

根据输电方式的不同，可将输电线路分为单电源线路、双电源线路和双回线供电线路。对于单电源线路来说，在电源端是负荷线路，在受电端是电源线路。

一、不同输电线路短路故障的特点

输电线路有架空线路和电缆线路两大类。由于架设条件、结构、材质不同，发生短路故障时也呈现出不同的特点。

1. 架空线路

架空线路由于架设于户外，受气候、环境影响很大，外力影响占短路事故的比率很高。由于相间距离较大，发生相间短路故障的概率相对较小，而单相接地短路故障较多，可占到架空输电线路故障的70%～80%。

2. 电缆线路

电缆线路一般安装于隧道、电缆沟内，或直埋于地下。电缆由于有绝缘保护层，因而发生故障一般就是永久性故障。而三相电缆由于相间距离很小，发生相间短路故障的概率就很大。

二、输电线路的重合闸运行方式

由于架空输电线路的短路故障大部分是瞬间短路故障，为使线路在发生瞬间短路故障时能够连续供电，线路一般都装有重合闸装置。220kV及以上线路需要实现分相控制，因而一般装有综合重合闸装置。重合闸的运行方式有：单相重合闸方式、三相重合闸方式、综合重合闸方式和停用方式四种。

1. 重合闸投入方式

在重合闸投入方式下线路故障跳闸，将启动重合闸重合一次。瞬时故障重合成功，线路可以继续运行；永久故障重合后再次启动保护使断路器跳闸。

（1）单相重合闸方式。单相故障单相跳闸单相重合，重合不成功跳三相；多相故障三相跳闸不重合。

（2）三相重合闸方式。任何故障三相跳闸三相重合，重合不成功跳三相。

（3）综合重合闸方式。单相故障单相跳闸单相重合，重合不成功跳三相；多相故障三相跳闸三相重合，重合不成功跳三相。

2. 重合闸停用方式

在重合闸停用方式下，线路无论是瞬时故障还是永久故障跳闸，都跳三相不启动重合闸。

三、输电线路故障跳闸处理

1. 线路跳闸、重合闸动作，重合成功的事故处理

（1）记录跳闸时间、跳闸断路器，检查并记录表计指示、告警信息、继电保护及自动装置动作情况，调取并打印微机保护报告和故障录波报告，复归信号，做出初步事故判断结论，并将跳闸断路器名称、时间、继电保护及自动装置动作情况汇报电网调度。

（2）检查跳闸线路断路器及外侧的所有一次设备有无短路、接地、闪落、断线、瓷件破损等故障，并将检查情况报告调度。

（3）做好断路器故障跳闸登记，核对该断路器故障跳闸次数是否已到规定的临检次数。若到临检次数，应报告上级通知检修单位立即进行临检。将跳闸时间、线路名称、继电保护及自动装置动作情况、汇报情况记入运行记录。

2. 线路跳闸，自动重合闸重合不成功的事故处理

（1）记录跳闸时间、跳闸断路器，并立即汇报调度。

（2）记录告警信息、断路器指示和保护动作情况，复归全部保护动作信号，提取故障录波器报告，断路器指示清闪，做出初步事故判断结论，并将继电保护及自动装置动作情况汇报电网调度。

（3）检查跳闸断路器及外侧的所有一次设备有无短路、接地、闪络、断线、瓷件破损等故障，并将检查情况报告调度。

（4）线路跳闸，自动重合不成功，说明在该线路上发生了永久性短路故障，原则上应在排除故障后再送电。但考虑到部分永久性短路故障可能在重合闸动作过程中导电物质被电弧所熔化，或者由于绝缘强度恢复时间大于重合闸时间而使重合闸不成功，可强送一次，具体强送操作应根据调度命令执行。

（5）线路永久性短路故障，应根据调度命令将线路停电，并在线路侧装设地线（或合上接地刀闸），待故障排除后再根据调度命令试送。

3. 线路跳闸，自动重合闸未动作的事故处理

（1）记录跳闸时间、跳闸断路器，并立即汇报调度。

（2）记录告警信息、断路器指示和保护动作情况，复归全部保护动作信号，提取故障录波器报告，断路器指示清闪，做出初步事故判断结论，并将继电保护及自动装置动作情况汇报调度。

（3）检查跳闸线路断路器及外侧的所有一次设备有无短路、接地、闪络、断线、瓷件破损等故障，并将检查情况报告调度。

（4）对于不执行强送电的线路和强送电不成功的线路，根据调度命令停电，待故障消除后再送电。

（5）根据重合闸运行方式和故障现象判断为重合闸拒动，应停用重合闸，待查明原因后再投入。

4. 线路跳闸，自动重合闸动作，断路器拒合的事故处理

（1）记录跳闸时间、跳闸断路器，并立即汇报调度。

（2）记录告警信息、断路器指示和保护动作情况，复归全部保护动作信号，提取故障录波器报告，断路器指示清闪，做出初步事故判断结论，并将继电保护及自动装置动作情况汇报调度。

（3）检查拒合断路器及该线路电流互感器以外设备是否正常，断路器应重点检

查。做出事故判断结论，并将检查情况报告调度。

（4）根据调度命令隔离故障断路器，故障线路可经另一断路器或旁路断路器强送或待故障消除后送电。

（5）根据调度命令将故障断路器停电并布置安全措施。

四、断路器误跳引起线路停电的事故处理

1. 引起线路断路器误跳的原因

（1）人为误切线路断路器、误触分闸回路或分闸机构。

（2）线路断路器分闸回路绝缘击穿或直流接地引起断路器误分。

2. 线路断路器误跳时的现象

（1）人为误切线路断路器出现与正常操作一样的断路器指示绿闪、线路电流和功率为零、现场断路器分闸的现象。

（2）误触线路断路器分闸回路或分闸机构，以及断路器分闸回路绝缘击穿或直流接地引起断路器误分，会出现事故警报鸣响、线路断路器跳闸或跳闸后重合闸动作重合成功的现象。直流接地还有相应的告警信息。

（3）线路断路器误跳均无保护动作、无故障波形，对侧断路器不跳闸。

3. 线路断路器误跳时的处理

（1）人为因素误切线路断路器、误触分闸回路或分闸机构造成线路停电，应立即报告电网调度，在调度的指挥下恢复设备原来的运行方式。然后汇报本单位领导。

（2）分闸回路绝缘击穿或直流接地引起断路器误分，在未排除故障以前不能手动合上断路器，因为由于故障点的存在，断路器合上以后还会再次跳开。应排除故障以后再恢复断路器送电，恢复正常运行方式。

（3）在线路未停电的情况下保护有工作，此时如果线路断路器跳闸，又无故障录波，且对侧断路器未跳闸，可能是由于保护漏停或继电人员误触运行设备造成的跳闸。应立即停止继电保护人员工作，查明原因并采取相应的措施后，向调度申请送电。

五、事故案例

【例 Z08H2001Ⅱ-1】 500kV 基建线路放线时磨断退役线路的架空地线，断开地线向上弹起造成 500kV 5101 线跳闸，重合闸成功。

1. 事故前运行方式

500kV 5101 线正常运行，其下方与已退役的 2242 线路垂直交叉，某公司在 2242 线架空地线上放线。

2. 事故经过

某年 7 月 30 日 15 时 12 分，500kV 5101 线二套主保护动作，5022 断路器跳闸重合成功，C 相故障。线路组 15 时 44 分接到调度关于 5101 线带电特巡的通知，立即组

织人员对 5101 线路开展故障特巡。17 时 10 分发现故障点，5101 线的 2～3 号塔档距内（近 3 号塔 100m 处），某公司在架设 500kV 基建线路放线时，由于 12～13 号桩的导引钢丝绳磨断了下方垂直交叉 2242 线路（退役）178～179 号右侧架空地线，断线向上弹起造成了 5101 线路 C 相跳闸。经检查 5101 线路 C 相的 1 号和 4 号子导线上有闪络痕迹，导线无断股不影响线路的正常运行，线路组 17 时 16 分将故障情况向调度做了汇报。

3. 事故分析

施工单位在架设基建线路 12～13 号桩导线展放导引钢丝绳时，仅对交叉跨越的 380V 低压线搭设了毛竹脚手架，并未对下方垂直交叉的 2242（退役）线路采取任何保护措施。在施工方案中，架设跨越 2242（退役）线路时，必须将 176～179 号耐张段的架空地线全部拆除，但施工前未能执行。

4. 案例引用小结

500kV 输电线路单相瞬时性故障处理与 220kV 线路瞬时性故障处理一致。线路瞬时性故障的原因多种多样，但变电运维人员事故处理的原则相同。

可以在这次事故中吸取以下经验教训：

（1）电力施工必须根据施工现场情况制定好完善的安全技术措施。

（2）已制定的安全技术措施必须严格执行。

【例 Z08H2001Ⅱ-2】500kV 线路倒塔事故。

1. 事故经过

某年 6 月 14 日 21 时 25 分，某变电站 500kV 5238 线两套线路主保护动作，B 相跳闸，重合不成功，三跳，故障测距显示故障点距变电站 56.6km；21 时 29 分，相邻的 5237 线两套线路主保护动作，线路 C 相跳闸，重合成功；21 时 30 分，5237 线 C 相故障再次跳闸，重合不成功，三跳，故障测距显示故障点距变电站 48.12km。同时，整个局域电网断面潮流严重超限。

22 时 6 分，5238 线强送成功，5237 线强送不成功。6 月 15 日 6 时 1 分，5237 线转检修。

故障发生后，调度部门立即通知相关供电公司进行查线。6 月 15 日 3 时 50 分，巡线人员发现 5237 线 402～411 号共 10 基铁塔倒伏，塔基严重损坏。

2. 事故原因

某年 6 月 14 日 19 时～21 时 30 分，该地区遭遇雷雨、大风和冰雹的袭击，造成 500kV 5237 线有 10 基铁塔倒塔，同时引起 5237 线、5238 线，以及系统内两座 220kV 变电站的 220kVⅠ段母线相继故障跳闸。

3. 案例引用小结

台风、雷暴、沙尘暴、覆冰等恶劣天气是电网安全运行的最大威胁。面对恶劣天气，变电运维人员应预先做好事故预想，发生事故时要正确判断、快速处理，并及时向调度汇报，快速执行调度指令，将事故的损失限制在最小范围内。

500kV 输电线路倒塔事故较少发生，不过近年来有发展的趋势。输电线路倒塔往往影响面较广，故障现象复杂，对变电运维人员处理事故的能力要求较高。在恶劣天气环境下，如发生多条线路同时故障跳闸或相继跳闸时，变电运维人员应利用故障录波器等工具进行综合分析，故需要变电运维人员具有较高的波形分析能力。

【思考与练习】

1. 线路跳闸、自动重合闸重合成功有何现象？如何处理？

2. 线路跳闸、自动重合闸动作、断路器拒合有何现象？如何处理？

◢ 模块 5　高压开关类设备事故处理危险点预控分析（Z08H2002Ⅲ）

【模块描述】 本模块介绍一般判断分析高压开关的故障类型、故障点位置。通过分析及案例介绍，掌握一般判断高压开关事故处理方法。

【模块内容】

运行中的高压断路器发生事故的原因不尽相同，有时比较复杂，一旦发生事故，后果十分严重。为了尽快检查判断事故原因和故障点，变电运维人员应掌握高压断路器复杂事故原因、类型、事故处理中的危险点预控等，以便发生断路器事故跳闸后，尽快分析判断，找出故障点，并及时消除，保证电网、设备可靠、安全运行。

一、复杂高压开关设备事故类型及原因分析

（1）相邻线路发生故障，保护拒动引起的本线路保护动作，断路器跳闸，线路失压。当相邻线路发生故障，而保护拒动时，则与故障线路相连的线路后备保护动作，切除故障电流，即所谓的线路越级跳闸。发生线路越级跳闸时，变电运维人员可以通过保护、自动装置动作情况和断路器跳闸情况进行综合判断分析，并将故障线路隔离后，尽快恢复非故障线路运行。

（2）相邻线路发生故障，断路器拒动引起的本线路失压。这种情况发生在 3/2 断路器接线中，当相邻线路发生故障，保护动作，但中间断路器拒动时，中间断路器失灵保护动作，跳开相邻的断路器，使同一串中另一条线路失压。发生这种情况时，变电运维人员立即汇报调度，并通过保护、自动装置动作情况和断路器跳闸情况综合判断分析，将故障断路器隔离后，尽快恢复非故障线路运行。

（3）线路保护误动引起的线路失压。系统冲击、人员误动、误接线、误整定、直流两点接地等原因常使线路保护误动跳闸，在正常情况下，如果一套线路保护动作，断路器跳闸，且此时有系统冲击、二次回路有人工作、遇下雨天气等情况时，一般情况下保护误动的可能性比较大。此时，应进行全面检查，根据保护、自动装置动作情况及故障测距综合判断分析，确认是线路保护误动作后，应退出误动的一套线路保护，对失压线路进行试送电。

二、高压开关事故处理危险点及预控措施

高压开关事故处理危险点及预控措施见表 Z08H2002Ⅲ-1。

表 Z08H2002Ⅲ-1　　　高压开关事故处理危险点及预控措施

序号	危险点	预控措施
1	人身触电、伤亡	（1）断路器事故处理过程中应沉着、冷静，防止误入带电间隔。 （2）断路器发生事故跳闸后，遇雷雨天气，若确需检查设备时不得靠近避雷器和避雷针，不得触摸设备构架。 （3）在检查、处理事故过程中应使用合格的绝缘工器具，加强监护，穿长袖衣，戴手套，防止直流短路。 （4）夜间进行事故处理时应将室外照明灯打开，并准备好照明工具。 （5）事故操作必须有专人监护。 （6）隔离拒跳断路器时必须认真核对设备名称、位置和编号。 （7）在进行 750kV GIS 设备送电时，人员不得触摸设备外壳。 （8）事故处理过程进行设备巡视、倒闸操作时，必须两人并严格执行监护制。 （9）进入设备间隔前必须先核对设备双重名称正确。 （10）设备事故停电后，跳闸设备在未做好安全措施情况下，不得视为停电设备接触。 （11）若发生 SF$_6$ 断路器气体泄漏，人员应远离现场，室外应离开漏气点 10m 以上，并站在上风口，禁止操作断路器
2	事故扩大	（1）当断路器发生拒动情况时，在未查明故障原因并消除故障前不允许对故障设备进行试送电。 （2）750、330kV 线路断路器不得非全相运行。当发现非全相运行时，现场变电运维人员应不待调令立即断开该断路器。 （3）当断路器发生拒跳后，用断路器两侧隔离开关进行隔离时，防止带负荷拉、合隔离开关。 （4）断路器发生误跳事故后进行合闸时，若需同期合闸的必须同期合闸，防止非同期并列运行
3	设备损坏	（1）当发生事故时，断路器由于 SF$_6$ 压力、操动机构的压缩空气压力或液压压力降低、机构故障时，应从该断路器两侧或上一级断开电源，不可带负荷操作该断路器，以免因断路器灭弧能力下降或操动机构动能不足造成断路器爆炸。 （2）强送电的断路器必须完好，遮断容量满足系统要求，并且制造工艺必须达到要求。 （3）下列情况下不得强送： 1）断路器已达允许故障跳闸次数； 2）断路器失去灭弧能力； 3）系统并列的断路器跳闸

续表

序号	危险点	预 控 措 施
4	高压断路器合闸失灵时，未正确判别是否因为合于故障线路（母线）后断路器跳闸	（1）断路器合闸失灵时，应首先判断是否合于故障线路（母线），保护后加速等是否动作，如果断路器合闸时后加速等保护动作，则表明合闸的设备有故障。 （2）合闸操作时，应同时注意表计的指示情况，合闸操作时，如果出现短路电流引起的表计指示冲击摆动、电压突然降低、系统有受到冲击等现象时，应立即停止操作，汇报调度，查明情况后根据调度指令进行合闸操作
5	误入带电间隔	（1）事故操作必须有专人监护。 （2）操作前必须认真核对设备名称、位置和编号
6	非同期	需要同期合闸的断路器必须同期合闸

【思考与练习】

1. 复杂高压开关设备事故类型及原因有哪些？

2. 断路器事故处理中的危险点有哪些？如何防范？

▲ 模块 6 线路事故处理预案（Z08H2001Ⅲ）

【模块描述】本模块包含线路事故处理预案的内容。通过案例的介绍，能够根据线路事故暴露出的运行或设备缺陷提出防范措施，并能制订事故预案。

【模块内容】

本模块以 500kV 某变电站为例，制订 500kV 和 220kV 线路典型事故跳闸的预案。500kV 某变电站主接线图如图 Z08H2001Ⅲ–1 所示。

一、线路事故处理预案编制方法和要素

1. 编制方法

根据变电站的一次设备的运行方式、保护及自动装置配置情况、线路各保护的保护范围，线路保护在各类事故时的动作行为，线路保护和断路器重合闸之间的相互配合关系，500kV 中断路器和母线断路器重合闸的动作先后顺序，结合具体的线路设备事故，编制相应的事故现象及事故处理过程，以便当发生与预案同类型的事故时，变电运维人员能迅速准确地处理事故，同时使变电运维人员熟悉及掌握事故处理流程。

2. 编制要素

（1）事故现象。事故现象应包括监控后台动作信息、线路遥测量、线路保护及自动装置动作信息（包括信号灯）、一次设备的状态。

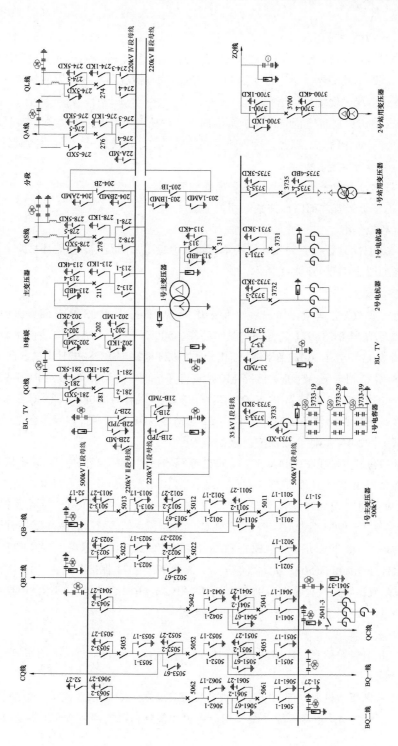

图 Z08H2001Ⅲ—1 500kV 某变电站主接线图

（2）事故处理过程。

1）根据监控后台信息，初步判断线路事故性质和停电范围后迅速向调度汇报故障发生时间、跳闸断路器、继电保护和自动装置的动作情况及其故障后的状态，相关设备潮流变化情况，现场天气情况。

2）根据初步判断检查线路保护范围内的站内所有一次设备故障和异常现象及保护、自动装置动作信息，综合分析判断事故性质，做好相关信号记录，复归保护信号，将详细情况报告调度。

3）根据调度指令将相应断路器隔离或线路强送。

4）汇报上级有关部门，并做好相关记录。

二、事故预案

【例 Z08H2001Ⅲ-1】500kV 线路单相永久性接地故障跳闸，重合不成功。变电站主接线图如图 Z08H2001Ⅲ-1 所示。

1. 事故现象

警铃、事故警报鸣响，监控后台机发出"5023 断路器 RCS-921 装置保护跳闸动作、5022 断路器 RCS-921 装置保护跳闸动作、500kV 线路 RCS-931 装置保护动作、5023 断路器 C 相分闸、5022 断路器 C 相分闸、5023 断路器 RCS-921 装置重合闸动作、5023 断路器 C 相合闸、500kV 线路 MCD 装置保护动作、5023 断路器 RCS-921 装置保护跳闸动作、5022 断路器 RCS-921 装置保护跳闸动作、500kV 线路 RCS-931 装置保护动作、5023 断路器 ABC 相分闸、5022 断路器 ABC 相分闸"以及多台故障录波器动作，500、220kV 其他线路保护装置动作告警信息。

监控后台机主接线图 500kV 5023、5022 断路器指示绿闪，线路电流、功率均无指示。

检查线路 RCS-931 保护屏，发现"跳 A""跳 B""跳 C"信号灯亮、液晶屏显示"C 相电流差动""距离加速"先后动作，故障测距 21km；检查 5023 断路器保护屏，发现 RCS-921A 保护"跳 A""跳 B""跳 C""重合闸"信号灯亮，液晶屏先后提示"C 相保护动作""重合闸动作""ABC 三相保护动作"，操作继电器箱"TA""TB""TC""CH"信号灯亮；检查 5022 断路器保护屏，发现 RCS-921 保护"跳 A""跳 B""跳 C"信号灯亮，液晶屏先后提示"C 相保护跳闸""ABC 三相保护跳闸"，操作继电器箱"TA""TB""TC""CH"信号灯亮。其他保护信号略。

2. 事故处理

（1）记录告警信息、断路器指示和保护动作情况，复归全部保护动作信号，断路器指示清闪。

（2）判断事故性质：该 500kV 线路在 21km 处发生 C 相永久性接地短路故障，保护动作，C 相跳闸，重合不成功跳三相，将事故现象和事故判断结论报告调度。

（3）检查 5023、5022 断路器线路侧电流互感器至线路出口的所有一次设备有无接地短路故障，检查 5023、5022 断路器工作状态是否良好：SF$_6$ 断路器气体压力是否正常，液压机构工作压力是否正常，或弹簧机构储能是否正常。

（4）将一次设备检查情况汇报调度。

（5）根据调度命令强送该线路或将该线路转检修。

（6）做好断路器故障跳闸登记，核对 5023、5022 断路器故障跳闸次数，如已到临检次数，应汇报上级部门安排临检。

（7）汇报上级部门，做好运行记录。

【例 Z08H2001Ⅲ-2】 220kV 线路单相接地短路故障，重合闸动作，断路器拒合。变电站主接线图如图 Z08H2001Ⅲ-1 所示。

1. 事故现象

警铃、事故警报鸣响，监控后台机发出"220kV 线路 RCS-901B 保护装置动作、PSL-602 保护装置动作、278 断路器 C 相分闸、RCS-901B 装置重合闸动作、278 断路器三相不一致动作、278 断路器 ABC 相分闸"以及多台故障录波器动作，500、220kV 其他线路保护装置动作告警信息。

监控后台机主接线图 278 断路器指示绿闪，线路电流、功率均无指示。测控屏 278 断路器红绿灯都不亮。

检查线路保护屏，发现 RCS-901 保护"跳 C""重合闸"信号灯亮，液晶屏显示"工频突变量阻抗、零序一段、纵联零序、纵联变化量方向、重合闸动作，故障测距 14km"，操作继电器箱"TA""TB""TC""CH"信号灯亮；PSL-620 保护"保护动作"信号指示，液晶屏显示"接地距离一段动作、纵联零序保护动作、纵联保护动作、测距阻抗 9.5"。其他保护信号略。

2. 事故处理

（1）记录告警信息、断路器指示和保护动作情况，复归全部保护动作信号，断路器指示清闪。

（2）判断事故性质为：该 220kV 线路在 14km 处发生 C 相接地短路故障，保护动作，C 相跳闸，重合动作，断路器拒合，三相不一致动作跳三相。将事故现象和事故判断结论报告调度。

（3）检查该线路电流互感器至线路出口的所有一次设备有无接地短路故障，检查 278 断路器工作状态和拒合原因，是否有机构的压力闭锁或储能闭锁等情况。如果故障可以自行排除的，迅速排除故障，汇报调度可以试送线路；如果未发现明显故障或故障无法自行排除的，汇报调度，将断路器停电检修。

（4）做好断路器故障跳闸登记，核对断路器故障跳闸次数，如已到临检次数，应汇报上级部门安排临检。

（5）汇报上级部门，做好运行记录。

【思考与练习】

事故警报、警铃鸣响，监控后台机主接线画面中某 500kV 线路母线侧断路器和中间断路器先指示绿闪，后又先后转为红闪，该线路"纵联方向""纵联差动""C 相跳闸""重合闸动作"信号动作，线路电流、有功、无功都有数值。请判断这是什么故障？应如何处理？变电站主接线图如图 Z08H2001Ⅲ-1 所示。

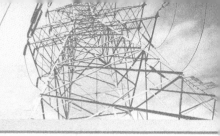

第二十五章

变压器事故处理

▲ 模块 1　变压器事故现象和处理原则（Z08H3001Ⅰ）

【**模块描述**】本模块包含主变压器（高压电抗器）常设的保护、变压器跳闸事故的现象和处理原则。通过分析讲解和实例培训，掌握变压器（高压电抗器）事故的判断和初步处理技能。

【**模块内容**】

电力变压器发生事故对电网影响巨大。正确、快速地处理事故，防止事故扩大，减小事故损失，显得尤为重要。

由于电力变压器和高压线路并联电抗器（简称高压电抗器）都是箱式油浸结构，主要部件又都是绕组和铁芯，故保护配置、事故现象和处理原则基本相同。

一、主变压器常设的保护

1. 变压器主保护

（1）本体重瓦斯保护。

（2）有载调压重瓦斯保护（采用有载调压机构时配置）。

（3）本体压力释放。

（4）有载调压压力释放（采用有载调压机构时配置）。

（5）差动保护。

（6）零序差动保护或分相差动保护。

2. 变压器后备保护

主变压器后备保护按保护对象可分为两类：一类是作为主变压器及其供电设备的后备保护，动作时变压器各侧断路器同时跳闸；另一类是作为主变压器馈电母线（未装母线保护的）的主保护或馈电母线及其线路的后备保护。

（1）过励磁保护。

（2）阻抗保护。

（3）复合电压闭锁（方向）过电流保护。

（4）方向零序过电流保护。

（5）非全相保护。

（6）中压侧失灵保护。

（7）低压侧限时速断保护。

（8）过负荷保护。

（9）低压侧零序过电压告警。

（10）本体轻瓦斯。

（11）本体油温高。

（12）绕组超温。

（13）本体油位告警。

（14）调压油位告警。

（15）调压轻瓦斯。

（16）冷却器全停。

二、线路并联电抗器常设的保护

线路并联电抗器一般不装设断路器，电抗器保护动作时启动线路两侧断路器跳闸。

1. 电抗器主保护

（1）重瓦斯保护。

（2）压力释放。

（3）分相差动保护。

（4）零序差动保护。

（5）匝间保护。

2. 电抗器后备保护

（1）过电流保护。

（2）零序过电流保护。

（3）过负荷保护。

（4）轻瓦斯。

（5）油温高。

（6）线圈温度高。

（7）冷却器故障。

（8）冷却器电源消失。

三、主变压器事故跳闸的现象

1. 主保护动作跳闸现象

（1）事故警报、警铃鸣响，监控后台机主接线图主变压器各侧断路器显示绿闪。

（2）主变压器各侧表计指示零，主变压器单电源馈电母线和线路表计均指示零。

（3）主变压器主保护中至少一个动作，故障录波器动作。

（4）气体继电器内可能有气体聚集。主变压器内部严重短路故障时，可有压力释放阀动作。

2. 后备保护动作跳闸的主要现象

（1）事故警报、警铃鸣响，监控后台机主接线图变压器一侧或各侧断路器显示绿闪。

（2）跳闸断路器表计指示零，变压器单电源馈电的母线和线路表计指示零。

（3）变压器相应后备保护动作。

（4）变压器内部故障可有轻瓦斯动作。

四、主变压器跳闸事故的处理原则

变压器断路器跳闸时，值班调度员应根据变压器保护动作情况进行处理：

（1）重瓦斯和差动保护同时动作跳闸，未查明原因和消除故障之前不得强送。

（2）重瓦斯或差动保护之一动作跳闸，在检查外部无明显故障，经过瓦斯气体检查（必要时还要测量直流电阻和色谱分析）证明变压器内部无明显故障后，经设备运行维护单位总工程师同意，可以试送一次。有条件者，应进行零起升压。

（3）变压器后备保护动作跳闸，进行外部检查无异常并经设备运行维护单位同意，可以试送一次。

（4）变压器过负荷及其他异常情况，按现场运行规程及有关规定进行处理。

五、线路并联电抗器事故跳闸时的现象

线路并联电抗器事故跳闸时的现象有：

（1）事故警报、警铃鸣响，监控后台机主接线图电抗器所在线路断路器显示绿灯闪。

（2）跳闸线路表计均指示零。

（3）电抗器保护中至少有一个动作，线路保护可能动作。故障录波器动作。

（4）主电抗器气体继电器内可能有气体聚集。内部严重短路故障时，可有压力释放阀动作。

六、线路并联电抗器跳闸事故的处理原则

线路并联电抗器跳闸事故的处理原则是：

（1）线路断路器跳闸，线路并联电抗器保护动作时，应根据保护动作情况检查线路并联电抗器一次设备有无故障现象。

（2）线路断路器跳闸，线路保护和并联电抗器保护同时动作时，应根据保护动作情况检查线路和线路并联电抗器一次设备有无故障现象。

（3）电抗器的投停必须在线路停电的情况下进行。在拉合线路并联电抗器隔离开关前必须检查线路确无电压，防止带负荷拉合隔离开关。

（4）电抗器设备检修，应拉开电抗器隔离开关，在电抗器与隔离开关间验电、装设短路接地线。

（5）电抗器保护动作，在未查明原因并消除故障前不得试送电。

（6）线路并联电抗器跳闸，应根据保护动作情况和现场有无明显的故障现象来判断故障性质。如检查证明断路器跳闸不是由于内部故障引起，而是由于外部故障或保护误动造成的，在排除外部故障以后可以试送一次。

（7）发现下列情况之一的，应认为跳闸是由电抗器故障引起的：

1）从气体继电器中抽取的气体经分析判断为可燃性气体。

2）电抗器有外壳变形、强烈喷油等明显的内部故障特征。

3）电抗器套管有明显的闪落痕迹或出现破损、断裂等。

4）主保护中有两套或两套以上同时动作。

排除故障以后，应经色谱分析、电气试验以及其他针对性的试验以后，方可重新投入运行。

七、事故案例

【例 Z08H3001Ⅰ-1】500kV 某变电站 3 号主变压器高压套管炸裂损坏事故。

1. 事故前运行方式

事故前 500kV 某变电站 3 号主变压器运行正常。

2. 事故简况

某年 9 月 14 日，500kV 某变电站 3 号主变压器第一套、第二套差动保护动作，变压器轻、重瓦斯及压力释放器动作，三侧断路器跳闸。主变压器高压侧 B 相套管内部故障炸裂起火，引发 A、C 两相套管炸裂。变压器充氮灭火装置动作信号发出，变电运维人员手动启动灭火装置，并联系当地消防队在 20min 内将火扑灭。事故限电 6000kW。

3. 事故原因

事故直接原因是 3 号主变压器高压 B 相套管末屏接地小套管导电杆与末屏接触不良，造成低能量局部放电，经长时间向内发展，烧蚀短接了外部部分电容屏，致使剩余电容屏电位分布改变，套管电容屏在工作电压下击穿，高压对地短路，致使 B 相上、下瓷套炸裂着火，A、C 相套管及中性点套管受波及炸裂。

运行单位对该类型套管的末屏接地装置的结构、性能了解不够，对套管末屏接地可靠性未及时研究采取有效的检测手段，变压器搬迁重新投运后未及时开展预试检查，也未采取有效的运行监视措施，运行中未能及时发现设备缺陷。

4. 事故暴露出的问题

事故暴露出制造厂该类型套管末屏接地装置在结构、装配等方面存在缺陷，同时运行单位技术监督和运行管理措施不到位，未及时发现和消除设备安全隐患。

5. 案例引用小结

（1）套管生产厂家套管末屏接地装置存在结构和装配质量缺陷。

（2）运行单位对设备的结构、性能了解应全面，应及时研究采取有效的检测手段，设备搬迁重新投运前应进行预试检查，并采取有效的运行监视措施。

（3）变电站在发生变压器主保护（包括重瓦斯、差动保护）同时动作时，一般变压器本体确实存在故障点，未经查明原因并消除故障前，不得对变压器进行试送。运行中变压器保护动作跳闸时，变电运维人员应迅速查明故障原因，汇报相关调度，如两台及以上变压器并列运行，则还应密切关注运行变压器的负荷情况，如过负荷，则按过负荷原则处理。

【思考与练习】

1. 变压器有哪些主保护和后备保护？

2. 变压器过负荷可采取哪些措施？

3. 线路并联电抗器拉合隔离开关应注意什么？

◢ 模块 2　变压器事故处理（Z08H3001Ⅱ）

【模块描述】本模块包含变压器（高压电抗器）跳闸的主要原因、变压器（高压电抗器）跳闸事故的处理和变压器火灾的事故处理。通过分析讲解和实例培训，掌握变压器（高压电抗器）事故的分析判断和处理技能。

【模块内容】

电力变压器发生事故对电网影响巨大，正确、快速地处理事故，防止事故扩大，减小事故损失，显得尤为重要。

由于电力变压器和高压线路并联电抗器（简称高压电抗器）都是箱式油浸结构，主要部件又都是绕组和铁芯，故保护配置、事故现象和处理原则基本相同。

一、引起变压器跳闸的主要原因

（1）变压器内部故障，包括变压器绕组相间短路、层间短路、匝间短路、接地短路、铁芯烧损以及内部放电等。

（2）变压器外部故障，包括变压器套管引出线至变压器各侧电流互感器间发生相间短路或接地短路等。

（3）变电站线路故障、断路器拒分或保护拒动以及母线故障引起的主变压器跳闸。

（4）由于变电站保护整定失误、定值漂移、保护装置误动，或人员误触造成主变压器误跳闸。

二、主变压器跳闸事故的处理

1. 主保护动作跳闸的处理

（1）主保护动作的原因分析。

1）变压器内部或差动保护区内发生短路故障。

2）主保护定值漂移、整定错误、接线错误、二次回路短路等原因引起的保护误动作。

3）人员误触造成保护误动。

（2）主保护动作跳闸的处理。

1）记录告警信息、断路器指示和保护动作情况，复归全部保护动作信号，提取故障录波器报告，断路器指示清闪，初步判断故障性质，立即报告电网调度。

2）如果变压器内部故障，应立即停止故障变压器潜油泵的运行，以免扩散故障产生的金属微粒和碳粒。

3）瓦斯保护或压力释放动作跳闸应检查变压器油位、油色、油温是否正常，压力释放阀、呼吸器有无喷油，气体继电器内有无气体，外壳有无鼓起变形，各法兰连接处和导油管有无冒油，气体继电器接线盒内有无进水受潮和短路。若气体继电器内有气体，则应取气，根据气样的颜色、气味和可燃性初步判断故障性质（见表 Z08H3001Ⅱ-1），将此气样和气体继电器内的油样送试验所作色谱分析。若是差动保护动作跳闸，则还应检查差动保护区内所有设备引线有无断线、短路，套管、瓷套有无闪落、破裂，设备有无接地短路现象，有无异物落在设备上等。

表 Z08H3001Ⅱ-1　　　　　**气体继电器积聚气体的特征判别**

气体颜色	特征	气体产生原因	变压器可否继续运行
无色	不易燃、无臭	空气进入变压器内	可
	易燃、无臭	变压器内部故障	否
黄色	不易燃、有焦烟味	固体绝缘过热分解，木质损坏	否
淡灰色	易燃、有强烈焦臭味	绝缘纸或纸板受热损坏	否
灰黑色	易燃、有焦烟味	油过热分解、电弧放电	否

4）根据检查结果分析判断故障性质，并报告调度、上级领导。

5）若变压器跳闸时没有系统冲击，录波器没有故障波形，外观检查未发现任何内部故障的征象，则应考虑到保护误动的可能性。若重瓦斯保护动作跳闸，但其信号不能复归，则是重瓦斯触点被短路而引起的保护误动作。若变压器充电时正常，带负荷时差动保护动作跳闸，则有差动保护误接线引起保护误动的可能。

应引起注意的是：较轻的短路故障引起的主保护动作跳闸，由于故障产生的气体不是很多，气体从油中析出并聚集于气体继电器中需要一段时间（特别是在变压器内油温较低、油黏度较大的情况下）。因而变压器跳闸当时轻瓦斯没有动作不能作为保护误动的判断依据。

6）主变压器因保护误动跳闸，在查明保护误动以后，可以不经内部检查，在至少保留一种主保护的情况下，停用误动的保护给主变压器送电。

7）变压器两种主保护同时动作跳闸，应认为变压器内部确有故障，在未查明故障性质并消除以前不得试送电。

2. 后备保护动作跳闸的处理

（1）检查后备保护范围内的线路保护是否动作。

（2）保护范围内的设备瓷质部分有无闪络和破损痕迹。

（3）保护本身有无不正常现象。若变压器差动、瓦斯保护未动，在检查并将故障点切除后，在系统急需时，可不经试验对变压器试送一次。

三、引起线路并联电抗器跳闸的主要原因

（1）电抗器内部故障，包括主电抗器和小电抗器绕组层间短路、匝间短路、接地短路、铁芯烧损以及内部放电等。

（2）电抗器外部故障，包括电抗器套管引出线至隔离开关间及主电抗器与小电抗器间导线发生相间短路或接地短路等。

（3）线路故障跳闸。

（4）由于电抗器保护整定失误、定值漂移、保护装置误动，或人员误碰造成电抗器误跳闸。

四、电抗器跳闸事故的处理

（1）记录告警信息、断路器指示和保护动作情况，复归全部保护动作信号，提取故障录波器报告，断路器指示清闪，初步判断故障性质，立即报告电网调度。

（2）瓦斯保护或压力释放动作跳闸应检查变压器油位、油色、油温是否正常，压力释放阀（防爆筒）、呼吸器有无喷油，气体继电器内有无气体，外壳有无鼓起变形，各法兰连接处和导油管有无冒油，气体继电器接线盒内有无进水受潮和短路。若气体继电器内有气体，则应取气，根据气样的颜色、气味和可燃性初步判断故障性质，将此气样和气体继电器内的油样送试验所作色谱分析。

（3）根据检查结果分析判断故障性质，并报告调度、上级领导。组织有关单位前来试验、检查。试验项目有气体色谱分析、绕组绝缘电阻、绕组和套管的介质损失角、交流耐压试验、绕组泄漏电流、绝缘油试验等。试验查明电抗器内部故障，应进行吊罩检查。

（4）若电抗器跳闸时没有系统冲击，故障录波器没有动作，外观检查未发现任何内部故障的征象，则应考虑保护误动的可能性。若重瓦斯保护动作跳闸，但其信号不能复归，则是重瓦斯触点被短路而引起的保护误动作。

应引起注意的是：较轻的短路故障引起的主保护动作跳闸，由于故障产生的气量不是很多，气体从油中析出并聚集于气体继电器中需要一段时间。因而电抗器跳闸时轻瓦斯没有动作不能作为保护误动的判断依据。

（5）电抗器因保护误动跳闸，在查明保护误动以后，可以不经内部检查，在至少保留一种主保护的情况下，停用误动的保护送电。

（6）电抗器两种主保护同时动作跳闸，应认为电抗器内部确有故障，在未查明故障性质并消除以前不得送电。

（7）一般线路并联电抗不装设断路器，电抗器故障时保护动作跳开两侧线路断路器，此时在检查线路无电压后，方可拉开电抗器隔离开关，在隔离开关与电抗器间装设地线后可进行电抗器检查、检修。如果线路仍带有电压，应报告调度通知对侧切断电源。电抗器由检修转运行也要先在线路侧验明确无电压后，方可合上隔离开关。电抗器停送电也要用线路断路器停送电，严禁用隔离开关拉合带电运行的电抗器。

（8）一般情况下，线路不应将并联电抗器退出单独运行。但如果线路并联电抗器故障一时不能排除，而线路又急需送电时，在系统允许的情况下可将电抗器退出，使线路恢复送电。为防止充电时线路末端电压过高，可选择从负荷中心侧充电，在大电源侧合环。

五、变压器、线路并联电抗器着火时的处理

若发现变压器或电抗器着火，应立即向消防部门报警，并拉开各侧断路器和隔离开关，停止冷却装置，开启灭火装置进行灭火。没有灭火装置的应使用灭火器进行灭火。如果使用水或泡沫灭火器灭火，要防止水或灭火液喷向其他带电设备。

如果大火无法控制，应切除与变压器或电抗器连接的所有电缆，防止大火蔓延至主控制室。

六、事故案例

【例 Z08H3001Ⅱ-1】500kV 某变电站因支撑电流互感器二次绕组的其中一根绝缘支柱发生粉碎性炸裂，造成主变压器三侧断路器跳闸事故。

1. 事故前运行方式

事故前 500kV 某变电站 1、2 号主变压器在 500kV 侧和 220kV 侧并列运行，35kV 侧分列运行。变压器运行正常。500kV 系统与 220kV 系统单主变压器联络运行方式界面图如图 Z08H3001Ⅱ-1 所示。

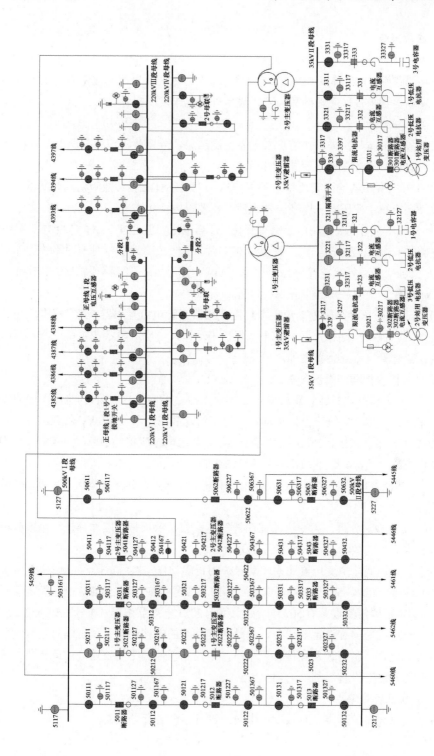

图 Z08H3001Ⅱ-1　500kV 系统与 220kV 系统单主变压器联络运行方式界面图

2. 事故现象

某年 3 月 25 日凌晨，500kV 某变电站 1 号主变压器的两套比率差动保护均动作，三侧断路器跳闸。光字牌及 SCADA 监控显示，1 号主变压器两套比率差动保护均动作出口，现场检查未发现明显的故障点，设备外观也未发现损坏。

3. 事故分析

根据故障录波、保护动作情况及设备检测结果，分析故障范围及原因。

（1）500kV 故障录波及保护动作分析。

1）1 号主变压器的两套比率差动保护均在 25ms 动作出口，故障切除时间约 70ms，说明故障区应在主变压器三侧断路器电流互感器以内。

2）500kV 部分 A、B 相电流略有变化，C 相电流峰值达 6927A，C 相电压降至 0，零序电流与 C 相电流方向一致，峰值达 5993A，说明故障为单相对地短路故障。

3）500kV 线路零序电流滞后零序电压 90°，说明故障在线路保护区外；500kV 母差保护未动作，说明故障在母差保护区外。

4）1 号主变压器高阻差动电流取自主变压器套管电流互感器，其零序电流滞后零序电压 90°，保护未动作，同时非电量保护未动作，说明故障不在主变压器本体，应在主变压器套管电流互感器之外。

（2）其他保护动作情况分析。

1）220kV 部分。220kV 微机保护显示故障相 C 相有 20V 左右的电压，220kV 母差保护未动作，220kV 线路保护未动作，说明对地故障点不在 220kV 部分。

2）35kV 部分。由于 35kV 为三角形接法，若出现单相接地故障，500kV 及 220kV 不可能出现零序电流，说明故障点不在 35kV 侧。

3）从其他变电站和线路保护动作情况分析，故障点在其正方向区外，即本变电站确有故障。

（3）设备检测分析。主变压器油在线气体监测显示正常，取油样进行色谱分析也未发现异常，说明故障点不在主变压器本体。

以上分析说明，主变压器比率差动保护为正确动作，实际故障点应该在 1 号主变压器 500kV 侧 5022、5021 断路器电流互感器与 1 号主变压器 500kV 侧套管电流互感器之间。故障范围内的设备有 5022 电流互感器、5021 电流互感器及 1 号主变压器 500kV 侧套管、电压互感器和避雷器部分，另外还有其间的支柱绝缘子。现场对这些设备逐一进行外观检查，所有设备瓷件外表干净，未找到任何闪络的痕迹，由此推断故障不在设备外部，而在设备内部。

4. 查找设备故障点

为了找出设备故障点，对故障范围内的设备逐个进行了试验。

（1）5022 电流互感器及 5021 电流互感器。测量介损与绝缘电阻，结果正常；对故障相（C 相）加 150kV 工频电压，未击穿；加 $550/\sqrt{3}$ kV 工频电压 1min，未击穿。

（2）主变压器 500kV 侧电压互感器。测量介损及各节电容均正常；对高压侧加 30kV 电压，在二次主线圈测得 6V 左右电压，符合（$500/\sqrt{3}$）/（$100/\sqrt{3}$）的关系，说明电压互感器正常。

（3）主变压器 500kV 侧套管及避雷器。测量绝缘电阻，结果正常。

（4）电流互感器中的 SF_6 气体取样检查。根据 SF_6 气体的化学特性，若电流互感器内部击穿，形成单相对地短路，在电弧的高温作用下，SF_6 气体会分解成硫原子和氟原子，而在高温下，硫原子会与 SF_6 气体所含杂质中的氧气、电极材料释放的氧气和固体绝缘材料分解出的氧气发生作用，生成 SO_2。因此，熄弧后 SF_6 气体中必将含有 SO_2 气体成分。

取样检查结果：5021 电流互感器的 C 相 SF_6 气体的 SO_2 气体含量为 0.02%（体积），而 5021 电流互感器的 A 相及 5022 电流互感器的 C 相 SF_6 气体均不含 SO_2 气体，说明故障点在 5021 电流互感器 C 相的内部。

5. 故障设备解剖分析

故障点找到后，立即将该相电流互感器运回厂内进行解剖。通过解剖发现支撑电流互感器二次绕组的 4 根绝缘支柱（进口件）有 1 根发生粉碎性炸裂，炸裂碎片均被电弧熏黑，绝缘支柱的上下金属嵌件端有电弧熔烧点。

因此导致该变电站主变压器三侧断路器跳闸事故的原因：5021 电流互感器内部的 1 根绝缘支柱内部缺陷导致在正常电压下，绝缘支柱内部击穿，引起单相对地短路故障。

从故障电流互感器的结构来看，绝缘支柱上下金属嵌件分别固定在电流互感器二次绕组筒及金属外罩法兰盘内侧，而金属外罩与电流互感器的 L2 侧用连接片相连为同等高电位，二次绕组筒为低电位。绝缘支柱击穿，类似于电流互感器的 L2 侧对地短路。另外，绝缘支柱炸碎及故障切除后，电流互感器内部的 SF_6 气体恢复了绝缘介质强度，故试验时加 $550/\sqrt{3}$ kV 的工频电压 1min，都无法将其击穿。说明此故障具有一定的隐蔽性，常规试验无法发现。

6. 案例引用小结

（1）设备内部发生瞬时性故障，由于绝缘强度恢复，常规试验可能无法发现，应根据分析做出针对性的试验。

（2）设备内部的绝缘件性能应良好，否则可能埋下事故隐患。

（3）变压器的事故跳闸处理应根据主后备保护动作情况而定。变压器故障往往多由内部故障或隐性缺陷引起，现场变电运维人员应提高对故障或异常的分析判断能力，正确进行事故处理。

【例 Z08H3001Ⅱ–2】 330kV 某变电站因盗窃破坏导致主变压器跳闸并损坏事故。

1. 事故前运行方式

330kV 某变电站 2 号主变压器和 3 号主变压器 330kV 侧和 110kV 侧并列运行。

2. 事故简况

某年 9 月 13 日，330kV 某变电站发生一起因人为盗窃破坏导致主变压器跳闸并损坏事故。事故造成 4 座 110kV 变电站失压，损失负荷 7.3 万 kW，停电客户 15 101 户，两个重要用户停电 34min。受事故短路电流冲击，2 号主变压器 110kV 中压 A 相绕组受损变形，需返厂修复，直接经济损失约 80 万元。

3. 事故原因

事故直接原因是不法分子利用夜间翻越变电站围墙，盗窃运行中的电力设施引发 3 号主变压器 110kV 旁母隔离开关短路接地，造成 2、3 号主变压器跳闸。

事故间接原因是变电站技防措施不到位，未按要求装设防盗监控系统；变电运维人员巡视存在间隙，变电站存在环境安全隐患，给犯罪分子以可乘之机。

事故扩大的原因是 2 号主变压器本体设计、材料及制造工艺存在缺陷，中压 A 相线圈在短路电流冲击下不能满足动稳定要求而损坏。

4. 事故暴露问题

（1）变电站技防措施不落实。省公司已于 4 月完成该变电站技防设施招标，并要求 7 月 20 日前投入运行，但因该变电站进行全站设备改造，市局并没有安装落实。

（2）变电站安全隐患排查不彻底。该变电站地处城乡接合部，变电站围墙外生长多棵泡桐树，附近村民利用变电站围墙搭建多处房屋，隐患排查治理工作不彻底。

（3）重要用户供电方式考虑不周。火车站及东牵引站的网供电源均来自该站 110kV 母线，一旦该站 110kV 母线失电，火车站及东牵引站将停电。事故暴露出对重要用户供电方式考虑不周、沟通协调不够，火车站缺少自备应急电源等问题。

5. 案例引用小结

（1）由于变电站地理位置多在郊区，运行中应严格落实安保措施要求。

（2）变电站安全隐患排查不全面、治理不彻底，现场环境长期存在安全隐患。

（3）对重要用户供电方式管理不深入，对客户供用电安全隐患没有及时督促整改。

（4）变电站在发生此类事故时，现场变电运维人员应及时隔离已损坏的设备，如运行中的设备有被损坏的威胁也应将其停电。待现场查明原因后，恢复停电设备的供电。如上述案例，两台变压器同时停电时，应尽快查明事故原因，恢复一台变压器运行。

【思考与练习】

1. 引起变压器跳闸的主要原因有哪些？

2. 变压器重瓦斯保护动作跳闸，其动作信号不能复归，外部检查没有发现任何内部故障的征象，可初步判断为什么故障？

3. 变压器中低压侧过电流保护或零序过电流保护动作，一侧断路器跳闸，应如何检查处理？

模块3　变压器事故处理预案（Z08H3001Ⅲ）

【模块描述】本模块包含变压器（高压电抗器）事故处理预案的内容。通过案例的介绍，能够根据变压器（高压电抗器）事故暴露出的运行或设备缺陷提出防范措施，并能制订事故预案。

【模块内容】

变电站事故预案应根据当地电网的结构特点、变电站和系统的运行方式、潮流变化特点、当地气候特点（如易发台风、地震、覆冰、雷暴、污闪等）等具体情况编制。编制事故预案应先拟定预案题目、当时的运行方式，列出事故现象，根据事故现象判断事故的性质，详细列出事故处理的方法。

一、主变压器（高压电抗器）事故处理预案编制方法和要素

1. 编制方法

根据变电站的一次设备的运行方式和保护配置情况，主变压器（高压电抗器）各保护保护范围，各保护在各类事故时的动作行为，结合具体的主变压器（高压电抗器）设备事故，编制相应的事故现象及事故处理过程，以便当发生与预案同类型的事故时，变电运维人员能迅速、准确地处理事故，同时使变电运维人员熟悉及掌握事故处理流程。

2. 编制要素

（1）事故现象。事故现象应包括监控后台动作信息、主变压器（各侧）线路遥测量、主变压器（高压电抗器）保护及自动装置动作信息（包括信号灯）、一次设备的状态。

（2）事故处理过程。

1）根据监控后台信息，初步判断主变压器（高压电抗器）事故性质和停电范围后迅速向调度汇报：故障发生时间、跳闸断路器、继电保护和自动装置的动作情况及其故障后的状态、相关设备潮流变化情况、现场天气情况。

2）根据初步判断检查主变压器（高压电抗器）保护范围内的所有一次设备故障和异常现象及保护、自动装置动作信息，综合分析判断事故性质和找出故障点，做好相关信号记录，复归保护信号，将详细情况报告调度。

3）根据调度指令将相应主变压器（高压电抗器）隔离，恢复线路送电。

4）汇报上级有关部门，并做好相关记录。

本预案以某变电站具体设备为例，设置具体故障，阐述变压器跳闸事故的现象和具体处理方法。

二、事故预案

【例 Z08H3001Ⅲ-1】主变压器内部短路故障。

1. 运行方式

500kV 某变电站 1 号主变压器单台主变压器运行，主接线图如图 Z08H3001Ⅲ-1 所示。

2. 事故现象

警铃、事故警报鸣响，监控后台机发出"1 号主变压器 RCS-978H 差动跳闸动作、1 号主变压器 PST-1200 差动跳闸动作、1 号主变压器本体重瓦斯、1 号主变压器本体轻瓦斯、1 号主变压器分相差动 RCS-978HB 差动跳闸动作、500kV 5013 断路器 ABC 相分闸、500kV 5012 断路器 ABC 相分闸、211 断路器 ABC 相分闸、311 断路器 ABC 相分闸、1 号主变压器工作电源 1 故障、1 号站用变压器二次 471 断路器低电压分闸、站用变压器备用电源自动投入装置动作、3700 断路器 ABC 相合闸、2 号站用变压器二次 401 断路器合闸"以及多台故障录波器动作，500、220kV 线路保护装置动作等告警信息。

监控后台机主接线图 1 号主变压器 500kV 5013、5012 断路器指示绿闪，220kV 211 断路器指示绿闪，35kV 311 断路器指示绿闪，1 号主变压器各侧电流、功率均为零。

检查 1 号主变压器 RCS-978H 保护屏，发现"跳闸"信号灯亮，液晶屏显示"比率差动""工频变化量差动"动作；PST-1200 保护屏"保护动作"信号灯亮、液晶屏显示"差动保护"；RCS-974G 保护屏"本体重瓦斯"和"本体轻瓦斯"信号灯亮，液晶屏显示"本体重瓦斯"；RCS-978H 保护屏"跳闸"信号灯亮，液晶屏显示"零序比率差动"动作；其他保护信号略。

3. 事故处理

（1）记录告警信息、断路器指示和保护动作情况，复归全部保护动作信号，提取故障录波器报告，断路器指示清闪。

（2）判断事故性质为：1 号主变压器内部短路故障，差动保护和本体重瓦斯保护同时动作，1 号主变压器三侧断路器全部跳闸。将事故现象和事故判断结论报告调度。

（3）检查 1 号主变压器三侧电流互感器至主变压器所有一次设备有无接地短路故障，检查 5013、5012、211、311 断路器工作状态是否良好。检查重点是 1 号主变压器本体，检查气体继电器内有无气体，检查压力释放阀是否动作（有无喷油），检查油位、油色有无异常，本体有无鼓肚变形等。

（4）气体继电器取气样和油样，气样做点燃试验，初步判断气体性质，并将气样和油样一并送试验所做色谱分析。

（5）将一次设备检查情况汇报调度，并请示将 1 号主变压器转检修。将事故情况汇报领导和生产调度，通知试验、检修、继电人员到现场试验、检修设备。

（6）拉开 1 号主变压器各侧断路器两侧的所有隔离开关，合上 501317、501227、2114KD、3114KD 接地刀闸（如果合主变压器本体三侧的接地刀闸则无法试验），在 50132、50121、2111、2112 隔离开关和 311 断路器操作把手上挂"禁止合闸，有人工作"牌，将 1 号主变压器工作地点做好围栏，办理工作票并履行开工手续后，主变压器便可以进行检修、试验。

（7）做好断路器故障跳闸登记，核对 5013、5012、211、311 断路器故障跳闸次数，如已到临检次数，应汇报领导安排临检。

（8）做好运行记录和事故报告。

【例 Z08H3001Ⅲ-2】 500kV 某线路并联电抗器重瓦斯保护动作跳闸。

1. 运行方式

500kV 某线路有一组并联电抗器（高压电抗器）接入线路运行中，主接线图如图 Z08H3001Ⅲ-1 所示。

2. 事故现象

警铃、事故警报鸣响，后台机发出"500kV 线路高压电抗器重瓦斯跳闸动作、500kV 线路高压电抗器轻瓦斯动作、500kV 5041 断路器 ABC 相分闸、500kV 5042 断路器 ABC 相分闸"以及多台故障录波器动作等告警信息。

监控后台机主接线图 500kV 线路 5041、5042 断路器指示绿闪，500kV 线路电流、功率均为零。

检查 500kV 线路高压电抗器保护屏，发现"跳闸"信号灯亮，液晶屏显示"重瓦斯""轻瓦斯"动作。

3. 事故处理

（1）记录告警信息、断路器指示和保护动作情况，复归全部保护动作信号，断路器指示清闪。

（2）判断事故性质为：该线路高压电抗器内部短路故障，重瓦斯保护动作，5041、5042 断路器跳闸。将事故现象和事故判断结论报告调度。

（3）检查高压电抗器所有一次设备有无接地短路故障，检查 5041、5042 断路器工作状态是否良好。检查重点是高压电抗器本体，检查气体继电器内有无气体，检查压力释放阀是否动作（有无喷油），检查油位、油色有无异常，本体有无鼓肚变形等。

（4）气体继电器取气样和油样，气样做点燃试验，初步判断气体性质，并将气样和油样一并送试验所做色谱分析。

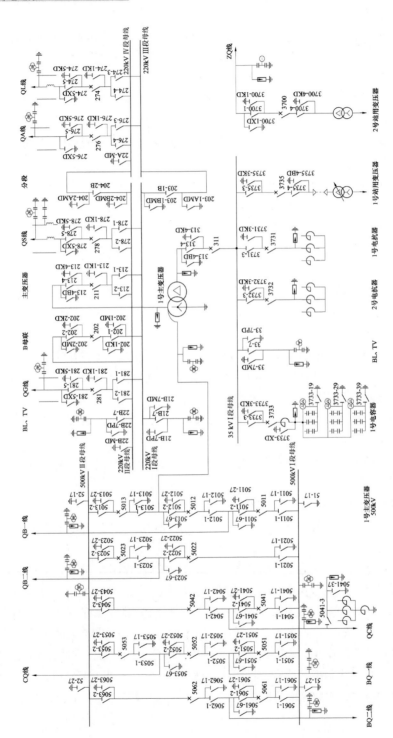

图 Z08H3001Ⅲ-1 500kV 某变电站主接线图

（5）将一次设备检查情况汇报调度，并请示将线路停电、高压电抗器转检修。将事故情况汇报领导和生产调度，通知试验、检修、继电保护人员到现场试验、检修设备。

（6）拉开 5042、5041 断路器两侧所有隔离开关，联系调度，线路停电后，在线路高压电抗器 50413 隔离开关线路侧验电确无电压，拉开线路高压电抗器 50413 隔离开关。在线路高压电抗器 50413 隔离开关与电抗器间验电确无电压，合上线路高压电抗器 504137 接地刀闸。在线路高压电抗器 50413 隔离开关操作把手上挂"禁止合闸、有人工作"牌，将高压电抗器工作地点做好围栏，办理工作票并履行开工手续后，高压电抗器便可以进行检修、试验。

（7）做好断路器故障跳闸登记，核对 5041、5042 断路器故障跳闸次数，如已到临检次数，应汇报领导安排临检。

（8）做好运行记录和事故报告。

【思考与练习】

1. 变压器内部短路故障有什么现象？应如何处理？

2. 变压器低压侧套管闪络有什么现象？应如何处理？

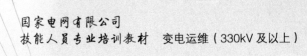
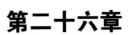

第二十六章

母 线 事 故 处 理

模块 1　母线事故现象和处理原则（Z08H4001 I）

【模块描述】本模块包含母线短路故障的保护分类、母线故障的现象和处理原则。通过分析讲解和实例培训，掌握母线事故的判断和初步处理技能。

【模块内容】

母线故障将使接于母线上的所有负荷线路失去电源，造成大面积停电，甚至造成电力系统解列。母线事故处理不当可能扩大事故，造成更大的损失。因而正确地判断事故性质，及时隔离故障设备，尽快恢复正常设备的供电就显得尤为重要。

一、母线短路故障的保护分类

对于母线短路故障的保护一般分为两种类型：

（1）重要母线必须设母线差动保护（简称母差保护），作为母线故障的主保护，其电源变压器和电源线路对侧断路器的后备保护（变压器的过电流保护和零序过电流保护、电源线路的零序二段和距离二段）作为其后备保护。

（2）变电站低压母线一般不设母差保护，由变压器的后备保护（过电流保护）作为其主保护。

二、母线短路事故的现象

母线发生短路故障时，系统出现强烈冲击，发出事故警报音响，母线保护动作跳闸，母线电压为零，故障录波器动作，还可听到短路现场类似爆炸的声响，看到火光、冒烟等。各类母线的断路器跳闸和保护动作情况如下：

母线发生故障时，母差保护动作，故障母线所接的断路器全部跳闸。

三、母线短路事故的处理原则

（1）根据动作保护的保护范围详细检查一次设备。母差保护动作应检查母线各侧电流互感器以内的所有一次设备有无相间短路和接地短路故障。母线没有母差保护时，主变压器后备保护动作应重点检查主变压器主电流互感器至各线路电流互感器范围内的所有一次设备有无短路故障，如果母线无故障，再检查线路和主变压器有无越级跳闸。

（2）如果故障点在某个元件的母线隔离开关与电流互感器间或母线电压互感器隔离开关的电压互感器侧，应立即拉开故障点两侧隔离开关（电压互感器拉开隔离开关和二次空气开关或熔断器），隔离故障点，然后汇报调度送出母线。母线送出后再处理故障设备。如果这个故障元件是允许强送的线路且有旁路的，应向调度申请用旁路向停电线路试送电一次。所有受故障点影响而停电的设备恢复送电后，再给故障点布置安全措施，检修故障设备。

如果故障点可以隔离，但故障点的检修需要将母线停电时，应同时隔离母线或在母线送电后再申请将母线停电。

（3）如果故障点在母线及其引线上，应隔离母线。如果是双母线接线，应将这组母线上的所有元件倒至另一组母线送电。

（4）对于 3/2 断路器接线，如各串均在正常合环运行的状态下，则母线故障跳闸不会影响各元件供电。在中间断路器或另一元件的母线侧断路器断开的情况下，母线故障跳闸将造成一个或两个元件断电，此时原来停电断路器可以恢复送电的应尽快恢复送电；原来停电的断路器不能恢复送电，且母线故障不能很快排除的，应将线路对侧断路器拉开，将线路转为冷备用。

（5）主变压器低压侧母线无母差保护时，母线故障由主变压器后备保护动作跳开主变压器低压侧断路器。

（6）如果母差保护动作跳闸时无故障电流冲击等故障现象，站内检查未发现任何短路故障，另一套母差保护也未动作，则可能是母差保护误动所致。如母差保护动作同时有线路或主变压器保护出口动作，可能是线路或主变压器故障、母差保护电流回路有问题以至误动。母差保护误动，应在隔离区外故障以后，停用误动的母差保护，恢复母线和其他正常设备的运行，汇报上级部门，组织专业人员查找母差保护误动原因。

四、母线失电事故的现象

引起母线电压消失的原因很多，有母线故障、电源故障、越级跳闸等。下面仅分析由电源故障所引起的母线失电事故的现象。

给母线供电的所有电源断电，包括所有电源线路和主变压器断路器跳闸，将造成母线失电。其事故现象如下：

（1）事故警报、警铃鸣响，监控装置发出连接于某母线上的主变压器或电源线路保护动作和断路器跳闸的告警信息。

（2）主变压器保护动作，主变压器一侧或三侧断路器跳闸，母联或分段断路器跳闸。母线电源线路对侧断路器保护动作跳闸或本侧断路器因故跳闸。

（3）失电母线电压为零，连接于该母线上的各线路、母联（分段）、变压器本侧电流和功率为零。

（4）连接于失电母线上的主变压器或电源线路保护动作。

（5）失电母线的母差保护及连接于该母线上的各线路、主变压器的有关保护装置发出"TV 断线""装置闭锁"等告警信号。

（6）失电母线母差保护不动作，母线上无故障。

五、母线失电事故的处理原则

母线事故现象是母线保护动作（如母差等）、断路器跳闸及有故障引起的声、光、信号等。

当母线故障停电后，变电运维人员应立即汇报省调值班调度员，并对通知相关人员对现场停电的母线进行外部检查，尽快把检查的详细结果报告省调值班调度员，省调值班调度员按下述原则处理：

（1）不允许对故障母线不经检查即行强送电，以防事故扩大。

（2）找到故障点并能迅速隔离的，在隔离故障点后应迅速对停电母线恢复送电，有条件时应考虑用外来电源对停电母线送电，联络线要防止非同期合闸。

（3）找到故障点但不能迅速隔离的，若系双母线中的一组母线故障时，应迅速对故障母线上的各元件检查，确认无故障后，冷倒至运行母线并恢复送电。联络线要防止非同期合闸。

（4）经过检查找不到故障点时，应用外来电源对故障母线进行试送电，禁止将故障母线的设备冷倒至运行母线恢复送电。发电厂母线故障如条件允许，可对母线进行零起升压，一般不允许发电厂用本厂电源对故障母线试送电。

（5）双母线中的一组母线故障，用发电机对故障母线进行零起升压时，或用外来电源对故障母线试送电时，或用外来电源对已隔离故障点的母线先受电时，均需注意母差保护的运行方式，必要时应停用母差保护。

（6）3/2 接线的母线发生故障，经检查找不到故障点或找到故障点并已隔离的，可以用本站电源试送电，但试送母线的母差保护不得停用。

（7）当 GIS 设备发生故障时，必须查明故障原因，同时将故障点进行隔离或修复后对 GIS 设备恢复送电。

六、事故案例

【例 Z08H4001Ⅰ-1】 接地刀闸分闸未到位，引发 500kV 母线对地放电，导致母差保护动作跳闸。

1. 事故前运行方式

500kV 某变电站共有 3 个电压等级，电气主接线图如图 Z08H4001Ⅰ-1 所示。当日 1 号主变压器停电检修。事故发生时，正在进行 1 号主变压器送电复役操作。事故发生前 500kV 运行方式为：500kVⅠ段母线连接 5011、5041、5051、5061 断路器；

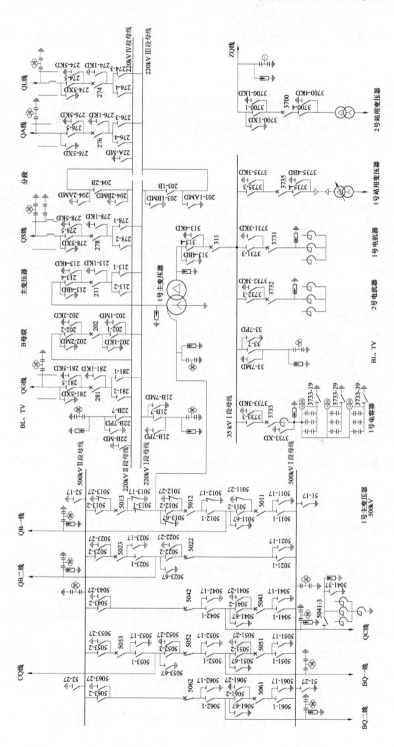

图 Z08H4001 Ⅰ-1　500kV 某变电站主接线图

500kV Ⅱ 段母线连接 5013、5023、5053 断路器；5022、5042、5062 断路器在合闸位置；5011、5012 断路器连接 QB 一线；5022、5023 断路器连接 QB 二线；5041、5042 断路器连接 QC 线；5051、5052 断路器连接 BQ 一线；5052、5053 断路器连接 CQ 线；5061、5062 断路器连接 BQ 二线；500kV 1 号主变压器检修状态，5012、5013 断路器和 5012-1、5012-2、5013-1、5013-2 隔离开关处于断开位置，5012-17、5012-27、5013-17、5013-27、5013-67 接地刀闸在合闸位置。

2. 事故经过

某年 2 月 10 日至 11 日，变电站按计划进行 1 号主变压器综合检修。11 日 16 时 51 分，综合检修工作结束。17 时 11 分，对 1 号主变压器进行复役操作，操作票共 103 项。17 时 56 分，在操作到第 72 项"合上 5013-2 隔离开关"时，5013-2 隔离开关 A 相发生弧光短路，500kV 2 号母线母差保护动作，跳开 500kV 2 号母线上的所有断路器。

现场检查一次设备：5013-27 接地刀闸 A 相分闸不到位，5013-27 接地刀闸 A 相动触头距静触头距离约 1m。5013-2 隔离开关 A 相均压环有放电痕迹，不影响设备运行，其他设备无异常。

20 时 37 分，进行恢复送电操作，23 时 8 分，操作完毕。

3. 原因分析

事故原因分析情况如下：

（1）事故直接原因是操作 5013-27 接地刀闸时 A 相分闸未到位，造成 5013-2 隔离开关带接地刀闸合主刀，引发 500kV 2 号母线 A 相接地故障。

（2）该事故暴露出现场操作人员责任心不强，未严格执行倒闸操作制度，未对接地刀闸位置进行逐相检查，未能及时发现 5013-27 接地刀闸 A 相未完全分开的情况。

（3）5013-2 隔离开关、5013-27 接地刀闸为一体式设备，它们之间具有机械联锁功能，联锁为"双半圆板"方式。经现场检查发现 5013-2 隔离开关 A 相主刀的半圆板与操作轴之间因受力开焊，造成机械闭锁失效。

4. 采取措施

（1）加强现场安全监督管理，严格执行"两票三制"，认真规范作业流程、作业方法和作业行为。

（2）认真落实防止电气误操作安全管理相关规定，有效防止恶性误操作及各类人员责任事故的发生。

（3）深刻吸取事故教训，认真排查设备隐患，尤其对同类型设备要立即进行全面检查，举一反三，坚决消除装置缺陷，防止同类事故重复发生。

5. 案例引用小结

（1）应提高变电运维人员在倒闸操作时的责任心，设备操作后一定要检查其各相是否分合到位，操作前也要检查该设备有无异常。

（2）倒闸操作过程中发生事故时，应立即停止操作，检查是否因人员误操作引起。变电运维人员应立即将事故发生的现象、事故发生的原因汇报相关调度及领导，不得隐瞒事故原因，也不得迟报、缓报。

（3）母差保护动作跳闸时，应对母差保护范围内所有设备进行检查。对操作过的设备以及经初步判断可能发生故障的设备应重点进行检查。

（4）要加强设备的检修、维护工作，防止因设备故障造成事故。

【例 Z08H4001Ⅰ-2】试验人员擅自操作，引起 500kV 2 号母线 A 相接地，母差保护动作跳闸。

1. 运行方式

某变电站电气主接线图如图 Z08H4001Ⅰ-1 所示。某年 1 月 26 日，试验人员在500kV CQ 线设备 5053、5052 断路器，电流互感器上从事预试工作。

2. 事故经过

12 时 20 分，变电运维人员配合试验人员进行 5053 断路器并联电容器介质损耗的试验工作，在进行"分相拉开 5053-27 接地刀闸"操作时，变电运维人员未认真核对设备编号，误开 5053-2 隔离开关 A 相的机构箱。发现后，去取钥匙准备锁好 5053-2隔离开关 A 相的机构箱时，试验人员走到 5053-2 隔离开关 A 相的机构箱处，也未核对编号，擅自合上三相隔离开关电动机总电源并错按了"汇控合闸"按钮，使得 5053-2隔离开关合上，引起 500kVⅡ段母线 A 相接地，母差保护动作，跳开 500kVⅡ段母线上的所有断路器。

3. 事故处理

此次事故由于母差保护正确动作，未造成减供负荷，对系统稳定运行未造成影响。18 时 55 分，恢复 500kV 2 号母线送电。

4. 案例引用小结

变电站母差保护的动作，多由人为因素引起。如变电站正常运行中发生母差保护动作，则应检查母差保护范围内的故障点；如变电站现场有工作或进行倒闸操作时母差保护动作，则应考虑人为责任事故的可能性。现场应立即停止相关工作或操作，检查事故发生的原因，根据不同的情况进行具体处理。

【思考与练习】

1. 设有母差保护的母线短路故障，母线短路时有什么现象？

2. 如果故障点在某个元件的母线隔离开关与电流互感器间应如何处理？

3. 双母线分列运行时母线失电应如何处理？

◢ 模块 2 母线一般事故处理（Z08H4001Ⅱ）

【模块描述】本模块包含引起母线停电的原因和母线事故的处理。通过分析讲解和实例培训，掌握母线事故的分析和处理技能。

【模块内容】

母线故障将使接于母线上的所有负荷线路失去电源，造成大面积停电，甚至造成电力系统解列。母线事故处理不当可能扩大事故，造成更大的损失。因而正确地判断事故性质，及时隔离故障设备，尽快恢复正常设备的供电就显得尤为重要。

一、引起母线跳闸的原因

（1）母线设备发生短路故障。由于继电保护的电流回路取自电流互感器，因而从保护角度所界定的母线范围即是母线各侧电流互感器以内的所有一次设备，包括所有母线设备和连接在母线上的各元件断路器、母线侧隔离开关、引线等设备。在此范围内的短路故障均为母线短路故障。

（2）主变压器馈电线路短路故障，由于本线断路器拒分或保护拒动，越级至变压器断路器跳闸，从而引起母线停电。

（3）保护及二次回路误接线、误整定、误触所引起的母差保护误动或变压器、母联（分段）断路器跳闸。

二、母线短路故障的处理原则与步骤

（1）检查表计指示和保护动作情况，记录并复归信号，提取故障录波器报告，断路器指示清闪。初步判断故障性质，立即报告调度。

（2）立即检查故障母线设备，并设法隔离或排除故障。如故障点在母线隔离开关外侧，可将该回路两侧隔离开关拉开。故障隔离或排除以后，在调度指挥下先恢复母线送电。对双母线或单母分段接线：宜采用有充电保护的断路器对母线充电，充电前先投入充电保护，充电后退出。对于 3/2 断路器接线，应选择一条电源线路对停电母线充电。母线充电成功后再送出其他线路。

（3）若故障点不能立即隔离或排除，对于双母线接线，可将无故障的元件接入运行母线送电。但事先应投入母差保护母差分列连接片，常规母差保护要改为无选择方式。

（4）若找不到明显故障点，则不准将跳闸元件接入运行母线送电，以防止故障扩大至运行母线。应检查保护和二次回路有无误动。若查不出问题，可按调度命令试送母线设备。线路对侧有电源时应由线路对侧电源对故障母线试送电。此时为防止母差保护误动，可先将母差保护切各运行元件的连接片断开，只保留切充电断路器的连接片。

（5）变电运维人员不能自己排除母线故障时，应立即通知检修单位前来抢修。在检修人员到来前做好停电安全措施。

三、引起母线失电的原因

引起母线电压消失的原因主要有电源故障、越级跳闸等，具体可分为：

（1）连接于该母线上的电源线路对侧断路器跳闸或电源断电以及变压器断路器跳闸或电源断电。

（2）母线馈电线路或主变压器越级跳闸造成该母线失电。

（3）一组母线故障越级跳闸，造成其他母线失电。

（4）母差保护或主变压器后备保护误动作使母线失电。

（5）人为误碰母差保护、主变压器后备保护或误操作造成母线失电。

四、母线失电事故的处理原则与步骤

引起母线失电的原因较多，下面以电源故障引起母线失电为例分析事故处理步骤。

（1）检查表计指示和保护动作情况，记录并复归信号，断路器指示清闪。根据现象判明是母线故障、电源故障，还是越级跳闸引起的母线失电，并立即报告调度。

（2）双母线分列运行时其中一组母线失电，应拉开连接于失电母线上的所有断路器，用母联断路器或外部电源线路给失电母线充电，然后送出原失电母线上无故障的线路和主变压器。

（3）一台主变压器热备用，另一台主变压器带两组母线时，两组母线失电，应拉开两组母线上的所有断路器，迅速合上备用主变压器断路器给母线充电，然后送出无故障的线路。

（4）双母线并列运行时一组母线失电，应切开连接于该母线上的所有断路器，用无故障的电源给母线充电，然后送出无故障的线路和主变压器。

（5）3/2 断路器接线母线失电，应联系调度用一回电源线路给母线充电，然后与另一母线合环并送出其他线路和主变压器。

（6）如果母线失电时出现系统解列，应在电网调度的指挥下执行同期并列。

（7）尽快检查相应一次设备，如果变压器或其他设备故障跳闸应隔离故障设备。

（8）变电运维人员不能自己排除故障时，应立即通知检修单位前来抢修。在检修人员到来前做好停电安全措施。

五、事故案例

【例 Z08H4001Ⅱ-1】500kV 断路器试验时，绝缘棒脱手，致使 500kV 断路器对地闪络，造成 500kV 母差保护动作，母线跳闸。

1. 事故前运行方式

某变电站 500kV 侧 3/2 断路器接线运行，5053 断路器停电试验。

2. 事故经过

某年 1 月 4 日，变电站电试人员根据工作安排进行 5053 断路器试验，工作由 C 相、B 相、A 相按顺序分别进行断路器预试工作。当 A 相试验结束后（南侧并联电容），电试人员将绝缘棒举起，准备取下换接回路电阻试验接线时，由于风大棒重（绝缘棒长约 10m），突然脚下一闪，绝缘棒向东发生倾斜，电试人员顺势往东跟跄几步，到围栏边时，绝缘棒脱手，绝缘棒正好靠近 5063 断路器 C 相，造成 5063 断路器 C 相对地（机构箱）闪络，均压电容损坏掉落，500kV 2 号母线母差保护动作，2 号母线上所有断路器跳开。

3. 暴露问题

（1）电试工作人员在对 5053 断路器 A 相试验时，对工作环境、工具使用等未采取有效的危险点控制措施，没有握紧试验绝缘棒，使之失去控制靠近临近的 5063 断路器 C 相的条件，致使 5063 断路器 C 相均压电容损坏。

（2）电试人员对工作中的危险点未能提出有效的控制措施，对危险性较大的工作没有很好地协助和配合。

4. 采取措施

（1）针对 500kV 设备对系统的影响大，在操作、检修和试验工作中难度大、情况复杂，各单位一定要给予高度关注，采取积极措施，做好防范工作。

（2）对类似试验操作方法，一定要由两人进行。

（3）试验绝缘杆要在间隔相间内侧挂接，或采用升降平台。

（4）对类似试验操作方法进行进一步研究，采取更安全的试验方法。

（5）进一步完善现场作业危险点预控分析。

5. 案例引用小结

（1）检修、试验工作人员在工作前要对工作环境、工具使用等采取有效的危险点控制措施。

（2）涉及带电设备的检修、试验，一定要由两人进行。

（3）检修、试验要研究更安全的方法。

【例 Z08H4001Ⅱ-2】变电站操作人员走错间隔，带电误合母线接地刀闸，造成变电站 220kV 母线全停。

1. 事故前运行方式

事故发生前 500kV 某变电站 220kVⅡ段母线运行，Ⅰ段母线为冷备用状态。

2. 事故情况

某年 1 月 14 日 11 时 13 分，500kV 某变电站进行检修工作，需要进行"220kVⅠ段母线由冷备用改检修"的操作，在操作 220kVⅠ段母线接地刀闸时，操作人员走错间隔，带电误合 220kV Ⅱ 段母线接地刀闸，母差保护动作，造成变电站 220kV 母线全停。

3. 事故原因分析

（1）在倒闸操作过程中，未唱票、复诵，没有核对设备名称、位置和编号就盲目操作，违反了操作的相关规定。

（2）未经验电即合上接地刀闸，是造成这次事故的直接原因。

（3）为减少操作行程，监护人和操作人在操作中擅自更改操作票顺序，操作中随意解除防误闭锁装置进行操作。

（4）操作中监护人帮助操作人操作，没有严格履行监护职责，致使操作完全失去监护，客观上还误导了操作人。

4. 暴露的问题

（1）操作人员责任心不强，违章、违纪现象严重。这次误操作就是一系列违章造成的。暴露了管理人员、变电运维人员责任心不强，不吸取别人的、过去的误操作事故经验教训，现场把关失职，操作马虎了事，违章操作。

（2）危险点分析与预控措施未到位。虽然危险点分析与预控措施的方法、方式符合要求，但其内容、要求及工作程序没有落实。在贯彻执行时，很多方面在走过场。这次事故暴露了在运行操作中，对走错间隔、带电合接地刀闸及母线接地刀闸长期解锁操作等关键危险点未进行分析，没有提出针对性控制措施。从 500kV 变电站暴露的问题，反映了变电站运行操作标准化与危险点分析流于形式的现象还相当严重。

（3）现场把关制度流于形式。在本次事故中，在现场把关的管理人员没有履行把关职责，没有起到把关的作用。

5. 案例引用小结

（1）变电站管理人员、变电运维人员要加强责任心，认真吸取别人的误操作事故经验教训，现场把关要严，不能马虎操作、违章操作。

（2）变电运维人员在倒闸操作时要认真执行操作监护制、唱票复诵制，监护人要严格履行监护职责，要认真核对设备的位置、名称和编号，在装设接地线或接地刀闸前必须进行验电，在操作中不能擅自改变操作票顺序，不准随意解除闭锁装置，值班负责人不能随意许可解锁钥匙的使用。

（3）危险点分析与预控措施要到位。要对走错间隔、带电合接地刀闸等关键危险点进行分析，并提出针对性控制措施。变电站运行操作标准化与危险点分析不能流于形式。

（4）缺陷管理要形成闭环。对防误装置这样重大的缺陷，要及时督促检修单位处理好。

（5）现场把关人员对重大操作的现场把关应到位。

【思考与练习】

1. 引起母线停电的原因有哪些？

2. 如何处理母线短路故障？

3. 双母线并列运行时一条母线失电应如何处理？

模块 3　母线事故处理预案（Z08H4001Ⅲ）

【模块描述】本模块包含母线事故处理预案的内容。通过案例的介绍，能够根据母线事故暴露出的运行或设备缺陷提出防范措施，并能制订事故预案。

【模块内容】

本预案以 500kV 某变电站具体主接线和设备为例，阐述各种母线事故的现象和具体处理方法。变电站主接线图如图 Z08H4001Ⅲ-1 所示。

一、母线事故处理预案编制方法和要素

1. 编制方法

根据变电站的一次设备的运行方式和保护配置情况，母线保护的保护范围，母线事故时母线保护动作行为，结合具体的母线事故，编制相应的事故现象及事故处理过程，以便在发生与预案同类型的事故时，变电运维人员能迅速准确地处理事故，同时使变电运维人员熟悉及掌握事故处理流程。

2. 编制要素

（1）事故现象。事故现象应包括监控后台动作信息、母线（线路、主变压器、断路器）遥测量，母线保护及自动装置动作信息（包括信号灯），一次设备的状态。

（2）事故处理过程。

1）根据监控后台信息，初步判断母线事故性质和停电范围后迅速向调度汇报：故障发生时间、跳闸断路器、继电保护和自动装置的动作情况及其故障后的状态、相关设备潮流变化情况、现场天气情况。

2）根据初步判断，检查母线保护范围内的所有一次设备故障和异常现象及保护、自动装置动作信息，综合分析判断事故性质和找出故障点，做好相关信号记录，复归保护信号，将详细情况报告调度。

3）根据调度指令将相应故障设备隔离及恢复非故障设备送电。

4）汇报上级有关部门，并做好相关记录。

二、事故案例

【例 Z08H4001Ⅲ-1】220kV 2 号母线接地短路故障。

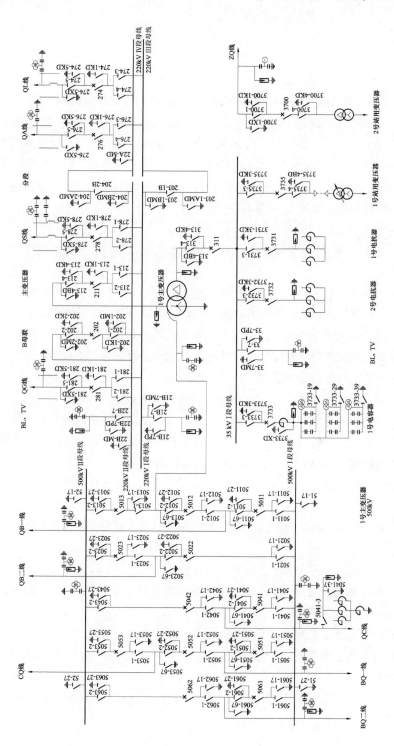

图 Z08H4001 III－1 500kV 某变电站主接线图

1. 事故现象

警铃、事故警报鸣响，监控后台机发出"220kV 母差 RCS–915AB 母差跳Ⅰ段母线动作、220kV 母差 BP–2B 差动动作、202 断路器 ABC 相分闸、281 断路器 ABC 相分闸、211 断路器 ABC 相分闸、276 断路器 ABC 相分闸（以上断路器接在 220kVⅠ段母线上）"以及多台故障录波器动作，500、220kV 线路保护装置动作等告警信息。

监控后台图 202、281、211、276 断路器指示绿闪，220kVⅠ段母线电压为零。

检查 220kV 母差 RCS–915AB 保护屏，发现"跳Ⅰ段母线"信号灯亮、液晶屏显示"母差跳Ⅰ段母线"动作；BP–2B 保护屏"Ⅰ段母线差动动作"信号灯亮、液晶屏显示"Ⅰ段母线差动保护"。其他保护信号略。

2. 事故处理

（1）记录告警信息、断路器指示和保护动作情况，复归全部保护动作信号，断路器指示清闪。

（2）判断事故性质为：220kVⅠ段母线短路故障，使 220kV 母差保护动作，连接于 220kVⅠ段母线上的所有断路器跳闸。将事故现象和事故判断结论报告调度。

（3）检查连接于 220kVⅠ段母线上所有电流互感器至 220kVⅠ段母线所有一次设备有无接地短路或相间短路故障，可以发现 220kVⅠ段母线上的短路故障点。并检查各跳闸断路器工作状态是否良好。

（4）如故障点在线路、主变压器或母联母线侧隔离开关与电流互感器之间，应立即拉开断路器两侧隔离开关隔离故障点；如故障点在电压互感器隔离开关与电压互感器之间，应立即拉开电压互感器二次空气开关和电压互感器隔离开关隔离故障点。然后立即汇报调度，送出 220kVⅠ段母线和其他正常设备。

如隔离的故障设备是 220kV 母联断路器，应将 220kVⅡ段母线上的线路倒至Ⅰ段母线上运行。

如隔离的故障设备是 220kVⅠ段母线电压互感器，应将二次电压回路切换至Ⅱ段电压互感器母线供电。

最后，将故障设备布置安全措施，检修设备。

（5）如果故障点在母线上，将一次设备检查发现的设备故障情况汇报调度，并请示将 220kVⅠ段母线转检修。

（6）将事故情况汇报领导和调度，通知检修人员到现场检修设备。

（7）对主变压器要安排停电进行试验，以判明主变压器出口短路故障是否对主变压器造成损害。

（8）做好断路器故障跳闸登记，核对跳闸断路器故障跳闸次数，如已到临检次数，应汇报领导安排临检。

（9）做好运行记录和事故报告。

【例 Z08H4001Ⅲ-2】 500kVⅡ段母线短路故障。

1. 事故现象

警铃、事故警报鸣响，监控后台机发出"500kVⅡ段母线 RCS-915E 差动动作、500kVⅡ段母线 BP-2B 差动动作、5013 断路器 RCS-921 装置保护跳闸、5023 断路器 RCS-921 装置保护跳闸、5053 断路器 RCS-921 装置保护跳闸、5042 断路器 RCS-921 装置保护跳闸、5062 断路器 RCS-921 装置保护跳闸、5013 断路器 ABC 相分闸、5023 断路器 ABC 相分闸、5053 断路器 ABC 相分闸、5042 断路器 ABC 相分闸、5062 断路器 ABC 相分闸"以及多台故障录波器动作，500、220kV 线路保护装置动作等告警信息。

后台监控图 5013、5023、5053、5042、5062 断路器指示绿闪，500kVⅡ段母线电压为零。

检查 500kVⅡ段母线母差 RCS-915E 保护屏，发现"母差动作"信号灯亮，液晶屏显示"母差动作"；BP-2B 保护屏"差动动作"信号灯亮，液晶屏显示"差动保护出口"；5013、5023、5053、5042、5062 保护屏 RCS-921："跳 A""跳 B""跳 C"信号灯亮，液晶屏显示"保护跳闸"，操作继电器箱"TA""TB""TC"信号灯亮。其他保护信号略。

2. 事故处理

（1）记录告警信息、断路器指示和保护动作情况，复归全部保护动作信号，断路器指示清闪。

（2）判断事故性质为：500kVⅡ段母线短路故障，使 500kVⅡ段母线两套母差保护动作，连接于 500kVⅡ段母线上的所有断路器跳闸。将事故现象和事故判断结论报告调度。

（3）检查 500kVⅡ段母线上的所有母差电流互感器至 500kVⅡ段母线所有一次设备有无接地短路或相间短路故障，可以发现 500kVⅡ段母线上的短路故障点；检查各跳闸断路器工作状态是否良好。

（4）如故障点在线路或主变压器母线隔离开关与母差电流互感器之间，应立即拉开断路器两侧隔离开关隔离故障点。然后立即汇报调度，送出 500kVⅡ段母线。

送电后，将故障设备布置安全措施，检修设备。

（5）如果故障点在母线上，将一次设备检查发现的设备故障情况汇报调度，并请示将 500kVⅡ段母线转检修。

（6）将事故情况汇报领导和调度，通知检修人员到现场检修设备。

（7）做好断路器故障跳闸登记，核对跳闸断路器故障跳闸次数，如已到临检次数，应汇报领导安排临检。

（8）做好运行记录和事故报告。

【思考与练习】

1. 3/2 断路器接线母线短路故障有什么现象？应如何处理？

2. 母线设有母线保护的母线短路故障有什么现象？应如何处理？

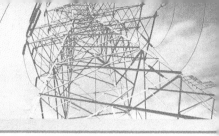

第二十七章

补偿装置事故分析及处理

▲ 模块 1　补偿装置简单事故处理（Z08H5001 Ⅰ）

【模块描述】本模块包含电容器、电抗器故障跳闸事故的现象和处理原则。通过讲解和实例培训，达到掌握电容器、电抗器事故跳闸现象，能参与事故处理的目的。

【模块内容】

无功补偿装置多接于变电站低压母线，并联电容器为容性无功设备，用于补偿系统感性无功；而并联电抗器为感性无功设备，用于补偿系统容性无功。电容器、电抗器故障跳闸在变电站比较常见。

一、并联电容器跳闸现象

（1）事故警报、警铃鸣响，监控后台机主接线图，电容器断路器标志显示绿闪。

（2）故障电容器电流、功率指示均为零。

（3）监控后台机出现告警窗口，显示故障电容器某种保护动作信息。故障电容器保护屏显示保护动作信息（信号灯亮）。

（4）电容器设备短路故障，可伴随声光现象。充油电容器内部故障时可有冒烟、鼓肚、喷油现象。

（5）电容器跳闸同时伴有系统或本站其他设备故障，则往往是由母线电压波动引起的电容器跳闸，应根据现象区别处理。

二、并联电容器跳闸处理原则

（1）并联电容器断路器跳闸后，在未查明原因并消除故障前不得送电，以免带故障点送电引起设备的更大损坏和影响系统稳定。

（2）并联电容器电流速断保护、过电流保护或零序电流保护动作跳闸，同时伴有声光现象时，或者密集型并联电容器压力释放阀动作，则说明电容器发生短路故障，应重点检查电容器，并进行相应的试验。如果整组检查时查不出故障原因，就需要拆开电容器组，逐台进行试验。若电容器检查未发现异常，应拆开电容器连接电缆头，用 2500V 绝缘电阻表遥测电缆绝缘（遥测前后电缆都应放电）。若绝缘击穿，应更换电缆。

（3）并联电容器不平衡保护动作跳闸应检查有无熔断器熔断。对于熔断器熔断的电容器应进行外观检查。外观无异常的应对其放电后拆头，进行极间绝缘摇测及极间对外壳绝缘摇测，20℃时绝缘电阻应不低于 2000MΩ。若绝缘测量正常，对电容器进行人工放电后更换同规格的熔断器。若绝缘电阻低于规定或外观检查有鼓肚、渗漏油等异常，应将其退出运行。同时要将星形接线的其他两相各拆除一只电容器的熔断器，以保持电容器组运行平衡。

（4）工作前，在确认并联电容器断路器断开后，应拉开相应隔离开关，然后验电、装设接地线，让电容器充分放电。由于故障电容器可能发生引线接触不良、内部断线或熔断器熔断，装设接地线后有一部分电荷可能未放出来，所以在接触故障电容器前应戴绝缘手套，用短路线将故障电容器的两极短接，方可接触电容器。对双星形接线电容器的中性线及多个电容器的串接线，还应单独放电。

（5）若发现电容器爆炸起火，在确认并联电容器断路器断开并拉开相应隔离开关后，进行灭火。灭火前要对电容器放电（装设接地线），没有放电前人与电容器要保持一定距离，防止人身触电（因电容器停电后仍储存有电量）。若使用水或泡沫灭火器灭火，应设法先将电容器放电，要防止水或灭火液喷向其他带电设备。

（6）并联电容器过电压或低电压保护动作跳闸，一般是由母线电压过高或系统故障引起母线电压大幅度降低引起的，应对电容器进行一次检查。待系统稳定以后，根据无功负荷和母线电压再投入电容器运行。电容器跳闸后至少要经过 5min 方可再送电。

（7）接有并联电容器的母线失压时，应先拉开该母线上的电容器断路器，待母线送电后根据无功负荷和母线电压再投入电容器运行。拉开电容器断路器是为了防止母线送电时造成母线电压过高、损坏电容器。因为母线送电、空母线运行时，母线电压较高，如果带着电容器送电，电容器在较高的电压下突然充电，有可能造成电容器喷油或鼓肚。同时，因为母线没有负荷，电容器充电后大量无功向系统倒送，致使母线电压升高，超过了电容器允许连续运行的电压值（电容器的长期运行电压不应超过额定电压的 1.05 倍）。另外，变压器空载投入时产生大量的 3 次谐波电流，此时，如果电容器电路和电源的阻抗接近于谐振条件，其电流可达电容器额定电流的 2~5 倍，持续时间 1~30s，可能引起过电流保护动作。

（8）并联电容器过电流保护、零序保护或不平衡保护动作跳闸后，经检查试验未发现故障，应检查保护有无误动可能。

三、并联电抗器跳闸的现象

（1）事故警报、警铃鸣响，监控后台机主接线图，电抗器断路器标志显示绿闪。

（2）故障电抗器电流、功率指示均为零。

（3）监控后台机出现告警窗口，显示故障电抗器某种保护动作信息。故障电抗器保护屏显示保护动作信息（信号灯亮）。

（4）电抗器外部设备短路故障伴随声光现象。充油电抗器内部故障可有冒烟、喷油现象。

四、并联电抗器跳闸处理原则

（1）并联电抗器断路器跳闸，应对电抗器进行检查试验。若发现电抗器爆炸起火，应向消防部门报警，并拉开电抗器隔离开关进行灭火。使用水或泡沫灭火器灭火，要防止水或灭火液喷向其他带电设备。若带电灭火，应使用气体或干粉灭火器灭火，不得使用水或泡沫灭火器灭火。

（2）并联电抗器断路顺跳闸后，没有查明原因不得送电，以免带故障点送电引起设备的更大损坏和影响系统稳定。

（3）故障点不在电抗器内部，可不对电抗器进行试验。排除故障后恢复电抗器送电。

（4）为防止系统电压过高，主变压器可带并联电抗器停送电。并联电抗器断路器跳闸后如引起系统电压升高超过允许运行的电压，应立即汇报调度，由调度决定应对措施。

（5）并联电抗器断路器跳闸后，经检查试验未发现任何故障，应检查保护有无误动可能。

【思考与练习】

1. 母线停电时对并联电容器有什么要求？

2. 并联电容器停电工作应注意什么？

3. 并联电抗器跳闸时一般有哪些现象？

▲ 模块 2　补偿装置事故处理（Z08H5001Ⅱ）

【模块描述】本模块包含电容器、电抗器故障跳闸事故的原因分析和处理。通过分析讲解和实例培训，达到能分析电容器、电抗器事故跳闸原因，能组织、监护、处理跳闸事故的目的。

【模块内容】

一、高压电抗器的异常及事故处理

1. 高压电抗器应立即停用并汇报调度和工区的情况

（1）三相高压电抗器本体及中性点电抗器内部声响很大，不均匀，有爆裂声；

（2）三相高压电抗器本体及中性点电抗器严重漏油，油枕无油面指示；

（3）压力释放装置动作喷油或冒烟；

（4）套管有严重的破损漏油和放电现象；

（5）在正常冷却、电压条件下，油温、线圈温度超过限值且继续往上升。

（6）冒烟，着火。

2. 高压电抗器油位过高或过低

（1）油位过高的原因：

1）油位计故障；

2）油枕内胶囊破裂；

3）呼吸器堵塞；

4）高压电抗器温度急剧升高。

（2）油位过低的原因：

1）油位计故障；

2）油枕内胶囊破裂；

3）高压电抗器漏油。

发现油位过高或过低，立即汇报调度及工区，及时处理。运行中进行处理时，应防止重瓦斯误动。

3. 压力释放装置动作

（1）检查气体继电器内气体情况，瓦斯保护的动作情况。

（2）检查呼吸器的管道是否畅通。

（3）各个附件是否有漏油现象。

（4）外壳是否有异常情况。

（5）二次回路故障。

汇报调度及工区，通知检修人员采取本体油样及气体进行分析。当压力释放阀恢复运行时，应手动复归其动作标杆。

4. 高压电抗器超温

（1）核对是否由于温度表、变送器等故障引起，汇报工区，进行处理。

（2）检查是否由于过电压引起。

（3）如系原因不明的异常升高，必须立即汇报调度及工区，进行检查处理。

5. 瓦斯保护动作

（1）轻瓦斯动作发信的原因。

1）滤油、加油、换油、更换呼吸器矽胶等工作后空气进入高压电抗器；

2）油温骤降或漏油使油位降低；

3）内部发生轻微故障；

4）二次回路或气体继电器本身故障；

5）管道连接头漏油造成负压空气进入高压电抗器本体。

（2）轻瓦斯动作。

禁止将重瓦斯改接信号，应立即查明原因，如气体继电器内有气体应取气体分析。

（3）气体继电器内有气体使轻瓦斯动作发信或重瓦斯动作跳闸。

均应迅速取气体鉴别其性质，判别故障类型。鉴别要迅速，否则气体颜色会消失。

（4）高压电抗器的重瓦斯和差动保护同时动作跳闸。

未经查明原因并消除故障前，不得进行强送和试送。

（5）高压电抗器的重瓦斯或差动保护之一动作跳闸。

在检查外部无明显故障，经瓦斯气体检查及试验证明内部无明显故障后，在系统急需时，可以试送一次。

6. 高压电抗器保护和所在的线路保护同时动作跳闸

应按线路和高压电抗器同时故障来考虑事故处理。在未查明高压电抗器保护动作原因和消除故障之前不得进行强送。如系统急需对故障线路送电，在强送前应将高压电抗器退出后才能对线路强送。同时必须符合无高压电抗器运行的规定。

7. 高压电抗器着火

立即拉开线路断路器，向 119 报警并采取其他灭火措施。如油溢在高压电抗器顶盖上着火时，应打开下部阀门放油至适当油位；如高压电抗器内部故障引起着火时，则不能放油，以防高压电抗器发生严重爆炸。

8. 电抗器内部有严重的爆炸声，电抗器向外喷油、冒烟、失火

应立即切断本侧电源，同时向调度汇报紧急切断对侧电源，必要时向 119 报警。失火时要迅速组织人员到现场使用干式灭火器灭火。如溢出的油使顶盖上燃烧，可适当降低油面，避免火势蔓延。若电抗器内部起火，则严禁放油，以免空气进入，加大火势，或引起严重的爆炸事故。

二、低压电抗器的异常及事故处理

1. 低压电抗器应立即停用并汇报调度和工区的情况

（1）引线桩头严重发热。

（2）低压电抗器着火。

（3）内部有严重异声。

（4）油浸式低压电抗器：

1）严重漏油，油枕无油面指示；

2）压力释放装置动作喷油或冒烟；

3）套管有严重的破损漏油和放电现象；

4）在正常电压条件下，油温、线温超过限值且继续上升；

5）过电压运行时间超过规定。

（5）干式低压电抗器：

1）局部严重发热；

2）支持绝缘子有破损裂纹、放电。

2. 干式低压电抗器表面涂层出现裂纹

应密切注意其发展情况，一旦裂纹较多或有明显扩展趋势时应立即报告调度和工区，必要时停运处理。

3. 油浸式低压电抗器超温、油位异常、差动保护动作、瓦斯保护动作、压力释放阀动作及着火

处理原则与变压器异常的处理原则相同。

4. 由系统故障电压下降造成低压电抗器自动切除

经检查系统情况，确实符合自动切除条件，则不必处理，保持低压电抗器热备用或充电状态，汇报调度，听候处理。

三、电容器的异常及事故处理

1. 电容器应立即停用并汇报调度及工区的情况

（1）电容器、放电线圈有严重异声。

（2）电容器严重漏液，放电线圈严重漏油。

（3）电容器、引线接头等严重发热。

（4）电容器外壳明显膨胀变形。

（5）瓷套有严重的破损和放电。

（6）电容器的配套设备明显损坏，危及安全运行者。

（7）母线电压超过电容器额定电压的 1.1 倍，电流超过额定电流的 1.3 倍，三相电流不平衡超过 5%时。

（8）成套式电容器压力释放阀动作。

2. 电容器运行中注意事项

应监视电容器的三相电流是否平衡，当中性点不平衡电流较大时，应检查电容器熔丝是否熔断。必要时向调度申请停用电容器，进行处理。

3. 电容器保护动作断路器跳闸

应立即进行现场检查，查明保护动作情况，并汇报调度和工区。电流保护动作未经查明原因并消除故障，不得对电容器送电。系统电压波动致使电容器跳闸，5min 后允许试送。

4. 电容器自投切装置动作

应检查系统电压情况，若确实符合动作条件，汇报调度，听候处理。

5. 电容器或放电线圈爆炸着火

应立即拉开断路器及隔离开关，用合适灭火器或干燥的沙子进行灭火，同时立即汇报调度和工区。

四、案例分析

【例 Z08H5001Ⅱ-1】串补保护误动，旁路串补设备。

1. 事故前运行方式

某 500kV 变电站线路 2 串补电容器组正常投入运行。

2. 事故现象

某 500kV 变电站线路 2 串补第一套保护 C 相 MOV 温度过高故障、MOV 温度梯度动作旁路，5201 断路器永久闭锁。QHⅡ线串补第一套保护 MOV 保护动作。具体信息如下：

监控系统显示：QHⅡ线串补 MOV 过载（保护 1），线路 2 串补 MOV　C 相，线路 2 串补三相临时旁路（保护 1），线路 2 串补 5201A、B、C 相断路器合闸。

串补监控显示：MOV 旁路过载、三相暂时旁通、MOV 温度梯度旁路、MOV 支路红色闪亮，C 相显示温度为 200℃；BBR 旁路断路器出现永久闭锁。

串补保护屏上信号：500kV 线路 2 串补第一套保护屏红灯常亮（旁路），-U24 模块 8 号灯（断路器失灵旁路 MOV）亮；-U25 模块 1 号灯（三相永久闭锁）；BBR 状态继电器-K1、-K2、-K3 亮（断路器旁路），-K4、-K5、-K6 灭；S12 模块 HD2 灯 4 号（旁路）亮；永久闭锁继电器掉牌；500kV 线路 2 串补第二套保护无异常。

现场一次设备情况：500kV 线路 2 串补 5201 断路器 A、B、C 三相在合闸位置，其他一次设备异常。

3. 分析处理

由于现场一次设备无任何异常，500kV 线路 2 串补第一套保护因检测到 MOV 温度高（C 相显示温度为 200℃），MOV 温度梯度动作将 500kV 线路 2 串补旁路；500kV 线路 2 串补第二套保护无任何异常，判断 500kV 线路 2 串补第一套保护动作不正确。汇报调度和有关领导，根据现场检查判断结果将第一套保护停用，恢复串补运行。

事后检修班对 MOV 二次回路进行检查，反复上电、断电检查，发现 C 相 MOV 的 IO3.1 的 H3 指示灯为红色，表示 MOV 的 C 相回路有问题，在串补平台上通 1.5V 电压检查，再次出现串补保护动作时同样信号。在 C 相串补平台第一套保护光纤接线盒处拆开 A21 的 X1-9，X3-20 光纤。20 号光纤透光性就弱，更换为备用 22 号光纤后，H3 指示灯显示正常。判断为由于 C 相 MOV 分支回路（T210）的 20 号光纤衰耗过大引起 500kV 线路 2 串补第一套保护动作不正确。反映出保护设备抗干扰性能太差，使用的光纤质量不稳定。

4. 案例小结

从案例中可以吸取以下经验教训：

（1）变电运维人员要加强对串补保护运行工况的监视和对保换设备的性能的了解。

（2）继保检修人员应定期对串补保护装置进行定检，提高检修水平，保证设备检修质量，加强对串补保护的采样稳定性和抗干扰性能的科学研究，提高设备的运行稳定性。

【思考与练习】

1. 并联电容器跳闸一般是由哪几种原因引起的？
2. 并联电容器过电流保护动作跳闸应如何处理？
3. 并联电抗器跳闸的原因是什么？
4. 简述并联电抗器跳闸的处理步骤。

◢ 模块 3   补偿装置事故处理危险点预控分析（Z08H5001Ⅲ）

【模块描述】本模块包含补偿装置事故处理预案的内容，通过案例的介绍，能根据补偿装置事故暴露出的运行或设备缺陷提出防范措施，并能制订事故预案。

【模块内容】

一、补偿装置事故处理中的危险点源分析

事故处理中如不认真核对设备的位置、名称和编号，走错设备间隔，易发生误操作事故和人身事故，在补偿装置的事故处理中也是这样。补偿装置危险点预控措施见表 Z08H5001Ⅲ-1。

表 Z08H5001Ⅲ-1   补偿装置危险点预控措施

防范类型	危险点	预 控 措 施
防人身事故	误入带电间隔	（1）监护人、操作人应走到设备铭牌前对设备名称编号认真进行核对； （2）在每步操作结束后，应由监护人在原位向操作人提示下一步操作内容； （3）中断操作重新就位开始操作前，应重新核对设备名称、编号； （4）执行一个操作任务的中途严禁换人； （5）电容器未放电不得进入设备间隔
	带电装设接地线	（1）挂接地线前必须使用合格的验电器先验明线路确无电压； （2）装设接地线时，应认真核对设备名称，并确认不会触及带电设备
	带电装设接地线	（1）在验电后应立即装设接地线，若验电后因故中止操作，则在返回继续操作前必须重新验电； （2）电容器应在放电后装设接地线，否则身体不得触及地线
	安全距离不够造成人员触电	（1）验电和装设接地线时，必须保持人与导体端的安全距离，必须戴绝缘手套； （2）验电应使用合格的、相应电压等级的验电器

续表

防范类型	危险点	预 控 措 施
防人身事故	灭火不当造成人身伤害	(1) 停电后再灭火,电容器还要先放电; (2) 如果使用泡沫灭火器或水灭火要防止喷向带电设备; (3) 尽可能防止吸入有害气体; (4) 防止器身爆炸伤人
防误操作	带接地刀闸(线)合闸	(1) 认真检查送电范围的设备状态; (2) 恢复送电前应检查相应的接地线全部收回,检查现场确无遗留接地线
	带电合接地隔离开关或挂接地线	(1) 确认被检修的设备两侧有明显断开点; (2) 操作票中列出的断路器、隔离开关确已拉开; (3) 在指定装设接地线的部位验明设备确无电压
	带负荷拉(合)隔离开关	(1) 确认停送电断路器在分闸位置,唱票复诵; (2) 进行解锁操作的,应确认被操作设备、操作步骤正确无误后,方可进行并加强监护; (3) 检查相应电流表、红绿灯及后台遥信变位指示; (4) 操作高压隔离开关必须戴绝缘手套;操作过程中应穿长袖工作服,并戴好安全帽
	误拉合断路器	应正确核对操作断路器名称编号
	擅自解锁	(1) 在操作过程中遇有锁打不开等问题时,严禁擅自解锁或更改操作票,不得跳项操作或改变操作方式; (2) 若确实需要进行解锁操作的,必须履行解锁批准手续; (3) 在使用解锁钥匙进行操作前,再次检查"四核对"内容,确认被操作设备、操作步骤正确无误后,方可解锁操作,并加强监护
其他	异常天气	(1) 雷雨天气不得进行倒闸操作; (2) 雷雨天气不得靠近避雷器和避雷针; (3) 如遇紧急情况需在异常天气操作隔离开关,要经上级批准,并只能在远方操作,不得就地操作

二、并联电容器事故处理预案

变电站事故预案应根据当地电网的结构特点、变电站和系统的运行方式、潮流变化特点、当地气候特点(如易发台风、地震、覆冰、雷暴、污闪等)等具体情况编制。编制事故预案应先拟定预案题目、当时的运行方式,列出事故现象,根据事故现象判断事故的性质,详细列出事故处理的方法。

本模块以 500kV 甲变电站具体设备为例,制订并联电容器典型事故跳闸的预案,如图 Z08H5001Ⅲ-1 所示。

预案:35kV 1 号电容器故障跳闸。

1. 运行方式

甲变电站 1 号电容器接于 35kV Ⅰ 段母线正常运行。

2. 事故现象

警铃、事故警报鸣响,后台机发出"35kV 1 号电容器 CSP-215A 保护动作、3733 断路器 ABC 相分闸"告警信息。

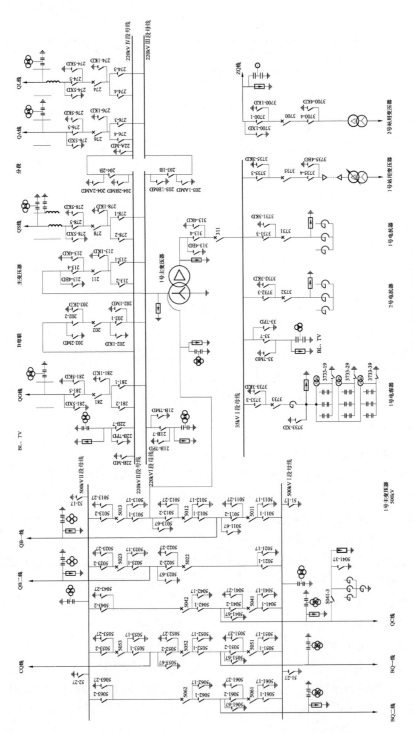

图 Z08H5001Ⅲ-1　500kV 某变电站主接线图

图 Z08H5001Ⅲ-1 中，1 号电容器 3733 断路器指示绿闪，1 号电容器电流、功率为零。

检查 1 号电容器 CSP-215A 保护屏，发现"保护动作"信号灯亮，液晶屏显示"不平衡保护动作"。其他保护信号略。

3. 事故处理

（1）记录告警信息、断路器指示和保护动作情况，复归全部保护动作信号，断路器指示清闪。

（2）判断事故性质为：1 号电容器组故障，造成三相电流不平衡，使不平衡保护动作，三相跳闸。将事故现象和事故判断结论报告调度。

（3）检查 1 号电容器电流互感器至各电容器所有一次设备有无接地或短路故障，各电容器及充油电缆有无爆炸、鼓肚、喷油和熔断器熔丝熔断现象，检查 3733 断路器工作状态是否良好。如果某个电容器内部故障，可以发现其熔断器熔丝熔断。需要特别注意的是：因电容器跳闸后仍带电，检查电容器时不得触及一次设备。

（4）将一次设备检查情况汇报调度，并请示将 1 号电容器停电检修。

如果电容器及其引线故障，拉开 3733-3 隔离开关后，合上 3733-XD 和 3733-3KD 接地刀闸，在 3733-3 隔离开关操作把手上挂"禁止合闸、有人工作"牌，使用工作票并履行开工手续后检修电容器；如果电容器引线及母线排上故障，3733-3KD 接地刀闸可以不合，再合上 3733-19、3733-29、3733-39 接地刀闸放电，然后才能工作。

如果有电容器的熔断器熔丝熔断，要对熔断器熔断的电容器进行外观检查和绝缘摇测。若外观检查和绝缘测量正常，对电容器进行人工放电后更换同规格的熔断器。若绝缘电阻低于规定或外观检查有鼓肚、渗漏油等异常，应将其退出运行。同时要将星形接线的其他两相各拆除一只电容器的熔断器，以保持电容器组的运行平衡。

（5）1 号电容器检修完毕并试验良好后，拆除安全措施，报告调度试送 1 号电容器。

（6）做好断路器故障跳闸登记，核对 3733 断路器故障跳闸次数，如已到临检次数，应汇报领导安排临检。

（7）汇报生产调度，做好运行记录。

三、并联电抗器事故处理预案

本模块以 500kV 某变电站具体设备为例，制订并联电抗器典型事故跳闸的预案，如图 Z08H5001Ⅲ-1 所示。

预案：35kV 2 号电抗器故障跳闸。

1. 运行方式

35kV 2 号电抗器接于甲变电站 35kV Ⅰ段母线正常运行。

2. 事故现象

警铃、事故警报鸣响，后台机发出"35kV 2 号电抗器 CSK–406A 保护动作、3732 断路器 ABC 相分闸"告警信息。

图 Z08H5001Ⅲ–1 中，2 号电抗器 3732 断路器指示绿闪，其电流、功率为零。

检查 2 号电抗器 CSK–406A 保护屏，发现"保护动作"信号灯亮，液晶屏显示"差动出口"。其他保护信号略。

3. 事故处理

（1）记录告警信息、断路器指示和保护动作情况，复归全部保护动作信号，断路器指示清闪。

（2）判断事故性质为：2 号电抗器差动保护区内故障，造成差动保护动作，2 号电抗器三相跳闸。将事故现象和事故判断结论报告调度。

（3）检查 2 号电抗器电流互感器至电抗器所有一次设备有无短路故障，检查 3732 断路器工作状态是否良好。

（4）将一次设备检查情况汇报调度，并请示将 2 号电抗器停电检修。拉开 2 号电抗器 3732–3 隔离开关后，合上 3732–3KD 接地刀闸，在 3732–3 隔离开关操作把手上挂"禁止合闸，有人工作"牌，使用工作票并履行开工手续后便可以检修电抗器。

（5）2 号电抗器检修完毕并试验良好后，拆除安全措施，报告调度试送 2 号电抗器。

（6）做好断路器故障跳闸登记，核对 3732 断路器故障跳闸次数，如已到临检次数，应汇报领导安排临检。

（7）汇报生产调度，做好运行记录。

【思考与练习】

1. 补偿装置事故处理过程中发生人身事故的主要危险点有哪些？如何进行预控？

2. 根据该变电站的实际接线图和保护配置，编制并联电容器的事故处理预案。

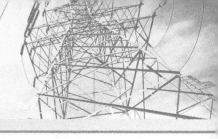

第二十八章

二次设备事故处理

◢ 模块 1 继电保护误动的类型、现象和处理原则（Z08H6001 Ⅰ）

【模块描述】本模块包含继电保护误动事故的类型、故障现象和处理原则。通过分析讲解和实例培训，掌握继电保护误动事故的判断和初步处理技能。

【模块内容】

继电保护误动将造成一次设备误跳闸，从而可能造成巨大的停电损失。变电运维人员对继电保护误动事故要有清晰的判断能力。

一、继电保护误动事故的类型

继电保护误动事故的类型主要有：

（1）线路（电容器、电抗器）保护误动。

（2）主变压器保护误动。

（3）母线保护误动。

二、继电保护误动事故的现象

1. 线路（电容器、电抗器）保护误动现象

（1）线路保护误动时一般重合闸可以启动重合，其现象如下：

1）事故警报、警铃鸣响，后台机监控图断路器标志先显示绿闪，继而又转为红闪。

2）故障线路电流、功率瞬间为零，继而恢复数值。

重合闸动作成功时间较短，上述现象的中间转换过程变电运维人员不易看到。

3）后台机出现告警窗口，显示某线路某种保护动作、重合闸动作等信息（常规变电站某线路控制屏出现"重合闸动作"光字牌，中央信号屏出现"信号未复归"等光字牌）。某线路保护屏显示保护及重合闸动作信息（信号灯亮），分相控制的线路则还有某相跳闸或三相跳闸的信息（信号）。

（2）母线并联电容器、电抗器不投重合闸，线路因故未投重合闸或重合闸拒动时保护误动跳闸现象：

1）事故警报、警铃鸣响，后台机监控图断路器标志显示绿闪。

2）故障线路（电容器、电抗器）电流、功率指示均为零。

3）监控后台机出现告警窗口，显示某线路（电容器、电抗器）某种保护动作等信息。某线路（电容器、电抗器）保护屏显示保护动作信息（信号灯亮），分相控制的线路则还有某相跳闸及三相跳闸信息（信号）。

（3）无论重合闸动作与否，故障录波器均可能不动作，微机保护也没有区内故障的故障量波形，站内也没有任何故障设备，线路对侧断路器也不跳闸。这是保护是否正确动作的重要参考判据。

2. 主变压器保护误动现象

（1）事故警报、警铃鸣响，后台机监控图主变压器一侧或各侧断路器显示绿闪。

（2）主变压器一侧或各侧表计指示零，变压器跳闸侧单电源馈电母线和线路表计均指示零。

（3）变压器主保护或后备保护中某一个动作。

（4）故障录波器可能不动作，主变压器微机保护也没有区内故障的故障量波形。主变压器轻瓦斯保护不动作，气体继电器内没有气体聚集，压力释放阀或防爆筒不动作。这是主变压器保护是否正确动作的重要参考判据。

3. 母线保护误动现象

（1）事故警报、警铃鸣响，母差保护动作，一条母线所接的断路器全部跳闸。

（2）故障录波器可能不动作，母差保护也没有区内故障的故障量波形。听不到现场类似爆炸的声响，看不到火光、冒烟等。检查母差保护区内没有故障点。这是母差保护是否正确动作的重要参考判据。

三、继电保护误动事故分析处理原则

继电保护装置误动，应停用误动的保护装置，在生产技术部门的组织下对保护装置进行检查试验。排除故障后方可投入运行。

1. 线路（电容器、电抗器）保护误动事故的处理原则

线路保护误动，可停用误动保护，在保证至少有一套主保护可以使用的情况下可以恢复线路送电。在没有主保护可以使用的情况下不应直接送电，可以采用旁路带送的方法送电。

母线并联电容器、电抗器保护误动跳闸，原则上应在保护装置排除故障后恢复送电。

2. 主变压器保护误动事故的处理原则

主变压器保护误动，可停用误动保护，在保证至少有一套主保护可以使用的情况下可以恢复主变压器送电。在没有主保护可以使用的情况下不应送电。原则上主变压器的停投应由本单位总工程师决策。

3. 母线保护误动事故的处理原则

（1）母线有双套母差保护，可停用误动的母差保护，恢复母线送电。

（2）母线只有一套母差保护的有以下三种方式可供选择：

1）母线停运，其负荷由系统其他电源转供。

2）系统其他电源可以转供部分负荷的，由系统转供部分负荷。其他负荷由一条电源线路反带母线，再转供其他线路。

3）主变压器有针对母线的可靠后备保护的也可直接从母线送出线路。但在这种情况下母线短路故障不能快速切除，应考虑是否会对主变压器造成损害。

四、事故案例

【例 Z08H6001Ⅰ–1】500kV 某变电站线路保护误动，线路断路器跳闸，造成省网与主网解列。

1. 事故前运行方式

某省电网与主网通过 500kV 线路一线和线路二线连接，当日运行方式为 500kV 线路一线运行，500kV 线路二线计划检修，变电站内其他设备正常运行方式。

2. 事故经过

某年 5 月 12 日 11 时 50 分，500kV 线路一线跳闸，造成省电网与主网解列。两侧均为 MCD 纵联电流差动保护动作，选 A 相，重合不成功跳三相。

11 时 55 分，变电站报本侧 500kV 线路一线 MCD 纵联电流差动保护的电流互感器端头螺栓溢扣，造成电流互感器二次开路，导致保护动作。11 时 5 分，调度将 500kV 线路一线串补装置转为备用。12 时 7 分，调度命令该站用 5013 断路器对 500kV 线路一线试送电成功。12 时 18 分，调度命令甲电厂用 5052 断路器同期并列成功。13 时 2 分，调度将 500kV 线路一线串补装置转为运行，至此系统恢复正常方式。

3. 事故原因

5 月 10～12 日，该变电站 500kV 线路二线保护做部分检验工作，500kV 线路一线和线路二线的远方跳闸就地判别保护在同一保护盘内，线路一线保护装置电缆接在左侧端子排，线路二线保护装置电缆接在右侧端子排。作为继电保护工作安全技术措施之一，在 5 月 10 日开始进行工作之前，保护人员用红布幔将左侧端子排（线路一线保护）围上。

5 月 12 日 11 时 40 分左右，当所有检验工作结束后，继电保护工作负责人在工作现场同站内变电运维人员进行验收工作，验收完最后一面保护盘（远方跳闸就地判别保护盘）后，告诉变电运维人员现场工作全部完成，保护装置具备投运条件，并将远方跳闸就地判别保护盘左侧的布幔取下。在取布幔过程中，A 相电流互感器二次端子（U423）有打火现象，此时，线路一线纵联电流差动保护动作跳开 5013、5012A 相断路器，重合不成功跳开 5013、5012 三相断路器。

事故发生后现场检查发现，线路一线 A 相电流互感器二次电缆芯线未完全压接在端子排内，对电缆芯线的压痕进行仔细检查，发现只压接了 1/3 部分。

原因分析：因为电流互感器二次电缆芯线与端子排压接不牢靠，工作完后取下布幔时，电流互感器二次端子打火，纵联电流差动保护装置动作造成线路一线跳闸。

4. 案例引用小结

这是一起电流互感器二次端子接触不良，造成工作时二次端子打火，从而使纵联电流差动保护误动的一起继电保护误动事故。

（1）电流互感器二次电缆与端子排压接不牢是保护装置误动的原因，继电保护工作人员应引以为戒。

（2）保护制造厂家应采取可靠措施防止电流互感器二次开路时保护误动。

（3）在发生此类事故时，变电运维人员应结合现场工作情况，准确地判断事故原因。

【例 Z08H6001 I-2】变压器充电引起的母差误动事故。

1. 事故前的运行方式

某年 8 月 12 日，500kV 某变电站进行 1 号联络变压器投运前的充电工作。当时有关系统接线如图 Z08H6001 I-1、图 Z08H6001 I-2 所示。联络线受电 320MW。

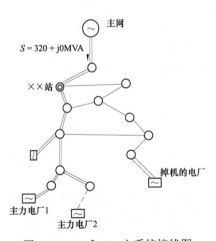

图 Z08H6001 I-1　主系统接线图

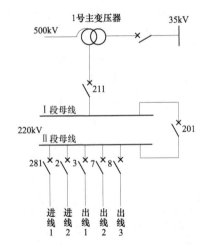

图 Z08H6001 I-2　某站系统接线

500kV 1 号变压器为待投运设备，其三侧断路器均在断开状态；其余 220kV 运行设备均倒至 II 段母线运行，母联 201 断路器在合位，计划用 1 号母线带 211 断路器对 1 号空载联络变压器进行 5 次冲击试验。220kV 母差为中阻抗的比率制动型保护，其跳 I 段母线断路器（211、201）出口连接片因当时联络变压器 211 断路器电流互感线圈二次未接入母差回路而解除，母联 201 断路器专用充电保护投入。

2. 事故经过

在对 1 号联络变压器完成第一次冲击后，未见任何异常。随即于 15 时 16 分再次合 211 断路器进行第二次冲击时，该站 220kV 母差保护出口跳闸，跳开如图 Z08H6001Ⅰ–2 所示的 5 条 220kV 运行线路，经检查一次设备无故障。省网与主网解列，主网频率从 50.02Hz 升至 50.08Hz，省网频率从 50.02Hz 降至 49.50Hz。省中调立即事故拉路，并令本省两主力电厂调压调频。15 时 25 分，省网内一台 300MW 机组因 DEH 自动系统故障掉闸，省网频率降至 49.3Hz。全网共限负荷 400～500MW。

3. 事故分析

此次事故的主要原因是冲击联络变压器时，母差保护误动跳闸所致。

通过分析现场录波图发现，211 断路器两次合闸冲击时联络变压器均产生了较大励磁涌流，而第二次合闸时断路器有三相不同期现象（B 相比 A、C 相慢合 20ms）。Ⅰ段母线上只接有联络变压器 211 断路器和母联 201 断路器，由于 211 断路器的电流互感线圈二次尚未接入母差回路（未做相量检查），故Ⅰ段母线的差动回路中只有母联 201 断路器电流互感线圈二次回路接入，因而在第一次合闸冲击时，Ⅰ段母线差动元件即因主变压器励磁涌流作用动作，但因电压闭锁元件的闭锁作用而未出口（实际上，为了避免这种情况下频繁跳开母联断路器已将母差跳 201 断路器连接片解除）。但此时由于装置本身的原因无任何中央信号告警。

第二次冲击时母差动作跳闸是因为比率制动型母差保护在 211 断路器第一次冲击联络变压器后，即因Ⅰ段母线的差动元件动作，而使母联断路器辅助电流互感线圈二次封闭回路动作并一直保持，导致母联断路器电流互感线圈二次不能接入Ⅱ段母线差动回路。当第二次冲击时，由于联络变压器励磁涌流的作用使Ⅱ段母线差动元件动作，又由于断路器不同期使得复合电压闭锁元件开放，最终导致母差保护出口跳闸。

如图 Z08H6001Ⅰ–3 所示，母联断路器辅助电流互感线圈二次封闭回路动作并一直保持的原因分析为：比率制动型母差保护由于原理的原因出口回路设有自保持（现场整定保持时间 0.5s），即当母联断路器失灵或故障发生在母联断路器与电流互感器之间时，强迫另一条母线差动元件动作，并为了防止母联断路器停运时母联电流互感器二次回路分流，该装置设有母联电流互感器二次自动封闭回路。当Ⅰ段或Ⅱ段母线差动元件动作后（ck1 或 ck2 闭合）或母联断路器辅助触点断开后（b1 闭合），启动时间继电器 125，经整定延时（现场整定 300ms）后，时间继电器 125 的 1、2 触点向上吸合。同时，双位置继电器 113 向下线圈励磁，使双位置继电器 113 的 3、4、5 触点闭合，2 触点打开。进而使双位置继电器 101 的向下线圈励磁，双位置继电器 101 的 2、3、4、5、6 触点打开，1、7 触点闭合。同时，使时间继电器 125 失磁，使其 1 触点打开，2 触点打开并向下吸合。这样便完成了母联断路器 QF 辅助电流互感线圈二次的封闭操作，并有先封后断的次序。

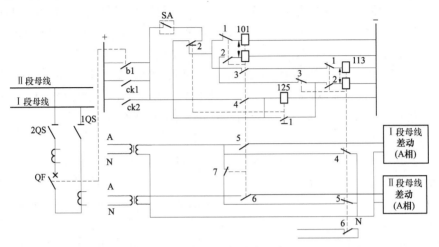

图 Z08H6001Ⅰ-3　母联电流互感线圈二次自动封闭回路

但若要解除母联断路器辅助电流互感线圈二次封闭回路，只有母联断路器在断开状态下（正常 ck1、ck2 不动作）手合母联断路器才能完成。即正电源通过 b1 触点、SA 触点（手合母联断路器瞬时通）、时间双位置继电器 125 的 2 触点、双位置继电器 101 的 1 触点使双位置继电器 101 向上线圈励磁，使双位置继电器 101 的 2、3、4、5、6 触点闭合，1、7 触点打开。进而使双位置继电器 113 的向上线圈励磁，使双位置继电器 113 的 1、3、4、5 触点打开，2、6 触点闭合，从而完成母联断路器辅助电流互感线圈二次解除封闭而接入差动元件的操作。

4. 事故暴露的问题及解决措施

（1）暴露的问题。由于该型母差装置封母联辅助电流互感线圈二次回路不能自行复归，在运行中有以下问题：

使用母联断路器进行自动同期并列时，上述回路不能自行复归。在并列操作时，可能导致母差出口误动。

当图 Z08H6001Ⅰ-3 中的母联断路器辅助触点 b1 采用三相辅助触点并联时，如果运行中母联断路器有一相偷跳时，可能导致母差出口误动。

在母差装置校验或检修时，如果差动元件动作过，母联辅助电流互感线圈二次回路将被封闭，且无告警信号。在母差投入运行，系统遇有故障时，极易因此而造成母差出口误动。

（2）解决措施。经与设备制造厂家共同研究，对装置回路进行了完善，提出以下解决措施：

增加母联断路器辅助电流互感线圈二次封闭回路动作指示信号。该信号只有在母联断路器处于合位且母联断路器辅助电流互感线圈二次封闭回路解除时才能手动复归。

使用自动同期装置合母联断路器时，用同期装置启动合闸的一副触点去解除母联断路器辅助电流互感线圈二次封闭回路。

对母联断路器辅助触点 b1 使用三相并联的改为三相串联。

为了确保先解除母联断路器辅助电流互感线圈二次封闭回路，后合母联断路器，将双位置继电器 113 的 6 触点串联接入母联断路器的合闸回路。当母差停运时，用连接片将该触点短接。

5. 经验教训

应用于双母线的比率制动型母差保护装置，虽然对应每条母线有一个差动元件，但交流电流回路、母差出口回路均由隔离开关辅助触点控制，再加上封母联电流互感线圈二次回路，使本装置二次接线较复杂。当母线设备有操作，而母差保护回路处于非正常状态时（如本次事故中 211 断路器电流互感线圈二次未接入母差），母差保护装置宜全部退出运行，不宜部分装置运行而另一部分退出运行。

对引进的新型保护装置，专业人员应认真学习、刻苦钻研。管理部门应组织有关人员进行教育培训，提高专业人员的责任心和设备的应用水平。

厂家的产品说明书中应对可能导致保护不正确动作的内容做出醒目标示，以提醒用户注意，防止因理解不清而造成保护不正确动作及电网负荷不必要的损失。

6. 案例引用小结

（1）设备厂家生产的中阻抗比率制动型母差保护装置的问题是造成保护误动的原因。

（2）当母线设备有操作，而比率制动型母差保护回路处于非正常状态时，母差保护装置宜全部退出运行，不宜部分装置运行而另一部分退出运行。

（3）对引进的新型保护装置，专业人员应认真学习、刻苦钻研。管理部门应组织有关人员进行教育培训，提高专业人员的责任心和设备的应用水平。

（4）厂家的产品说明书中应对可能导致保护不正确动作的内容做出醒目标示，以提醒用户注意，防止因理解不清而造成保护不正确动作及电网负荷不必要的损失。

【思考与练习】

1. 线路保护误动时有什么现象？

2. 母线保护误动时有什么现象？处理原则是什么？

◢ 模块 2　继电保护拒动事故的类型和现象（Z08H6002Ⅰ）

【模块描述】本模块包含继电保护拒动事故的类型、故障现象和处理原则。通过分析、讲解和实例培训，掌握继电保护拒动事故的判断和初步处理技能。

【模块内容】

电气设备故障时继电保护拒动，将造成越级跳闸，扩大事故停电的范围。如果处理不当，将造成更大的损失。因此，正确判断事故性质，做好保护拒动时的事故处理是十分重要的。

一、继电保护拒动事故的类型

（1）线路（电容器、电抗器）保护拒动事故。

（2）主变压器保护拒动事故。

（3）母线保护拒动事故。

二、继电保护拒动时的现象

1. 线路（电容器、电抗器）保护拒动现象

线路或者母线并联电容器、电抗器短路故障时保护拒动将造成越级跳闸。跳闸时故障线路所在母线全停。

220kV 及以上双母线运行方式，线路保护全部拒动时，失灵保护不能动作，此时，该母线所有电源将跳闸，电源线路一般由对侧断路器启动跳闸；主变压器由后备保护动作，先切除母联（分段）断路器，后切除本侧断路器，造成一条母线全停电。

500kV 3/2 断路器接线运行方式，线路保护全部拒动时同样要越级至各个电源，造成 500kV 全停电或部分停电。

2. 主变压器保护拒动现象

大型主变压器一般设有双套多重保护，可以弥补单一保护拒动的过失，保护拒动而扩大事故的概率很小。但即使是大型主变压器，如果主变压器短路故障时其保护回路电源全部故障，此时保护全部不能启动。

3. 母线保护拒动现象

主变压器中压侧或低压侧母线发生短路故障时，如果母差保护拒动，将越级至母线电源线路对侧断路器跳闸，以及主变压器后备保护动作，造成母联（分段）和变压器一侧断路器跳闸，故障母线停电。

主变压器高压侧母线短路故障，母差保护拒动将引起该母线所有电源跳闸，甚至造成全站停电。

三、继电保护拒动事故分析及处理原则

1. 线路（电容器、电抗器）保护拒动事故的处理原则

（1）根据保护异常情况判断是哪条线路保护拒动越级跳闸，拉开其两侧隔离开关，逐级送出母线和其他线路。

（2）若根据保护现象无法判明是哪条线路越级跳闸，则根据调度命令送出跳闸母线，再逐一试送其他线路。若送至某一线路时又出现越级跳闸，则说明此线路保护拒动。应拉开该断路器后再重送母线和其他线路，然后拉开保护拒动线路断路器两侧的隔离开关。

（3）必要时保护拒动越级线路可用旁路试送电一次。

2. 主变压器保护拒动事故的处理原则

（1）根据站内其他保护动作情况，综合判断是哪台主变压器越级跳闸，并据此检查相应保护区内设备；若没有保护动作，则应检查所有母线和主变压器；若听到短路时的故障声响，可直接检查发出声响区域的设备。将连接于故障设备的各侧隔离开关拉开，并立即将情况汇报调度。

（2）根据调度命令送出无故障母线、主变压器和线路，并将故障主变压器所带的线路转移至另一条正常母线送电。

3. 母线保护拒动事故的处理原则

（1）若有保护动作，根据保护范围判断是哪条母线越级跳闸，并据此检查相应保护区内设备；若没有保护动作，则应检查所有母线和主变压器；若听到短路时的故障声响，可直接检查发出声响区域的设备，将连接于故障设备的各侧隔离开关拉开，并立即将情况汇报调度。

（2）根据调度命令送出无故障母线、主变压器和线路，并将故障母线所带的线路转移至另一条正常母线送电。

四、案例分析

【例 Z08H6002Ⅰ-1】主变压器差动保护拒动，越级至变电站 5 条 220kV 线路对侧的距离二段动作，将 5 条线路切除，造成 3 个 220kV 变电站、11 个 35kV 变电站和 1 个电厂全部停电。

1. 事故前运行方式

某 220kV 变电站有 2 台主变压器运行，220kV 侧双母线并列运行，母线上接有 5 条出线。

2. 事故概况

某年 6 月 27 日，由于 1 号主变压器 220kV 侧隔离开关操动机构箱内受潮，使操作回路绝缘下降，引起该隔离开关带负荷自动分闸，造成弧光短路。

事故发生后，1 号主变压器差动保护拒动，越级至变电站 5 条 220kV 线路对侧的距离二段动作，将 5 条线路切除。

事故扩大为 3 个 220kV 变电站、11 个 35kV 变电站和 1 个电厂全部停电。

3. 检查分析

事后检查，故障点在差动保护区内，故障电流二次值为 116A，但 2 套微机差动保护均未动作。

试验检查发现，两套差动保护同时拒动的原因是由于在如此巨大的短路电流下，装置的软、硬件不能满足要求。保护设计的最大故障电流为 16 倍额定电流，即 5×16=80（A），当超过 80A 时，电流变换装置趋向饱和，同时二次电流也将超过 A/D 模件的上限测量电压，又由于软件处理不当，致使测得的差流很小。

另外，装置中采用的电流互感器断线闭锁装置有问题。当故障电流大于 80A 时，电流互感器断线闭锁装置误判为"电流回路断线"而将两套差动保护闭锁，造成两套差动保护同时拒动。

4. 案例引用小结

从事故中可以吸取的教训是：

（1）在设计变压器保护时，应计算出最大故障电流，并根据最大故障电流选择保护装置的软、硬件。

（2）两套变压器保护最好选用不同厂家的保护，以免保护装置的同一缺陷造成保护装置的同时拒动。

【思考与练习】

1. 继电保护拒动事故有哪些类型？

2. 线路（电容器、电抗器）保护拒动有何现象？

◢ 模块 3　二次回路故障引起的事故现象及处理原则（Z08H6003 Ⅰ）

【模块描述】本模块包含二次回路故障引起的事故现象及处理原则。通过分析讲解和实例培训，掌握二次回路故障引起的事故的判断和初步处理技能。

【模块内容】

二次回路包括继电保护的交流电压回路、交流电流回路、直流电源回路，断路器的控制回路以及监控系统回路。

继电保护的交流电压回路和交流电流回路故障可引起保护的误动、拒动，直流电源回路故障可引起保护的拒动；断路器控制回路和监控系统故障可引起断路器的误分、误合。

一、交流电压回路断线时的现象

早期生产的电压互感器多使用一个主二次绕组，后期生产的电压互感器多使用两个主二次绕组，甚至三个主二次绕组。两个主二次绕组一个用于电压、功率、电能的测量，一个用于继电保护及自动装置的电压回路。使用一个主二次绕组的则在二次绕组出口将测量和继电保护及自动装置回路分开。

（1）测量、计量交流电压回路断线，则电压、功率无指示或指示降低，电能计量值为零或数值减小（电能表不转或转速缓慢）。

（2）保护交流电压回路断线，则发出"交流电压回路断线"告警信息，微机保护显示"TV断线"或其他类似告警信号。

（3）单一设备单元出现以上故障现象，则是该单元交流电压回路断线；同一母线多个设备单元出现以上故障现象，则是该母线交流电压回路断线。

二、交流电压回路断线时的处理原则

（1）若单一设备单元出现故障，则应停用该单元有关保护（距离保护、低电压保护、低压闭锁电流保护、方向过电流、零序方向过电流等带方向元件的保护等），然后检查该单元交流电压回路。

（2）若同一母线多个设备单元出现故障，则应停用该母线上各单元的有关保护（距离保护、低电压保护、各种低电压闭锁的保护、各种带方向元件的保护、振荡解列、低频解列、低电压解列和低频减负荷等装置），然后检查该母线二次电压回路。

三、交流电流回路断线时的现象

电流互感器二次常有多个二次绕组，一般一个绕组用于电能计量、一个绕组用于电流、功率测量（或电能计量和电流、功率测量共用一个绕组），其他绕组分别用于保护和自动装置，一般两套保护分别使用不同的绕组。电流互感器二次绕组断线时，励磁电流剧增，因而互感器本体将发出类似变压器的励磁声。

电流、功率测量绕组一相断线时三相电流指示差别很大，其中一相为零，功率指示降低。电能计量绕组一相断线时，电能计量值为零或数值减小（电能表不转或转速缓慢）。若测量或计量指示时有时无或时大时小，则可能是电流回路接触不良引起的。

保护绕组断线时，监控系统发出"交流电流回路断线"告警信息，电流回路断线的保护显示"TA断线"或其他类似告警信号；系统故障时可能出现保护误动或拒动。电流回路接线端子等处可出现放电打火（此处即为开路点）。

四、交流电流回路断线时的处理原则

（1）发现某回路三相电流一相为零（或单相电流表为零或降低），功率指示降低，电能表不转或转速缓慢，电流互感器出现励磁声，可判断为该电流互感器表计回路断线。应检查表计回路接线端子和电缆有无开路。

（2）某回路出现"交流电流回路断线"告警信息，保护发出"TA 断线"等信号，电流互感器出现励磁声，可判断为该电流互感器保护回路断线。应注意有的保护电流回路断线时可能没有相应的信号，若电流互感器出现励磁声而所有表计指示正常，应认为保护电流回路断线。保护电流回路断线应先分清是哪一组电流回路开路，对保护有何影响，按规定停用有关保护（一般应停用涉及开路电流回路的各类差动保护、零序电流保护、断相保护、距离保护等，而电流互感器其他绕组的保护可不必停用），报告电网调度和检修单位，并检查有关保护回路接线端子和电缆有无开路。

五、直流控制回路的误合、误分事故现象

1. 人为因素引起的误合、误分事故现象

人员因手合断路器或误触断路器合闸回路而使断路器误合送电，监控系统发出该断路器合闸信息，监控图断路器指示红闪，线路出现负荷电流和功率。对于分相控制的断路器，人员误触一相合闸回路，可出现断路器一相合闸的现象。

人员因手切断路器或误触断路器分闸回路而使断路器误分停电，监控系统发出该断路器分闸信息，监控图断路器指示绿闪，线路负荷电流和功率为零。误触造成的跳闸还有事故警报声响。如果是人员误触保护而致使断路器跳闸，则还有保护动作信息（信号）。对于分相控制的断路器，人员误触一相分闸回路，可出现断路器一相分闸的现象。

2. 分合闸回路绝缘击穿或直流接地引起的误合、误分事故现象

现象与上述人为因素引起的误合、误分现象类似。直流接地时还有"直流接地"或"绝缘降低"信息（信号）。

六、直流控制回路的误合、误分事故处理原则

1. 人为因素引起的误合、误分事故处理原则

人为因素误合断路器造成设备送电或误分断路器造成设备停电，应立即报告电网调度，在调度的指挥下恢复设备原来的运行方式，然后汇报本单位领导。

2. 分合闸回路绝缘击穿或直流接地引起的误合、误分事故处理原则

合闸回路绝缘击穿或直流接地引起断路器误合，在未排除故障以前不能切开断路器，因为由于故障点的存在，断路器切开以后还会再合上。如果故障不能立即排除，在带负荷的情况下应请示调度用旁路带送、母联串带等方法将断路器停电。断路器停电后再处理故障。

分闸回路绝缘击穿或直流接地引起断路器误分，在未排除故障时也不能手动合上断路器，因为故障点的存在，断路器合上后还会跳开。应在排除故障以后恢复断路器送电。如果故障不能立即排除而又急需送电，应请示调度用旁路带送停电设备，或用

母联串带故障断路器并将故障断路器锁死于合闸位置的方法送出停电设备。故障排除以后恢复正常运行方式。

七、监控系统故障误合误分断路器的事故现象和处理原则

1. 事故现象

（1）无人为操作断路器自动分闸，有监控系统断路器分闸的告警信息，无保护动作的信息和信号指示，故障录波器不动作。在后台机再次合上断路器时，断路器又自动分闸。

（2）无人为操作断路器自动合闸，有监控系统断路器合闸的告警信息，在后台机再次断开断路器时，断路器不再自动合闸（防跳回路起作用）。

2. 处理原则

（1）在发生误分误合故障的断路器测控装置间隔上，将操作转换断路器切至"就地"位置，试合（试分）断路器（双电源线路的重新投入应有调度命令）。

（2）如果试合（试分）无效，在发生误分误合故障的断路器测控装置间隔上，断开监控系统电源（控制直流电源），再重新投入，试合（试分）断路器。

（3）如果试合（试分）仍然无效，到断路器现场将操作转换断路器切至"就地"，再试合（试分）断路器。

（4）如果试合（试分）还是无效，应通知专业人员前来查找处理。

八、事故案例

【例 Z08H6003Ⅰ–1】500kV 某变电站冷却器直流电源消失造成冷却器全停，直流电源恢复后造成冷却器全停跳闸出口动作，变压器跳闸。

1. 变电站主变压器冷却器接线方式

某 500kV 变电站主变压器的生产厂家为国外某公司，采用冷却器冷却方式。该系列变压器冷却器启动共有 5 种方式，即 MANUAL、FIRST、SECOND、THIRD、STAND–BY，其中 FIRST、SECOND、THIRD 为自动控制方式。在自动控制方式下，冷却器的启动受主变压器 500kV 侧断路器辅助动合触点经直流重动继电器控制；冷却器全停告警信号回路、冷却器全停跳闸均经主变压器汇控柜直流重动后转发监控系统及主变压器保护屏。所有的直流重动继电器均安装在主变压器汇控柜中，并接在冷却器直流控制电源上，原理接线如图 Z08H6003Ⅰ–1 所示。

2. 事故检查分析

某年 6 月 1 日，500kV 某变电站发生主变压器跳闸事故。

检查发现，变压器的冷却器控制、信号以及全停保护出口回路均存在问题：当直流电源消失时，冷却器自动启动回路失效，3 组自动控制方式的冷却器停止工作，且此时热耦备用（STAND–BY）方式也无法启动，导致主变压器冷却器全停；冷却器全停告警信号因直流消失无法告警；冷却器全停回路启动交流时间继电器，达到整定时间（30min）后由于直流消失无法启动出口跳闸，若此时直流电源恢复，则立即出口跳闸。

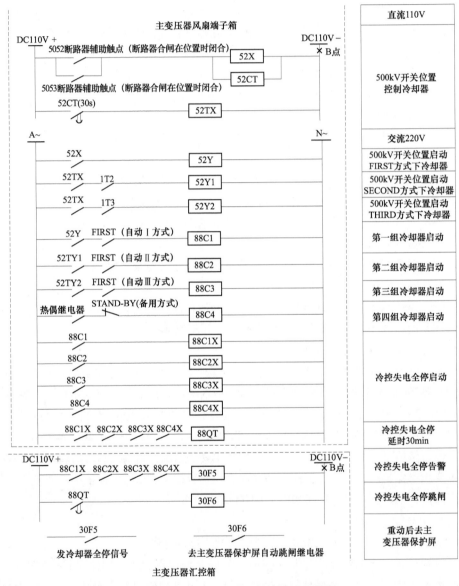

图 Z08H6003 Ⅰ-1　冷却系统接线原理图

3. 技术改进原则与措施

为确保 500kV 主变压器安全并可靠运行，同时确保二次回路的准确性，根据以上分析，针对日本该厂家变压器冷却器启动、信号、全停保护设计中存在的主要问题，提了出以下技术改进原则：

（1）冷却器控制回路直流电源失去时必须及时告警，且确保告警监视回路的全面性。

（2）冷却器控制回路直流电源失去后不得引起冷却器全停。

（3）冷却器全停后必须可靠告警。

（4）冷却器交流控制电源失去后也应告警。

根据以上原则，提出以下改进措施：

（1）在冷却器控制和保护回路中增加直流监视继电器及相关告警回路，当直流电源消失时，及时报警以便变电运维人员及时发现处理。

（2）冷却器方式启动回路：由原回路使用主变压器高压侧断路器动合辅助触点启动 52X、52TX 继电器（取消 52CT 延时继电器）改为动断触点，且辅助触点连接方式由原来的动合触点并联改为动断触点串联；若主变压器高压一次侧接线为完整串，主变压器停役时主变压器高压侧断路器仍需运行，则应考虑主变压器高压侧隔离开关动断辅助触点并联到 2 组断路器动断触点串联回路上，共同启动 52X、52TX 继电器；将原回路使用 52X、52TX 继电器动合触点启动 88C1–88C4 继电器，改为用动断触点启动。这样，即使直流电源消失也不会引起冷却器全停。此外，对冷却器全停跳闸启动回路做如下修改：将 52X（或 52TX）动断触点串接跳闸启动回路。

（3）冷却器全停告警信号考虑在原来的基础上，新增一路不经直流重动的告警信号。确保运行过程中，冷却器全停告警信号不受直流回路的影响能及时报警。具体回路可参照原报警回路，将 88C1X–88C4X 的动合触点串接后直接送监控系统。

（4）冷却器交流电源的监视。原交流回路中已有部分交流监视回路，但缺乏对冷却器方式控制回路交流电源的完整性监视，建议根据现场实际增加相应的交流控制电源监视告警回路。

（5）在进行技术改进前，对日本某公司生产的主变压器，其冷却器控制方式建议做如下调整：一组冷却器设置为 MANUAL 方式，一组冷却器设置为 FIRST 方式，一组冷却器设置为 SECOND 方式，一组冷却器设置为 STAND–BY 方式（至少应有一组冷却器设置为 MANUAL 方式），并每月进行一次切换，切换过程应防止冷却器全停。

（6）该技术改进原则对省内电网其他 500kV 主变压器冷却系统均可借鉴：采用片式散热器冷却方式的 220～500kV 主变压器、采用冷却器冷却方式的 220kV 主变压器参照执行。

（7）在运行中应加强对主变压器冷却系统直流电源、交流电源、冷却器运行状况的监视，信号显示异常的，必须首先查明冷却器工作状况是否全停，然后查明原因。要制定处理异常情况和缺陷的应对措施，并将此纳入现场运行规程。

4. 案例引用小结

二次回路故障或存在设计缺陷是影响变电站安全运行的不稳定因素之一，因为二次回路故障或故障带来的一些后果，正常运行时很难及时发现或预见，现场存在很大的不确定性。变电运维人员应重点提高变电站二次回路异常或故障的处理分析能力，避免不必要的事故发生。

采用相同设备的变电站也可进行自查与分析，是否存在相同问题，或举一反三，查找本变电站二次回路设计中的不足之处，并提出改进意见。

【思考与练习】

1. 交流电压回路断线时的现象是什么？处理原则有哪些？

2. 人为因素引起的误合、误分事故现象是什么？

◢ 模块 4　继电保护误动事故分析处理（Z08H6001Ⅱ）

【模块描述】本模块包含继电保护误动事故的原因和处理。通过分析讲解和实例培训，掌握继电保护误动事故的分析和处理技能。

【模块内容】

继电保护误动造成电气设备误跳闸停电。处理好继电保护误动事故，迅速恢复停电设备的供电，减小事故的损失，是变电运维人员的职责。

一、继电保护误动的原因

（1）保护误接线。由于保护装置接线错误，在经受负荷电流、不平衡电流、区外故障、系统电压波动、系统振荡时动作跳闸。

（2）保护误整定。由于保护整定错误，定值过小或定值配合不当，造成区外故障时达到定值启动跳闸。

（3）保护定值自动漂移。由于温度、电源的影响，以及元器件的老化或损坏，使定值产生重大漂移，造成保护误动。

（4）保护装置抗干扰性能差。如果保护装置抗干扰性能差，在发生无线电电磁干扰、高频信号干扰等情况下可能出现误动。

（5）人员误触、误操作保护装置。继电或变电运维人员在保护装置未完全停用的情况下触动保护装置或其内部接线，致使其启动出口跳闸。

（6）误投保护装置。继电或变电运维人员误投应当停运的保护装置，致使其误动跳闸。

（7）保护回路金属物搭接、绝缘击穿或两点接地。保护出口回路金属物搭接、绝缘击穿或两点接地，使正电源可以通过短路点或接地回路直接接通跳闸出口。

二、继电保护误动事故分析处理

继电保护装置误动，应停用保护装置，在生产技术部门的组织下对保护装置进行检查试验。排除故障后方可投入运行。

1. 线路（电容器、电抗器）保护误动事故的处理

（1）检查并记录监控系统告警信息、断路器跳闸情况、线路电流和功率情况、继电保护和自动装置动作情况，查看故障录波器报告（故障录波器可能不动作），根据故障录波报告或故障录波没有动作判断保护有误动可能，报告调度。

（2）检查跳闸线路电流互感器至线路出口各设备有无接地短路或相间短路故障，检查跳闸断路器工作情况，报告调度，同时向调度询问跳闸线路对侧保护有无动作，断路器有无跳闸。根据对侧保护没有动作，断路器没有跳闸做出保护误动的判断。

（3）根据调度命令，停用误动的线路保护，检查该线路至少还有一套主保护可以正常使用的情况下对线路合闸送电。

如果停用误动保护后该线路没有主保护可以使用，则不应直接送电，可以采用旁路带送或母联串带的方法送电。母联串带降低了变电站母线的供电可靠性，对于双电源线路、双回线、空充线路慎重使用。

（4）及时将事故情况报告有关领导和生产指挥部门。生产指挥部门应立即组织事故检查、调查人员到现场检查保护。

母线并联电容器、电抗器保护误动跳闸，原则上应在保护装置排除故障后恢复送电。

2. 主变压器保护误动事故的处理

（1）检查并记录监控系统告警信息、断路器跳闸情况、主变压器各侧电流和功率情况、继电保护和自动装置动作情况，查看其他运行主变压器有无过负荷情况、查看故障录波器报告（故障录波器可能不动作），根据故障当时没有系统冲击，根据故障录波报告或故障录波器没有动作判断保护有误动可能，报告调度。

（2）如果其他运行主变压器过负荷，应报告调度转移负荷、限负荷或过负荷运行。变压器过负荷运行应启动全部冷却器，重点监视变压器负荷、油温、各处触点有无过热、变压器运行是否正常。

（3）根据动作保护的保护范围检查各设备有无接地短路或相间短路故障，检查跳闸主变压器瓦斯保护和压力释放阀有无动作，变压器本体有无异常现象，检查跳闸断路器工作情况。根据一次设备检查没有任何事故征象，结合主变压器跳闸当时没有系统冲击，故障录波器没有动作或故障录波器报告没有显示主变压器短路事故，做出保护误动的判断。报告调度和有关领导。

（4）生产指挥部门应立即组织事故检查、调查人员到现场检查保护。如果一时不能确认保护误动，应对跳闸主变压器组织试验。

（5）确认变压器跳闸是由保护误动引起的，根据调度命令，停用误动的主变压器保护，检查该主变压器至少还有一套主保护可以正常使用的情况下对主变压器合闸送电。

在没有主保护可以使用的情况下主变压器不应送电。原则上主变压器的停投应由本单位总工程师决策。

3. 母线保护误动事故的处理

（1）检查并记录监控系统告警信息、断路器跳闸情况、跳闸母线各元件电流和功率情况、变电站潮流变化情况、继电保护和自动装置动作情况，查看故障录波器报告（故障录波器可能不动作），根据故障当时没有系统冲击，以及故障录波报告或故障录波器没有动作判断保护有误动可能，报告调度。

（2）根据母差保护的保护范围，即跳闸母线所连接的各元件电流互感器以内各设备有无接地短路或相间短路故障，检查跳闸断路器工作情况。根据一次设备检查没有任何事故征象，结合母线跳闸当时没有系统冲击、故障录波器没有动作或故障录波器报告没有显示母线短路事故，做出保护误动的判断。报告调度和有关领导。

（3）生产指挥部门应立即组织事故检查、调查人员到现场检查保护。如果一时不能确认保护误动，应对母差保护区内可疑设备组织试验。

（4）确认母线跳闸是由保护误动引起的，应停用误动的母差保护，根据母线保护配置情况做出以下相应处理：

1）母线有双套母差保护，可停用误动的母差保护，恢复母线送电。

2）母线只有一套母差保护的有三种方式可供选择：① 母线停运，其负荷由系统其他电源转供。② 系统其他电源可以转供部分负荷的，由系统转供部分负荷。其他负荷由一条电源线路反带母线，再转供其他线路。③ 主变压器有针对母线的可靠后备保护的也可直接从母线送出线路。但在这种情况下母线短路故障不能快速切除，应考虑是否会对主变压器造成损害。

三、事故案例

【例 Z08H6001Ⅱ-1】误投保护连接片引起保护动作，导致 500kV 线路停运，造成省网与主电网解列。

1. 事故前系统运行工况

某换流站 500kV 三江Ⅱ线和江复线同为第五串两回线路，三江Ⅱ线处于检修状态，江复线处于运行状态。某换流站 500kV 第五串接线图如图 Z08H6001Ⅱ-1 所示。

2. 事故前现场工作基本情况

某年 12 月 8～16 日三江Ⅱ线计划停电检修，继电工作人员在该换流站三江Ⅱ线进线串设备检修，包括线路保护、5052、5053 断路器保护检验等工作。

12 月 9 日，工作负责人办理了 5052、5053 断路器保护检验第二种工作票后开始保护校验，12 月 12 日 17 时完成校验工作并终结工作票。

12 月 13 日 9 时，工作班办理第一种工作票（工作票编号为 12004 号），做 5052、5053 断路器保护传动试验。12 月 13 日 13 时 30 分左右开始做 5053 断路器保护传动试验，14 时 18 分完成 5053 断路器保护传动试验工作。

3. 事故发生经过

工作现场完成上述试验后，开始做 5052 断路器失灵保护传动试验。

试验开始前，工作人员在保护盘柜后连接试验线，并确认试验接线位置正确后，在返回到盘柜前的过程中（14 时 21 分），5052 断路器失灵保护已动作，5051 断路器三相跳开，造成江复线跳闸。

4. 事故原因分析

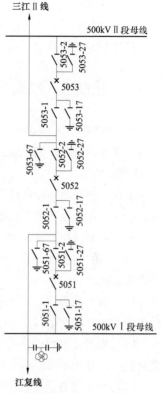

图 Z08H6001Ⅱ-1　某换流站
500kV 第五串接线图

事故后检查保护柜盘面，发现 3XB13 连接片（5052 断路器失灵保护启动 5051 断路器永跳第二线圈连接片）在投入位置。按试验要求应该是 3XB11 连接片（5052 断路器失灵保护启动 5053 断路器永跳第二线圈连接片）投入，连接片投入错误是造成 5051 断路器三相跳闸的直接原因。

5. 案例引用小结

（1）现场工作人员在做 5052 断路器失灵保护传动试验时，错误地将 5052 断路器保护屏柜上的失灵保护跳 5051 断路器连接片当成跳 5053 断路器连接片投入并进行了注流试验，是造成江复线跳闸的直接原因。

（2）这次事故的主要原因是工作人员违反一系列规章制度，致使各道安全关口失去作用，最终酿成误操作事故。

（3）要深刻吸取事故教训，高度重视安全生产工作，强化现场安全管理，强化危险点分析和控制，强化现场标准化作用；切实落实反事故安全技术措施和组织措施。

【思考与练习】

1. 继电保护误动的原因有哪些？

2. 母线保护误动如何处理？

▲ 模块 5 继电保护拒动事故分析处理（Z08H6002Ⅱ）

【模块描述】本模块包含继电保护拒动的原因和事故处理。通过分析讲解和实例培训，掌握继电保护拒动事故的分析和处理技能。

【模块内容】

继电保护拒动将造成越级跳闸，扩大事故范围，处理好越级跳闸事故，尽量减少事故损失，是变电运维人员的职责。

一、继电保护拒动的原因

（1）保护误接线。由于保护装置接线错误，设备故障时保护无法启动或启动后无法接通跳闸出口。

（2）保护误整定。由于保护装置整定错误，定值过大或定值配合不当，区内故障时保护不能及时动作而使上级保护启动跳闸。

（3）保护定值自动漂移。由于温度的影响、电源的影响，以及元器件老化或损坏，使定值产生重大漂移，而造成保护拒动。

（4）保护装置元器件损坏。微机保护元器件损坏会使 CPU 自动关机，迫使保护退出，而造成保护拒动。

（5）误停保护装置。继电或变电运维人员误停保护装置，致使其不能启动出口跳闸。

（6）保护回路绝缘击穿或两点接地。保护回路绝缘击穿或两点接地，使启动元件、判别元件或出口元件被绝缘短路点或接地回路短接而无法接通跳闸出口。

二、继电保护拒动事故分析处理

1. 线路（电容器、电抗器）保护拒动事故的处理

（1）查看告警信息、断路器跳闸情况、潮流情况。

（2）记录时间、告警信息、断路器指示和保护动作情况，复归全部保护动作信号，提取故障录波器报告，断路器指示清闪，拉开失电母线上的所有断路器。做出事故的初步判断，将事故现象和初步判断结论报告调度。

（3）如果连接于跳闸母线上的某线路保护有明显故障信息，则应该拉开其断路器，申请调度命令，送出母线和其他线路（变压器），然后隔离故障线路。

（4）如果连接于跳闸母线上的所有线路保护都没有明显故障信息，则无法确定哪条线路保护拒动，此时应按以下程序处理：

1）立即检查跳闸母线及其馈电设备，重点检查母线及各线路（主变压器）有无故障现象。根据站内检查没有事故现象的情况做出线路故障、保护拒动的定性判断，并将检查结果及判断结论汇报调度，并请求试送母线和线路。

2）根据调度命令送出跳闸母线，再逐一试送其他线路。若送至某一线路时又出现越级跳闸，则说明此断路器保护拒动。应拉开该断路器后再重送母线和其他线路，然后拉开保护拒动断路器的两侧隔离开关。

3）电力电缆试送电前应摇测电缆绝缘。0.6/1kV 电缆用 1000V 绝缘电阻表摇测，0.6/1kV 以上电缆用 2500V 绝缘电阻表摇测（6kV 及以上电缆也可用 5000V 绝缘电阻表摇测）。

（5）必要时保护拒动越级跳闸线路可用旁路试送电一次。

（6）将情况及时汇报站长（主任）和生产调度，由生产技术部门组织对开关保护拒动故障的调查、检查。

2. 主变压器保护拒动事故的处理

（1）查看告警信息、断路器跳闸情况、潮流情况。

（2）记录时间、告警信息、断路器指示和保护动作情况，复归全部保护动作信号，提取故障录波器报告，断路器指示清闪，拉开失电母线上的所有断路器。做出事故的初步判断，将事故现象和初步判断结论报告调度。

（3）若有其他设备保护动作或故障主变压器有明显的保护拒动信息，可判断是哪台主变压器越级跳闸，并据此检查跳闸主变压器相应保护区内设备；若全站停电，没有保护动作、没有保护拒动的明显信息，则应检查全站所有一次设备，重点检查母线和主变压器；若听到短路时的故障声响，可直接检查发出声响区域的设备。将连接于故障设备的各侧隔离开关拉开，并立即将情况汇报调度。

（4）隔离故障设备后，根据调度命令送出无故障母线、主变压器和线路，并将故障主变压器所带的线路转移至另一条正常母线送电。

（5）如果一次设备检查未发现明显的故障点，应使用 2500V 或 5000V 绝缘电阻表摇测各主变压器和母线的绝缘，然后根据调度命令逐级送电。

（6）将情况及时汇报站长（主任）和生产调度，由生产技术部门组织有关人员调查、检查拒动保护，检查和抢修主变压器设备。

（7）在事故调查、检修人员到现场前做好设备的安全措施。

3. 母线保护拒动事故的处理

（1）查看告警信息、断路器跳闸情况、潮流情况。

（2）记录时间、告警信息、断路器指示和保护动作情况，复归全部保护动作信号，提取故障录波器报告，断路器指示清闪，拉开失电母线上的所有断路器。做出事故的初步判断，将事故现象和初步判断结论报告调度。

（3）若有其他设备保护动作或故障母线有明显的保护拒动信息，可判断是哪条母线越级跳闸，并据此检查跳闸母线母差保护区内设备；若全站停电，没有保护动作、没有保护拒动的明显信息，则应检查全站所有一次设备，重点检查母线和主变压器；若听到短路时的故障声响，可直接检查发出声响区域的设备。将连接于故障设备的各侧隔离开关拉开，并立即将情况汇报调度。

（4）隔离故障设备后，根据调度命令送出无故障母线、主变压器和线路，并将故障母线所带的线路转移至另一条正常母线送电。

（5）如果一次设备检查未发现明显的故障点，应使用 2500V 或 5000V 绝缘电阻表摇测各主变压器和母线的绝缘，然后根据调度命令逐级送电。

（6）将情况及时汇报站长（主任）和生产调度，由生产技术部门组织有关人员调查、检查拒动保护，检查和抢修母线设备。

（7）在事故调查、检修人员到现场前做好设备的安全措施。

【思考与练习】

1. 继电保护拒动的原因有哪些？
2. 线路保护拒动如何处理？

▲ 模块 6　二次回路故障引起的事故分析处理
（Z08H7001Ⅱ）

【模块描述】 本模块包含二次回路故障引起的事故原因分析和处理。通过培训，掌握继电保护拒动事故的分析和处理。

【模块内容】

二次回路包括继电保护的交流电压回路、交流电流回路、直流电源回路、断路器的控制回路以及监控系统回路。

继电保护的交流电压回路和交流电流回路故障可引起保护的误动、拒动，直流电源回路故障可引起保护的拒动；断路器控制回路和监控系统故障可引起断路器的误分、误合。

一、引起交流电压回路断线的原因

电压互感器将高电压变为低电压，其二次为交流电压回路，供给继保自动装置和表计使用。电压互感器二次绕组所接的全是电压表、功率表、电能表和各种继电器的电压线圈，这些线圈的阻值都很大。因此，电压互感器基本上工作在空载状态。在运行中二次侧不允许短路，否则会产生很大的短路电流，将电压互感器烧毁。为了防止短路，在电压互感器二次侧必须装设熔断器或空气开关。

1. 单一元件（线路、主变压器）电压回路断线的主要原因

（1）故障元件母线侧隔离开关辅助触点未正常切换。

（2）故障元件电压重动继电器未正确动作。

（3）因电缆断线，接线端子、触点接触不良等原因造成故障元件电压回路开路。

2. 母线电压回路断线的主要原因

（1）母线电压互感器二次空气开关或熔断器因故跳闸（熔断器熔丝熔断）。

（2）母线电压互感器隔离开关辅助触点接触不良。

（3）母线电压互感器二次回路因电缆断线，接线端子、触点接触不良等原因造成回路开路。

二、交流电压回路断线时的处理

（1）若单一设备单元出现故障，则应停用该单元有关保护（距离保护、低电压保护、低压闭锁电流保护、方向过电流、零序方向过电流等带方向元件的保护等），然后检查该单元交流电压回路。检查重动继电器位置是否正常，测量 A630（A640）、B630（B640）、C630（C640）及其各分支的电压是否正常。若重动继电器位置不正常，应检查该单元母线隔离开关辅助触点是否正常切换。一般母线隔离开关辅助触点切换不正常、电压回路接线端子松动和电缆故障的概率较多。查出的故障能处理的自行处理，不能处理的报检修单位处理。

（2）若同一母线多个设备单元出现故障，则应停用该母线上各单元的有关保护（距离保护、低电压保护、各种低电压闭锁的保护、各种带方向元件的保护、振荡解列、低频解列、低压解列和低频减负荷等装置），然后检查该母线二次电压回路。测量中央信号屏 A630（A640）、B630（B640）、C630（C640）和电压互感器端子箱 A630（A640）、B630（B640）、C630（C640），A602、B602、C602，A601、B601、C601 各点电压是否正常，可判断出故障的部位。一般电压互感器二次熔断器熔断或二次空气开关跳开的情况较多，可先行检查。其次接线端子松动，以及电压互感器隔离开关的辅助触点和电缆故障的概率也较多。一些简单的故障可自行处理，不能自行处理的故障报检修单位前来处理。

三、电压互感器高压熔断器熔丝熔断

1. 电压互感器高压熔断器熔断时的现象

电压互感器高压熔断器熔断时会发出相应的"电压回路断线"光字牌。当电压互感器高压熔断器一相或两相熔断器熔断时，熔断相电压为零，未熔断相电压正常。由于互感器开口三角零序电压为一相电压的数值，约 33V（两相熔断时只感应到一相电压，一相熔断时为两相电压的矢量和），因而将出现此母线接地的信号（接于互感器开口三角用于发出接地信号的电压继电器的定值要小于 33V）。

2. 电压互感器高压熔断器熔断时的处理原则

电压互感器高压熔断器熔断时应停用有关保护，将电压互感器停用处理。

四、引起交流电流回路断线的原因

电流互感器二次回路任意一点开路将造成电流回路断线，包括电缆断线、继电保护或测量回路断线、各处接线端子接触不良等。

电流互感器二次绕组开路可使电流互感器过励磁饱和，使误差大增，将影响其他未开路绕组的正常工作。

五、交流电流回路断线时的处理

（1）发现某回路三相电流一相为零或非正常降低，功率指示降低，电能表不转或转速缓慢，电流互感器出现励磁声，可判断为该互感器测量回路断线。应检查测量回路接线端子和电缆有无开路。

（2）出现某回路"交流电流回路断线"告警信息，保护装置发出"TA 断线"或其他类似信号，电流互感器出现励磁声，可判断为该互感器保护回路断线。保护电流回路断线应按规定停用有关保护（一般应停用各类差动保护、零序电流保护、断相保护、距离保护等），报告电网调度和继电单位，并检查有关保护回路接线端子和电缆有无开路。

（3）检查电流互感器二次回路应穿绝缘靴、戴绝缘手套，防止高压感电。还要尽量减小一次负荷电流，以降低二次回路的电压。应注意使用符合实际的图纸，认准接线位置，用螺丝刀对故障电流回路的端子进行紧固性检查。若开路点间隙较小或搭接时，可出现电火花。对于开路的端子，可以用螺丝刀拧紧的用螺丝刀拧紧（注意安全）；不能用螺丝刀拧紧的，可在开路点上级进线端子用封线封死。要使用截面足够绝缘良好的封线。封线时先固定零线端子（N），再固定相电流端子（A、B、C）。固定要牢固，防止脱落造成二次开路。封好后处理开路点。对于原则上一些简单明显的开路点（如端子排螺钉松动），变电运维人员可以自己处理，其他应通知继电保护或仪表（电能表）人员前来处理。

（4）若未发现明显的故障点，可停电检查电流回路；也可在电流互感器所在回路的端子箱处将其电流回路电源侧端子用封线封死，将电流回路断开后检查处理。如果在端子箱将电流回路电源侧封死后，电流互感器仍有励磁声，则是互感器内部或其引出线开路，因而必须将互感器停电处理。

六、直流控制回路的误合、误分事故原因分析

1. 人为因素引起的误合、误分事故

（1）变电运维人员或其他人员未经调度允许就对设备合闸送电或停电操作。

（2）变电运维人员或继电人员误触断路器合闸回路或跳闸回路造成设备合闸或跳闸。

2. 分合闸回路绝缘击穿或直流接地引起的误合、误分事故

从断路器控制回路图（见图 Z08H7001Ⅱ-1）可以看到，只要在合闸继电器触点 KC 与合闸线圈 LC 间任一点加入足够的正电压，合闸线圈就可以动作，使断路器合闸；

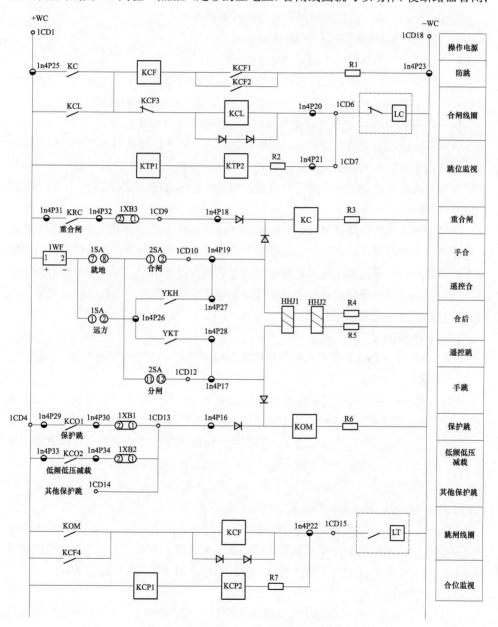

图 Z08H7001Ⅱ-1 断路器控制回路图

同样，只要在跳闸继电器触点 KOM 与跳闸线圈 LT 间任一点加入足够的正电压，跳闸线圈就可以动作，使断路器分闸。因而，只要在上述地方发生绝缘对正电击穿或是直流对正极两点接地，都可以使断路器发生误合或者误分。

同样，合闸回路一点接地也能导致合闸线圈动作。

七、直流控制回路的误合、误分事故处理

1. 人为因素引起的误合、误分事故处理

人为因素误合断路器造成设备送电或误分断路器造成设备停电，应立即报告电网调度，在调度的指挥下恢复设备原来的运行方式，然后汇报本单位领导。

2. 分合闸回路绝缘击穿或直流接地引起的误合、误分事故处理

合闸回路绝缘击穿或直流接地引起断路器误合，在未排除故障以前不能切开断路器，因为由于故障点的存在，断路器切开以后还会再合上。如果故障不能立即排除，在带负荷的情况下应请示调度用旁路带送、母联串带等方法将断路器停电。断路器停电后再处理故障。

分闸回路绝缘击穿或直流接地引起断路器误分，在未排除故障以前也不能手动合上断路器，因为故障点的存在，断路器合上以后也还会再跳开。应排除故障以后再恢复断路器送电。如果故障不能立即排除而又急需送电，应请示调度用旁路带送停电设备，或用母联串带故障断路器并将故障断路器锁死于合闸位置的方法送停电设备。故障排除以后再恢复正常运行方式。

八、事故案例

【例 Z08H7001Ⅱ–1】 电压互感器断线造成保护误动，线路两侧断路器三相跳闸。

1. 事故前运行方式

500kV 某变电站（以下简称甲站）至 220kV 某变电站（以下简称乙站）的一条环网运行的 220kV 线路，该 220kV 线路两侧保护配置为：

第一套保护包括：① PSL602（允许式光纤纵联保护、三段式距离、四段式零序保护、）+GXC–01（光纤信号收发装置）；② PSL631A（断路器失灵保护）。

第二套保护包括：① RCS931（分相电流差动保护，具备远跳功能、三段式距离、二段式零序保护）；② CZX–12R 断路器操作箱。

甲站侧 220kV 该线路保护电流互感器变比为 2500/1，乙站侧 220kV 该线路保护电流互感器变比为 1200/5，电压互感器断线相过电流定值为 950A（一次值），线路全长为 9.14km。931 保护重合闸停用，使用 602 保护重合闸（单相重合闸方式）。

2. 事故简述

某年 5 月 26 日，因乙站侧电压互感器断线异常，在大负荷情况下引起电压互感器断线相过电流保护动作，两侧断路器三相跳闸。

3. 事故原因分析

甲站 220kV 线路 931 保护收到远跳信号的原因为：乙站 220kV 副母线电压回路，因电压互感器端子箱内电压切换回路二次线腐蚀断落，造成电压互感器二次失压，乙站 602 保护电压互感器断线相过电流保护动作，后备三相跳闸。电压互感器断线失压相过电流保护定值整定 950A，当时负荷电流约 1040A，峰值约 1470A，电压互感器断线相过电流保护动作行为正确。

乙站保护三跳后启动操作箱内三跳继电器 KTQ，该继电器一触点跳乙站线路断路器；另一触点开入回 602 保护装置，602 保护装置即通过 GXC–01 装置向甲站侧 602 保护装置发允许跳闸信号；还有一触点开入 931 保护装置，931 装置远跳开入有信号后即向甲站侧 931 保护装置发远跳令。

根据调度定值控制字设置要求，甲站侧 931 保护装置收到远跳令后需进行就地判别。判据为保护是否启动。如果保护启动同时有远跳信号则出口跳闸。乙站侧断路器跳闸为负荷电流情况的电压互感器断线过电流保护动作所致，系统无实际故障，正常情况下甲站侧保护不应启动，远跳不会出口。

但根据甲站侧保护录波图显示，在三相负荷电流消失的瞬间有短时零序电流，有效值 495A 左右（峰值 700A 左右），线路电压在三相电流消失后继续存在 25ms，说明是此零序电流系乙站侧断路器跳闸不同期所致。

也就是说，乙站侧断路器在电压互感器断线过电流保护动作后，断路器三相跳闸时存在非同期，造成短时间线路非全相运行，在负荷电流下使得甲站侧保护装置感受到了零序电流突变，而 931 保护电流变化量启动定值为 200A（一次值），零序启动电流定值为 200A，符合保护启动条件，所以甲站侧 931 保护远方跳闸出口，跳开甲站侧三相断路器。

931 保护装置三跳动作同时通过本屏上"至重合闸"连接片向 602 保护发三跳启动信号。602 保护重合闸正常投单重方式，收到外部三跳启动信号后即闭锁重合，同时沟通本保护三跳回路，综合重合闸直接发三相跳闸令即为"综合重合闸沟通三跳"。

甲站侧虽然两套保护都三跳出口，但录波图显示 931 保护先于 602 保护动作 27ms，故虽然两套保护都动作，操作箱上只有 931 第一套保护出口时作用于第一组跳闸线圈的"TA、TB、TC"信号。602 保护再动作时断路器已基本跳开，故操作箱上第二组跳闸线圈无跳闸信号。

由于此次保护动作为非全相引起的零序启动后的远跳，931 保护装置因母线电压没有突变，距离保护未动作，故无测距。

又由于不同保护的软件差异，602 保护装置显示"距离零序保护启动，故障类型 CA 相间接地"。根据故障分析，B 相断线有 CA 相间接地故障性质，可初步判断

B 相为乙站侧断路器分闸不同期所致。测距 401.4km 反映的是 C、A 相负载阻抗测量值。由于此次 602 纵联保护中距离正方向元件只启动而未动作，所以 602 纵联保护虽然在本侧启动前 27ms 就收到允许信号但本侧正方向元件未动作，故 602 纵联保护未出口。

通过上述分析，乙站侧电压互感器断线过电流动作只跳乙站侧断路器比较合适，远跳原因为重负荷情况下乙站断路器三相分闸不同期引起。

4. 采取的措施及建议

（1）可考虑远跳回路中就地判别适当增加延时，躲过断路器分闸不同期所导致的保护误启动。

（2）目前，较多 220kV 线路保护中"分相电流差动保护的远跳"和"光纤纵联保护的其他保护允许发信"都由操作箱中的 KTQ 和 KTR（永跳继电器）继电器触点联后启动。建议改为只有 KTR 启动，以减少断路器在事故中不必要的多动或误动，并且对事故的判别和处理都是有利的。

（3）应提高对分相断路器的同期性要求。

5. 案例引用小结

（1）乙站断路器跳闸是因为 602 保护电压互感器断线相过电流保护动作，后备三相跳闸。

（2）乙站侧断路器在电压互感器断线过电流保护动作后，断路器三相跳闸时存在非同期，造成短时间线路非全相运行，在负荷电流下使得甲站侧保护装置感受到了零序电流突变，而 931 保护电流变化量启动定值为 200A（一次值）、零序启动电流定值 200A，符合保护启动条件，所以甲站侧 931 保护远方跳闸出口，跳开甲站侧三相断路器。

（3）可考虑远跳回路中就地判别适当增加延时，躲过断路器分闸不同期所导致的保护误启动。

（4）220kV 线路保护中"分相电流差动保护的远跳"和"光纤纵联保护的其他保护允许发信"建议改为只有 KTR 启动，以减少断路器在事故中不必要的多动或误动，并且对事故的判别和处理都是有利的。

（5）应提高对分相断路器的同期性要求。

【思考与练习】

1. 引起交流电压回路断线的原因是什么？

2. 引起交流电流回路断线的原因是什么？

3. 直流控制回路误合、误分的事故原因是什么？

▲ 模块 7　二次设备事故处理预案（Z08H7002Ⅲ）

【模块描述】本模块包含二次设备事故处理预案的内容。通过案例的介绍，能够根据二次设备事故暴露出的运行或设备缺陷提出防范措施，并能制订事故预案。

【模块内容】

二次设备的事故包括继电保护的误动、拒动事故和二次回路故障所引起的断路器误合、误分事故等。本模块介绍一些二次设备的事故案例，并针对 500kV 某变电站具体设备制订二次设备事故预案。

一、二次设备事故处理预案编制方法和要素

1. 编制方法

根据变电站的一次设备的运行方式和保护配置情况、各保护的保护范围、保护之间的相互配合，以及二次设备的事故与正常一次设备事故所表现的现象的不同，结合具体的二次设备事故，编制相应的事故现象及事故处理过程，以便发生与预案同类型的事故时，变电运维人员能迅速、准确地处理事故，同时使变电运维人员熟悉及掌握事故处理流程。

2. 编制要素

（1）事故现象。事故现象应包括监控后台动作信息、遥测量，保护及自动装置动作信息（包括信号灯），一次设备的状态。

（2）事故处理过程。

1）根据监控后台信息，初步判断事故性质和停电范围后迅速向调度汇报：故障发生时间、跳闸断路器、继电保护和自动装置的动作情况及其故障后的状态、相关设备潮流变化情况、现场天气情况。

2）根据初步判断检查保护范围内的所有一次设备故障和异常现象及保护、自动装置动作信息，综合分析判断事故性质和找出故障点，做好相关信号记录，复归保护信号，将详细情况报告调度。

3）根据调度令将相应故障设备隔离及恢复非故障设备送电。

4）汇报上级有关部门，并做好相关记录。

二、事故预案

【例 Z08H7002Ⅲ-1】1 号主变压器重瓦斯保护误动跳闸。

1. 事故现象

警铃、事故警报鸣响，监控后台机发出"1 号主变压器本体重瓦斯、500kV 5013 断路器 ABC 相分闸、500kV 5012 断路器 ABC 相分闸、211 断路器 ABC 相分闸、311

断路器 ABC 相分闸、1 号主变压器工作电源 1 故障、1 号站用变压器低压侧断路器低电压分闸、站用变压器备用电源自动投入装置动作、3700 断路器 ABC 相合闸、2 号站用变压器低压侧断路器合闸"等告警信息。

主接线图如图 Z08H7002Ⅲ-1 所示。1 号主变压器 500kV 5013、5012 断路器跳闸，220kV 211 断路器跳闸，35kV 311 断路器跳闸，1 号主变压器各侧电流、功率均为零。

检查 1 号主变压器 RCS-974G 保护屏"本体重瓦斯"信号灯亮，液晶屏显示"本体重瓦斯"。

2. 事故处理（站用电情况处理略）

（1）记录告警信息、断路器指示和保护动作情况，复归全部保护动作信号（1 号主变压器"本体重瓦斯"动作信号不能复归），断路器指示清闪。

（2）根据变压器跳闸时故障录波器没有动作、单独一套重瓦斯保护动作且信号不能复归等现象初步判断变压器重瓦斯保护有误动可能，将事故现象和事故判断意见报告调度。

（3）检查 1 号主变压器三侧电流互感器至主变压器所有一次设备有无接地短路故障，检查 5013、5012、211、311 断路器工作状态是否良好。检查重点是 1 号主变压器本体，检查气体继电器内有无气体，检查压力释放阀是否动作（有无喷油），检查油位、油色有无异常，本体有无鼓肚变形等。现场检查未发现任何故障迹象。

（4）将一次设备检查情况汇报调度。将事故情况汇报领导和生产调度，生产指挥部门应通知有关事故调查人员和继保、试验人员到现场检查、试验设备。

（5）对动作的重瓦斯保护检查试验后可证实是重瓦斯保护误动。

（6）汇报调度，在调度的指挥下，停用误动的重瓦斯保护，恢复 1 号主变压器送电。

（7）继电人员检修误动的重瓦斯保护。修好并检查能够正确动作后汇报调度投入保护。

（8）做好运行记录和事故报告。

【例 Z08H7002Ⅲ-2】500kVⅡ段母线母差保护误动跳闸。

1. 事故现象

警铃、事故警报鸣响，监控后台机发出"500kVⅡ段母线 RCS-915E 母差动作、5013 断路器 RCS-921 装置保护跳闸、5023 断路器 RCS-921 装置保护跳闸、5053 断路器 RCS-921 装置保护跳闸、5042 断路器 RCS-921 装置保护跳闸、5062 断路器 RCS-921 装置保护跳闸、5013 断路器 ABC 相分闸、5023 断路器 ABC 相分闸、5053 断路器 ABC 相分闸、5042 断路器 ABC 相分闸、5062 断路器 ABC 相分闸"等告警信息。

主接线图如图 Z08H7002Ⅲ-1 所示。5013、5023、5053、5042、5062 断路器指示绿灯闪，500kV 2 号母线电压为零。

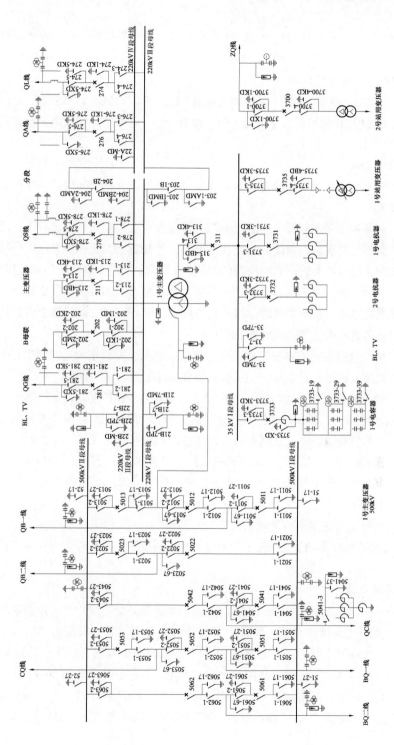

图 Z08H7002Ⅲ-1 500kV 某变电站主接线图

检查 500kV 2 号母线母差 RCS-915E 保护屏"母差"信号灯亮，液晶屏显示"变化量差动""稳态量差动"；5013、5023、5053、5042、5062 保护屏 RCS-921"跳 A""跳 B""跳 C"信号灯亮，

液晶屏显示"保护跳闸"，操作继电器箱"TA""TB""TC"信号灯亮；检查 500kV 二母线母差 BP-2B 保护屏，发现母差保护没有动作；检查故障录波器都没有动作；其他保护信号略。

2. 事故处理

（1）记录告警信息、断路器指示和保护动作情况，复归全部保护动作信号，断路器指示清闪。

（2）初步判断事故性质。根据 500kV Ⅱ 段母线两套母差只有一套动作、故障录波器没有动作等故障现象，判断 500kV Ⅱ 段母线母差 RCS-915E 保护有可能误动，将连接于 500kV Ⅱ 段母线上的所有断路器跳闸。将事故现象和初步事故判断意见报告调度。

（3）检查 500kV Ⅱ 段母线上的所有母差电流互感器至 500kV Ⅱ 段母线所有一次设备有无接地短路或相间短路故障，检查应当没有发现 500kV Ⅱ 段母线上有任何短路故障点；检查各跳闸断路器工作状态是否良好。

（4）将一次设备检查情况汇报调度，将事故情况汇报领导和生产调度。生产指挥部门应通知事故调查和继电保护、试验人员到现场检查、试验设备。

（5）如果检查证明 500kV Ⅱ 段母线母差 RCS-915 保护误动，则停用该保护，将 500kV Ⅱ 段母线送电。如果一时不能证明保护误动，应对连接于 500kV Ⅱ 段母线上所有元件母差保护使用的电流互感器以内设备摇测绝缘（使用 500V 或 2500V 绝缘电阻表）。如果绝缘良好，应停用动作的母差保护，将 500kV Ⅱ 段母线投入运行。

（6）500kV Ⅱ 段母线母差 RCS-915 保护在排除故障，并试验良好以后方可投入运行。

（7）做好运行记录和事故报告。

【例 Z08H7002Ⅲ-3】220kV Ⅰ 段母线接地短路故障，两套母差保护因直流断线全部拒动。

1. 事故现象

警铃响，包括 220kV 两套母差保护在内的较多保护装置发出直流电源断线的告警信息。在故障还未排除以前，警铃、事故警报又鸣响，后台机发出"1 号主变压器 RCS-978H 220kV 侧方向零序过电流第一时限跳 220kV 母联、1 号主变压器 PST-12 220kV 侧方向零序过电流第一时限跳 220kV 母联、1 号主变压器 RCS-978H 220kV 侧方向零序过电流第二时限跳 220kV 侧断路器、1 号主变压器 PST-12 220kV 侧方向零序过电流第二时限跳 220kV 侧断路器、202 断路器 ABC 相分闸、211 断路器 ABC 相

分闸"以及 220kV QG 线和 QA 线对侧零序方向二段动作、多台故障录波器动作、500kV 和 220kV 线路保护装置动作等告警信息。

主接线图如图 Z08H7002Ⅲ–1 所示。202、211 断路器跳闸，220kVⅠ段母线电压为零，其母线上所有元件电流、功率为零。

检查 220kV 两套母差保护运行指示灯灭，液晶屏黑屏。其他保护信号略。

2. 事故处理

（1）记录告警信息、断路器指示和保护动作情况，复归全部保护动作信号，提取故障录波器报告，断路器指示清闪。

（2）判断事故性质为：220kVⅠ段母线短路故障，两套母差保护因直流断线拒动，越级至 1 号主变压器 220kV 侧零序方向过电流保护动作，切开 220kV 母联和主变压器 220kV 侧断路器，220kV QG 线和 QA 线越级至对侧断路器零序二段跳闸。将事故现象和事故判断意见报告调度。

（3）检查连接于 220kVⅠ段母线上的所有电流互感器至 220kVⅠ段母线所有一次设备有无接地短路或相间短路故障，可以发现 220kVⅠ段母线上的短路故障点；检查各跳闸断路器工作状态是否良好。

（4）如故障点在线路、主变压器或母联母线侧隔离开关与电流互感器之间，应立即拉开断路器两侧隔离开关隔离故障点；如故障点在电压互感器隔离开关与互感器之间，应立即拉开电压互感器二次空气开关和一次隔离开关隔离故障点。将设备检查情况和故障点隔离情况报告调度。

母差保护直流电源故障排除后立即汇报调度，送出 220kVⅠ段母线和其他正常设备。

如隔离的故障设备是 220kV 母联，应将 220kV 1 号母线上的设备倒 2 号母线上运行。

如隔离的故障设备是 220kV 1 号母线电压互感器，应将二次电压回路切换至 2 号母线电压互感器供电。

（5）如果故障点在母线上，将一次设备检查发现的设备故障情况汇报调度，并请示将 220kV 1 号母线转检修。

（6）将事故情况汇报领导和生产调度，生产指挥部门应通知调查、试验、检修人员到现场试验、检修设备。

（7）将故障设备布置安全措施，检修设备。

（8）对 1 号主变压器要安排停电进行试验，以判明主变压器出口短路故障是否对主变压器造成损害。

（9）做好断路器故障跳闸登记，核对跳闸断路器故障跳闸次数，如已到临检次数，应汇报领导安排临检。

（10）做好运行记录和事故报告。

【思考与练习】

1. 如何制订二次设备事故预案？

2. 请制订 220kV 1 号母线故障、母差保护误动事故的预案。

3. 请制订 500kV QB 一线线路故障、继电保护拒动事故的预案。

4. 请制订直流控制回路绝缘击穿造成 311 断路器跳闸事故的预案。

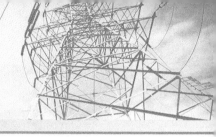

第二十九章

站用交、直流系统事故处理

▲ 模块1　站用交、直流系统一般事故处理（Z08H7001 I ）

【模块描述】本模块包含站用交、直流系统事故处理。通过案例的介绍，掌握站用交、直流系统事故处理基本方法，能根据指令处理事故。

【模块内容】

变电站站用交流电系统提供电力变压器冷却装置电源、断路器与隔离开关的动力电源、监控系统电源等重要设备的电源。变压器的冷却装置电源故障，将使变压器不能提供正常出力，正常大面积限电；断路器、监控系统等设备电源故障，将使设备不能正常操作和监视，在设备故障情况下可造成越级跳闸等大面积停电事故。

直流系统主要供给操作、保护、信号电源，因此，一旦直流系统断电，将直接造成设备无法操作、保护拒动、信号无法发送。在设备故障情况下也可造成越级跳闸等大面积停电事故，甚至造成全站停电或设备的重大损失。

一、站用交流电压消失事故处理

1. 站用交流电压全部消失的事故处理

（1）站用交流电压全部消失的主要现象。

1）站内交流照明全部消失，事故照明自动投入。

2）"交流电源故障告警"，各主变压器"冷却器全停""冷控电源 I 故障""冷控电源 II 故障"告警。

3）直流充电装置跳闸。

4）各交流母线电压为零，各站用变压器及其馈线电流为零。

5）主变压器冷却器电源消失，风扇及潜油泵停转。

6）所有站用交流负荷失电。如断路器操动机构交流电源、隔离开关交流操作电源、机构箱加热器回路等分支电源失电。

7）变电站监控系统由不间断电源（UPS）或逆变电源供电。

（2）站用交流电压全部消失时的处理。

1）事故照明应能自动切换，不能切换时应手动投入事故照明。

2）监控系统应能正常运行，监控系统失电时应立即检查 UPS 或逆变电源是否正常投入。

3）如因站用变压器所接母线全部因故失电，且外电源也失电时，应开启备用发电机或积极处理一次设备事故，恢复对站用电源的供电。若因备用电源自动投入装置拒动或未投，应拉开工作站用变压器二次隔离开关，手动投入备用站用变压器，恢复站用电源供电。若备用电源故障且在短时间内可以排除的，应在处理一次设备事故同时积极排除备用电源故障，恢复站用电源供电。

4）如因各站用交流母线及受电电缆及其隔离开关等设备短路故障导致各站用变压器跳闸失压，应根据故障前各交流母线运行方式和站用变压器跳闸情况分析判断故障范围，并在此范围内查找故障点。

如站用电源故障，当工作站用变压器和备用站用变压器二次空气开关先后跳闸，则是站用交流母线短路故障。先目测站用交流母线有无明显短路故障。如有明显短路故障，应拉开各电源隔离开关，排除故障。变电运维人员不能自行排除时应通知检修人员尽快处理。

如目测未发现明显短路故障，应拉开站用交流母线各馈电支路空气开关，分段试送站用交流母线。若站用交流母线均试送成功，则是某馈电支路故障，其空气开关拒跳或熔断器熔丝过大未熔断，应检查各支路空气开关及熔断器。若发现某支路空气开关拒跳或熔断器熔丝过大，应在送出各交流馈电支路后，再检查该支路有无短路故障。

若站用交流母线试送不成功，应拉开各电源隔离开关和各馈电支路空气开关，使用 500V（或 1000V）绝缘电阻表摇测站用交流母线各相间和对地绝缘，判断故障性质，找出故障设备，再更换故障设备。

5）变电运维人员短时内无法查找事故原因的，应尽快通知有关专业人员进一步查找。

2. 站用交流电压部分消失的事故处理

（1）站用交流电压部分消失的主要现象。当站用交流母线一段失电或交流母线某一馈电支路或部分馈电支路失电时，出现交流电压部分消失现象。

1）变压器冷却装置失电时，主变压器"冷却器全停""冷控电源 I 故障""冷控电源 II 故障"告警，主变压器冷却器电源消失，风扇及潜油泵停转。

2）断路器操动机构交流电源失电时，断路器操动机构不能储能。液压机构长时间失电可能出现跳合闸闭锁告警造成断路器拒绝分合闸。

3）隔离开关交流操作电源失电时，隔离开关不能电动操作。

（2）局部交流电压失电时的处理。

1）只有部分设备交流电压失电时，应检查其供电电源的空气开关是否跳闸或熔断器熔丝是否熔断。若空气开关跳闸（更换熔断器熔丝熔断），可试合空气开关（更换熔断器熔丝），若空气开关再次跳闸（熔丝再次熔断），应断开负荷，用 500V（1000V）绝缘电阻表摇测电缆各相间及各相对地绝缘。如电缆绝缘良好，再检查负载设备电源。

2）单一设备交流电压失电时，应检查该设备的电源，检查其空气开关是否跳闸（熔断器熔丝是否熔断），试合空气开关（更换熔断器熔丝），若空气开关再次跳闸（熔丝再次熔断），应断开设备，用 500V（1000V）绝缘电阻表摇测电缆各相间及各相对地绝缘。如电缆绝缘良好，再摇测设备绝缘。在摇测三相电机时应断开各相中性点，否则无法摇测各相间绝缘。

二、站用直流电压消失

1. 变电站直流电压消失的危害

变电站直流消失将直接导致控制回路、保护及自动装置等设备不能正常工作，一次设备无法进行正常操作，在系统发生故障时，继电保护和控制回路不能正常动作，引起事故无法有效切除，造成越级跳闸扩大事故范围，并使一次设备受到损害。

2. 直流消失的现象

（1）如出现直流消失伴随有直流电源指示灯灭，发出"直流电源消失""控制回路断线""保护直流电源消失""保护装置异常"等告警信息及发生熔丝熔断等现象。

（2）直流负载部分或全部失电，保护装置或测控装置部分或全部出现异常并失去功能。

3. 直流消失的查找和处理

（1）直流部分消失，应检查直流消失设备的熔断器熔丝是否熔断，接触是否良好。如果熔丝熔断，则更换容量满足要求的合格熔断器（熔丝）。如更换熔断器后熔丝仍然熔断，应在该熔断器供电范围内查找有无短路、接地和绝缘击穿的情况。查找前应做好防止保护误动和断路器误跳的措施，保护回路检查应汇报调度停用保护装置出口跳闸连接片，断路器跳闸回路禁止引入正电或造成短路。

（2）如果全站直流消失，应首先检查直流母线有无短路、直流馈电支路有无越级跳闸。先目测检查直流母线，母线短路故障一般目测可以发现。

如果母线目测未发现故障，应检查各馈电支路是否有空气开关拒跳或熔断器熔丝过大的情况。如发现直流支路越级跳闸，应拉开该支路空气开关，恢复直流母线和其他直流馈电支路的供电，然后再检查、检修故障支路。如直流支路没有越级跳闸的情况，应拉开直流母线各电源空气开关和负荷开关，用万用表电阻挡检查直流母线正负极之间和正负极对地绝缘电阻，判断绝缘情况。必要时拆开绝缘监察装置分别测量。若电阻较大，可用充电机试送电一次，不成功再用 500V 绝缘电阻表测量。注意：用绝缘电阻表测量时必须把各个支路和绝缘监察装置断开，以免损坏电子设备。

（3）如果直流母线绝缘检查良好，各直流馈电支路没有越级跳闸的情况，蓄电池空气开关没有跳闸（熔丝熔断）而硅整流装置跳闸或失电，应检查蓄电池接线有无断路。应从直流母线到蓄电池室检查有无断路和接触不良情况，对蓄电池要逐个进行检查，如发现蓄电池内部损坏开路时，可临时采用容量满足要求的跨线将断路的蓄电池跨接，即将断路电池相邻两个电池正、负极相连。检查硅整流装置跳闸或失电原因，故障自己能排除的自行排除。查不出原因或故障不能排除的立即通知专业人员检查处理。

三、事故案例

【例 Z08H7001Ⅰ-1】220kV 变电站在 110kV 旁代操作时发生隔离开关引流线夹断裂，因保护装置失去直流电源，导致事故扩大，造成大规模电网事故。

1. 事故经过

某年 5 月 12 日 9 时 27 分，220kV 甲站在执行 110kV 旁路断路器代朝牵线断路器操作中，在断开朝牵线断路器时，朝牵线旁路隔离开关线路侧 B 相引流线夹断裂、拉弧，造成 A、B 相间弧光短路，同时甲站控制与保护直流电源消失。与该站联络的 8 条 220kV 线路对侧断路器方向保护动作跳闸，甲站全站失压。

2. 事故原因分析

本次事故的发生是由于在隔离开关线夹选型安装、直流回路保险配置等环节出现违规及故障，使得事故逐步叠加扩大。

（1）违反设计要求是发生此次事故的诱因。根据设计要求朝牵线旁路隔离开关线夹应选用 SL-10 型 30°设备线夹，实际安装的是 0°的 SL-6 型弯曲成 30°的线夹，自该站投运以来，线夹长期受力，在风力作用下，引线摆动，引起线夹裂缝增大直至断裂。验收及检修人员对线夹设备型号不熟悉，对隔离开关线夹及引线的检查维护不到位，长时间未发现线夹选型不当及裂缝问题。

（2）在朝牵线旁路隔离开关发生弧光短路时，甲站直流熔丝熔断是造成全站失压、事故扩大的主要原因。事故后分析发现甲站直流系统存在以下两大问题：

1）直流熔断器配置不合理。甲站自投运以来，由于电网发展，站内一次设备增加，二次负荷已增加近一倍，但选用的直流熔断器仍按原设计配置。很多熔断器的额定电流与正常运行负荷电流接近，远小于事故时的动态负荷电流，并且上、下级熔断器间配合系数偏小，造成熔断器越级熔断。

2）直流系统运行方式不合理。重要负荷都由一个回路提供，造成一个熔断器熔断，全部保护控制母线失去电源。对此，须加强直流运行管理，完善变电站直流系统接线和直流熔断器配置。对新安装和改造的直流系统，应重新校核回路熔断器的级差配合，根据负荷的重要性，合理布置。建立直流熔断器定期检查和更换制度，并切实执行。

3. 案例引用小结

站内直流系统的故障在特定环境下往往会发展成大面积停电事故。在发生此类事故时，给现场变电运维人员的判断和处理也带来很大的不便。当发生站内交、直流系统故障时，应及时安排处理，当发生复杂故障时，变电运维人员也应沉着冷静，逐步分析故障原因，在相关调度的指挥下隔离设备故障。

从本次事故中可以吸取以下教训：

（1）设备线夹应按设计要求采购、安装，防止线夹长时间受力断裂。运行和检修人员要加强巡视和检查。

（2）直流系统熔断器配置要合理，运行方式也要合理。防止一个熔断器熔断，保护控制电源全失。

（3）提高变电运维人员技术水平是正确处理大电网事故的保障。现场变电运维人员要及时汇报设备的故障情况，以利于调度员正确处理事故。

（4）要经常进行反事故演习，针对电网和变电站的薄弱点提前准备好反事故预案。

（5）改善电网结构，从根本上摆脱电网抗风险能力低、事故影响大的困境。

【思考与练习】

1. 站用交流电压全部消失有什么现象？应如何处理？

2. 直流全部消失时应如何处理？

▲ 模块 2　站用交、直流系统事故分析（Z08H7001Ⅱ）

【模块描述】本模块包含站用交、直流系统事故分析。通过案例的介绍，掌握站用交、直流系统事故分析方法，能组织处理站用交、直流系统事故。

【模块内容】

变电站站用交流电系统提供电力变压器冷却装置电源、断路器与隔离开关的动力电源、监控系统电源等重要设备电源。变压器的冷却装置电源故障，将使变压器不能提供正常出力，可能造成大面积限电；断路器、监控系统等设备电源故障，将使设备不能正常操作和监视，在设备故障情况下可造成越级跳闸等大面积停电事故。

直流系统主要供给操作、保护、信号电源，因此，一旦直流系统断电，将直接造成设备无法操作，保护拒动，信号无法发信，在设备故障情况下也可造成越级跳闸等大面积停电事故，甚至造成全站停电或设备的重大损失。

一、站用交流电压消失的原因

1. 站用交流电压全部消失的原因

（1）站用变压器所接母线因故全部失电，且站用电源外接电源故障或失电；或工作站用变压器所接母线因故失电，站用电源备用电源自动投入装置拒动或未投备用电源自动投入装置。

（2）各站用交流母线及受电电缆及其隔离开关等设备短路故障导致各站用变压器跳闸失压。

（3）一台站用变压器供电时的站用变压器故障跳闸。

2. 站用交流电压部分消失的原因

（1）一段交流母线因母线故障跳闸或电源消失而失电，以及母线馈电支路故障空气开关拒分（或熔断器熔丝过大）越级使母线跳闸。

（2）交流母线一条馈电支路或多条馈电支路故障跳闸（空气开关跳闸或熔断器熔丝熔断）或断线。

（3）单一设备电源故障跳闸（空气开关跳闸或熔断器熔丝熔断）或断线。

二、站用直流电压消失的原因

（1）直流回路绝缘击穿、两点接地或短路造成熔断器熔丝熔断导致直流消失。

（2）熔断器接触不良导致直流消失。

（3）熔断器容量小或不匹配，在大负荷冲击下造成熔丝熔断，导致部分回路直流消失。

（4）直流母线短路故障，使蓄电池组和充电装置跳闸，造成一段母线停电，该母线馈出的直流负荷全部失电。

（5）蓄电池组空气开关或熔丝接触不良或由于酸腐蚀、脱焊或烧熔使得蓄电池与直流母线之间断路，当充电装置故障跳闸或因故失电时使一段直流母线停电，造成该母线馈出的直流负荷全部失电。

（6）直流馈电支路短路故障，其空气开关拒跳或熔断器熔丝过大，越级造成蓄电池组和充电装置跳闸，造成一段母线停电，该母线馈出的直流负荷全部失电。

三、站用交、直流系统的火灾处理

站用交、直流系统发生火灾易蔓延扩大，是造成交、直流电源事故的一个重要原因。处理好火灾事故，防止事故扩大显得尤为重要。

1. 交、直流系统火灾的特点

交、直流系统能引起严重后果的火灾主要有电缆着火和蓄电池着火。

（1）电缆着火。电缆多以塑料、橡胶、油、纸为绝缘介质，着火时以纵向蔓延为特点。若在电缆沟内或电缆夹层内，则可波及其他电缆。电缆着火应立即用干粉、气体灭火器或沙、土灭火。带电电缆不可用泡沫灭火器或水灭火，否则将造成短路。室内电缆着火可快速蔓延至主控制室，应尽力堵截火势蔓延。电缆着火可释放有毒气体，应防止人员中毒。

（2）蓄电池着火。蓄电池外壳大多由易燃的有机玻璃制成，如果蓄电池连接端子接触不良打火，易引燃外壳，并迅速蔓延至整组蓄电池，从而引起大火。蓄电池着火应立即用干粉或气体灭火器灭火，不可用泡沫灭火器或水灭火，否则将造成短路，拉出更大的电弧。蓄电池着火可快速蔓延，应尽力堵截火势蔓延。蓄电池着火也可释放有毒气体，应防止人员中毒。

（3）屏盘着火。屏盘着火应使用气体灭火器灭火，使用干粉灭火器易脏污设备，不易清除；使用泡沫灭火器或水易引起短路，造成更大的设备事故。

2. 引起交、直流系统设备着火的原因

（1）设备绝缘击穿放电或短路点燃绝缘介质（绝缘油、纸、塑料、橡胶等），或使绝缘介质因热分解，产生可燃性气体，遇火花发生燃烧或爆炸。

（2）设备触点接触电阻过大引起局部过热，或严重过载（如外部短路不能及时切除）产生高温引起绝缘介质分解而导致燃烧或爆炸。

（3）蓄电池接头接触不良，过热、打火，引燃电池瓶（有机玻璃），可蔓延至整组蓄电池。

（4）低压交、直流电路绝缘损坏、接触不良打火，过载或短路不能及时切除，引起电线（电缆）着火或引燃附近的易燃物。

（5）变电站易燃品管理不当，明火点燃易燃品引起火灾。

3. 交、直流系统着火时的处理

（1）发现交、直流系统初起小火应立即使用合适的灭火器灭火，灭火器不在身边的也可用棉衣、棉被等物品隔绝火源空气。着火不能立即扑灭的应立即拨打火警电话119。

（2）尽力防止火灾蔓延，尤其要防止火灾向主控室蔓延，必要时可切断着火电缆（先停电）。

（3）检查着火设备对一次设备的影响程度，迅速采取对应措施，并立即报告电网调度和领导。

四、事故案例

【例 Z08H7001Ⅱ-1】220kV 变电站直流系统假接地故障。

220kV 某变电站在操作 220kV 旁路断路器时，直流系统发 1 组控制母线正极直流接地，2 组控制母线负极直流接地，220kV 旁路断路器 2 组控制回路断线。经保护人员进站检查后发现，此为旁路断路器控制回路错接引起的一起直流系统假接地故障。

1. 故障情况

220kV 旁路断路器初始运行状态为冷备用状态，变电运维人员按调度命令进行旁路代 201 断路器的操作。合上旁路保护装置电源、控制电源后一切正常，后台信号反映正确，但当操作到合上 220kV 旁路断路器时，后台发现 1 组控制母线正极直流接地，2 组控制母线负极直流接地，220kV 旁路断路器 2 组控制回路断线。汇报调度后，变电运维人员拉开 220kV 旁路断路器，此时直流接地信号消失，1、2 组控制母线电压恢复正常，220kV 旁路断路器 2 组控制回路断线信号复归。

2. 故障原因分析

保护人员接到缺陷通知后立即进站检查，变电运维人员将 220kV 旁路断路器操作至冷备用状态。在冷备用状态再次合上 220kV 旁路断路器时，故障现象再次发生，保护人员断开 220kV 旁路断路器控制电源空气开关 1 时，接地信号消失，1、2 组控制母线电压恢复正常，但 220kV 旁路断路器 1、2 组控制回路断线。测量 220kV 旁路断路器控制电源空气开关 1 上端，正极对负极电压为 220V，正极对地+110V，负极对地 -110V，测量 220kV 旁路断路器控制电源空气开关 1 下端，正极对负极电压为 0，正极对地-110V，负极对地-110V；合上 220kV 旁路断路器控制电源空气开关 1，断开控制电源空气开关 2，接地信号消失，1、2 组控制母线电压恢复正常，220kV 旁路断路器 2 组控制回路断线。测量控制电源空气开关 2 上端，正极对负极电压为 220V，正极对地+110V，负极对地-110V，测量控制电源空气开关 2 下端，正极对负极电压为 0，正极对地-110V，负极对地-110V。根据测量情况可知，此为典型的直流系统分列运行假接地的故障。

该 220kV 旁路断路器于当年 1—4 月进行了更换，因原断路器跳闸回路只有一套，而新更换断路器操动机构有 2 套跳闸回路，故在进行断路器更换时，施工单位新增加了第 2 套跳闸回路。但施工过程中将第 2 组至机构的 A 相跳闸电缆线由 4D189 错接至 4D187，如图 Z08H7001Ⅱ-1 所示。因而造成直流 1 组控制电源正极与 2 组控制电源负极在断路器合闸时通过继电器连接：+KM1→R1KCCc→1KCCc→1KCFc→1KSc→2LTa →-KM2。断路器在分位时，控制回路中机构辅助触点断开，因此不能形成回路，装置一切正常，但当断路器在合闸位置时，1 组控制电源正极与 2 组控制电源负极便形成通路且由于线接错，装置 2KCCa（第 2 组合闸位置继电器）不能动作，造成装置发第 2 组控制回路断线告警信号。

3. 案例引用小结

在常规的直流系统接地故障中，检修人员往往会认为接地就是回路中电缆有绝缘降低的现象，但通过以上的一起接地故障可以看出，回路接地并不一定是电缆绝缘降低引起的。

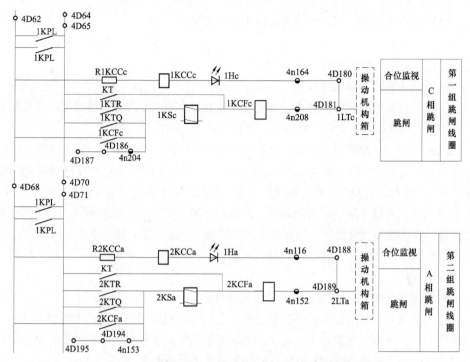

图 Z08H7001Ⅱ–1　220kV 断路器跳闸回路接线图

【思考与练习】

1. 站用交流电压全部消失的原因是什么？

2. 站用直流电压消失的原因是什么？防止直流电压消失的措施有哪些？

◢ 模块 3　站用交、直流系统事故预案（Z08H7001Ⅲ）

【模块描述】 本模块包含站用交、直流系统事故预案的内容。通过案例的介绍，掌握站用交、直流系统事故预案编制方法，对设备缺陷提出防范措施。

【模块内容】

站用交、直流系统为变电站一、二次设备的正常工作提供所需电源，如果发生事故容易蔓延扩大，影响变电站甚至电网的安全运行。故做好站用交、直流系统事故预案，对防范事故的发生很有必要。

一、防止站用交、直流事故的措施

1. 防止交流电压消失的措施

（1）站用电源系统各级保护配置应合理，各级熔断器熔丝配置应符合要求。

（2）交流系统基建工程的工程建设质量必须保证。

（3）加强变电站运行维护管理，建立完善的管理制度，对站用电源系统设备定期进行巡视检查，及时发现和消除设备缺陷。

2. 防止直流电压消失的措施

（1）做好蓄电池的维护管理，按时检查调整每个蓄电池的电解液比重，使其处于完好的满充电状态，并定期进行充电，保持合格的比重、电压等。

（2）不停电电源装置（UPS）或逆变电源装置应按要求配置专用蓄电池组，确保在站用系统交流中断时，蓄电池组能承载负荷，特别对监控系统所需的 UPS 或逆变电源装置，应定期进行检查，确保在交流电源中断时，UPS 或逆变电源装置能正常工作。

（3）直流系统各级的熔断器容量，应有统一的整定方案，合理配置，定期进行检查完好，保证在事故情况下，熔断器不越级熔断而中断保护、操作电源。

（4）当直流系统发生接地故障时，应禁止在二次回路上的检修作业工作，以防引起误跳闸事故。

3. 防止变电站交、直流系统火灾事故的措施

（1）必须定期开展设备的预防性试验，及时发现绝缘下降和接触电阻增高。

（2）交、直流系统各级空气开关或熔断器的熔丝配置要合理，性能应满足短路容量、灵敏度和选择性的要求，能够及时切除短路或过载电流。

（3）电器设备的性能应满足装设地点的运行工况，一般情况下不应超过额定电流运行。

（4）新投、大小修设备必须严格按工艺标准施工和验收。

（5）电缆夹层、电缆沟内禁止留有电缆接头。

（6）电缆、电线破皮、损坏应及时处理。

（7）严格执行易燃品管理制度和明火作业制度，易燃品应存放于远离主控制室和电器设备的易燃品仓库内。

（8）各处电缆孔洞应用耐火材料及时封堵，防止电缆火灾蔓延。

（9）变电站施工设计应符合防火的有关规定。

（10）变电站消防设施应完好，重点防火部位应备齐灭火器材。

（11）变电运维人员应认真巡视检查站内设备，发现异常及时处理。

（12）变电站人员应熟悉灭火知识、火警电话 119。

二、站用交、直流系统事故处理预案编制方法和要素

1. 编制方法

根据变电站的交、直流系统运行方式，各类交、直流事故时所表现出来的现象，结合具体的事故，编制相应的事故现象及事故处理过程，以便当发生与预案同类型的

事故时，变电运维人员能迅速、准确地处理事故，同时使变电运维人员熟悉及掌握事故处理流程。

2. 编制要素

（1）事故现象。事故现象应包括监控后台动作信息、遥测量、保护、测控及自动装置的运行状况，站用交、直流等设备的状态。

（2）事故处理过程。

1）根据反映的信息，迅速向调度汇报，并尽快恢复站用电源及直流系统。站用电源失去时，还应监视主变压器的运行油温和负荷情况。

2）事故处理后检查现场一、二次设备交（直）流供电是否正常。

3）汇报上级有关部门，并做好相关记录。

三、事故案例

【**例 Z08H7001Ⅲ-1**】1 号站用变压器停电检修时，外接电源 35kV 某线路停电，造成站用交流全停电。

1. 站用电源运行方式

1 号站用变压器电源接于 35kV 1 号母线；2 号站用变压器接于一条外来电源 35kV 线路。当时 1 号站用变压器停电检修，2 号站用变压器工作，带全站 380V 全部负荷。站用电源系统接线情况如图 Z08H7001Ⅲ-1 所示。

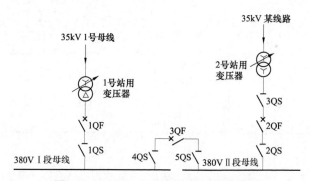

图 Z08H7001Ⅲ-1　站用电源系统接线图

2. 事故现象

警铃鸣响，监控系统发出"交流电源故障、1 号主变压器工作电源Ⅰ故障、1 号主变压器工作电源Ⅱ故障、1 号主变压器冷却器全停"告警信息；全站交流照明灯全灭，事故照明自动投入，交流屏电流、电压全为零，所有屏盘的交流电压指示均消失；直流充电装置跳闸；1 号主变压器冷却器全停，所有站用交流负荷失电。

3. 事故处理

（1）报告调度，要求尽快恢复外电源 35kV 线路的供电。如线路一时不能恢复供电，应尽快结束 1 号站用变压器的检修工作，恢复 1 号站用变压器的运行。

（2）在站用电源恢复供电前要重点监视 1 号主变压器的运行油温和负荷情况，如有可能，应尽量从系统中转移负荷，并根据运行规程掌握主变压器在冷却器全停时允许运行的时间。

（3）故障处理后检查现场一、二次设备交流供电是否正常。

（4）报告领导，做好运行记录。

【例 Z08H7001Ⅲ–2】金属线落到直流分段空气开关 5QF 一侧造成短路，弧光引起两段直流母线全部短路，两组蓄电池和充电机跳闸。

1. 直流母线运行方式

重要变电站的直流电源系统接线简图如图 Z08H7001Ⅲ–2 所示。正常时直流母线分段空气开关 5QF 断开，两段母线分列运行，第一组蓄电池和 1 号充电机投入于 1 号母线运行，第二组蓄电池和 2 号充电机投入于 2 号母线运行，3 号充电机直流输出空气开关 7QF、8QF 断开备用。

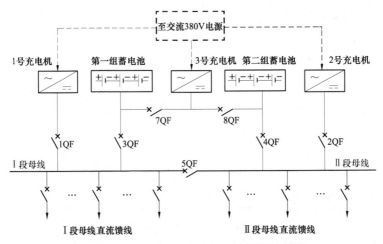

图 Z08H7001Ⅲ–2　直流电源系统接线简图

2. 故障现象

变电站监控系统、测量系统全部微机不能正常显示监控和测量的内容，全部保护屏、测控屏直流指示灯全灭，液晶屏全黑，全站直流负荷全部失电。两组直流母线全部短路，两组蓄电池和充电机全部跳闸。

3. 故障处理

（1）直流两段母线失电，应迅速汇报调度。

（2）根据故障现象，对直流两组母线公共处检查故障情况，经初步检查处理，若能恢复供电的，应立即恢复一组直流母线供电。若无法恢复，应拉开两组直流母线的各馈电支路空气开关，检查第一组蓄电池空气开关 3QF、第二组蓄电池空气开关 4QF 已分闸。验明直流 I 段母线和 II 段母线无电压后，检修短路设备。

（3）故障排除后尽快恢复直流供电。

（4）故障处理后检查现场一、二次设备直流供电是否正常。

（5）报告领导和调度，做好运行记录。

【思考与练习】

1. 如何编制站用交流系统事故预案？

2. 防止交、直流系统事故的措施有哪些？

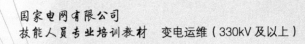

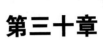

第三十章

复 杂 事 故 处 理

模块 1　系统振荡事故分析处理（Z08H8001Ⅱ）

【模块描述】本模块包含产生系统振荡的原因和处理方法。通过分析讲解和实例培训，掌握系统振荡的分析和处理技能。

【模块内容】

系统振荡造成电网稳定的破坏，容易引起电网大面积停电事故。变电运维人员应在电网调度的统一指挥下处理事故。

一、系统发生振荡的主要原因

（1）系统发生短路故障，特别是连续多重短路故障，切除大容量的输电或变电站设备，造成系统稳定破坏。

（2）系统非同期并列等不正常的操作。

（3）故障时，断路器或继电保护及安全自动装置拒动或误动使故障存续时间延长、波及范围扩大。

（4）电网结构及运行方式不合理，自动调节装置失灵。

（5）大容量发电机组跳闸或失磁，使系统联络线负荷增长或使系统电压严重下降，造成联络线稳定极限降低，引起稳定破坏。

（6）电源联络线跳闸，失去大电源或大负荷。

（7）长距离传输功率突增超过极限（如送端发生功率过剩，受端失去电源或双回线失去一回等）。

（8）环状系统（或并列双回路）突然开环，使两部分系统联系阻抗突然增大，引起动稳定破坏。

（9）系统无功电力严重不足引起电压崩溃。

（10）其他偶然因素。

二、系统振荡的处理

（1）电网发生振荡时的一般处理原则是先采取人工调整发电厂功率使系统恢复

同步。若不可能同步，则应在适当的地点将电网解列，待振荡消除后，再恢复各电网的并列。

（2）当电网发生振荡时，采取人工调整措施恢复同步的条件是使送、受两端频率相等，以便将各发电机拖入同步。此时，要求网内所有发电厂和变电运维人员在不等电网调度发布指令前，立即采取恢复电网正常频率的措施。具体包括以下处理措施：

1）不论电网频率是升高或降低，各发电厂及有调压设备的变电站都要尽快利用设备的过载能力，按发电机事故过负荷的规定，最大限度地提高励磁电流和加大无功补偿设备的无功输出，以提高电网电压直到振荡消除或到最高允许值为止。此时，禁止停用发电机强行励磁装置和电压调整装置。

2）发电厂应迅速采取措施恢复正常频率，办法为：送端频率高的发电厂，迅速降低发电功率，直到振荡消除，但频率不得低于 49.5Hz；受端频率低的发电厂应充分利用备用容量和事故过负荷能力提高频率，直接消除振荡或恢复到正常频率。

3）振荡时频率降低的电网，除低频率减负荷装置动作切除部分负荷外，必要时也可以按事故停电顺序拉路限电，以迅速恢复电网的同步运行。

（3）对于环状网络，由于设备跳闸开环引起振荡，可以迅速试送跳闸设备消除振荡。时间允许时，应根据调度命令送电。

（4）争取在 3～4min 内消除振荡，否则，应在适当地点解列。电网调度在听取现场主要厂、站汇报后，当电网自动化装置所显示的电网运行状态能迅速判别出电网的振荡中心时，为防止事故的扩大，应尽快将失去同步的部分解列运行。

（5）系统振荡解列点应经过计算后提出并上报总工及相关部门批准。除了预定解列点外，不允许保护装置在系统振荡时误动作跳闸。如果没有本电网的具体数据，除大区系统间的弱联系联络线外，系统最长振荡周期可按 1.5s 考虑。

（6）当大容量机组因失磁而引起电网振荡时，若系变电运维人员调整不当使励磁到零，则应立即加起励磁，消除振荡。否则应立即将失磁的机组解列，防止扩大事故。当失磁保护投入时，由保护动作解列机组。

（7）凡因投入运行设备操作不当引起振荡，1min 内不能拖入同步时，应立即断开该设备。

（8）为使失去同步的系统能迅速恢复正常运行，并减少系统振荡时的运行操作，在满足下列条件的前提下，允许局部系统短时的非同步运行。

1）通过发电机、调相机等的振荡电流在允许范围内，不致损坏系统重要设备。

2）电网枢纽变电所或重要负荷变电所的母线电压波动最低值在额定值的 75%以上，不致甩掉大量负荷。

3）系统只在两个部分之间失去同步，经各厂、所运行值班人员和值班调度员的处理后，能迅速恢复运行者，但最长时间不超过 3～4min。

若不能满足上述条件，应选择适当的解列点将系统解列，选择解列点的原则如下：

1）解列后的各电网内发电机组应能保持同步运行。

2）各电网内应尽可能保持功率的平衡。

（9）在系统振荡时，除现场事故规程规定外，现场值班人员不得解列发电机组和调相机。只有在频率或电压严重下降到威胁厂用电的安全时，可按保厂用电措施规定解列部分机组。

（10）振荡已消除或解列后又重新并网，系统拖入同步后，应尽快地将自动跳闸或手动切除的负荷恢复供电。所有保证电网安全稳定运行的自动装置均应按规定投入运行，未经该设备所属调度同意不得擅自停用。

（11）系统已恢复同步的现象是：

1）表计摆动减小、变慢，直至消失。

2）周波差减小，直至相等。

三、事故案例

【例 Z08H8001Ⅱ-1】A 电网功率振荡分析。

某年 10 月 29 日，A 电网发生了较大范围、较大幅度的功率振荡，虽然没有损失用电负荷，但对电网安全稳定运行造成了一定威胁。

1. A 电网功率振荡前运行方式

10 月 29 日振荡发生前，A 电网用电负荷为 3690 万 kW，A 电网与 B 电网解列运行，除一条线路、一台主变压器检修外，A 500kV 电网其余设备正常运行。甲电厂 14 台机组运行，全厂出力 839 万 kW，左一、左二电厂为分列运行方式。

2. A 电网功率振荡基本情况

29 日 22 时 21 分，总调值班调度员发现甲左一、左二电厂发电功率明显偏离发电计划，同时甲电厂、乙、丙、丁站 500kV 母线电压也有明显波动。总调调度员立即向甲电厂运行值班人员核实情况，发现系统出现大幅振荡，随即通知 HZ 网调，并要求各直调厂站加强监控。A 网调及 HB、JX 省调值班调度员也发现 500kV 线路和部分机组出现功率摆动，A 网调下达了增加 ED 出力，HB 省调下达了压减 HLT 电厂出力等命令。22 时 23 分，甲电厂开始增加机组无功出力，HLT 电厂开始减出力，振荡逐步衰减。22 时 26 分，振荡平息。振荡频率为 0.77Hz，振荡持续 5min。振荡期间，共有 19 套故障录波器启动 30 套次，8 个厂站的 PMU 记录了振荡信息。振荡波及 A 500kV 主网大部分线路，周围省网 220kV 系统都有不同程度的功率摆动。甲电厂及其外送系统振荡幅度较大，丙-SH 线路振幅为 73 万 kW，甲左二单机振幅为 27 万 kW，左二 500kV 母线电压振幅为 40kV。振荡过程中，丁换流站一台交流滤波器因电压高自动切除，B 电网并网机组和用户感觉到明显振荡，ZS 地区 5 个小水电厂共 4 万 kW 机组被迫解列。

3. 初步原因分析

（1）EXB 电网存在弱阻尼振荡模式。调查表明，振荡发生时，戊电厂 4 台机组及己电厂 2 台机组采用了快速励磁系统，未投入 PSS；B 电网水电大发，外送潮流较重。通过频域仿真计算，在此方式下 B 电网与主网频率差 0.77Hz，接近零阻尼的振荡模式。小的系统扰动可以激发 B 电网低频振荡，且振荡情况与实际录波吻合。

（2）B 电网弱阻尼振荡引发了 A 电网功率振荡。录波分析表明，C 电网机组发生了相对主网的同步振荡。通过仿真计算和理论分析，认为 B 电网弱阻尼振荡引发了甲电厂机组和全系统的振荡。为提高仿真计算结果与实际录波的吻合程度，需要建立更加准确的仿真模型和参数。

（3）甲电厂控制系统特性还需进一步研究。甲电厂调压和调速系统分别采用了无功和有功的闭环控制方式，其对系统的影响目前还有待进一步研究。甲电厂的控制系统都采用了国外产品，各控制系统环节较多，配合复杂，需要进一步研究、掌握控制系统的核心程序。

4. 采取的防范措施

（1）振荡发生后，国家电网有限公司立即下达了要求控制 C 电网外送潮流和甲电厂母线电压的临时措施，A 电网公司和省电力公司分别制定了相应的运行规定。

（2）要求戊电厂完成 PSS 的改造和投运，己电厂完成自并励机组 PSS 的改造和投运工作。

（3）部署预防和控制电网功率振荡的专项工作，要求从 8 个方面采取措施：

1）全面核查各级调度机构现行调度规程及厂站现场运行规程，完善有关电网功率振荡的相关运行规定。

2）全面核查系统后备保护定值，避免扩大事故。

3）加强对地区电网的安全分析，防止低压电网影响高压主网的安全运行。

4）加强对并网小机组的入网和运行管理工作。

5）加快电网动态监测系统的建设及应用。

6）加快仿真计算用发电机励磁系统、调速系统参数实测及建模工作。

7）加强二次系统的 GPS 时钟管理工作。

8）加强电网运行数据、故障数据的收集及分析工作。

【思考与练习】

1. 系统发生振荡的主要原因有哪些？

2. 发生系统振荡时如何处理？

模块 2　断路器拒动事故分析处理（Z08H8002Ⅱ）

【模块描述】 本模块包含断路器拒动的原因分析、拒动故障的判断和处理分析、拒合故障的处理、拒分故障的处理。通过分析讲解和实例培训，掌握断路器拒动故障的分析判断和处理技能。

【模块内容】

运行中断路器发生的异常和故障大多数是由于操动机构和断路器控制回路的元件故障引起的。因此，变电运维人员必须熟悉现场断路器的操作和控制回路图以及断路器的有关操动机构，以便在断路器出现故障时能正确地做出判断和处理。

一、断路器手动合闸拒合故障原因分析

断路器手动合闸拒合故障原因为电气回路故障或机构故障两类。但是操作不当也会出现拒合现象，合闸于故障线路时断路器快速跳闸现象与拒合相似。因而在判断断路器拒合故障时应首先排除操作不当和合闸于故障线路的情况。

（1）合闸于故障线路。合闸于故障线路时事故警报响，有保护动作信息。合闸瞬间后台机主接线图线路断路器出现红闪，然后出现绿闪，合闸瞬间线路有大电流指示，母线电压下降，照明灯突然变暗。

（2）操作不当出现的拒合。属于操作不当引起的拒合有以下几种原因：

1）断路器控制电源空气开关未投（熔断器熔丝熔断），断路器动力合闸电源（电磁机构）未投、熔断器接触不良或熔丝熔断。

2）断路器操作转换开关与操作场所不对应。远方操作时，转换开关在"就地"位置；就地操作时，断路器在"远方"位置。

3）同期选择错误。线路充电应选"检无压"；线路合环应选"检同期"；并列操作应选"准同期"。如果选择错误，则断路器就可能合不上。

（3）电气合闸回路故障拒合

1）合闸回路设备故障。断路器控制回路如图 Z08H8002Ⅱ–1 所示。电气合闸回路有合闸线圈（合闸接触器）LC、断路器辅助触点、合闸保持继电器 KCL 及其动合触点、防跳继电器电压线圈的动断触点 KCF3、合闸继电器及其动合触点。就地合闸时，断路器操作把手 2SA 的①②触点、操作转换开关 1SA 的⑦⑧触点；远方合闸时，远方控制合闸继电器触点 YKH、操作转换开关 1SA 的①②触点，以及它们之间的连接线、端子排等。此外，SF_6 断路器还有"SF_6 气体压力降低闭锁"触点，断路器采用液压机构的还有"液压机构跳合闸闭锁"触点，断路器采用弹簧机构的还有"储能闭锁"触点。这些设备有问题将引起断路器合闸时出现拒合。

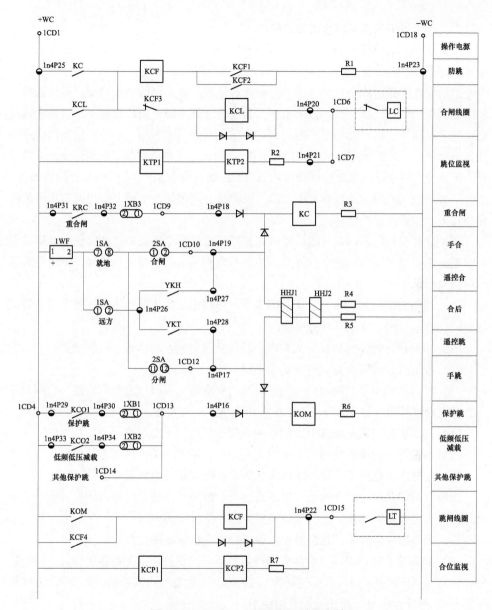

图 Z08H8002Ⅱ-1 断路器控制回路图

2）合闸回路绝缘击穿或两点接地。如果合闸回路绝缘击穿或两点接地短路了合闸线圈，则断路器合闸时合闸线圈就不能正确励磁，断路器就会拒合。

（4）机构故障拒合。

二、断路器手动合闸拒合故障的处理

（1）测控屏有断路器指示灯时，应查看测控屏断路器指示灯，如果测控屏断路器指示灯都不亮，其原因可能是断路器的合闸回路因拒合而出现自保持，此时应立即拉、合断路器控制回路电源空气开关，及时解除自保持。防止烧毁合闸线圈，并让测控屏断路器的指示信号（绿灯亮）显示出来。如拉合直流电源后出现绿灯亮，说明合闸回路出现了自保持；如绿灯仍然不亮，则是合闸回路失电或开路，应检查控制回路空气开关是否跳开（熔断器是否熔断或接触不良），指示灯泡是否烧坏，断路器有无出现跳合闸闭锁等。跳合闸闭锁是否动作可以查看 SF_6 断路器有无 "SF_6 气体压力降低闭锁" 信号，采用液压机构的断路器有无 "液压机构跳合闸闭锁" 信号，采用弹簧机构的断路器有无 "储能闭锁" 信号。

测控屏没有断路器指示灯时，可以看到跳闸位置继电器失磁，此时也应立即拉合一下断路器的控制回路电源空气开关。拉合后看到跳闸位置继电器励磁，说明出现了跳闸回路自保持。

（2）检查有无保护动作，有无故障波形，母线电压是否突然下降，照明灯是否突然变暗。排除合闸于故障线路的可能。

（3）检查断路器操作转换开关与操作场所是否对应，将其置于对应位置。

（4）检查操作时同期方式选择是否正确。

（5）经判断如果是断路器电气回路故障，变电运维人员应对控制回路、合闸回路及直流电源进行检查处理，若变电运维人员现场无法消除时，应汇报调度及上级部门。

（6）经判断如果是机械部分故障，应迅速通知检修人员前来处理。

（7）若故障一时不能排除，必要时可采用倒负荷或旁路带送等方法送电。

三、断路器故障跳闸，重合闸动作后断路器拒合故障的原因分析

断路器故障跳闸，重合闸动作后断路器拒合故障除上述原因外，还有可能是重合闸连接片未投或接触不良，重合闸切换开关投入位置错误。

四、断路器故障跳闸，重合闸动作后断路器拒合故障的处理

（1）断路器合闸回路或重合闸回路一般都设有自保持，断路器拒重合时，由于断路器辅助触点不转换，自保持不能解除，因而应立即拉合一下其控制电源空气开关（熔断器），以解除自保持，防止烧损合闸线圈。

（2）检查重合闸连接片是否投入，接触是否良好；重合闸切换开关位置投入是否正确。

（3）检查控制回路和电源是否正常。

（4）若故障一时不能排除，需要时可采用倒负荷或用旁路试送。

五、断路器拒分故障原因分析

电气设备短路故障时，断路器拒分会引起越级跳闸，使事故扩大，引起大面积停电。由于是依靠上一级电源的后备保护动作跳闸，扩大了停电范围，又延长了切除故障的时间，影响了系统的稳定性，加大了设备的损坏程度。断路器的拒分故障分为手动分闸拒分和事故跳闸拒分两种情况，其原因有电气分闸回路故障或机构故障两类。

电气分闸回路故障拒分如下：

（1）分闸回路设备故障。断路器的控制回路图如图 Z08H8002Ⅱ-1 所示。从图中可以看到，电气分闸回路有跳闸线圈 LT、断路器辅助触点、防跳继电器电流线圈 KCF 及其动合触点、跳闸继电器 KOM 及其动合触点。就地分闸时，断路器操作把手 2SA 的⑪⑫触点、操作转换开关 1SA 的⑦⑧触点；远方分闸时，远方控制跳闸继电器触点 YKT、操作转换开关 1SA 的①②触点，以及二极管和它们之间的连接线、端子排等，保护跳闸则通过保护跳闸继电器触点和连接片。此外，SF_6 断路器还有"SF_6 气体压力降低闭锁"触点，断路器采用液压机构的还有"液压机构跳合闸闭锁"触点，断路器采用弹簧机构的还有"储能闭锁"触点。影响分闸回路正常工作的还有控制回路电源。这些设备有问题将引起断路器分闸时出现拒分。

（2）分闸回路绝缘击穿或直流两点接地。如果分闸回路绝缘击穿或两点接地短路了分闸线圈，则断路器分闸时分闸线圈就不能正确励磁，断路器就会拒分。

六、断路器拒分故障的处理

（1）测控屏有断路器指示灯的，应查看测控屏断路器指示灯，如果出现红绿灯均不亮的现象，其可能原因是断路器的分闸回路因拒分而出现自保持，此时应立即拉、合断路器控制回路电源空气开关（熔断器），及时解除自保持。防止烧毁跳闸线圈，并让断路器的指示信号（红灯亮）显示出来。测控屏没有断路器指示灯时，可以看到合闸位置继电器失磁，此时也应立即拉、合一下断路器的控制回路电源空气开关。拉、合后看到合闸位置继电器励磁，则说明合闸回路出现了自保持。

如果拉、合控制回路熔断器后断路器指示灯仍然不亮，应检查控制回路空气开关是否跳开（熔断器是否熔断或接触不良），指示灯泡是否烧坏，是否出现跳合闸闭锁，断路器辅助触点是否接触不良，跳闸线圈是否断线，电缆是否开路，连接线和端子排是否开路等。

分相控制的断路器三相手动拒分，重点检查操作转换开关位置是否正确，分闸时跳闸继电器 KT 是否励磁，操作把手 2SA⑪⑫触点是否闭合，二极管及其回路连线是否开路等。故障跳闸三相拒分，重点检查保护出口连接片连接是否良好，保护动作时跳闸触点是否闭合，跳闸继电器 KT 是否励磁。

分相控制的断路器单相拒分应检查拒分相跳闸回路，检查该相是否出现跳闸闭锁，跳闸线圈、断路器辅助触点、防跳继电器电流线圈及其触点、二极管及其连线是否正常，分闸时跳闸线圈和跳闸继电器的触点能否正常闭合等。

（2）停电操作时断路器拒分，可采用旁路带送停电、母联断路器串带停电、切除相邻断路器等方法来使故障断路器停电，然后通知检修人员处理。

（3）短路故障时断路器拒分造成越级跳闸，应将故障断路器隔离，其他设备逐级送电。对变电站设有旁路的，可用旁路断路器对负荷线路试送电一次，然后通知生产技术部门组织查找断路器拒动原因。

【思考与练习】

1. 断路器发生拒合故障的原因有哪些？应如何处理？

2. 电气分闸回路故障拒分的原因有哪些？

3. 断路器发生拒分故障时如何处理？

▲ 模块 3 变电站全停电事故分析处理（Z08H8003Ⅱ）

【模块描述】本模块包含引起变电站全停电事故的原因和事故处理。通过分析讲解和实例培训，掌握变电站全停电事故的分析和处理技能。

【模块内容】

变电站全停电将造成电力系统大面积停电，给工农业生产和居民生活带来巨大影响。正确及时处理好全站停电事故，防止事故的进一步扩大，对电力系统继续安全运行关系重大。

一、引起 500kV 变电站全停电的原因

（1）变电站电源线路全停电。

（2）变电站只有高压侧有电源时，高压侧母线全部故障跳闸或失电。

（3）一定条件下变电站母线或主变压器越级跳闸。

（4）当变电站馈电线路、母线、主变压器发生短路故障，站内相应保护因故全部拒动时，引起电源线路对侧断路器全部跳闸。

二、变电站全停电时的处理

变电站全停电时，首先应检查本站一次设备有无短路故障、保护有无动作。如有保护动作而断路器没有跳闸，则是站内故障，断路器拒分引起越级跳闸。若拒分断路器不显示红色（指示灯均不亮）应立即瞬时拉合一下其控制回路熔断器，以解除跳闸回路自保持，防止烧毁跳闸线圈。如控制回路电源跳闸（熔断器熔断），应投入控制回路电源（更换熔断器）。若本站母线和主变压器有明显的短路故障，而保护没有动作，则是保护拒动越级跳闸，应检查保护电源，若电源跳闸，应投入电源。

若站内设备故障，应拉开故障设备各侧的隔离开关，拉开拒分或保护拒动断路器的两侧隔离开关，将其隔离。然后报告调度，请求调度将其他设备送电。

检查站内设备没有发生短路故障，则是电源线路全部跳闸引起全站停电。此时若有备用电源，应立即拉开跳闸线路断路器，投入备用电源送电。

对于多电源供电的因电源线路失电而造成全站停电时，为防止各电源突然来电造成非同期合闸，变电运维人员应迅速进行如下处理：

（1）若是双母线或双母线分段接线方式，应首先拉开母联或分段断路器，再拉开出线断路器，在每组母线上保留一条主电源断路器；若是 3/2 断路器接线应拉开各串的中间断路器，在每组母线上只保留一条主电源断路器在合位，拉开其他所有断路器。这样既可防止多电源突然来电造成非同期并列，又便于及早判明是否来电和送出负荷。

（2）负荷送出后再按调度命令进行并列或合环操作。变电站全停电时，所有电压互感器应保持在投入状态，但发生故障的必须切除。

三、变电站高压侧或中压侧全停电

1. 高压侧或中压侧为双母线接线情况

（1）引起高压侧或中压侧全停电的原因。

1）一条母线短路故障，母联（分段）断路器拒跳，越级至另一条母线跳闸。

2）一条母线短路故障，该母线上的母线保护全部拒动，越级至双母线上的所有电源跳闸。

3）母线保护误动，使所有母线跳闸。包括一条母线故障母差保护失去选择性误动和母线无故障、母差保护无选择性误动。

（2）高压侧或中压侧全停电时的处理。

1）记录时间、告警信息、断路器指示和保护动作情况，复归全部保护动作信号，提取故障录波器报告，断路器指示清闪。初步判断故障性质，立即报告调度。

2）立即检查相应的站内一次设备，站内设备有短路故障时应隔离故障设备。根据一、二次设备的现象判明是什么原因造成变电站一侧全停电。将设备检查情况和事故判断结论报告调度。

3）如果是一条母线短路故障，母联（分段）断路器拒跳，越级至另一条母线跳闸时，隔离故障母线和母联（分段）断路器后应请示调度将正常母线送电，将故障母线上的无故障元件倒至正常母线送电。

4）如果是一条母线短路故障，该母线上的母线保护全部拒动，越级至双母线上的所有电源跳闸时，隔离故障母线后应请示调度将正常母线送电，将故障母线上的无故障元件倒至正常母线送电。

5）如果是母线保护误动而使所有母线跳闸时，应停用误动保护，请示调度恢复双母线送电。

6）报告领导和生产调度。生产指挥部门应组织事故调查人员和检修、继电保护、试验人员到现场调查事故原因、抢修故障设备。变电运维人员在事故调查人员和检修人员到达现场之前做好故障设备的安全措施。

2. 高压侧或中压侧为 3/2 断路器接线情况

（1）引起高压侧或中压侧全停电的原因。3/2 断路器接线一般采用 2 串及以上接线，其可靠性较高，一条母线故障时，单一断路器拒跳不会造成另一条母线全停，除非所有中间断路器拒跳。3/2 断路器接线两条母线分别装设两套母差保护，一套母差保护误动时只会跳开一条母线，不会造成全停电。当一条母线故障，该母线上的母差保护全部拒动时，才会越级至所有电源线路和主变压器跳闸，造成该侧全停电。

（2）高压侧或中压侧全停电时的处理。

1）记录时间、告警信息、断路器指示和保护动作情况，复归全部保护动作信号，提取故障录波器报告，断路器指示清闪。初步判断故障性质，立即报告调度。

2）立即检查相应的站内一次设备，隔离故障母线设备。根据一、二次设备的现象判明是什么原因造成变电站一侧全停电。

3）将设备检查情况和事故判断结论报告调度。请示调度将正常母线送电，将跳闸的无故障元件投入于正常母线送电。

4）报告领导和生产调度。生产指挥部门应组织事故调查人员和检修、继电保护、试验人员到现场调查事故原因、抢修故障设备。变电运维人员在事故调查人员和检修人员到达现场以前做好故障设备的安全措施。

四、事故案例

【例 Z08H8003Ⅱ-1】带空载线路拉隔离开关，引起弧光放电短路故障，造成 220kV 某变电站全站停电。

1. 事故概况

11 月 26 日 20 时 40 分，220kV 某变电站在对 220kV 608 线送电操作，608 断路器因液压操作系统泄压 B 相无法合闸，现场当时判断为合闸回路有故障，决定拉开该断路器两侧隔离开关进行检查处理。变电运维人员操作拉开 608 断路器后，在未到现场认真核对断路器状态下即使用万能钥匙解除闭锁拉开 608 线路侧隔离开关，由于 608 断路器 A、C 相仍在合闸位置，造成带空载线路拉隔离开关弧光放电短路故障，同时另一回与该变电站连接的 220kV 出线对侧距离Ⅱ段保护动作跳闸，该变电站全站停电。

2. 事故原因

在断路器设备发生故障后，在检查处理过程中严重违章。一是违反两票三制，无票操作，未按顺序操作和核对，未认真核对断路器状态即进行拉隔离开关的操作；二是值长随身携带、随意使用万能钥匙，防误操作装置形同虚设。

3. 案例引用小结

变电运维人员在检查处理过程中严重违章，是造成误操作事故的原因。变电站的误操作事故，往往是由人员责任引起的。作为变电运维人员，一定要认真核对设备的现场实际状态，严格按照规范执行。紧急解锁钥匙的使用一定要按相关制度规定执行，使用前需履行相关审批手续，并应有防误专责在现场确认后执行。

【思考与练习】

1. 哪些原因会引起 500kV 变电站全停电？

2. 变电站母线或主变压器越级跳闸时如何处理？

3. 中压侧为双母线接线情况，引起中压侧全停电的原因是什么？如何处理？

4. 高压侧为 3/2 断路器接线情况，引起高压侧全停电的原因是什么？如何处理？

▲ 模块 4　复杂事故处理预案（Z08H8001Ⅲ）

【模块描述】 本模块包含复杂事故处理预案的内容。通过案例的介绍，能够根据复杂事故时的保护动作行为、相关保护信息、设备情况是否正常做出分析判断，并能提出改进意见，制订事故预案。

【模块内容】

变电站在发生复杂事故时，变电运维人员应能准确分析判断事故的性质，正确、迅速地处理事故，防止事故的扩大，减少事故的损失。为此，应做好事故预案，做到有备无患。本模块根据 QY 变电站的具体设备发生复杂事故时做出预案。

一、复杂事故处理预案编制方法和要素

1. 编制方法

根据变电站的一次设备的运行方式和保护配置情况、各保护的保护范围、保护之间的相互配合、保护动作的时序不同，结合具体的复杂事故，编制相应的事故现象及事故处理过程，以便当发生与预案同类型的事故时，变电运维人员能迅速、准确地处理事故，同时使变电运维人员熟悉及掌握事故处理流程。

2. 编制要素

（1）事故现象。事故现象应包括监控后台动作信息、遥测量，保护及自动装置动作信息（包括信号灯），一次设备的状态。

（2）事故处理过程。

1）根据监控后台信息，初步判断事故性质和停电范围后迅速向调度汇报：故障发生时间、跳闸断路器、继电保护和自动装置的动作情况及其故障后的状态、相关设备潮流变化情况、现场天气情况。

2）根据初步判断检查保护范围内的所有一次设备故障和异常现象及保护、自动装置动作信息，综合分析判断事故性质和找出故障点，做好相关信号记录，复归保护信号，将详细情况报告调度。

3）根据调度令将相应故障设备隔离及恢复非故障设备送电。

4）汇报上级有关部门，并做好相关记录。

二、事故预案

【例 Z08H8001Ⅲ-1】220kV 线路 281 接地短路故障，断路器三相拒跳，越级跳闸。

1. 事故现象

警铃、事故警报鸣响，监控后台机发出"220kV 线路 281RCS-931B 保护装置动作、CSL101B-S 保护装置动作、220kV 母差 RCS-915A 失灵跳Ⅰ段母线、202 断路器 ABC 相分闸、211 断路器 ABC 相分闸、281 断路器 ABC 相分闸、203 断路器 ABC 相分闸"以及多台故障录波器动作，220kV 母差交流断线等告警信息。

主接线图如图 Z08H8001Ⅲ-1 所示。202、211、203 断路器指示绿闪，220kVⅠ段母线电压为零，1 号主变压器 220kV 侧及线路 281 线线路电流、功率均为零。线路 281 测控屏断路器指示红灯亮。

检查 281 断路器保护屏，发现 CSL101B-S 保护"A 相跳闸"信号灯亮，液晶屏显示 1ZKJCK、GPI0CK、GPTBCK、GPJLCK 动作；RCS-931 保护"跳 A"信号灯亮，液晶屏显示"工频突变量距离出口、接地距离一段、另序过电流一段、纵联另序差动、纵联差动出口"动作，故障测距 11km。检查 220kV 母差保护屏，发现 RCS-915AB"Ⅰ段母线失灵"信号灯亮，液晶屏显示"失灵跳Ⅰ段母线"；BP-2B"失灵动作"，液晶屏显示"失灵跳Ⅰ段母线"。其他保护信号略。

2. 事故处理

（1）记录时间、告警信息、断路器指示和保护动作情况，复归全部保护动作信号，提取故障录波报告，断路器指示清闪。

（2）判断事故性质为：220kV 线路 281 在 11km 处发生 A 相接地短路故障，保护动作，但线路 2281 断路器拒分。将事故现象和事故判断结论报告调度。

（3）检查线路 281 电流互感器至线路出口的所有一次设备有无接地短路和相间短路故障，简单查看线路 2281 断路器拒分原因，有无压力闭锁和储能闭锁等情况以及202、211、203 断路器工作状态是否良好。

迅速拉开 281 断路器两侧隔离开关，隔离故障设备。

（4）将一次设备检查情况和故障设备隔离情况汇报调度，请示调度送出 220kVⅠ段母线和其他跳闸设备。

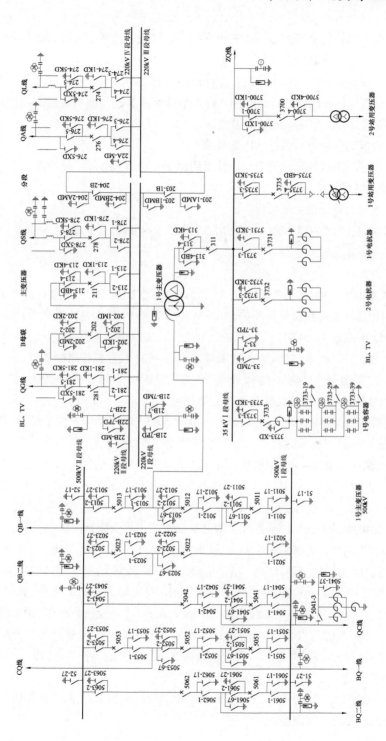

图 Z08H8001 Ⅲ-1 某变电站主接线图

先投入 220kV 母联断路器 202 充电保护，用 220kV 母联断路器 202 向 I 段母线充电。充电后停用充电保护，分别合上 203、211 断路器。

（5）汇报领导和生产调度，生产指挥部门应通知事故调查专业技术人员和检修人员到现场调查、检查断路器拒分原因，检修拒分断路器。在事故调查人员和检修人员到现场前布置好 281 断路器的安全措施。

（6）根据调度命令将线路 281 转检修。

（7）做好断路器故障跳闸登记，核对线路 281 断路器故障跳闸次数，如已到临检次数，应汇报领导安排临检。

（8）做好运行记录和事故报告。

【例 Z08H8001Ⅲ-2】500kV CQ 线路 1 单相接地故障，保护动作，中间断路器 5052 三相拒分，越级跳闸。

1. 事故现象

警铃、事故警报鸣响，监控后台机发出"500kV CQ 线路 MCD 装置保护动作、500kV CQ 线路 1RCS-901A 装置保护动作、500kV 5053 断路器 RCS-921 装置保护跳闸动作、500kV 5052 断路器 RCS-921 装置保护跳闸动作、5053 断路器 A 相分闸、5052 断路器 RCS-921 装置失灵动作、500kV 5051 断路器 RCS-921 装置保护跳闸动作、500kV 5053 断路器 ABC 相分闸、500kV 5051 断路器 ABC 相分闸"，以及多台故障录波器动作，500、220kV 其他线路保护装置动作等告警信息。

主接线图如图 Z08H8001Ⅲ-1 所示。500kV 5053、5051 断路器指示绿闪，线路 CQ、BQ 一线线路电流、功率均为零。5052 断路器测控屏红灯亮。

检查线路 CQ RCS-901 保护屏，发现"跳 A"信号灯亮，液晶屏显示"工频变化量阻抗 A 相""接地距离一段 A 相""纵联零序 A 相""纵联变化量方向 A 相"动作，故障测距 14km；MCD 保护屏显示分相电流差动作、A 相跳闸信号灯亮；RCS-901 后备距离保护屏"跳 A"信号灯亮，液晶屏显示"工频变化量阻抗 A 相" "接地距离一段 A 相"动作，故障测距 14km；检查 5053 断路器保护屏，发现 RCS-921A 保护"跳 A""跳 B""跳 C"信号灯亮，液晶屏显示"保护跳闸 A 相"，操作继电器箱"TA""TB""TC"信号灯亮；检查 5052 断路器保护屏，发现 RCS-921A 保护"跳 A""跳 B""跳 C"信号灯亮，液晶屏先后提示"保护跳闸 A 相""失灵保护动作 ABC 相"，操作继电器箱"TA""TB""TC"信号灯亮；5051 断路器 RCS-921A 保护屏"跳 A""跳 B""跳 C"信号灯亮，液晶屏显示"保护跳闸 ABC 相"。其他保护信号略。

2. 事故处理

（1）记录时间、告警信息、断路器指示和保护动作情况，复归全部保护动作信号，提取故障录波报告，断路器指示清闪。

（2）判断事故性质为：500kV 线路 CQ 在 14km 处发生 A 相接地短路故障，保护动作，5053 断路器 A 相跳闸，但 5052 断路器拒分，失灵保护动作使 5051 断路器三相跳闸。将事故现象和事故判断结论报告调度。

（3）检查 CQ 线路 15053 断路器及 5052 断路器线路侧电流互感器至线路出口的所有一次设备有无接地短路和相间短路故障，简单检查 5052 拒分原因，有无压力闭锁和储能闭锁等情况以及 5053、5051 断路器工作状态是否良好。

应立即拉开 5052 断路器两侧隔离开关隔离拒分断路器。

（4）将一次设备检查情况和隔离故障设备的情况汇报调度，请示调度送出 BQ 一线。

（5）将事故情况汇报领导和生产调度，生产指挥部门应通知事故调查人员和检修人员到现场调查、检查 5052 断路器拒分原因并检修断路器。在事故调查和检修人员到达现场前做好设备的安全措施。

（6）根据调度命令将线路 CQ 转检修或试送电。

（7）做好断路器故障跳闸登记，核对 5053、5051 断路器故障跳闸次数，如已到临检次数，应汇报领导安排临检。

（8）做好运行记录和事故报告。

【例 Z08H8001Ⅲ-3】500kV 线单相接地故障，保护动作，母线侧断路器 5053 三相拒分，越级跳闸。

1. 事故现象

警铃、事故警报鸣响，监控后台机发出"500kV CQ 线路 MCD 装置保护动作、500kV 线路 1RCS-901A 装置保护动作、500kV 5053 断路器 RCS-921 装置保护跳闸动作、500kV 5052 断路器 RCS-921 装置保护跳闸动作、5052 断路器 A 相分闸、5053 断路器 RCS-921 装置失灵动作、500kV 5013 断路器 RCS-921 装置保护跳闸动作、500kV 5023 断路器 RCS-921 装置保护跳闸动作、500kV 5042 断路器 RCS-921 装置保护跳闸动作、500kV 5062 断路器 RCS-921 装置保护跳闸动作、500kV 5052 断路器 ABC 相分闸、500kV 5013 断路器 ABC 相分闸、500kV 5023 断路器 ABC 相分闸、500kV 5042 断路器 ABC 相分闸、500kV 5062 断路器 ABC 相分闸"，以及多台故障录波器动作，500、220kV 其他线路保护装置动作等告警信息。

主接线图如图 Z08H8001Ⅲ-1 所示。500kV 5013、5023、5042、5052、5062 断路器指示绿闪，500kV Ⅱ 段母线电压为零，CQ 线路电流、功率为零，500kV 其他线路和主变压器负荷正常。测控屏 5053 断路器红灯亮。

检查 CQ 线路 RCS-901 保护屏，发现"跳 A"信号灯亮，液晶屏显示"工频变化量阻抗 A 相""接地距离一段 A 相""纵联零序 A 相""纵联变化量方向 A 相"动作，故障测距 8.6km；MCD 保护屏显示分相电流差动动作、A 相跳闸信号灯亮；RCS-901

后备距离保护屏"跳 A"信号灯亮，液晶屏显示"工频变化量阻抗 A 相""接地距离一段 A 相"动作，故障测距 8.6km；检查 5053 断路器保护屏，发现 RCS–921A 保护"跳 A""跳 B""跳 C"信号灯亮，液晶屏显示"保护跳闸 A 相""失灵保护 ABC 相"，操作继电器箱"TA""TB""TC"信号灯亮；检查 5052 断路器保护屏，发现 RCS–921A 保护"跳 A""跳 B""跳 C"信号灯亮，液晶屏先后提示"保护跳闸 A 相"，操作继电器箱"TA""TB""TC"信号灯亮；5013、5023、5042、5062 断路器 RCS–921A 保护屏"跳 A""跳 B""跳 C"信号灯亮，液晶屏显示"保护跳闸 ABC 相"。其他保护信号略。

2. 事故处理

（1）记录时间、告警信息、断路器指示和保护动作情况，复归全部保护动作信号，提取故障录波报告，断路器指示清闪。

（2）判断事故性质为：500kV 线路 CQ 在 8.6km 处发生 A 相接地短路故障，保护动作，5052 断路器 A 相跳闸，但 5053 断路器拒分，失灵保护动作使 5013、5023、5042、5052、5062 断路器三相跳闸。将事故现象和事故判断结论报告调度。

（3）检查线路 CQ 5053 断路器及 5052 断路器线路侧电流互感器至线路出口的所有一次设备有无接地短路和相间短路故障，简单检查 5053 拒分原因，有无压力闭锁和储能闭锁等情况以及跳闸断路器工作状态是否良好。

应立即拉开 5053 断路器两侧隔离开关隔离拒分断路器。

（4）将一次设备检查情况和隔离故障设备的情况汇报调度，请示调度送出 500kV Ⅱ段母线。

先后合上 5013、5023、5042、5062 断路器即可完成 500kV Ⅱ段母线送电，但送电时要分清是合环还是并列。

（5）将事故情况汇报领导和生产调度，生产指挥部门应通知事故调查人员和检修人员到现场调查、检查 5053 断路器拒分原因并检修断路器。

（6）根据调度命令将 CQ 线路转检修或试送电。

（7）做好断路器故障跳闸登记，核对跳闸断路器故障跳闸次数，如已到临检次数，应汇报领导安排临检。

（8）做好运行记录和事故报告。

【例 Z08H8001Ⅲ–4】35kV Ⅰ段母线短路故障，1 号主变压器 35kV 侧断路器 311 拒分，越级跳闸。

1. 事故现象

警铃、事故警报鸣响，监控后台机发出"1 号主变压器 RCS–978H 后备跳闸动作、1 号主变压器 PST–1200 后备跳闸动作、500kV 5013 断路器 RCS–921 装置保护跳闸动作、500kV 5012 断路器 RCS-921 装置保护跳闸动作、500kV 5013 断路器 ABC 相分闸、500kV 5012 断路器 ABC 相分闸、220kV211 断路器 ABC 相分闸、1 号主变压器工作电源 1 故障、1 号站用变压器二次 471 断路器低电压分闸、站用变压器备用电源自动投入装置动作、3700 断路器 ABC 相合闸、2 号站用变压器二次 401 断路器合闸",以及 35kV 电容器、电抗器保护装置异常等告警信息。

主接线图如图 Z08H8001 Ⅲ-1 所示。1 号主变压器 500kV 5013、5012 断路器指示绿闪,220kV 211 断路器指示绿闪,2 号站用变压器 3700 断路器指示红闪,1 号主变压器各侧电流、功率为零,35kV Ⅰ 段母线电压为零。1 号主变压器测控屏 311 断路器红绿灯都不亮。

检查 1 号主变压器 RCS-978H 保护屏,发现"跳闸"信号灯亮,液晶屏显示"低压侧过电流一段第一时限、低压侧过电流一段第二时限"先后动作;PST-1200 保护屏"保护动作"信号灯亮,液晶屏显示"低压侧复闭过电流第一时限、三次侧复闭过电流第二时限"先后动作。其他保护信号略。检查 35kV 各电抗器、电容器、站用变压器保护没有动作。

2. 事故处理

(1) 立即拉、合一下 311 断路器控制回路电源空气开关,解除跳闸回路自保持。防止烧损跳闸线圈,让指示灯显示出来。

(2) 记录时间、告警信息、断路器指示和保护动作情况,复归全部保护动作信号,提取故障录波报告,断路器指示清闪。

(3) 判断事故性质为:35kV Ⅰ 段母线短路故障或电抗器、电容器、站用变压器短路故障保护拒动,使 1 号主变压器两套保护低压侧过电流保护动作,跳 1 号主变压器 35kV 侧断路器,但此时 1 号主变压器低压侧断路器拒跳,使 1 号主变压器低压侧过电流保护第二时限动作,跳开 220kV 侧和 500kV 侧断路器。1 号站用变压器失电,二次空气开关低电压动作跳闸,站用电源备用电源自动投入装置动作,投入 2 号站用变压器。将主要事故现象和事故判断结论报告调度。

(4) 检查 1 号主变压器低压侧电流互感器至 35kV 母线、35kV 所有一次设备有无相间短路或相间接地短路故障,重点检查 1 号主变压器 35kV 电流互感器至 35kV 各元件电流互感器间的一次设备,可以发现 35kV Ⅰ 段母线上的短路故障点。简单检查 311 断路器拒跳原因,检查跳闸断路器工作状态是否良好。立即拉开 311-4 隔离开关隔离故障设备。

(5) 将一次设备检查发现的设备故障情况和设备隔离情况汇报调度,并请示将 1 号主变压器送电,将 35kV Ⅰ 段母线转检修。1 号主变压器送电后将事故情况汇报上级部门,应组织事故调查人员和继电、检修、试验人员到现场调查事故,检修、试验设备。

（6）停用站用变压器备用电源自动投入装置，拉开 1 号站用变压器 3735 断路器；拉开 1 号站用变压器高压侧隔离开关，拉开 1、2 号电抗器，1 号电容器隔离开关，拉开 35kV Ⅰ 段母线电压互感器隔离开关和二次空气开关；合上 311–4KD、33–7MD、3733–3KD、3735–3KD 接地刀闸；在 311–4、33–7、3735–4 隔离开关把手上挂"禁止合闸、有人工作"牌；在故障检修工作地点做好围栏，办理工作票并履行开工手续后，故障设备便可以进行检查、检修。

（7）对主变压器要安排停电进行试验，以判明主变压器出口短路故障是否对主变压器造成损害。

（8）做好断路器故障跳闸登记，核对跳闸断路器故障跳闸次数，如已到临检次数，应汇报领导安排临检。

（9）做好运行记录和事故报告。

【例 Z08H8001Ⅲ–5】因 1 号蓄电池组着火，大火通过电缆蔓延至两套直流馈电屏，造成两套充电屏和 2 号蓄电池跳闸，直流全停电。此时，500kV 线路故障，全站保护拒动，造成变电站全停电。

1. 事故现象

火灾报警控制器发出报警音响，"火警"灯亮。变电站监控系统失灵，所有位置显示和直流数据不再变化，全部保护屏、测控屏直流指示灯全灭，液晶屏全黑，全站直流负荷全部失电。1 号蓄电池组着火，两套直流馈电屏着火，两套充电屏和 2 号蓄电池跳闸，站内直流负荷全停电。

正在处理故障的时候，突然调度来电话询问："你站全站停电，为什么不汇报？"同时被告知全站停电同时 500kV 线路 1 发生短路故障。

2. 事故处理

（1）立即报火警 119。迅速扑灭直流屏火灾，恢复直流供电。开展 1 号蓄电池组灭火。采取一定的隔断措施，防止火灾进一步扩大。

（2）检查监控系统、测量系统全部计算机主机，是否已恢复对设备的监控和测量。同时检查各保护屏、测控盘直流电源指示正常、装置运行正常。

（3）分析事故情况：在变电站直流全停时，500kV 线路 1 发生短路故障，由于本站直流停电，保护拒动，向上越级至各 500kV 线路对侧断路器跳闸，向下越级至 1 号主变压器，1 号主变压器保护由于失去直流也拒动，越级至各 220kV 电源线路对侧断路器跳闸，从而造成变电站全停电。由于监控系统瘫痪，不知道全站停电情况。将事故分析情况报告调度。

（4）切开 500kV 各中间断路器，500kV Ⅰ 段母线和 Ⅱ 段母线分别只保留一条电源线路断路器，切开其他断路器。切开 220kV 和 35kV 所有断路器。

（5）报告调度，请示调度用 500kV 线路分别给 500kV Ⅰ 段母线和 Ⅱ 段母线送电，送出 500kV 其他线路，并用各中间断路器合环。如果系统已经解列，调度应选择合适的并列点并列。再送出 1 号主变压器及 220kV Ⅰ 段母线、Ⅱ 段母线及各线路，35kV Ⅰ 段母线、站用变压器、电抗器（电容器）。

（6）事故处理后增加现场一次、二次设备和直流设备的特巡。

（7）做好运行记录。召开运行分析会分析事故，写出事故分析报告。

【思考与练习】

1. 请制订 220kV 线路 2281 断路器拒合时的事故处理预案。

2. 请制订 220kV QS 线单相接地短路故障，重合闸动作，但 278 断路器拒合时的事故处理预案。

3. 请制订 500kV QC 线线路单相接地故障，保护动作，中间断路器拒分，越级跳闸时的事故处理预案。

4. 请制订变电站直流全停电时，220kV QA 线线路故障，全站保护拒动，造成变电站全停电时的事故处理预案。

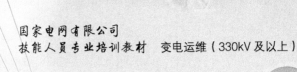
第三十一章

一次设备维护性检修

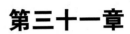

模块 1　变压器普通带电测试及一般维护（Z08I1001Ⅱ）

【模块描述】本模块包含变压器带电测试及一般维护内容，通过操作过程详细介绍、操作技能训练，达到掌握变压器的带电红外测试、接地电流、接地电阻的测量和停电瓷件清扫技能的目的。

【模块内容】

一、变压器设备基本结构原理

（一）变压器的基本结构概述

变压器是具有两个或多个绕组的静止设备，为了传输电能，在同一频率下，通过电磁感应将一个系统的交流电压和电流转换为另一个系统的电压和电流，通常这些电流和电压的值是不同的。应用最广泛的油浸式电力变压器一般铁芯、绕组、绝缘套管、油箱及其他附件等组成。其中，铁芯和绕组是变压器的基本部分，是实现电磁转换的核心部分，习惯上称为器身。而油箱、引线及各种附件是保证油浸式变压器运行所必需的。

（二）铁芯

1. 铁芯的概述

铁芯是变压器的基本部件。从工作原理方面讲，铁芯是变压器的导磁回路，它把两个独立的电路用磁场紧密联系起来。从结构方面讲：铁芯一般都是一个机械上可靠的整体，在铁芯上套装线圈，铁芯夹件可以支撑引线。

2. 铁芯的结构

变压器铁芯的结构形式可分为壳式和芯式两大类，我国变压器制造厂普遍采用芯式结构。芯式铁芯又可分为单相双柱、单相三柱、三相三柱、三相五柱式等。大多数电力变压器通常为三相一体形式，常常采用三相三柱或三相五柱式铁芯，特大型变压器因为体积大运输困难，一般由三台单相变压器组成，其铁芯常采用单相三柱式。典型的变压器三相三柱铁芯结构如图 Z08I1001Ⅱ-1 所示。

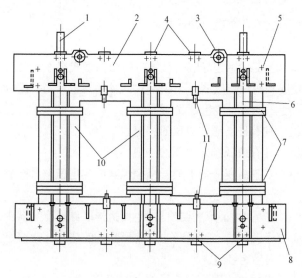

图 Z08I1001Ⅱ-1　变压器三相三柱铁芯典型结构示意图

1—上部定位件；2—上夹件；3—上夹件吊轴；4—横梁；5—拉紧螺杆；6—拉板；
7—环氧绑扎带；8—下夹件；9—垫脚；10—铁芯叠片；11—拉带

3. 铁芯的接地

铁芯及其金属结构件由于所处的电场及磁场位置不同，产生的电位和感应电动势也不同，当两点的电位差达到能够击穿两者之间的绝缘时，便相互之间产生放电，放电的结果使变压器油分解，并容易将固体绝缘破坏，导致事故的发生，为了避免上述情况的出现，铁芯及其他金属结构件（夹件、绕组的金属压板等）必须接地，使它们处于等电位（零电位）。

铁芯的接地必须是一点接地。虽然相邻铁芯片间绝缘电阻较大，但因绝缘膜极薄、正对面积大，所以片间电容很大，对于在交流电磁场中工作的铁芯来说通过片间电容的耦合，整个铁芯电位接近，可视为有效接地。但当铁芯两点（或多点）接地时，若两个（或多个）接地点处于不同的叠片级上，因处于交变电磁场中，两个接地点之间的铁芯片将有一定的感应电动势，并经大地形成回路产生一定的电流，这个电流将导致局部过热，严重的将烧毁接地片甚至铁芯，影响变压器的安全运行。

（三）变压器的绕组

1. 绕组的作用

绕组是变压器的最主要构成部件之一，是构成与变压器标注的某一电压值相对应的电气线路的一组线匝。电能由一次绕组转换为磁场能后经铁芯传递至二次绕组，在二次绕组中再转换为电能，实现电磁转换。

2. 常见绕组

变压器绕组基本上都采用铜导线。从绕组的结构型式来看，变压器由过去采用静电圈补偿式结构发展到纠结连续式、全纠结式以及插入电容式等结构，导线采用换位导线和复合导线。变压器常见绕组定义如下：

（1）高压绕组。具有最高额定电压的绕组。

（2）低压绕组。具有最低额定电压的绕组。

（3）中压绕组。多绕组变压器中的一个绕组其额定电压在最高额定电压和最低额定电压之间。

（4）稳定绕组。在星形–星形联结或星形–曲折形联结的变压器中为减小星形联结绕组的零序阻抗而专门设计的一种辅助的三角形联结的绕组。此绕组只有在三相不连接到外部电路时才称为稳定绕组。

（5）公共绕组。自耦变压器有关绕组的公共部分。

（四）变压器的器身

变压器的铁芯、绕组、绝缘件和引线装配成为器身。器身绝缘的布置与变压器的电压等级有关。图 Z08I1001Ⅱ–2 是某高压 110kV 级分级绝缘端部出线的器身绝缘结构示意。

（五）变压器的引线

变压器中连接绕组端部、开关、套管等部件的导线称为引线，它将外部电源电能输入变压器，又将传输电能输出变压器。引线一般有三类：绕组线端与套管连接的引出线、绕组端头间的连接引线以及绕组分接与开关相连的分接引线。

（六）变压器的油箱

1. 油箱的作用

油浸式变压器的油箱是保护变压器器身的外壳和盛装变压器油的容器，又是变压器外部结构件的装配骨架，同时通过变压器油将器身损耗产生的热量以对流和辐射的方式散至大气中。

2. 油箱的基本要求

作为盛装变压器油的容器，油箱的第一个要求就是密封而无渗漏，它包含两个方面的含义：① 所有钢板和焊线不得渗漏；② 机械连接的密封处不漏油。其次，作为保护外壳支持外部结构件的骨架，油箱应有一定的机械强度和安装各外部构件所需的一些必备的零部件。

变压器油箱按其结构形式一般可分为桶式和钟罩式两种。

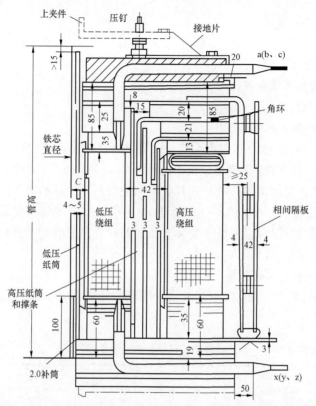

图 Z08I1001Ⅱ-2　110kV 级分级绝缘端部出线的器身绝缘结构示意图

桶式油箱的特点是下部是长方形或椭圆形（单相小容量变压器也有用圆形）的油桶结构，箱沿设在油箱的顶部，顶盖与箱沿用螺栓相连，顶部为平顶箱盖。桶式油箱的变压器大修时需要吊芯检修，对大型变压器而言工作难度较大，以前主要在小型变压器及配电变压器上应用。随着变压器质量水平提升和定期检修概念的淡化，大型变压器也越来越多地开始采用桶式结构的油箱。

钟罩式油箱常见的几种纵剖面的形状如图 Z08I1001Ⅱ-3 所示。

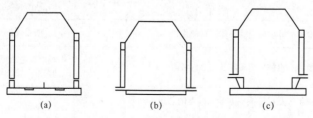

图 Z08I1001Ⅱ-3　大型变压器油箱纵剖面形状示意图
（a）典型结构；（b）无下节油箱；（c）槽形箱底

（七）变压器的附件

变压器的主要附件是套管、分接开关、气体继电器（瓦斯继电器）、安全气道（压力释放阀）、吸湿器、信号温度计等。

二、电力变压器带电测试

（一）带电红外测试

1. 带电红外测试的原理

红外线是一种电磁波（肉眼看不见），存在波动性和粒子性等性质。波长在 0.75～1000μm。自然界任何物体只要温度高于绝对零度（−273.16℃）就会产生电磁波（辐射能），带有物体表面的温度特征信息。不同的材料、不同的温度、不同的表面光度、不同的颜色等，所发出的红外辐射强度都不同。红外测试就是通过仪器测试这种物体表面辐射的红外线，反映了物体表面辐射能量密度的分布情况，即温度场（红外成像）。

2. 变压器的热像特征判据

表 Z08I1001Ⅱ–1、表 Z08I1001Ⅱ–2 所示为变压器电流、电压致热型设备缺陷诊断判据。

表 Z08I1001Ⅱ–1　　　　变压器电流致热型设备缺陷诊断判据

部位	热像特征	故障特征	缺陷性质		
			一般缺陷	严重缺陷	危急缺陷
接头和线夹	以线夹和接头为中心的热像，热点明显	接触不良	温差不超过 15K，未达到严重缺陷的要求	热点温度>80℃或 δ≥80%	热点温度>110℃或 δ≥95%
套管柱头	以套管顶部柱头为最热的热像	柱头内部并线压接不良	温差超过 10K，未达到严重缺陷的要求	热点温度>55℃或 δ≥80%	热点温度>80℃或 δ≥95%

表 Z08I1001Ⅱ–2　　　　变压器电压致热型设备缺陷诊断判据

部位	热像特征	故障特征	温差（K）
高压套管	热像特征呈现以套管整体发热热像	介质损耗偏大	2～3
	热像为对应部位呈现局部发热区故障	局部放电故障，油路或气路的堵塞	
充油套管	热像特征是以油面处为最高温度的热像，油面有一明显的水平分界线	油位异常	

3. 案例

（1）套管柱头内部接触不良。在对 500kV 某变电所进行红外检测发现，3 号主变压器高压套管 B 相严重发热，达 117.1℃，温差为 92.6K。后停电进行检查，检修人员检查绕组引线与套管连接部分（将军帽），当打开套管引线连接端盖时，发现引线定位销与端盖内壁间放电，如图 Z08I1001 Ⅱ–4 所示。

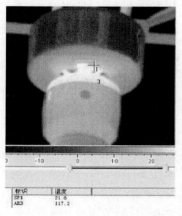 

图 Z08I1001 Ⅱ–4　故障套管红外及解体图

（2）变压器油位偏低，如图 Z08I1001 Ⅱ–5 所示。

（3）变压器散热器油路堵塞（油管阀门未打开），如图 Z08I1001 Ⅱ–6 所示。

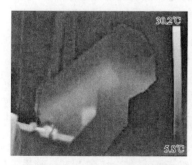 

图 Z08I1001 Ⅱ–5　油位偏低图　　　图 Z08I1001 Ⅱ–6　散热器油路堵塞图

（4）变压器磁屏蔽不良引起的局部过热，如图 Z08I1001 Ⅱ–7 所示。

（5）变压器大盖螺栓因漏磁发热，如图 Z08I1001 Ⅱ–8 所示。

（6）变压器高压套管 B 相缺油，如图 Z08I1001 Ⅱ–9 所示。

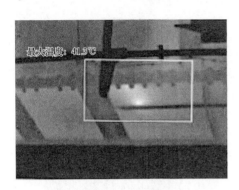

图 Z08I1001Ⅱ-7　局部过热图

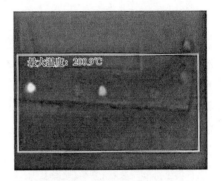

图 Z08I1001Ⅱ-8　大盖螺栓漏磁过热图

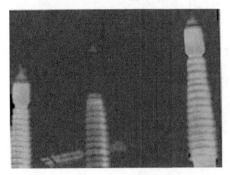

图 Z08I1001Ⅱ-9　高压套管 B 相缺油图

（二）铁芯接地电流测量

1. 铁芯接地电流测量原理、目的

（1）变压器铁芯接地的原理。变压器正常运行时，带电的绕组及引线与油箱间构成的电场为不均匀电场，铁芯和其他金属构件就处于该电场中。铁芯及其金属结构件由于所处的电场及磁场位置不同，产生的电位和感应电动势也不同，当两点的电位差达到能够击穿两者之间的绝缘时，便相互之间产生放电，放电的结果使变压器油分解，并容易将固体绝缘破坏，导致事故的发生，为了避免上述情况的出现，铁芯及其他金属结构件（夹件、绕组的金属压板等）必须接地，使它们处于等电位（零电位）。

（2）铁芯接地电流测量的目的。如果铁芯在某个位置出现另外一点或一点以上接地时，则称多点接地态。因为，变压器铁芯硅钢片之间绝缘总阻值仅几十欧姆，其作用是限制涡流，在高压电场中可视为通路。当铁芯或其他金属构件有二点或二点以上接地时，因处于交变电磁场中，两个接地点之间的铁芯片将有一定的感应电动势，并经大地形成回路产生一定的电流，则接地点之间形成的回路中将会有环流出现，引起局部过热，导致绝缘分解，产生可燃性气体，还可能使接地片熔断，或烧坏铁芯，导致铁芯电位悬浮，产生放电，使变压器不能继续运行。在运行条件下，测量流经铁芯接地线的电流，可以实时检查铁芯的绝缘情况是否良好，因为一旦出现铁芯多点接地，流经铁芯接地线的电流就会明显增加，正常情况下，应不大于 100mA。

2. 测试仪器及操作要点

（1）测试仪器的选用。测量变压器接地电流时采用的仪器是钳形电流表。根据接地引下线的截面合理选取内径尺寸相符钳形电流表；宜选用多量程的钳形电流表，最小量程宜在 300mA，最大量程不小于 50A。

（2）操作要点。

1）记录测试日期、变压器编号。

2）打开电流表钳口，套住扁铁（线），钳口完全吻合后才可测量，稳定 3s，读取测量数据。

3）记录数据。

4）关闭电流表，装入表盒。

3. 测试周期、工艺标准

不大于 100mA，当大于 100mA 时应引起注意。

4. 注意事项

（1）当出现多点接地并接地不良时有可能造成触电，因此禁止用手直接触及铁芯引下扁铁。

（2）漏磁通引起钳型电流表指示的电流随负荷大小而变与铁芯接地电流是矢量相加，因此测量时应避开变压器铁芯下端部的漏磁通集中区域，避免出现干扰。

5. 案例

（1）铁芯接地电流测量前的准备。

1）作业人员明确作业标准，使全体作业人员熟悉作业内容、作业标准。

2）工器具检查、准备，工器具检查应完好、齐全。

3）危险点分析、预控，工作票安全措施及危险源点预控到位。

4）履行工作票许可手续，按工作内容办理工作票，并履行工作许可手续。

5）召开开工会，分工明确，任务落实到人，安全措施、危险源点明了。

（2）铁芯接地电流测量的实施。

1）根据变压器本体上的标示，确定变压器的铁芯接地引下线。

2）打开电流表钳口，套住扁铁（线），钳口完全吻合后才可测量。

3）稳定 3s，读取测量数据。

4）记录数据，关闭电流表，装入表盒。

（3）铁芯接地电流测量的结束。

1）清理工作现场，将工器具全部收拢并清点，废弃物按相关规定处理，材料回收清点。

2）召开收工会，记录本次检修内容，有无遗留问题。

3）验收、办理工作票终结，恢复修试前状态、办理工作票终结手续。

4）按规范填写修试记录。

（三）接地电阻测量

1. 接地电阻原理、目的

（1）接地的意义。接地是利用大地为正常运行、发生故障及遭受雷击等情况下的电气设备提供对地电流并构成回路，从而保证电气设备和人身的安全。

（2）接地电阻原理。接地极或自然接地极的对地电阻和接地线电阻的总和，称为接地装置的接地电阻。接地电阻的数值等于接地装置对地电压与通过接地极流入地中电流的比值。接地装置工频接地电阻的数值，等于接地装置的对地电压与通过接地装置流入地中的工频电流的比值。接地装置的对地电压是指接地装置与地中电流场的实际零位区之间的电位差。

测量接地电阻的主要方法如下：

1）三极法。三极法的三极是指图 Z08I1001 Ⅱ-10 上的被测接地装置 G，测量用的电压极 P 和电流极 C。图中测量用的电流极 C 和电压极 P 离被测接地装置 G 边缘的距离为

$$d_{GC} = (5-10)D$$
$$d_{GP} = (0.5-0.6)d_{GC}$$

式中　　d_{GC}——电流极长度；

　　　　d_{GP}——电压极长度；

　　　　D——被测接地装置的最大对角线长度。

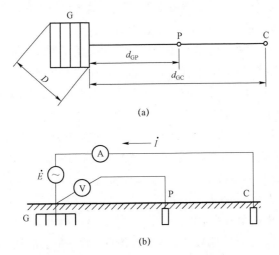

（a）

（b）

图 Z08I1001 Ⅱ-10　三极法的原理接线图

（a）电极布置图；（b）原理接线图

G—被测接地装置；P—测量用的电压极；C—测量用的电流极；$\dot{E}$—测量用的工频电源；

A—交流电流表；V—交流电压表；D—被测接地装置的最大对角线长度

电压极 P 可以认为是处在实际的零电位区内。如果想较准确地找到实际零电位区，可以把电压极沿测量用电流极与被测接地装置之间连接线的方向移动三次，每次移动的距离约为 d_{GC} 的 5%，测量电压极 P 与接地装置 G 之间的电压。如果电压表的三次指示值之间的相对误差不超过 5%，则可以把中间位置作为测量用电压极的位置。

$$R_G = \frac{U_G}{I}$$

式中 R_G——接地装置的工频接地电阻；

U_G——接地装置 G 与电压极 P 之间的电位差。

如果在测量工频接地电阻时 d_{GC} 取（5～10）D 值有困难，那么可以采取补偿法。常用的补偿法为图 Z08I1001Ⅱ–11 所示的直线 0.618 法（$d_{GP}=0.618d_{GC}$）、图 Z08I1001Ⅱ–12 所示的夹角 30°法。同时 d_{GC} 不小于 2D。

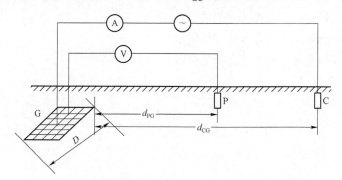

图 Z08I1001Ⅱ–11 直线 0.618 法的原理接线图

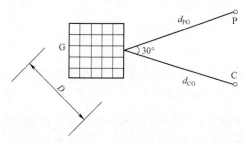

图 Z08I1001Ⅱ–12 夹角 30°法的原理接线图

采用直线 0.618 法时，由于电流线和电压线沿同一方向，电流线和电压线间存在互感，会影响电压的测量值。因此，在现场条件许可时，尽量采用夹角 30°法。如确实需要使用直线 0.618 法，应使电流线和电压线的最小距离在 3m 以上。

2）四极法。当被测接地装置的最大对角线 D 较大，或在某些地区（山区或城区）

按要求布置电流极和电压极有困难时，可以利用变电所的一回输电线的两相导线作为电流线和电压线。由于两相导线即电压线与电流线之间的距离较小，电压线与电流线之间的互感会引起测量误差。图 Z08I1001Ⅱ-13 是消除电压线与电流线之间互感影响的四极法的原理接线图，四极是指被测接地装置 G、测量用的电流极 C 和电压极 P 以及辅助电极 S。辅助电极 S 离被测接地装置边缘的距离 d_{CS}=30–100m。用高输入阻抗电压表测量点 2 与点 3、点 3 与点 4 以及点 4 与点 2 之间的电压 U_{23}、U_{34} 和 U_{42}。由电压 U_{23}、U_{34} 和 U_{42} 以及通过接地装置流入地中的电流 I，得到被测接地装置的工频接地电阻。

$$R_G = \frac{1}{2U_{23}I}(U_{42}^2 + U_{23}^2 - U_{34}^2)$$

式中　　R_G ——接地装置的工频接地电阻；

$\qquad$ U_{23} ——测量点 2 与点 3 之间的电压；

$\qquad$ U_{34} ——测量点 3 与点 4 之间的电压；

$\qquad$ U_{42} ——测量点 4 与点 2 之间的电压。

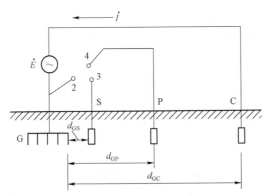

图 Z08I1001Ⅱ-13　四极法测量工频接地电阻的原理接线图

G—被测接地装置；P—测量用的电压极；C—测量用的电流极；S—测量用的辅助电极

（3）测量接地电阻的目的。变电站的接地网在保证电力设备的安全运行和人生安全方面起着决定性的作用。接地电阻值是接地网的重要技术指标。为了对接地网的接地电阻有一个真实、准确的把握，必须对接地电阻进行测量。

2. 测试仪器及操作要点

（1）摇表法。接地摇表又叫接地电阻摇表、接地电阻表、接地电阻测试仪。接地摇表按供电方式分为传统的手摇式和电池驱动式；接地摇表按显示方式分为指针式和数字式。

常用的 ZC-8 型接地电阻测量仪有三个端钮（E、P、C）和四端钮（C_1、P_1、C_2、P_2）两种。使用四个端钮的测量仪 C_1 和 P_1 端钮短接后再与被测体连接，如图 Z08I1001Ⅱ-14 所示。

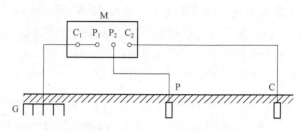

图 Z08I1001Ⅱ-14　摇表法接线图

测量步骤如下：

1）用 GPS 测距仪测定所测变电所最大对角线长度 D。

2）为避免测量引线互感对测量结果的干扰，宜采用夹角 30°法，施放电压线和电流线，长度都为 2D，电压线和电流线之间的夹角为 30°，将电流极 C 和电压极 P 分别打入地下 0.5m 左右。电流极 C 和电压极 P 打入地的土质必须坚实，不能设置在泥地、回填土、树根旁等位置。

3）正确接线，接线回路所有连接端子应连接牢固，接地摇表放置平稳，检查检流计指针是否指在零位，否则用调零旋钮将指针调到零位。

4）将倍率（1×0.1，1×1.0，1×10）旋钮放在最大倍率处，这时慢慢摇动手柄，同时旋转电阻值旋钮，使检流计指在零位。

5）当检流计指针接近平稳时，可加速摇动手柄（每分钟 120 次），并转动电阻值旋钮，使指针平稳指在零位，如电阻值小于 1.0 时改变倍率旋钮重新遥测。如果缓慢转动手柄时，检流表指针跳动不定，说明电流极 C 和电压极设置的地面土质不密实或有某个接头接触点接触不良，此时应重新检查电流极 C 和电压极的地面或各接头。

6）待指针平稳后，记录数据。

7）接地电阻包含引线电阻（P_1C_1 短接，用 1 根引线接至接地网），应扣除引线电阻（引线电阻测量方法为将引线接在 P_1C_1 和 P_2C_2 端，即接地摇表所测得的电阻）。

8）在确认数据后撤去所有试验设备、工器具和接线，最后拆试验/工作保护接地线。

（2）工频大电流法。工频大电流法就是通过提高试验时注入地中的电流来减小现场的电磁干扰，增大信噪比，注入地中的电流一般在 50A 以上。根据现场实际测量经验，采用 380V 的隔离变压器输出电流一般可在 50A 左右，如图 Z08I1001Ⅱ-15 所示。

如果要提高注入地中的电流，可从两方面解决，一是降低电流线回路的电阻，即降低所敷设的电流极接地电阻和截面较大的电流回路导线，利用架空线路和已有的可利用接地极是较好的办法；二是提高电流回路两端的电压，可通过特制的输出不同电压等级的隔离变压器来实现，如隔离变压器输入 220V 或 380V，输出电压抽头为 380、700、1000V，也可按照需求增加其他电压抽头；也可通过使用两台同型号的 6kV 或 10kV 配电变压器来实现，即将高压侧并联供电，低压侧串联来提高输出电压，如图 Z08I1001Ⅱ–16 所示，输出电压可达到 600V。

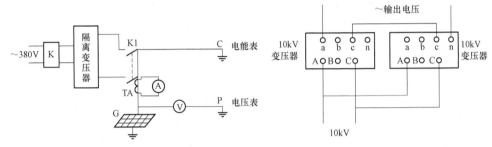

图 Z08I1001Ⅱ–15　工频大电流法测
接地电阻的原理接线

K—自动开关；K1—隔离开关；TA—电流互感器；

A—电流表；V—电压表

图 Z08I1001Ⅱ–16　两台同型号
10kV 配电变压器实现高压输出

测量步骤如下：

1）根据接地网的形式、大小，输电线路的走向，地下埋设管道、河流的位置等综合因素确定电流线、电压线的敷设长度和敷设方向。

2）用手持式 GPS 定位仪确定电流极和电压极的位置，根据实际情况在电流极处敷设一个小型地网，地网的接地电阻越小越好。为避免测量引线互感对测量结果的干扰，采用夹角 30°法，施放电压线和电流线，长度都为 2D，电压线和电流线之间的夹角为 30°。

3）选择接地网内的注入电流点，一般选在地网的中心位置附近，通常选择变压器处入地。

4）根据输出电流的大小选择电流线的截面和穿心式电流互感器的匝数，截面一般要在 12mm² 左右，穿心式电流互感器的匝数要满足二次电流不超过 5A 的量程。

5）在选择后所确定的电压极、电流极处打下测试电极（测试电极打入地下的长度应大于 0.5m）。按图 Z08I1001Ⅱ–15 进行接线，将电流线的两端分别与接地网内的注入电流点接地端子（G）、所敷设的电流极接地端子（C）良好连接，将电压表两端分别与接地网内的注入电流点接地端子（G）、所敷设的电压极接地端子（P）良好连接。

6）未合电源时，用电压表测量干扰电压；合上电源，使用 AB 相序，给线路加上大电流，读电压表、电流表读数；断开电源，使 A、B 相颠倒位置；合上电源，使用 BA 相序，给线路加上大电流，读电压表读数；断开电源。

7）将电压极前、后移动电压线长度的 5%，重复上述步骤（6），当电压表读数变化不大时，即为电压的零位点，按照此时的数据计算接地电阻值。

（3）变频法。采用变频小电流法测试大型接地装置的接地阻抗，入地电流不得低于 1A，测试频率异于工频又尽量接近工频，推荐频率范围在 40～60Hz，测试结果应推导至工频。测量的电气接线如图 Z08I1001Ⅱ-17 所示。

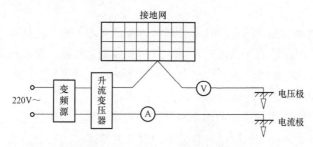

图 Z08I1001Ⅱ-17 变频法电气接线图

测量步骤如下：

1）前 5 个步骤与工频大电流法测试步骤相同。

2）调节变频设备的测试频率，使其与电流表、电压表频率一致。

3）操作变频设备（按照变频设备操作说明书进行），进行测量。

4）测量完成后，切断电源，将电压极前、后移动电压线长度的 5%，重复上述步骤 3）。当电压表读数变化不大时，即为电压的零位点。

5）将变频设备的测试频率分别调为 40、45、55、60Hz，在以上频率的情况下，测量电压为零电位的接地电阻。

6）取其平均值作为接地电阻的测量结果。

3. 测试周期、工艺标准

根据 GB/T 50065—2011《交流电气装置的接地设计规范》、DL/T 596—2005《电力设备预防性试验规程》及 Q/GDW 188—2013《输变电设备状态检修试验规程》的规定：接地电阻与土壤的潮湿程度密切相关，因此应尽量在干燥季节测量，不应在雷、雨、雪中进行。测试周期在正常情况下每 5～6 年测试一次为宜，如果有地网改造或其他必要时应进行针对性测试。

关于接地装置的接地阻抗的要求，在 DL/T 596—1996 中要求 $R \leqslant 2000/I$；在 DL/T

621—1997 中要求 $R \leqslant 2000/I$，难以达到这一要求时，可适当放宽，但不得大于 5Ω，且应对转移电位可能引起的危害采取必要的技术措施。此外，还应验算接触电压和跨步电压等。这样不同的变电站接地网的接地阻抗可能差异很大，因此，接地装置的接地阻抗没有具体数字要求，而是符合运行要求。所谓符合运行要求，就是每个变电站，按照当时的设计，对接地网的接地阻抗会有一个要求。同时考虑到接地装置可能出现腐蚀劣化，要求接地阻抗不超过初值的 1.3 倍。1.3 倍这个数据是考虑了接地装置的接地阻抗在测量中存在一定分散性，并结合实际测量结果确定的。不同的测量方法，测量值会有差异，比较应在同等测量条件下进行。

4. 注意事项

（1）待测接地体应先进行除锈等处理，以保证可靠的电气连接。

（2）施放线时，注意不得随意拉扯，以防长线受力拉断、弹起触及高压部位；如借用架空线路作为电流线，应采取必要的安全措施。电流线间的接头应可靠连接并缠绕绝缘胶带，穿越马路时应采取必要的安全措施。

（3）电流、电压线的走向应避免与其连接的接地体、金属管道、水沟（水渠）平行，接地测试极必须在接地网以外且最小距离为总测试引线长度；采用工频法时，为避免运行中的输电线路的影响。尽可能使测量线远离运行中的输电线路或与其垂直，以减小干扰影响。

（4）试验应选择在晴朗干燥的天气进行，不能在雨后立即进行。雷雨天气禁止该项作业。

（5）电流极和电压极应设专人看守，加压期间不得触碰电流极或电压极。

5. 摇表法测量变压器接地电阻案例

（1）摇表法测量变压器接地电阻前的准备。

1）作业人员明确作业标准，使全体作业人员熟悉作业内容、作业标准。

2）工器具检查、准备，工器具检查应完好、齐全。

3）危险点分析、预控，工作票安全措施及危险源点预控到位。

4）履行工作票许可手续，按工作内容办理工作票，并履行工作许可手续。

5）召开开工会，分工明确，任务落实到人，安全措施、危险源点明了。

（2）摇表法测量变压器接地电阻的实施。

1）确定所测变电所最大对角线长度 D，当单一接地体时省略。

2）合理布置试验设备、安全围网（栏）、绝缘垫等。

3）记录试验日期、试验性质、试验人员、天气情况、仪器仪表的名称、型号、编号等，以及测试点及设备编号核对。

4）施放试验设备接地线、施放工作保护接地线。

5）施放测试引线：采用三角形布置法，施放电压线和电流线，长度都为2*D*，电压线和电流线之间的夹角为30°。

6）在选择后所确定的电压极、电流极处打下测试电极（测试电极打入地下的长度应大于0.5m），其与电压、电流线连接应可靠。

7）接线回路所有连接端子应连接牢固，仪表量程放在合适挡位。

8）启动测试仪器，读取测试值。

（3）摇表法测量变压器接地电阻的结束。

1）清理工作现场，将工器具全部收拢并清点，废弃物按相关规定处理，材料回收清点。

2）召开收工会，记录本次检修内容，有无遗留问题。

3）验收、办理工作票终结，恢复修试前状态、办理工作票终结手续。

4）按规范填写修试记录。

三、变压器停电一般维护

1. 变压器停电清扫检查的目的

变压器瓷件清扫是防污闪的重要措施，通过清扫外绝缘污垢，恢复其原有的绝缘水平。瓷套表面应无污垢沉积。

2. 准备工作

工器具及材料见表Z08I1001Ⅱ-3。

表 Z08I1001Ⅱ-3　　　工 器 具 及 材 料 表

序号	名称	型号规格（m）	单位	数量	备注
1	人字梯	1.5～1.8	把	1	
2	刷子		台	若干	
3	无纺布		kg	若干	
4	溶剂（汽油、酒精、煤油）		瓶	若干	
5	纱手套		副	2	
6	高架车/升降平台		台	1	

3. 工艺流程及标准

（1）绝缘瓷套外表应无污垢沉积，无破损伤痕；法兰处无裂纹，与绝缘子胶合良好。

（2）冲洗和擦拭以清洁瓷套表面。

（3）一般污秽：用抹布擦净绝缘子表面。

（4）含有机物的污秽：用浸有溶剂（汽油、酒精、煤油）的抹布擦净绝缘子表面，并用干净抹布最后将溶剂擦干净。

（5）黏结牢固的污秽，用刷子刷去污秽层后用抹布擦净绝缘子表面。

4. 注意事项

（1）与带电部分保持安全距离，防止误碰带电设备；注意高架车/升降平台作业时与周围相邻带电设备的安全距离。高架车旋转斗运转过程中注意不要碰撞瓷套，防止瓷套损坏。

（2）高处作业人员必须系安全带，为防止感应电，工作前先挂接地线。

【思考与练习】

1. 概述红外检测的判断方法。

2. 常用的接地电阻测量方法有哪些？

3. 简述变压器停电一般维护时的注意事项。

▲ 模块 2　断路器普通带电测试及一般维护（Z08I1002Ⅱ）

【模块描述】本模块包含断路器普通带电测试及一般维护内容，通过操作过程详细介绍、操作技能训练，达到掌握断路器带电红外测试，停电外观清扫、检查技能的目的。

【模块内容】

一、断路器基本结构原理

（一）高压断路器的作用

断路器是指能带电切合正常状态的空载设备，能开断、关合和承载正常的负荷电流，并且能在规定的时间内承载、开断和关合规定的异常电流（如短路电流）的电器。断路器是电力系统中最重要的控制和保护设备。

在关合状态时应为良好的导体，不仅能对正常电流而且对规定的短路电流也应能承受其发热和电动力的作用，断口间、对地及相间要具有良好的绝缘性能。在关合状态的任何时刻，能在不发生危险过电压的条件下，在尽可能短的时间内开断额定短路电流及以下的电流。在开断状态的任何时刻，在短时间内安全地关合规定的短路电流。

（二）高压断路器基本结构

高压断路器的类型很多，结构比较复杂，但从总体上由以下几部分组成：

（1）开断元件。开断元件包括断路器的灭弧装置和导电系统的动、静触头等。

（2）支持元件。支持元件用来支撑断路器器身，包括断路器外壳和支持瓷套。

（3）底座。底座用来支撑和固定断路器。

（4）操动机构。操动机构用来操动断路器分、合闸。

（5）传动系统。传动系统将操动机构的分、合运动传动给导电杆和动触头。

二、断路器带电测试

（一）断路器带电红外测试

断路器带电红外测试缺陷判定。

1. 红外检测缺陷分类

红外检测发现的设备过热缺陷应纳入设备缺陷管理制度的范围，按照设备缺陷管理流程进行处理。根据过热缺陷对电气设备运行的影响程度分为以下四类：

（1）一般缺陷：指设备存在过热，有一定温差，温度场有一定梯度，但不会引起事故的缺陷。这类缺陷一般要求记录在案，注意观察其缺陷的发展，利用停电机会检修，有计划地安排试验检修消除缺陷。对于负荷率小、温升小但相对温差大的设备，如果负荷有条件或有机会改变时，可在增大负荷电流后进行复测，以确定设备缺陷的性质，当无法改变时，可暂定为一般缺陷，加强监视。

（2）严重缺陷：指设备存在过热，程度较重，温度场分布梯度较大，温差较大的缺陷。这类缺陷应尽快安排处理。对电流致热型设备，应采取必要的措施，如加强检测等，必要时降低负荷电流；对电压致热型设备，应加强监测并安排其他测试手段，缺陷性质确认后，立即采取措施消缺。

（3）危急缺陷：指设备最高温度超过 GB/T 11022—2011《高压开关设备标准的共用技术要求》规定的最高允许温度的缺陷。这类缺陷应立即安排处理。对电流致热型设备，应立即降低负荷电流或立即消缺；对电压致热型设备，当缺陷明显时，应立即消缺或退出运行，如有必要，可安排其他试验手段，进一步确定缺陷性质。

（4）电压致热型设备的缺陷一般定为严重及以上的缺陷。

2. 断路器发热缺陷红外热像特征判据

（1）电流至热型缺陷。由于电流效应引起发热的设备成为电流至热型设备，发热的主要原因有电气接头连接不良、触头接触不良、导线（导体）载流面积不够或断股等。电流至热型设备的热故障可以分为外部热故障和内部热故障。对于磁场和漏磁引起的过热可依据电流至热型设备处理。

表 Z08I1002 Ⅱ -1　　　　　断路器电流致热型缺陷诊断判据

部位	热像特征	故障特征	缺陷性质		
			一般缺陷	严重缺陷	危急缺陷
接头和线夹	以线夹和接头为中心的热像，热点明显	接触不良	温差不超过 15K，未达到严重缺陷的要求	热点温度＞80℃ 或 $\delta \geq 80\%$	热点温度＞110℃ 或 $\delta \geq 95\%$

续表

部位	热像特征	故障特征	缺陷性质		
			一般缺陷	严重缺陷	危急缺陷
动静触头	以顶帽和下法兰为中心的热像，顶帽温度大于下法兰温度	接触不良	温差不超过10K，未达到严重缺陷的要求	热点温度＞55℃或δ≥80%	热点温度＞80℃或δ≥95%
中间触头	以下法兰和顶帽为中心的热像，下法兰温度大于顶帽温度				
静触头基座	以上端顶帽中部为最高温度的热像				

（2）电压至热型缺陷。设备内部的电介质在交流电压作用下产生能量损耗（介质损耗），当介质绝缘性能下降时会引起介质损耗和电容量变大，从而引起设备运行温度增加。

表 Z08I1002Ⅱ–2　　　　断路器电压致热型缺陷诊断判据

部位	热像特征	故障特征	温差（K）
高压套管（瓷套或有机绝缘套）	热像特征呈现以套管整体发热热像	介质损耗偏大	2～3
	热像为对应部位呈现局部发热区故障	局部放电故障	

（3）综合至热型缺陷。当设备发热有两种及以上因素造成时，应综合分析缺陷性质。

3. 注意事项

（1）防止人员触电。在测温作业中应注意与带电设备保持足够的安全距离；夜间测试应携带足够的照明设备和通信设施；有必要触碰不带电的金属构架和设备外壳时，应做好防感应电的措施和准备，避免检测人员受到伤害和测温仪器遭到损坏。

（2）防止仪器损坏。强光源会损伤红外成像仪，严禁使用红外成像仪测量强光源物体（如太阳）。

4. 案例

断路器故障案例如图 Z08I1002Ⅱ–1～图 Z08I1002Ⅱ–4 所示。

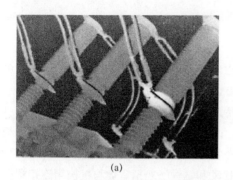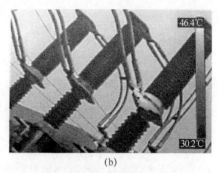

(a) (b)

图 Z08I1002Ⅱ-1 220kV SF₆ 断路器 C 相下端接头连接不良

(a) 红外图像；(b) 图像融合

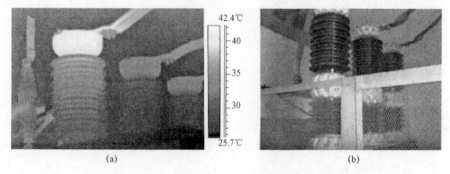

(a) (b)

图 Z08I1002Ⅱ-2 35kV SF₆ 断路器内部静触头接触不良

(a) 红外图像；(b) 可见光图像

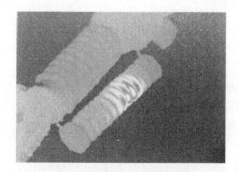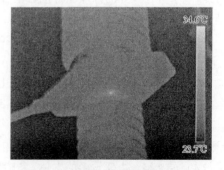

图 Z08I1002Ⅱ-3 高压断路器 图 Z08I1002Ⅱ-4 断路器法兰对
均压电容局部过热 绝缘子放电发热

(二) 断路器目测检查

1. 主要目的

断路器目测检查的主要目的是为了确认断路器是否存在影响安全运行的故障或隐

患的情况。

2. 测试周期、目测内容

与日常巡视检查相比，断路器目测检查内容更详细，要求更细致，应每季度至少安排一次。宜在负荷高峰来临前，以及运方调整可能导致电网相对薄弱之前。

断路器不停电目测检查的主要内容包括：

（1）检查各绝缘子（包括支持绝缘子、灭弧室绝缘子和并联电容器/电阻外套绝缘子）外表面应无污垢沉积，无破损伤痕，法兰处无裂纹；

（2）检查本体所有螺栓，螺母是否有松动和锈蚀（包括本体与机构箱连接螺栓）；

（3）检查分、合闸指示是否到位并与开关位置相符，各信号指示是否有异常；

（4）SF$_6$ 断路器应检查密度表、气体压力，压力异常增大或偏小均应查明原因；

（5）检查机构箱底部是否有碎片、异物，对机构内所有部件进行外观检查；

（6）检查缓冲器外观是否良好，检查油缓冲器有无漏油痕迹；

（7）检查储能指针位置；

（8）液压机构应检查各高压管路、工作缸、储压器、液压泵、低压油管有无渗漏油；油压表是否正常；还应到后台机查询打压是否频繁，如果油泵日平均启动次数大幅提高，表明机构内部可能出现液压油泄漏情况；

（9）气动机构还应检查气压回路、部件是否漏气；空压机是否缺机油、疏水阀是否泄漏、机油是否乳化等；

（10）检查机构箱内所有螺栓、螺钉和插头，检查所有电器元件和二次线，必要时对接线端子进行红外测温以检验接触是否良好；

（11）检查机构箱加热器和门灯功能；

（12）检查机构箱密封情况，达到防尘、防水要求。

3. 不停电目测注意事项

（1）与高压部分保持安全距离，防止误碰带电设备；

（2）防止误碰接线端子及低压裸露带电部分造成低压触电或者设备误动作；

（3）严禁触摸机械转动部件，严禁将身体任何部位伸至机械转动半径范围内，防止断路器突然动作时机械伤害；

（4）GIS 组合电器设备的本体、断路器机构目测可参考本模块内容，其他组件（隔离开关、互感器、避雷器等）可参考其他相关设备模块；

（5）开关柜内设备运行时禁止打开高压室门检查，可对外观检查、二次元器件进行检查，并核对各类信号。

三、断路器停电一般维护

断路器一般停电维护工作主要是指断路器的停电清扫检查工作。

1. 断路器停电清扫检查的目的

（1）断路器外瓷套清扫是防污闪的重要措施，通过清扫外绝缘污垢，恢复其原有的绝缘水平。瓷套表面应无污垢沉积，无破损；法兰处无裂纹，与瓷瓶胶合良好；

（2）断路器外观检查，主要检查支架、本体与支架、机构的连接等；

（3）机构箱的检查，除进行上文不停电目测检查外，还可进行分合闸操作、观察储能过程等简单测试，检验设备工作是否正常。

2. 准备工作

（1）维护用工器具。所需工器具见表 Z08I1002Ⅱ-3。

表 Z08I1002Ⅱ-3　　　　　　工 器 具 准 备 表

序号	名称	型号规格	单位	数量	备注
1	活络扳手	12	把	2	
2	梅花扳手	22~24	把	2	
3	梅花扳手	17~19	把	2	
4	梅花扳手	12~14	把	2	
5	套筒头	24、19、17、13、11	只	各1	
6	力矩扳手	0~20N·m 0~100N·m 0~250N·m	把	1 1 1	
7	机油枪		把	1	
8	万用表		只	1	
9	人字梯	1.5~1.8m	把	1	
10	摇表	500V	只	1	
11	电气设备外壳接地线	6mm²	副	2	软钢线
12	电源接线盘	220V	只	1	带漏电保安器
13	升降车（或升降台）		辆	1	液压升降必须可靠动作
14	吸尘器		台	1	

（2）主要消耗性材料，见表 Z08I1002Ⅱ-4。

表 Z08I1002Ⅱ-4　　　　　　主要消耗性材料清单

序号	名称	型号规格	单位	数量	备注
1	无纺布		kg	5	
2	小毛巾		条	3	

序号	名称	型号规格	单位	数量	备注
3	导电脂		kg	0.3	
4	白纱带		圈	1	
5	机油	30 号	kg	0.5	
6	漆刷	1.5 寸	把	5	
7	塑料薄膜		m	30	
8	红漆	小听	听	1	
9	黄漆	小听	听	1	
10	绿漆	小听	听	1	
11	黑漆	小听	听	1	
12	绝缘胶布		圈	1	
13	铅笔		支	1	
14	记号笔		支	1	
15	洗手液（或肥皂）		瓶	1	
16	纱手套		副	10	
17	油脂		瓶	1	
18	硅脂		瓶	1	
19	粘合剂		瓶	1	

3. 工艺流程及标准

（1）维护预备状态检查。

1）断路器在分闸位置；

2）断路器已与带电设备隔离并两侧接地；

3）断路器电动机、加热器电源已断开；

4）断路器弹簧储能已释放：进行一次合—分操作以释放操作机构弹簧组能量；

5）控制电源已断开。

（2）本体及支架检查。

1）绝缘瓷套外表应无污垢沉积，无破损伤痕；法兰处无裂纹，与绝缘子胶合良好。

2）如有污物需冲洗和擦拭以清洁瓷套表面。

3）检查引流板与线夹连接部分，接触良好，无发热痕迹。

4）检查 SF_6 压力，当气压偏低时，需进行补气。

5）检查本体及支架所有螺栓应无松动、锈蚀。如局部锈蚀应刷漆处理，如严重锈蚀则应更换处理。如有螺栓松动，应按如下力矩要求拧紧螺栓。

（3）操作机构的检查与维护。

1）机构箱内控制面板检查，各元件外表完整，无损坏。

2）控制面板各元件功能检查，打开机构箱，检查照明正常；合上电机和控制回路电源，对开关进行一次合分操作，分合闸及弹簧储能应指示准确，计数器应正确动作；断开电机和控制回路电源，对开关进行一次合分操作，释放弹簧储能。

3）检查加热器功能和投切装置功能，合上加热器电源，检查加热器工作正常，温控器启动温度整定根据厂家说明书建议值，最后断开加热器电源。

4）对驱动轴、合闸轴等运动部件进行检查，主轴、减速器、连杆、分闸销、惯性飞轮、凸轮等各部件应清洁、润滑，如干燥和锈蚀，则用润滑脂润滑。液压机构、气动机构应相应检查各压力组件、管路无渗漏；传动件可注入少量机油防止卡涩。

5）端子排、元件表面积污可用吸尘器仔细清除。

（4）螺栓拧紧时应使用力矩扳手，并符合表 Z08I1002Ⅱ–5 所示力矩要求（各厂家规定均不相同，请参照产品说明书）。

表 Z08I1002Ⅱ–5　　　　力 矩 扳 手 力 矩 要 求

螺栓直径	力矩（N）	螺栓直径	力矩（N）
M6	4.5	M12	40
M8	10	M16	80
M10	20		

4. 注意事项

（1）与高压部分保持安全距离，防止误碰带电设备；注意高架车/升降平台作业时与周围相邻带电设备的安全距离。高架车旋转斗运转过程中注意不要碰撞瓷套，防止瓷套损坏。

（2）在分、合闸弹簧中存储有能量，机构可能由于大的震动或无意识地接触机构的掣子元件而跳闸。在操动机构和连接系统中有轧伤的危险。因此检查维护前应将机构能量释放。

（3）操动机构内的交直流有可能造成人员触电或操作机构误动。

（4）高处作业人员必须系安全带，为防止产生感应电，工作前应先挂临时接地线。

【思考与练习】

1. 高压断路器按照灭弧介质分类可以分为哪几类？

2. 高压断路器的操作机构有哪几类？分别是利用何种物质传递及储存能量的？

3. 对断路器带电红外测温可发现哪些缺陷？

4. 断路器停电维护工作开始前，应检查断路器哪些状态？

▲ 模块 3 隔离开关普通带电测试及一般维护
（Z08I1003Ⅱ）

【模块描述】 本模块包含隔离开关普通带电测试及一般维护内容，通过操作过程详细介绍、操作技能训练，达到掌握隔离开关带电红外检测、停电清扫、传动部件检查、维护，加润滑油技能的目的。

【模块内容】

一、隔离开关基本结构原理

（一）高压隔离开关的作用

隔离开关又称隔离刀闸，是高压开关的一种，因为它没有专门的灭弧装置，所以，不能用来切断负荷电流和短路电流，使用时应与断路器配合，一般对动触头的开断和关合速度没有规定要求。在电力系统中，隔离开关主要有以下用途。

1. 隔离电源

用隔离开关将需要检修的设备与带电的电网隔开，使其具有明显的断开点，以保证检修工作的安全进行。

2. 改变运行方式

在断口两端接近等电位的条件下，带负荷进行拉、合操作，变换双母线或其他不长的并联线路的接线方式。

3. 接通和断开小电流电路

在运行中可利用隔离开关进行以下操作：

（1）接通和断开正常运行的电压互感器和避雷器。

（2）接通和断开励磁电流不超过 2A 的空载变压器。

（3）接通和断开电容电流不超过 5A 的空载线路。

（4）接通和断开未带负荷的汇流空载母线。

（5）与断路器配合操作，改变系统运行方式。

（二）隔离开关基本结构

隔离开关型号虽然较多，但其基本结构主要由以下几部分组成：

（1）支持底座。支持底座的作用是起支持固定的作用，将导电部分、绝缘子、传动机构、操动机构等连接固定为整体。

（2）导电部分。导电部分包括触头、隔离开关、接线座等，其作用是传导电流。

（3）绝缘子。绝缘子包括支持绝缘子、操作绝缘子，其作用是使带电部分对地绝缘。

（4）传动机构。传动机构的作用是接受操动机构的力矩，并通过拐臂、连杆、轴齿或操作绝缘子，将运动传给动触头，以完成分、合闸操作。

（5）操动机构。用手动、电动向隔离开关的动作提供动力。

二、隔离开关带电测试

（一）隔离开关带电红外测试

1. 红外检测缺陷分类

红外检测发现的设备过热缺陷应纳入设备缺陷管理制度的范围，按照设备缺陷管理流程进行处理。根据过热缺陷将电气设备运行的影响程度分为以下三类：

（1）一般缺陷：指设备存在过热，有一定温差，温度场有一定梯度，但不会引起事故的缺陷。这类缺陷一般要求记录在案，注意观察其缺陷的发展，利用停电机会检修，有计划地安排试验检修消除缺陷。对于负荷率小、温升小但相对温差大的设备，如果负荷有条件或机会改变时，可在增大负荷电流后进行复测，以确定设备缺陷的性质，当无法改变时，可暂定为一般缺陷，加强监视。

（2）严重缺陷：指设备存在过热，程度较重，温度场分布梯度较大，温差较大的缺陷。这类缺陷应尽快安排处理。对电流致热型设备，应采取必要的措施，如加强检测等，必要时降低负荷电流；对电压致热型设备，应加强监测并安排其他测试手段，缺陷性质确认后，立即采取措施消缺。

（3）危急缺陷：指设备最高温度超过 GB/T 11022—2011 规定的最高允许温度的缺陷。这类缺陷应立即安排处理。对电流致热型设备，应立即降低负荷电流或立即消缺；对电压致热型设备，当缺陷明显时，应立即消缺或退出运行，如有必要，可安排其他试验手段，进一步确定缺陷性质。

电压致热型设备的缺陷一般定为严重及以上的缺陷。

2. 隔离开关发热缺陷红外热像特征判据

（1）电流至热型缺陷。由于电流效应引起发热的设备成为电流至热型设备，发热的主要原因有电气接头连接不良、触头接触不良、导线（导体）载流面积不够或断股等。电流至热型设备的热故障可以分为外部热故障和内部热故障。对于磁场和漏磁引起的过热可依据电流至热型设备处理。隔离开关电流致热型缺陷诊断判据见表 Z08I1003Ⅱ–1。

表 Z08I1003Ⅱ-1 隔离开关电流致热型缺陷诊断判据

部位	热像特征	故障特征	缺陷性质		
			一般缺陷	严重缺陷	危急缺陷
接头和线夹	以线夹和接头为中心的热像，热点明显	接触不良	温差不超过 15K，未达到严重缺陷的要求	热点温度＞80℃或 $\delta \geqslant$ 80%	热点温度＞110℃或 $\delta \geqslant$ 95%
金属载流导线	以导线为中心的热像，热点明显	软连接导线松股、断股、老化或截面积不够			
转头	以转头为中心的热像	转头接触不良或断股	温差不超过 15K，未达到严重缺陷的要求	热点温度＞90℃或 $\delta \geqslant$ 80%	热点温度＞130℃或 $\delta \geqslant$ 95%
刀口	以刀口压接弹簧为中心的热像	弹簧压接不良			

（2）电压至热型缺陷。设备内部的电介质在交流电压作用下产生能量损耗（介质损耗），当介质绝缘性能下降时会引起介质损耗和电容量变大，从而引起设备运行温度增加。隔离开关电压致热型缺陷诊断判据见表 Z08I1003Ⅱ-2。

表 Z08I1003Ⅱ-2 隔离开关电压致热型缺陷诊断判据

部位	热像特征	故障特征	温差 K
支持瓷瓶/旋转瓷瓶	热像特征呈现以套管整体发热热像	介质损耗偏大	2～3
	热像为对应部位呈现局部发热区故障	局部放电故障	

（3）综合至热型缺陷。当设备发热有两种及以上因素造成时，应综合分析缺陷性质。

3. 注意事项

（1）防止人员触电。在测温作业中应注意与带电设备保持足够的安全距离；夜间测试应携带足够的照明设备和通信设施；有必要触碰不带电的金属构架和设备外壳时，应做好防感应电的措施和准备，避免检测人员伤害和测温仪器损坏。

（2）防止仪器损坏。强光源会损伤红外成像仪，严禁使用红外成像仪测量强光源物体（如太阳）。

4. 案例

隔离开关故障案例如图 Z08I1003Ⅱ-1～图 Z08I1003Ⅱ-4 所示。

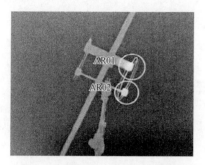

图 Z08I1003Ⅱ–1 220kV 隔离开关
吊环压板接头连接不良

图 Z08I1003Ⅱ–2 高压隔离开关刀口及
转动柱头接触不良

图 Z08I1003Ⅱ–3 隔离开关瓷柱
表面污秽引起局部过热

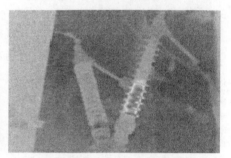

图 Z08I1003Ⅱ–4 高压隔离
开关瓷柱绝缘子裂伤

（二）隔离开关目测检查

1. 主要目的

隔离开关目测检查的主要目的是为了确认隔离开关是否存在影响安全运行的故障或隐患的情况，决定是否需停电处理。

2. 测试周期、目测内容

与日常巡视检查相比，目测检查内容更详细，要求更细致，应每季度至少安排一次。宜在负荷高峰来临前，以及运方调整可能导致电网相对薄弱之前。

隔离开关不停电目测检查的主要内容包括：

（1）检查各绝缘子（包括支柱绝缘子、旋转绝缘子、操作绝缘子等）外表面有无污垢沉积，法兰面结合处无裂纹，绝缘子伞裙是否有破损及法兰和绝缘子胶合是否良好；

（2）检查本体所有螺栓、螺母是否有松动和锈蚀；

（3）检查合闸状态的隔离开关刀头啮合面积是否正常，导电臂是否处于正常工作位置，有无合闸过头或回弹、松脱现象；

（4）检查分闸状态的隔离开关导电臂是否分到底；

（5）检查导电回路是否有异常发热痕迹，检查地刀分闸或合闸状态位置是否恰当；

（6）检查隔离开关与本体连接可靠，无松动，检查分合闸限位装置良好；

（7）检查机械闭锁连板处于正常位置；

（8）检查机构箱内所有螺栓、螺钉和插头，检查所有电器元件和二次线，必要时对接线端子进行红外测温以检验接触是否良好；

（9）检查机构箱加热器和门灯功能；

（10）检查机构箱密封情况，需达到防尘、防水要求。

3. 不停电目测注意事项

（1）与高压部分保持安全距离，防止误碰带电设备；

（2）防止误碰接线端子及低压裸露带电部分造成低压触电或者设备误动作；

（3）严禁触摸机械转动部件，严禁将身体任何部位伸至机械转动半径范围内，防止隔离开关突然动作时的机械伤害。

（三）隔离开关停电一般维护

隔离开关一般停电维护工作主要是指断路器的停电清扫检查工作。

1. 隔离开关停电清扫检查的目的

（1）隔离开关绝缘子清扫是防污闪的重要措施，通过清扫外绝缘污垢，恢复其原有的绝缘水平。瓷套表面应无污垢沉积，无破损；法兰处无裂纹，与绝缘子胶合良好。

（2）隔离开关外观检查，主要检查导电部分、绝缘子、传动连接部分以及操动机构。

（3）除进行上文不停电目测检查外，还可进行分合闸操作等简单测试，检验设备工作是否正常。

2. 准备工作

表 Z08I1003 Ⅱ‑3　　　　　　工器具与材料准备清单

序号	名称	规格	单位	数量
1	组合工具		套	1
2	万用表	VC96A	只	1
3	摇表	1000V	只	1
4	线盘	220V	只	1
5	梯		架	1
6	人字梯	二节	架	2

续表

序号	名称	规格	单位	数量
7	机油		kg	0.1
8	中性凡士林		kg	0.5
9	毛巾		条	20
10	木榔头		把	1
11	砂皮		张	10
12	塑料纸		张	若干
13	电焊机		台	1
14	汽油		kg	1

3. 工艺流程及标准

（1）维护预备状态检查。

1）隔离开关确已在检修状态，隔离开关两侧确已停电，并挂设接地线（自带地刀需维护，因此需挂设接地线）；

2）隔离开关电动机、加热器电源已断开；

3）操作电源已断开。

（2）外观检查。

1）目检无异常、无破损，检查外部锈蚀情况、相位识别漆；

2）手动合分一次刀闸及地刀，检查传动部分、导电部分及操作机构的运转状况；

3）检查接地线应完好，连接端的接触面不应有腐蚀现象、连接牢固，螺栓紧固、锈蚀螺栓应更换。

（3）检查清洁绝缘子

1）使用登高机具或人字梯，用毛巾或抹布挨个擦拭瓷套的伞裙并仔细检查，绝缘子外表无污垢沉积，法兰面处无裂纹，与绝缘子胶合良好；

2）检查瓷套法兰面的连接螺栓，连接应无松动，如有松动，用相应的力矩紧固。

（4）导电回路检查。

1）导电杆表面无烧伤痕迹、镀银层完好；

2）触指片表面无烧伤痕迹、镀银层完好、清除触片表面氧化层，并涂润滑脂；

3）压力弹簧应完好、不变形；

4）各导电软连接不应断片，接触面不氧化，连接螺栓紧固；

5）检查导电臂其他不用做导电的部件情况，如传动拉杆、齿轮齿条、轴承、导向板等无异常、无破损。

（5）传动装置检查。

1）检查各相间传动连杆情况，检查主动相主传动拐臂情况，连杆无拱弯现象，各轴销连接可靠，销应涂润滑脂；

2）检查各传动连杆的连接接头、连动杆可调节拧紧螺母松紧情况，连接螺栓应全部给予复紧；

3）检查垂直操作杆与操动机构输出轴连接夹件的连接情况；

4）检查机械联锁装置。

（6）接地刀闸检查。

1）接地刀闸静触头座与主刀静触头座之间应连接牢固、固定螺栓应紧固，静触头表面清擦光洁，并薄涂润滑脂；

2）接地刀闸动臂与水平连杆连接的夹件，螺栓应紧固，接地软连线不应断股；

3）检查平衡弹簧不应变形及断裂现象，紧固卡套螺钉应紧固，平衡弹簧应有预扭力；

4）检查各传动连杆连接夹件螺栓的连接情况，并全部给予紧固；

5）分闸位置时，接地刀闸动臂应与接地刀闸支架可靠地靠上。

（7）操动机构检查。

1）检查变速齿轮箱转动时无异常响声，运转平稳；电动机转动正常，绝缘良好；

2）辅助开关每副触点导通检查，应接触可靠，切换正确；

3）机构箱内部接线端子排、各接触器等电气元件的二次接线连接可靠，接线螺钉紧固，接线端子无氧化现象；

4）手动接地操作机构在通电情况下，考核主刀在合闸位置时，接地刀闸的电磁锁被锁住（线圈应不通电），主刀在分闸位置时，接地刀闸的电磁锁被释放（线圈应通电）；

5）检查加热器及投切性能，加热器电源开关接通电源时，加热器工作应正常；

6）检查箱体及箱门防水性能，箱体外部无锈蚀，箱门关闭紧密，箱门内密封条完整有弹性，无进水迹象。

（8）螺栓拧紧时应使用力矩扳手，并符合表 Z08I1003Ⅱ-4 所示的力矩要求。

表 Z08I1003Ⅱ-4　　　　　　　力矩扳手的力矩要求

螺栓直径	力矩（N）	螺栓直径	力矩（N）
M6	4.5	M12	40
M8	10	M16	80
M10	20		

4. 注意事项

（1）与高压部分保持安全距离，防止误碰带电设备；注意高架车/升降平台作业时与周围相邻带电设备的安全距离。高架车旋转斗运转过程中注意不要碰撞瓷套，防止瓷套损坏。

（2）绝缘子禁止攀爬，使用人字梯或登高机具。

（3）高处作业人员必须系安全带，为防止感应电，工作前先挂临时接地线。

（4）操动机构内的交直流有可能造成人员触电或操动机构误动。

（5）维护工作中需操作隔离开关时，应确认防误功能投入，确认所执行操作不会造成误送电，临时操作结束应及时断开各电源。

【思考与练习】

1. 隔离开关的用途是什么？

2. 隔离开关不停电目测检查的主要内容有哪些？

3. 对隔离开关带电红外测温可发现哪些缺陷？

▲ 模块 4　互感器普通带电测试及一般维护（Z08I1004 Ⅱ）

【模块描述】本模块包含互感器普通带电测试及一般维护内容，通过操作过程详细介绍、操作技能训练，达到掌握互感器带电红外测试、接地导通测试，停电外观清扫、检查技能的目的。

【模块内容】

一、互感器的分类及作用

（一）互感器的分类

互感器按性质主要分为电压互感器和电流互感器两大类。也有把电压互感器和电流互感器合并形成一体的互感器，称为组合式互感器。

（二）互感器的作用

互感器是一种利用电磁原理进行电压、电流变换的变压器类设备（光电互感器除外），在电力系统广泛使用。互感器与测量仪表和计量装置配合，可以测量一次系统的电压、电流和电能；与继电保护和自动装置配合，可以对电网各种故障进行电气保护，以及实现自动控制。其作用归纳为：

（1）将一次系统的电压或电流信息准确地传递到二次设备。

（2）将一次系统的高电压或大电流变换为二次侧的低电压或小电流，使二次设备装置标准化、小型化，并降低了对二次设备的绝缘要求。

（3）由于互感器一、二次之间有足够的绝缘强度，能使二次设备和工作人员与一次系统设备在电方面很好地隔离，从而保证了二次设备和工作人员的人身安全。

二、电压互感器

电压互感器是将一次系统的高电压变换成标准低电压（100V、100/$\sqrt{3}$ V、100/3V）的电器。

（一）电压互感器的特点

电压互感器与变压器有所不同，它是一种特殊的变压器，其主要功能是传递电压信息，而不是输送电能。其特点归纳为：

（1）电压互感器的二次负载是一些高阻抗的测量仪表和继电保护的电压绕组，二次电流很小，因而内阻抗压降很小，相当于变压器空载运行，所以二次电压基本上就等于二次电动势。

（2）电压互感器二次绕组不能短路运行。因为电压互感器内阻抗很小，短路时二次侧产生的电流很大，会有烧坏电压互感器的危险。

（3）二次侧绕组必须一端接地。因为电压互感器一次侧与高压直接连接，若运行中互感器一、二次绕组之间的绝缘皮击穿，高压电即会窜入二次回路，危及二次设备和工作人员的人身安全。

（二）电压互感器的分类

电压互感器的种类很多，分类方法也很多，主要有以下几类：

（1）按相数分，有单相和三相电压互感器。

（2）按绕组数分，有双绕组、三绕组及四绕组电压互感器。

（3）按绝缘介质分，有干式、浇注式、油浸式和气体绝缘电压互感器。

（4）按结构原理分，有电磁式和电容式两种，电磁式又分为单级式和串级式。

（5）按使用条件分，有户内型和户外型电压互感器。

三、电流互感器

电流互感器是一种专门用于变换电流的特种变压器，其基本原理与变压器没有多大的差别，它的一次绕组匝数很少，与线路串联，二次绕组匝数很多，与仪表及继电保护装置的电流线圈相串联。

（一）电流互感器的特点

电流互感器与变压器有所不同，其有以下特点：

（1）电流互感器二次回路负载阻抗很小，相当于变压器的短路运行。一次电流由线路的负载决定，不由二次电流决定。因而，二次电流几乎不受二次负载的影响，只随一次电流的变化而变化。

（2）电流互感器二次绕组不允许开路运行。因为二次电流对一次电流产生的磁通是去磁作用，如果二次开路，则一次电流全部作为励磁用，铁芯过饱和，二次绕组开路两端产生很高的电动势，从而产生高的电压，同时铁损也增加，有烧毁互感器的可能。

（3）电流互感器二次侧一端必须接地，以防止一、二次绕组之间绝缘击穿时危及仪表和人身安全。电流互感器二次绕组只允许有一点接地，否则在两接地点间形成分流回路，影响装置正确动作。

（二）电流互感器的分类

（1）按使用条件分，有户内型和户外型电流互感器。

（2）按绝缘介质分，有干式电流互感器、浇注式电流互感器、油浸式电流互感器和气体绝缘式电流互感器。

（3）按安装方式分，有贯穿式电流互感器、支柱式电流互感器、套管式电流互感器和母线式电流互感器。

（4）按一次绕组匝数分，有单匝式电流互感器和多匝式电流互感器。

（5）按电流比变换分，有单电流比电流互感器、多电流比电流互感器和多个铁芯电流互感器。

（6）按二次绕组所在位置分，有正立式电流互感器和倒立式电流互感器。

（7）按保护用电流互感器技术性能分，有稳定特性型电流互感器和暂态特性型电流互感器。

（8）按电流变换原理分，有电磁式电流互感器和光电式电流互感器。

四、互感器带电测试

（一）带电红外测试

1. 互感器的热像特征判据

互感器电流、电压致热型设备缺陷诊断判据见表 Z08I1004Ⅱ-1、表 Z08I1004Ⅱ-2。

表 Z08I1004Ⅱ-1　　　　互感器电流致热型设备缺陷诊断判据

部位	热像特征	故障特征	缺陷性质		
			一般缺陷	严重缺陷	危急缺陷
接头和线夹	以线夹和接头为中心的热像，热点明显	接触不良	温差不超过 15K，未达到严重缺陷的要求	热点温度＞80℃或 $\delta \geqslant 80\%$	热点温度＞110℃或 $\delta \geqslant 95\%$
内连接	以串并联出线头或大螺杆出线夹为最高温度的热像或以顶部铁帽发热为特征	螺杆接触不良	温差超过 10K，未达到严重缺陷的要求	热点温度＞55℃或 $\delta \geqslant 80\%$	热点温度＞80℃或 $\delta \geqslant 95\%$

表 Z08I1004Ⅱ-2　　　　互感器电压致热型设备缺陷诊断判据

部位	热像特征	故障特征	温差（K）
10kV 浇注式电流互感	以本体为中心整体发热	铁芯短路或局部放电增大	4
油浸式电流互感	以瓷套整体温升增大，且瓷套上部温度偏高	介质损耗偏大	2～3
10kV 浇注式电压互感器	以本体为中心整体发热	铁芯短路或局部放电增大	4
油浸式电压互感器（含电容式电压互感器的互感器部分）	以整体温升偏高，且中上部温度大	介质损耗偏大、匝间短路或铁芯损耗增大	2～3

2. 注意事项

（1）防止人员触电。在测温作业中应注意与带电设备保持足够的安全距离；夜间测试应携带足够的照明设备和通信设施；有必要触碰不带电的金属构架和设备外壳时，应做好防感应电的措施和准备，避免检测人员伤害和测温仪器损坏。

（2）防止仪器损坏。强光源会损伤红外成像仪，严禁使用红外成像仪测量强光源物体（如太阳）。

3. 案例

案例1：500kV 电流互感器相间温差为 2.5～3.0K，如图 Z08I1004Ⅱ-1 所示。经停电试验，发热相 $\tan\delta$ 由 0.3%增加到 0.79%，增长量为 0.49%。

案例2：电容式电压互感器 A、B 相电磁单元中间变压器异常发热，如图 Z08I1004Ⅱ-2 所示。

 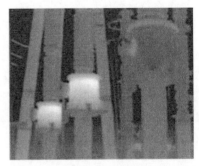

图 Z08I1004Ⅱ-1　500kV 电流　　　图 Z08I1004Ⅱ-2　电容式电压互感器
互感器内部损耗异常　　　　　　　　电磁单元异常发热

案例3：电流互感器介损增大引起的整体发热，如图 Z08I1004Ⅱ-3 所示。

案例4：倒立式电流互感器接头发热，如图 Z08I1004Ⅱ-4 所示。

图 Z08I1004Ⅱ-3 电流互感器介损
增大引起的整体发热

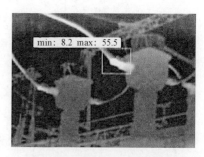

图 Z08I1004Ⅱ-4 倒立式电流
互感器接头发热

案例5：电流互感器变比接头连接不良发热，如图 Z08I1004Ⅱ-5 所示。

（二）接地导通测试

1. 接地导通的原理及测试目的

电气设备的接地引下线联通设备接地部分与接地网，对设备运行安全至关重要。虽然在制作接地装置时，已对接地引下线联结处做了防腐处理，但位于土壤中的联结点仍因长期受到物理、化学等因素的影响而腐蚀，使触点电阻升高，造成故障隐患甚至使设备失地运行。

图 Z08I1004Ⅱ-5 电流互感器
变比接头连接不良发热

接地装置的电气完整性是接地装置特性参数的一个重要方面。接地导通试验的目的是检查接地装置的电气完整性，即检查接地装置中应该接地的各种电气设备之间、接地装置的各部分及各设备之间的电气连接性，一般用直流电阻值表示。保持接地装置的电气完整性可以防止设备失地运行，提供事故电流泄流通道，保证设备的安全运行。

2. 试验仪器、设备的选择

选用专门仪器接地导通电阻测试仪，仪器的分辨率为 1mΩ，准确度不低于 1.0 级，仪器输出电流为 10～50A。

3. 试验过程及步骤

（1）试验接线。接地导通试验接线如图 Z08I1004Ⅱ-6 所示。

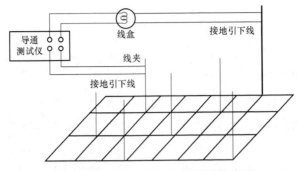

图 Z08I1004 Ⅱ-6 接地导通试验接线图

（2）试验步骤。

1）选取参考点和测试点，并做标示。先找出与接地网连接良好的接地引下线作为参考点，考虑到变电所场地可能比较大，测试线不能太长，宜选择被测电流互感器间隔的断路器接地引下线基准，在各相电流互感器的接地引下线上选择一点作为该设备导通测试点。

2）准备好仪器设备，将接地导通电阻测试仪输出连接分别连接到参考点、测试点。

3）打开仪器电源，调节仪器使输出某一电流值，记录相应的直流电阻值。

4）调节仪器使输出为零，断开电源，将测试点移到下一位置，依次测试并记录。

4. 试验注意事项

（1）试验应在天气良好情况下进行，遇有雷雨情况时应停止测量，撤离测量现场。

（2）试验中应对测试点擦拭、除锈、除漆，保持仪器线夹与参考点、测试点的接触良好，减小接触电阻的影响。

（3）为确保历年测试点的一致，便于对比，可对测试中各参考点、设备的测试引下线等做好记录，并做标记以便识别。

（4）试验中应测量不同场区之间地网的导通性。

（5）当发现测试值在 50mW 以上时，应反复测试验证。

（6）试验时一人操作仪器、记录数据，两人负责移动线夹以对不同点进行测试。

（7）电压线夹应放置在电流线夹下方，以除去接触电阻的影响。

5. 试验标准及要求

（1）状况良好的设备测试值应在 50mΩ 以下；

（2）50～200mΩ 的设备（连接）状况尚可，宜在以后理性测试中重点关注其变化，重要的设备宜在适当时候检查处理；

（3）200mΩ～1Ω 的设备（连接）状况不佳，对重要的设备应尽快检查处理，其他设备宜在适当时候检查处理；

（4）1Ω 以上的设备与主网未连接，应尽快检查处理。

6. 接地导通测量案例

（1）互感器接地导通测量前的准备。

1）作业人员明确作业标准，使全体作业人员熟悉作业内容、作业标准。

2）工器具检查、准备，工器具检查应完好、齐全。

3）危险点分析、预控，工作票安全措施及危险源点预控到位。

4）履行工作票许可手续，按工作内容办理工作票，并履行工作许可手续。

5）召开开工会，明确分工，任务落实到人，保证安全措施、危险源点明了。

（2）互感器接地导通测量的实施。

1）选择间隔内的断路器的接地引下线为基准点；

2）施放试验设备接地线、施放工作保护接地线；

3）合理布置试验设备、温湿度计、绝缘垫等；

4）记录试验日期、试验性质、仪器仪表的名称、型号、编号、基准点、测试点设备所有引下接地的编号，并核对；

5）试验回路接线，施放线时，注意不得随意拉扯，以防长线受力拉断、弹起触及高压部位；

6）将短的测试线测量钳夹与基准点接地引下线可靠连接（电压与电流测试线应分开，且电压线在测试回路的内侧）；

7）将长的测试线测量钳夹分别与各测试点接地引下线可靠连接（电压与电流测试线应分开，且电压线在测试回路的内侧）；

8）打开电源开关，按下"测量"键测试。

（3）互感器接地导通测量的结束。

1）清理工作现场，将工器具全部收拢并清点，废弃物按相关规定处理，材料回收清点；

2）召开收工会，记录本次检修内容，有无遗留问题；

3）验收、办理工作票终结、恢复修试前状态、办理工作票终结手续；

4）按规范填写修试记录。

五、互感器停电一般维护

（一）电磁式电压互感器和电流互感器一般维护

1. 金属膨胀器的检查

（1）检修内容：渗漏、油位指示、压力释放装置、固定与连接、外观。

（2）检查方法：目测、力矩扳手。

（3）质量要求：

1）膨胀器密封可靠，无渗漏，无永久变形。

2）油位指示或油温压力指示机构灵活，指示正确。

3）盒式膨胀器的压力释放装置完好正常，波纹膨胀器上盖与外罩连接可靠，不得锈蚀卡死，保证膨胀器内压力异常增高时能顶起上盖。

4）各部螺钉紧固，盒式膨胀器的本体与膨胀器连接管路畅通。

5）无锈蚀，漆膜完好。

2．储油柜的检查

（1）检修内容：油位计、渗漏、橡胶隔膜、吸湿器、引线、外观。

（2）检查方法：目测、力矩扳手。

（3）质量要求：

1）油位计完好。

2）各部密封良好，无渗漏。

3）隔膜完好，无外渗油渍。

4）吸湿器完好无损。硅胶干燥，油杯中油质清洁，油量正常。

5）一次引接线连接可靠。

6）无锈蚀。

3．瓷套的检查

（1）检修内容：外观。

（2）检查方法：目测。

（3）质量要求：

1）检查瓷套有无破损、裂痕、掉釉现象。瓷套破损可用环氧树脂修补裙边小破损，或用强力胶粘接修复碰掉的小瓷块。如瓷套径向有穿透性裂纹，外表破损面超过单个伞裙 10%，或破损总面积虽不超过单个伞裙 10%但同一方向破损伞裙多于 2 个的，应更换瓷套。

2）检查增爬裙的黏着情况及憎水性。若有黏着不良，应补粘牢固，若老化失效应予更换。

3）检查防污涂层的憎水性，若失效应擦净重新涂覆。

4．油箱底座的检查

（1）检修内容：外观、渗漏、二次部分、压力释放装置、放油阀。

（2）检查方法：目测、力矩扳手。

（3）质量要求：

1）铭牌、标志牌完备齐全。外表清洁、无积污、无锈蚀，漆膜完好。

2）各部密封良好，无渗漏，螺栓紧固。

3）二次接线板应完整、绝缘良好、标志清晰，无裂纹、起皮、放电、发热痕迹。

4）小瓷套应清洁、无积污、无破损渗漏、无放电烧伤痕迹。

5）油箱式电压互感器的末屏、电压互感器的 N（X）端引出线及互感器二次引线的接地端，应与底箱接地端子可靠连接。

6）膜片完好，密封可靠。

7）密封良好，油路畅通、无渗漏。

5. 绝缘电阻测试

（1）检修内容：＞1000MΩ。

（2）检查方法：用 2500V 绝缘电阻表。

（3）质量要求：数值比较低于 1000MΩ，可能是绕组受潮、变压器油含水量高，如换油后绝缘电阻仍然低则应干燥绕组。

（二）电容式电压互感器一般维护

1. 分压电容器的检查

（1）检修内容：参照油浸式互感器瓷套检查的方法检查电容器本体密封情况。

（2）检查方法：目测。

（3）质量要求：参照油浸式互感器瓷套检查质量要求。分压电容器应密封良好，无渗漏。

2. 电磁单元油箱和底座的检查

（1）检修内容：参照油浸式互感器箱和底座检查的方法检查油位，必要时按工艺要求补油。

（2）检查方法：目测。

（3）质量要求：参照油浸式互感器油箱和底座检查质量要求。油箱油位应正常。

3. 单独配置阻尼器的检查

（1）检修内容：对单独配置的阻尼器进行检查清扫，紧固各部螺栓。

（2）检查方法：目测。

（3）质量要求：阻尼器外观完好，接线牢靠。

（4）外表面的检查。

1）检修内容：清洁度。

2）检查方法：目测。

3）质量要求：外面应洁净、无锈蚀，漆膜完整。

（三）SF$_6$互感器一般维护

SF$_6$互感器用 SF$_6$气体作为主绝缘，互感器为全封闭式，气体密度由密度继电器监控，压力超过限值可通过防爆膜或减压阀释放。

（1）检查一次引线连接，如有过热，应清除氧化层，涂导电膏或重新紧固。

（2）检查气体压力表和 SF_6 密度继电器应完好，如有破损应更换新品，SF_6 气体压力低于规定值时应补气。

（四）互感器停电清扫检

互感器瓷件清扫是防污闪的重要措施，通过清扫外绝缘污垢，恢复其原有的绝缘水平。瓷套表面应无污垢沉积、无破损；法兰处无裂纹，与绝缘子胶合良好。

1. 准备工作

工器具及材料见表 Z08I1004Ⅱ-3。

表 Z08I1004Ⅱ-3　　　　　工 器 具 及 材 料

序号	名称	型号规格（精度）	单位	数量	备注
1	人字梯	1.5～1.8m	把	1	
2	刷子		台	若干	
3	无纺布		kg	若干	
4	溶剂（汽油、酒精、煤油）		瓶	若干	
5	纱手套		副	2	
6	高架车/升降平台		台	1	

2. 工艺流程及标准

（1）绝缘瓷套外表应无污垢沉积，无破损伤痕；法兰处无裂纹，与绝缘子胶合良好。

（2）冲洗和擦拭以清洁瓷套表面。

（3）一般污秽：用抹布擦净绝缘子表面。

（4）含有机物的污秽：用浸有溶剂（汽油、酒精、煤油）的抹布擦净绝缘子表面，并用干净抹布最后将溶剂擦干净。

（5）黏结牢固的污秽，用刷子刷去污秽层后用抹布擦净绝缘子表面。

3. 注意事项

（1）与带电部分保持安全距离，防止误碰带电设备。注意高架车/升降平台作业时与周围相邻带电设备的安全距离。高架车旋转斗运转过程中注意不要碰撞瓷套，防止瓷套损坏。

（2）高处作业人员必须系安全带，为防止感应电，工作前先挂接地线。

【思考与练习】

1. 电流互感器按绝缘介质分类有几种类型？
2. 概述互感器电压致热型设备缺陷诊断判据。
3. 概述电容式电压互感器一般维护要求。

模块 5　母线普通带电测试及一般维护（Z08I1005Ⅱ）

【模块描述】本模块包含母线普通带电测试及一般维护内容，通过操作过程详细介绍、操作技能训练，达到掌握母线带电红外测试，停电母线桥清扫、维护、检查技能的目的。

【模块内容】

一、母线基本介绍

（一）母线的作用

母线是指在变电所中各级电压配电装置的连接，以及变压器等电器设备和相应配电装置的连接，大都采用矩形或圆形截面的裸导线或绞线，统称为母线。

母线的作用是汇集、分配和传送电能。

（二）母线的分类

母线按照外形和机构，大致可以分为以下三类：

（1）硬母线。包括矩形母线、槽型母线、管型母线等。

（2）软母线。包括铝绞线、铜绞线、钢芯铝绞线、扩径空心导线等。

（3）封闭母线。包括共箱母线、分相母线等。

（三）母线装置的组成

各母线装置部件根据各功能位置的不同，大致可将母线装置分为硬母线、软母线、绝缘子、金具、穿墙套管等部分。

二、母线装置带电测试

（一）母线装置带电红外测试

母线设备发热缺陷红外热像特征判据见表 Z08I1005Ⅱ-1、表 Z08I1005Ⅱ-2。

1. 电流至热型缺陷

由于电流效应引起发热的设备成为电流至热型设备，发热的主要原因有电气接头连接不良、触头接触不良、导线（导体）载流面积不够或断股等。电流至热型设备的热故障可以分为外部热故障和内部热故障。对于磁场和漏磁引起的过热可依据电流至热型设备处理。

表 Z08I1005Ⅱ-1　　　　母线设备电流致热型缺陷诊断判据

部位	热像特征	故障特征	缺陷性质		
			一般缺陷	严重缺陷	危急缺陷
金属导线	以导线为中心的热像，热点明显	软连接导线松股、断股、老化或截面积不够	温差不超过 15K，未达到严重缺陷的要求	热点温度＞80℃或 δ≥80%	热点温度＞110℃或 δ≥95%
金属接头 导线连接器（耐张线夹、接续管、修补管、并沟线夹、跳线线夹、T 型线夹、设备线夹等）	以线夹和接头为中心的热像，热点明显	接触不良	温差不超过 15K，未达到严重缺陷的要求	热点温度＞90℃或 δ≥80%	热点温度＞130℃或 δ≥95%

2. 电压至热型缺陷

设备内部的电介质在交流电压作用下产生能量损耗（介质损耗），当介质绝缘性能下降时会引起介质损耗和电容量变大，从而引起设备运行温度增加。

表 Z08I1005Ⅱ-2　　　　母线设备电压致热型缺陷诊断判据

部位	热像特征	故障特征	温差（K）
高压套管（穿墙套管、支柱绝缘子等）	热像特征呈现以套管/支柱绝缘子整体发热热像	介质损耗偏大	2～3
	热像为对应部位呈现局部发热区故障	局部放电故障	
片式瓷绝缘子	正常绝缘子串的温度分布同电压分布规律，即呈现不对称的马鞍型，相邻绝缘子温差很小，以铁帽为发热中心的热像图，其比正常绝缘子温度高	低值绝缘子发热（绝缘电阻在 10～300MΩ）	1
	发热温度比正常绝缘子要低，热像特征与绝缘子相比，呈暗色调	零值绝缘子发热（0～10MΩ）	
	其热像特征是以瓷盘（或玻璃盘）为发热区的热像	由于表面污秽引起绝缘子泄漏电流增大	0.5
合成绝缘子	在绝缘良好和绝缘劣化的结合处出现局部过热，随着时间的延长，过热部位会移动	伞裙破损或芯棒受潮	0.5～1
	球头部位过热	球头部位松脱、进水	

3. 综合至热型缺陷

当设备发热有两种及以上因素时，应综合分析缺陷性质。

4. 注意事项

（1）防止人员触电。在测温作业中应注意与带电设备保持足够的安全距离；夜间测试应携带足够的照明设备和通信设施；有必要触碰不带电的金属构架和设备外壳时，应做好防感应电的措施和准备，避免检测人员伤害和测温仪器损坏。

（2）防止仪器损坏。强光源会损伤红外成像仪，严禁使用红外成像仪测量强光源物体（如太阳）。

5. 案例

母线设备发热缺陷特征如图 Z08I1005Ⅱ-1～图 Z08I1005Ⅱ-5 所示。

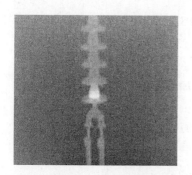　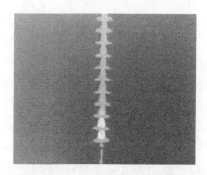

图 Z08I1005Ⅱ-1　低值绝缘子发热　　图 Z08I1005Ⅱ-2　钢帽发热异常的低值绝缘子

图 Z08I1005Ⅱ-3　污秽绝缘子发热

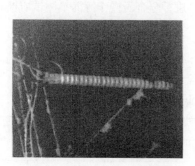　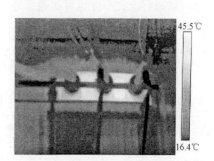

图 Z08I1005Ⅱ-4　发暗的零值绝缘子　　图 Z08I1005Ⅱ-5　穿墙套管支撑
钢板涡流发热

（二）母线装置目测检查

1. 主要目的

母线目测检查的主要目的是为了确认母线装置是否存在影响安全运行的故障或隐患的情况，决定是否需停电处理。

2. 测试周期、目测内容

与日常巡视检查相比，目测检查内容更详细，要求更细致，应每季度至少安排一次。宜在负荷高峰来临前，以及运方调整可能导致电网相对薄弱之前。

母线不停电目测检查的主要内容包括：

（1）检查母线导体有无受损、变形以及发热痕迹；检查软母线是否有断股、散股现象；

（2）检查支持绝缘子外观是否良好，是否有破损掉瓷、裂纹或放电痕迹；

（3）检查金具连接是否可靠，所有螺栓、螺母是否有松动和锈蚀；

（4）检查绝缘子有无明显异常电晕和放电现象；

（5）检查支架是否牢固、有无锈蚀和局部发热。

3. 不停电目测注意事项

与高压部分保持安全距离，防止误碰带电设备。

三、母线装置停电一般维护

母线一般停电维护工作主要是指断路器的停电清扫检查工作。

（一）停电清扫检查的目的

（1）隔离开关绝缘子清扫是防污闪的重要措施，通过清扫外绝缘污垢，恢复其原有的绝缘水平。瓷套表面应无污垢沉积，无破损；法兰处无裂纹，与绝缘子胶合良好。

（2）隔离开关外观检查，主要检查导电部分、绝缘子、传动连接部分以及操动机构。

（3）除进行上文不停电目测检查外，还可进行分合闸操作等简单测试，检验设备工作是否正常。

（二）准备工作

工器具与材料准备清单见表 Z08I1005Ⅱ-3。

表 Z08I1005Ⅱ-3　　　　　工器具与材料准备清单

序号	名称	规格	单位	数量
1	组合工具		套	1
2	安全带		套	若干
3	摇表	1000V	只	1

续表

序号	名称	规格	单位	数量
4	线盘	220V	只	1
5	梯		架	1
6	人字梯	二节	架	2
7	中性清洗剂		kg	足量
8	中性凡士林		kg	0.5
9	清洁布		条	20
10	木榔头		把	1
11	砂皮		张	10
12	塑料纸			若干
13	金属刷（钢丝刷）		把	2
14	汽油		kg	1
15	调节垫	用于支柱瓷绝缘子调整		足量
16	油漆	黑、红、绿、黄	桶	4
17	漆刷	25 mm	把	4
18	导电脂		kg	0.5

（三）工艺流程及标准

1. 维护预备状态检查

（1）母线设备确已停电；办理工作许可手续。

（2）向工作成员交代危险点，分配工作任务。

2. 硬母线的检查

（1）清扫母线，清除积灰和脏污；检查相序颜色，要求颜色鲜明，必要时应重新刷漆或补刷脱漆。

（2）检修母线接头，要求接头应接触良好，无过热现象；螺栓紧固，用力矩扳手逐个检查复紧。若接头接触不可靠，应将接头解开，用砂纸打磨结合面，均匀涂抹导电脂后装复。

（3）检修绝缘子，要求绝缘子清洁完好，用绝缘电阻表测量母线的绝缘电阻应符合规定，若母线绝缘电阻较低，应找出原因并消除，必要时更换损坏的绝缘子。

（4）对涂刷了 RTV 防污涂料和防污伞裙的绝缘子可不进行清扫（另外需进行憎水性试验）。

（5）检查母线的固定情况，要求母线固定平整、牢靠，要求螺栓、螺母、垫圈齐全，无锈蚀，片撑条均匀。

3. 软母线的检查

（1）清扫母线各部分，使母线本身清洁并且无断股和松股现象。

（2）清扫绝缘子串上的积灰和脏污，更换表面发现裂纹的绝缘子。

（3）对涂刷了 RTV 防污涂料和防污伞裙的绝缘子可不进行清扫（另外需进行憎水性试验）。

（4）绝缘子串各部件的销子和开口销应齐全，损坏者应更换。

4. 螺栓拧紧时应使用力矩扳手，并符合表 Z08I1005Ⅱ–4 所示力矩要求

表 Z08I1005Ⅱ–4　　　　　　力矩扳手的力矩要求

螺栓直径	力矩（N）	螺栓直径	力矩（N）
M6	4.5	M12	40
M8	10	M16	80
M10	20		

（四）注意事项

（1）与高压部分保持安全距离，防止误碰带电设备；注意高架车/升降平台作业时与周围相邻带电设备的安全距离。高架车旋转斗运转过程中注意不要碰撞瓷套，防止瓷套损坏。

（2）绝缘子禁止攀爬，使用人字梯或登高机具。

（3）高处作业人员必须系安全带，为防止感应电，工作前先挂临时接地线。

（4）母线上工作时应有防止零部件跌落措施。

【思考与练习】

1. 母线装置大致由哪几个部分组成？

2. 母线按照外形结构分类可分为哪三类？

3. 母线不停电目测内容主要有哪些？

4. 对母线设备进行红外测试可以发现哪些发热缺陷？

▲ 模块 6　避雷器普通带电测试及一般维护（Z08I1006Ⅱ）

【模块描述】本模块包含避雷器普通带电测试及一般维护内容，通过操作过程详细介绍、操作技能训练，达到掌握避雷器带电红外测试、接地导通测试，停电清扫、维护、检查技能的目的。

【模块内容】

一、带电红外测试

（一）避雷器的热像特征判据

表 Z08I1006Ⅱ-1 　　　　避雷器电压致热型设备缺陷诊断判据

部位	热像特征	故障特征	温差（K）
避雷器	正常为整体轻微发热，较热点一般在靠近上部且不均匀，多节组合从上到下各节温度递减，引起整体发热或局部发热为异常	阀片受潮或老化	0.5～1

（二）注意事项

1. 防止人员触电

在测温作业中应注意与带电设备保持足够的安全距离；夜间测试应携带足够的照明设备和通信设施；有必要触碰不带电的金属构架和设备外壳时，应做好防感应电的措施和准备，避免检测人员伤害和测温仪器损坏。

2. 防止高空坠落

若必须登高进行测温时，应正确佩戴安全帽和使用安全带，作业时安全带应系在主材和牢固的构件上，严禁低挂高用，工作移位时不得失去安全带的保护。

3. 防止仪器损坏。

强光源会损伤红外成像仪，严禁使用红外成像仪测量强光源物体（如太阳）。

4. 案例

避雷器阻性电流增大发热如图 Z08I1006Ⅱ-1 所示。

二、接地导通测试

1. 接地导通的测试目的

电气设备的接地引下线联通设备

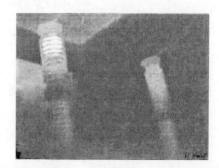

图 Z08I1006Ⅱ-1 避雷器阻性电流增大发热图

接地部分与接地网，对设备运行安全至关重要。虽然在制作接地装置时，已对接地引下线连接处做了防腐处理，但位于土壤中的连接点仍因长期受到物理、化学等因素的影响而腐蚀，使触点电阻升高，造成故障隐患甚至使设备失地运行。

接地装置的电气完整性是接地装置特性参数的一个重要方面。接地导通试验的目的是检查接地装置的电气完整性，即检查接地装置中应该接地的各种电气设备之间、接地装置的各部分及各设备之间的电气连接性，一般用直流电阻值表示。保持接地装置的电气完整性可以防止设备失地运行，提供事故电流泄流通道，保证设备安全运行。

2. 试验仪器、设备的选择

选用专门仪器接地导通电阻测试仪，仪器的分辨率为 1mΩ，准确度不低于 1.0 级，仪器输出电流为 10～50A。

3. 试验过程及步骤

（1）试验接线。接地导通试验接线，如图 Z08I1006Ⅱ-2 所示。

（2）试验步骤。

1）选取参考点和测试点，并做标示。先找出与接地网连接良好的接地引下线作为参考点，考虑到变电所场地可能比较大，测试线不能太长，宜选择被测避雷器间隔的断路器或主变压器接地引下线基准，在各相避雷器的接地引下线上选择一点作为该设备导通测试点。

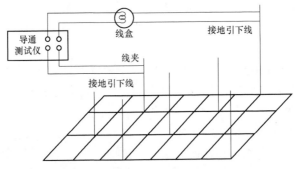

图 Z08I1006Ⅱ-2　接地导通试验接线图

2）准备好仪器设备，将接地导通电阻测试仪输出连接分别连接到参考点、测试点。

3）打开仪器电源，调节仪器使输出某一电流值，记录相应的直流电阻值。

4）调节仪器使输出为零，断开电源，将测试点移到下一位置，依次测试并记录。

4. 试验注意事项

（1）试验应在天气良好情况下进行，遇有雷雨情况时应停止测量，撤离测量现场。

（2）试验中应对测试点擦拭、除锈、除漆，保持仪器线夹与参考点、测试点的接触良好，减小接触电阻的影响。

（3）为确保历年测试点的一致，便于对比，可对测试中各参考点、设备的测试引下线等做好记录，可能时并做标记以便识别。

（4）试验中应测量不同场区之间地网的导通性。

（5）当发现测试值在 50mΩ 以上时，应反复测试验证。

（6）试验时一人操作仪器、记录数据，两人负责移动线夹以对不同点进行测试。

（7）电压线夹应放置在电流线夹下方，以除去接触电阻的影响。

（8）试验标准及要求。

1）状况良好的设备测试值应在 50mΩ 以下。

2）50～200mΩ 的设备（连接）状况尚可，宜在以后理性测试中重点关注其变化，重要的设备宜在适当时候检查处理。

3）200mΩ～1Ω 的设备（连接）状况不佳，对重要的设备应尽快检查处理，其他设备宜在适当时候检查处理。

4）1Ω 以上的设备与主网未连接，应尽快检查处理。

5. 接地导通测量案例

（1）避雷器接地导通测量前的准备。

1）作业人员明确作业标准，使全体作业人员熟悉作业内容、作业标准。

2）工器具检查、准备，工器具检查应完好、齐全。

3）危险点分析、预控，工作票安全措施及危险源点预控到位。

4）履行工作票许可手续，按工作内容办理工作票，并履行工作许可手续。

5）召开开工会，明确分工，任务落实到人，并使安全措施、危险源点明了。

（2）避雷器接地导通测量的实施。

1）选择间隔内的断路器或主变压器的接地引下线为基准点。

2）施放试验设备接地线、施放工作保护接地线。

3）合理布置试验设备、温湿度计、绝缘垫等。

4）记录试验日期、试验性质、仪器仪表的名称、型号、编号、基准点、测试点设备所有引下接地的编号及核对。

5）试验回路接线。施放线时，注意不得随意拉扯，以防长线受力拉断、弹起触及高压部位。

6）将短的测试线测量钳夹与基准点接地引下线可靠连接（电压与电流测试线应分开，且电压线在测试回路的内侧）。

7）将长的测试线测量钳夹分别与各测试点接地引下线可靠连接（电压与电流测试线应分开，且电压线在测试回路的内侧）。

8）打开电源开关，按下"测量"键测试。

（3）避雷器接地导通测量的结束。

1）清理工作现场，将工器具全部收拢并清点，废弃物按相关规定处理，材料回收清点。

2）召开收工会，记录本次检修内容，有无遗留问题。

3）验收、办理工作票终结，恢复修试前状态、办理工作票终结手续。

4）按规范填写修试记录。

三、避雷器停电一般维护

（一）避雷器停电清扫检查的目的：

避雷器瓷件清扫是防污闪的重要措施，通过清扫外绝缘污垢，恢复其原有的绝缘水平。瓷套表面应无污垢沉积，无破损；法兰处无裂纹，与瓷瓶胶合良好；

（二）准备工作

1. 工器具及准备材料

工器具及材料准备清单见表 Z08I1006Ⅱ-2。

表 Z08I1006Ⅱ-2　　　　　　　工器具及材料准备清单

序号	名称	型号规格（精度）	单位	数量	备注
1	人字梯	1.5～1.8m	把	1	
2	刷子		台	若干	
3	无纺布		kg	若干	
4	溶剂（汽油、酒精、煤油）		瓶	若干	
5	纱手套		副	2	
6	高架车/升降平台		台	1	

2. 工艺流程及标准

（1）绝缘瓷套外表应无污垢沉积，无破损伤痕；法兰处无裂纹，与绝缘子胶合良好。

（2）冲洗和擦拭，以清洁瓷套表面。

（3）一般污秽，用抹布擦净绝缘子表面。

（4）含有机物的污秽，用浸有溶剂（汽油、酒精、煤油）的抹布擦净绝缘子表面，并用干净抹布最后将溶剂擦干净。

（5）黏结牢固的污秽，用刷子刷去污秽层后用抹布擦净绝缘子表面。

3. 注意事项

（1）与带电部分保持安全距离，防止误碰带电设备；注意高架车/升降平台作业时与周围相邻带电设备的安全距离。高架车旋转斗运转过程中注意不要碰撞瓷套，防止瓷套损坏。

（2）高处作业人员必须系安全带，为防止感应电，工作前先挂接地线。

【思考与练习】

1. 概述避雷器电压致热型设备缺陷诊断判据。
2. 简述接地导通测试注意事项。

◢ 模块 7　无功补偿装置普通带电测试及一般维护
（Z08I1007Ⅱ）

【模块描述】 本模块包含无功补偿装置普通带电测试及一般维护内容，通过操作过程详细介绍、操作技能训练，达到掌握无功补偿装置带电红外测试、停电清扫、维护、检查技能的目的。

【模块内容】

一、带电红外测试

（一）无功补偿装置的热像特征判据

无功补偿装置电流、电压致热型设备缺陷诊断判据见表 Z08I1007Ⅱ-1、表 Z08I1007Ⅱ-2。

表 Z08I1007Ⅱ-1　　无功补偿装置电流致热型设备缺陷诊断判据

部位	热像特征	故障特征	缺陷性质		
			一般缺陷	严重缺陷	危急缺陷
接头和线夹	以线夹和接头为中心的热像，热点明显	接触不良	温差不超过15K，未达到严重缺陷的要求	热点温度>80℃或δ≥80%	热点温度>110℃或δ≥95%
套管柱头	以套管顶部柱头为最热的热像	柱头内部并线压接不良	温差超过10K，未达到严重缺陷的要求	热点温度>55℃或δ≥80%	热点温度>80℃或δ≥95%
熔丝	以熔丝中部靠电容侧为最热的热像	熔丝容量不够			
熔丝座	以熔丝座为最热的热像	熔丝与熔丝座之间接触不良			

表 Z08I1007Ⅱ-2　　无功补偿装置电压致热型设备缺陷诊断判据

部位	热像特征	故障特征	温差（K）
电容器	热像一般以本体上部为中心的热像图，正常热像最高温度一般在宽面垂直平分线的2/3高度左右，其表面温升略高，整体发热或局部发热	介质损耗偏大，电容量变化、老化或局部放电	2～3

续表

部位	热像特征	故障特征	温差（K）
电抗器充油套管	热像特征是以油面处为最高温度的热像，油面有一明显的水平分界线	缺油	

（二）注意事项

1. 防止人员触电

在测温作业中应注意与带电设备保持足够的安全距离；夜间测试应携带足够的照明设备和通信设施；有必要触碰不带电的金属构架和设备外壳时，应做好防感应电的措施和准备，避免检测人员伤害和测温仪器损坏。

2. 防止仪器损坏

强光源会损伤红外成像仪，严禁使用红外成像仪测量强光源物体（如太阳）。

3. 案例

空心电抗器 A 相过热如图 Z08I1007Ⅱ-1 所示。

电容器介损偏大引起的整体发热如图 Z08I1007Ⅱ-2 所示。

图 Z08I1007Ⅱ-1　空心电抗器过热图

图 Z08I1007Ⅱ-2　电容器介损偏大引起的整体发热图

二、油浸式电抗器的维护、检查

（一）检查温度和油位

（1）查看油面温度计和绕组温度计的指示，确认读数在正常范围之内，查看油位计指示，确认读数在正常范围之内。

（2）核对油温和油位之间的关系，确认其符合标准曲线。

（3）检查各温度指示器和铁磁式油位计的刻度盘上无潮气凝结。

（4）检查油位计外观良好，指示清晰。

（二）渗漏油检查

检查油箱、阀门、油管路等各密封处无明显渗漏油情况。

（1）检查法兰、蝶阀等处无渗漏油情况。

（2）检查冷却器上不存在明显的脏污。

（3）检查套管外部及其安装法兰等处无明显的渗漏痕迹。

（4）检查套管外部无明显的裂纹、破损、放电痕迹、严重的脏污等异常现象。

（5）检查储油柜各部位及相关联管、阀门等附件不存在渗漏油现象。

（6）检查干燥剂的状态，常用的干燥剂在状态良好时应是蓝色。检查油盒的油位是否正常，呼吸器及管道畅通，呼吸功能正常。

（三）噪声和振动

检查并确认运行中的变压器无不正常的噪声和振动。

检查冷却器运转过程中无不正常的噪声和振动。

（四）气体继电器

检查集气盒中的气体集聚集情况，正常情况应无气体聚集。

（五）低压控制回路

检查端子箱、控制箱等的密封情况，不应有进水或积灰等现象。检查接线端子应无松动、锈蚀现象，电气元件应完整无缺损。

（六）压力释放阀

检查本体压力释放阀无明显的渗漏痕迹，无曾经动作过的迹象。

三、干式电抗器的维护、检查

（一）不停电时干式电抗器的检查项目和质量要求

（1）检查表面脏污情况及有无异物。要求外观完整无损，外包封表面清洁，无裂纹、脱落现象，无爬电痕迹，无动物巢穴等异物；支柱绝缘子金属部位无锈蚀，支架牢固，无倾斜变形；基础无塌陷、混凝土脱落情况。

（2）检查表面是否明显变色，外观引线、接头应无过热、变色。

（3）声音是否正常，应无异常振动和声响。

（4）各部件有无过热现象，用红外测温应无过热现象。

（二）停电时干式电抗器检修项目和质量要求

（1）检查导电回路接触是否良好，测量绕组直流电阻，与出厂或历史数据比较，并联电抗器变化不得大于1%，串联电抗器（非叠装的）变化不得大于2%。

（2）检查绝缘性能是否良好，绝缘电阻不能低于2500MW。

（3）检查电抗器上下汇流排应无变形裂纹现象。

（4）检查电抗器绕组至汇流排引线是否存在断裂、松焊现象。

（5）检查电抗器包封与支架间紧固带是否有松动、断裂现象，应不存在松动、断裂现象。

（6）检查接线桩头应接触良好，无烧伤痕迹，必要时进行打磨处理，装配时应涂抹适量导电脂。

（7）检查紧固件应紧固无松动现象。

（8）检查器身及金属件应变色无过热现象。

（9）检查防护罩及防雨隔栅有无松动和破损。

（10）检查支座绝缘及支座是否紧固并受力均匀。支座应绝缘良好，支座应紧固且受力均匀。

（11）检查通风道及器身的卫生。必要时用内窥镜检查，通风道应无堵塞，器身应卫生无尘土、脏物，无流胶、裂纹现象。

（12）检查电抗器包封间导风撑条是否完好牢固。

（13）检查表面涂层有无龟裂脱落、变色，必要时进行喷涂处理。

（14）检查表面憎水性能，应无浸润现象。

（15）检查铁芯有无松动及是否有过热现象。

（16）检查绝缘子是否完好和清洁，绝缘子应无异常情况且干净。

四、电容器的维护、检查

（1）电容器逐个放电。

（2）检查各个电容器，箱壳上面的漏油。

（3）检查熔断器弹簧是否有锈蚀、松弛、卡涩等现象，更换有问题的熔断器。

（4）电容器发生对地绝缘击穿，电容器的损失角正切值增大，箱壳膨胀及开路等故障，需要在有专用修理电容器设备的工厂中才能进行修理或更换。

（5）分散式电容器单个电容器损坏，如电容量超标、渗漏严重、鼓肚、膨胀、绝缘下降时必须更换。

（6）检查引线是否连接牢靠，平整，是否存在发热现象。

（7）检修完毕后试验。

五、无功补偿装置的停电清扫

（一）无功补偿装置清扫检查的目的

电容器、电抗器瓷件清扫是防污闪的重要措施，通过清扫外绝缘污垢，恢复其原有的绝缘水平。瓷套表面应无污垢沉积。

（二）准备工作

1. 工器具及材料

工器具及材料准备清单见表 Z08I1007 Ⅱ-3。

表 Z08I1007Ⅱ–3　　　　　　　　　**工器具及材料准备清单**

序号	名称	型号规格（精度）	单位	数量	备注
1	人字梯	1.5～1.8m	把	1	
2	刷子		台	若干	
3	无纺布		kg	若干	
4	溶剂（汽油、酒精、煤油）		瓶	若干	
5	纱手套		副	2	
6	高架车/升降平台		台	1	

2. 工艺流程及标准

（1）绝缘瓷套外表应无污垢沉积，无破损伤痕；法兰处无裂纹，与绝缘子胶合良好。

（2）冲洗和擦拭以清洁瓷套表面。

（3）一般污秽，用抹布擦净绝缘子表面。

（4）含有机物的污秽，用浸有溶剂（汽油、酒精、煤油）的抹布擦净绝缘子表面，并用干净抹布最后将溶剂擦干净。

（5）黏结牢固的污秽，用刷子刷去污秽层后用抹布擦净绝缘子表面。

3. 注意事项

（1）与带电部分保持安全距离，防止误碰带电设备；注意高架车/升降平台作业时与周围相邻带电设备的安全距离。高架车旋转斗运转过程中注意不要碰撞瓷套，防止瓷套损坏。

（2）高处作业人员必须系安全带，为防止感应电，工作前先挂接地线。

【思考与练习】

1. 概述电容器电压致热型设备缺陷诊断判据。

2. 概述不停电时干式电抗器的检查项目和质量要求。

3. 无功补偿装置停电清扫的工艺流程和标准有哪些。

▲ 模块 8　变压器的一般异常消缺处理（Z08I1008Ⅲ）

【模块描述】本模块包含变压器的一般异常消缺内容，通过操作过程详细介绍、操作技能训练，达到掌握变压器硅胶更换技能的目的，了解不停电渗漏油消缺处理、冷却系统故障消缺处理的方法。

【模块内容】

一、变压器的常见异常缺陷

（1）变压器油箱常见异常缺陷为渗漏油；锈蚀；声响异常；油温过高等。

（2）变压器储油柜常见异常缺陷为渗漏油；锈蚀；金属膨胀器指示卡滞；金属膨胀器破损；隔膜破损；胶囊破损；油位过低；油位不可见；油位过高；油位模糊；油位计破损；油位异常发信等。

（3）变压器净油器常见异常缺陷为渗漏油；锈蚀等。

（4）变压器呼吸器常见异常缺陷为堵塞；硅胶筒玻璃破损；硅胶罐干燥器损坏；硅胶变色；油封玻璃破损；油封油过多；油封油过少等。

（5）变压器本体端子箱常见异常缺陷为锈蚀；密封不良；受潮；进水；加热器损坏等。

（6）变压器灭火装置常见异常缺陷为装置报警；控制故障；管道锈蚀；阀门故障；感温线故障；排油注氮装置断流阀动作等。

（7）变压器套管常见异常缺陷为渗漏油；油位过高；油位过低；油位不可见；油位模糊；油位计破损；发热；外绝缘破损等。

（8）变压器导电接头和引线常见异常缺陷为线夹与设备连接平面出现缝隙，螺钉明显脱出，引线随时可能脱出；线夹破损断裂严重，对引线无法形成紧固作用；引线断股或松股；发热，等等。

（9）变压器冷却器系统常见异常缺陷为渗漏油；冷却器全停；冷却器交流总电源无法进行切换；单组冷却器工作方式无法进行切换；冷却器Ⅰ段电源故障或Ⅱ段电源故障；潜油泵电动机故障、声音异常、振动等；潜油泵渗油；风扇停转、风扇电机故障等；风扇风叶碰壳、脱落、破损或声音异常；油流继电器指示方向指示相反或无指示；散热片（管）严重污秽、锈蚀；控制箱空开合不上；指示灯不亮；光字牌不亮；外壳锈蚀；密封不良；受潮进水；加热器损坏等。

（10）变压器有载开关操动机构常见异常缺陷为传动轴脱落、卡涩、电源缺相、接触器故障、电机故障等；调节过程中发生滑挡现象；调挡时空气开关跳开；操作次数超过厂家规定值；机构动作后指示无变化或变化错误等。

（11）变压器有非电量保护常见异常缺陷为气体继电器渗漏油、轻瓦斯发信、重瓦斯动作、防雨措施破损；压力释放阀漏油、喷油、动作、触点发信；测温装置指示不正确、现场与监控系统温度不一致、指示看不清、触点发信等。

二、变压器的一般异常消缺处理

（一）密封件渗漏油

1. 渗漏油的原因

（1）密封件质量不符合使用要求。

（2）密封件损坏或老化。

（3）密封件选用尺寸不当或位置不正。

（4）在装配时，对密封垫圈过于压紧，超过了密封材料的弹性极限，使其产生永久变形（变硬）而起不到密封作用或套管受力时使密封件受力不均匀。

（5）密封面不清洁（如焊渣、漆瘤或其他杂物）或凹凸不平，密封垫圈与其接触不良，导致密封不严，如套管电流互感器的二次出线处。

（6）在装配时，密封件没有压紧到位而起不到密封作用。

（7）密封环（法兰）装配时，将每个螺栓一次紧固到位，造成密封环受力不均而渗油。

（8）焊缝出现裂纹或有砂眼。

（9）内焊缝的焊接缺陷，油通过内焊缝从螺孔处渗出。

（10）焊接较厚板时没有坡口或坡口不符合焊接要求，有假焊现象。

（11）平板钻透孔焊螺杆时，背面焊接不好造成渗漏油。

（12）非钻透平板发生钻透现象。

（13）箱盖或法兰在装配时与连接件间产生应力而翘曲变形，出现密封不严。

2. 渗漏油的不停电处理

（1）密封件渗漏油的不停电处理方法。仅适用于在保持与带电部分足够安全距离的密封件因没有压紧到位而起不到密封作用渗漏油处理。紧固螺栓、螺母不得一次完成紧固，应按图 Z08I1008Ⅲ-1～图 Z08I1008Ⅲ-3 所示顺序均匀地循环紧固，至少循环 2～3 次以上，特别是最后一次紧固应用手动完成。

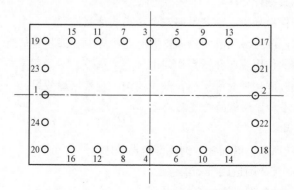

图 Z08I1008Ⅲ-1　长方形盖板紧固螺栓顺序

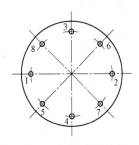

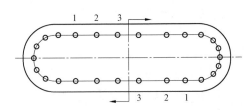

图 Z08I1008Ⅲ-2　圆形法兰　　　图 Z08I1008Ⅲ-3　箱沿密封紧固螺栓顺序
密封紧固螺栓顺序

（2）由于密封件原因引起的渗漏油，一般采用更换密封件的方法进行处理。只适用于分体式变压器的散热器上部渗漏油处理。

1）在更换密封件前，关闭散热片的进出口阀门，如果阀门关不严，则不能不停电更换。

2）更换的密封件材料应选用丁腈橡胶。

3）更换的密封件尺寸与原密封槽和密封面的尺寸应相配合，清洁密封件并检查应无缺陷，矩形密封件其压缩量应控制在正常范围的 1/3 左右，圆形密封件其压缩量应控制在正常范围的 1/2 左右。

4）在更换新的密封件前，所有大小法兰的密封面和密封槽均应清除锈迹和修磨凸起的焊渣、漆膜等杂质，以及补平砂孔沟痕，要保证密封面平整光滑清洁。

5）对于无密封槽的法兰，密封件安装过程中要用密封胶把密封件固定在法兰的密封面上。

6）紧固螺栓、螺母时按（1）要求进行。

（3）焊缝出现裂纹或有砂眼的渗漏油处理。

1）采取堵漏胶进行处理。

2）适用于在保持与带电部分足够安全距离的堵漏处理。

3）在堵漏前，漏点应清除锈迹和修磨凸起的焊渣、漆膜等杂质。

4）按堵漏胶的使用说明在漏点均匀地抹上堵漏胶。

5）等待堵漏胶固化后对漏点所在部位清洁，观察堵漏效果。

（二）变压器冷却器故障的检查与处理

1. 故障的原因

（1）冷却器的风扇、潜油泵、油流继电器故障。

（2）风冷控制箱故障造成冷却器停运。

（3）风冷却器散热器风道间有堵塞。

2. 故障的现象

（1）冷却器的风扇、潜油泵故障停运。

（2）油流继电器不能正确指示油流方向。

（3）油温异常升高。

3. 故障的处理

（1）主变压器不停电更换故障潜油泵。

1）在更换潜油泵前，关闭潜油泵进出口阀门，拧开潜油泵放油孔，将潜油泵及管道内的剩油放入油桶中。如果潜油泵进出口阀门关不严，则不能不停电更换油泵，只能在变压器停电检修时采取抽真空更换油泵。

2）更换潜油泵时应使用专用工具拆除潜油泵接线、潜油泵进出口法兰螺栓，将潜油泵拆下。

3）更换新油泵，调换潜油泵密封件，潜油泵进出口法兰螺栓要从对角线的位置依次紧固。

4）更换好潜油泵后，复装潜油泵接线，保证潜油泵接线盒和电缆接口密封应良好。

5）打开潜油泵进出口阀门对潜油泵和管道放气注满油，应先打开潜油泵放气阀，再略微打开潜油泵出油阀，使变压器油缓慢注入潜油泵和管道内，待放气阀出油后，关闭放气阀，随后打开潜油泵的出油阀和进油阀，注意阀门打开后应检查蝶阀杆固定锁牢，以防止在运行中阀门自动关闭，造成油回路故障。

6）检查潜油泵本体、放油孔、各平面接口及潜油泵进出口法兰应无渗漏油。

（2）主变压器不停电更换故障风扇。

1）在更换风扇前，应检查确认风扇电源应拉开，拉开风扇控制回路小开关和熔丝。

2）拆开风扇防护罩，拆卸风叶，拆去风扇电动机接线和电动机固定螺栓，用专用滑轮和绳子将电动机扎牢并吊下，再将新电动机调换上。

3）调整电动机的同心度，左、右间隙不对时可直接移动电动机，高低不对时可调整底脚垫片。调整好电动机同心度后，紧固电动机底脚螺栓，并接好电动机接线，检查电动机引线各桩头螺栓应紧固，接线盒应密封好，可用密封胶进行密封。

4）装上风扇叶子，螺栓应均匀紧固，并检查风叶与风筒间隙上下左右应相等，最后装上风扇护罩。

5）合上冷却风扇电源，检查风扇转向应正确。

6）测量风扇三相电压，偏差应在 380V（±5%）以内。

7）测量风扇三相电流应基本平衡，三相电流差值不超过平均值 10%，三相电流值不超过电动机额定电流值。

（3）主变压器不停电更换故障油流继电器。

1）在更换前首先要将冷却系统切换开关放至停用并拉开电源空气开关、控制回路小开关和熔丝。

2）关闭油流继电器两侧阀门，松开油流继电器的 4 个螺栓，将油流继电器内的剩油放入油桶中。如果流继电器两侧阀门关不死，则不能不停电更换，只能在变压器停电检修时采取抽真空更换油流继电器。

3）将油流继电器接线拆下，并做好记录，更换油流继电器及密封件，油流继电器螺栓要从对角线位置依次紧固。

4）按拆卸时的记号接好油流继电器接线，用万用表检测接线应正确，用绝缘电阻表检测绝缘应良好，一副动断触点和一副动合触点要按分控电气接线图接正确。

5）先打开油流继电器的放气阀，再打开油泵进油阀使变压器油进入油流继电器及管道，待放气阀出油后立即关闭放气阀，然后打开油泵出油阀，检查所有关闭过的阀门应在打开位置，检查阀门应有止动装置且可靠。

6）启动潜油泵，检查油流继电器指针应指在流动位置且无晃动、检查冷却器工作信号灯应亮、检查应无渗漏油、检查其他放至备用状态的部件应无启动。停用潜油泵时，油流继电器指针应指在停止位置。

（4）风冷控制箱常见故障的处理方法。

1）风冷控制箱常见故障为热继电器动作或空气开关跳闸，热继电器一般用作过载和缺相保护，空气开关一般用作短路保护。

2）将自动投入运行的备用冷却器组改投到"运行"位置。

3）如果是空气开关跳闸，应检查回路中有无短路故障点，可将故障冷却器组投"停用"位置，重新合上空气开关，若再次跳闸，则说明从空气开关到冷却器组控制箱之间的电缆有故障。若空气开关合上后未再次跳闸，则说明冷却器组控制箱及电动机之间的回路有问题。

4）如果是热继电器动作，可在恢复热继电器位置时，弄清是潜油泵电动机还是风扇电动机过载。再次短时投入冷却器组，观察油泵和风扇的电动机，并做如下处理：

a. 整组冷却器组不启动，应检查三相电压是否正常，是否缺相。

b. 若潜油泵过载，应稍等片刻，再恢复热继电器位置。

c. 若发现某个风扇声音异常，摩擦严重，可在控制箱内将故障风扇的电动机端子接线取下，恢复热继电器位置，然后试投入该冷却器组。

d. 如果气温很高，可能引起热继电器动作，可打开控制箱门冷却片刻，再次投入。

e. 若潜油泵声音异常，冷却器组不能继续运行，应更换潜油泵。

f. 检查热继电器 RJ 触点接触情况，如果热继电器损坏，应由检修人员及时更换。

（5）检查风冷却器散热器风道间有无隙堵塞，如有应用高压水枪（水压一般为 3～

5bar）清洗冷却器组管，清洗工艺如下：

1）清洗前，使冷却器停止运行，拆下风扇保护罩和风扇叶片，这样冷却器的前后都能彻底清洗。

2）先用吸尘器在进风侧从上至下吸掉灰尘、杂物。

3）用高压水枪冲洗，由出风侧往进风侧方向冲洗，勿使杂物进入中间管族，以免杂物落入死区。

（三）变压器硅胶更换处理

1. 缺陷的现象

吸湿器内硅胶超过三分之二变色。

2. 缺陷处理案例

（1）硅胶更换前的准备。

1）作业人员明确作业标准，使全体作业人员熟悉作业内容、作业标准。

2）工器具检查、准备，工器具应完好、齐全。

3）备品备件检查、准备，备品备件参数应符合要求。

4）危险点分析、预控，工作票安全措施及危险源点预控到位。

5）履行工作票许可手续，按工作内容办理工作票，并履行工作许可手续。

6）召开开工会，明确分工，任务落实到人，并使安全措施、危险源点明了。

（2）硅胶更换的实施。

1）更换前应检查并确认呼吸器管道畅通，油杯有气泡；若无气泡，需将重瓦斯改接信号。

2）先取下油杯，将吸湿器从变压器上卸下，卸下过程中时应注意玻璃罩安全，吸湿器卸下后妥善放置，倒出内部硅胶。

3）检查玻璃罩，清洁内部，密封垫进行更换。玻璃罩应清洁完好，密封良好。注意玻璃罩中滤网放置位置。

4）把干燥硅胶装入吸湿器，离顶盖留下 1/5 高度空隙。新装硅胶应经干燥，颗粒不小于 3mm。

5）下部油杯内注入清洁变压器油，加油至正常油位线，复装油杯时，旋紧后回转小半圈，确保呼吸器畅通。

6）复装后观察呼吸器正常。

（3）硅胶更换的结束。

1）清理工作现场，将工器具全部收拢并清点，废弃物按相关规定处理，材料回收清点。

2）召开收工会，记录本次检修内容，明确有无遗留问题。

3）验收、办理工作票终结，恢复修试前状态、办理工作票终结手续。

4）按规范填写修试记录。

【思考与练习】

1. 变压器常见缺陷和异常有哪些？

2. 概述变压器渗漏油的原因。

3. 概述变压器冷却器故障的检查与处理。

▲ 模块 9 断路器的一般异常消缺处理（Z08I1009Ⅲ）

【模块描述】本模块包含断路器的一般异常消缺内容，通过操作过程详细介绍，达到了解断路器 SF_6 定性检漏，掌握不停电操动机构异常消缺处理技能的目的。

【模块内容】

一、断路器基本结构原理

参考本章模块 2 "断路器普通带电测试及一般维护（Z08I1002Ⅱ）"。

二、真空断路器一般异常

（一）真空断路器常见异常

1. 真空断路器本体故障

（1）真空灭弧室真空度降低；

（2）回路电阻超标；

（3）本体绝缘降低。

2. 操动机构故障

（1）二次回路电气故障；

（2）储能电动机、分闸线圈、合闸线圈和行程开关等机械元件故障。

（二）真空断路器常见异常原因分析

1. 真空度降低的原因

（1）真空灭弧室的材质或制作工艺存在问题，真空灭弧室本身存在微小漏点；

（2）真空灭弧室内波纹管的材质或制作工艺存在问题，多次操作后出现漏点。

2. 回路电阻超标的原因

（1）真空断路器触头烧损；

（2）导电回路接触不良。

三、SF_6 断路器一般异常

（一）断路器本体的故障异常现象、故障原因及处理方法

断路器本体的故障现象、故障异常原因及处理方法见表 Z08I1009Ⅲ-1。

表 Z08I1009Ⅲ–1　断路器本体的故障现象、故障原因及处理方法

故障现象	故障原因	处理方法
SF_6 气体密度过低，发出报警	（1）气体密度继电器有偏差。 （2）SF_6 气体泄漏。 （3）防爆膜破裂	（1）检查气体密度继电器的报警标准，看密度继电器是否有偏差。 （2）检查最近气体填充后的运行记录，确认 SF_6 气体是否泄漏，如果气体密度以每年 0.05% 的速度下降，必须用检漏仪检测，更换密封件和其他已损坏部件。 （3）检查是否内部气体压力升高而使防爆膜破裂，如果确认是电弧的原因，必须更换灭弧室
SF_6 气体微水量超标、水分含量过大	（1）检测时，环境温度过高。 （2）干燥剂不起作用	（1）检测时温度是否过高，可在断路器的平均温度+25℃时，重新检测。 （2）检查干燥剂是否起作用，必要时更换干燥剂，抽真空，从底部充入干燥的气体
导电回路电阻值过大	（1）触头连接处过热、氧化，连接件老化。 （2）触头磨损	（1）触头连接处过热、氧化或者连接件老化，则拆开断路器，按规定的方式清洁、润滑触头表面，重新装配断路器并检查回路电阻。 （2）触头磨损，则对其进行更换
触头位置超出允许值	弧触头磨损	弧触头磨损，则需更换触头
三相联动操作时相间位置偏差	（1）操作连杆损坏。 （2）绝缘操作杆损坏	更换损坏的操作连杆，检查各触头有无可能的机械损伤

（二）断路器的操动机构的故障异常现象、故障原因及处理方法

SF_6 断路器在运行中产生的故障现象，绝大多数是因为操动机构和控制回路的元件故障引起的。所以要求运维人员必须熟悉断路器的操动机构以及控制保护回路，以便在断路器出现故障异常时能够正确地判断、分析和处理。

液压、弹簧及液压弹簧操动机构故障现象、故障原因及处理方法见表 Z08I1009Ⅲ–2～表 Z08I1009Ⅲ–4。

表 Z08I1009Ⅲ–2　液压操动机构常见故障现象、故障原因及处理方法

故障现象		故障原因	处理方法
建压时间过长或建不起压力	液压泵建压时间过长	整个建压时间过长 （1）吸油回路有堵塞，吸油不畅通，滤油器有脏物堵住。 （2）液压泵低压侧空气未排尽。 （3）油箱油位过低，油量少。 （4）液压泵吸油阀钢球密封不严，或只有一个柱塞工作	（1）检查吸油回路是否堵塞而引起吸油不畅通，对其进行清理；检查滤油器是否有脏物堵住，必要时，过滤或更换新的液压油。 （2）排尽液压泵低压侧空气；拧紧接头，防止漏气。 （3）检查油箱油位是否过低，必要时加注油。 （4）检查液压泵吸油阀钢球的密封，修理，或者更换密封圈

故障现象			故障原因	处理方法
建压时间过长或建不起压力		液压泵建压时间过长	液压泵建立一定压力后，建压时间变长： （1）柱塞座与吸油阀之间的锦纶密封垫封不住高压油。 （2）柱塞和柱塞座配合间隙过大。 （3）高压油路有泄漏。 （4）高压放油阀未关严	（1）修理或者更换柱塞座与吸油阀之间的锦纶密封垫。 （2）检查柱塞和柱塞座配合间隙，重新研磨，或者更换零件。 （3）检查高压油路是否有泄漏，修理或更换密封圈。 （4）检查高压放油阀是否关严，修理或更换零件
		液压泵建不起压力	（1）高压放油阀未关紧，或止回阀钢球没有复位。 （2）合闸二级阀未关严。 （3）液压泵本身有故障，吸油阀密封不严，柱塞与柱塞座配合间隙过大。 （4）安全阀动作未复位	（1）检查高压放油阀是否关紧，止回阀钢球是否复位，修理或更换零件。 （2）检查合闸二级阀，重新研磨或者更换零件。 （3）检查安全阀动作是否复位，必要时更换安全阀
油压下降到启泵压力但不能自动启泵			（1）电源、电动机是否完好。 （2）停/启泵微动开关触点是否卡涩。 （3）热继电器、延时继电器是否损坏	（1）检查电源和电动机，进行修理或者更换。 （2）检查停/启泵微动开关触点是否卡涩，进行修理或更换微动开关。 （3）对损坏的热继电器、延时继电器进行修理和更换
在断路器操作过程中，控制阀发生大量喷油			（1）动作电压过高。 （2）液压油工作压力过低。 （3）手动操作用力不均。 （4）一、二级阀动作不灵活等	（1）调节分合闸线圈的间隙，或者用润滑剂润滑擎子装置，防止断路器动作电压过高。 （2）检查储压器，防止漏氮气；检查控制电动机启动触点，如损坏，进行修理。 （3）检查一、二级阀动作灵活性，修理或更换零件
高低压油回路管道接头处渗漏油			在紧固接头前应先拧松接头螺帽，检查卡套是否松动和有无弹性，接合面有无损伤与杂质	先拧松接头螺帽，检查卡套是否松动和有无弹性，接合面有无损伤与杂质，如有损坏，进行修理或更换
拒动	拒合	合闸铁芯未启动	合闸线圈端子无电压： （1）二次回路接触不良，连接螺钉松。 （2）熔丝熔断。 （3）辅助开关触点接触不良，或未切换。 （4）SF$_6$ 气体压力低或液压低闭锁	（1）检查、拧紧连接螺钉，使二次回路接触良好。 （2）修理辅助开关接触不良的触点，或更换辅助开关。 （3）测量合闸线圈端子电压，如果没有电压，检查 SF$_6$ 气体压力，确定原因，必要时补气。 （4）将液压机构储能至额定压力
			合闸线圈端子有电压： （1）合闸线圈断线或烧坏。 （2）铁芯卡住。 （3）二次回路连接过松，触点接触不良。 （4）辅助开关未切换	（1）检查、拧紧连接螺钉，使二次回路接触良好。 （2）修理辅助开关接触不良的触点，或更换辅助开关。 （3）测量合闸线圈端子电压，如果有电压，检查合闸线圈是否断线或烧坏，铁芯是否卡住，必要时更换线圈

续表

故障现象			故障原因	处理方法
拒动	拒合	合闸铁芯已启动，工作缸活塞杆不动	（1）合闸线圈端子电压太低。 （2）合闸铁芯运动受阻。 （3）合闸铁芯撞杆变形，或行程不够，合闸一级阀未打开。 （4）合闸控制油路堵塞。 （5）分闸一级阀未复归	（1）修理，或者更换合闸线圈。 （2）清洗、过滤或更换液压油，防止合闸控制油路堵塞。 （3）检查分闸一级阀是否复归，必要时修理分闸一级阀
	拒分	分闸铁芯未启动	分闸线圈端子无电压： （1）二次回路连接过松，触点接触不良。 （2）熔丝熔断。 （3）辅助开关接触不良，或未切换。 （4）SF$_6$气体低压力或液压低闭锁	（1）检查、拧紧连接螺钉，使二次回路接触良好。 （2）修理辅助开关接触不良的触点，或更换辅助开关。 （3）测量分闸线圈端子电压，如果没有电压，检查 SF$_6$ 气体压力，确定原因，必要时补气，或进行修理。 （4）将液压机构储能至额定压力
			分闸线圈端子有电压： （1）分闸线圈断线或烧坏。 （2）分闸铁芯卡住。 （3）二次回路连接过松，触点接触不良。 （4）辅助开关未切换	（1）检查、拧紧连接螺钉，使二次回路接触良好。 （2）修理辅助开关接触不良的触点，或更换辅助开关。 （3）测量分闸线圈端子电压，如果有电压，检查分闸线圈是否断线或烧坏，铁芯是否卡住，必要时更换线圈
		分闸铁芯已启动，工作缸活塞杆不动	（1）分闸线圈端子电压太低。 （2）分闸铁芯空程小，冲力不足或铁芯运动受阻。 （3）阀杆变形，行程不够，分闸阀未打开。 （4）合闸保持回路漏装节流孔接头	（1）修理，或者更换分闸线圈。 （2）清洗、过滤或更换液压油，防止闸控制油路堵塞。 （3）检查合闸保持回路是否漏装节流孔接头，如果是，安装节流孔
误动	合闸即分		（1）合闸保持回路节流孔受堵。 （2）分闸一级阀未复归，或密封不严。 （3）分闸二级阀活塞锥面密封不严	检查和清洗分闸一级阀、二级阀；必要时，清洗或更换液压油
液压泵频繁启动打压	分闸位置液压泵频繁启动打压		外泄漏： （1）工作缸活塞出口端密封不良。 （2）储压器活塞杆出口端密封不良。 （3）管路连接头渗漏。 （4）高压放油阀密封不良或未关严	拆下检查工作缸、储压器的活塞出口端密封性，更换接头或者密封圈；检查管路连接头密封性，更换接头或者密封圈；检查高压放油阀密封性，修理、重新研磨或更换密封圈
	分闸位置液压泵频繁启动打压		内泄漏： （1）工作缸活塞上密封件失效。 （2）合闸一级阀密封不良。 （3）合闸二级阀密封不良。 （4）液压泵卸载止回阀关闭不严	检查工作缸活塞出口端和液压泵卸载止回阀的密封性，更换密封圈；检查合闸一级阀、合闸二级阀的密封性，清洗合闸一级阀、二级阀，必要时更换液压泵
	合闸位置液压泵频繁启动打压		外泄漏： （1）工作缸活塞出口端密封不良。 （2）储压筒活塞杆出口端密封不良。 （3）管路连接头渗漏。 （4）高压放油阀密封不良或未关严	拆下检查工作缸、储压器的活塞出口端密封性，更换接头或者密封圈；检查管路连接头密封性，更换接头或者密封圈；检查高压放油阀密封性，修理、重新研磨或更换密封圈

续表

故障现象		故障原因	处理方法
液压泵频繁启动打压	合闸位置液压泵频繁启动打压	内泄漏： （1）工作缸活塞上密封圈失效。 （2）分闸一级阀密封不良。 （3）分闸二级阀活塞密封圈失效，或分闸二级阀活塞锥面密封不良。 （4）液压泵卸载止回阀关闭不严	检查工作缸活塞出口端和液压泵卸载止回阀的密封性，更换密封圈；检查分闸一级阀、分闸二级阀的密封性，清洗分闸一级阀、二级阀，必要时更换液压油阀关闭不严
	分、合闸位置液压泵均频繁启动	外泄漏： （1）工作缸活塞出口端密封不良。 （2）储压筒活塞杆出口端密封不良。 （3）管路连接头渗漏。 （4）高压放油阀密封不良或未关严	拆下检查工作缸、储压器的活塞出口端密封性，更换接头或者密封圈；检查管路连接头密封性，更换接头或者密封圈；检查高压放油阀密封性，修理、重新研磨或更换密封圈
		内泄漏： 液压泵卸载止回阀关闭不严	检查液压泵卸载止回阀的密封性，更换密封圈
漏氮报警装置自动发信		漏氮	进行测量，确定原因，如确实发生漏氮，补充气体
加热器不工作		加热器或温湿控制器损坏	更换加热器；修理或更换温湿控制器

表 Z08I1009Ⅲ–3　弹簧操动机构常见故障现象、故障原因及处理方法

故障现象			故障原因	处理方法
拒动	拒合	合闸铁芯未启动	合闸线圈端子无电压： （1）二次回路接触不良，连接螺钉松动。 （2）熔丝熔断。 （3）辅助开关触点接触不良，或未切换。 （4）SF$_6$ 气体低压力闭锁	（1）检查、拧紧连接螺钉，使二次回路接触良好。 （2）修理辅助开关接触不良的触点，或更换辅助开关。 （3）测量合闸线圈端子电压，如果没有电压，检查 SF$_6$ 气体压力，确定原因，必要时补气
			合闸线圈端子有电压： （1）合闸线圈断线或烧坏。 （2）合闸铁芯卡住。 （3）二次回路连接过松，触点接触不良。 （4）辅助开关未切换	（1）检查、拧紧连接螺钉，使二次回路接触良好。 （2）修理辅助开关接触不良的触点，或更换辅助开关。 （3）测量合闸线圈端子电压，如果有电压，检查合闸线圈是否断线或烧坏，铁芯是否卡住，必要时更换线圈
		合闸铁芯已启动	（1）合闸线圈端子电压太低。 （2）合闸铁芯运动受阻。 （3）合闸铁芯撞杆变形，行程不足。 （4）合闸掣子扣入深度太大。 （5）扣合面硬度不够，变形，摩擦力大，"咬死"	（1）修理，或者更换合闸线圈。 （2）检查合闸掣子扣入是否过深、扣合面是否变形，进行修理，必要时更换零件

续表

故障现象			故障原因	处理方法
拒动	拒分	分闸铁芯未启动	分闸线圈端子无电压： (1) 二次回路接触不良，连接螺钉松动。 (2) 熔丝熔断。 (3) 辅助开关触点接触不良，或未切换。 (4) SF_6 气体低压力闭锁	(1) 检查、拧紧连接螺钉，使二次回路接触良好。 (2) 修理辅助开关接触不良的触点，或更换辅助开关。 (3) 测量分闸线圈端子电压，如果没有电压，检查 SF_6 气体压力，确定原因，必要时补气或进行修理
			分闸线圈端子有电压： (1) 分闸线圈断线或烧坏。 (2) 分闸铁芯卡住。 (3) 二次回路连接过松，触点接触不良。 (4) 辅助开关未切换	(1) 检查、拧紧连接螺钉，使二次回路接触良好。 (2) 修理辅助开关接触不良的触点，或更换辅助开关。 (3) 测量分闸线圈端子电压，如果有电压，检查分闸线圈是否断线或烧坏，铁芯是否卡住，必要时更换线圈
		分闸铁芯未启动	(1) 分闸线圈端子电压太低。 (2) 分闸铁芯空程小，冲力不足或铁芯运动受阻。 (3) 分闸掣子扣入深度太浅，冲力不足。 (4) 分闸铁芯撞杆变形，行程不足	(1) 修理，或者更换分闸线圈。 (2) 检查分闸掣子扣入是否过浅，冲力不够，进行修理，必要时更换零件
误动		储能后自动合闸	(1) 合闸掣子扣入深度太浅，或扣入面变形。 (2) 合闸掣子支架松动。 (3) 合闸掣子变形锁不住。 (4) 牵引杆过"死点"距离太大，对合闸掣子撞击力太大	检查合闸掣子扣入深度、扣入面、支架、牵引杆过"死点"距离等，进行修理和适当的调整，或者更换零件
		无信号自动分闸	(1) 二次回路有混线，分闸回路两点接地。 (2) 分闸掣子扣入深度太浅，或扣入面变形，扣入不牢。 (3) 分闸电磁铁最低动作电压太低。 (4) 继电器触点因某种原因误闭合	(1) 检查二次回路是否有混线，使之控制良好。 (2) 检查分闸掣子扣入深度和扣入面，修理或者更换零件。 (3) 测量分闸电磁铁最低动作电压，如果其值太低，调整分闸线圈的间隙，或者更换线圈。 (4) 检查继电器，修理触点或者进行更换
		合闸即分	(1) 二次回路有混线，合闸同时分闸回路有电。 (2) 分闸掣子扣入深度太浅，或扣入面变形，扣入不牢。 (3) 分闸掣子不受力时，复归间隙调得太大。 (4) 分闸掣子未复归	(1) 检查二次回路是否有混线，使之控制良好。 (2) 检查分闸掣子的扣入深度、复归间隙等情况，修理或者更换零件
弹簧储能异常		弹簧未储能	(1) 电动机过电流时保护动作。 (2) 接触器回路不通或触点接触不良。 (3) 电动机损坏或虚接。 (4) 机械系统故障	(1) 检查储能电动机是否过电流保护。 (2) 检查接触器回路和触点接触情况，进行修理，使之控制良好。 (3) 检查机械系统是否故障，进行修理，必要时，更换零件

续表

故障现象		故障原因	处理方法
弹簧储能异常	弹簧储能未到位	限位开关位置不当	检查限位开关位置，重新进行调整
	弹簧储能过程中打滑	棘轮或大小棘爪损伤	检查棘轮、大小棘爪是否有损伤，处理，必要时更换

表 Z08I1009Ⅲ—4　液压弹簧操动机构常见故障现象、故障原因及处理方法

异常现象			故障原因	处理方法
建压时间过长或建不起压力		液压泵建压时间过长	整个建压时间过长： （1）吸油回路有堵塞。 （2）油箱油位过低，油量少	（1）检查吸油回路是否堵塞而引起吸油不畅通，对其进行清理；检查滤油器是否有脏物堵住，必要时，过滤或更换新的液压油 （2）检查油箱油位是否过低，必要时加注油
		液压泵建压时间过长	液压泵建立一定压力后，建压时间变长： （1）柱塞座与吸油阀之间的锦纶密封垫封不住高压油。 （2）高压放油阀未关严	（1）修理或者更换柱塞座与吸油阀之间的锦纶密封垫 （2）检查高压放油阀是否关严，修理或更换零件
		液压泵建不起压力	（1）高压放油阀未关紧，或止回阀钢球没有复位。 （2）合闸二级阀未关严。 （3）液压泵本身有故障，吸油阀密封不严，柱塞与柱塞座配合间隙过大。 （4）安全阀动作未复位	（1）检查高压放油阀是否关紧，止回阀钢球是否复位，修理或更换零件。 （2）检查合闸二级阀，重新研磨或者更换零件。 （3）检查安全阀动作是否复位，必要时更换安全阀
油压下降到启泵压力但不能自动启泵			（1）电源、电动机是否完好。 （2）停/启泵微动开关触点是否卡涩。 （3）热继电器、延时继电器是否损坏	（1）检查电源和电动机，进行修理或者更换。 （2）检查停/启泵微动开关触点是否卡涩，进行修理或更换微动开关。 （3）对损坏的热继电器、延时继电器进行修理和更换
拒动	拒合	合闸铁芯未启动	合闸线圈端子无电压： （1）二次回路接触不良，连接螺钉松动。 （2）熔丝熔断。 （3）辅助开关触点接触不良，或未切换。 （4）SF$_6$气体压力低或液压低闭锁	（1）检查、拧紧连接螺钉，使二次回路接触良好。 （2）修理辅助开关接触不良的触点，或更换辅助开关。 （3）测量合闸线圈端子电压，如果没有电压，检查 SF$_6$气体压力，确定原因，必要时补气。 （4）将液压机构储能至额定压力
			合闸线圈端子有电压： （1）合闸线圈断线或烧坏。 （2）铁芯卡住。 （3）二次回路连接过松，触点接触不良。 （4）辅助开关未切换	（1）检查、拧紧连接螺钉，使二次回路接触良好。 （2）修理辅助开关接触不良的触点，或更换辅助开关。 （3）测量合闸线圈端子电压，如果有电压，检查合闸线圈是否断线或烧坏，铁芯是否卡住，必要时更换线圈

续表

异常现象			故障原因	处理方法
拒动	拒合	合闸铁芯已启动，工作缸活塞杆不动	（1）合闸线圈端子电压太低。 （2）合闸铁芯运动受阻。 （3）合闸铁芯撞杆变形，或行程不够，合闸一级阀未打开。 （4）合闸控制油路堵塞。 （5）分闸一级阀未复归	（1）修理，或者更换合闸线圈。 （2）清洗、过滤或更换液压油，防止合闸控制油路堵塞。 （3）检查分闸一级阀是否复归，必要时修理分闸一级阀
	拒分	分闸铁芯未启动	分闸线圈端子无电压： （1）二次回路连接过松，触点接触不良。 （2）熔丝熔断。 （3）辅助开关接触不良，或未切换。 （4）SF_6 气体低压力或液压低闭锁	（1）检查、拧紧连接螺钉，使二次回路接触良好。 （2）修理辅助开关接触不良的触点，或更换辅助开关。 （3）测量分闸线圈端子电压，如果没有电压，检查 SF_6 气体压力，确定原因，必要时补气，或进行修理。 （4）将液压机构储能至额定压力
			分闸线圈端子有电压： （1）分闸线圈断线或烧坏。 （2）分闸铁芯卡住。 （3）二次回路连接过松，触点接触不良。 （4）辅助开关未切换	（1）检查、拧紧连接螺钉，使二次回路接触良好。 （2）修理辅助开关接触不良的触点，或更换辅助开关。 （3）测量分闸线圈端子电压，如果有电压，检查分闸线圈是否断线或烧坏，铁芯是否卡住，必要时更换线圈
		分闸铁芯已启动，工作缸活塞杆不动	（1）分闸线圈端子电压太低。 （2）分闸铁芯空程小，冲力不足或铁芯运动受阻。 （3）阀杆变形，行程不够，分闸阀未打开。 （4）合闸保持回路漏装节流孔接头	（1）修理，或者更换分闸线圈。 （2）清洗、过滤或更换液压油，防止闸控制油路堵塞。 （3）检查合闸保持回路是否漏装节流孔接头，如果是，安装节流孔
误动	合闸即分		（1）合闸保持回路节流孔受堵。 （2）分闸一级阀未复归，或密封不严。 （3）分闸二级阀活塞锥面密封不严	检查和清洗分闸一级阀、二级阀；必要时，清洗或更换液压油
液压泵频繁启动打压	分闸位置液压泵频繁启动打压		外泄漏： （1）工作缸活塞出口端密封不良。 （2）高压放油阀密封不良或未关严	拆下检查工作缸的活塞出口端密封性，更换接头或者密封圈；检查高压放油阀密封性，修理、重新研磨或更换密封圈
			内泄漏： （1）工作缸活塞上密封圈失效。 （2）合闸一级阀密封不良。 （3）合闸二级阀密封不良。 （4）液压泵卸载止回阀关闭不严	检查工作缸活塞出口端和液压泵卸载止回阀的密封性，更换密封圈；检查合闸一级阀、合闸二级阀的密封性，清洗合闸一级阀、二级阀，必要时更换液压油
	合闸位置液压泵频繁启动打压		外泄漏： （1）工作缸活塞出口端密封不良。 （2）高压放油阀密封不良或未关严	拆下检查工作缸的活塞出口端密封性，更换接头或者密封圈；检查管路连接头密封性，更换接头或者密封圈；检查高压放油阀密封性，修理、重新研磨或更换密封圈

续表

异常现象		故障原因	处理方法
液压泵频繁启动打压	合闸位置液压泵频繁启动打压	内泄漏： （1）工作缸活塞上密封圈失效。 （2）分闸一级阀密封不良。 （3）分闸二级阀活塞密封圈失效，或分闸二级阀活塞锥面密封不良。 （4）液压泵卸载止回阀关闭不严	检查工作缸活塞出口端和液压泵卸载止回阀的密封性，更换密封圈；检查分闸一级阀、分闸二级阀的密封性，清洗分闸一级阀、二级阀，必要时更换液压油阀关闭不严
	分、合闸位置液压泵均频繁启动	外泄漏： （1）工作缸活塞出口端密封不良。 （2）高压放油阀密封不良或未关严	拆下检查工作缸的活塞出口端密封性，更换接头或者密封圈；检查管路连接头密封性，更换接头或者密封圈；检查高压放油阀密封性，修理、重新研磨或更换密封圈
		内泄漏： 液压泵卸载止回阀关闭不严	检查液压泵卸载止回阀的密封性，更换密封圈

四、SF_6 断路器 SF_6 气体定性检漏

（一）SF_6 检漏意义及方法介绍

1. SF_6 断路器检漏的意义

对于充装 SF_6 气体的断路器，必须具有良好的密封性能，不能产生泄漏，原因是：

（1）SF_6 气体担负着绝缘和灭弧的双重任务，所以为了保证设备安全可靠运行，就要求不能漏气。

（2）密封结构越好，设备外部水蒸气往内部渗透量也越小，所充 SF_6 气体的含水量的增长就越慢，因此也必须要求漏气量越小越好。

任何一种电气设备，无论密封结构如何优良，也不能达到绝对不漏气，只是程度大小的差别。所以正常使用的气体压力是一个给定的范围，最高值为额定压力，最低值为闭锁压力，两者之差通常不超过 0.1MPa，在接近闭锁压力值的位置给出一个报警压力值。当设备内部气体泄漏到报警压力值时，由密度继电器发出电信号进行报警，这时必须对设备进行补气。每一种产品的技术条件中都规定了本产品的年漏气量。

从原理上讲，对 SF_6 断路器应监视 SF_6 气体的密度，而不是监视气体的压力。但是在工程实践中要监视其密度是非常困难的事情。只能测量气体的压力，再通过一定的压力—温度关系修正，比较粗略地估计 SF_6 气体是否漏气。在现行的有关运行规程中规定，运行人员在记录气体压力的同时，要记录环境温度，再根据环境温度下的压力折算到20℃时的压力是否发生变化，通过比较来判断 SF_6 气体是否泄漏。

2. SF_6 电气设备的检漏方法

SF_6 电气设备的检漏有两种方法：定性检测与定量检测。

（1）定性检测。定性检漏只能确定 SF_6 电气设备是否漏气，判断是大漏还是小漏，

不能确定漏气量，也不能判断年漏气率是否合格。定性检测的主要方法是检漏仪检测法，采用校验过的 SF_6 气体检漏仪，沿被测面以大约 $25\sim5025mm/s$ 的速度移动，无泄漏点发现，则认为密封良好。这种方法一般用于 SF_6 设备的日常维护。

（2）定量检测。可以判断产品是否合格，确定漏气率的大小，主要用于设备制造、安装、大修和验收。根据国家标准规定，SF_6 漏气程度的大小可以用绝对漏气率 F 和相对年漏气率 F_y 表示。绝对漏气率 F，简称漏气率，它是单位时间内的漏气量，以 $MPa \cdot m^3/s$ 为单位。相对年漏气率 F_y，简称年漏气率，它是设备或隔室在额定充气压力下，在一定时间内测定的漏气量换算成一年时间的漏气量与总充气量之比，以年漏气百分率表示。定量检测有四种方法：扣罩法（整体检测法）、挂瓶法、局部包扎法、压力降法。本书不对定量检测做详细阐述。

（二）断路器 SF_6 气体定性检漏作业流程

SF_6 气体定性检漏作业流程适用于六氟化硫设备（不带电部位）现场作业。

1. 准备工作

工器具及材料准备清单见表 Z08I1009Ⅲ-5。

表 Z08I1009Ⅲ-5　　　　　　工器具及材料准备清单

序号	名称	型号及规格	单位	数量	备注
1	个人常用工具		套	1	
2	手持式检漏仪（定性）	XP-1A 或其他符合要求的手持式检漏仪	台	1	
3	工具袋	帆布、肩挎式	个	1	有高处作业时
4	保险带	双控	副	1	有高处作业时
5	安全帽		顶		1 顶/人
6	电池	碱性、2 号	节	2	或与所用检漏仪匹配的电池
7	探头	带保护帽、适配所用检漏仪	个	1	
8	酒精	无水酒精	瓶		
9	无毛纸		张	2	适量
10	充气接口	与待检设备配套	套	1	
11	SF_6 气体及充气装置	$\leqslant10kg$；微水含量 $\leqslant64.11\mu L/L$	瓶	1	测量仪器及设备补压用

2. 危险点分析与预防控制措施

危险点分析与预防控制措施见表 Z08I1009Ⅲ-6。

表 Z08I1009Ⅲ-6　　　　　危险点分析与预防控制措施表

序号	防范类型	危险点	预防控制措施
1	人身触电	误入带电间隔	工作前应明确工作地点；工作中监护到位，及时制止、纠正不安全作业行为
		误碰设备带电部位	工作前应明确设备带电部位，保持做够安全距离，工作中监护到位，及时制止、纠正不安全作业行为
		误碰周边带电设备	需要对周边运行端子做好防止误碰的安全措施；保持做够安全距离，工作中监护到位，及时制止、纠正不安全作业行为
2	防高处坠落	登高作业	使用绝缘梯、保险带等登高、防护工具
3	机械伤害	身体与设备磕碰	进入工作现场必须戴安全帽
4	过量吸入 SF_6 及其有毒分解物	进入室内不通风	户内 SF_6 配电装置地位区应安装氧量仪或 SF_6 泄漏报警仪；进入前应通风 15min 以上，避免单人进入
		进入低洼区	不进入与 SF_6 配电装置相通的低洼区；必须进入应避免单人进入，并在进入前应通风 15min 以上
		设备泄漏量大，人站在下风处	检漏操作前人尽量站在上风口，或戴正压式呼吸器

3. 检漏工作标准

表 Z08I1009Ⅲ-7　　　　　检漏仪定性检漏工作标准

序号	检查项目	工艺标准	注意事项
1	检漏仪电池检查	打开电源开关，发光二极管将显示复位指示 2 秒钟（左灯绿色，其他灯橙色），通过观察发光二极管检查电池电量（最左边的发光二极管绿色为正常，其他颜色表示电量不足需换电池）	电量不足需换电池
2	检漏仪清零	清零：设置当前环境下 SF_6 浓度零值：开机后按复位按钮，1s 后仪器重置零值，忽略探头周围存在的 SF_6 气体，以当前环境 SF_6 浓度为零值	
3	检漏仪灵敏度调整	开机后仪器默认为灵敏度 5 级，此时可听到间隔稳定的"嘟、嘟"声，如果需要可通过灵敏度调整键改变灵敏度；最左边的发光二极管表示 1 级（最低灵敏度）。从左数起，2~7 级由相应数目的发光二极管表示，所有的发光二极管全亮时表示 7 级（最高灵敏度）；灵敏度可在操作中的任何时候时行调整，不会影响检测；当泄漏不能被测出时，才调高灵敏度。当复位操作不能使仪器"复位"时，才调低灵敏度	
4	检漏前目测检查待检设备	气隔压力是否降低，目测检查所有管道、接口、密封面，有无密封胶、硅脂等溢出、损坏、腐蚀等痕迹	

续表

序号	检查项目	工艺标准	注意事项
5	检漏操作探头移动	探头要围绕被检部件移动，速率要求不大于 25～50mm/s，并且离表面距离不大于 5mm，要完整地围绕部件移动	防止漏检
6	有风的区域的检漏	有风的区域，即使大的泄漏也难发现。在这种情况下，最好遮挡住潜在泄漏区域	防止因风速过大稀释检漏区域 SF_6 气体浓度
7	探头误报警	探头接触到湿气或溶剂时可能报警；检漏时避免探头接触上述物质	防止探头污染，影响检测结果
		注意不要污染探头，如果部件非常脏。或有凝固物应用无毛纸擦掉或用无水酒精清洁后用无毛纸掉。不能使用其他清洁剂或溶剂，因为它们会对探头产生影响	

五、操动机构不停电处理一般异常

（一）断路器机构日常检查处理主要项目

（1）检查所有电气元件及接线外观是否破损，机构箱内部接线端子排、各接触器等电气元件的二次接线连接可靠，接线螺钉紧固，接线端子无氧化现象；

（2）机构箱内主要部件检查可参考本章模块 2 "断路器普通带电测试及一般维护模块"内相关内容；

（3）检查箱体内所有紧固螺栓、螺钉应无松动现象，开口销齐全、开口；

（4）箱体外部无锈蚀，箱门关闭紧密，箱门内密封条完整有弹性，无进水迹象；

（5）检测加热器是否正常工作，加热器更换处理可参考本章模块 10 "隔离开关的一般异常消缺处理模块"内相关内容

（二）液压机构的排气

说明：本部分液压机构排气内容参考西门子公司提供的断路器维护作业指导书内容。本部分内容仅介绍断路器在运行状态下的排气，一般不能把机构压力释放至零，因此仅介绍了该液压机构油泵排气方法，该排气处理能临时解决频繁打压问题。

1. 异常现象

断路器在运行中偶尔会发生油泵连续运转或频繁启泵的情况，此时断路器液压系统的油压会维持在一个相对较低的压力水平，关闭油泵的电源后，液压系统的油压值能够保持不变（由此可以说明系统的内漏基本不存在）。

2. 原因分析

断路器长时间运行后，导致在液压系统油泵低压区聚积了一定量的气体，由于气体的存在，油泵不能有效地将液压油从低压部分输出到高压部分，从而出现油泵持续

运转而油压不能升高的情况。严重时油泵还会由于液压油自润滑功能被气体削弱而导致相关的电气故障（接触器烧毁）或机械故障（油泵损坏）。

3. 油泵排气方法

现场解决该类问题只要对油泵进行排气即可，断路器不退出运行时的排气方法如下所述（排气位置见图 Z08I1009Ⅲ-1）：

（1）关闭油泵回路的电动机电源；

（2）将油泵上的排气塞部分松开，保持松开的状态，当排出的油无气泡时，用手拧紧排气塞；

（3）合上电机电源开关，泄压至油泵自动打压；

（4）重复以上步骤（1）～（3），排气直至泵体内无气体排出；

（5）关闭油泵排气螺栓并拧紧，合上电动机电源；

（6）再次泄压至油泵启动，计算一下到自动停泵的时间（补压时间大致为 10s 左右）；

（7）结束操作，锁紧泄压螺栓。

4. 注意事项

（1）由于断路器未能退出运行，排气时严禁碰触接触器。

（2）油压严禁泄至自动重合闸闭锁压力的下限值以下。

（3）油泵顶部的排气孔小螺栓为紫铜螺栓，表面有镀层，拧紧时切勿拧断。

（4）操作时所需的工具：8″开口扳手（两把）、10″开口扳手、酒精、抹布适量。

（5）所需时间：根据油泵低压部分气体量的多少，所用的时间有所差异，以排尽气体为标准。

图 Z08I1009Ⅲ-1　油泵排气塞

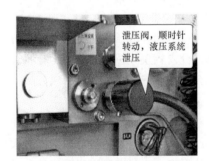

图 Z08I1009Ⅲ-2　泄压阀

六、案例

（一）某 500kV 断路器回路电阻超标故障

某变电站 500kV 柱式断路器检修前进行导电回路电阻的测量，分别测得 A、B、C

三相的电阻值为 68μΩ、64μΩ、102μΩ，该断路器制造厂家规定的标准为≤78μΩ，W相明显偏大、超标。

1. 分析

查阅该断路器上次的试验报告（三年前），A、B、C 三相的导电回路电阻值分别为 66μΩ、65μΩ、70μΩ，结果合格。

查阅该断路器的交接试验报告，A、B、C 三相的导电回路电阻值分别为 64μΩ、66μΩ、68μΩ，结果合格。

按照试验规程规定，断路器导电回路电阻数值应符合制造厂家的规定，并且不大于交接试验值的 1.2 倍。

查阅到该断路器在整个运行周期内，有 6 次开断短路电流的记录。

由以上初步判断，该断路器灭弧室触头可能烧损，或者触头连接处过热氧化。

2. 解体检查

将故障灭弧室返厂解体检查，发现该断路器灭弧室的动触头、静触头在电弧作用下，都有大面积的烧损。

3. 处理

在故障灭弧室返厂解体的同时，制造厂家为该变电站更换了新的灭弧室，安装调试后，断路器重新投入运行。

一般情况下，现场没有条件进行灭弧室的解体检修，甚至没有条件进行灭弧室的内部检查，判断灭弧室能否继续安全可靠运行，只有非常有限的一些试验手段，如测量断路器分、合闸时间和速度等，导电回路电阻的测量是其中很有效的一种手段。

检修前后的试验中，如果发现导电回路电阻值异常或者超标，一定要引起足够的重视，判断出原因所在，进行处理，否则继续运行安全隐患极大，可能会引起断路器触头烧融，甚至灭弧室炸裂等非常严重的后果。

（二）10kV 断路器凸轮卡塞导致拒动故障

1. 故障情况说明

2009 年 8 月 21 日，某变电站 10kV JY 线线路故障，断路器重合后拒动，主变压器后备保护动作，造成某变电站 10kV Ⅱ 母失压。

故障设备型号：ZN12W12/1250-31.5，生产日期：2002 年 9 月

2. 检查处理情况

事故后对 10kV JY 线断路器本体及机构进行检查，各零部件完好。多次对断路器进行特性试验、低电压动作、回路电阻试验以及触头行程、压缩行程测量，均正常。

在断路器检查操作过程中，发现该断路器在机构合闸过程中有时会连续出现"合闸后凸轮不能释放"现象，即储能轴在合闸弹簧力的作用下反向转动，带动凸轮压在

三角杠杆上的滚珠轴承上（见图 Z08I1009Ⅲ-3），通过主传动轴使断路器合闸。但有时凸轮不能完成合闸循环，凸轮将三角杠杆上的滚珠轴承压至合闸位置后被其卡住，不能越过其最高点。此时分闸挚子虽然能保持断路器处于合闸状态，但是无法进行分闸（检查分闸挚子运动良好，无卡涩现象）。出现故障状态时即使分闸挚子被打开也不能使断路器分闸，因为断路器必须执行完合闸全过程才能具备分闸条件。此时通过储能电机转动带动凸轮（时间约 2s）或者手动下压杠杆使凸轮越过杠杆上的滚珠轴承，才能完成合闸全过程，机构分闸功能恢复正常，厂家称为"两响"状态。

图 Z08I1009Ⅲ-3　合闸时凸轮压在三角杠杆滚珠轴承上的状态

针对 JY 线断路器"两响"状态，对其连接杠杆的长度进行了调整，伸长半扣或缩短半扣断路器均能正常分合。最终将连接杠杆伸长半扣，断路器分合操作多次，未再出现合闸凸轮卡涩现象，测试各参数也均合格。

为了进一步查找、分析断路器"两响"原因，分别对相同厂家相同型号的四台备用断路器进行检查、测试。首先对该四台断路器进行分闸合闸传动试验，未发现异常，测量开距、压缩行程、机械特性，均在合格范围，然后调整连杆长度测量凸轮与三角杠杆间隙及断路器特性变化。

在以上状态下，进行了断路器特性、触头开距、压缩行程测试，测试结果全部合格。通过对四台断路器测试数据的分析统计，可以看出凸轮间隙数据的离散性较大，规律性不强，可靠分合闸间隙在 1.35～2.45 变化，凸轮间隙尺寸与连杆长度、配合公差等因素有关，连杆可调范围也不同，每台断路器的间隙都不同，该型断路器存在加工工艺不高、公差大等问题。

经咨询有关厂家，反映该类型断路器出现过相同现象，同事厂家反馈，造成该现象的原因主要为：合闸弹簧与分闸弹簧及超程弹簧的做功（弹簧拉力/压力）相对不足。

3. 原因分析

根据现场故障现象及检查情况，得出凸轮卡涩主要有以下两种原因：

（1）连杆运动副的多个轴由于加工工艺不良或润滑不良，造成合闸操作做功大幅增加，原有弹簧输出的操作功无法满足整个运动副的合闸需求。

（2）弹簧长期处于储能拉伸状态，弹簧长期受力疲劳，弹簧输出的操作做功无法满足整个运动副的合闸需求。

【思考与练习】

1. 真空断路器的常见异常有哪些？

2. SF_6 断路器本体异常有哪些？

3. SF_6 断路器气体检漏有何意义？

4. SF_6 设备检漏分哪两种方法？哪种方法能判断 SF_6 漏气率？

5. 试述 SF_6 检漏工艺流程及标准。

▲ 模块 10　隔离开关的一般异常消缺处理（Z08I1010Ⅲ）

【模块描述】本模块包含隔离开关的一般异常消缺内容，通过操作过程详细介绍，达到了解隔离开关导电回路检查、维护、不停电操作机构异常消缺处理技能的目的。

【模块内容】

一、隔离开关基本结构原理

参考本章模块 3 "隔离开关普通带电测试及一般维护（Z08I1003Ⅱ）"。

二、隔离开关一般异常缺陷及原因分析

（一）隔离开关常见缺陷

（1）触头弹簧的压力降低，触头的接触面氧化或积存油泥而导致触头发热；

（2）传动及操作部分的润滑油干涸，油泥过多，轴销生锈，个别部件生锈以及产生机械变形等，以上情况存在时，可导致隔离开关的操作费力或不能动作，距离减小以致合不到位和同期性差等缺陷；

（3）绝缘子断头、绝缘子折伤和表面脏污等。

（二）缺陷原因分析

在各种缺陷和故障中，比较普遍发生的是机构问题，包括锈蚀、进水受潮、润滑干涸、机构卡涩、辅助开关失灵等，这些缺陷不同程度上导致开关分、合闸不正常。因此，拒动和分、合闸不到位发生最多。其次是导电回路接触不良，正常运行时发热，严重时可使隔离开关退出运行。其主要原因是隔离开关触头弹簧失效，使接触面接触不良。对安全运行威胁最大的是绝缘子断裂故障。发生合闸后自动分闸故障也有发生，但后果却很严重。

1. 绝缘子断裂故障

支柱绝缘子和旋转绝缘子断裂问题每年都有发生，运行多年的老产品居多，也有是刚投运的新产品。

绝缘子断裂事故至今仍不能有效予以防止。支柱绝缘子断裂，特别是母线侧支柱绝缘子断裂，会引发母差保护动作，使变电站全停，造成重大事故。

绝缘子断裂的主要原因是绝缘子本身工艺质量差的问题，也有选型不当引起的抗弯抗扭能力不足的问题。

2. 传动机构问题

隔离开关在出厂时或安装后刚投运时，分、合闸操作还比较正常。但运行几年后，就会出现各种各样的问题。有的因机构进水，操作时转不动；有的会发生操作时连杆扭弯；还有的在连杆焊接处断裂而操作不动，机构卡涩引起各种故障。操作失灵首先是机械传动问题，早期使用的机构箱容易进水、凝露和受潮，转动轴承防水性能差，又无法添加润滑油。隔离开关长期不操作，机构卡涩，轴承锈死时强行操作往往导致部件损坏变形。

底座内轴承的严重锈蚀和干涩是造成隔离开关拒动的主要原因，其他与传动系统相连部位（如机构主轴、转动臂、连杆的活动位置等）的锈蚀只是引起操作困难。

3. 导电回路发热

隔离开关运行中常常发生导电回路异常发热，可能是触指压紧弹簧压力（拉力）达不到要求，也可能是触指接触不良造成的，还有是长期运行后，接触面氧化、锈蚀使接触电阻增加而造成。运行中弹簧长期受压缩（拉伸），并由于工作电流引起发热，使弹性变差，恶性循环，最终造成烧损。有些触头镀银层工艺差，厚度得不到保证，易磨损露铜，以及导电杆被腐蚀等。此外，还有合闸不到位或剪刀式钳夹结构夹紧力达不到要求等问题。导电回路接触不良发热的主要原因是弹簧锈蚀、变细、变形，以致弹力下降。机构操作困难引起分、合位置错位及插入不够。接线板螺钉年久锈死，接触压力下降。接触面藏污纳垢，清理不及时。涂抹导电物质不当造成隔离开关接触电阻增大发热等。

4. 进水与防锈问题

隔离开关机构箱（传动箱）进水以及轴承部位进水现象很普遍。金属零部件的锈蚀问题也十分严重。老产品，凡是金属部件，大多会发生不同程度的锈蚀，锈蚀包括外壳、连杆、轴销等。加之连杆、轴销润滑措施不当，导致机械传动失灵。

隔离开关运行中，雨水顺着连接头的键槽流入垂直连杆内。因连杆下部与连接头焊死不通，进入垂直连杆内的雨水，日积月累后造成管内壁生锈严重，致使钢管强度大幅度降低，操作中造成多起垂直连杆扭裂的故障。又冬季来临时管内结冰，体积的膨胀可能造成钢管破裂，致使本体与机构脱离。此时隔离开关失去闭锁能力，有可能在运行中自动分闸，形成严重的误分事故。

三、一般异常缺陷处理

（一）接触部分过热处理

1. 准备工作

检修工作开始前，根据发热情况，完成人员、工器具、材料、备品、备件的准备工作。工器具、材料、备件应按实际需要量进行准备并适当留有裕度，见表 Z08I1010Ⅲ−1。

表 Z08I1010Ⅲ−1　　　　工 器 具 与 材 料 准 备

序号	名称	规格	单位	数量
1	组合工具		套	1
2	安全带		套	若干
3	梯		架	1
4	人字梯	二节	架	2
5	中性清洗剂		kg	足量
6	中性凡士林		kg	0.5
7	清洁布		条	20
8	木榔头		把	1
9	砂皮		张	10
10	金属刷（钢丝刷）		把	2
11	汽油		kg	1
12	导电脂		kg	0.5
13	连接螺栓	螺栓、螺母、垫圈、弹垫	套	足量
14	金属除锈剂		瓶	1

2. 处理原则与标准

（1）应停电处理，处理时应认真执行导电回路检修工艺及质量标准，需参考产品使用说明书。

（2）解体检修时，严禁使用有缺陷的劣质线夹、螺栓等零部件，用压接式设备线夹替换螺栓式设备线夹，接头接触面要清洗干净并及时涂抹导电脂，螺栓使用正确、紧固力度适中。

（3）对过热频率较高的母线侧隔离开关，要保证检修到位、保证检修质量。对接线座部位，要重点检查导电带两端的连接情况，保证两端面清洁、平整、涂抹导电脂、压接紧密。对触头部位，要保证触头的光洁度，并涂抹中性凡士林，检查触头的烧伤情况，必要时要更换触头、触指，左触头的触指座要打磨干净，有过热、锈蚀现象的弹簧应更换。要保证三相分合闸同期，右触头的插入深度符合要求和两侧触指压力均匀。为检验检修质量，还应测量回路接触电阻，保证各接触面接触良好。

（4）涂在隔离开关触头及触杆上导电膏的量不易掌握，致使隔离开关再次发热。处理方法是针对这种活动导电接触面，应严格控制导电膏的涂抹量。首先将活动接触面使用无水酒精清洗干净，在导电面上抹一层均匀少量的导电膏，马上用布擦干净，使导电面上只留下微量的薄层导电膏。

（5）螺栓拧紧时应使用力矩扳手，并符合表 Z08I1010Ⅲ-2 所示的力矩要求。

表 Z08I1010Ⅲ-2　　　　力 矩 扳 手 力 矩 要 求

螺栓直径	力矩（N）	螺栓直径	力矩（N）
M6	4.5	M12	40
M8	10	M16	80
M10	20		

3. 注意事项

（1）工作中与高压部分保持安全距离，防止误碰带电设备；高处作业人员必须系安全带，为防止感应电，工作前先挂临时接地线。

（2）绝缘子禁止攀爬，使用人字梯或登高机具。

（二）拒分、据合处理

1. 传动机构及传动系统造成的拒分拒合

（1）原因。机构箱进水，各部轴销、连杆、拐臂、底架甚至底座轴承锈蚀卡死，造成拒分拒合。

（2）处理方法。对传动机构及锈蚀部件进行解体检修，更换不合格元件。加强防锈措施，涂润滑脂，加装防雨罩。传动机构问题严重或有先天性缺陷时应更换。

2. 电气问题造成的拒分拒合

（1）原因。三相电源开关未合上、控制电源断线、电源熔丝熔断、热继电器误动切断电源、二次元件老化损坏使电气回路异常而拒动、电动机故障等原因都会造成电动机构分、合闸时，电动机不启动，隔离开关拒动。

（2）处理方法。电气二次回路串联的控制保护元器件较多，包括小型断路器、转换开关、交流接触器、限位开关及连锁开关、热继电器等。任一元件故障，就会导致隔离开关拒动。当按分合闸按钮不启动时，要首先检查操作电源是否完好，然后检查各相关元件。发现元件损坏时应更换，并查明原因。二次回路的关键是各个元件的可靠性，必须选择质量可靠的二次元件。

（三）分、合闸不到位

1. 机构及传动系统造成的分、合闸不到位

（1）原因。机构箱进水，各部轴销、连杆、拐臂、底架甚至底座轴承锈蚀，造成分合不到位。连杆、传动连接部位、隔离开关触头架支撑件等强度不足断裂，造成分合闸不到位。

（2）处理方法。对机构及锈蚀部件进行解体检修，更换不合格元件。加强防锈措施，采用二硫化钼锂。更换带注油孔的传动底座。

2. 隔离开关分、合闸不到位或三相不同期

（1）原因。分、合闸定位螺钉调整不当。辅助开关及限位开关行程调整不当。连杆弯曲变形使其长度改变，造成传动不到位等。

（2）处理方法。检查定位螺钉和辅助开关等元件，发现异常进行调整，对有变形的连杆，应查明原因及时消除。此外，在操作现场，当出现隔离开关合不到位或三相不同期时，应拉开重合，反复合几次，操作时应符合要求，用力适当。如果还未完全合到位，不能达到三相完全同期，应安排计划停电检修。

（四）操动机构不停电检查处理

（1）检查所有电气元件及接线外观是否破损，机构箱内部接线端子排、各接触器等电气元件的二次接线连接可靠，接线螺钉紧固，接线端子无氧化现象。

（2）操作过程中应注意电动机及齿轮运动是否有异常声音。辅助开关切换应正确、灵活。

（3）检查箱体内所有紧固螺栓、螺钉应无松动现象，开口销应齐全、开口。

（4）箱体外部无锈蚀，箱门关闭紧密，箱门内密封条完整有弹性，无进水迹象。

（5）检测加热器是否正常工作。

以下重点介绍加热器的更换工作：

（1）加热器故障现象。

1）加热器空气开关投入，加热器不发热；

2）加热器空气开关投入即跳开。

（2）处理原则。

1）规格型号符合现场要求；

2）安装位置可靠，对周边二次线、电缆等物件无影响，防止加热器启用后造成电

缆、二次线烫伤损坏。

（3）危险点分析。

1）误入带电间隔，工作前应熟悉工作地点带电部位；

2）带电更换加热器引起触电，更换前应拉开加热器电源或退下加热器电源熔丝，用万用变测量确认无电；

3）误碰周边带电设备，需要对周边运行端子做好防止误碰的安全措施；

4）二次回路误接线，拆线前需做好拆线记录；

5）机械伤害，工作前确认操作电源、电动机电源拉开，防止更换工作中机构突然启动。

（4）更换加热器的主要步骤。

1）核查加热器的规格、参数；

2）准备新的同规格、同参数的加热器，并且测试合格；

3）完成危险点防范措施；

4）拆下加热器，安装新加热器，固定牢靠，恢复二次接线，接线正确，紧固；

5）恢复安全措施；

6）加热器试送电，检验是否正常启动，手动投入加热状态时应逐渐发热。

（5）其他注意事项。

1）需携带经测试合格的万用表、兆欧表等；

2）确认无短路后加热器方可通电工作，严防短路引起交流失电；

3）接触器相同规格、参数表明，外观尺寸一致，额定电压、额定电流一致；

4）工作结束后，应做好消缺等相关记录。

四、案例

（一）隔离开关引线线夹异常发热

某变电站红外测温人员到 66kV 进行红外诊断，室外温度 28℃，发现 66kV 主进线甲刀闸 C 相线路侧线夹与接线板为 136℃（160A）。同时发现主进线甲 A 相线路侧线夹与接线板为 45℃，B 相线路侧线夹与接线板为 49℃。经过对比属于过热故障。

1. 原因分析

2009 年 6 月 5 日上午经过检修人员结合红外热像图片及现场分析，确认隔离开关线夹过热原因为可能为两个固定螺栓松动造成接触不良。

2. 故障处理

2009 年 6 月 5 日下午进行停电检修，发现为两个固定螺栓松动造成两接触面接触不良，主要原因是两个固定螺栓没有弹簧垫圈，经过长时间的运行，造成螺栓氧化松动。对两接触面进行打磨处理并更换带有弹簧垫圈的螺栓。

3. 防范措施

螺栓松动与接触面积不足是质量问题，而不是疑难技术问题，设备安装及维护时，检修维护人员要有强烈的质量意识和责任心，对每个部位严格把关、严格要求。

（二）220kV 隔离开关对地闪络故障

1. 故障情况说明

9月5日，某变电站220kVⅠ、Ⅱ段母线按计划安排停役，需进行倒排操作，14:00 在进行 RBⅠ 路 287 开关倒排操作，现场合上 2872 隔离开关后，对 2871 隔离开关进行分闸操作，当 2871 隔离开关分闸到位时，2871 水平伸缩式隔离开关拐臂曲起，B 相动触头拐臂导电杆内所积污水流出，沿着支柱绝缘子和操作绝缘子流下，积水引起 2871B 相隔离开关支柱绝缘子对地闪络。

2. 故障情况检查

2871B 相隔离开关支柱绝缘子表面有明显的对地闪络痕迹，如图 Z08I1010Ⅲ-1 所示。

事故后发现开关下方仍有大量遗留积水，颜色混浊、味道很臭，取导电杆残留水样分析试验，积水的导电率达 20 000μs/cm（是淡水导电率的 67 倍），判定以上事故原因是该隔离开关未设计排水孔。

图 Z08I1010Ⅲ-1　外观检查情况

3. 故障原因分析

经过分析，判断事故原因是隔离开关存在制造缺陷，由于隔离开关导电杆未设计排水孔，在长期的运行过程中引起内部积水。刀闸操作过程中，2871 隔离开关由合闸转为分闸时，B 相动触头拐臂导电杆内部所积大量污水流出，沿着支柱绝缘子和操作绝缘子流下，行程导电通路，2871 B 相隔离开关支柱绝缘子靠近法兰和底座处有明显的闪络烧伤痕迹。

【思考与练习】

1. 简述隔离开关一般异常缺陷种类并分析原因。

2. 试述隔离开关接触部分过热处理过程。

3. 隔离开关操动机构不停电检查主要项目有哪些？

▲ 模块 11　互感器的一般异常消缺处理（Z08I1011Ⅲ）

【模块描述】本模块包含互感器的一般异常消缺内容，通过操作过程详细介绍、操作技能训练，达到掌握电压互感器熔丝异常消缺处理技能的目的。

【模块内容】

一、互感器常见一般缺陷

一般缺陷是指上述危急、严重缺陷以外的设备缺陷。指性质一般，情况较轻，对安全运行影响不大的缺陷，如下：

（1）储油柜轻微渗油。

（2）设备上缺少不重要的部件。

（3）设备不清洁，有锈蚀现象。

（4）二次回路绝缘有所下降。

（5）非重要表计指示不准。

（6）其他不属于危急、严重的设备缺陷。

出现一般缺陷，运行人员将缺陷内容记入相关记录，由负责人汇总按月度汇报。一般缺陷可在一个检修周期内结合设备检修、预试等停电机会进行消缺。

二、互感器常见缺陷原因及处理

1. 互感器进水受潮

（1）主要现象。绕组绝缘电阻下降，介质损耗超标或绝缘油微水超标。

（2）原因分析。产品密封不良，使绝缘受潮，多伴有渗漏油或缺油现象，以老型号互感器为多，通过密封改造后，这种现象大为减少。

（3）处理办法。应对互感器进行干燥处理。轻度受潮，可用热油循环干燥处理；严重受潮，则需进行真空干燥。对老型号非全密封结构互感器，应进行更换或加装金属膨胀器。

2. 绝缘油油质不良

（1）主要现象。绝缘油介质损耗超标，含水量大，简化分析项目不合格，如酸值过高等。

（2）原因分析。原制造厂油品把关不严，加入了劣质油；或运行维护中，补油时未做混油试验，盲目补油。

（3）处理办法。新产品返厂更换处理。如是投运多年的老产品，可根据情况采用换油或进行油净化处理。

3. 绝缘油色谱超标

（1）主要现象。设备运行中氢气或甲烷单项含量超过注意值，或者总烃含量超过注意值。

（2）原因分析。对于氢气单项超标可能与金属膨胀器除氢处理或油箱涤化工艺不当有关，如果试验数据稳定，则不一定是故障反映，但当氢气含量增长较快时，应予注意。甲烷单项过高，可能是绝缘干燥不彻底或老化所致。对于总烃含量高的互感器，应认真分析烃类气体成分，对缺陷类型进行判断，并通过相关电气试验进一步确诊。当出现乙炔时应予高度重视，因为它是反映放电故障的主要指标。

（3）处理办法。首先视情况补做相关电气试验，进一步判断缺陷性质。如判断为非故障原因，可进行换油或脱气处理。如确认为绝缘故障，则必须进行解体检修，或返厂处理或更换。

三、电磁式电压互感器常见故障的处理

1. 谐振故障

（1）故障现象。中性点非有效接地系统中，三相电压指示不平衡。一相降低（可为零）而另两相升高（可达线电压），或指针摆动，可能是单相接地故障或基频谐振。如三相电压同时升高，并超过线电压（指针可摆到头），则可能是分频或高频谐振。中性点有效接地系统，母线倒闸操作时，出现相电压升高并以低频摆动，一般为串联谐振现象。

（2）故障处理。操作前应有防谐振预案，准备好消除谐振措施。操作过程中，如发生电压互感器谐振，应采取措施破坏谐振条件以消除谐振。在系统运行方式和倒闸操作中，应避免用带断口电容的断路器投切带有电磁式电压互感器的空母线，运行方式不能满足要求时，应采取其他措施，例如更换为电容式电压互感器。对电容式电压互感器应注意可能出现自身铁磁谐振，安装验收时对速饱和阻尼方式要严格把关，运行中应注意对电磁单元进行认真检查，如发现阻尼器未投入或出现异常，互感器不得投入运行。

2. 二次电压降低

（1）故障现象。二次电压明显降低，可能是下节绝缘支架放电、击穿或下节一次绕组匝间短路。

（2）故障处理。这种互感器的严重故障，从发现到互感器爆炸时间很短，应尽快汇报调度，采取停电措施，在此期间不得靠近异常互感器。

四、电容式电压互感器二次电压异常的主要原因及处理

（1）二次电压波动。引起的主要原因可能为：二次连接松动、分压器低压端子未接地或未接载波线圈、电容单元被间断击穿、铁磁谐振。

（2）二次电压低。引起的主要原因可能为：二次接触不良、电磁单元故障或电容单元 C2 损坏。

（3）二次电压高。引起的主要原因可能为：电容单元 C1 损坏，分压电容接地端未接地。

（4）开口三角电压异常升高。引起的主要原因为：某相互感器电容单元故障。

（5）二次无电压输出。引起的主要原因为：一次接线端子绝缘不良或直接碰及油箱。

上述异常的处理办法为：在安全确保的条件下进行带电检查，必要时停电进行相关电气试验检查，判断引起异常的原因，针对异常原因进行相关处理，必要时进行更换。

五、电流互感器带电异常的处理

（1）电流互感器过热。可能是一次端子内外接头松动，一次过负荷或二次开路。应立即停运，经相关检查、试验，查找过热原因，并进行消除，必要时进行更换、增大变比。

（2）电流互感器产生异常声响。可能是有电位悬浮、末屏开路及内部绝缘损坏，二次开路，铁芯或零件松动。应立即停运，经相关检查、试验，查找原因，必要时进行更换。

六、互感器 SF_6 气体含水量超标处理

运行中应监测互感器 SF_6 气体含水量不超过 $300\mu L/L$，若超标应尽快退出运行，并通知厂家处理。

七、电压互感器熔丝异常处理

（一）互感器熔丝异常的现象

（1）熔断相电压明显下跌，三相线电压彼此不相等，三相接地指示灯亮度不一致；

（2）电压回路断线，信号动作；

（3）接地信号动作。

（二）互感器熔丝异常的处理案例

1. 互感器熔丝更换前的准备

（1）作业人员明确作业标准，使全体作业人员熟悉作业内容、作业标准。

（2）工器具检查、准备，工器具应完好、齐全。

（3）备品备件检查、准备，备品备件参数应符合要求，试验合格。

（4）危险点分析、预控，工作票安全措施及危险源点预控到位。

（5）履行工作票许可手续，按工作内容办理工作票，并履行工作许可手续。

（6）召开开工会，明确分工，任务落实到人，并使安全措施、危险源点明了。

2. 互感器熔丝更换的实施

（1）核对手车上高压熔丝的规格、参数；

（2）检查熔丝下桩头以下高压设备外观是否正常，并逐相测量手车上熔丝是否完好；

（3）核对新熔丝的规格、参数，并测量新熔丝是否完好；

（4）给熔断相熔丝换上新熔丝。

3. 互感器熔丝更换的结束

（1）清理工作现场，将工器具全部收拢并清点，废弃物按相关规定处理，材料回收清点；

（2）召开收工会，记录本次检修内容，并核查有无遗留问题；

（3）验收、办理工作票终结，恢复修试前状态、办理工作票终结手续；

（4）汇报调度将压电变压器恢复送电；并检查三相电压是否正常；

（5）如再次发生熔断，则汇报调度将压电变压器继续改冷备用，汇报上级申请检修处理；

（6）如三相电压正常，无其他异常情况下，向调度申请恢复相关保护、电容器；

（7）按规范填写修试记录。

【思考与练习】

概述电容式电压互感器二次电压异常的主要原因。

模块 12　母线的一般异常消缺处理（Z08I1012Ⅲ）

【模块描述】本模块包含母线的一般异常消缺内容，通过操作过程详细介绍，达到了解母线桥异常消缺处理技能的目的。

【模块内容】

一、母线一般异常缺陷及原因分析

（1）接头因接触不良，电阻增大，造成发热，严重时接头发红；

（2）绝缘子绝缘不良，使母线对地的绝缘电阻降低，严重时发生对地闪络；

（3）当大的故障电流通过母线时，在电动力和弧光作用下，使母线发生弯曲、折断或烧伤等现象；

（4）软母线加工工艺不良或母线受到机械伤害引起导线散股、断股等。

二、一般异常缺陷处理

母线在运行过程中会发生各类异常及缺陷，最为常见的便是发热缺陷。母线发生变形、断裂、烧伤等故障时应将相应受损段更换，下文着重介绍母线接头发热的处理。

1. 准备工作

检修工作开始前，根据发热情况，完成人员、工器具、材料、备品、备件的准备工作；工器具、材料、备件应按实际需要量进行准备并适当留有裕度，见表 Z08I1012Ⅲ-1。

表 Z08I1012Ⅲ-1　　　　　　工器具与材料准备清单

序号	名称	规格	单位	数量
1	组合工具		套	1
2	安全带		套	若干
3	梯		架	1
4	人字梯	二节	架	2
5	中性清洗剂		kg	足量
6	中性凡士林		kg	0.5
7	清洁布		条	20
8	木榔头		把	1
9	砂皮		张	10
10	金属刷（钢丝刷）		把	2
11	汽油		kg	1
12	导电脂		kg	0.5
13	连接螺栓	螺栓、螺母、垫圈、弹垫	套	足量
14	金属除锈剂		瓶	1

2. 工艺流程及标准

（1）拆除接头连接螺栓，螺栓锈蚀卡涩时可喷涂少量金属除锈剂；拆下连接引线/母排；

（2）用有机溶剂清除导体表面的脏污、氧化膜使导线表面清洁；

（3）检查接触面应平整无凹凸、无烧伤痕迹。若表面不平，可将搭接板垫于硬质平面上，用木榔头敲击整平；若有轻微烧伤痕迹，可用锉刀或砂布打磨直至两搭接面可以良好契合；

（4）为搭接面均匀涂抹薄薄的一层导电脂；

（5）搭接回装，更换锈蚀螺栓，更换线夹上失去弹性或损坏的各个垫圈；

（6）用力矩扳手拧紧各螺母；

（7）螺栓拧紧时应使用力矩扳手，并符合表 Z08I1012Ⅲ-2 所示的力矩要求。

表 Z08I1012Ⅲ-2　　　　　　力 矩 扳 手 力 矩 要 求

螺栓直径	力矩（N）	螺栓直径	力矩（N）
M6	4.5	M12	40
M8	10	M16	80
M10	20		

3. 注意事项

（1）母线在运行一段时间以后，线夹、搭接部分的螺母还会发生松动，运行中注意螺母松动情况；

（2）必要时可测试接头接触电阻来检验搭接是否良好；

（3）工作中与高压部分保持安全距离，防止误碰带电设备；高处作业人员必须系安全带，为防止感应电，工作前先挂临时接地线；

（4）绝缘子禁止攀爬，使用人字梯或登高机具；

（5）母线上工作时应有防止零部件跌落措施。

【思考与练习】

1. 母线常见故障有哪些？原因有哪些？

2. 试述母线接头发热处理过程。

▲ 模块 13　避雷器的一般异常消缺处理（Z08I1013Ⅲ）

【模块描述】本模块包含避雷器的一般异常消缺内容，通过操作过程详细介绍，达到了解避雷器一般异常消缺、在线监测仪异常消缺处理技能的目的。

【模块内容】

一、氧化锌避雷器常见故障类型及其危害

避雷器的常见缺陷主要有，由螺丝松动、锈蚀等原因造成的均压环脱落；泄漏电流表指示异常；计数器动作不正常；由指针脱落、指针卡涩等表计原因造成功能异常，无法正确显示动作次数；泄漏电流表密封不良、玻璃破裂、进水。氧化锌避雷器常见故障类型主要有受潮、参数选择不当、结构设计不合理、操作不当、老化。这些故障轻则会造成避雷器绝缘下降、老化加快，重则会引起避雷器在运行电压下或过电压下爆炸损坏而危及系统安全运行。

二、氧化锌避雷器常见故障原因

1. 避雷器密封不良或漏气，使潮气或水分侵入

（1）金属氧化物避雷器的密封胶圈永久性压缩变形的指标达不到设计要求，装入金属氧化物避雷器后，易造成密封失效，使潮气或水分侵入。

（2）金属氧化物避雷器的两端盖板加工粗糙、有毛刺，将防爆板刺破导致潮气或水分侵入。有的金属氧化物避雷器的端盖板采用铸铁件，但铸造质量极差、砂眼多，加工时密封槽因此而出现缺口，使密封胶圈装上后不起作用。潮气或水分由缺口侵入。

（3）组装时漏装密封胶圈或将干燥剂袋压在密封圈上，或是密封胶圈位移，或是没有将充氮气的孔封死等。

（4）装氮气的钢瓶未经干燥处理，就灌入干燥的氮气，致使氮气受潮，在充氮时将潮气带入避雷器中。

（5）瓷套质量低劣，在运输过程中受损，出现不易观察的贯穿性裂纹，致使潮气侵入。

（6）总装车间环境不良，或是经长途运输后，未经干燥处理而附着有潮气的阀片和绝缘件装入瓷套内，使潮气被封在瓷套内。

上述两种途径受潮所产生的结果是相同的。从事故后避雷器残骸可以看出，阀片没有通流痕迹，阀片两端喷铝面没有发现大电流通过后的放电斑痕。而在瓷套内壁或阀片侧面却有明显的闪络痕迹，在金属附件上有锈斑或锌白，这就是金属氧化物避雷器受潮的证明。

2. 参数选择不当

近年来在 3~66kV 中性点不接地或经消弧线圈接地系统中的金属氧化物避雷器，在单相接地或谐振过电压下动作损坏较多。分析认为造成金属氧化物避雷器动作时损坏的主要原因是对其额定电压和持续运行电压的取值偏低。

金属氧化物避雷器的额定电压是表明其运行特性的一个重要参数，也是一种耐受工频电压的能力指标。在 GB 11032—2010《交流无间隙金属氧化物避雷器》中对它的定义为"施加到避雷器端子间最大允许的工频电压有效值"。众所周知，金属氧化物避雷器的阀片耐受工频电压的能力是与作用电压的持续时间密切相关的。在定义中未给出作用电压的持续时间，所以不够严密，并且取值也偏低。

持续运行电压也是金属氧化物避雷器的重要特性参数，该参数的选择对金属氧化物避雷器的运行可靠性有很大的影响。GB 11032—2010 对持续电压的定义为"在运行中允许持久地施加在避雷器端子上的工频电压有效值"。它应覆盖电力系统运行中可能持续地施加在金属氧化物避雷器上的工频电压最高值。

3. 结构设计不合理原因

（1）有些避雷器厂家片面追求体积小、重量轻，造成瓷套的干闪、湿闪电压太低。

（2）固定阀片的支架绝缘性能不良，有的甚至用青壳纸卷阀片，复合绝缘的耐压强度难以满足要求。

（3）阀片方波通流容量较小，在某些场合使用不适合。

4. 操作不当

运行部门操作不当也是造成金属氧化物避雷器损坏或爆炸的一个原因。操作人员误操作，将中性点接地系统变为局部不接地系统，致使施加到某台金属氧化物避雷器两端的电压大大超过其持续运行电压。例某地区有两个变电所发生的两起事故就是操作不当引起的。当时在变压器与系统分开、中性点不接地的情况下，没有合中性点接接地刀闸闸就进行系统操作，导致金属氧化物避雷器损坏。

5. 老化

运行统计表明，国产金属氧化物避雷器由于老化引起的损坏极少，而进口金属氧化物避雷器，爆炸的主要原因是阀片的质量差。其质量差主要是老化特性不好；其次是阀片的均一性差，使电位分布不均匀，运行一段时间后，部分阀片首先劣化，造成避雷器参考电压下降，阻性电流和功率损耗增加，由于电网电压不变，则金属氧化物避雷器内其余正常的阀片因荷电率（荷电率为金属氧化物避雷器最大运行相电压的峰值与其直流参考电压或工频参考电压峰值之比）增高，负担加重，导致老化速度加快，形成恶性循环，最终导致该金属氧化物避雷器发生热崩溃。

三、在线监测仪异常消缺处理

1. 缺陷的现象

（1）计数器动作试验不合格。

（2）在线监测仪进水受潮，玻璃破裂。

（3）在线监测仪指针卡涩，指示异常。

2. 在线监测仪更换案例

（1）在线监测仪更换前的准备。

1）作业人员明确作业标准，全体作业人员熟悉作业内容、作业标准。

2）工器具检查、准备，工器具应完好、齐全。

3）备品备件检查、准备，备品备件参数应符合要求，试验合格。

4）危险点分析、预控，工作票安全措施及危险源点预控到位。

5）履行工作票许可手续，按工作内容办理工作票，并履行工作许可手续。

6）召开开工会，明确分工，任务落实到人，并使安全措施、危险源点明了。

（2）在线监测仪的实施。

1）线监测仪指示偏大，则应进行避雷器的带电测试，排除避雷器本体内阀片老化导致指示偏大。

2）先用截面不小于 25mm² 的软铜线短接在线监测仪，以保证避雷器的接地状态良好。

3）拆除异常的在线监测仪。

4）安装新的在线监测仪，安装过程中应避免碰触到短接软铜线。

5）检查在线监测仪连接情况。

6）拆除短接软铜线，记录在线监测仪读数，并与同间隔其他相避雷器的在线监测仪以及原始记录进行比较。如指示仍异常，则需申请停电检查处理。

（3）在线监测仪的结束。

1）清理工作现场，将工器具全部收拢并清点，废弃物按相关规定处理，材料回收清点。

2）召开收工会，记录本次检修内容，有无遗留问题。

3）验收、办理工作票终结，恢复修试前状态、办理工作票终结手续。

4）按规范填写修试记录。

【思考与练习】

1. 概述避雷器的常见缺陷。

2. 在线监测仪异常缺陷有哪些？

▲ 模块 14　无功补偿装置的一般异常消缺处理
（Z08I1014Ⅲ）

【模块描述】本模块包含无功补偿装置的一般异常消缺内容，通过操作过程详细介绍、操作技能训练，达到掌握无功补偿装置硅胶更换、电容器熔丝异常消缺处理技能的目的。

【模块内容】

一、电抗器及组部件常见缺陷

（一）电抗器渗漏油

1. 渗漏油的类型

（1）密封件渗漏油。

（2）焊缝渗漏油。

2. 渗漏油的原因

（1）密封件质量不符合使用要求。

（2）密封件损坏或老化。

（3）密封件选用尺寸不当或位置不正。

（4）在装配时，对密封垫圈过于压紧，超过了密封材料的弹性极限，使其产生永久变形（变硬）而起不到密封作用或套管受力时使密封件受力不均匀。

（5）密封面不清洁（如焊渣、漆瘤或其他杂物）或凹凸不平，密封垫圈与其接触不良，导致密封不严。

（6）在装配时，密封件没有压紧到位而起不到密封作用。

（7）密封环（法兰）装配时，将每个螺栓一次紧固到位，造成密封环受力不均而渗油。

（8）焊缝出现裂纹或有砂眼。

（9）内焊缝的焊接缺陷，油通过内焊缝从螺孔处渗出。

（10）焊接较厚板时没有坡口或坡口不符合焊接要求，有假焊现象。

（11）平板钻透孔焊螺杆时，背面焊接不好造成渗漏油。

（12）非钻透平板发生钻透现象。

（13）箱盖或法兰在装配时与连接件间产生应力而翘曲变形，出现密封不严。

（二）电抗器套管上部接线板发热

1. 故障的原因

套管导电杆和接线板接触不良。

2. 故障的现象

运行中用红外热像仪检测变压器套管导接线板温度明显偏高。

（三）电抗器本体储油柜油位异常故障

1. 故障的原因

（1）储油柜的吸湿器堵塞。

（2）储油柜的胶囊袋或隔膜损坏。

（3）管式油位计的小胶囊袋输油管堵塞。

（4）储油柜存在大量气体。

（5）指针式油位计失灵。

2. 故障的现象

（1）电抗器本体储油柜油位计油位显示异常升高或降低。

（2）用红外热像仪测量的实际油位与油位计显示不符。

（四）电抗器冷却器故障

1. 故障的原因

（1）冷却器的风扇故障。

（2）风冷控制箱故障造成冷却器停运。

2. 故障的现象

冷却器的风扇停运。

（五）电抗器硅胶更换处理

1. 缺陷的现象

吸湿器内硅胶超过三分之二变色。

2. 缺陷的处理

（1）更换前应检查并确认呼吸器管道畅通，油杯有气泡。若无气泡，需将重瓦斯改接信号。

（2）先取下油杯，再缓慢打开吸湿器，防止放出残气时引起瓦斯动作。将吸湿器从变压器上卸下，妥善放置，倒出内部硅胶。卸下过程中时应注意玻璃罩安全。

（3）检查玻璃罩，清洁内部。

（4）检查吸湿器底部的滤网有无堵塞现象，如有则进行检修或更换。

（5）在吸湿器中倒入合格的硅胶，离顶盖留下 1/5 高度空隙。复装油杯时，旋紧后回转小半圈，确保呼吸器畅通。

（6）检查吸湿器底部油杯内的油位应高于呼吸口，否则应添加变压器油。

（7）复装后观察呼吸器正常。

二、电力电容器的一般异常及电容器熔丝异常消缺处理

1. 并联电容器运行中常见的故障及危害

并联电容器常见的故障主要有渗漏油、外壳膨胀变形、温度过高、外绝缘闪络、异常声响、额定电压选择不当等，其主要危害为电容器绝缘下降、电容击穿、保护动作，无功投入不足甚至爆炸起火危及系统安全运行。

2. 并联电容器常见故障的原因

（1）渗、漏油。它是一种常见的异常现象，主要原因是：出厂产品质量不良；运行维护不当；长期运行缺乏维修，以导致外皮生锈腐蚀而造成电容器渗、漏油。处理：若外壳渗、漏油不严重可对外壳渗漏处进行除锈、焊接、涂漆。

（2）电容器外壳膨胀，说明内部已出现严重的绝缘故障。应更换电容器。

（3）电容器温升高。应改善通风条件，如其他原因，应查明原因进行处理。如系电容器的问题应更换电容器。

（4）电容器绝缘子表面闪络放电。其原因是瓷绝缘有缺陷、表面脏污，应定期检查，清脏污，对分散式电容器，套管绝缘不能恢复时应更换电容器单元。

（5）异常声响。电容器在正常情况下无任何声响，发现有放电声或其他不正确声音，说明电容器内部有故障应立即停止电容器运行，进行检修或更换电容器。

（6）电容器额定电压选择不当。并联电容器一般都带有串联电抗器，由于电抗器电压和电容器电压相位相反，在母线电压一定的情况下，会造成电容器相间电压增大，因此在电容器选型订货时，必须按照串联电抗率选择合适额定电压的电容器。如果电容器额定电压选择较低，则由于电容器过压能力较弱，势必将大大降低电容器的使用寿命。

3. 电容器熔丝（熔断器）异常消缺处理

电容器熔断器常见异常缺陷为安装角度不正确，熔丝座、熔丝接头发热，弹簧松弛或断裂等。

（1）熔断器的构成。熔断器通常由管体、熔丝和防摆装置等三部分组成。

1）管体。一般由环氧酚醛布管、金属管帽和安装螺栓等组成。管体系用来装设熔丝，并起绝缘隔离与防护用，金属管帽作为防爆与安装连接用，在小电流规格还起到与熔体对接导电的作用；安装时用螺栓将熔断器固定于折成120°角的接线板上（不同厂家安装角度参见安装说明书），而后固定连接在汇流排上。

2）熔丝。由连接端子、熔体、尾线及灭弧管等组成，是熔断器的关键部分（见图 Z08I1014Ⅲ-1 熔丝的结构示意图）。熔体系熔断器动作时预定熔化的导电体。对于小电流规格采用片状连接端子与管帽对接通电；对于大电流规格采取带有螺纹的连接端子与管帽中的螺孔紧密镶嵌并与接线板固定连接通电，以及熔体与尾线机械压接和灭弧管自攻螺纹固定方式等工艺措施以改善性能。灭弧管作为产气帮助灭弧用。

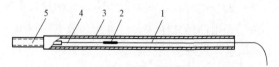

图 Z08I1014Ⅲ-1　熔丝的结构示意图
1—尾线；2—压接管；3—灭弧管；4—熔体；5—接线端子

3）防摆装置。由支架、弹簧及隔离管等组成。支架和弹簧采用不锈钢材料适合于户外使用。熔丝的尾线穿过隔离管（弹簧）与支架端头一起安装在电容器接线端上，并使隔离管受力平衡处于垂直状态（不同厂家安装角度参见安装说明书）。当熔体熔断，尾线在弹簧拉力和气体喷逐力的作用下射出时，该防摆装置能限制尾线摆动范围，并防止带电尾线与电容器外壳或柜架碰触放电。

（2）熔断器故障原因。外置熔断器故障原因大致有以下几类。

1）熔丝接触不良。熔丝安装时接触不良，接触电阻过大，运行时熔丝过热，热量传到熔丝的合金上，高温导致熔丝加速熔断。

2）熔丝前次故障受损，再次运行时熔断。在分散式电容器出现熔丝熔断故障时，其他未熔断的熔丝也会因过热而受损。若处理故障时没有被及时更换受损熔丝，当电容器再次投运时，在正常电流下，受损熔丝极易熔断，造成电容器反复故障。

3）弹簧拉力不满足设计要求（安装角度不当，弹簧锈蚀、卡涩、失去弹力）。喷逐式熔断器是自产气纵吹弧与外弹簧强力拉弧相结合的熄弧结构。若弹簧拉力偏大，在开断过程中熔丝管内气体压力还没有来得及建立起来就已断开，对纵吹熄弧不利；若拉力偏小，就无法释放出熔断器熔断时尾线迅速摆脱熔断器所需的能量，尾线不能迅速脱离重燃区，起不到强力拉弧作用，造成重燃，导致事故扩大。

4）熔丝不匹配。

5）熔丝质量缺陷。

6）散热问题，熔断器属热敏感元器件，温度的高低对其性能必然产生影响。

（3）熔断器缺陷处理。

1）在运行巡视时，注意熔断器有无变形情况，包括熔断器管体是否变形、位置指示器有无明显位移（可能因弹簧变松或熔体发热拉长或内部熔丝接头脱开等所致）、内熔管是否脱落滑出等，以及熔断器有无局部过热或放电痕迹、金属件（特别是弹簧）有无明显的锈蚀情况。结合装置停电检查，注意弹簧的拉力是否正常。及时更换有问题的外熔断器，避免因外熔断器开断性能变差而复燃导致扩大事故。

2）电容器发生极间短路故障后，应将该相或与故障电容器相并联的所有电容器的熔断器全部更换掉。在故障放电时，这些完好电容器的熔丝有可能已发生过热。特别是对于全膜电容器，由于采用凸箔式结构，自身的杂散电感较小，故障时放电电流将可能超过熔丝允许的涌流值，过热会使熔断器的特性变坏。

3）安装五年以上的户外用熔断器应及时更换。

4. 电力电容器熔丝更换案例

（1）熔管的安装。将固定支座、熔管、熔芯按顺序安装于电容器汇流排上，熔管的安装角度参见安装说明书。

（2）弹簧安装。将线夹、垫圈、弹簧和螺母应按安装说明书顺序安装于电容器端子上。

（3）熔断器熔芯尾线的安装。

1）拉直熔断器熔芯尾线以保证没有纠缠。

2）把熔芯尾线穿过弹簧顶部的孔眼然后回到弹簧底部孔眼，然后把弹簧顶部推到熔管下方，弹簧的安装角度参见安装说明书。

3）把熔断器的熔芯尾线缠绕在电容器端子的螺杆上（线夹与螺母之间），旋紧外面的螺母。

4）修整过长的熔断器熔芯尾线。

（4）检查。检查熔断器弹簧和熔管的安装角度应符合说明书要求。

【思考与练习】

1. 概述电容器的常见缺陷。

2. 概述电容器熔丝更换过程。

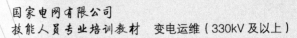

第三十二章

二次设备维护性检修

▲ 模块 1 继电保护、二次回路及监控系统的一般性维护（Z08I2001 Ⅱ）

【模块描述】本模块包含继电保护、二次回路及监控系统一般性维护内容，通过操作过程详细介绍、操作技能训练，达到掌握保护装置、二次回路及监控系统的红外测温、辅助设施维护、例行检查技能的目的。

【模块内容】

继电保护、二次回路及监控系统一般性维护内容包括以下内容：保护装置及二次回路例行试验、诊断性试验；保护装置插件或继电器更换；保护、测控装置、二次回路红外测温；保护装置程序升级、版本更新；保护及自动装置改定值；保护差流检查、通道检查；端子箱清扫工作。

一、保护装置及二次回路例行试验和诊断性试验

保护装置和二次回路例行试验即对保护装置及其所连接的二次回路，运用继电保护校验设备进行整组回路传动或分合闸试验，确保保护装置及二次回路逻辑、出口等回路完整和正确，满足保护设备投运条件，一般以整组传动的形式进行。

保护装置及二次回路的诊断性试验主要用于检查保护装置的二次回路以及与相关保护配合的接口设备是否良好，如高频保护的通道交换、非电量保护的二次电缆绝缘测试等工作。

（一）危险点分析及控制措施

例行试验的危险点及控制措施可参照各保护装置对应的标准化作业指导书进行。

诊断性试验根据试验内容进行危险点分析及控制措施。如非电量保护的二次电缆绝缘测试，应注意二次电缆拆除时应有相应安措卡，恢复时应认清端子排位置，严防误接线；绝缘测试应按照芯—芯和芯—地分别进行测试，对于 500kV 变压器保护，如果变压器由三个单相变压器构成，那么每一相变压器均因进行对应非电量电缆绝缘测试；非电量绝缘测试完毕应对电缆进行放电工作，防止电缆残余电荷打伤工作人员或

保护装置。

（二）测试项目、技术要求和注意事项

保护装置和二次回路的例行试验应该校验保护装置在故障及重合闸过程中的动作情况和保护回路正确性，对于 220kV 及以上双重化配置的保护设备，应该将同一被保护设备的所有保护装置连在一起进行整组检查试验，并参照标准化作业指导书要求，模拟一定故障类型，带实际断路器进行整组试验。应该注意的是不允许用卡继电器触点、短触点或类似的人为手段做保护装置的整组试验。

非电量保护绝缘测试工作中，应注意工器具的选择和应用，根据规程要求二次回路的绝缘电阻检查应使用 1000V 的摇表。

二、保护装置插件或继电器更换

目前微机型保护装置均以插件安装在机箱的母板上，各插件之间通过总线进行信息和信号的传输。由于微机型保护装置上基本都是电子元器件，因此插件寿命与运行环境有很大关系，当运行过程中出现装置告警或异常时就有可能是保护装置的插件出现了问题需要进行更换。下面以某保护面板损坏为例，进行插件更换说明。

（一）作业流程

保护装置插件更换流程如图 Z08I2001Ⅱ-1 所示。

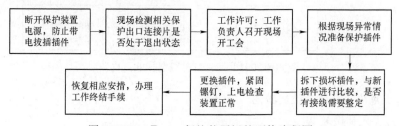

图 Z08I2001Ⅱ-1　保护装置插件更换流程图

（二）危险点分析及控制措施

（1）插件更换前，必须确认保护装置已退出运行，不会引起保护误跳出口。

（2）插件更换时，必须在无电状态下进行，严防带电拔插插件引起插件损坏。

（3）如在插件上更换芯片或更换 CPU 等集成芯片较多的插件时，应该有防止人身静电损坏集成电路芯片的措施。不建议在插件上进行元器件更换，不对插件上元器件使用电烙铁，如必须进行时，应由厂家技术人员进行操作。

（4）新插件安装前，必须和原插件进行认真核对，特别是涉及跳线、拨轮的位置，应该与原插件保持一致，对于部分厂家的人机对话插件，还涉及通信地址，如遇到上述情况必须在更换前将通信地址记录下，更换后及时整定，避免出现设备异常告警。

（三）测试项目、技术要求和注意事项

根据不同类型的保护插件更换，一般需要进行以下相关测试。

（1）对于更换 CPU、逻辑插件、操作或出口插件的保护设备，则应该根据标准化作业指导书对保护装置进行保护校验，通过各种故障模拟和整组传动来检查保护设备逻辑和出口功能的正确性，并核对监控系统信息的正确性。

（2）对于更换采样插件、模数转换插件的保护设备，应根据标准化作业指导书采样和零漂检测要求进行采样测试由外部加入电压、电流的交流模拟量来检查保护设备采样是否正确。

（3）对于更换电源插件的保护设备，通过上电检查保护设备是否恢复正常对于具备测试条件的保护装置，应对其 24、12、5V 电源进行测试，保证新电源的可靠性。

三、二次设备的红外测温

（一）作业流程

红外测温作业流程图如图 Z08I2001Ⅱ-2 所示。

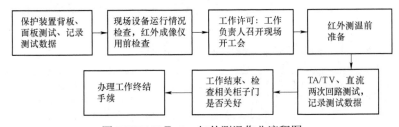

图 Z08I2001Ⅱ-2　红外测温作业流程图

（二）危险点分析及控制措施

1. 防止人员误触电

应注意与带电设备的安全距离，移动测量时应小心行进，避免跌碰。红外检测人员在测量过程中不得随意进行任何电气设备操作或改变、移动、接触运行设备及其附属设施。当需要打开柜门或移开遮栏时，应在变电站站长（专责）监护下进行。

2. 防止仪器损坏

强光源会损伤红外成像仪，严禁用红外成像仪测量强光源物体（如太阳、探照灯等）。检测时应注意仪器的温度测量范围，不能把摄温探头随意长时间对准温度过高的物体。

四、保护装置版本升级、版本更新

微机型保护设备一个显著的特点，可以根据系统中出现的问题不断对程序进行完善，以适应现场运行要求。因此保护装置的版本升级和更新也是现场较为常规的工作。

一般而言有保护装置版本升级和更新有三种方式：① 厂家提供装有程序芯片的插件，现场只需更换插件即可；② 厂家提供程序芯片，现场需要对原插件上的芯片进行跟换；③ 厂方人员到现场对装置进行程序植入。

（一）作业流程

作业流程参照插件更换作业流程。

（二）危险点分析及控制措施

（1）对于方式 1，危险点及控制措施同插件更换。

（2）对于方式 2，芯片更换时，应该使用专门的芯片起拔器，并有专门的防静电措施；芯片插入时，必须认清插入位置，保证芯片的各个引脚都牢靠地进入底座，严防在插入过程中出现引脚弯曲或折断的情况。

（3）对于由厂家人员配合进行的程序升级或更新工作，应严防使用带有病毒的电脑设备进行程序升级。

（4）严防升级和更新程序与上级调度部门要求不一致。

（三）测试项目、技术要求和注意事项

（1）对于升级或更新保护版本的保护装置，应该根据标准化作业指导书对保护装置进行保护校验，通过各种故障模拟和整组传动来检查保护设备逻辑和出口功能的正确性，并核对监控系统信息的正确性。

（2）核对升级后程序版本及校验码，与上级专业部门要求一致。

（3）一旦发现版本升级后出现异常情况，应检查升级程序或芯片是否有问题，并在确认为程序问题时，及时向调度部门反映情况。

五、定值修改

（一）作业流程

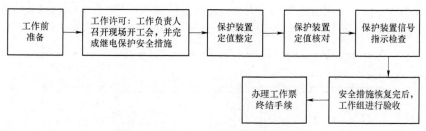

图 Z08I2001Ⅱ–3 定值修改作业流程图

（二）危险点分析及控制措施

（1）防止误碰与工作无关的运行设备。工作前应检查有关出口连接片是否已退出；在相邻的运行屏前后应设有明显标志（如红布幔等），在同屏运行设备上应设有明显标志（如红布幔等）；工作结束后，连接片状态必须与工作前状态一致。

（2）防止保护误整定。工作前应确认最新定值单；定值调整确认后需检查装置是否有异常告警，防止定值调整后超过保护装置整定范围；定值核对无误后，打印一份定值留存。

（三）技术要求和注意事项

（1）在整定定值前必须先确定定保护定值区号，避免整定在错误定值区。

（2）严格按照各保护装置说明书要求进行定值更改和相关控制字、连接片的操作，如线路保护 RCS-901A 要求"当某项定值不用时，如果是过量继电器（比如过电流保护、零序电流保护）则整定为上限值；如是欠电量继电器（比如低周保护低频值、低电压保护低压定值）则整定为下限值；时间整定为 100s，功能控制字退出，硬连接片打开"；长园深瑞的 BP-2C 母差保护要求"将所有未使用的保护段的投退型定值设为'退出'，数值型定值恢复至最大值"。

（3）定值整定结束后必须认真核对保护装置内整定定值与定值单要求一致。只有控制字、软连接片状态（若未设置则不判）、硬连接片状态（若未设置则不判）均有效时才投入相应保护元件，否则退出该保护元件。

（4）对于需多定值区整定的定值单如旁路定值、母差定值需在整定后在定值单上注明各线路旁代时的定值区编号，同时将所有定值区打印出后进行核对。

（5）对于部分定值单上的定值为一次值，如距离保护需要先进行折算后才能进行整定，折算方法如下：

整定定值=定值单定值×TA 变比/TV 变比。

（四）案例

需对某线路保护进行定值修改，线路保护为 CSC-103B 保护装置（见图 Z08I2001Ⅱ-4），根据定值要求将为接地距离Ⅲ段由 6Ω 调整为 3.5Ω，当前装置处于循环显示状态。CSC-103B 保护装置操作菜单见表 Z08I2001Ⅱ-1。

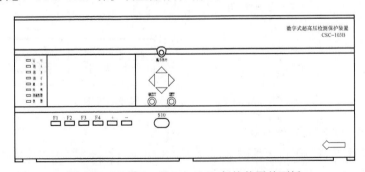

图 Z08I2001Ⅱ-4　CSC-103B 保护装置前面板

表 Z08I2001 Ⅱ-1　　　　　　CSC-103B 保护装置的操作菜单

一级菜单	二级菜单	三级菜单	说明
打印	定值	请选择定值区号：00～31	定连接打印机即可
定值设置	保护定值	按 SET 键-选定值区号-按 SET 键显示所有定值	首先输入密码
	装置参数	装置参数 0000（H）按位描述 0000 0000 0000 0000	备用

（1）按 SET 键进入装置主菜单；

（2）按 SET 键进入一级菜单"定值设置"；

（3）按 SET 键进入二级菜单"保护定值"，输入整定密码（一般为 8888）；

（4）按 SET 键进入三级菜单，选定值区号，根据定值单上保护定值整定的定值区；

（5）按 SET 键显示所有定值，用"上、下"选择键找到"接地距离Ⅲ段"定值；

（6）选定后用"左、右"选择键移动光标，"上、下"选择键改动内容，将"6Ω调整为 3.5Ω"后按 SET 键；

（7）按 QUIT 键退至主菜单；

（8）按 SET 键进入"打印"菜单；

（9）按 SET 键进入二级菜单"定值"；

（10）根据整定定值区选择定值区号：00～31，按 SET 键打印全部定值；

（11）将打印定值与定值单进行核对；

（12）检查面板指示灯无异常告警信号、面板显示无告警信息；

（13）工作结束。

六、保护装置差流检查

（一）作业流程

保护装置差流检查作业流程如图 Z08I2001 Ⅱ-5 所示。

图 Z08I2001 Ⅱ-5　保护装置差流检查

（二）危险点分析及控制措施

（1）防止误碰与工作无关的运行设备。工作前确认清需要检查差流的保护装置。

（2）防止保护菜单误操作。在菜单中确认只能进入保护装置说明书上允许查看差流的菜单进行差流查看。

（三）技术要求和注意事项

（1）差流查看前确认主变压器保护或母差保护负荷是否满足要求。

（2）记录好主变压器各侧或母线上各间隔的潮流大小和方向，对于主变压器保护还应记录测试时变压器挡位、对于母差保护需要记录母联位置。

（3）注意正常运行时（在总负荷电流不小于 $0.3I_n$，各单元的负荷电流不小于 $0.04I_n$ 情况下）差电流一般应该小于 100mA，否则要检查原因（如电流互感器回路接线端子是否有松动、绝缘情况，电流互感器变比是否相差太大等）。

（4）在母联电流大于 $0.04I_n$ 的情况下检查小差电流一般应小于 100mA。

（四）案例

需对某 RCS-915A 220kV 母差保护进行差流检查。

方法 1：直接在保护装置显示面板上查看大差差流（见图 Z08I2001Ⅱ-6），根据装置液晶显示 DIA、DIB、DIC 大小来查看大差差流是否满足要求。

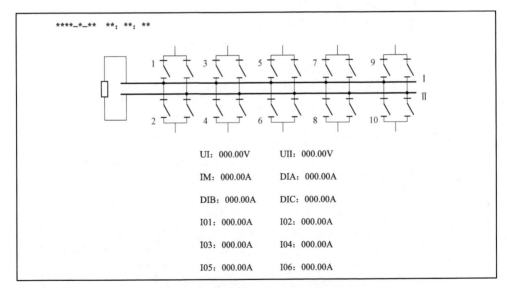

图 Z08I2001Ⅱ-6　RCS-915A 母差保护显示液晶

方法2：进入管理板菜单进行查看差流大小。通过操作保护装置面板上按键'↑'，'↓'，'←'，'→'和'ENT'键可进入"管理板状态"中"计算差流"查看实时大差和小差差流。RCS-915A母差保护装置操作菜单如图Z08I2001 II-7所示。

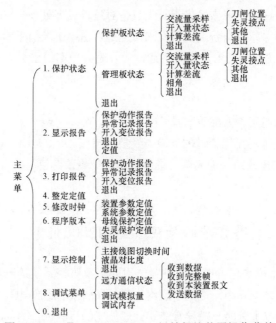

图 Z08I2001 II-7 RCS-915A 母差保护装置操作菜单

七、端子箱清扫工作

（一）作业流程

端子箱清扫作业流程如图 Z08I2001 II-8 所示。

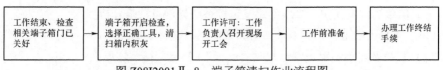

图 Z08I2001 II-8 端子箱清扫作业流程图

（二）危险点分析及控制措施

（1）工作中严禁使用不合格的清扫工具。

（2）防止误碰与运行中的设备。

（三）技术要求和注意事项

（1）清扫运行中的设备和二次回路，应仔细认真，使用绝缘工具，特别应注意防止振动和误碰。

（2）对于清扫中用的毛刷，吹风设备应做好绝缘措施，用绝缘胶布将清扫工具上裸露的金属部分可靠包扎。

（3）清扫工作应从上而下，在清扫中应保证毛刷的干燥绝缘，严禁用清理过端子箱内积水或潮湿的清扫工具，继续清扫端子排上积灰。

（4）端子箱清扫后，应该尽量用吸尘设备对垃圾进行处理。

（5）清扫过程中，应判断端子箱积水情况是否由端子箱门不紧密引起。应及时处理积水，如果积水由于箱门密封不好引起，应及时处理箱门密封问题。

（6）工作结束后，应注意将各侧端子箱门关闭牢靠。

【思考与练习】

1. 简述红外测温工作的注意事项。

2. 简述保护设备差流检查时的危险点及控制措施。

3. 以 CSC-103B 线路保护为例，说明如何保护修改定值。

◢ 模块 2　继电保护、二次回路及监控系统的一般异常消缺处理（Z08I2002Ⅲ）

【模块描述】本模块包含继电保护、二次回路及监控系统的一般异常消缺处理内容，通过操作过程详细介绍，达到了解继电保护装置插件或继电器更换、二次回路的一般异常消缺，监控系统的一般异常消缺处理技能的目的。

【模块内容】

继电保护、二次回路及监控系统发生异常后，直接影响变电站的监视、控制、测量以及保护功能。因此对继电保护、二次回路及监控系一般异常应及时进行准确分析，找出异常部位和原因并进行处理。

一、简单的继电保护、二次回路及监控系统异常及缺陷分析

（一）简单的继电保护、二次回路异常及缺陷分析

（1）保护及自动装置正常运行时"运行""充电"指示灯熄灭

（2）保护屏继电器故障、冒烟、声音异常等。

（3）微机保护装置自检报警。

（4）主控屏发出"保护装置异常或故障""保护电源消失""交流电压回路断线""电流回路断线""直流断线闭锁""直流消失"等光字信号，且不能复归。

（5）保护高频通道异常，测试中收不到对端信号，通道异常告警。

（6）收发信机收信电平比正常低，收发信机"保护故障"或收发信电压较以往的值有较大的变化。

（二）简单的自动装置二次回路异常及缺陷分析

自动装置常见异常及故障的现象主要有：

（1）对时不准。

（2）前置机无法调取报告，不能录波。

（3）主机死机，自动重启，频繁启动录波，录波报告出错。

（4）插件损坏。

（5）交、直流回路电压异常或断线。

（6）控制屏中央信号发"故障录波呼唤""故障录波器异常或故障""装置异常"信号。

（三）简单的系统通信和自动化设备异常及缺陷分析

（1）系统通信故障。

（2）系统程序错误。

（3）"看门狗"告警。

（4）硬盘空间告警。

（5）工作站死机，屏幕信息不变化或屏幕显示紊乱。

（6）其他异常现象且无法消除。

（7）交换机电源指示异常。

（8）端口的 LED 指示灯异常点亮或熄灭。

（9）监控系统 UPS 主机屏 UPS 故障停机。

（10）监控系统站级控制层操作异常。

（11）监控系统站控级层瘫痪。

（12）监控系统主单元或 I/O 装置、测控单元异常。

二、简单的继电保护、二次回路及监控系统异常及缺陷处理一般原则

二次设备的异常及缺陷处理，必须严格遵守《国家电网公司电力安全工作规程（变电部分）》、调度规程、现场运行规程、现场异常运行处理规程，以及各级技术管理部门有关规章制度、安全措施的规定。

在缺陷和异常处理过程中，运行人员应沉着果断，认真监视表计、信号指示，并做好记录，对设备的检查要认真、仔细，正确判断异常设备的范围及性质，汇报术语准确、简明。

（一）继电保护和自动装置缺陷、异常处理原则

（1）严禁打开装置机箱进行查找或处理。

（2）停用保护和自动装置，必须经调度同意。

（3）投、退直流电源时，应注意考虑对保护的影响，防止直流消失或投入时误动跳闸。

（4）继电保护和自动装置在运行中，发生下列情况之一者，应退出有关装置，汇报调度和上级，通知专业人员处理。

1）继电器有明显故障，触点振动很大或位置不正确，有误动作的可能。

2）装置出现异常可能误动。

3）电压回路断线或者电流回路开路可能造成误动时。

4）按复归按钮复归，如不能复归则根据显示信息检查告警原因，能处理的进行处理，不能处理的报专业人员处理。如四方系列保护装置在投退功能连接片后会发开入变位告警；BP–2B 型和 RCS–915 型母差保护在隔离开关操作后发出隔离开关变位告警，上述告警按复归按钮复归即可恢复正常运行。

5）检查有无交流电压回路断线或差流异常信号，如因交流失电引起保护告警，应退出可能误动的保护或自动装置，再处理交流失电。

6）装置自检告警应观察保护告警信息，打印故障报告，按照现场规程或保护说明书进行处理，不能准确判断时报专业人员处理。

7）发现保护或自动装置发出闭锁信号时，应立即退出被闭锁的保护功能，然后汇报调度，检查闭锁原因，运行人员能处理的应立即处理（如能够恢复的交流电压或电流消失故障），不能处理的应报专业人员处理。同时分析保护闭锁对运行设备的影响，做好事故预想和应急处理准备。

（二）二次回路缺陷、异常处理的一般原则

（1）必须按符合实际的图纸进行工作。

（2）停用保护和自动装置，必须经调度同意。

（3）在互感器二次回路上查找故障时，必须考虑对保护及自动装置的影响，防止误动或拒动。

（4）投、退直流熔断器时，应考虑对保护的影响，防止直流消失或投入时误动跳闸。取直流电源熔断器时，应先取正极，后取负极；装熔断器时，顺序与此相反。目的是为了防止因寄生回路而误动跳闸。

（5）带电用表计测量时，必须使用高内阻电压表（如万用表等），防止误动跳闸。

（6）防止电流互感器二次开路，电压互感器二次短路或接地。

（7）使用的工具应合格并绝缘良好，尽量使必须外露的金属部分减少，防止发生接地、短路或人身触电。

（8）拆动二次接线端子，应先核对图纸及端子标号，做好记录和明显的标记，及时恢复所拆接线，并应核对无误，检查接触是否良好。

（9）检查信号回路电源是否正常，如小开关跳闸（或熔断器熔断）应试合小开关（或更换熔断器），再次跳闸（或熔断）应检查回路中有无接地或短路点，处理后再恢复送电。

（10）断路器事故跳闸后，蜂鸣器不响时，首先按信号试验按钮，蜂鸣器仍不响，则说明事故信号装置故障。这时，应检查冲击继电器及蜂鸣器是否断线或接触不良，电源熔断器是否熔断或接触不良。若按试验按钮蜂鸣器响，则应检查控制开关和断路器的不对应启动回路，包括断路器辅助触点（或位置继电器触点）、控制开关触点及辅助电阻等。

（11）在设备发生异常工作状态时，预告信号警铃不响、光字牌不亮。可能的原因是：光字牌中两灯泡均已损坏或接触不良、信号电源熔断器熔断或接触不良、启动该信号的继电器的触点接触不良等。此时，应用转换开关检查光字牌，若所有光字牌均不亮，就要检查信号电源，若只有个别不亮，则应更换灯泡。

（12）若光字牌信号发出，警铃不响，首先应按预告信号试验按钮，若警铃还是不响，则说明预告信号装置故障，这时，应检查冲击继电器及警铃是否断线或接触不良。若按试验按钮后警铃响，则应检查光字牌信号转换开关的触点是否导通、连接线是否断线或接触不良。

（三）监控综合自动化系统异常处理的原则

（1）由变电站微机监控系统程序出错、死机及其他异常情况产生的软故障的一般处理方法是重新启动。

1）若监控系统某一应用功能出现软故障，可重新启动该应用程序。

2）若监控系统某台计算机完全死机（操作系统软件故障等情况造成），必须重新启动该台计算机并重新执行监控应用程序。

3）变电站监控系统网络在传输数据时由于数据阻塞造成通信死机，必须重新启动传输数据的 HUB。

4）任何情况下发现监控系统应用程序异常，都可在满足必需的监视、控制能力的前提下，重新启动异常计算机。

5）重新启动计算机或任何应用程序前，应先征得调度和专业班组同意，采用热启动的方式重新启动，避免直接关机重启造成计算机或程序损坏。

（2）微机监控系统通信中断的处理。

1）应判断该装置通信中断是由保护装置异常引起的，还是由站内计算机网络异常引起的。

2）一般来说，若装置通信中断是由保护装置异常引起的，则该装置还会有"直流消失"信号。

3）大多数的通信中断信号是由站内计算机网络异常引起的,可通过监控网络总复归命令,以重新确认网络的通信状态。

4）当监控系统某个电压等级通信全部中断时,应检查相应的公用屏,HUB 或光纤盒工作是否正常。

5）对计算机网络异常引起的通信中断,处理时不得对该保护装置进行断电复位。

6）工作站、监控主机死机或网络中断短时间内不能恢复时,应加强设备监视,派人到控制室、继电保护室和现场监视设备运行情况,并应对主变压器的负荷和冷却系统运行情况做重点检查。

（3）在监控机上不能对一次设备进行操作时的处理步骤。

1）当操作员工作站,发生拒绝执行遥控命令时,应立即停止操作,检查发出的操作命令是否符合"五防"逻辑关系,操作过程中所选设备与操作对象是否一致,若"五防"系统有禁止操作的提示,说明该操作命令有问题,必须检查是否为误操作。发生不一致时,应立即停止一切操作,立即报告调度和专业管理部门。

2）检查"五防"程序运行是否正常,"五防"机与监控机通信是否正常,必要时可重新启动"五防"计算机并重新执行"五防"程序。

3）检查装置遥控连接片、远方就地把手、测控装置的运行状态是否正常,若远方控制闭锁,应将远方/就地选择开关切换至"远方"位置。对不能自行处理的按缺陷上报。

4）当监控系统不能进行遥控操作、潮流数据为死数据（不随时间变化）、通信窗口显示红灯闪烁时,判断为通信中断,应检查通道中各设备运行是否正常。

5）检查被操作设备的操作电源开关是否已送上。

6）检查被操作设备的断路器控制装置运行是否正常。

7）检查出故障原因后,运行人员能处理的应立即处理,不能处理的应报专业人员处理。

8）如由于监控机或网络传输系统故障造成设备不能操作,短时间内不能恢复时,可在一次设备控制装置上进行操作。

三、案例

（一）风冷接触器损坏更换

缺陷:变电站风冷系统中一组风冷不工作,现场检查为该组风冷中有一个接触器损坏,需更换。更换工作具体事项见表 Z08I2002Ⅱ-1～表 Z08I2002Ⅱ-7。

1. 准备工作

表 Z08I2002Ⅱ-1 准 备 工 作 安 排

序号	内 容	标 准	备注
1	更换工作前做好现场查看工作	查看工作包括检查设备运行环境、设备电源来源、周围带电设备及更换时影响到的其他设备	
2	根据本次工作，组织作业人员学习作业指导书，使全体作业人员熟悉作业内容、危险源点、安全措施、进度要求、作业标准、安全注意事项	要求所有工作人员都明确本次校验工作的内容、进度要求、作业标准及安全注意事项	
4	开工前一天，准备好作业所需仪器仪表、工器具、相关材料、相关图纸、备品备件、相关技术资料	仪器仪表、工器具应试验合格，满足本次作业的要求，材料应齐全，图纸及资料应符合现场实际情况	
5	根据现场工作时间和工作内容填写工作票	工作票应填写正确，并按《国家电网公司电力安全工作规程（变电部分）》执行	

2. 劳动组织

表 Z08I2002Ⅱ-2 劳 动 组 织

序号	人员类别	职 责	作业人数
1	工作负责人	（1）对工作全面负责，在检修工作中要对作业人员明确分工，保证工作质量； （2）负责检查工作票所列安全措施是否正确完备和工作许可人所做的安全措施是否符合现场实际条件，必要时予以补充； （3）工作前对工作班成员进行危险点告知，交代安全措施和技术措施，并确认每一个工作班成员都已知晓	1
2	工作班成员	安装、调试、维修、更新接触器（指示灯），确保其动作的准确性	1

3. 人员要求

表 Z08I2002Ⅱ-3 人 员 要 求

序号	内 容
1	现场工作人员的身体状况、精神状态良好，着装符合要求
2	所有作业人员必须具备必要的电气知识，基本掌握本专业作业技能及《国家电网公司电力安全工作规程（变电部分）》的相关知识，并经考试合格
3	新参加电气工作的人员、实习人员和临时参加劳动的人员（管理人员、临时工等），应经过安全知识教育后经考试合格方可下现场参加指定的工作，并且不得单独工作
4	具备必要的电气知识，熟悉保护设备，掌握保护设备有关技术标准要求，持有保护校验职业资格证书

4. 备品备件与材料

表 Z08I2002Ⅱ-4 　　　　　　　**备 品 备 件 与 材 料**

序号	名称	型号及规格	单位	数量	备注
1	接触器（指示灯）	220V/380V AC（220V/380V DC）	只	1	数量、规格根据现场实际需求
2	绝缘胶布	绝缘胶布	卷	2	
3	硬导线若干				
4	记号笔	极细	支	1	
5	纱手套		副	3	

5. 工器具与仪器仪表

表 Z08I2002Ⅱ-5 　　　　　　　**工器具与仪器仪表**

序号	名称	型号及规格	单位	数量	备注
1	工具箱		套	1	
2	数字式万用表	FLUKE	块	1	
3	安全帽		顶		人均一顶
4	绝缘电阻表		块	1	

6. 技术资料

表 Z08I2002Ⅱ-6 　　　　　　　**技 术 资 料**

序号	名　　称
1	风冷系统二次接线图

7. 危险点分析与预防控制措施

表 Z08I2002Ⅱ-7 　　　　　　　**危险点分析与预防控制措施**

序号	防范类型	危险点	预防控制措施
1	人身触电	误入带电间隔	工作前应熟悉工作地点带电部位
		接、拆低压电源	（1）必须使用装有漏电保护器的电源盘；（2）螺丝刀等工具金属裸露部分除刀口外包绝缘；

续表

序号	防范类型	危险点	预防控制措施
1	人身触电	接、拆低压电源	（3）接拆电源时至少有两人执行，必须在电源开关拉开的情况下进行； （4）临时电源必须使用专用电源，禁止从运行设备上取得电源
		误碰周边带电设备	拉开风冷总电源及损坏接触器的电源，用万用变测量确认无电，对于无法拉总电源的接触器或指示灯，需要对周边接触器做好防止误碰周边带电设备的安全措施
2	二次回路错误	接线错误	拆线前需做好拆线记录
3	风冷停用时间过长	主变压器损坏	严格控制风冷停用时间
4	机械伤害	落物打击	进入工作现场必须戴安全帽

8. 工作流程图

根据风冷系统设备的结构、工艺及作业环境，将更换工作的全过程优化为最佳的校验步骤顺序，如图 Z08I2002Ⅱ-1 所示（本作业指导书参照图 Z08I2002Ⅱ-2 风冷控制回路原理接线图，现场实施已现场图纸为参照）。

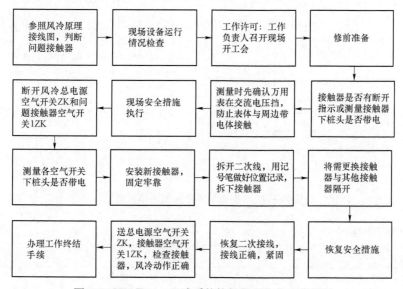

图 Z08I2002Ⅱ-1　风冷系统接触器更换作业流程图

9. 更换接触器标准

更换接触器标准见表 Z08I2002Ⅱ-8。

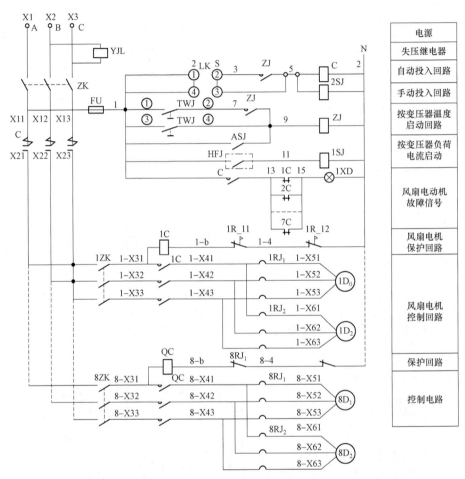

图 Z08I2002Ⅱ-2　风冷控制回路原理图

表 Z08I2002Ⅱ-8　　　　　更　换　工　作　标　准

序号	检查项目	工艺标准	注意事项
1	接触器安装前检查	外观完好，无损坏，规格型号符合现场要求	
2	二次回路接线检查	接线正确，所有接触器接线与原有接线一致，回路紧固可靠，布线合理不影响设备运行	严防错接线；用万用表测量时应使用交流电压挡

续表

序号	检查项目	工艺标准	注意事项
3	接触器安装检查	安装牢靠，与周边接触器间隔距离合适	
4	接触器通电检查	线圈通电后，主触头动作正常，衔铁吸合后应无异常响声	

（二）加热器二次回路缺陷消除

加热器二次回路缺陷消除工作具体事项见表 Z08I2002Ⅱ–9～表 Z08I2002Ⅱ–15。

1. 准备工作安排

表 Z08I2002Ⅱ–9 　　　　　 准 备 工 作 安 排

序号	内　容	标　准	备注
1	更换工作前做好现场查看工作	查看工作包括检查设备运行环境、设备电源来源、周围带电设备及更换时影响到的其他设备	
2	根据本次工作，组织作业人员学习作业指导书，使全体作业人员熟悉作业内容、危险源点、安全措施、进度要求、作业标准、安全注意事项	要求所有工作人员都明确本次校验工作的内容、进度要求、作业标准及安全注意事项	
3	开工前一天，准备好作业所需仪器仪表、工器具、相关材料、相关图纸、备品备件、相关技术资料	仪器仪表、工器具应试验合格，满足本次作业的要求，材料应齐全，图纸及资料应符合现场实际情况	
4	根据现场工作时间和工作内容填写工作票	工作票应填写正确，并按《国家电网公司电力安全工作规程（变电部分）》执行	

2. 劳动组织

表 Z08I2002Ⅱ–10 　　　　　 劳 动 组 织

序号	人员类别	职　责	作业人数
1	工作负责人	（1）对工作全面负责，在检修工作中要对作业人员明确分工，保证工作质量； （2）负责检查工作票所列安全措施是否正确完备和工作许可人所做的安全措施是否符合现场实际条件，必要时予以补充； （3）工作前对工作班成员进行危险点告知，交代安全措施和技术措施，并确认每一个工作班成员都已知晓	1
2	工作班成员	安装、调试、维修、更新加热器及其二次回路，确保加热功能良好	1
3	其他		

3. 人员要求

表 Z08I2002Ⅱ–11 人 员 要 求

序号	内 容
1	现场工作人员的身体状况、精神状态良好，着装符合要求
2	所有作业人员必须具备必要的电气知识，基本掌握本专业作业技能及《国家电网公司电力安全工作规程》的相关知识，并经考试合格
3	新参加电气工作的人员、实习人员和临时参加劳动的人员（管理人员、临时工等），应经过安全知识教育后，并经考试合格方可下现场参加指定的工作，并且不得单独工作
4	具备必要的电气知识，熟悉保护设备，掌握保护设备有关技术标准要求，持有保护校验职业资格证书

4. 备品备件与材料

表 Z08I2002Ⅱ–12 备 品 备 件 与 材 料

序号	名称	型号及规格	单位	数量	备注
1	加热器	220V AC	只	1	
2	绝缘胶布	绝缘胶布	卷	2	
3	硬导线若干				
4	记号笔	极细	支	1	
5	纱手套		副	3	

5. 工器具与仪器仪表

表 Z08I2002Ⅱ–13 工 器 具 与 仪 器 仪 表

序号	名称	型号及规格	单位	数量	备注
1	工具箱		套	1	
2	数字式万用表	FLUKE	块	1	
3	安全帽		顶		人均一顶
4	绝缘电阻表		块	1	

6. 技术资料

表 Z08I2002Ⅱ–14 技 术 资 料

序号	名 称
1	端子箱二次接线图

7. 危险点分析与预防控制措施

表 Z08I2002Ⅱ-15 危险点分析与预防控制措施

序号	防范类型	危险点	预防控制措施
1	人身触电	误入带电间隔	工作前应熟悉工作地点带电部位
		带电更换加热器	拉开加热器电源或退下加热器电源熔丝,用万用变测量确认无电
		误碰周边带电设备	需要对周边运行端子做好防止误碰的安全措施
2	二次回路错误	接线错误	拆线前需做好拆线记录
3	机械伤害	落物打击	进入工作现场必须戴安全帽
4	其他		

8. 工程流程图

根据加热系统设备的结构、工艺及作业环境,将更换工作的全过程优化为最佳的校验步骤顺序,如图 Z08I2002Ⅱ-3 所示(本作业指导书参照图 Z08I2002Ⅱ-4 端子箱加热器原理接线图,现场实施以现场图纸为参照)。

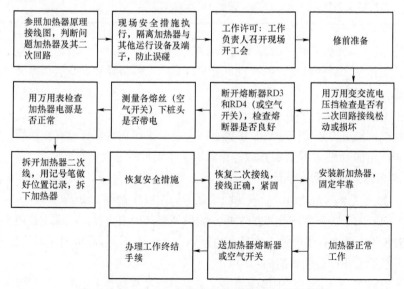

图 Z08I2002Ⅱ-3 端子箱加热器更换作业流程图

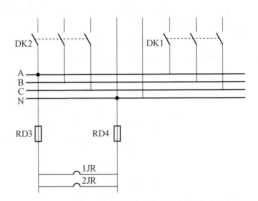

图 Z08I2002Ⅱ-4　端子箱加热器原理接线图更换加热器标准

9. 工作标准

表 Z08I2002Ⅱ-16　　　　　　更 换 工 作 标 准

序号	检查项目	工作标准	注意事项
1	加热器检查	外观完好，无损坏，规格型号符合现场要求	
2	安装位置	安装位置可靠，对周边二次线、电缆等物件，无影响	防止加热器启用后造成电缆、二次线烫伤损坏
3	加热器通电检查	无短路，通电后加热器开始工作	严防短路引起交流失电

（三）厂站端监控系统一般异常缺陷处理

厂站工作站（后台机）一般有以下异常或缺陷：网络异常、显示器黑屏、对时异常、双机切换异常等。

1. 网络异常的原因分析

先检查网线是否正常，如正常可检查网卡是否工作正常，有没有被禁用。如果正常可检查固定的 IP 地址是否被修改。排除以上原因可考虑更换网卡。

2. 显示器黑屏的原因分析

（1）如果是开机无显示，一般是因为显卡与主板接触不良造成，将显卡与主板接触良好即可。对于一些集成显卡的主板，如果显存共用主内存，则需注意内存条的位置，一般在第一个内存条插槽上应插有内存条。由于显卡原因造成的开机无显示故障，开机后一般会发出一长两短的蜂鸣声。

（2）如果在运行的过程中出现黑屏，首先检查显示器有无电源，视频输入线是否插接良好。有的显示器具有输入视频信号模式选择功能，检查视频输入模式是否为

VGA 模式，如果不是请改正。如果电源、线缆、视频模式均正常，可能是显示器损坏，更换显示器。

（3）排除以上两种原因可考虑更换显卡。

3. 对时异常的原因分析

后台计算机对时异常在排除网络通信中断后，主要原因是计算机系统应用软件具备对时保护功能，当计算机时钟偏差超过设定值时，将不再处理接收到的对时报文，即不会根据对时报文校正操作系统的时间。此时可手动调整计算机系统时间，使之和站内时钟源之间的时间偏差小于设定值。或者取消对时保护功能。

4. 双机切换异常的原因分析

双后台计算机系统，需设置主备机节点，当主机故障时备机自动升级为值班机。当主机恢复正常运行时，备机自动降为备用机。双机切换异常主要原因一是主备机之间通信故障，导致主机故障时不能与备机传递信息，从而备机不会自动升级为值班机，此时应检查双机之间的网络通信并排除故障。二是主机或备机切换软件出错，需重装切换程序。

5. 案例

某变电站后台监控计算机时钟快了 20min，不能自动校时处理实例。

经检查后台计算机网络通信及其他功能均正常，系统对时保护时间设定为 10min。因此，判断为计算机时钟超出对时保护时间设定值，导致计算机对时异常。此时手动调整计算机系统时间，使之和站内时钟源之间的时间偏差小于 10min，经自动校时后，计算机时钟与 GPS 时钟一致。

【思考与练习】

1. 简述继电保护和二次回路一般故障有哪些及处理原则。

2. 如何处理监控系统后台机对时异常的问题。

3. 简述厂站端监控系统一般异常缺陷。

4. 试分析显示器黑屏的原因及处理方法。

5. 如何处理微机监控系统通信中断缺陷。

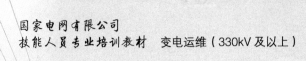
第三十三章

站用交、直流系统维护性检修

▲ 模块 1　站用交、直流系统的例行试验和专业巡检（Z08I3002Ⅲ）

【模块描述】本模块包站用交、直流系统的例行试验和专业巡检内容，通过操作过程详细介绍，达到了解站用交、直流系统专业巡检，蓄电池动、静态放电测试技能的目的。

【模块内容】

一、站用电交流系统

500kV 变电站一般配置三台站用变压器。对于 500kV 及以上变电站的主变压器为两台（组）及以上时，由主变压器低压侧引接的站用工作变压器台数不少于两台（1、2 号站用变压器），并应装设一台从站外可靠电源引接的专用备用变压器（0 号站用变压器）。

（一）站用电交流系统的作用

站用电交流系统的作用是为直流系统、开关的储能、有载调压、站用照明等用电设备提供交流电源。站用交流系统的主要负荷有：主变压器风冷系统、断路器机构储能及隔离开关操作电源、充电机、逆变器、通信及自动化设备、消防、空调、照明、检修电源箱、雨水泵等。

（二）站用电交流系统的接线方式

正常运行方式：1 号站用变压器供 400VⅠ段母线，2 号站用变压器供 400VⅡ段母线；0 号站用变压器低压侧有两组断路器，分别备投于 400VⅠ、Ⅱ段母线，分段断路器不得合上。

1 号站用变检修或高压侧失电时，由 0 号站用变压器供 400VⅠ段母线，2 号站用变压器供 400VⅡ段母线；也可由 2 号站用变压器（或 0 号站用变压器）供Ⅰ、Ⅱ段母线（分段母线断路器合上）。

2号站用变压器检修或高压侧失电时，由0号站用变压器供Ⅱ段母线，1号站用变压器供Ⅰ段母线；也可由1号站用变压器（或0号站用变压器）供Ⅰ、Ⅱ段母线（分段母线断路器合上）。

0号站用变压器不得与Ⅰ、Ⅱ号站用变压器并列运行。

双电源负荷的设备，其两路电源刀闸应均在合上位置。

500kV变电站站用电交流系统的接线方式如图Z08I3002Ⅲ-1所示。

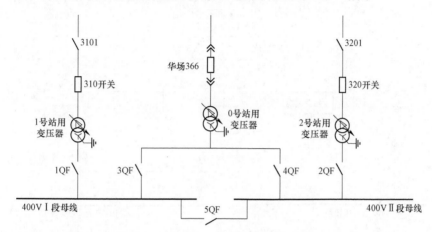

图 Z08I3002Ⅲ-1　500kV 变电站站用电交流系统的接线方式图

（三）运行注意事项

（1）站用变压器不得并列运行，两路不同站用变压器电源供电的负荷回路不得并列运行。

（2）运行站用变压器停役后，应检查相应所用屏上电压表无指示、二次开关确已分开，才能合上备用站用变压器二次开关。

（3）合分段开关前，应检查受电母线的进线开关在分开位置。

（4）站用变压器切换或失电恢复后，应检查联变冷却系统、直流室内充电机及逆变器装置运行是否正常。

（5）站用变电压应保持在（1±5%）U_n 之间，当出现电压过高或过低时，应及时调节变压器有载调压开关的挡位。

（6）新投运站用变压器或低压回路进行拆动接线工作后恢复时，必须进行核相。

（7）站用变压器二次备自投功能若不能区分400V母线故障失电时，不宜启用。

二、直流流系统

变电站直流系统，通常采用110V两段直流母线、三台充电装置、两组蓄电池的接线方式。每组蓄电池和充电机应分别接于一段直流母线，第三台充电装置（备用充电装置）可在两段母线之间切换，任一工作充电装置退出运行时，手动投入第三台充电装置。每台充电装置应有两路交流输入（分别来自站用系统不同母线上的出线）互为备用，当运行的交流输入失去时能自动切换到备用交流输入供电。

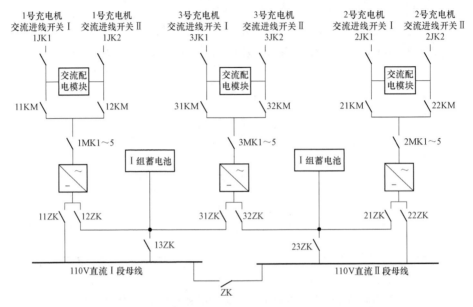

图 Z08I3002Ⅲ-2　500kV 变电站直流系统的接线方式图

不间断电源（UPS）装置应采用两路站用交流输入、一路直流输入，两台 UPS 装置的直流输入采用不同直流母线输入，不自带蓄电池。直流输入取自站内直流电源系统。

直流系统的馈出网络应采用辐射状供电方式，严禁采用环状供电方式。直流母线上接的主要负载有：保护及自动装置电源、测控装置电源、自动化及通信装置电源、断路器控制电源、UPS 直流电源等。

新建或改造的变电站，直流系统绝缘监测装置，应具备交流窜直流故障的测记和报警功能。对于不具备此项功能直流系统绝缘监测装置，应逐步进行改造，使其具备交流窜直流故障的测记和报警功能。

两组蓄电池组的直流系统，应满足在运行中两段母线切换时不中断供电的要求，必须保证所有用电负荷的安全可靠供电。

直流母线在正常运行和改变运行方式的操作中，严禁发生直流母线无蓄电池组的运行方式。

正常运行方式下不允许两段直流母线并列运行。切换过程中允许两组蓄电池短时

并联运行，两组蓄电池短时并列时，应首先检查确保电压极性一致，且电压差小于 2%
额定直流电压。

操作熔丝时，应先取下正电源熔丝后取下负电源熔丝。放上时，则先放负电源然
后再放上正电源熔丝。

充电装置停用时应先停用输出开关，再停用交流侧开关；恢复运行时，应先合交
流侧开关，再合上输出开关。

在直流电源系统存在绝缘接地故障（包括绝缘电阻及正负极对地电压差不满足要
求）情况下，严禁母线并列操作。禁止在两系统都存在接地故障情况下进行切换。

采用环路供电的直流回路，一般应在直流配电屏上将一路电源开关合上，另一环
路电源开关分开，并在该环路开关上挂"禁止合闸，有人工作"的标示牌。

每半年进行一次蓄电池均衡充电（可由装置自动完成）。均衡充电电压宜控制为
（2.30～2.35）V×N。

备用的 3 号充电机应每季进行一次切换试验，以确保其处于良好状态。

直流配电的各级熔丝，必须按照有关规程及图纸设计要求放置。变电站现场应
有各级交、直流熔丝配置图或配置表，各级直流熔丝（或空气开关）按照必须具有
3～4 级保护级差的原则进行配置，各熔丝的标签牌上须注明其熔丝的规格及其额
定电流值。

【思考与练习】

1. 500kV 变电站的站用变一般配置如何？
2. 500kV 变电站直流系统的配置有哪些？
3. 蓄电池的均衡充电是如何规定的？

◢ 模块 2　站用交、直流系统的一般异常消缺处理
（Z08I3001 Ⅱ）

【模块描述】本模块包含站用交、直流系统的一般异常消缺处理内容，通过操作
过程详细介绍、操作技能训练，达到掌握站用交、直流系统的一般异常消缺处理技能
的目的。

以下着重介绍站用交、直流系统的一般异常消缺处理。

【模块内容】

一、站用交流系统一般异常消缺处理

（一）站用电备用电源不能自投

站用电备用电源不能自投故障原因分析、处理方法见表 Z08I3001 Ⅱ–1。

表 Z08I3001 Ⅱ-1 站用电备用电源不能自投故障原因分析、处理方法

序号	原因分析	处理方法
1	备用电源无压	合上备用电源
2	采样熔断器损坏	更换采样熔断器
3	电压采样继电器损坏	更换电压继电器
4	二次回路接线松动	检查二次回路并紧固

（二）电压表显示不正确

（1）检查交流采样线连接是否可靠，如果二次回路接线有松动，检查二次回路并紧固。

（2）检查熔断器是否正常，如果熔断器损坏应更换。

（3）检查电压切换开关是否正常，如果不正常应及时更换。

（三）案例

（1）某变电所采用两台站用变压器，智能控制装置，单母线运行的站用电交流电源屏，在正常运行时，所用 400V 交流系统自动切换装置无故瞬间失压多次。现场检查，进线电压正常，熔断器完好。进一步检查发现进线电压采样继电器上有接线松动，使交流断路器合闸线圈得电时有时无，导致电源自投入装置多次动作，后经过对接线紧固后恢复正常运行。

（2）某变电所采用两台站用变压器Ⅱ段母线带分段的接线方式，正常运行时采用单台站用变压器供两端母线，在现场定期进行站用变压器切换试验时，出现了 2 号交流站用变电柜站用电Ⅱ段母线交流断路器无法投入合闸。现场检查，进线电压正常，熔断器完好，接线也无异常，进一步检查，发现Ⅱ段母线交流进线电压继电器触点损坏，导致Ⅱ段母线交流断路器合闸线圈无法得电，无法投入合闸，更换进线电压继电器后恢复正常。

二、站用直流系统一般异常消缺处理

（1）交流电压显示不准确（充电柜交流输入正常，主监控器显示交流电压为 0）：

1）检查交流采样线到采样盒的连接是否可靠，特别注意交流零线的连接。

2）采样盒的工作电源是否正常，可重新插拔采样盒与主监控之间的连接线。

（2）直流电压测不到，充电柜充电模块输出正常，监控系统显示电压（合母、控母、电池）为 0，此时应检查：

1）检查接线是否正确，端子是否插到位。

2）检查监控系统和直流采样盒通信是否正常。

（3）充电模块常见故障原因分析、处理见表 Z08I3001Ⅱ-2。

表 Z08I3001Ⅱ-2　　　　充电模块常见故障原因分析、处理表

序号	现象描述	原因分析	处理方法
1	模块无输出	电源未输入	检查输入电源
		输入过、欠电压保护	检查输入电源电压
		输出过压保护	检查输出电压
		模块插头与屏柜插座接触不良	检查接插件
2	模块输出时有时无	过温保护	减轻负载或降低环境温度
			检查屏柜上的导风板安装是否适当
3	模块内散热风扇不转	负载轻或空载	状态正常
		风扇故障	更换风扇
4	模块故障灯亮	模块处于过温保护状态	按上述第 2 项处理
		模块处于输入保护状态	交流有过欠电压或缺相现象
		输出故障	输出过压或短路
		未开机	正常关机时故障灯应亮
		风扇故障	按上述第 3 项处理

（4）直流接地的查找和处理方法。

1）直流接地判别标准：220V 直流系统两极对地电压绝对值差超过 40V 或绝缘降低到 25kΩ 以下，110V 直流系统两极对地电压绝对值差超过 20V 或绝缘降低到 7kΩ 以下，应视为直流系统接地。

2）同一直流母线段出现同时两点接地时，应立即采取措施消除，避免由于直流同一母线两点接地，造成继电保护或开关误动故障。当出现直流系统一点接地时，应及时消除。

3）在无法快速判别接地故障点时，应采用便携式绝缘检测设备进行探查。

4）直流系统接地后，应立即查明原因，根据接地选线装置指示或当日工作情况、天气和直流系统绝缘状况，找出接地故障点，并尽快消除。

5）使用拉路法查找直流接地时，至少应由两人进行。

6）拉路查找应遵循"先次要后重要，先户外后户内"的原则进行，一般按照事故照明、辅助设施、信号回路、保护及控制回路、整流装置和蓄电池回路进行，对于 PT 并列装置等重要工作电源严禁拉路。

7）凡涉及继电保护及自动装置的直流电源回路在拉路前应征得调度同意，停用相应保护装置并做好安全措施后执行。

（5）案例。

1）某变电所直流系统采用艾默生的充电模块和直流监控装置，$N+1$ 的模块配置，单组 18 节 SPRING100AH 蓄电池组，正常运行中，直流屏直流监控装置发"充电模块故障""控母欠电压"信号，现场检查发现直流监控装置上显示控母电压为 197V，实际在控母上测量为 223V，采样熔断器正常，二次接线紧固，进一步检查发现直流采样模块采样不准，更换直流采样模块（PFU–3）后，恢复正常。

2）某变电所直流系统采用艾默生的充电模块和直流监控装置，$N+1$ 的模块配置，单组 18 节马拉松 100AH 蓄电池组，正常运行中，直流屏直流监控装置发"电池组单体电压超限"、后台机发"电池仪故障单体电池异常"，现场检查发现直流屏直流监控装置 14、15 号蓄电池单节显示为 12.3V，用万用表在 14、15 号蓄电池测量端电压均为 13.5V，正常。检查发现蓄电池采样熔断器熔断，更换蓄电池采样熔断器后仍未恢复。进一步检查发现电池采样模块变送不正常，更换电池采样模块后回复正常。

【思考与练习】

1. 站用电备用电源不能自投的原因？

2. 直流充电模块故障灯亮的原因？

3. 直流电压表显示不正常的原因？

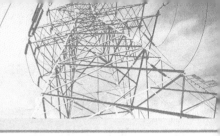

第三十四章

生产管理及信息系统应用

◢ 模块 1　变电站生产管理及信息系统使用
（ZY1200103002）

【模块描述】本模块介绍变电站生产管理及信息系统的概述，通过案例介绍和图例说明，掌握变电站生产管理及信息系统使用方法并能录入各类生产运行数据。

【模块内容】

通过建立统一的生产管理系统，全面覆盖生产作业与管理过程的关键业务，从而使班组层面实现班组业务管理规范化、作业标准化，基层作业单位引入全程可控的精细化管理的闭环流程；各级管理层形成可观测、可掌管、可监控的局面，从而实现智能化决策和可视化管理。

一、生产管理及信息系统的概述

ERP（Enterprise Resource Planning，企业资源计划）是指建立在信息技术基础上，以系统化的管理思想，为企业决策层及员工提供决策运行手段的管理平台。

SAP（Systems，Application and Products in Data processing）是一个 ERP 管理软件。

MIS（Management Information System，管理信息系统）是一个由人、计算机及其他外围设备等组成的能进行信息的收集、传递、存储、加工、维护和使用的系统，其主要任务是最大限度地利用现代计算机及网络通信技术加强企业的信息管理，通过对企业拥有的人力、物力、财力、设备、技术等资源的调查了解，建立正确的数据库，加工处理并编制成各种信息资料及时提供给管理人员，以便进行正确决策，不断提高企业的管理水平和经济效益。MIS 按组织职能可以划分为办公系统、决策系统以及生产管理和信息系统。

企业通过计算机网络获得信息必将为企业带来巨大的经济效益和社会效益，企业的办公及管理都将朝着高效、快速、无纸化的方向发展。MIS 通常用于系统决策，例如，可以利用 MIS 找出目前迫切需要解决的问题，并将信息及时反馈给上层管理人员，使他们了解当前工作发展的进展或不足。换句话说，MIS 的最终目的是使管理人员及时了解企业现状，把握将来的发展路径。

电力生产管理系统也可称为 PMS（Power Production Management System）。

二、变电站生产管理及信息系统的使用

变电站值班人员经过技术和安全知识的培训，经考试考核合格方可上岗。变电站值班人员采取轮换值班的工作方式，值班期间除了要进行倒闸操作、设备巡视、维护和异常、事故处理外，还要填写各种报表记录。

目前，企业管理层通过计算机网络获得信息，生产管理及信息系统按照国家电网有限公司的变电站管理规范和各相关规程要求设计。变电运维人员应按照变电站生产管理及信息系统的内容及要求录入各种数据，应熟悉变电站生产管理及信息系统的内容。

下面以国家电网有限公司的电力生产管理系统运行日志填写为例，简单说明变电站生产管理及信息系统使用方法及录入各类生产运行数据的步骤。

1. 变电运行日志

变电运行日志模块提供的功能包括：

（1）运行日志管理。可对当前班次的运行日志实现新增、修改、删除功能；可查看非当前班次的运行日志；可根据当前日志生成小结；可进行交接班操作。

（2）未执行调令管理。查看当前登录人员所在班组未执行的调令，并提供对未执行的调令进行受令、执行汇报和作废操作。

（3）未终结工作票管理。查看当前登录人员所在班组未终结的工作票，并根据工作票的状态，提供查看或处理工作票的界面。

（4）未消除缺陷管理。查看当前登录人员所在班组未消除的缺陷，可直接查看或修改缺陷记录。对于未启动流程的缺陷记录，可在修改界面中启动缺陷流程；对于已启动流程的缺陷记录，只能查看。

（5）例行工作管理。查看当前登录人员所在班组管辖变电站内即将到期的例行工作，可直接根据例行工作登记相关的运行记录，系统将在登记运行记录后自动更新例行工作的上次工作时间和到期时间。

（6）待验收修试记录管理。查看当前登录人员所在班组管辖变电站内待验收的修试记录，并可执行查询、验收工作。

（7）当前任务管理。查看流程系统中需要当前登录人员处理的所有流程，用户可处理流程、查看流程图或查看日志。

（8）历史任务管理。查看流程系统中当前登录人员已经处理的所有流程，用户可执行追回、查看流程图或查看日志操作。

2. 变电运行日志操作说明

在浏览器菜单栏里选择"运行工作中心"→"运行值班管理"→"变电运行日志"，进入"变电运行日志"界面，如图 ZY1200103002-1 所示。

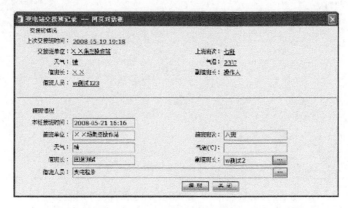

图 ZY1200103002-1　"变电运行日志"界面

注意：在系统刚上线时，由于没有交接班记录，在首次打开主界面时，需要进行首次交班操作。交班后，可登记运行记录。"变电站交接班记录"对话框如图 ZY1200103002-2 所示。

变电运行初始化内容在"运行工作中心"→"基础维护"中，包括变电站例行工作维护、运行班组岗位及安全天数配置、运行值班班次配置、变电运行方式维护、变电巡视内容配置、避雷器动作检查项目维护。

新建变电站在发电当日，运行人员完成变电站运行初始化工作（"运行工作中心"→"基础维护"）。当变电站运行基础数据发生变化时，运行人员应在当日内完成变电站运行基础数据的维护。

图 ZY1200103002-2　"变电站交接班记录"对话框

3. 运行日志管理

运行日志管理包括操作管理、事故障碍管理、缺陷记录管理、日常维护管理等管理内容。各管理项下都有一些子项目，例如在操作管理项下就有调度令记录管理、保护及自动装置动作记录、设备非运行状态开始记录和设备非运行状态结束记录。

在运行日志页面，选择"增加记事"，再选择具体管理项目，进行日志登记，选择"操作管理"项目的情况如图 ZY1200103002-3 所示。下面即以该项目下的"调度令记录管理"为例进行日志填写操作练习。

图 ZY1200103002-3 "操作管理"项目

4. 日志填写操作练习

"调度令记录管理"功能包括提供管理当前登录用户所管辖变电站的调度令管理功能，可以接受预令、接受调度令、接受接转调度令，并可根据调度令类型和状态，执行受令、回令、接转、作废、中止和修改等操作。

打开变电运行日志主界面，选择"增加记事"→"调度令记录管理"，进入"调度令记录管理"对话框，如图 ZY1200103002-4 所示。这里可以接受预令、接受调度令和接受接转调度令。

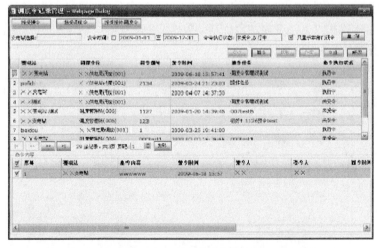

图 ZY1200103002-4 "调度令记录管理"对话框

（1）接受预令。单击"接受预令"按钮，打开"接受预令"对话框，将信息填写完整，如图 ZY1200103002-5 所示，其中带有星号的为必填项目。填写调度命令内容，填好后"保存"。

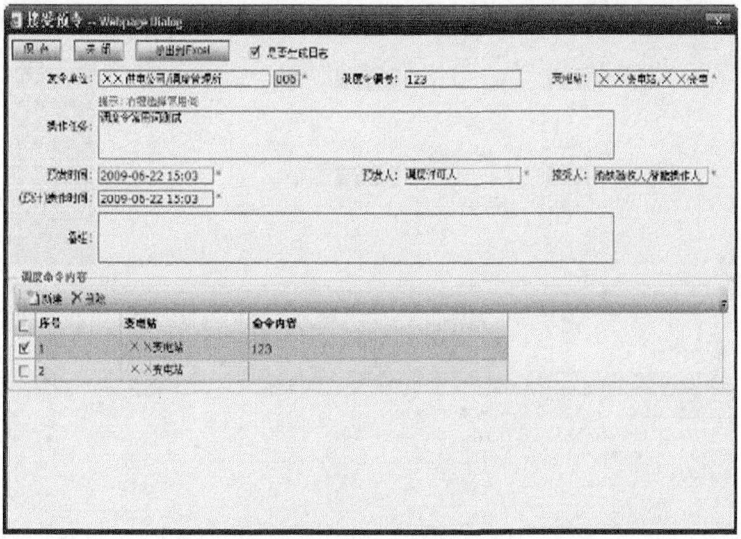

图 ZY1200103002-5　"接受预令"对话框

选择保存的预令，在"调度令记录管理"对话框中单击"受令"按钮。在弹出界面，填写发令时间、发令人、受令人，然后单击"保存"按钮保存。

当调度令执行完以后，要进行回令，在"调度令记录管理"对话框中选择需要回令的命令内容，单击"回令"按钮。在弹出的页面中，填写回令时间、回令人、调度受理人、备注以及具体的操作项断路器操作，无功设备投退，主变压器分接头调整，其他单一操作。

对于接受的预令，在没有受令之前，可以执行作废操作。选择调度令状态为"未受令"的调度令记录，在"调度令记录管理"对话框中单击"作废"按钮，如图 ZY1200103002-6 所示。在对话框中填写作废原因、作废时间、作废发令人、作废受令人，然后单击"保存"按钮。

（2）接受调度令。在"调度令记录管理"对话框中单击"接受调度令"按钮。在弹出的对话框（见图 ZY1200103002-7）填写调度令信息，带星号的为必填项。填好后单击"保存"按钮。

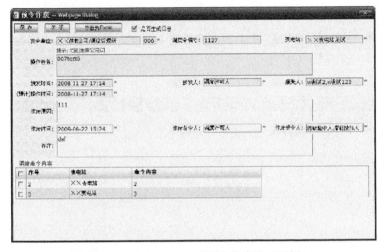

图 ZY1200103002-6　"预令作废"对话框

图 ZY1200103002-7　"接受调度令"对话框

在"调度令记录管理"对话框中单击"回令"按钮，如图 ZY1200103002-8 所示。填写回令时间、回令人、调度受理人，然后单击"保存"按钮。

在弹出的对话框中，填写汇报的信息以及具体的操作设备：断路器操作，无功设备投退，主变压器分接头调整，以及其他单一操作，如图 ZY1200103002-9 所示。

（3）接受接转调度令。在"调度令记录管理"对话框中选择"接受接转调度令"按钮，在弹出的窗口中（见图 ZY1200103002-10）填写接转调度令信息，然后单击"保存"按钮保存，在对话框中就可以看见新增的接转调度令。

图 ZY1200103002-8　"调度令回令"对话框

图 ZY1200103002-9　"调度令操作汇报记录"对话框

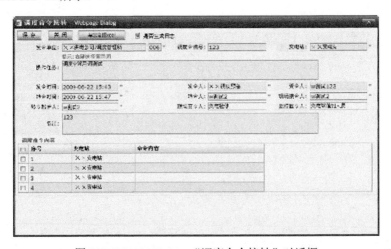

图 ZY1200103002–10　"接受接转调度令"对话框

选择要接转的调度令，单击"接转"按钮，在弹出的对话框中，填写转令时间、转令人、现场接令人、转令监护人、现场交令人、监控回令人信息，如图 ZY1200103002–11 所示。

图 ZY1200103002–11　"调度命令接转"对话框

单击"保存"按钮，调度令状态将由"未接转"转变为"执行中"，则可以执行回令操作，步骤和其他调度令类型的回令操作一致。

【思考与练习】

1. 按生产管理及信息系统中变电运行管理部分的要求录入值班日志和运行记录。

2. 何谓 MIS？何谓 PMS？何谓 SAP？

▲ 模块 2 变电站生产管理及信息系统的报表审核
（ZY1200103003）

【模块描述】本模块介绍变电站生产管理及信息系统的信息处理。通过要点归纳和图例说明，掌握变电站生产管理方式、信息系统中各类信息处理方式，以及各种报表数据信息的审核流程。

【模块内容】

SG186（State Grid—国家电网；一体化企业级信息系统；八大业务应用；六个信息化保障体系）工程是国家电网有限公司"十一五"信息化工作的战略部署。电力生产管理系统是 SG186 工程八大业务应用中最为复杂的应用之一，它采用先进管理理念和现代化计算机技术、网络技术与通信技术，建立技术先进、功能完善、信息整合、安全可靠的省级公司生产技术支持平台，及时、准确掌握国家电网有限公司全面的电网运行情况、生产业务工作效率等信息，对实现国家电网生产集约化、精细化、标准化管理，提高国家电网资产管理水平具有十分重要的意义。

一、变电站生产管理信息系统的功能描述

国家电网有限公司电力生产管理系统中的变电部分有设备中心、运行工作中心和计划任务中心等中心模块。其中的运行工作中心是与变电站变电运维人员关联最深的中心模块，该中心模块包含了基础维护、周期性工作管理、运行值班、生产运行记录管理、缺陷管理、检修试验管理、主网工作票管理、主网操作票管理和两票权限设置9 个大模块。每个大模块又包含一些子模块和分支模块。

（1）基础维护模块包含的子模块：① 变电站例行工作维护；② 变电运行班组岗位及安全天数配置；③ 变电值班班次配置；④ 避雷器动作检查项目维护；⑤ 变电运行方式维护；⑥ 保护定值单台账维护；⑦ 变电巡视内容配置；⑧ 工作票、操作票权限配置；⑨ 压力测试记录配置。

（2）周期性工作管理模块包含的子模块：① 变电设备周期工作设置；② 变电超期未检修设备查询统计。

（3）运行值班模块包含的子模块：① 变电运行日志；② 运行日志管理；③ 变电运行日志修改；④ 变电运行日志查询。其中的运行日志管理子模块还包含有 14 个分支模块：操作管理、事故障碍管理、缺陷记录管理、日常维护管理、检修工作管理、保护定值单管理、其他工作记录、运行分析管理、未执行调令管理、未终结工作票管理、未消除缺陷管理、例行工作管理、交接班小结和导出运行日志。

（4）生产运行记录管理模块包含的子模块：① 变电运行记录查询；② 避雷器动

作次数查询；③ 故障信息查询统计；④ 保护定值单台账查询；⑤ 变电故障记录信息补录。

（5）缺陷管理模块包含的子模块：① 变电缺陷流程管理；② 变电缺陷查询统计；③ 变电缺陷两率统计；④ 变电缺陷统计分析。其中变电缺陷流程管理子模块还包含有 7 个分支模块：变电缺陷登记、运行专职审核、检修专责审核、生技检修专责缺陷审核、消缺安排、消缺登记和消缺验收。

（6）检修试验管理模块包含的子模块：① 变电修试记录登记；② 变电修试记录查询统计；③ 变电修试记录验收；④ 变电修试记录统计分析；⑤ 试验报告查询统计；⑥ 试验数据分析。

（7）主网工作票管理模块包含的子模块：① 工作票管理；② 工作票查询；③ 工作票统计；④ 工作票日志。其中的工作票管理子模块还包含有 5 个分支模块：工作票新建、工作票待签发、工作票待接票、工作票待许可和工作票待终结存档。

（8）主网操作票管理模块包含的子模块：① 操作票管理；② 操作票查询；③ 操作票统计；④ 操作票日志。其中操作票管理子模块还包含有 5 个分支模块：操作票新建、操作票填写、操作票打印、操作票回填和操作票终结。

（9）两票权限设置模块包含的子模块：① 开票权限配置（按角色）；② 开票权限配置（按人员）；③ 管理员权限配置；④ 业务权限配置。

二、变电站生产管理信息系统应用举例

下面以运行工作中心中主网操作票管理模块为例说明在该系统下的工作处理方式。

主网操作票管理模块包含的子模块为操作票管理、操作票查询、操作票统计、操作票日志。

（一）操作票管理

1. 操作票新建

（1）功能说明：该模块提供变电站值班人员起草操作票功能，并提供使用典型票、历史票和图形开票功能。

（2）功能菜单："运行工作中心"→"主网操作票管理"→"操作票管理"。

（3）操作说明：在主页菜单栏中，进入操作票管理界面，如图 ZY1200103003-1 所示。单击"新建"按钮，选择票类型和站名称，然后单击"确定"按钮，系统新生成一张空白操作票，并打开变电站的一次接线图，将接线图和票面同时显示。用户可以根据所用显示器大小设置接线图和票面为"上下"或"左右"的显示方式。

图 ZY1200103003-1 操作票管理界面

建新操作票除了一栏一栏进行填写外，还可以利用典型票和历史票来开票。

（1）从操作票的分类树中选择"典型票"节点，系统将典型票显示在右侧列表中。选中想要利用的典型票后，单击"复制"按钮，系统复制一张典型票放到当前登录用户的"生成票"箱中。

（2）从操作票的分类树中选择"存档票"节点，系统将存档的操作票显示在右侧列表中。选中想要利用的存档票后，单击"复制"按钮，系统复制一张操作票放到当前登录用户的"生成票"箱中。系统复制存档票时，只复制历史票中的操作任务和操作步骤。

2. 操作票填写

（1）功能说明：该模块用于对新建的操作票进行填写。

（2）功能菜单："运行工作中心"→"主网操作票管理"→"操作票管理"。

（3）操作说明：系统新建一张空白操作票后，默认为"生成任务"模式。在该模式下，用户通过单击接线图中的设备，系统将该设备相关的操作任务以菜单的方式显示；选择某个菜单项，系统便将相应的任务术语生成到操作票中的"操作任务"栏目。当填写完操作任务后，单击工具条中的"生成步骤"按钮，系统便切换到"生成步骤"模式下。此时用户单击接线图中的设备，系统将该设备的相关操作内容以菜单的方式显示。选择一个菜单项后，系统便将相应的操作步骤术语生成到操作票中的"操作步骤"栏目。当需要填写二次设备的操作步骤时，通过单击一次接线图中的二次保护屏链接进入二次保护屏，然后与在一次图中生成操作步骤一样，通过单击相应的二次保护设备便可生成二次设备的操作步骤术语。

上面介绍的是通过接线图模拟生成操作任务和操作步骤，当然也可以手工填写这些内容。填写时只需双击操作任务和操作步骤栏目，便可以手工输入或者修改通过图形生成的内容。

当操作任务、操作步骤、操作时间、发令人、受令人等栏目填写完整后，便可在票面中"操作人"处签名，签名后审核人对该票进行审核。当审核人发现票内容填写有误时，可以让操作人修改票内容后重新签名，审核人再审核签名；或者审核人修改票内容后签名（此时系统将操作人签名清除），然后操作人重新审核签名。

在操作中要注意：① 在通过图形生成操作步骤的时候，系统具有"五防"闭锁判断，对于不符合"五防"闭锁要求的操作，系统给出提示后，取消该种类型的操作；② 系统禁止操作人和审核人为同一个人。

3. 操作票打印

（1）功能说明：该模块提供操作票打印并生成页号。

（2）功能菜单："运行工作中心"→"主网操作票管理"→"操作票管理"。

（3）操作说明：操作票填写、审核完毕后即可打印。打印时，系统根据设定的规则自动生成票号。

（4）注意事项：试打印时，系统不生成票号。

4. 操作票回填

（1）功能说明：该模块提供变电站值班人员回填操作票功能。

（2）功能菜单："运行工作中心"→"主网操作票管理"→"操作票管理"。

（3）操作说明：在主页菜单栏中，进入操作票管理页面，打开已经执行的操作票，将操作票中的执行情况和实际执行时间回填录入系统中。

（4）注意事项：操作票回填时，系统默认所有的操作项都已执行，所以回填时只需勾选未执行的操作项。

5. 操作票终结

（1）功能说明：该模块提供变电站值班人员终结操作票功能。

（2）功能菜单："运行工作中心"→"主网操作票管理"→"操作票管理"。

（3）操作说明：操作票回填完整后，单击工具栏中的"终结"按钮将操作终结存档。

（二）操作票查询

（1）功能说明：根据查询条件对操作票进行查询。

（2）功能菜单："运行工作中心"→"主网操作票管理"→"操作票查询"。

（3）操作说明：

1）操作票查询。在主页菜单栏中，进入操作票查询界面，如图 ZY1200103003-2 所示。

图 ZY1200103003-2　操作票查询界面图

通过条件区选择查询条件（票状态、制票单位、操作人、变电站名称、监护人、操作开始时间、操作终了时间）。对于查询结果，用户可以双击打开后进行浏览；如果当前登录人具有修改票的权限，在查询结果中打开票后还可以修改票内容。

2）自定义查询。单击"自定义查询"，在页面中选择条件，然后单击"确定"按钮。也可以将经常使用的查询条件保存为查询方案，在以后的查询中直接单击"选择查询方案"选择具体方案进行查询即可。保存的查询方案为私有，每个用户只能使用自己保存的查询方案。

（三）操作票统计

（1）功能说明：根据时间对操作票进行统计。

（2）功能菜单："运行工作中心"→"主网操作票管理"→"操作票统计"。

（3）操作说明：在主页菜单栏中，进入操作票统计界面，如选择统计时间、统计方式，对操作票进行统计。

（四）操作票日志

（1）功能说明：对于操作票的一些重要操作，系统都以日志的方式记录下来。通过该模块，用户可以查询对于一张操作票的所有重要操作。

（2）功能菜单："运行工作中心"→"主网操作票管理"→"操作票日志"。

（3）操作说明：在主页菜单栏中，进入操作票日志界面，可进行操作票日志查询。操作票查询条件有用户名称、票类型、操作类型、票名称、工作地点、班组、票号。在条件区选择条件，然后单击"查询"按钮，对记录进行过滤查询。

（4）注意事项：该模块查询出的操作日志只能浏览，不能修改。

三、工作任务的处理和审核流程

PMS 中存在大量的流程化应用，如缺陷流程、图纸审批流程等。这些流程化应用通常需要经历启动流程、接收流程、处理流程、终结流程等典型步骤，其中的很多操作在不同应用中是极其相似的。

（一）启动流程

如果想要启动一个流程（需要拥有这个流程的启动权），可以在 PMS 首页的主菜单区按图 ZY1200103003–3 所示选择"启动流程"菜单。

图 ZY1200103003–3　启动流程界面

系统将弹出对话框，选择希望启动的具体流程，然后单击"确定"按钮，继续流程的后续操作。

（二）查看当前任务

在 PMS 相同页面主工作区的"欢迎页"分页（在刚登录进入时没有该分页显示），有一个汇集需要处理的所有流程的提醒区域，如图 ZY1200103003–4 所示。

图 ZY1200103003–4　汇集需要处理所有流程

其中的"当前任务"分页中有需要处理的所有流程任务（简称任务）提醒列表，列表缺省按任务的优先级和发送时间排序。可以对"当前任务"分页中部分任务优先处理，包括超时任务、委托任务和重要任务。对列表中的任一任务执行以下操作：

（1）进入流程处理页面。单击操作栏中的 🖎 按钮打开该任务对应的工作流程处理视图（打开视图时系统会对是否具备流程处理权限进行判定，如无权处理则不打开视图，并从当前任务列表中移除该任务。这是一种极端情况，不会经常遇到）。

（2）查看流程图。单击操作栏中的 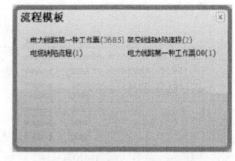 按钮可以查看该任务当前的流程图状态。

（3）查看流程日志。单击操作栏中的 按钮可以查看该任务的流程日志。

（4）筛选当前任务。如果觉得当前任务列表中的任务种类太多，看不清楚，可以单击当前任务列表下部的 按钮，系统将弹出流程筛选界面，列出当前任务中的所有流程模板和相应的任务数统计，如图 ZY1200103003-5 所示。单击流程模板，当前任务列表就只显示属于该类流程的任务，并且系统自动在 按钮的右边增加 按钮。单击 按钮会取消筛选，显示全部任务。

图 ZY1200103003-5 流程模板和相应任务数统计界面图

（5）发送任务。选中一个任务后单击当前任务列表下部的 按钮就可以发送该任务给下一个处理人。系统支持任务的复选，可以通过当前任务列表最左侧的勾选框选取多个任务后单击 按钮批量发送。

（6）刷新当前任务列表。当前任务列表支持自动刷新和任务提醒，刷新间隔缺省为 5min。也可以通过点击当前任务列表下部的 按钮立即刷新当前任务列表。

（7）新任务达到提醒。在有新任务到达时，系统会弹出新任务提示框，单击新任务提示框中的任务名即可进入工作流处理视图。

（三）查看历史任务

在汇集需要处理的所有流程提醒的区域中位于"当前任务"分页右侧的是"历史任务"分页，其中包含了处理过的历史任务列表。历史任务列表按任务处理时间排序，如图 ZY1200103003-6 所示。

图 ZY1200103003-6 历史任务列表界面

历史任务按流程实例显示，如果在流程中处理了一个流程中的多个任务环节，则"任务名称"显示的是最后处理的那个流程环节的名称。

单击 ▦ 按钮打开查看流程图界面。

单击 ⬚ 按钮打开查看工作流日志界面。

单击 ↻ 按钮追回任务，只有在后续用户没有处理流程的情况下才可以追回。

单击"经办流程查询"按钮，弹出历史任务明细查询界面。

（四）任务统计

在汇集需要处理的所有流程提醒的区域中位于"历史任务"分页右侧的是"任务统计"分页，该分页显示可处理和已处理的任务数统计信息，默认对 3 个月以来的任务进行统计，如图 ZY1200103003-7 所示。

流程总数	任务总数	超时任务数	回退任务数	追回任务数
16	16	0	0	0

图 ZY1200103003-7 "任务统计"界面

任务统计包含的条目为：

流程总数：处理的历史任务和当前任务之和，按流程实例统计，即处理了多少流程。

任务总数：处理的历史任务和当前任务之和，按工作项统计，即进行了多少次任务处理。

超时任务数：所处理的超时任务数，按活动实例统计。

回退任务数：处理后又回退给自己的任务，按工作项统计。

追回任务数：发送出去后又立即追回的任务，按工作项统计。

双击任务统计可弹出历史任务明细界面。

（五）查看流程日志

流程日志记录一个流程的处理过程，日志按任务处理时间排序，自动以最大化方式显示，如图 ZY1200103003-8 所示。

日志中包含任务名称、处理人、处理时间和日志内容。已完成任务的日志以黑色字体显示，正在处理的任务的日志以红色字体显示。

日志内容由系统自动组装，包含活动的处理说明和用户手工增加的备注信息等。一个任务如果由多用户合作完成，则在任务下显示各个用户的处理时间等信息，任务中的处理人显示为"会签"。

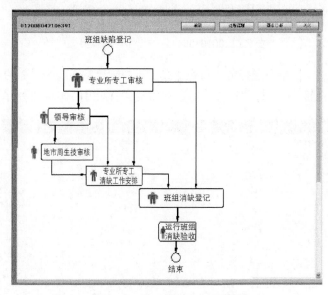

图 ZY1200103003-8 工作票流程日志界面图

如果对应的任务为用户可处理的当前任务，则显示"处理流程"按钮，单击进入工作流处理视图；如果对应的任务为用户已处理的历史任务，则显示"查看流转单"按钮，单击进入只读的对象视图。

单击"查看流程图"按钮，进入流程图界面。

（六）查看流程图

流程图用图形表示一个流程的处理过程，已完成的活动加绿色边框，正在处理的活动加红色边框，未处理的活动不加边框，所经过的迁移用绿色加粗显示，如图 ZY1200103003-9 所示。

图 ZY1200103003-9 流程图

当鼠标移动到活动模板上时，以提示方式显示对应活动实例的工作流日志。

如果对应的任务为用户可处理的当前任务，则显示"处理流程"按钮，单击进入工作流处理视图；如果对应的任务为用户已处理的历史任务，则显示"查看流转单"按钮，单击进入只读的对象视图。

单击"查看日志"按钮，进入工作流日志界面。

可以在建模工具中配置流程图是否能自动刷新及刷新时间间隔。

在流程图上单击"活动"按钮，弹出菜单如图 ZY1200103003-10 所示。

图 ZY1200103003-10　流程图设置界面图

选择"刷新"菜单，刷新流程图。

选择"设置时限"菜单，在任务上设置时限，可设置任务的最后处理时间或任务的最长处理时限，任务超时后，按活动模板设置进行超时处理。

工作流处理视图由对象处理视图和工作流处理菜单组成。在打开视图时，对当前用户是否具备流程处理权限进行判定，如无权处理则显示空白页面。工作流处理视图如图 ZY1200103003-11 所示。

[任务处理]071204-101

📄保存 🔄刷新 🔙撤销 📤展开 📥闭合 📨发送 📩回退 ✅签收 🖨打印 🔍查看流程图 📋查看日志 🔧其他操作

| 申请单名称 | 071204-101 |
| 设备名称 | 水电设备 |

图 ZY1200103003-11　工作流处理界面

单击"发送"菜单发送任务，可在建模工具中配置发送选择界面的显示方式，缺省的发送选择界面——"迁移选择"对话框如图 ZY1200103003-12 所示。

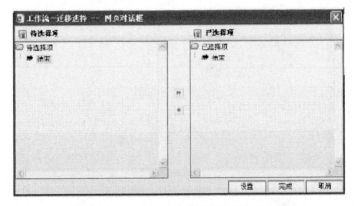

图 ZY1200103003-12　"迁移选择"对话框

在"迁移选择"对话框的"待选择项"上选择要发送到的活动和处理人，双击树节点或 ‣ 在"已选择项"上增加节点。在"已选择项"上双击树节点或 ◂ 移除节点。选中要发送到的活动，并单击"选项"按钮，设置活动实例，界面如图 ZY1200103003-13 所示。在任务上设置时限，可设置任务的最后处理时间或任务的最长处理时限，任务超时后，按活动模板设置进行超时处理。在"任务通知设置"区域，选择任务通知方式，并填写通知内容。

单击"回退"菜单回退任务，弹出迁移选择对话框，其功能和发送任务类似，但只显示回退迁移模板。如活动没有后续的迁移模板，则不显示"回退"菜单。

单击"签收"菜单签收任务，如已配置了自动签收，则"签收"菜单在"其他操作"菜单中以下拉方式显示。

单击"打印"菜单，进入 Web 报表界面。

单击"查看流程图"菜单，进入流程图界面。

单击"查看日志"菜单，进入工作流日志界面。

单击"其他操作"菜单，显示下拉菜单，如图 ZY1200103003-14 所示。

单击"取消签收"菜单，取消对任务的签收操作。

单击"备注"菜单，打开备注对话框填写备注，或查看已填写的备注，如图 ZY1200103003-15 所示。

图 ZY1200103003-13　活动时限设置界面

图 ZY1200103003-14　"其他操作"界面

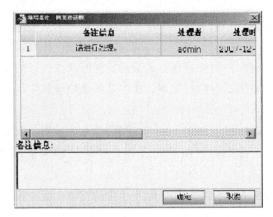

图 ZY1200103003–15　填写备注界面

单击"跳转"菜单，弹出活动模板选择对话框，选择活动模板进行跳转。

单击"中止"菜单，中止任务和对应的流程。

单击"删除"菜单，删除流程实例和对应的信封对象。

"备注""跳转""中止""删除"菜单都需要在建模工具中配置对应的权限才显示。

【思考与练习】

1. 运行工作中心包含哪九大模块？

2. 变电站基础维护模块包含哪些子模块？

3. 运行值班模块包含哪些子模块？其中哪个子模块还包含有分支模块？分别是哪些分支模块？

◢ 模块 3　变电站生产管理及信息系统的分析完善（ZY1200103004）

一、电力生产管理系统概述

国家电网 SG186 工程的电力生产管理系统被设计成一个由五大中心及围绕五大中心分布的众多外围应用组成的有机体，分别是设备中心、计划任务中心、运行工作中心、评价中心和标准中心。五大中心以设备中心为核心，通过"工作任务、运行信息、评价结果"三股主要信息流实现五大中心的闭环。这五大中心之间的主要关系如图 ZY1200103004–1 所示。

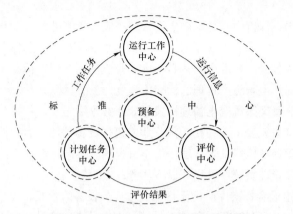

图 ZY1200103004-1　五大中心关系图

五大中心中，设备中心代表了整个电网生产管理的核心对象、基本出发点和最终目标；计划任务中心代表了整个电网生产管理的工作方式和组织策划；运行工作中心代表了整个电网生产管理的执行过程、工作内容及工作结果；评价中心代表了整个电网生产管理的评估监督和价值取向；标准中心代表了整个电网生产管理的规范化和标准化力度和水平。

SG186 工程整个应用系统的设计均是围绕这五大中心展开的，各中心既相互独立又密切联系。

（1）设备中心是整个 PMS 的核心，是其他各中心实现自身业务功能的关键依赖对象。设备中心的核心内容是各类输、变、配的一、二次设备的台账，以各类设备及其相关基础信息的准确、完整和一致为主要目标。

（2）计划任务中心提炼和抽象了电力生产业务的主线，其核心思想是中心内由任务（Task）、计划（Schedule）和任务单（Form）组成的所谓 TaSF 结构和由此结构而延展开的所谓 TaSF 循环。其核心内容是任务的完整收集、计划的合理制订和任务单的准确派发。

（3）运行工作中心依据计划任务中心提供的任务单进行工作任务的具体执行及执行信息的反馈，同时包含了电网生产日常运行工作。运行工作中心的主要功能包括工作票、停电申请、操作票、作业指导书、修试记录、修试报告、各种运行值班记录等。运行工作中心是电网生产基层人员的主要工作平台，其核心内容是各类运行工作任务执行的流程化、标准化、精细化和闭环化管理，以提高电网运行工作的规范化和精细化水平、提高工作任务完成合格率为主要目标。

（4）评价中心依据运行工作中心提供的各种运行信息，结合计划任务中心和设备中心的相关信息，从多个角度对电网生产运行情况实施评价，其评价结果作为电网生产业务决策的依据。评价中心是电网生产管理决策人员的主要工作平台。

（5）标准中心为设备中心和运行工作中心提供标准依据，总体上包括设备管理标准和作业标准两大部分。标准中心的核心内容是电网生产管理标准体系的建立、维护和应用，以不断提升电网生产管理的标准化程度为主要目标。

二、电力生产管理系统变电管理相关部分业务分析

电力生产管理系统变电管理相关部分业务包括设备管理、运行值班管理、缺陷管理、周期性工作管理、检修试验管理、工作票管理、操作票管理等。

通过电力生产管理系统可以完成以下任务：

（1）建立变电设备标准库，便于规范变电各类设备的管理。

（2）建立和维护所辖电网内的变电站以及变电站内各类设备台账，如一次设备、继电保护及安全自动控制装置、直流电源、防误装置、固定电测仪表、自动化设备台账等。

（3）登记运行值班过程中的各种运行记录，并根据一定格式自动生成运行日志。

（4）登记电网运行、检修过程中发现的各种缺陷，完成发现缺陷→上报缺陷→审核缺陷→消缺任务安排→缺陷工作登记→缺陷验收等缺陷流程各环节的闭环管理。

（5）维护设备各类周期性工作，完成周期工作提示→加入任务池→检修计划编制→工作任务单编制→任务单分配→任务处理→修试记录登记→修试记录验收等一系列检修相关的工作。

（6）编制年度、月度检修计划、工作计划。

（7）完成工作任务单的编制、下发以及任务处理。

（8）完成停电申请单的编制及审核流程，以及停电申请单和工作任务单的关联。

（9）完成工作票的填写、签发、许可、终结等流程。

（10）完成操作票的填写、审核、执行、回填等流程。

三、电力生产管理系统菜单系统

用户正确登录电力生产管理系统后，可以在页面的上部看到电力生产管理系统的各项菜单。电力生产管理系统菜单系统依据"五大中心"设计思想进行组织，如图 ZY1200103004-2 所示。

每个中心的顶层菜单下设计有该中心提供的应用功能菜单集，采用分层方式进行排列，供用户鼠标单击激活。

【思考与练习】

1. 何谓 SG186 工程？

2. 何谓 TaSF 结构？

3. PMS 系统由哪五大中心组成？

图 ZY1200103004-2　电力生产管理系统菜单界面

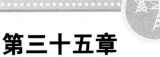

第三十五章

电力安全生产规程规范

模块1　国家电网有限公司电力安全工作规程
（ZY1800101001）

【模块描述】本模块介绍保证电力安全生产的各种规定、要求、方法和措施。通过对国家电网有限公司电力安全工作规程的学习，掌握电力安全生产的各种规定、要求、方法和措施。

【模块内容】

对每一位电力工作者来说，工作的第一件事情就是学习《国家电网公司电力安全工作规程（变电部分）》和《国家电网公司电力安全工作规程（线路部分）》（以下简称《安规》），第一次考试就是《安规》考试。《安规》主要是规范电力职工的工作行为，以保证电网、设备和人身安全。

《国家电网公司电力安全工作规程（变电部分）》《国家电网公司电力安全工作规程（线路部分）》是企业标准。标准文号：Q/GDW1799.1—2013、Q/GDW1799.2—2013

为了便于电气试验人员学习、了解和运用本规程，以下主要对《国家电网公司电力安全工作规程（变电部分）》分章节进行整理归纳，但不做规程条文解释，具体内容参见《国家电网公司电力安全工作规程（变电部分）》和《国家电网公司电力安全工作规程（线路部分）》原文。

一、总则

本章主要介绍了制定本规程的原则和本规程制定的依据，明确了作业现场、作业人员的基本条件、教育和培训要求、违反《安规》时应采取的措施、试验和推广新技术、新工艺、新设备、新材料的要求，电气设备的高压和低压的定义，以及本规程的适用范围等。

二、高压设备工作的基本条件

本章从一般安全要求、高压设备的巡视、倒闸操作、高压设备上工作等四个方面详细规定了在高压设备上工作的基本条件。

三、保证安全的组织措施

本章首先介绍了电气设备上安全工作的组织措施应包含的条款，然后分别阐述了现场勘查制度、工作票制度、工作许可制度、工作监护制度、工作间断、转移和终结制度等各个条款具体操作范围和要求。

四、保证安全的技术措施

本章就保证安全的技术措施，如停电、验电、接地、悬挂标示牌和装设遮栏（围栏）做了明确的规定和要求。

五、线路作业时变电站和发电厂的安全措施

本章规定了线路作业时停、送电的具体要求。

六、带电作业

本章主要规定了带电作业的范围、条件和一般安全技术措施，并就等电位作业、带电断/接引线、带电断/接设备、带电水冲洗、带电清扫机械作业、感应电压防护、高架绝缘斗臂车作业、保护间隙、带电检测绝缘子、低压带电作业以及带电作业工具的保管、使用和试验等十一个方面进行了详细的规定和要求。

七、发电机、同期调相机和高压电动机的检修、维护工作

本章主要对在发电机、同期调相机和高压电动机所进行的检修、维护工作中工作票的办理、所采取的措施等进行了规定。

八、在六氟化硫（SF_6）电气设备上的工作

本章对装有 SF_6 电气设备的场所防止对人员伤害必须采取的措施、工作人员在 SF_6 电气设备上工作应注意的事项进行了规定。

九、在低压配电装置和低压导线上的工作

本章对在低压配电装置的低压导线上的工作应填用的工作票、安全措施和注意事项进行了规定。

十、二次系统上的工作

本章对在继电保护、安全自动装置、仪表、通信系统以及自动化等二次系统上工作，根据现场工作的不同情况应采用第一、二种工作票以及二次工作安全措施票办理进行了规定，并对遇到异常情况的处理、工作前的准备、带电互感器二次回路工作应采取的措施、工作结束进行了规定。

十一、电气试验

本章对高压试验应采用的工作票、试验负责人要求、试验现场措施的布置以及试验过程中、变更试验接线、试验结束后的基本要求进行了规定，并分别就使用携带型仪器测量工作、使用钳形电流表的测量工作以及使用绝缘电阻表测量绝缘的工作应填用的工作票、安全措施和注意事项进行了规定。同时规定了直流换流阀厅内的试验工

作要求。

十二、电力电缆工作

本章对电力电缆工作应填用的第一种和第二种工作票范围、电力电缆资料等的基本要求进行了规定，并对电力电缆进行施工、运行巡视、试验等作业时的安全措施进行了详细规定。

十三、一般安全措施

本章主要对进入生产现场人员的安全措施，工作场所照明和事故照明要求，在户外变电站和高压室使用和搬动梯子、管子要求及所采取的措施进行了规定，并对电气设备着火处理原则、各类工具使用以及焊接、切割工作要求和动火工作票的办理、管理级别划定及职责进行了规定。

十四、起重与运输

本章主要对起重与运输设备使用时的一般安全注意事项，各式起重机、起重工器具、人工搬运的基本要求及所应采取的措施进行了规定。

十五、高处作业

本章主要对高处作业的定义、作业安全带系挂原则及注意事项进行了要求，并对使用梯子和在阀厅的工作要求及所采取的措施进行了规定。

十六、附录

本章通过给出附录 A～附录 Q，具体是变电站（发电厂）倒闸操作票格式、变电站（发电厂）第一种工作票格式、电力电缆第一种工作票格式、变电站（发电厂）第二种工作票格式、电力电缆第二种工作票格式、变电站（发电厂）带电作业工作票格式、变电站（发电厂）事故应急抢修单格式、二次工作安全措施票格式、标示牌式样、绝缘安全工器具试验项目、周期和要求、带电作业高架绝缘斗臂车电气试验标准表、登高工器具试验标准表、常用起重设备检查和试验的周期及要求、变电站一级动火工作票格式、变电站二级动火工作票格式、动火管理级别的划定、紧急救护法等《安规》涉及内容的执行格式进行了规范和统一。

【思考与练习】

1. 《国家电网公司电力安全工作规程》中规定的作业现场的基本条件有哪些？

2. 发现有违反《安规》的情况，应该怎么办？

3. 对作业人员的《安规》考试应多长时间进行一次？

4. 运用中的电气设备指的是什么？